高等职业教育机电类专业系列教材

# Inventor 产品数字化设计与3D打印实训教程

主　编　孙　传
副主编　胡青玲　应神通
参　编　孙　骞　胡智土　刘力行

机 械 工 业 出 版 社

本书以 Autodesk Inventor Professional 简体中文版作为蓝本，主要介绍了基于 3D 打印模型设计的建模技巧。全书共分为八章，第一章主要介绍 3D 打印的历史、应用场景等；第二章主要介绍 3D 打印机的软件与机器操作步骤和方法；第三章介绍 Inventor 软件的操作界面，以及基于 3D 打印的基本建模要求；第四~六章介绍了 3D 打印模型的设计技巧，每节以一个实例来讲解，从易到难、循序渐进；第七章依据前面几章的学习进行练习；第八章介绍了 3D 打印的后处理方式。

本书注重讲解 3D 打印过程中存在的问题及难点，在用 Inventor 软件建模的过程中，巧妙地将案例与知识点有机地融合起来，并穿插大量的操作技巧和实例，以帮助读者切实掌握 Inventor 软件设计方法并解决 3D 打印中出现的问题。

本书可以作为高等职业院校增材制造等制造类专业的教材，以及机电类专业学生的科技创新或创意设计相关选修课的教材，还可作为相关工程技术人员的参考用书。


**图书在版编目（CIP）数据**

Inventor 产品数字化设计与 3D 打印实训教程/孙传主编. —北京：机械工业出版社，2022.1（2024.8 重印）

高等职业教育机电类专业系列教材

ISBN 978-7-111-70075-3

Ⅰ.①I… Ⅱ.①孙… Ⅲ.①机械设计-计算机辅助设计-应用软件-高等职业教育-教材②快速成型技术-高等职业教育-教材 Ⅳ.①TH122②TB4

中国版本图书馆 CIP 数据核字（2022）第 010762 号

机械工业出版社（北京市百万庄大街 22 号　邮政编码 100037）

策划编辑：薛　礼　　　责任编辑：薛　礼　王海峰

责任校对：郑　婕　张　薇　封面设计：鞠　杨

责任印制：单爱军

北京虎彩文化传播有限公司印刷

2024 年 8 月第 1 版第 3 次印刷

184mm×260mm · 21.75 印张 · 535 千字

标准书号：ISBN 978-7-111-70075-3

定价：65.00 元

电话服务　　　　　　　　网络服务

客服电话：010-88361066　　机　工　官　网：www.cmpbook.com

010-88379833　　机　工　官　博：weibo.com/cmp1952

010-68326294　　金　　书　　网：www.golden-book.com

**封底无防伪标均为盗版**　　机工教育服务网：www.cmpedu.com

# 前言 PREFACE

党的二十大报告明确指出，建设现代化产业体系；坚持把发展经济的着力点放在实体经济上，推进新型工业化，加快建设制造强国，推动制造业高端化、智能化、绿色化发展，构建新一代信息技术、人工智能、生物技术、新能源、新材料、高端装备、绿色环保等一批新的增长引擎。3D 打印作为制造业领域正在迅速发展的一项新兴技术，是实现新型工业化的重要途径。3D 打印属于快速成型技术的一种，它是以数字模型为基础，运用粉末状金属或塑料等可粘合材料，通过逐层堆叠累积的方式来构造物体的技术，即“增材制造法”。

本书采用美国 Autodesk 公司推出的三维可视化实体建模软件 Inventor，以项目实例为引导，由浅入深、循序渐进地介绍了 3D 打印建模方法、打印工艺，以及三维模型的建模技巧、打印解决方案。3D 打印目前还是一个新鲜事物，没有真正地普及，目前，这方面的教材较少。3D 打印最关键的部分是三维建模，这是制约普通人学习和使用 3D 打印的瓶颈。如果不能设计作品，就无法真正实现自己的创新意图。而且，在模型的设计过程中会出现很多关于 3D 打印工艺的问题。

本书作者从事多年的 3D 打印模型设计，遇见过多种三维模型设计过程中出现的问题，比如模型设计完成后某些细小的部位无法打印、倾斜角度过大无法打印、模型支撑无法加入或者打印后无法合理拆除等。本书基于多种三维模型设计经验，介绍了一系列在模型设计过程中适用 3D 打印工艺的建模方式。

本书由孙传担任主编，胡青玲、应神通担任副主编，孙骞、胡智土、刘力行参与编写。其中，胡青玲编写第一~三章，应神通编写第四、五章，孙骞编写第六、七章，胡智土、刘力行编写第八章。全书由孙传通稿。浙江格创教育科技有限公司黄凯为本书的学习项目开发和教学资源建设提供了大量的案例和素材，在此表示衷心的感谢！

本书参考学时数为 64 学时，建议具体分配学时见下表。

<table>
<tr><th colspan="2">课程内容</th><th colspan="3">学　时</th></tr>
<tr><th>章</th><th>节</th><th>理论</th><th>实践</th><th>合计</th></tr>
<tr><td rowspan="2">认识 3D 打印</td><td>3D 打印概述</td><td>1.5</td><td>0</td><td>1.5</td></tr>
<tr><td>3D 打印相关软件介绍</td><td>1.5</td><td>0</td><td>1.5</td></tr>
<tr><td rowspan="4">打印机的基本操作</td><td>Cura 切片软件</td><td>1</td><td>1</td><td>2</td></tr>
<tr><td>3D 打印机的控制面板</td><td rowspan="3">1.5</td><td rowspan="3">2.5</td><td rowspan="3">4</td></tr>
<tr><td>3D 打印机的平台调整</td></tr>
<tr><td>3D 打印耗材更换</td></tr>
<tr><td rowspan="2">Inventor 软件介绍与建模设计要求</td><td>Inventor 软件界面及操作介绍</td><td rowspan="2">2</td><td rowspan="2">2</td><td rowspan="2">4</td></tr>
<tr><td>3D 打印建模设计要求</td></tr>
<tr><td rowspan="3">3D 打印模型设计技巧——基础</td><td>一体打印——小车的设计</td><td>1</td><td>2</td><td>3</td></tr>
<tr><td>大面积打印——手机壳的设计</td><td>1</td><td>2</td><td>3</td></tr>
<tr><td>45°打印——雕塑的设计</td><td>1</td><td>3</td><td>4</td></tr>
</table>

（续）

| 课程内容 | | 学　时 | | |
|---|---|---|---|---|
| 章 | 节 | 理论 | 实践 | 合计 |
| 3D 打印模型设计技巧——进阶 | 智能小车的设计 | 2 | 6 | 8 |
| | 薄壁打印——笔筒的设计 | 1 | 2 | 3 |
| | 渐变打印——高脚杯的设计 | 1 | 2 | 3 |
| 3D 打印模型设计技巧——高级 | 综合打印——创意花盆的设计 | 1 | 2 | 3 |
| | 支撑设计——茶壶的设计 | 1 | 3 | 4 |
| | 球形连接——手环的设计 | 1 | 3 | 4 |
| | 机械传动机构——星期仪的设计 | 1 | 8 | 9 |
| 实训案例 | — | 1 | 3 | 4 |
| 3D 打印的后处理 | PLA、ABS 等塑料材质的后处理方式 | 1.5 | 0 | 1.5 |
| | 金属材料的后处理方式 | 1.5 | 0 | 1.5 |
| 总学时 | | | | 64 |
| 教学组织建议 | 本课程以案例式教学的方式进行授课，所以教学过程中应尽量预留充足的绘图与打印操作时间，将理论与实践一体化，并且成品能在下次上课之前打印完成，让学生能够及时看到自己的学习成果 | | | |

通过学习适用于 3D 打印模型设计的适用方案和建模方法，学生能够避免在 3D 打印过程中产生导致模型无法打印的问题。本书力求案例生动，内容编排张弛有度，实例叙述实用而不浮泛，旨在开拓学生思路，提高学生的阅读兴趣，并使其掌握方法，提高对知识综合运用的能力。通过本书的学习，学生能初步具备 3D 打印建模应有的基本水平。

编　者

# 二维码索引

| 序号 | 图形 | 页码 | 序号 | 图形 | 页码 | 序号 | 图形 | 页码 |
|---|---|---|---|---|---|---|---|---|
| 01 | | 43 | 12 | | 57 | 21 | | 100 |
| 04 | | 43 | 13 | | 66 | 22 | | 103 |
| 05 | | 43 | 14 | | 68 | 23 | | 108 |
| 06 | | 44 | 15 | | 69 | 24 | | 128 |
| 07 | | 44 | 16 | | 71 | 25 | | 135 |
| 08 | | 44 | 17 | | 80 | 26 | | 141 |
| 09 | | 47 | 18 | | 84 | 27 | | 149 |
| 10 | | 53 | 19 | | 86 | 28 | | 156 |
| 11 | | 55 | 20 | | 94 | 29 | | 161 |

（续）

| 序号 | 图形 | 页码 | 序号 | 图形 | 页码 | 序号 | 图形 | 页码 |
|---|---|---|---|---|---|---|---|---|
| 30 | | 163 | 40 | | 199 | 50 | | 248 |
| 31 | | 165 | 41 | | 212 | 51 | | 254 |
| 32 | | 171 | 42 | | 218 | 52 | | 260 |
| 33 | | 174 | 43 | | 223 | 53 | | 263 |
| 34 | | 175 | 44 | | 227 | 54 | | 264 |
| 35 | | 177 | 45 | | 229 | 55 | | 268 |
| 36 | | 185 | 46 | | 238 | 56 | | 270 |
| 37 | | 187 | 47 | | 239 | 57 | | 278 |
| 38 | | 190 | 48 | | 240 | 58 | | 283 |
| 39 | | 193 | 49 | | 241 | 59 | | 286 |

（续）

| 序号 | 图形 | 页码 | 序号 | 图形 | 页码 | 序号 | 图形 | 页码 |
|---|---|---|---|---|---|---|---|---|
| 60 | | 291 | 62 | | 296 | 64 | | 301 |
| 61 | | 295 | 63 | | 298 | 65 | | 305 |

# 目录 CONTENTS

# 第一章 认识3D打印

CHAPTER 1

## 第一节 3D 打印概述

### 一、3D 打印的历史

3D 打印技术是一种快速成型技术。它基本原理是叠层制造，由快速原型机在 *X-Y* 平面内通过扫描形成零件的截面形状，而在 *Z* 坐标方向间断地做层面厚度的位移，最终形成三维制件。从 20 世纪 80 年代到今天，3D 打印技术走过了一条漫长的发展之路。

1984 年，Charles Hull 发明了将数字资源打印成三维立体模型的技术。1986 年，Chuck Hull 发明了立体光刻工艺，利用紫外线照射将树脂凝固成型，以此来制造物体，并获得了专利。随后他离开了原来工作的 Ultra Violet Products，创立一家名为 3D Systems 的公司，专注发展 3D 打印技术。1988 年，3D Systems 公司生产了第一台 3D 打印机 SLA-250，体型非常庞大。如图 1-1 所示。

1989 年，C. R. Dechard 博士发明了选区激光烧结技术（SLS），利用高强度激光将尼龙、蜡、ABS、金属和陶瓷等材料粉末烧结，直至成型。SLS 技术的原理如图 1-2 所示。

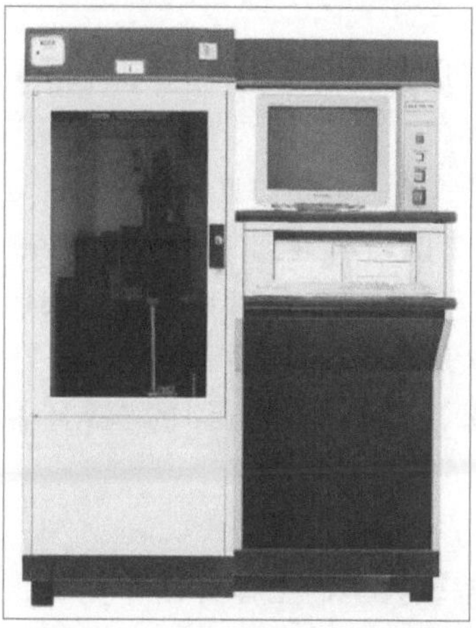

图 1-1

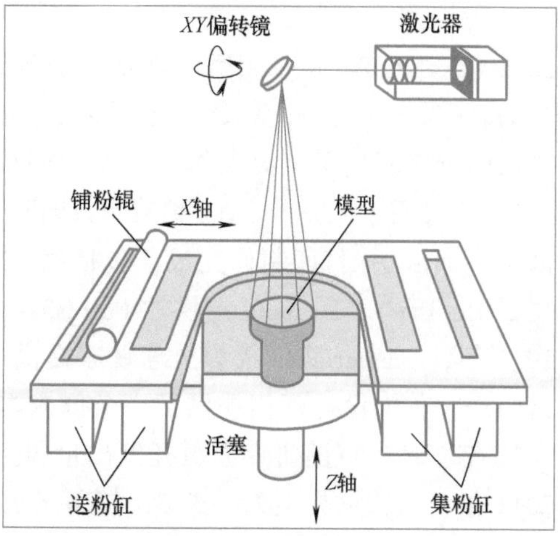


图 1-2

1996 年，3D Systems、Stratasys 和 Z Corporation 公司分别推出了型号为 Actua2100、Genisys、2402 的 3 款 3D 打印机产品，第一次使用了“3D 打印机”的称谓。如图 1-3 所示。

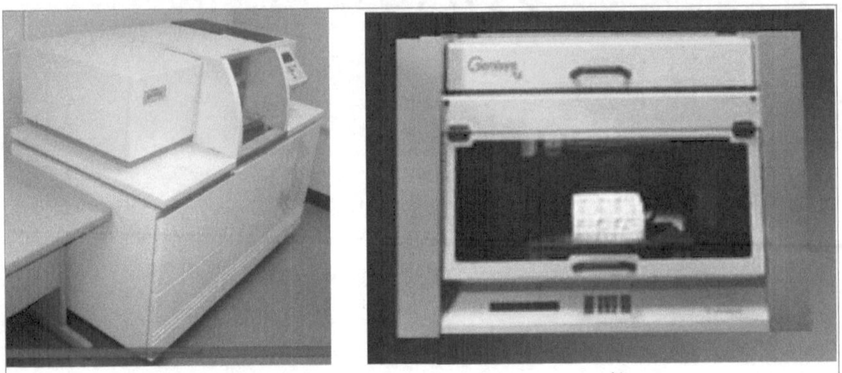

a)　　　　b)

图 1-3

2005 年，Z Corporation 推出了世界上第一台高精度彩色 3D 打印机——Spectrum 2510，其打印的产品如图 1-4 所示。同一年，英国巴恩大学的 Adrian Bowyer 发起了开源 3D 打印机项目 RepRap，目标是使用 3D 打印机制造另一台 3D 打印机。

2008 年，第一个基于 RepRap 的 3D 打印机面市，代号为“Darwin”，它能够打印自身 50%的元件，体积仅为一个箱子大小，如图 1-5 所示。

图 1-4

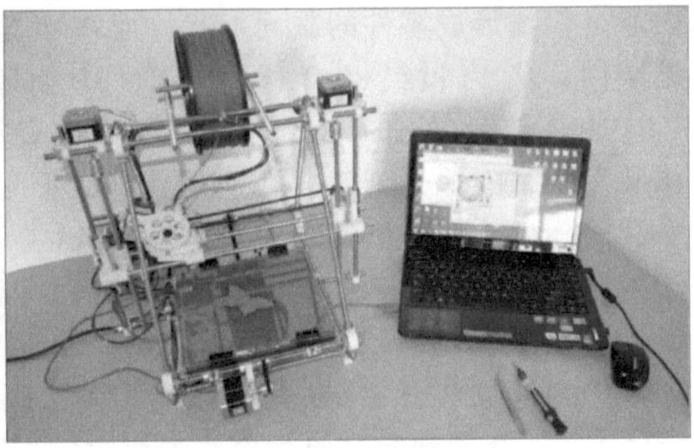

图 1-5

2009 年，Bre Pettis 带领团队创立了著名的桌面级 3D 打印机公司——MakerBot，MakerBot 打印机源自于 RepRap 开源项目。MakerBot 出售 DIY 套件，购买者可自行组装 3D 打印机。国内的创客开始了相关工作，个人 3D 打印机产品（图 1-6）市场由此蓬勃兴起。

2010 年 11 月，第一台用巨型 3D 打印机打印出整个车身的轿车（图 1-7）出现。它的所有外部组件都由 3D 打印制作完成，包括用 Dimension 3D 打印机和由 Stratasys 公司数字生产服务项目 RedEye on Demand 提供的 Fortus3D 成型系统制作完成的玻璃面板。

2011 年，i. materialise 成为全球首家提供 14K 黄金和标准纯银材料打印的 3D 打印服务商。这为珠宝首饰设计师们提供了一个低成本的全新生产方式。

2011 年 7 月，英国研究人员开发出世界上第一台 3D 巧克力打印机。

2011 年 8 月，世界上第一架 3D 打印飞机由英国南安普敦大学的工程师制作完成，如图 1-8 所示。9 月，维也纳科技大学开发出更小、更轻、更便宜的 3D 打印机，这个超小 3D 打

图 1-6

图 1-7

印机重 1.5kg，报价约 1200 欧元。

2012 年 7 月，比利时鲁汶工学院的一个研究组测试了一辆几乎完全由 3D 打印的小型赛车（图 1-9），车速可达 140km/h。

图 1-8

图 1-9

2013 年 5 月 5 日，25 岁的得克萨斯大学法律系学生科迪 · 威尔森首次完全使用 3D 打印技术制造出一把手枪（图 1-10），并成功发射了子弹。随后他把手枪的设计图样发布在自己的网站上，随后两天的下载量超过了 10 万次。

2014 年 7 月，美国南达科他州一家名为 Flexible Robotic Environments（FRE）的公司公布了其最新开发的全功能制造设备 VDK6000，兼具金属 3D 打印（增材制造）、车床（减材制造，包括铣削、激光扫描、超声波检测、等离子焊接、研磨、抛光和钻孔）及 3D 扫描功能，如图 1-11 所示。

图 1-10

图 1-11

2015 年 3 月，美国 Carbon3D 公司发布一种新的光固化技术——连续液态界面制造（Continuous Liquid Interface Production，CLIP），利用氧气和光连续地从树脂材料中拉出模型。该技术比目前任意一种 3D 打印技术要快 25～100 倍，如图 1-12 所示。

a) b) c)

图 1-12

2017 年，阿迪达斯公司推出全球首款可量产的 3D 打印运动鞋——“未来工艺 4D”（Futurecraft 4D），其鞋底采用 3D 打印技术制作而成，仅需 20min 就可以打印出一双鞋，如图 1-13 所示。

图 1-13

2019 年 3 月，来自哈佛大学威斯研究所和麻省理工学院计算机科学人工智能实验室的研究人员开发出一种机器人抓手，它使用 3D 打印的折纸结构，可以抓起自身重量 100 倍的物体。使用机器人抓手后，他们的机器人能够拾取锤子、汤罐、酒杯和花朵等各种各样的物体，如图 1-14 所示。

2020 年 5 月，美国得克萨斯州的研究人员制造出“NICE”生物墨水，可用来制造功能性骨组织，如图 1-15 所示。

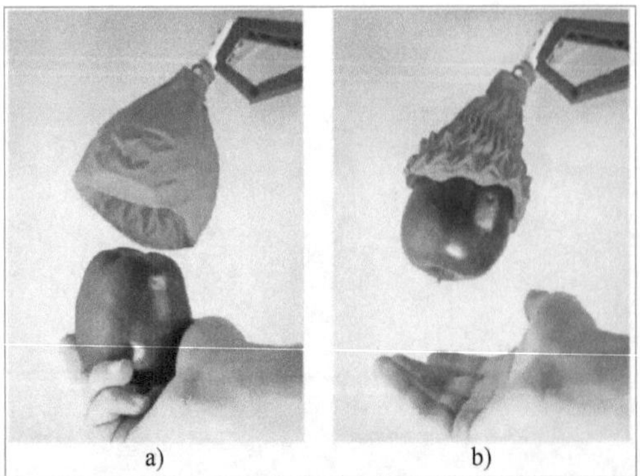

a) b)

图 1-14

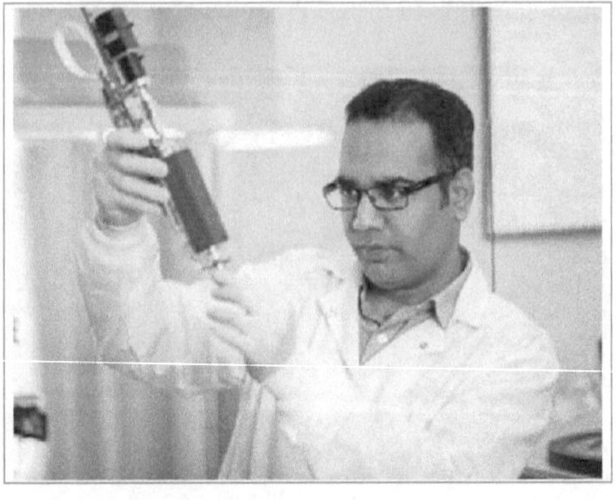

图 1-15

从 3D 打印技术的发展史可以看出，随着 3D 打印技术种类的增加，3D 打印机可打印的制品越来越多，而且 3D 打印机的价格在不断下降。1999 年，3D Systems 的 SLA 7000 价格为 80 万美元，而 Cube 的价格仅为 1299 美元。另外，虽然对于普通用户和制造商来说，3D 打印的大规模产业化时机还未成熟，但 3D 打印机已开始向两极分化，除了百万元级的大型 3D 打印机之外，国内目前也出现了面向个人用户价格为数千元的 3D 打印机。

## 二、3D 打印技术分类

### 1. 熔融沉积成型（Fused Deposition Modeling，FDM）

熔融沉积成型（图 1-16）工艺的材料一般是热塑性材料，如 ABS、PC 和尼龙等，以线材供料。材料在喷头内被加热熔化，喷头沿零件截面轮廓和填充轨迹运动，同时将熔化的材料挤出，材料迅速固化，并与周围的材料粘结。每一个层片都是在上一层上堆积而成的，上一层对当前层起定位和支撑的作用。随着高度的增加，层片轮廓的面积和形状都会发生变化，当形状发生较大的变化时，上层轮廓就不能给当前层提供充分的定位和支撑作用，这就需要设计一些辅助“支撑”结构，对后续层提供定位和支撑，以保证成型过程的顺利实现，如图 1-16 所示。

这种工艺不用激光，使用、维护简单，成本较低。用 ABS 制造的原型零件因具有较高强度而在产品设计、测试与评估等方面得到了广泛应用。近年来又开发出 PC、PC/ABS、PPSF 等更高强度的成型材料，使该工艺有可能直接制造功能性零件。由于具有一些显著优点，该工艺发展极为迅速，目前 FDM 系统在全球已安装快速成型系统中所占份额最大。

### 2. 立体光固化成型（Stereo Lithography Apparatus，SLA）

SLA（图 1-17）技术是用特定波长与强度的激光聚焦到光固化材料表面，使之由点到线，由线到面顺序凝固，完成一个层面的绘图作业，然后升降台在垂直方向移动一个层片的高度，再固化另一个层面，如此层层叠加构成一个三维实体。

SLA 是最早实用化的快速成型技术，采用液态光敏树脂原料。SLA 技术主要用于制造多种模具、模型等，还可以通过在原料中加入其他成分，用原型模代替熔模精密铸造中的蜡模。SLA 技术成型速度较快、精度高，但由于树脂固化过程中会产生收缩，不可避免地将产生应力或形变。

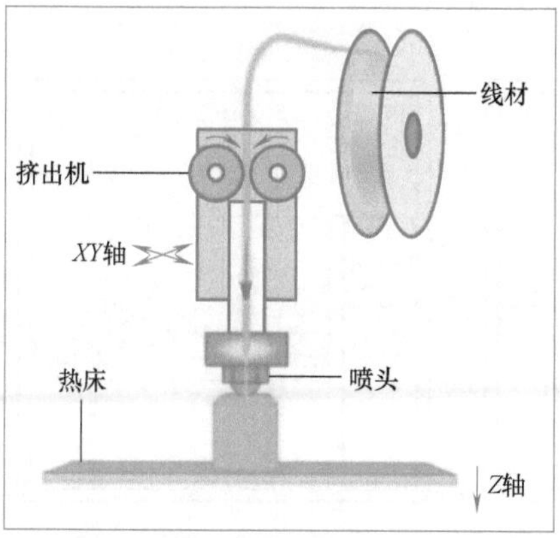


图 1-16

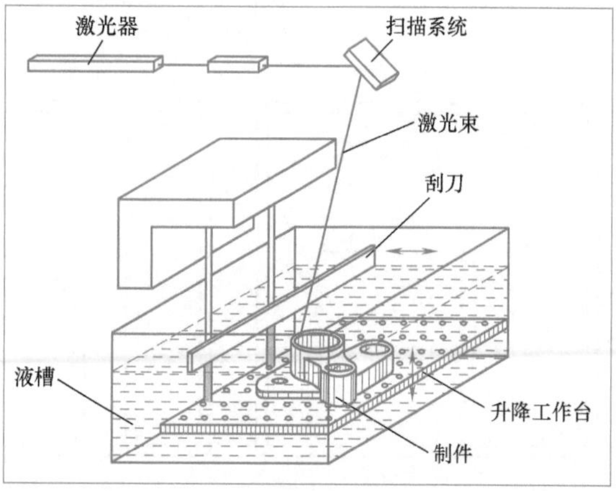


图 1-17

### 3. 数字光处理（Digital Light Processing，DLP）

DLP（图 1-18）和 SLA 类似，两者都使用光敏聚合物进行打印，但它们使用的光源不同，SLA 使用激光固化聚合物，而 DLP 使用更传统的光源，如弧光灯。DLP 使用液晶面板直接显示层内容，当光敏材料暴露于大量光线下时会迅速硬化，而且同时固化整个层，因此打印速度比 SLA 快。DLP 可以打印更高分辨率的三维物体，它相对节省耗材，从而降低成本、减少浪费。

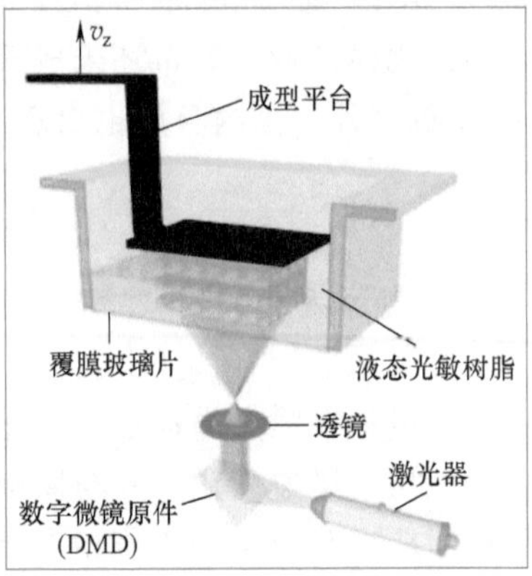


图 1-18

与 SLA 的点状投射不同，DLP 3D 打印机可投射并聚合一整层，当光线照射到树脂上时，它不会像 SLA 那样局限于单个光斑，而是整个层一次成型。

在这个过程中，投影的图案对于实现每层的期望形状至关重要。图像化是通过由数字微镜原件（DMD）实现的，它是一种动态掩膜，由一系列微米级尺寸的旋转反射镜组成，可以使液态树脂在层内的不同位置被差异照射和聚合。

### 4. 选择性激光烧结（Selective Laser Sintering，SLS）

SLS（图 1-19）技术同样采用粉末为材料，所不同的是，这种粉末在激光照射的高温条件下才能融化。喷粉装置先铺一层粉末材料，将材料预热到接近熔点，再采用激光照射，对需要成型的截面形状进行扫描，使粉末融化，被烧结部分粘合到一起。通过这种过程不断循环，粉末层层堆积，直到最后成型。

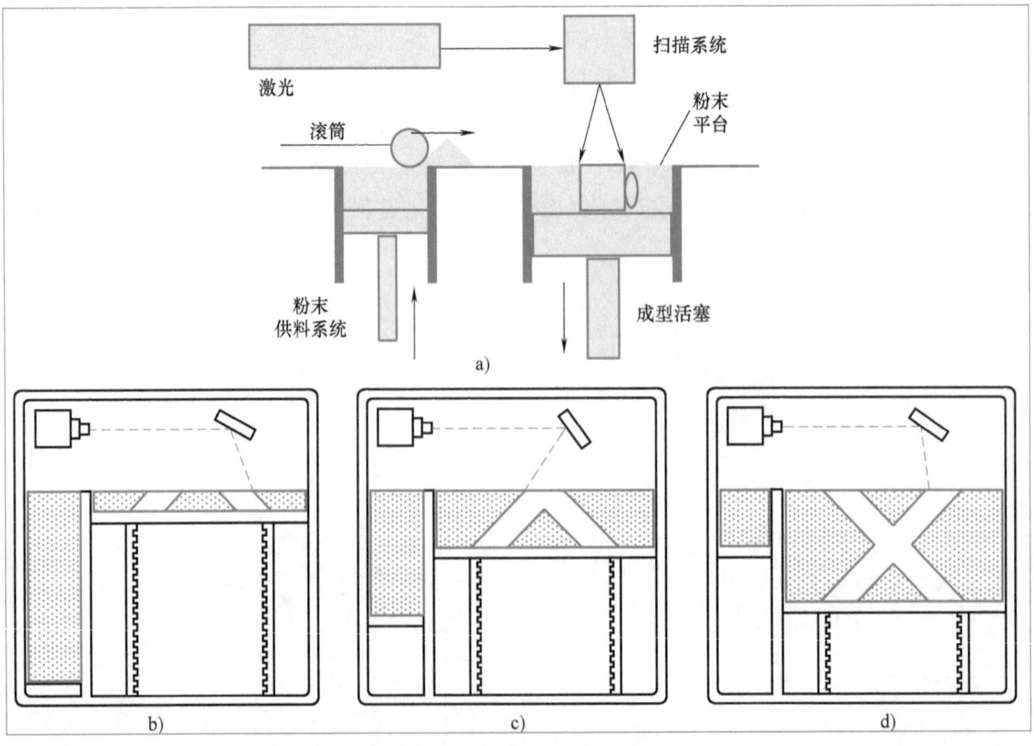


图 1-19

5. 选择性激光熔化（Selective Laser Melting，SLM）

SLM（图1-20）技术与SLS技术类似，不同之处是它所选用的激光器的能量更高、更集中（一般多用光纤激光器，其波长较短，约1090nm，金属粉的吸收率较高），金属合金粉末材料在高能量密度的激光照射下完全熔化，而后冷却固化，实现层与层之间呈冶金结合的焊合工艺。

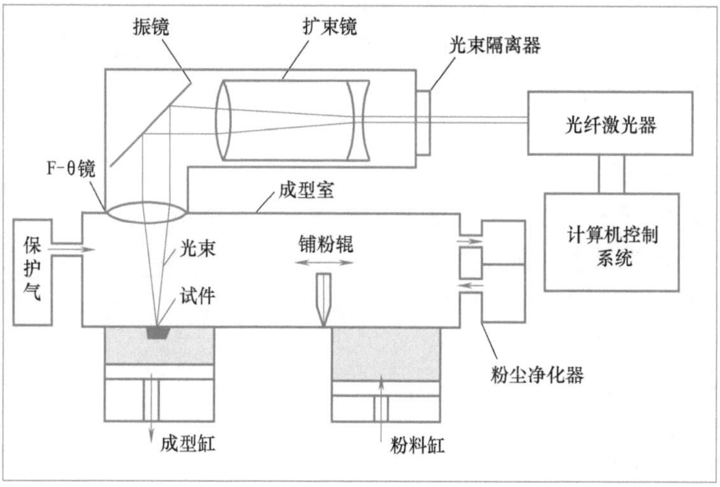


图 1-20

SLM把金属完全熔化进而形成固体三维零件。SLM也是用特殊的专用软件把模型切成二维层。打印机软件控制高能激光束照射在非常细的金属粉末薄层上，被融化的金属粉末形成二维层的形状，然后不断重复这个过程，直到模型打印完成。SLM可以使用更“硬”的金属材料，如不锈钢、钛、钴铬合金等。SLM广泛用于制造复杂的、具有薄壁特征或者微小缝隙的零件。SLM多用于航空航天制造和医学中的骨科方面，家庭极少使用。

6. 电子束熔融（Electron Beam Melting，EBM）

EBM（图1-21）和SLM非常像，也使用粉末熔融技术，唯一不同的是，EBM使用电子束作为能量源，而后续的切片和打印过程完全相同。但是与SLM相比，EBM打印速度慢，而且材料昂贵，因为它能使

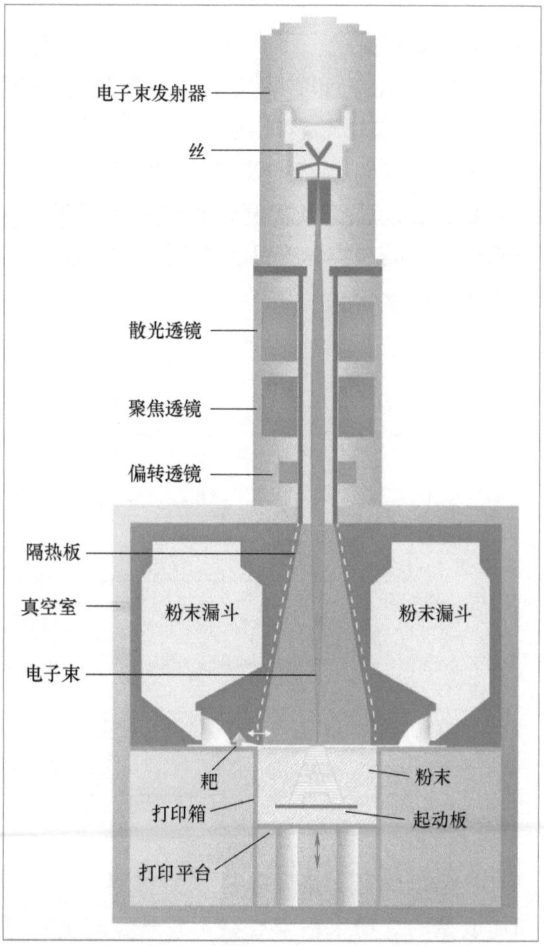


图 1-21

用的材料非常单一，大多数使用纯钛或者镍铬铁合金。EBM 技术专注于医疗植入物和航空航天领域。EBM 一般用的材料有 Ti6Al4V、Ti6Al4VELI 钛粉钴铬钼合金（ASTM F75）等。

### 7. 分层实体制造（Laminated Object Manufacturing，LOM）

LOM（图 1-22）采用薄片材料，如纸、塑料薄膜等。片材表面事先涂覆上一层热熔胶，加工时，热压辊热压片材，使之与下面已成型的零件粘接，用 $CO_2$ 激光器在刚粘接的新层上切割出零件截面轮廓和外框，并在截面轮廓与外框之间多余的区域内切割出上下对齐的网格；激光切割完成后，工作台带动已成型的零件下降，与带状片材（料带）分离；供料机构转动收料轴和供料轴，带动料带移动，使新层移到加工区域；工作台上升到加工平面，热压辊热压，零件的层数增加一层，高度增加一个料厚，再在新层上切割截面轮廓。如此反复直至零件的所有截面粘接、切割完成，得到分层制造的实体零件。LOM 技术并不那么受欢迎，但它是最实惠、最快速的 3D 打印技术之一，而且其使用的材料便宜，所以打印成本低廉。

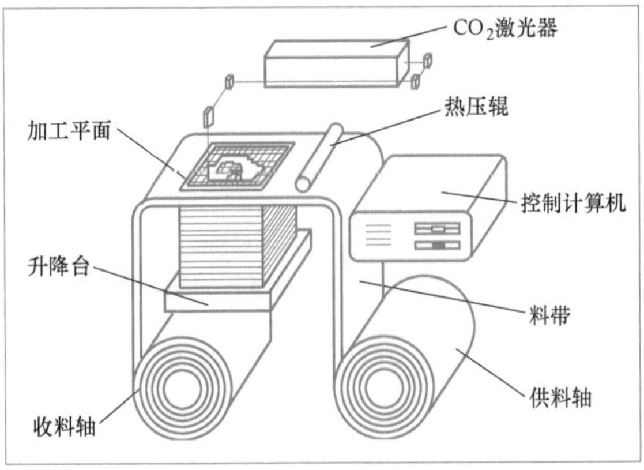


图 1-22

### 8. 立体印刷打印（Three Dimensional Printing，3DP）

采用 3DP（图 1-23）技术的 3D 打印机使用标准喷墨打印技术，通过将液态连结体铺放在粉末薄层上，以打印横截面数据的方式逐层创建，最终完成三维实体的打印。采用 3DP 打印成型的样品与实际产品具有同样的色彩，还可以将彩色分析结果直接描绘在样品上，样品所传递的信息较大。

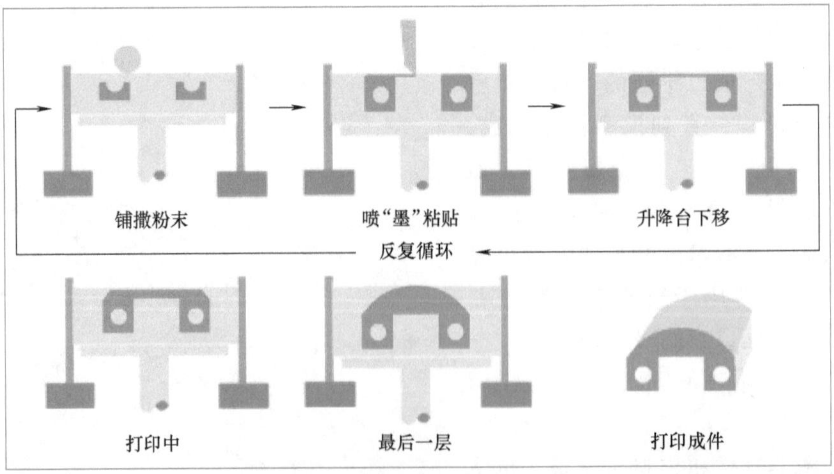


图 1-23

3DP 是以陶瓷、金属等粉末为材料，通过粘合剂将每一层粉末粘合到一起，通过层层叠加而成型的。粉末粘合成型工艺是实现全彩打印最好的工艺，一般使用石膏粉末、陶瓷粉末和塑料粉末等作为材料，是目前最为成熟的彩色 3D 打印技术。

以上几种成熟的3D打印技术的发展使制造业有了一次革命性的飞跃。它脱离了传统机械加工的模具、刀具，不考虑生产过程中复杂的加工工艺，使生产成本大大降低，缩短了产品的生产周期。使用传统加工工艺制造一个新产品时，从模型设计到产品的批量化生产，其周期少则数月，多则半年甚至一年、几年；而3D打印技术因其在设计、分析和制造上的高度一体化，新产品的研发周期可缩短50%，极大地减少了时间成本，提高了产品的生产效率，实现了产品快速原型制造。从理论上讲，叠加成型的方式可以使材料的利用率达到100%，而且不受零部件外形设计的影响，越复杂的零部件，其制造优势越大。以上特点使3D打印技术在诸多先进制造工艺中独树一帜，其工艺设备得到了迅速发展和广泛应用。

## 三、3D打印技术的发展历程

### 1. 国际情况

经过多年的探索，3D打印技术有了长足的发展，目前已经能够在0.01mm的单层厚度上实现600dpi（dots per inch，每英寸点数）的精细分辨率。国际上较先进的产品可以实现每小时25mm厚度的垂直速率，并可以实现24位色彩的彩色打印。目前，在全球3D打印机行业中，美国3D Systems和Stratasys两家公司的产品已经初步形成了成功的商用模式，同时国际3D打印机制造业正处于迅速的兼并与整合过程中。

### 2. 国内情况

近年来，我国积极探索3D打印技术的研发，自20世纪90年代初以来，清华大学、西安交通大学、华中科技大学、中国科技大学、北京航空航天大学和西北工业大学等多所高校积极致力于3D打印技术的自主研发，在3D打印设备制造技术、3D打印材料技术、3D设计与成型软件开发以及3D打印工业应用研究等方面取得了不错的成果，有部分技术已经处于世界先进水平。但总体而言，国内3D打印技术的研发水平与国际先进水平相比还有较大差距。目前，国内有多家针对3D打印设备进行产业化运作的公司，这些企业已经基本实现了3D打印机的整体生产和销售。

## 四、3D打印技术的应用领域

### 1. 医疗行业

3D打印技术在医疗领域的发展及成果转化实现了更精准和定制化的医疗服务及治疗，有效减轻了病人的痛苦，提高了疾病的治愈率。未来3D打印种植牙的应用可以很好地实现仿生牙齿的种植，有效实现即拔即种，并可以准确贴合每个人的牙槽，减少种植步骤，减轻病人痛苦，并有效降低费用，如图1-24所示。

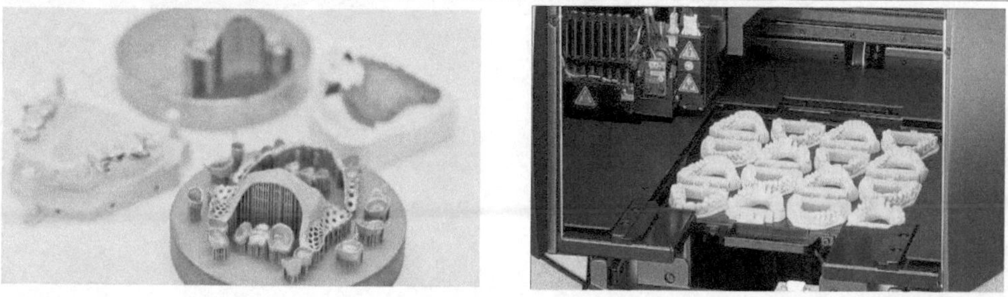

a) b)

图 1-24

2. 交通运输

在交通运输领域，使用 3D 打印技术探索和开发了多种实际的应用（图 1-25），当然，这其中也有 3D 打印自身的成本和批量产能限制的影响。对于一些 3D 打印的塑料零件，一般用于零件的开发验证。

图 1-25

3. 产品原型

在新产品造型设计过程中，应用 3D 打印技术可为工业产品的设计开发人员建立一种崭新的产品开发模式。运用 3D 打印技术能够快速、直接、精确地将设计思想转化为具有一定功能的实物模型（样件），如图 1-26 所示，这不仅缩短了开发周期，而且降低了开发费用，也可以使企业在激烈的市场竞争中占据先机。

4. 文物保护

近几年，随着 3D 打印技术和 3D 扫描技术的日渐成熟，博物馆的工作人员和收藏家们开始尝试利用 3D 打印技术，让支离破碎的文物恢复其本来的面目。利用 3D 打印技术打印文物可以避免对文物的二次伤害，提高修复效率，也可以缓解文物修复行业人才短缺的情况，如图 1-27 所示。

图 1-26

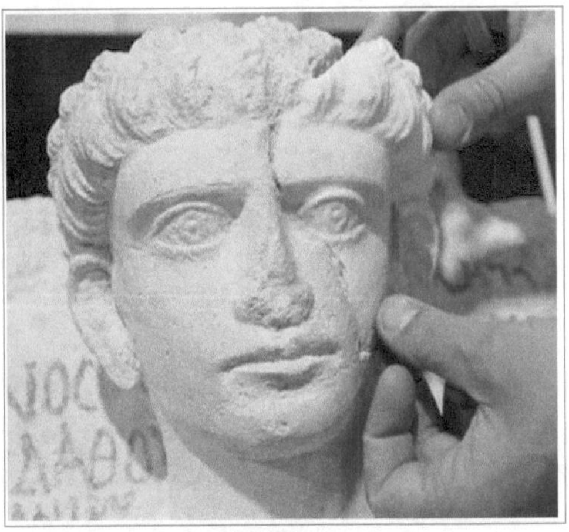

图 1-27

5. 建筑设计

建筑模型的传统制作方式已渐渐无法满足高端设计项目的要求。如今众多设计机构的大型设施（图 1-28）或场馆都利用 3D 打印技术先期构建精确建筑模型来进行效果展示与相关测试。3D 打印技术的优势和无可比拟的逼真效果已经被广大建筑设计师认同。

图 1-28

### 6. 服装行业

服装行业的设计创新力已成为决定一国时尚产业竞争力的核心要素，再加上现在 3D 打印技术涉及领域的不断扩展，使用材料的不断创新，越来越多的设计师开始利用 3D 打印技术来进行服装设计，如图 1-29 所示。

尽管受材料限制，3D 打印出的服装面料服用性较差，色彩也远不如传统面料丰富，然而它却能给设计师带来无限的造型创意灵感。随着科技的发展，一旦材料发生变革，3D 打印技术将给整个服装设计与制造行业，甚至艺术教育行业带来颠覆性的变革。

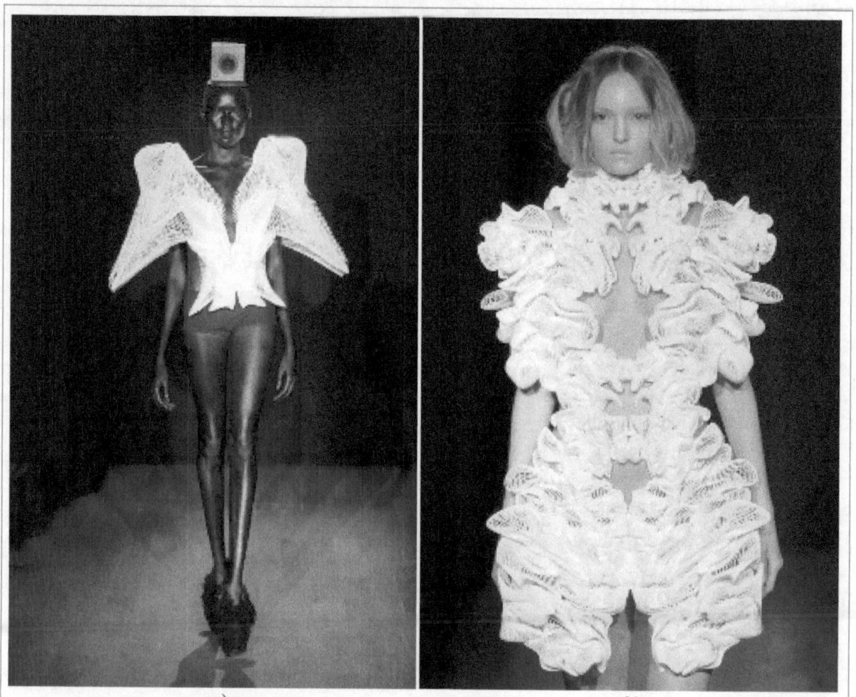

a)　　b)

图 1-29

### 7. 食品行业

巧克力 3D 打印机使用注射器代替丝材。注射器被加载，在打印时保持巧克力的温度，原料挤出装置移动并铺设熔化的巧克力，使其形状为所需的形状，巧克力最终冷却成固体，如图 1-30 所示。

a)

b)

图 1-30

### 8. 影视行业

3D 打印在动漫、电影场景及特效中的应用也比较普遍，可实现逼真的场景效果和方便、快速又低成本的场景搭建，包括道具制作、场景模型、破坏性模型、人物造型、化妆、服装服饰和定格动画等，如图 1-31 所示。

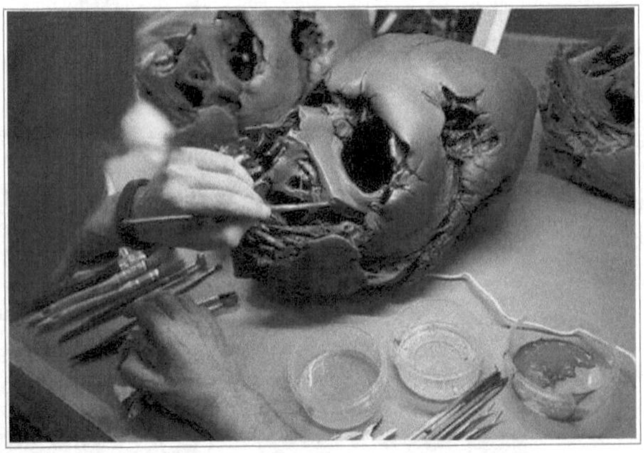

图 1-31

## 五、3D 打印机的安全操作规程

1）操作者在上机操作前必须经过培训，必须熟悉设备的结构、性能和工作原理，熟悉设备基本操作和基本配置情况，合格后方可上岗。

2）操作者在上机操作前必须穿戴好劳动防护用品。

3）开机前检查上一班次设备交接班记录。

4）开机前要保证打印机放置平稳，电源接通可靠。

5）打印机上不能放置其他物品，以免损伤打印机，发生事故。

6）换丝前要进行充分加热，使之能被轻松拉出，不能在未加热充分的情况下硬拉，以免损坏打印机。

7）打印机是发热设备，打印过程中要有人监管，以免乱丝后因无人处理而损坏打印机，甚至出现故障，引起火灾。

8）乱丝后要根据其乱丝程度，暂停或停止后进行清理，清理干净后再重新打印。

9）加工过程中切勿频繁打开成型室门，禁止将头、手或身体其他部位伸入成型室内。

10）加工过程中或者刚结束加工时，成型室处于高温状态，禁止身体任何部位触碰。

11）成型室内任何位置，至少应待温度降低至 50℃以下时再取件。

12）如果出现发热异常现象，要及时关闭打印机，关闭电源，关闭总闸。若引起火情，要及时关闭总闸，拨打 119 报警电话，用砂和二氧化碳灭火器灭火。

13）禁止带电检修设备。

14）打印机工作结束后必须关闭电源总闸，清理工具，待工作面冷却接近常温后，再清理打印机，打扫工作场地。

# 第二节　3D 打印相关软件介绍

## 一、主流三维建模软件介绍

### 1. SolidWorks

SolidWorks 软件功能强大，组件繁多，还具有易学易用和技术创新的特点。SolidWorks 能够提供不同的设计方案，可减少设计过程中的错误，提高产品质量。SolidWorks 的界面如图 1-32 所示。

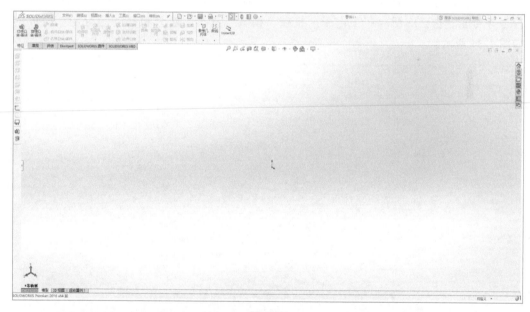

图 1-32

### 2. Siemens NX

该软件包含了企业中应用最广泛的集成应用套件，用于产品设计、工程和制造全范围的开发过程。NX 为创造性的工业设计和风格提供了强有力的解决方案。利用 NX 建模，工程师能够迅速地建立和改进复杂的产品形状。NX 具有高性能的机械设计和制图功能，为产品设计提供了极大的灵活性，可满足客户设计任何复杂产品的需要。NX 的界面如图 1-33 所示。

### 3. Creo

Creo 软件提供了目前所能达到的最全面、集成最紧密的产品开发环境，包含了在工业

图 1-33

设计和机械设计等方面的多项功能，还包括对大型装配体的管理、功能仿真、制造和产品数据管理等功能。它已广泛应用于电子、机械、模具、汽车、航天和家电等行业。Creo 的界面如图 1-34 所示。

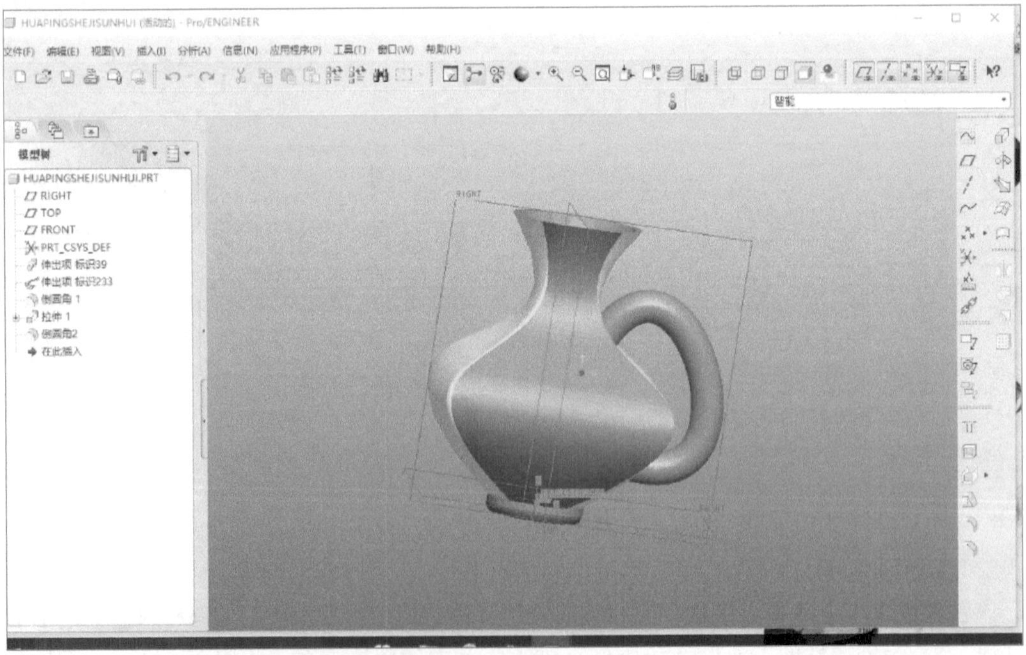

图 1-34

4. CATIA

CATIA 是法国达索公司开发的旗舰产品。作为 PLM（产品生命周期管理）协同解决方案的一个重要组成部分，它可以通过建模帮助制造厂商设计他们未来的产品，并支持从项目的前阶段、具体的设计、分析、模拟、组装到维护在内的全部工业设计流程。CATIA 的界面如图 1-35 所示。

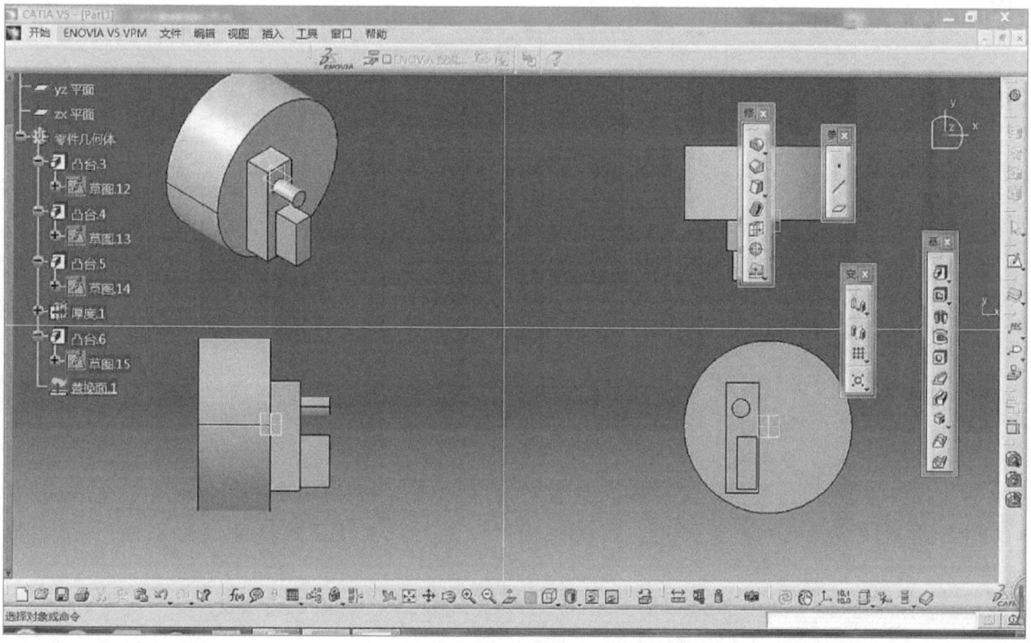

图 1-35

### 5. Rhinoceros

Rhinoceros 是功能强大的专业三维造型软件，它可以广泛地应用于三维动画制作、工业制造、科学研究以及机械设计等领域。它能轻易整合 3DS MAX 与 Softimage 的模型功能部分，对要求精细、有弹性及复杂的三维 NURBS（样条曲面）模型有点石成金的效能。Rhinoceros 软件大小只有几十兆，对计算机硬件要求很低，但它包含了所有的 NURBS 建模功能，建模过程非常流畅，所以大家经常用它来建模，然后导出高精度模型给其他三维软件使用。Rhinoceros 的界面如图 1-36 所示。

## 二、主流 3D 打印切片软件介绍

### 1. Cura

Cura 由 Ultimaker 公司及其社区开发和维护。Cura 本身源于开源，3D 打印切片软件是免费的，也是行业内普及率非常高的一款切片软件，早期国内很多 3D 打印机厂商也使用 Cura 做切片功能。Cura 甚至为竞争对手的 3D 打印机添加了配置文件，其开源和开放的态度非常明确，也让许多用户因此受益。

Cura 可以被称为 3D 打印软件的标准切片软件，它可以兼容大部分 3D 打印机，可以通过插件进行扩展。Cura 在使用时非常方便，在一般模式下，可以快速进行打印，也可以选择“专家”模式，从而进行更精确的 3D 打印。其次，该软件通过 USB 连接计算机后，可以直接控制 3D 打印机。

Cura 支持 STL、3MF 和 OBJ 文件格式，也支持文件修复。Cura 还支持显示打印头路径、打印时间和材料使用量。

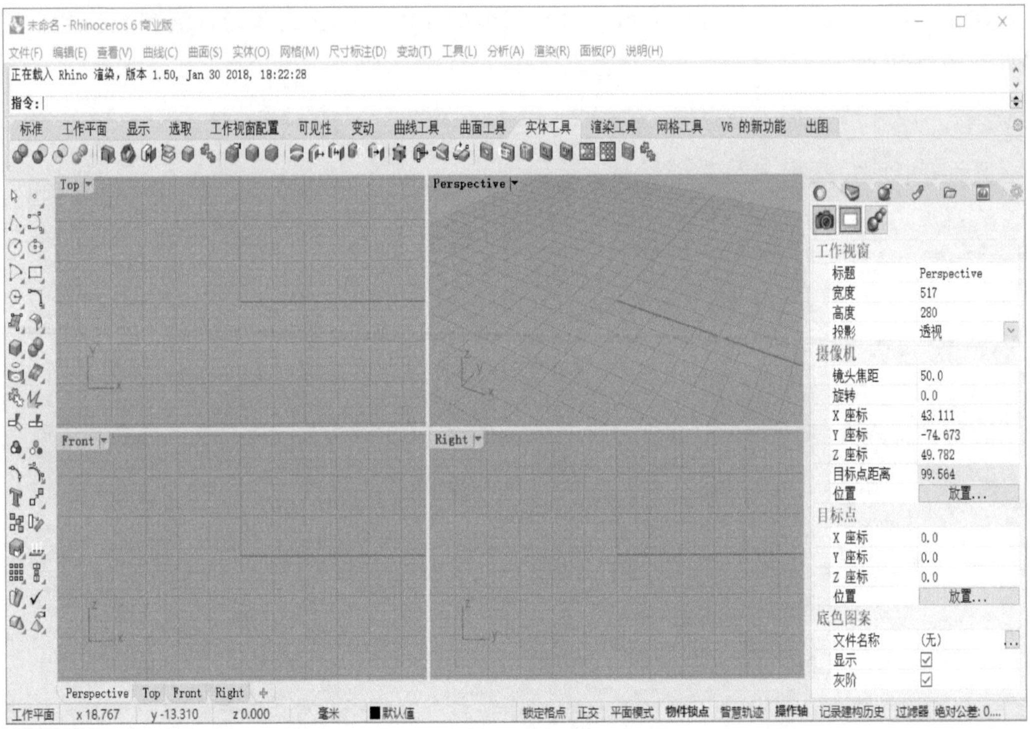


图 1-36

Cura 不仅适用于初学者，也适用于专业人员，最重要的设置比较直观。对于专业人员来说，有超过 200 种设置可供选择。Cura 支持双头双材料打印，其切片效率比较高，能够快速处理较大的 STL 文件。Cura 的界面如图 1-37 所示。

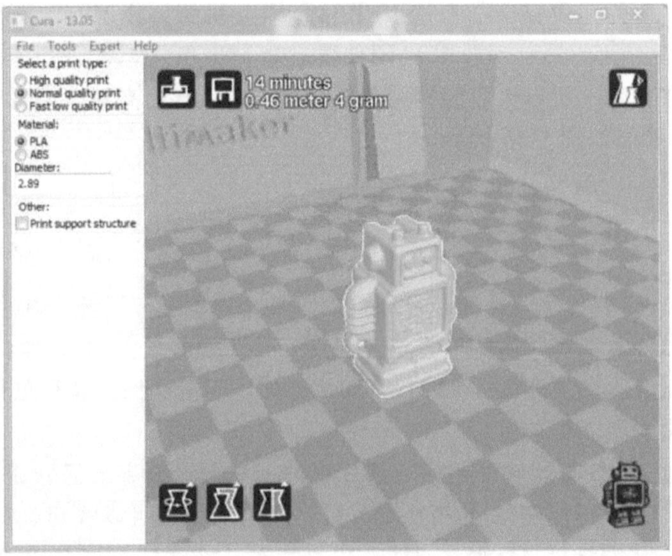


图 1-37

## 2. 3DStar

3DStar 是一款 3D 打印机切片软件，它能将 STL 文件转换成打印机识别的 gsd 文件。该软件集成了模型基础编辑、模型高级编辑和快速打印在内的多个切片功能。3DStar 的界面如图 1-38 所示。

该软件的特点如下：

1）具有强大的模型编辑能力，可同时编辑多个数据模型。

2）文件来源多样，可从本机、文字和 3DStar 自带的附件中选取数据模型。

3）用户可根据模型特性，对模型进行移动、旋转、缩放和叠加（删减）的编辑。

4）可设置常用快捷键，释放双手，用户不必再满屏找菜单键。

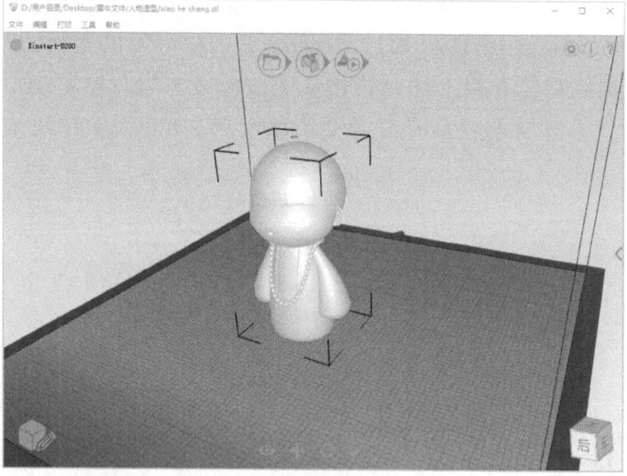

图 1-38

### 3. Simplify3D

Simplify3D 是一种专业人员使用的 3D 切片软件，支持几乎所有可用的 3D 打印机，用户可以下载和导入 100 多个 3D 打印机配置文件，还可以自行添加配置文件。Simplify3D 软件允许用户导入、缩放、旋转和修复三维模型，STL、OBJ 或 3MF 文件的导入非常快，甚至可以立即显示巨大的网格。用户可以使用丰富的设置，包括挤出机、层控制、各种填充方式、温度和冷却设置，甚至可以编辑原始 G 代码和脚本。这些设置可以以打印配置文件的方式保存起来方便调用，用于测试不同的参数控制。Simplify3D 的界面如图 1-39 所示。

Simplify3D 能够帮助专业人员通过参数控制获得最佳的模型效果，打印质量非常出色。

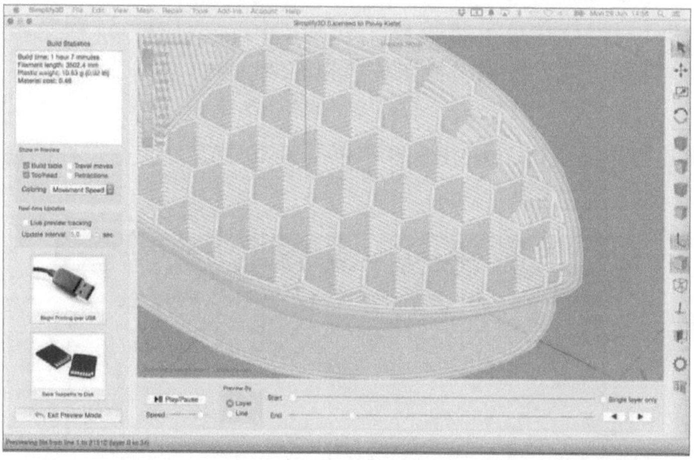

图 1-39

### 4. Repetier

在开源的 3D 打印系统中，RepRap 系统不可不提，Repetier 是该开源系统的切片软件，功能模块更加专业，适合高阶用户。作为一体化解决方案，Repetier 提供了多挤出机支持，最多 16 台挤出机，通过插件支持多切片机，并支持市场上几乎所有 FDM 3D 打印机，前提是用户要经常升级更新。

Repetier Host 通过 Repetier Server 可提供远程访问功能，用户可以通过 PC、平板式计算机或智能手机上的浏览器从任何地方访问和控制 3D 打印机。Repetier 的界面如图 1-40 所示。

当 MakerBot 从开源变为闭源后，Repetier 开源 3D 切片软件成为创客最喜欢的软件之一。

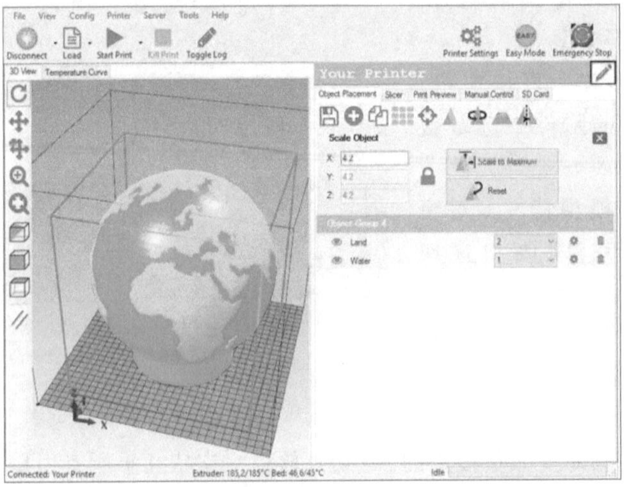

图 1-40

5. MakerBot

MakerBot Print 的早期版本叫 MakerBot Desktop，这款软件是专用于 MakerBot 3D 打印机系列的切片软件。与通用性较强的 3D 打印机切片软件不同，MakerBot Print 算法可自动调整特定 3D 打印机模式和挤出机类型的切片设置。

MakerBot 有一个非常实用的功能：在准备一系列组件时，它会自动在一个或多个构建板上排列模型，用户可以从程序中访问和打印 Thingiverse 对象。该程序还具有 OctoPrint 的功能，即可以通过打印机内置的网络摄像头监视控制 3D 打印机工作状态。MakerBot 的界面如图 1-41 所示。

使用 MakerBot 软件可获得 MakerBot 打印机的最高质量，拥有较好的易用性，大规模文件打印效率更高。

图 1-41

# 第二章 打印机的基本操作

CHAPTER 2

## 第一节　Cura 切片软件

### 一、Cura 软件的安装

Cura 是一款较为常见的 3D 打印切片软件，可在官网上下载该软件。本次安装的版本号是 Cura_15. 02. 1。

1）双击打开安装包，如图 2-1 所示。

2）在安装向导界面单击“下一步”按钮，如图 2-2 所示。

3）单击“浏览”按钮，选择安装路径，选择好之后单击“下一步”按钮，如图 2-3 所示。注意：安装目录只能是英文目录，不可以包含中文或者特殊符号，否则安装完成后可能无法打开软件。

图 2-1

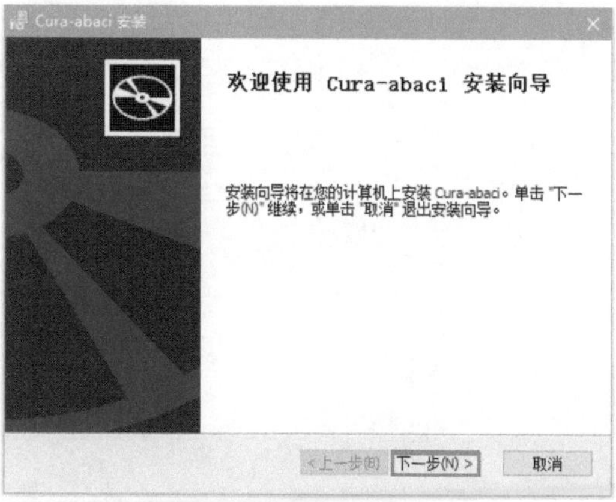


图 2-2

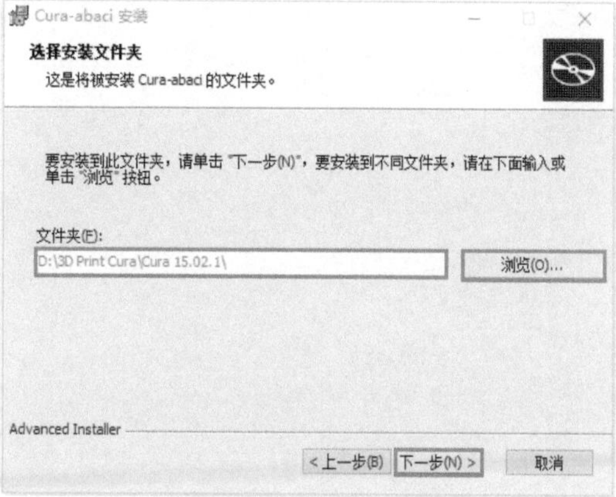


图 2-3

4）进入准备安装界面后，单击“安装”按钮开始安装，如图 2-4 所示。

5）在安装的过程中会弹出管理员认证对话框，选择“下一步”按钮。

6）完成安装后，单击“完成”按钮，退出安装程序即可，如图 2-5 所示。

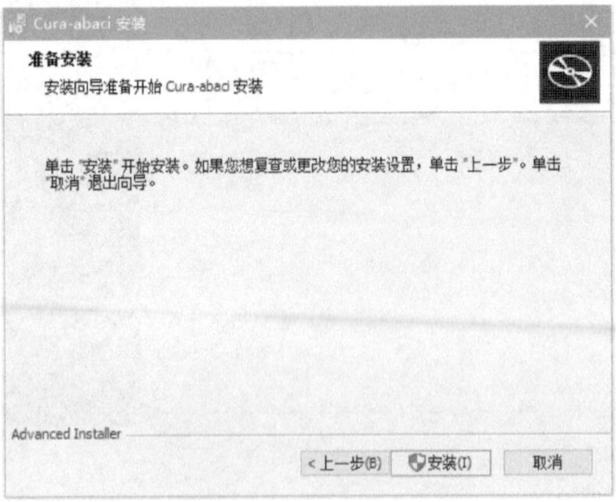


图 2-4

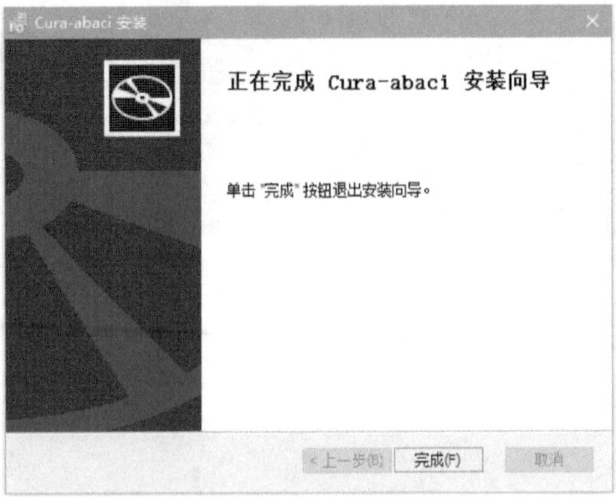


图 2-5

7）双击打开“Cura”软件，如图 2-6 所示。

8）第一次打开软件时，系统会弹出“首次运行向导”，这里有几个内容需要设置一下。首先需要设置的是语言，这里有个下拉菜单，单击下拉菜单可以选择多种语言，要切换成中文需选择“Chinese”选项，否则进入软件后，系统语言将会显示软件默认的英语。单击语言下拉菜单选择“Chinese”选项，然后再单击“Next”按钮，如图 2-7 所示。

图 2-6

9）系统提示选择一个适配的机型，以便内部参数的导入或者调整。这里选择“Other”，如果有适配的机型，也可以直接选择；如果不是以上类型，可以直接选择“Other”选项，然后取消勾选下方的复选项。最后单击“Next”按钮，如图 2-8 所示。

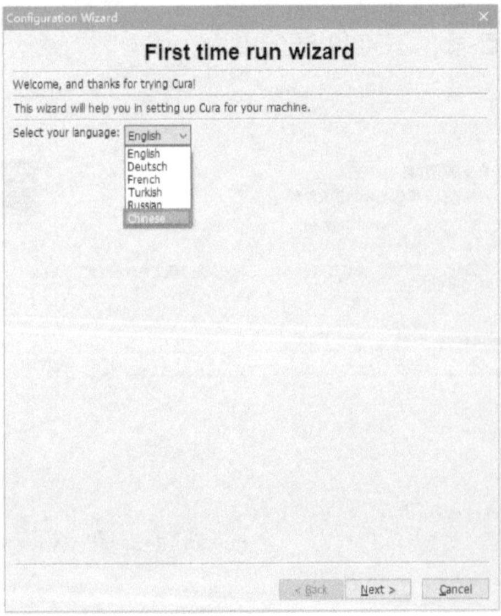


图 2-7

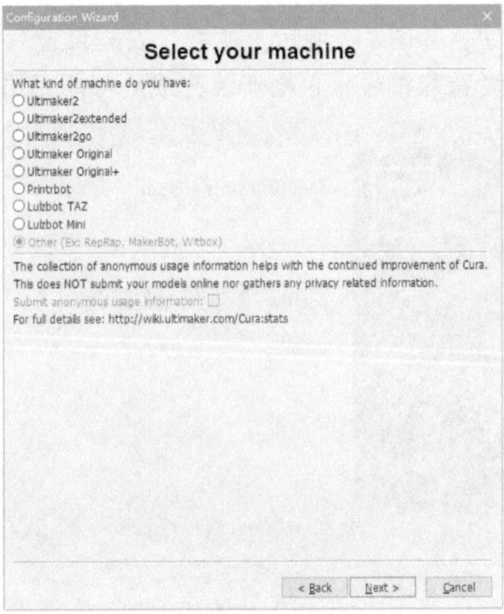


图 2-8

10）选择其他机器种类。如果上一步选择了“Other”，这里会有几种机型供选择：如果使用的机型刚好在选项里，可以直接选择；如果不在选项里，则单击下方的“Custom”定制选项，然后再单击“Next”按钮，如图 2-9 所示。

11）定义机器信息。在安装机器时可以设置机器的名称，有效打印行程以及长、宽、高等，还可以设置 3D 打印机是否有热床、打印头的喷嘴直径的大小。当然这里的参数可以先进行设置，也可以在软件内设置，如图 2-10 所示。

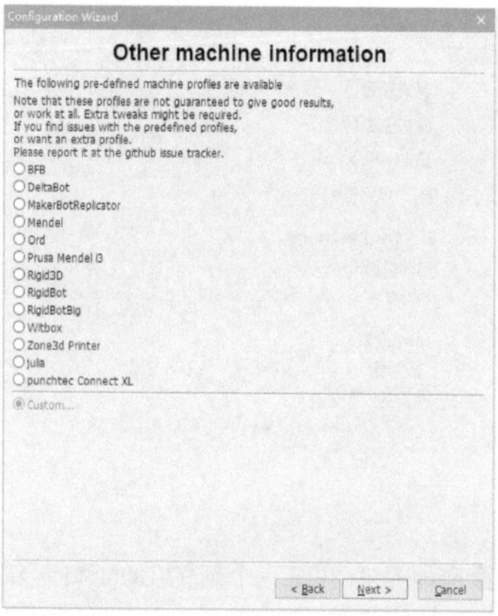


图 2-9

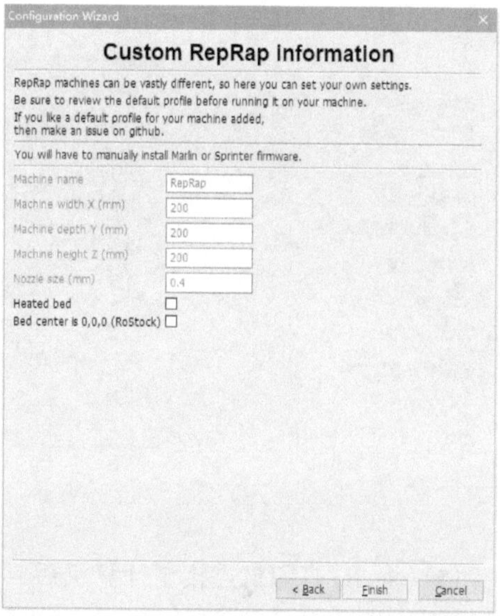


图 2-10

12）提示有新版的“Cura”是否需要安装下载，单击“否”按钮，如图 2-11 所示。

13）进入软件界面，单击“Ok”按钮，关闭欢迎页，如图 2-12 所示。

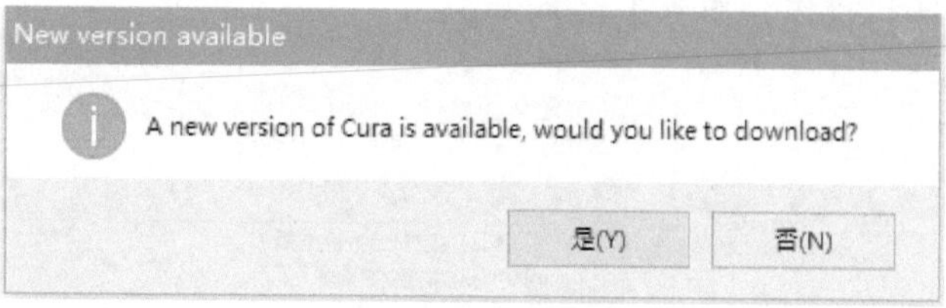


图 2-11

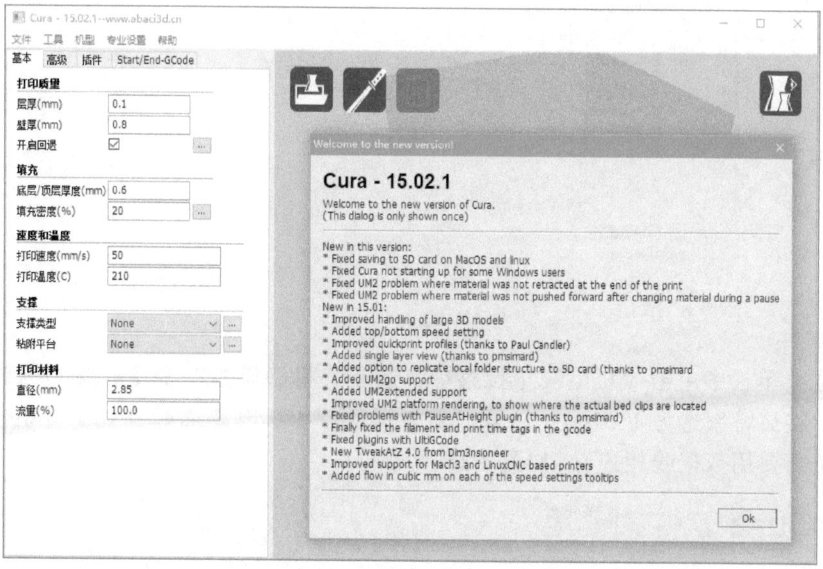


图 2-12

14）在菜单栏中单击“文件”，选择“偏好配置”，将打印窗口类型选择为“Pronterface UI”，只有选择了这个选项才能调出打印控制界面，如图 2-13 所示。

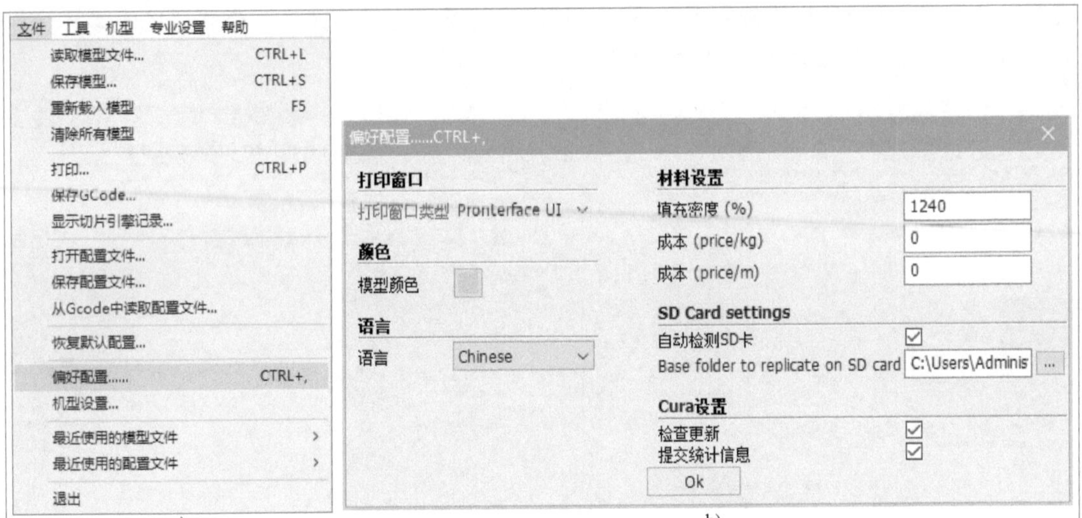

a) b)

图 2-13

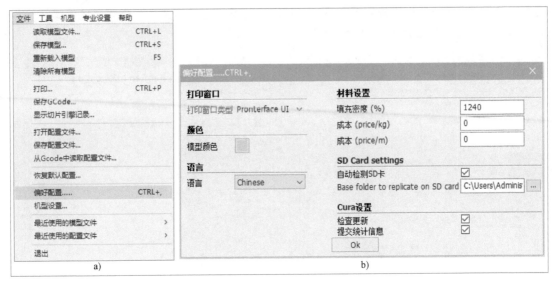

15）将 3D 打印机连接至计算机后，检查设备管理器是否出现一个新的 COM 口。新增的 COM 口就是 3D 打印机的接口，可以使 3D 打印机与计算机相连，用计算机控制打印机打印等操作，如图 2-14 所示。

图 2-14

16）在菜单栏中单击“机型”下拉菜单，选择“机型设置”命令；端口号选择提示的端口号，并将波特率选为 115200（注意：需要保证打印机电源插好并处于开机状态，打印机与计算机需要用数据线相连），如图 2-15 所示。

## 二、Cura 软件的使用

Cura 是 Ultimaker 公司设计的 3D 打印软件，以“高度整合性”以及“容易使用”为设

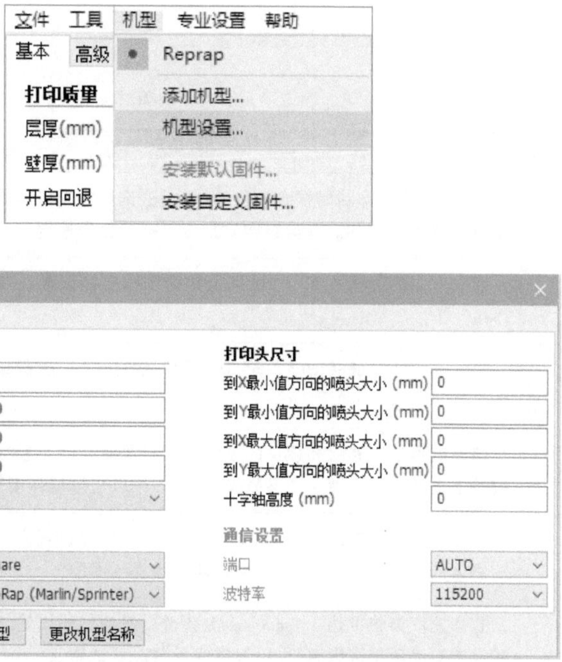


图 2-15

计目标。它包含了所有 3D 打印需要的功能，有模型切片以及打印机控制两大部分。

因为 Cura 具有高度的易用性，用户上手十分容易；而其强大的功能和极高的切片速度更是深受广大用户的喜爱，所以极力推荐用户在入门阶段使用 Cura。

图 2-16 所示就是“Cura”软件的整体界面。左侧是一个参数栏，包括基本参数、高级参数、插件和原始代码；右侧是三维视图栏，包括模型加载、切片、切片文件导入 U 盘、三维视图栏和模型三维视图等，可对模型进行移动、缩放及旋转等多种操作。

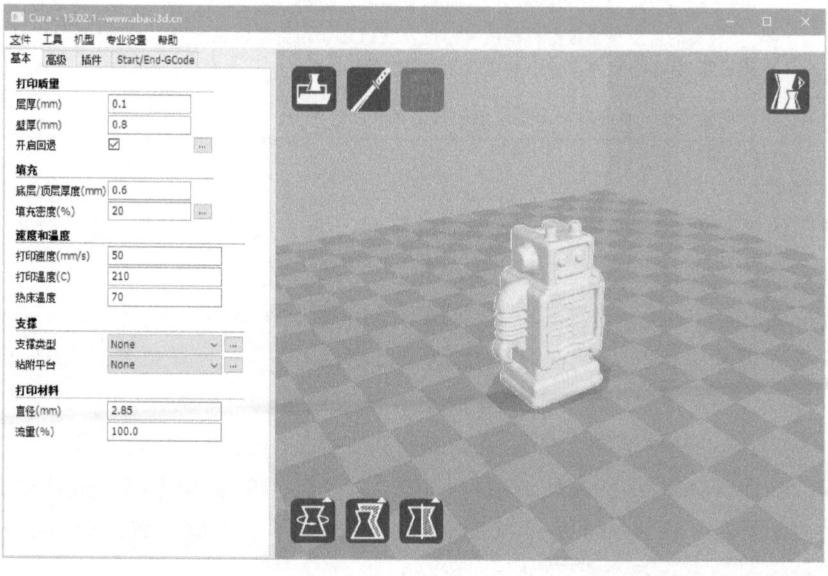


图 2-16

### （一）基本参数

Cura 的基本参数及其说明见表 2-1。

表 2-1　Cura 的基本参数及其说明

| 参数 | 说　明 |
| --- | --- |
| 层厚 | 指的是 3D 打印的时候每一层的厚度，这是最影响打印质量的设置。普通质量可设置为 0.2mm，高质量可设置为 0.1mm。降低打印质量可以提升打印速度 |
| 壁厚 | 水平方向的边缘厚度。通常需要结合喷嘴孔径设置成相应倍数，这个参数决定了边缘的走线次数和厚度 |
| 开启回退 | 当在非打印区域移动喷头时，适当地回退打印丝，能避免多余的挤出和拉丝。在高级设置面板中有更多相关设置 |
| 底层/顶层厚度 | 该参数可控制底层和顶层的厚度。通过层厚和这个参数可计算需打印的实心层的数量。这个数值应是层厚的倍数。使这个参数接近壁厚，可以让模型强度更均匀 |
| 填充密度 | 打印实心物体需设置为 100%，打印空心物体需设置为 0%，通常使用 20% 填充率。这个参数不会影响物体的外观，它一般用来调整物体的强度 |
| 打印速度 | 打印速度最快可达 150mm/s。为获得更好的打印质量，建议打印速度设为 80mm/s 以下。打印速度的设置要参考很多因素，可以根据实际情况调试修改 |
| 打印温度 | 该参数用于控制打印时的喷头温度。PLA（聚乳酸塑料）通常设置为 210℃，ABS 塑料通常设置为 230℃ |
| 热床温度 | 该参数用于控制打印时热床的温度。热床用于避免大面积打印时翘边等的出现，一般 ABS 的热床温度为 60℃ |
| 支撑类型 | 通常使用“Touching buildplate”，选择 None 不会建立支撑 |
| 粘附平台 | 边缘（Brim）功能会在模型底边周围增加数圈薄层，推荐使用这个选项。基座（Raft）功能会在打印模型前打印一个网状底座 |
| 直径 | 指耗材的直径。打印机耗材有很多种，直径也有区别。在更换耗材的同时也需要更换这里的材料直径，打印头的挤出量是根据材料的直径以及其他几个相关参数确定的，如果设置的直径与打印的材料直径不同，就会出现打印多出料或少出料等情况 |
| 流量 | 指流量补偿。最终挤出量是设定的挤出量乘以这个值 |

#### 1. 支撑类型

如果打印的图形有部分悬空，打印悬空部位时，第 1 层没有支撑，所以会出现打印丝下垂、挂丝等现象。Cura 的支撑类型有如下两种：

1）Touching buildplate。这种打印支撑类型是外部支撑类型，一般这种支撑只对外部悬空且无支撑点的部分进行自动填充辅助支撑。如图 2-17 所示，耳朵部分与胯下是悬空的，软件自动识别后，会从底部开始自动打上支撑，一直到实物打印为止。

2）Every where。这种打印支撑类型属于全部支撑，只要模型内部有悬空，所有位置都会加上支撑。如图 2-18 所示，模型的肘部、下巴以及模型的右耳等部位其实也是悬空的部分，因为是内部悬空，所以 Touching buildplate 支撑类型不识别此区域，而 Every where 支撑类型中只要检测到悬空，都会自动加上支撑。

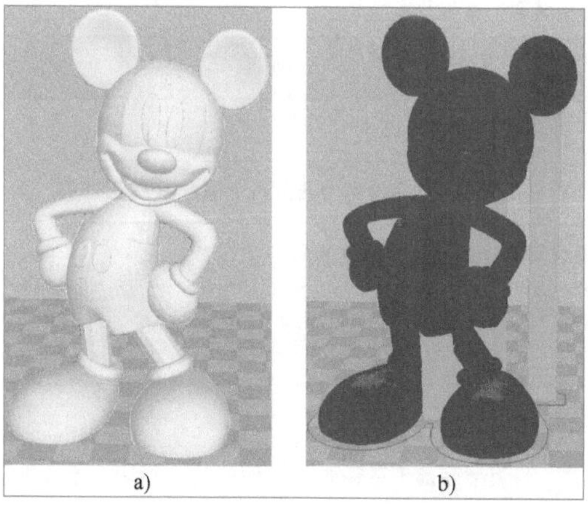

图 2-17

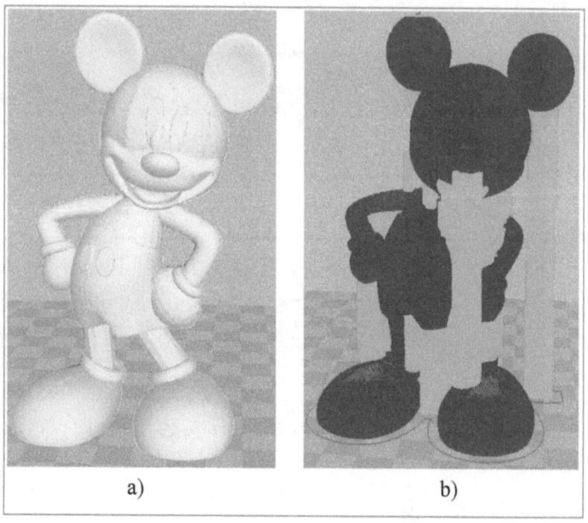

图 2-18

2. 粘附平台

1）边缘（Brim）：用于控制在打印底部第一层的外轮廓时再多打印几圈（图 2-19），其作用是使模型和热床底板粘接得更牢固，避免在打印的过程中模型掉落使制品作废。

2）基座（Raft）：用于在模型底部增加一层打印网格基座先打印网格基座可以有效地让基座先粘附在底座上，然后在基座上打印模型。但是去除基座的时候也会有一定的困难。基座如图 2-20 所示。

## （二）高级参数设置

高级参数设置如图 2-21 和表 2-2 所示。

图 2-19

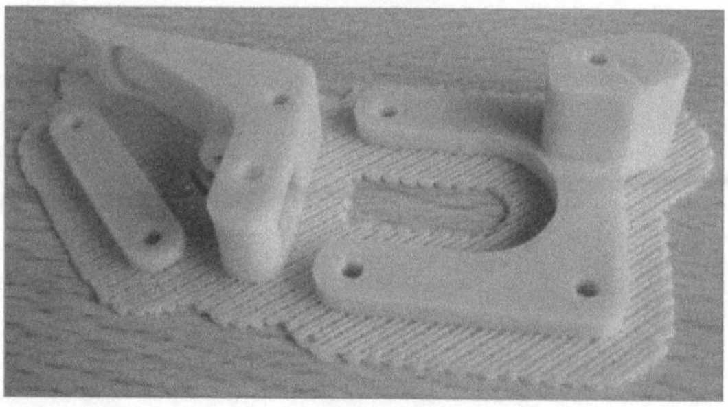

图 2-20

图 2-21

表 2-2 高级参数设置

| 参数 | 说 明 |
|---|---|
| 喷嘴孔径 | 喷嘴孔径是相当重要的，用于计算走线宽度、外壁走线次数和厚度 |
| 回退速度 | 指回退丝时的速度。设定较高的速度能达到较好的效果，但是过高的速度可能会导致丝的磨损 |
| 回退长度 | 回退长度设置为 0 时不会回退。在回退长度设置为 3mm 时，效果比较好 |
| 初始层厚 | 指底层的厚度。较厚的底部能使材料和打印平台粘附得更好。设置为 0，则使用层厚作为初始层厚度 |
| 初始层线宽 | 一般使用默认参数 100%即可 |
| 底层切除 | 下沉模型，下沉进平台的部分不会被打印出来。当模型底部不平整或者太大时，可以使用这个参数切除一部分模型再打印 |
| 两次挤出重叠 | 添加一定的重叠挤出，可使两个不同的颜色融合得更好 |
| 移动速度 | 指移动喷头时的速度。此移动速度指非打印状态下的移动速度，建议不要超过 150mm/s，否则可能造成电动机丢步 |
| 底层速度 | 指打印底层的速度。这个值通常会设置得很低，这样能使底层和平台粘附得更好 |
| 填充速度 | 打印内部填充时的速度。当设置为 0 时，会使用打印速度作为填充速度。高速打印填充能节省很多打印时间，但是可能会对打印质量造成一定的消极影响 |
| Top/bottom speed | 指顶层/底层的打印速度。这个参数一般与首层层高相关，首层打印速度越小，模型和底板粘接越牢。该参数默认值是 20mm/s，可调范围为 15~35mm/s |
| 外壳速度 | 指打印外壳时的速度。当设置为 0 时，会使用打印速度作为外壳速度。使用较低的打印速度可以提高模型打印质量，但是如果外壳和内部的打印速度相差较大，可能会对打印质量有一些消极影响 |
| 内壁速度 | 指打印内壁时的速度。当设置为 0 时，会使用打印速度作为内壁速度。使用较高的打印速度可以减少模型的打印时间，需要设置好外壳速度、打印速度及填充速度之间的关系 |
| 每层最小打印时间 | 指打印每层至少要耗费的时间。在打印下一层前要留一定时间让当前层冷却。如果当前层会被很快打印完，那么打印机会适当降低速度，以保证有这个设定时间 |
| 开启风扇冷却 | 用于在打印期间开启风扇冷却。特别是在快速打印时，开启风扇冷却是很有必要的 |

### （三）专业参数设置

打开专业参数设置窗口可单击菜单栏的“专业设置”→“额外设置”。专业参数设置如图 2-22 和表 2-3 所示。

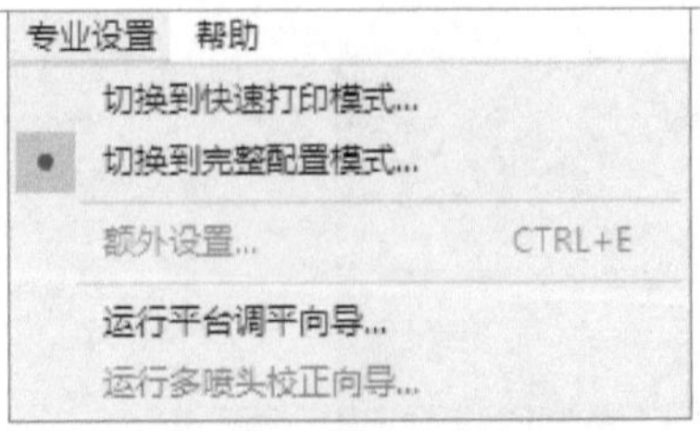


a)

图 2-22

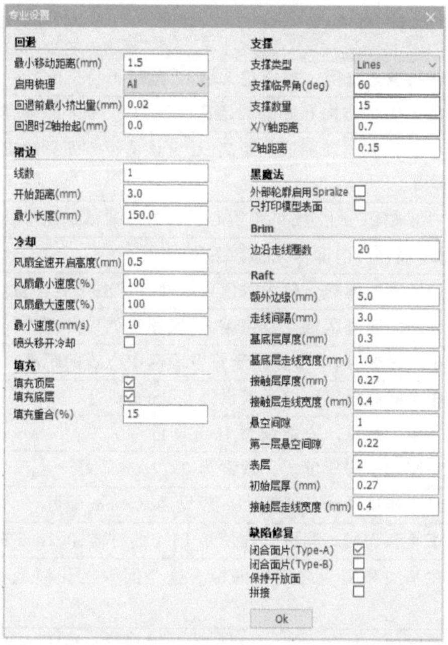


b)

图 2-22（续）

表 2-3 专业参数设置

| 参数 | 说明 |
|---|---|
| 最小移动距离 | 指回抽时最小的移动间隔，用来防止在一个很小的范围内不停地使用回抽 |
| 启用梳理 | 用来防止喷头在非打印移动时出现打印漏洞。若不开启此项，非打印移动时一般会回抽 |
| 回退前最小挤出量 | 最小挤出量一般使用在回抽需要反复发生的时候，它可以避免那些频繁回抽导致的耗材挖坑现象 |
| 回退时 $Z$ 轴抬起 | 当回退完成后，移动时打印头会升起一定高度，此功能对打印塔类物品有益 |
| 线数 | 指轮廓线的圈数。显示图形外轮廓，以确认图形打印区域；也用于调准平台高度及擦掉机头残料。设为 0 则没有轮廓线 |
| 开始距离 | 指轮廓线距第一层图形的距离。这是最小值，多条轮廓线将向外延展 |
| 最小长度 | 如果最小长度没达到，轮廓线圈数则增加，以达到此值。如果轮廓圈数为 0，则此选项无作用 |
| 风扇全速开启高度 | 达到一定高度后，风扇才开启全速，之前线性分配。起始速度在此设置。如果某层需要冷却，风速会在低速和高速间调节 |
| 风扇最小速度 | 该速度在不需要冷却的层中使用 |
| 风扇最大速度 | 该速度在需要 200% 冷却的层中使用 |
| 最小速度 | 每层打印最小时间设置后可能导致打印速度下降，该值用于防止出现此类情况，使打印速度不低于此值 |
| 喷头移开冷却 | 启动此项后，需要冷却时机器会移开打印头，待冷却时间完毕后再继续打印，一般不勾选此项 |
| 填充顶层 | 用于打印一个坚实的顶部表面。如果不勾选此项，将会以设置的填充比例打印，对于打印花瓶等比较有用 |
| 填充底层 | 用于打印一个坚实的底部。如果不勾选此项，则会根据填充比例填充。该参数打印建筑类制品时比较有用 |
| 填充重合 | 指内部填充和外表面的重合交叉程度，决定了多少填充会重叠在外轮廓上，使填充和外轮廓这两部分有效连接在一起。填充和外表面交叉有助于提升外表面和填充的连接坚固性 |
| 支撑类型 | Lines 为直线状，易拆除；Gridi 为网格状，较牢固 |
| 支撑临界角 | 切图时达到该角度的位置会自动设置支撑 |

（续）

| 参数 | 说　　明 |
|---|---|
| 支撑数量 | 指支撑材料的填充比例。数值越大越牢，但越不易拆除。一般设 15 即可 |
| X/Y 轴距离 | 支撑材料在 X/Y 轴方向和图形的距离。设为 0.7mm 即可，防止支撑与图形粘在一起 |
| Z 轴距离 | 支撑材料在 Z 轴方向和图形的距离，设置该值可方便拆除支撑，但太大会降低打印质量，一般设为 0.15mm 即可 |
| 外部轮廓启用 Spiralize | 打印过程中 Z 轴稳步上升，可将实心图形打印成薄壁图形，壁厚为外壳厚度所设的值 |
| 只打印模型表面 | 仅打印表面，顶、底、内部填充都会丢失 |
| 边沿走线圈数 | 用于设置扩展底的圈数。较大数值可以使打印图形更容易地粘到平台上，但会减少打印区域 |
| 额外边缘 | 用于设置额外的底座区域。数值越大，底座也就越大，有利于固定 |
| 走线间隔 | 当使用底座的时候，这个参数用于设置距离中心线的距离 |
| 基底层厚度 | 用于设置底座的底层厚度。一般设为 0.2mm 即可 |
| 基底层走线宽度 | 用于设置底座的线宽。一般设为 1mm 即可 |
| 接触层厚度 | 用于设置底座的顶层厚度。一般设为 0.27mm 即可 |
| 接触层走线宽度 | 用于设置底座接口层线条线宽。一般设为 0.4mm 即可 |
| 悬空间隙 | 用于设置底座和表层的间隔。在使用 PLA 的时候，0.2mm 左右的间隔可以很好地剥离底座 |
| 第一层悬空间隙 | 用于设置在基底和模型之间的间隙。这个间隙能让模型更容易被取下，使用 PLA 时建议设为 0.2mm |
| 表层 | 用于设置在底座上打印表层的数量，这些层是完全填充的 |
| 初始层厚 | 用于设置表面层的厚度 |
| 接触层走线宽度 | 用于设置表层线宽 |
| 闭合面片（Type-A） | 尽量保持内孔不变 |
| 闭合面片（Type-B） | 忽略所有内孔，只保持外部形状 |
| 保持开放面 | 正常情况下，软件会尝试修补所有洞，但勾选该选项将不理会这些洞。一般不需要勾选，除非出现切片失败，可能需要打开它 |
| 拼接 | 若勾选此选项，软件在切片时会尝试恢复那些开放面，变成闭合的多边形。但算法占资源，切片速度会很慢 |

# 第二节　3D 打印机的控制面板

现在市场上有多种 3D 打印机，功能越来越先进，机器的操作也更加方便。下面以先临的 Einstart-D200 机型为例，介绍 3D 打印机的通用打印方式与 3D 打印机常规操作。图 2-23 所示为机器的操作界面，其采用彩色触摸屏操作界面，简洁美观，从屏幕中可以执行打印机的基本操作。

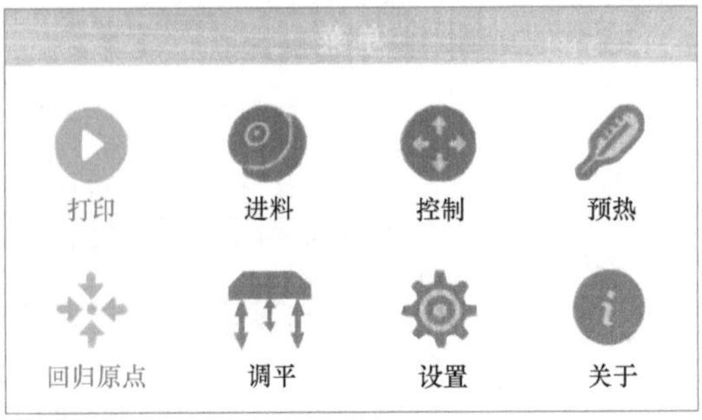


图 2-23

## 一、打印

当需要打印模型时，只需要单击主界面上的打印按钮（图 2-24），就可以进入打印界面。按上下按钮翻页，直接单击选择需要打印的文件，单击“打印”按钮即可。此时打印头会回到原点，自动开始加热，直至可打印的状态就会自行打印。

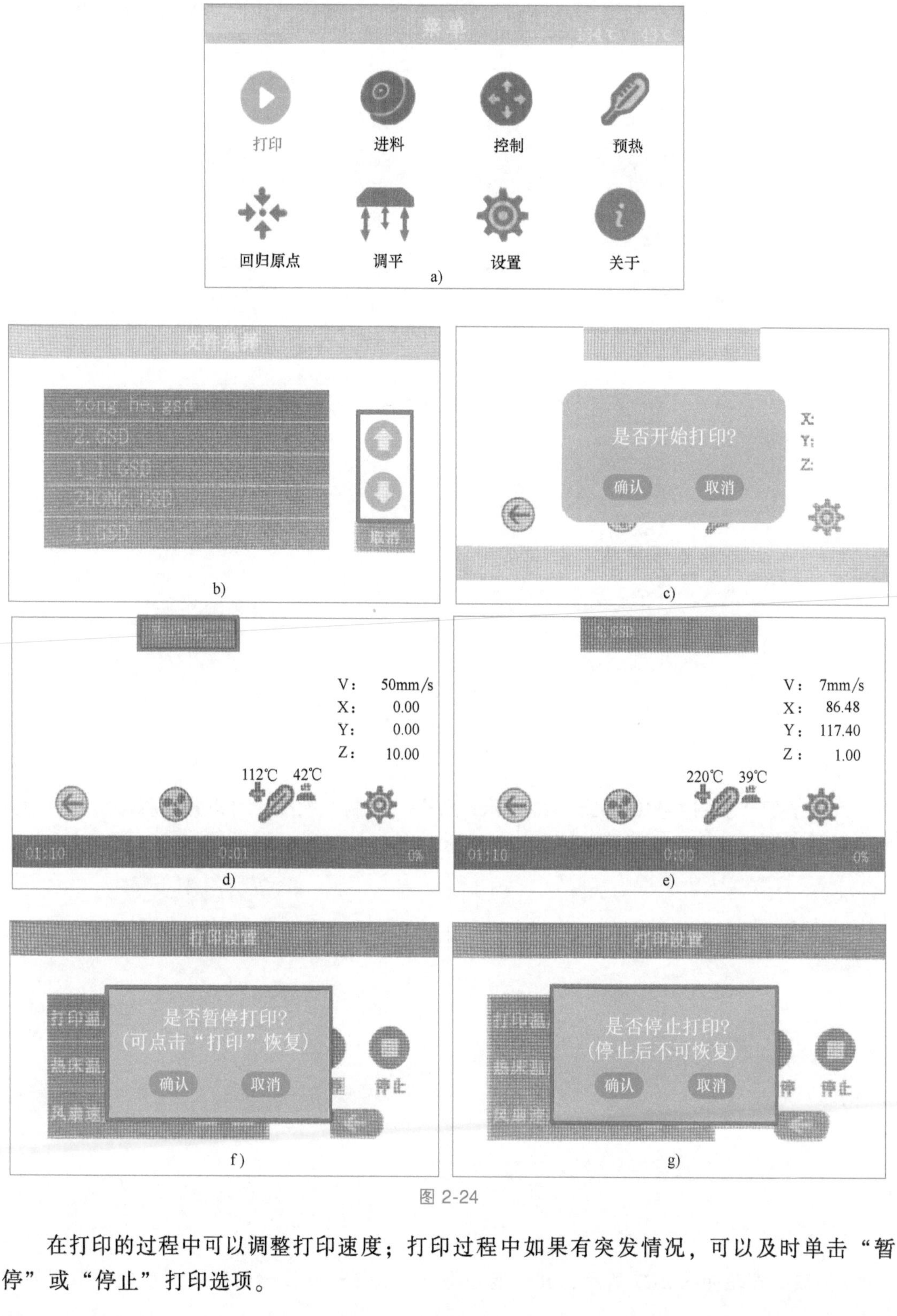


图 2-24

在打印的过程中可以调整打印速度；打印过程中如果有突发情况，可以及时单击“暂停”或“停止”打印选项。

## 二、进料

单击“进料”按钮，如图 2-25 所示，打印头会自动预热，并在温度达到某一数值时开始自动进料。

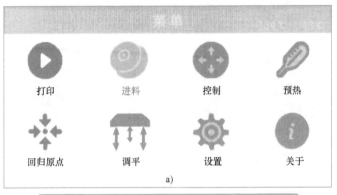

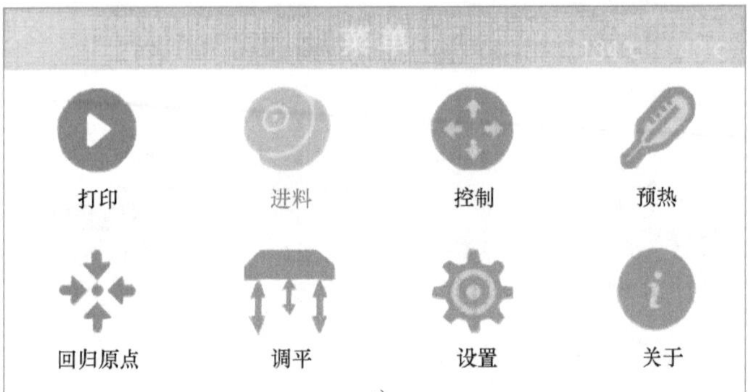

a)

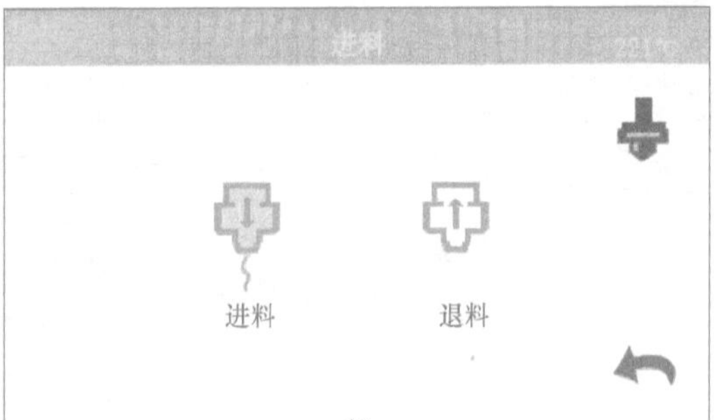

b)

图 2-25

## 三、控制

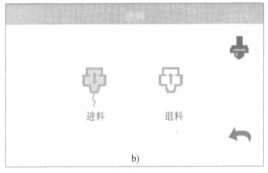

面板上的“控制”按钮如图 2-26 所示。单击“控制”按钮，可以控制打印头的移动方向，包括 *X*、*Y*、*Z* 3 个轴的移动，而且可选择 3 种移动间距：0. 1mm、1mm、10mm。

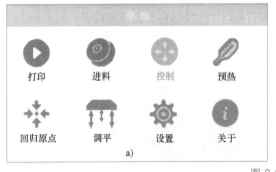

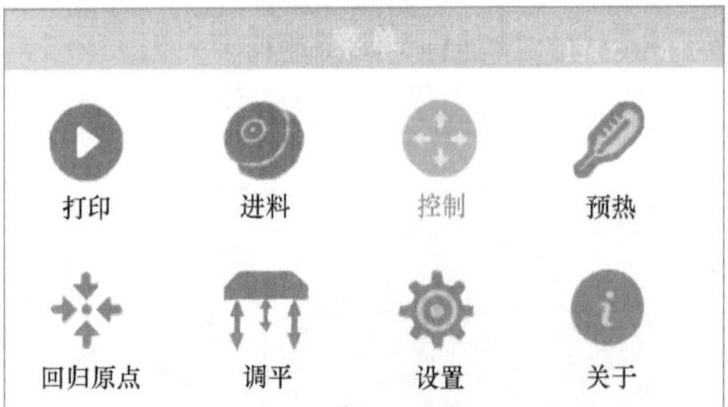

a)

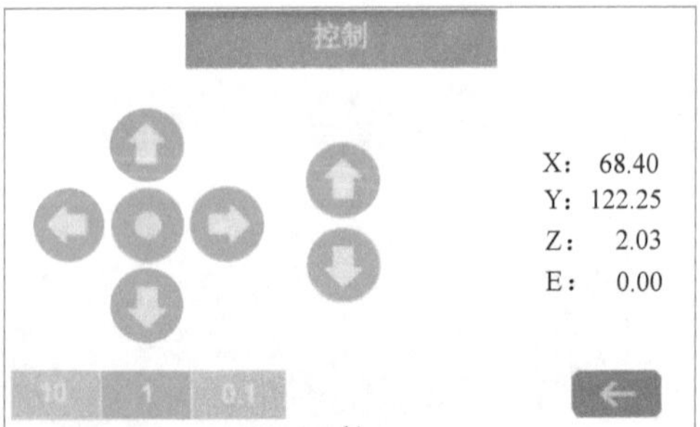

b)

图 2-26

## 四、预热

“预热”按钮如图 2-27 所示，其功能是将打印头加热到设置的某一温度值。堵头的时候，加热打印头可以使清理打印头操作更加方便；在打印的时候，提前预热打印头，以便打印的时候直接打印。在退换料的时候先预热打印头，当打印头内的打印材料完全融化后，再进行材料的替换。

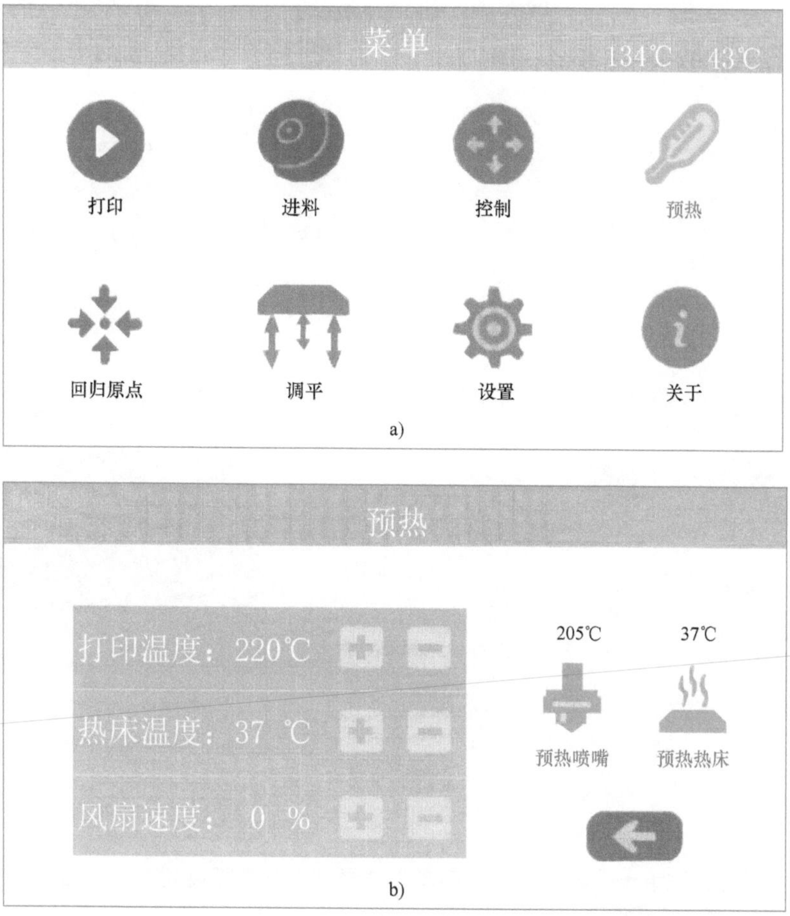


图 2-27

## 五、回归原点

“回归原点”按钮如图 2-28 所示。回归原点的功能是：将打印头的位置回归到最原始的初始点状态。一般的初始值都为 *X*、*Y*、*Z* 3 个轴的零点位置。

## 六、调平

调平在 3D 打印中是非常重要的。“调平”按钮如图 2-29 所示。调平的作用是：当 3D 打印的材料刚开始打印第 1 层时，确保打印材料能成功地附着并粘附在打印平台上。如果打印头距平台太近，会出现打印完成后很难拆除的情况；但如果打印头距平台太远，打印丝无法粘附在平台上，会导致无法正常打印。所以 3D 打印能否正常进行，与调平有着非常重要的关系。

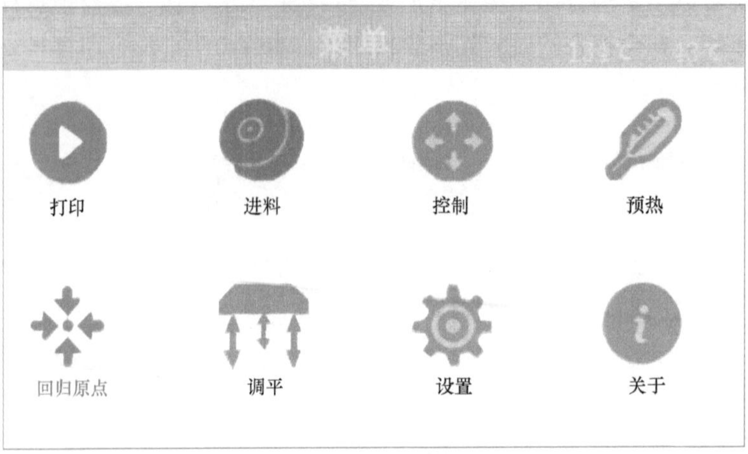


图 2-28

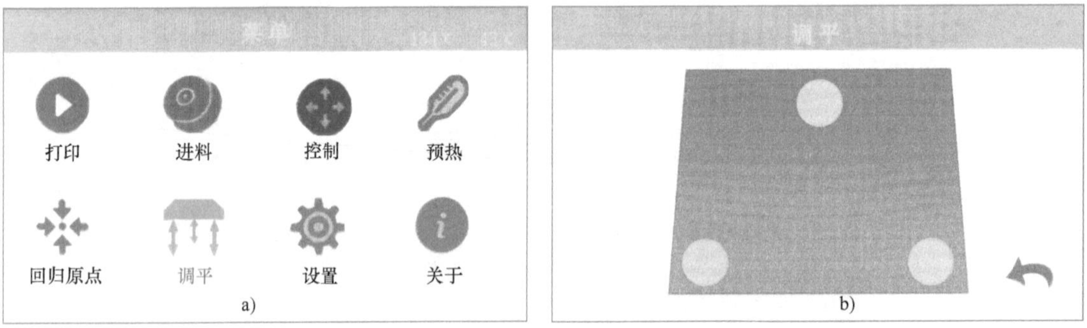


图 2-29

## 七、设置

“设置”里包括“打开风扇”“电机制动”“语言”“高级设置”“初始化”“时钟”“返回主界面”功能按钮，如图 2-30 所示。

1）打开风扇：该功能适合在打印完成后极速降温，或者夏天打印时为打印头降温。

2）电机制动：该功能可以将 $X$、$Y$、$Z$ 3 个轴的步进电动机限制在某一个位置，将其固定。适用于在测试过程中使平台处于某一水平高度并固定，不让其掉落下来。

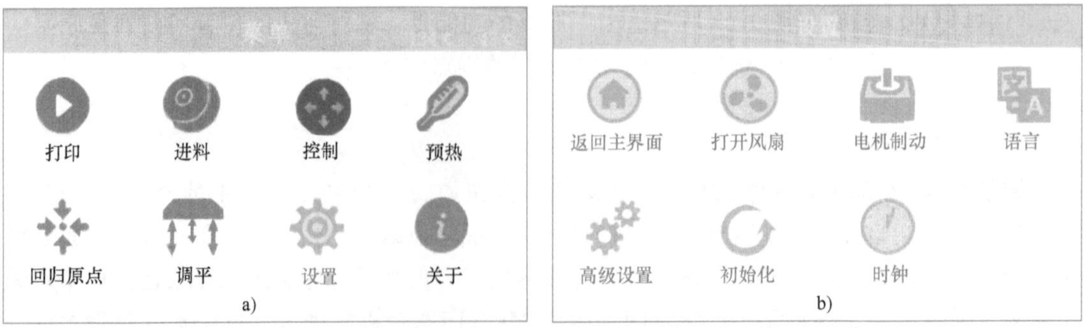


图 2-30

3）语言：可以进行中、英文的转换。

4）高级设置：该功能在通常状态下不需要去调整。

5）初始化：将机器的所有可调整参数恢复为出厂设置。

6）时钟：可显示当前的北京时间。

# 第三节 3D 打印机的平台调整

## 一、调平打印平板

现在市场上的 3D 打印机品牌多种多样，功能也越来越先进。但是不论哪一款 3D 打印机，都会遇到平台调平的问题。每一次打印完成后，在将打印零件取下的过程中，都对平台相对喷头的位置有所影响，为保证后续打印的精度，应对打印平台做一次调平。现在很多设备都有自动调平功能，操作起来简单方便。为了进一步说明平台调平的过程和原理，下面以 DreamMaker 的打印平台调平为例进行介绍。DreamMaker 平台调平分为粗调和精调两种。如果长时间未使用打印机，建议粗调结束后进一步精调；对于取下平台剥离模型后又放回这种情况，可以跳过粗调直接进行精调。

## 二、粗调

保证平台归位时，肉眼观察平台和喷头保持 0.5mm 左右的合理距离。注意：这里的 0.5mm 是个估计值，表明粗调后喷头离打印平板相当近，但是又没有完全接触的状态。

1）调节限位开关位置，以调整平台归位时与喷头的距离。手动将喷头顺着十字杆移动到平台中央，顺时针旋转 $Z$ 轴联轴器，将平台调整至可以碰到打印机背面的 $Z$ 方向限位开关的位置，如图 2-31 所示。

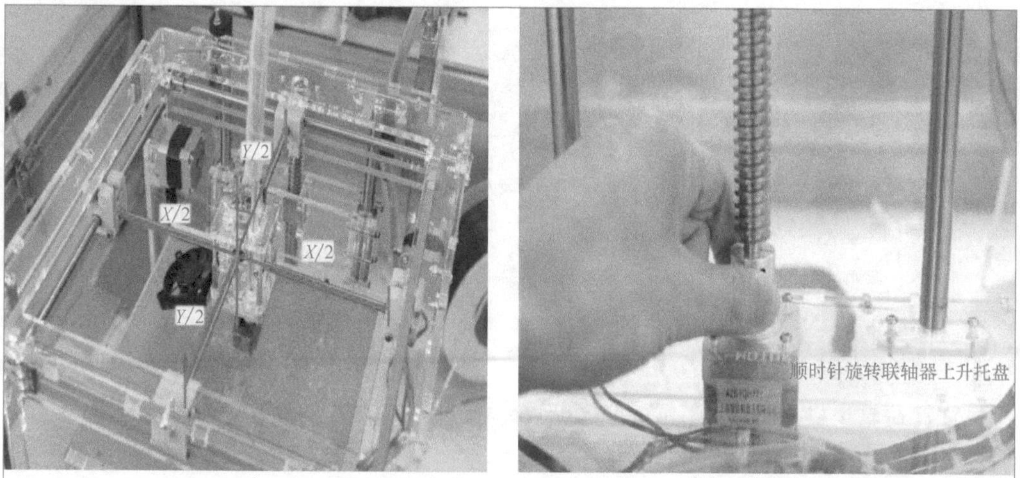


a) b)

图 2-31

如果在触发限位开关之前，平台就与喷头接触了，如图 2-32 所示，表明限位开关位置太高。控制平台距喷头大约 0.5mm，向上调整平台与限位开关接触的小机构上的螺钉，使它能顶到限位开关，在听到轻微的“咔哒”声后，表明限位开关正好被平台触发，这样可以消除之前的距离误差。

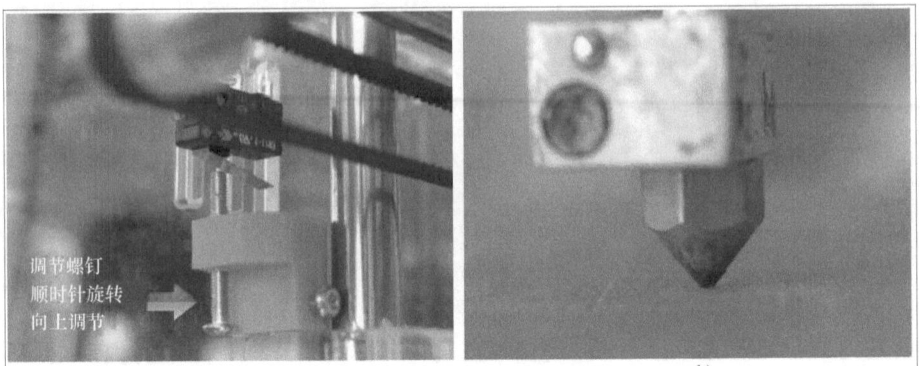


a)　b)

图 2-32

如果在碰到限位开关时，平台与喷头还有一定距离（>0.5mm），表明限位开关位置太低，可以适当向下调整与限位开关接触的小机构上的螺钉，使平台在触发限位开关时与喷嘴距离在 0.5mm 左右。

2）分别调整平台 4 个角的螺钉，以调整平台水平。可以通过依次拧紧或者拧松平台 4 个角的螺钉来调整平台水平。因为喷头一直做标准的平面运动，可以用它做平台水平度的校准器。将喷头从平台中央移到平台某一角，比如左下角，观察喷头与平台的距离，顺时针拧紧或逆时针拧松平台左下角的螺钉，控制喷头与平台的距离在 0.5mm 左右。移动喷头至平台其他 3 个角，重复之前的动作，使平台 4 个角都与喷头距离 0.5mm。最后移动喷头到平台中央，微调四周的螺钉，平台整个平面都距离喷头 0.5mm 左右，理论上就达到水平了，如图 2-33 所示。

a)　b)　c)

图 2-33

注意：在整个操作过程中，必须避免平台与喷头有过多摩擦，防止喷头损坏。

## 三、精调

精调过程简单来说就是，运行 SD 卡中的自动调平程序 Level_V1.5.gcode，进一步缩小喷头与平台的距离（大约一张 70g A4 纸的厚度）。

1）运行 SD 卡中的自动调平程序 Level_V1.5.gcode。安装好打印平台后，给打印机接上电源（用电源适配器连接 100~240V 电压），在显示屏右方卡槽内插入 SD 卡，按下显示屏右下方的旋钮，进入程序菜单，选中“Card Menu/Print from SD”，找到名为 Level_V1.5.gcode 的文件，当光标指向它的时候按下运行旋钮。程序运行过程中，打印机会频繁出现“wait for user”字样，表明操作者按下旋钮后，程序才会进入下一步运行。

喷头会先移到平台中央，之后依次移向平台 4 个角，重复 2 次，最后回到平台中央。喷头移动到每一个角时，都会暂停等待操作者的调平操作，调平完成后按下旋钮进入下一步。喷头前后 2 次移动到平台中央，可以观察调平前和调平后的区别。最后程序会打印一个样例方框，可以观察调平后打印的效果。调平过程中不要用手接触或者移动喷头。

2）继续缩小平台与喷头的距离（大约一张 70g A4 纸的厚度）。按下旋钮，喷头移向平台中央，停顿；再次按下旋钮，喷头开始移向打印平台左下角，停顿。当喷头在平台角落暂停时，肉眼观察喷头与平台间的距离，理想的间距是两者刚好接触而不产生压力。

非理想状态下间距会有如下两种情况：

① 间距太大。如果喷头和平台间有肉眼可见的间隙（>0.05mm），拧松打印平台该角落的螺钉，释放压簧，让打印平台的这一角略微上抬，直到刚刚触碰喷头。

② 间距太小，甚至这个距离是负值。如果喷头和平台间距离过小，在喷头运动过程中与平台发生刮擦，应立刻关闭打印机电源，以防喷头过度损坏，并参照产品说明书中的“产品维护→调平打印平板→粗调”章节操作。注意：有时喷头和平台只是看起来接触了，实际上两者互相不受到对方的挤压，可以在喷头下插入一张白纸（70g A4 纸），并左右滑动白纸加以验证。理想状况是，在看起来接触的喷头和平台间，白纸能够自由滑动，没有明显的摩擦感。如果喷头与平台间仍有肉眼可见的距离，则逆时针拧松平台上该角落处的螺钉，减小平台和喷头的距离，并保证这个距离足够使白纸能够自由无摩擦感地移动，如图 2-34 所示。

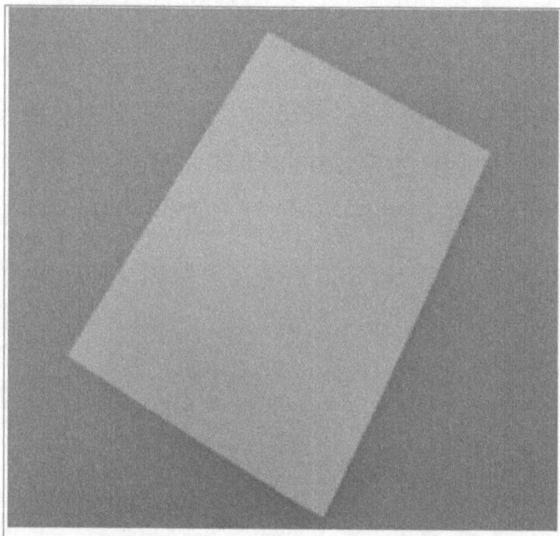
a)

b)

图 2-34

## 四、注意事项

1）如果白纸插不进喷头与平台之间，表明喷头与平台间距太小，此时顺时针拧紧平台上该角落的螺钉，直到白纸刚好能够插入喷头与平台之间，并且能滑动白纸。这样既能保证喷头能在平台上无障碍滑动，又保证了打印时从喷头流出的 PLA 材料能顺利凝固在平台上。

2）使用螺钉旋具时，尽量不要向下用力过大而导致平台下陷，这会给调平观察带来麻烦。初步调整好平台的一个角落后，按下旋钮进入下一步。打印喷头移动到平台右下角处，按照上述操作调整好右下角的螺钉。如此打印喷头走过平台 4 个角落，4 个角落的螺钉也一一得到了调整。上述过程应重复一遍，当喷头再次走向平台 4 个角落并停下时，按相同步骤对 4 个螺钉再做一次校验调整，减小第 1 次调整的误差。

3）打印样例方框。喷头回到原点后，继续按下旋钮，开始打印样例方框。喷头开始加热到 220℃，等待一段时间后喷头开始吐丝打印样例方框。如果方框线粗细均匀，无拉丝、断裂现象，表明平台已经调整至可接受打印件的状态，否则表明平台没有完全调平，应回到第 2）步重新调平，如图 2-35 所示。

a)　　b)

图 2-35

注意：在运行程序的过程中，喷头处高温危险，必须谨慎操作，切勿用身体部位或易燃易爆物品靠近或接触喷头。

4）最后用小铲刀清洁平台表面方框和滴落的残余 PLA 材料，调平完成。在之后使用 Cura 软件的过程中，将“Advanced—Initial Layer Thickness”值改为 0. 25mm（约一张纸的厚度）。

若喷头挤出的丝料不能粘在打印平台上，或者间断性地粘在平台上，表明喷头与平台距离太远。这时应当逆时针拧松平台上的螺钉，释放弹簧，减小喷头和平台间的距离。这里要注意的是：如果挤出的丝料完全粘在平台上，而没有被平台和喷头挤压变粗、变平的迹象（比如丝料呈现的是圆柱形），则表明喷头和平台间的距离还是可以再缩小一些的，以便打印件能与平台完美贴合，如图 2-36 所示。

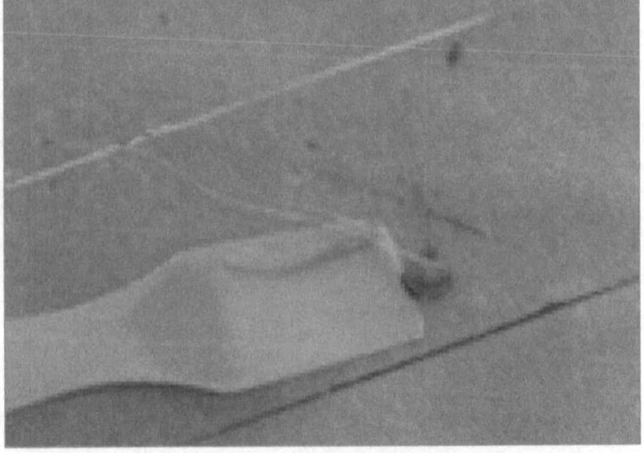

图 2-36

在保证打印喷头不堵塞的情况下，当喷头走过打印平台，在蓝胶布上留下刮痕而不流出任何 PLA 材料时，表明喷头与平台间距离太小。这时应当迅速关闭打印机开关，并且顺时针拧紧平板上的螺钉，增大平台与喷头的间距。喷头在蓝胶布上的刮擦可能使蓝胶布碎屑堵塞打印喷头；此外由于 PLA 材料一直处于输送状态，运行一段时间后，积聚在喷头内不能及时流出的 PLA 材料会在喷头离开打印平台时喷出，破坏打印件。

平台的调平是打印操作里非常重要的一步。经过一段时间的使用后，读者应对打印平台的调平技巧有所体会。

# 第四节　3D 打印耗材更换

## 一、上料

准备好一卷 DreamMaker 配套的 1.75mmPLA 线材，并提前将它安装在料架上，之后按照如下步骤给打印机上料，如图 2-37 所示。

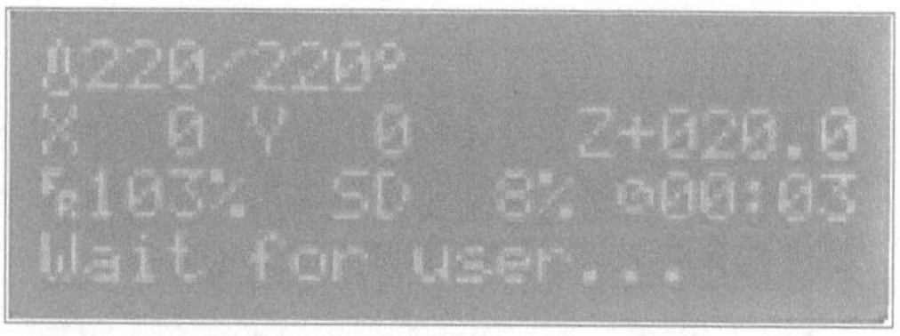


图 2-37

1）打印机接上电源（用电源适配器连接 100~240V 电压）。

2）按下显示屏右下方的旋钮，进入程序菜单；旋转旋钮并移动光标至“Prepare”，按下旋钮；旋转旋钮，选中“PreheatPLA”并按下。

3）显示屏界面左上角开始显示喷头自动加温。在这段时间里，打印喷头会一直升温，直到 220℃。

4）在打印喷头升温的过程中，将准备好的 PLA 线材抽出 30cm，用剪刀剪去可能不规则的头部，之后掰直材料，放在手边等待上料，如图 2-38 所示。

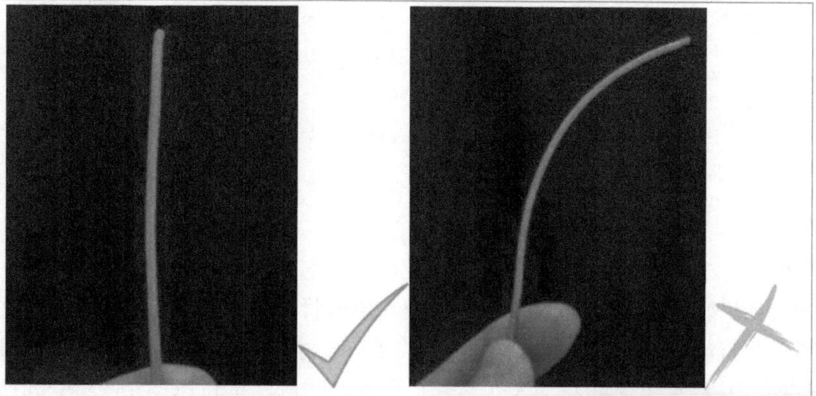

a)　　b)

图 2-38

5）当屏幕显示打印喷头的温度达到 220℃后，如果喷头中有 PLA 残余，PLA 将顺着喷头流下。可以将 PLA 线材从送料装置下方的送料小孔往上直塞顶入两个送料轮之间（图 2-39a）。

如果感到顶入困难，可以一手轻轻向后掰压紧机构（图 2-39b），增大两个送料轮之间的间隙，另一只手继续塞入 PLA 线材，直到 PLA 线材被两个送料轮夹住。

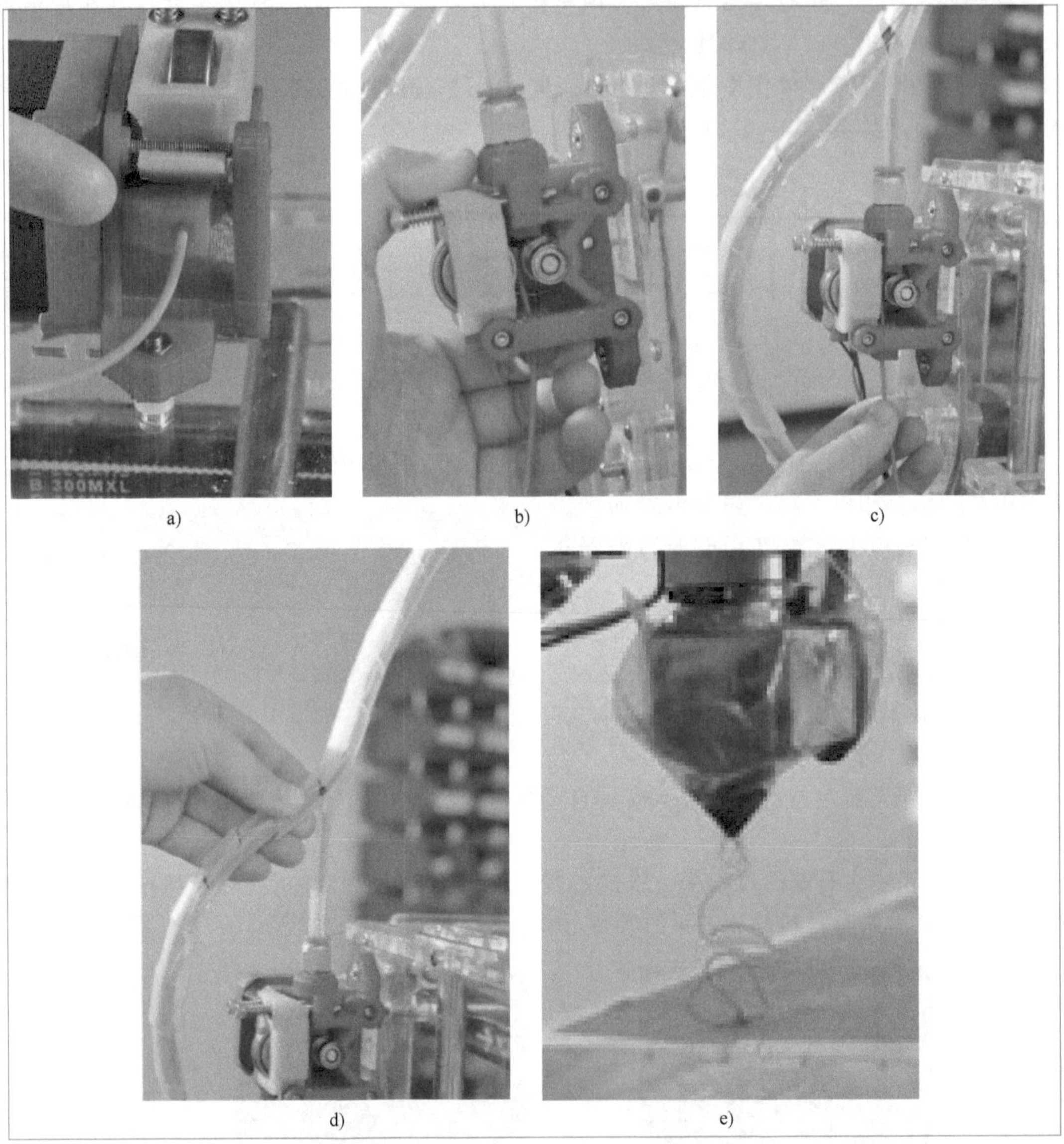


图 2-39

6）继续向上顶入 PLA 线材，直到可以看到 PLA 线材超过蓝色卡爪进入送料管（图 2-39c）。在这个过程中，如果感到 PLA 线材被挡住无法进入送料管，用手旋下蓝色卡爪下方的金色夹持扣螺母，将送料管与挤出机构分离，之后向上顶入 PLA 线材（图 2-39d），直到 PLA 线材穿出挤出机构 50mm 左右。用手将 PLA 线材穿入送料管，再旋好螺母，重新连接好送料管和挤出机构。

7）持续顶入 PLA 线材，将其送至打印喷头，直到喷头小孔里开始流出融化的 PLA（图 2-39e），且流出速率与挤入速率成正比。如果没有 PLA 流出，应检查喷头是否堵塞。

8）选择“Prepare”菜单中的“Cool down”选项，喷头温度将逐渐冷却至室温，上料过程结束。如果在上料后需要立即打印，可以跳过 Cool down 冷却步骤，直接进入 SD 卡菜单进行打印操作。

## 二、退料

当料架上剩余的料不足以进行下一次打印时，或者想更换打印颜色时，必须手动进行退料操作，然后给打印机换上一卷新料。操作步骤如下：

1）打印机接上电源（用电源适配器连接 100~240V 电压）。

2）按下显示屏右下方的旋钮，进入程序菜单；旋转旋钮并移动光标至“Prepare”，按下旋钮；旋转旋钮，选中“PreheatPLA”并按下。

3）显示屏界面左上角开始显示喷头自动加温，在这段时间里，打印喷头会一直升温直到 220℃。当屏幕显示打印喷头温度达到 220℃后，从送料机构下端向下缓慢拉出 PLA 线材。

4）在 PLA 线材头部将要退出送料管前，停止拉出 PLA 线材的操作，用手旋开挤出机构上的金色夹持扣螺母（可以使用扳手）。用剪刀剪去熔融变形的线材头部，之后继续下拉 PLA 线材，直到它完全退出挤出机构。

5）如果需要换料，可以参考上一小节进行上料操作；如果不需换料，选择“Prepare”菜单中的“Cool down”选项，打印喷头的温度会逐渐降至室温。绕好退出的 PLA 线材，并从料架上取下。PLA 是可降解的塑料，应妥善合理地处理余料。

# 第三章 CHAPTER 3 Inventor软件介绍与建模设计要求

## 第一节 Inventor 软件界面及操作介绍

Inventor 软件是美国 AutoDesk 公司推出的三维可视化实体建模软件。它包含三维建模、信息管理、协同工作和技术支持等功能。使用 Inventor 可以创建三维模型和二维工程图，可以创建自适应的特征、零件和子部件，还可以管理上千个零件和大型部件；它的“连接到网络”工具可以使工作组人员协同工作，方便数据共享和同事之间设计理念的沟通。Inventor 用户界面简单，在三维运算速度和着色方面表现优异，设计人员能够迅速获得零件和装配体的真实感，缩短了设计意图的产生与系统响应之间的时间差，从而尽可能小地影响设计人员的创意和发挥。Inventor 软件界面如图 3-1 所示。

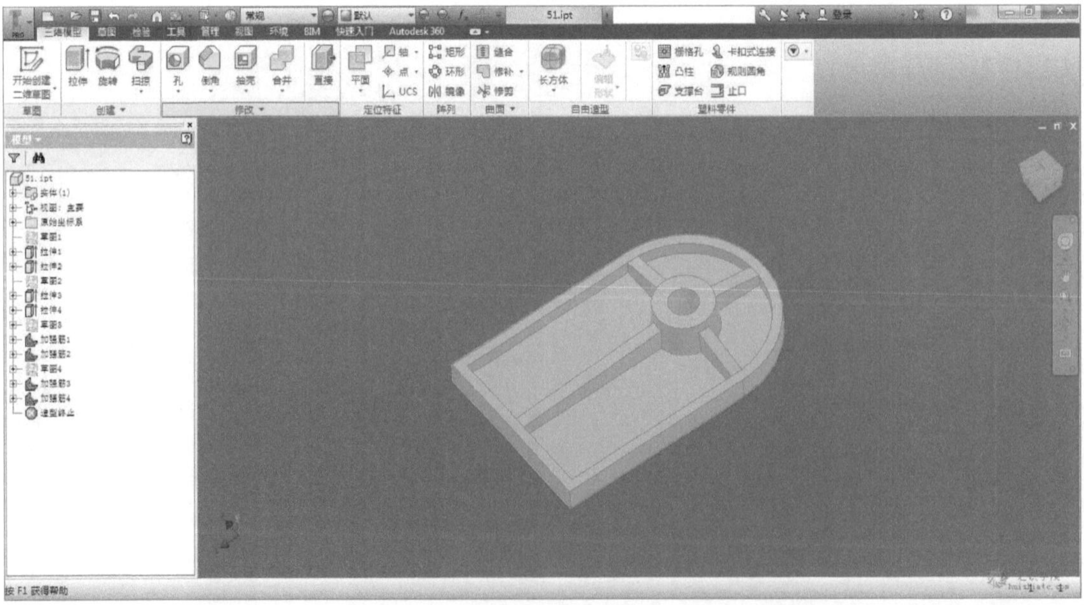

图 3-1

1. 主菜单（图 3-2）

1）新建：用于新建一个设计案例。

2）打开：用于打开存储在本地磁盘中的案例文件，其支持的格式包括 ide、dwg、idw、ipn、iam 和 ipt。

3）保存：保存编辑完成后的案例文件到本地磁盘，其默认格式是 ipt。

4）另存为：把案例文件存储到另一个文件，默认格式是 ipt。

5）导出：导出案例文件，支持的格式包括 IGES、STP、DWG、STL、JPEG、PNG 以及 PDF 等。

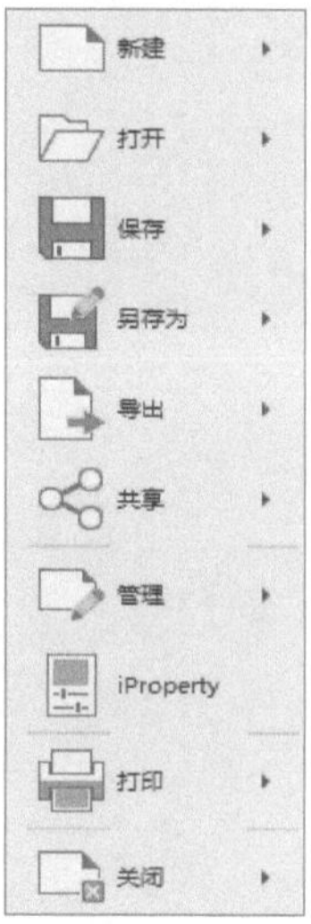


图 3-2

2. 标题栏

标题栏用于显示当前编辑的案例名称，如图 3-3 所示。

3. 帮助

1）帮助：提供软件使用帮助。

2）了解更多信息：打开最新特性说明，教材等。

图 3-3

4. 导航栏

在导航栏中可以显示操作流程、顺序等，如图 3-4 所示。

5. 绘图区

绘制图形区域，如图 3-5 所示。

6. 视图导航

视图导航用于指示当前视图的朝向，导航六面体的 26 个视角（6 个面、8 个角、12 条边）均支持单击，单击后界面即将视角对正该方向，如图 3-6 所示。

7. 鼠标键盘操作（图 3-7）

1）左键：确定。

2）右键：快捷菜单。

3）中键：按下中键同时移动鼠标可实现平移功能，前后滚动中键滚轮可以使实体放大或缩小。

① 旋转 1：<F4>键+按下鼠标左键不放，移动鼠标。

② 旋转 2：<Shift>键+按下鼠标中键不放，移动鼠标。

③ 旋转 3：导航按钮“动态观察”激活状态，移动鼠标。

④ 旋转 4：“动态观察”激活状态，按下<Shift>键并移动鼠标，实现自由旋转。

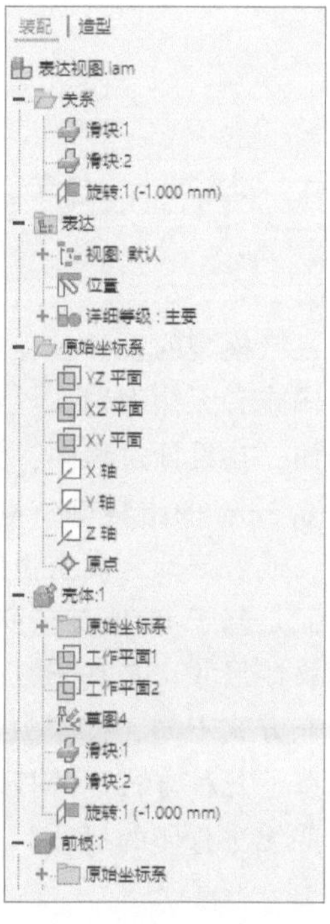


图 3-4

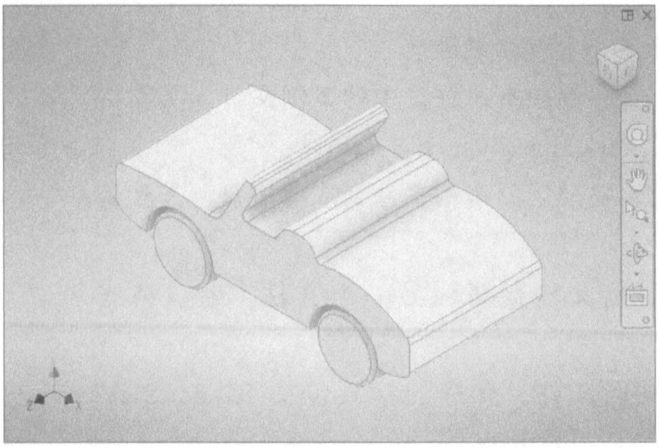

图 3-5

图 3-6

图 3-7

# 第二节　3D 打印建模设计要求

在三维模型的设计过程中，需要考虑加工时的影响因素，可能存在设计操作使三维模型无法打印或者无法识别。导致这些问题的因素有很多。

例如，在设计过程中，为了美观而将壁厚设计成了 0.1mm，但是实际 3D 打印机的打印头只有 0.3mm 的出料口，将模型导入切片软件时，软件无法识别该部分的模型数据导致形成缺口，或者该部分模型消失。

下面是基于 FDM 工艺列举的三维模型设计要求，以及建议的设置参数。以下模型尺寸都是建议性尺寸，是基于 0.4mm 喷头设计的最小尺寸建议。因为每种打印机的精度不同、底层填充方式不同、打印头直径不同以及材料不同，所以尺寸的最小极限也会不相同，但可以依据以下几种方式了解打印机的大致极限尺寸，以及基本能打印的尺寸，不至于在建模时绘制一些无法打印的尺寸，而后又进行重新设计。

1. 最小凹凸尺寸

凹凸的细节是指在模型上凸起或者凹陷下去的刻字或图案的雕刻（图 3-8），它是有一定尺寸范围限制的。凹陷与凸起的尺寸不能太小，否则会导致无法识别线条而无法打印，或者打印直接粘合在一起，形成连接变成整体，使要雕刻的图形或文字都消失。

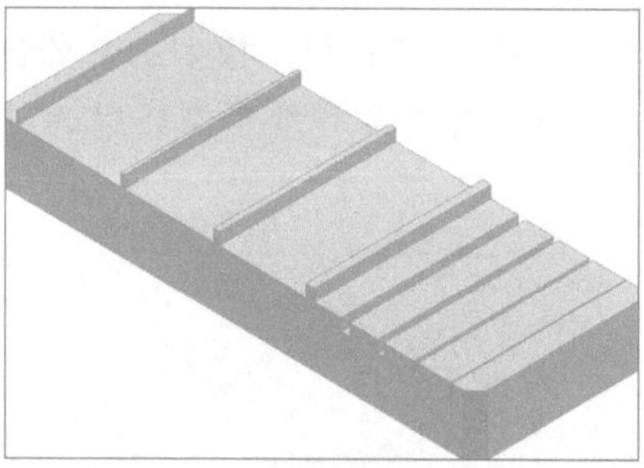

建议最小凹凸尺寸不小于0.3mm

图 3-8

2. 最大非支撑外悬长度

外悬是指模型的一部分平行于构建平台的水平突出，如图 3-9 所示。不建议没有支撑打印外悬，因为缺少支撑就不能维持这样的结构。水平外悬会在超出 1mm 的情况下轻微变形，而且随着外悬部分长度的增加，变形会更加严重。

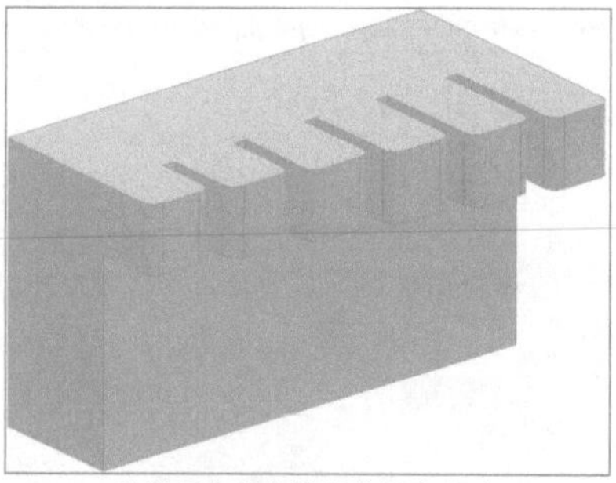

建议最大非支撑外悬长度小于5mm

图 3-9

3. 最大非支撑外悬角度

若模型的部分位置有一定角度而且角度比较小（图 3-10），在没有任何支撑的情况下，

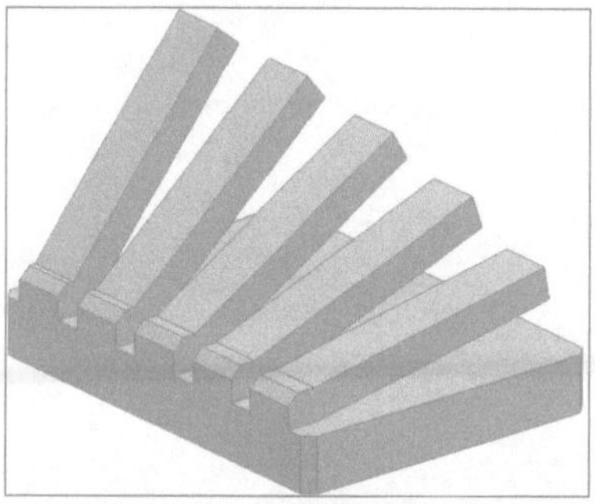

建议最大非支撑外悬角度小于30°

图 3-10

在打印的过程中可能会因为底部没有支撑引起打印掉料，打印斜面的外表面不平整，脱层可能最终导致脱模等问题，如图 3-10 所示。

4. 最大水平支撑跨桥

最大的水平支撑跨桥是指，在 3D 打印过程中模型的部分位置处于悬空状态，且底部没有任何支撑，如图 3-11 所示。这种情况可能导致模型底层的打印线形成抛物线，甚至可能打印不出该部分模型，以及堵料等问题。

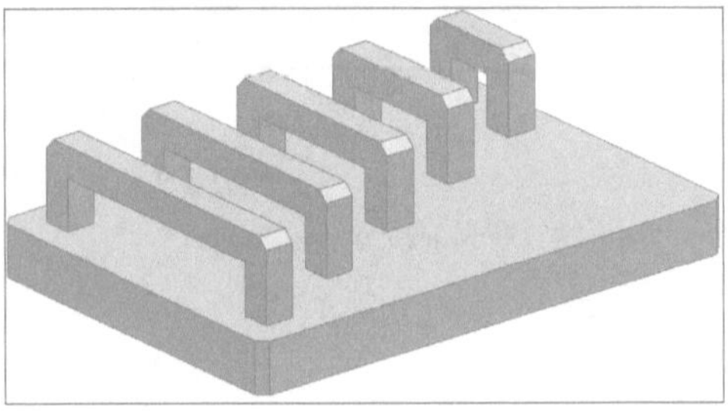

建议最大水平支撑跨桥小于 20mm

图 3-11

5. 最小装配公差

在 3D 打印过程中，模型之间的装配公差是一个非常重要的问题。打印的尺寸偏差会受到非常多因素的干扰，比如温度、机器刚性、材料质量和有无热床等，这些因素会导致模型最终打印出来的尺寸一致性问题，如图 3-12 所示。

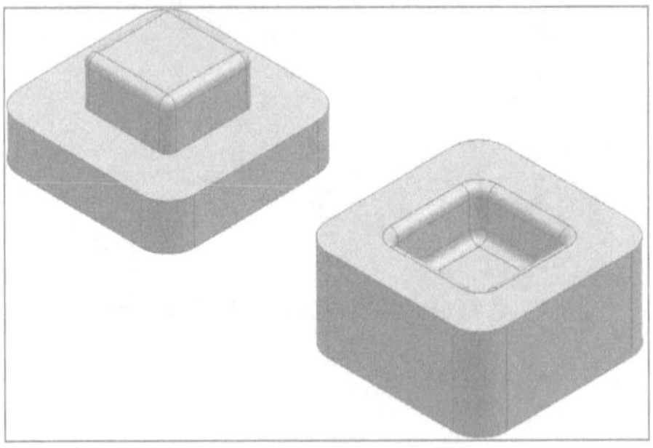

建议最小装配公差大于 0.3mm

图 3-12

# 第四章 CHAPTER 4 3D打印模型设计技巧——基础

## 第一节　一体打印——小车的设计

### 一、学习目标

1. 了解“一体打印”的概念。

2. 熟练掌握一体打印模型的建模方式。

3. 掌握“创建二维草图”“线”“圆弧”“修剪”“圆角”“圆”“偏移”“构造”和“复制对象”等草图绘制命令。

4. 掌握“拉伸”“偏移/加厚”和“圆角”等特征命令。

### 二、项目描述

本节介绍的知识点是模型的一体打印。在3D打印模型的建模过程中有多种绘图工艺，这些工艺是基于3D打印模型的成型工艺而形成的一些特殊绘制方式，其中有一种是一体成型。一体成型的绘制方式指的是：在模型打印完成后，该模型无法拆分成单个零件；基于绘制的方式不同，模型可以按指定方向绘制。一体成型的绘图方式可分为如下两种：

1）多零件一体打印。这种绘图方式是轴孔的绘图方式，孔与轴之间会留有一定的间隙，使之打印完之后稍微用力就能分开进行旋转，变为可活动的零件，如图4-1所示。

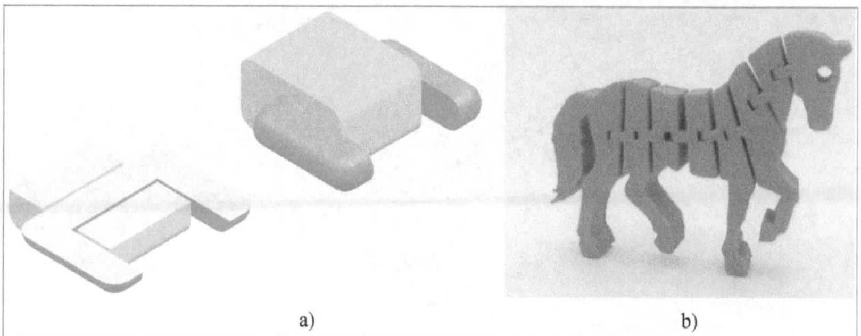

a)　　b)

图 4-1

2）依据材料特性一体打印。这种绘图方式不同于多零件一体打印，因为这种绘制方式是根据材料的硬度、韧性和可延长性等多方面考虑的。如图 4-2 所示的“投石机”就是根据材料的韧性、可弯曲性以及打印完成后的模型可弹性变形的程度绘制的一个模型。

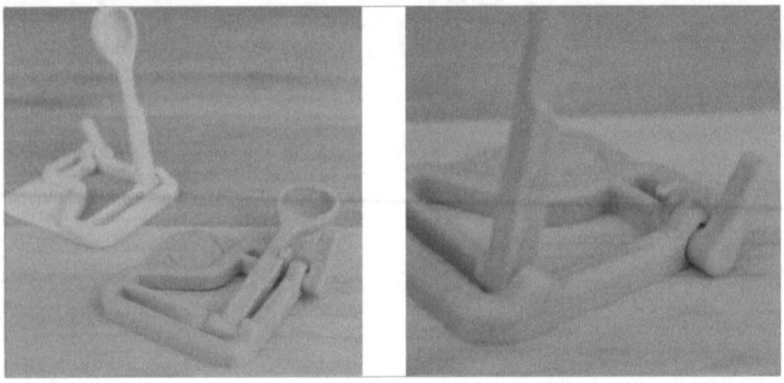

图 4-2

## 三、学习过程

### （一）项目分析

使用 Inventor 软件绘制图 4-3 所示的小车模型，按照小车标注的尺寸绘制图形。使用软件草图绘制里的“开始创建二维草图”“线”“圆弧”“修剪”“圆角”“圆”“偏移”和

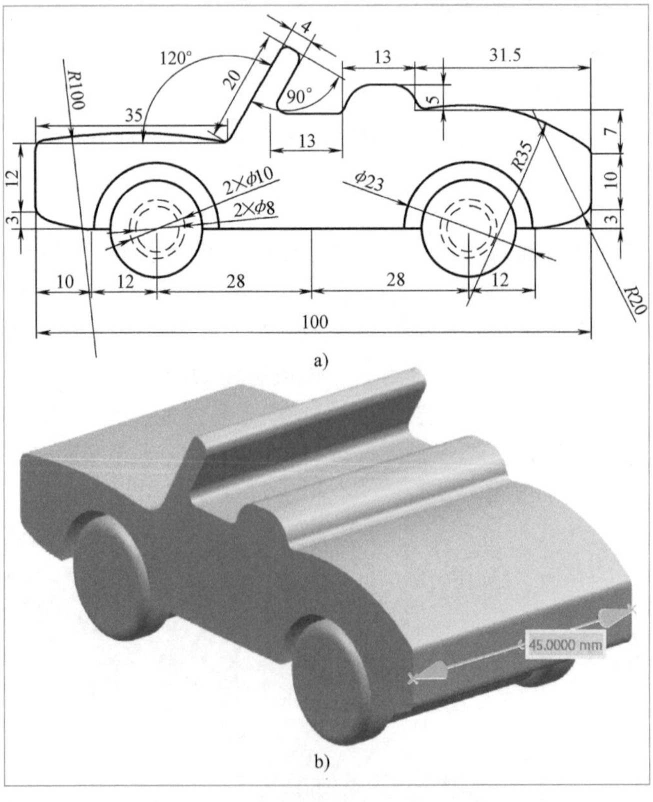


图 4-3

“复制对象”等命令，以及三维模型里的“拉伸”“偏移/加厚”和“圆角”等命令绘制小车模型。在绘制过程中，需要综合考虑轮毂之间的间隙以及绘制完成后打印底面的选择，防止打印间隙太小而变为整体，或者间隙太大导致无法打印。最终打印完成后调试轮子，使其流畅滚动。

### （二）模型设计

#### 1. 草图的绘制与编辑

1）激活“开始创建二维草图”命令，选择 *XY* 平面作为草图绘制平面，如图 4-4 所示。

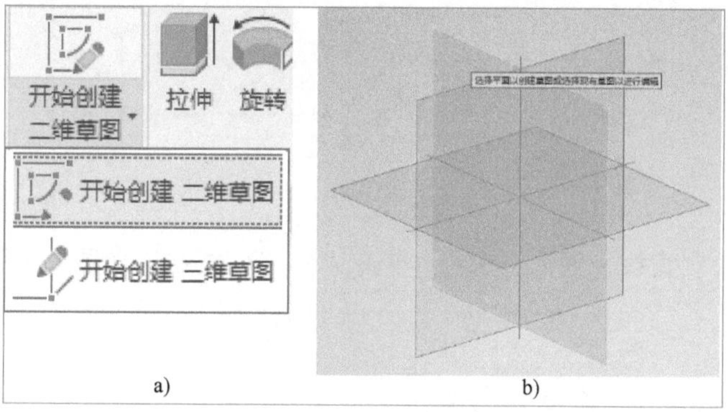


图 4-4

2）激活“线”命令，如图 4-5 所示，绘制车体外形轮廓。

3）选择坐标中心点为直线起点，在 *X* 负方向绘制直线，长度为 28mm，按<ENTER>键确认；输入“12”，单击“确定”按钮；输入“10”，单击“确定”按钮，如图 4-6 所示。

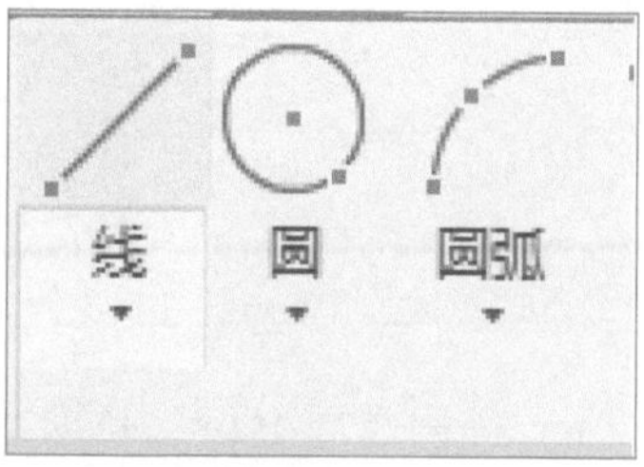


图 4-5

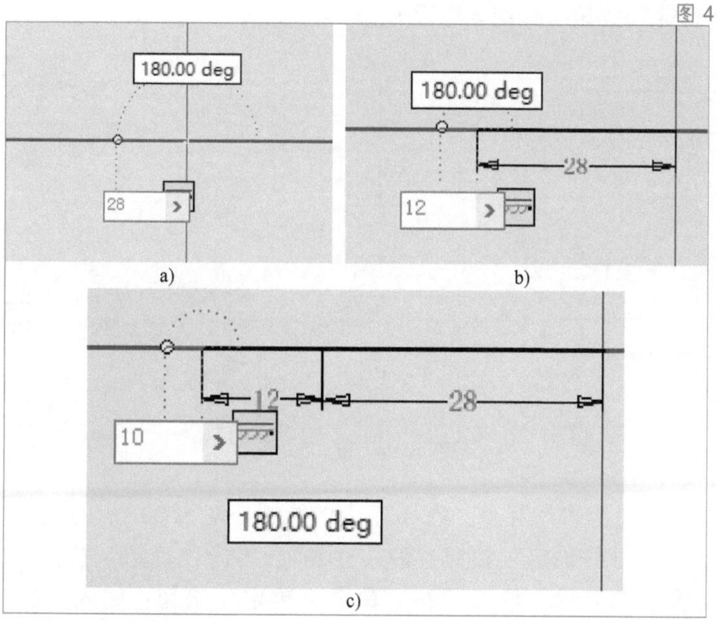


图 4-6

4）在 *Y* 正方向绘制直线，输入“3”，单击“确定”按钮；输入“12”，单击“确定”按钮。如图 4-7 所示。

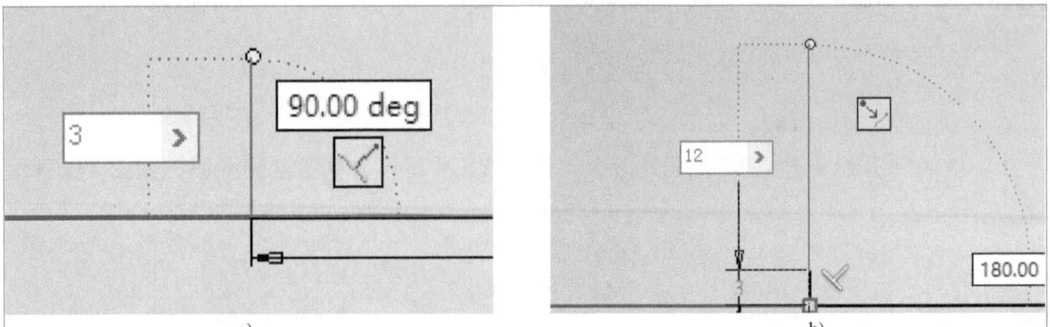


a)　　b)

图 4-7

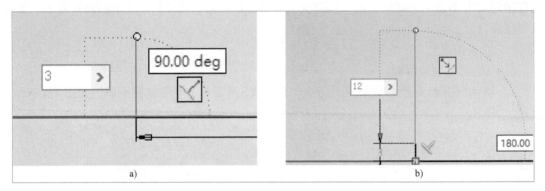

5）在 *X* 正向绘制直线，输入“35”，单击“确定”按钮，如图 4-8 所示。

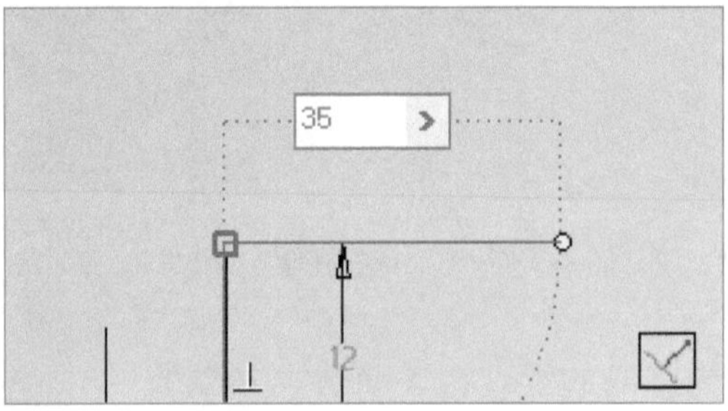


图 4-8

6）绘制角度 120°、长度 20mm 的直线，单击“确定”按钮；绘制角度 90°、长度 4mm 的直线，单击“确定”按钮。如图 4-9 所示。

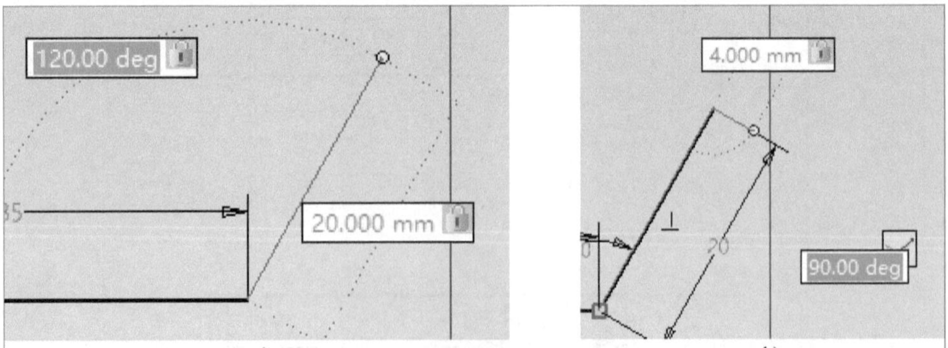


a)　　b)

图 4-9

7）选择坐标中心点为直线起点，在 *X* 正方向绘制长度为 28mm 的直线，按<ENTER>键确认；输入“12”，单击“确定”按钮；输入“10”，单击“确定”按钮，如图 4-10 所示。

8）在 *Y* 正方向绘制直线，输入“3”，单击“确定”按钮；输入“10”，单击“确定”按钮；输入“7”，单击“确定”按钮，如图 4-11 所示。

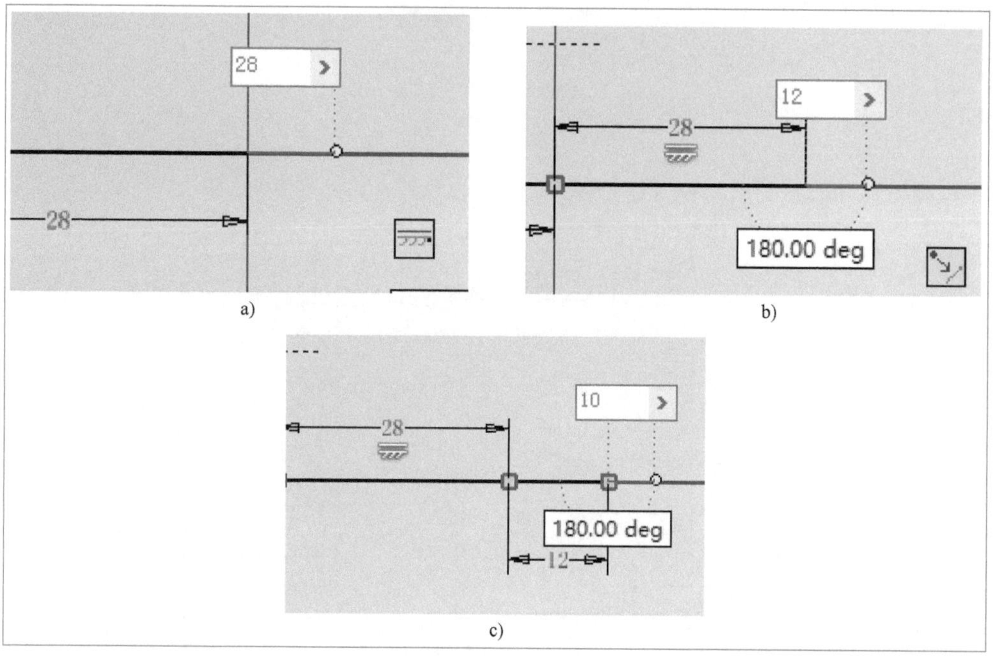


图 4-10

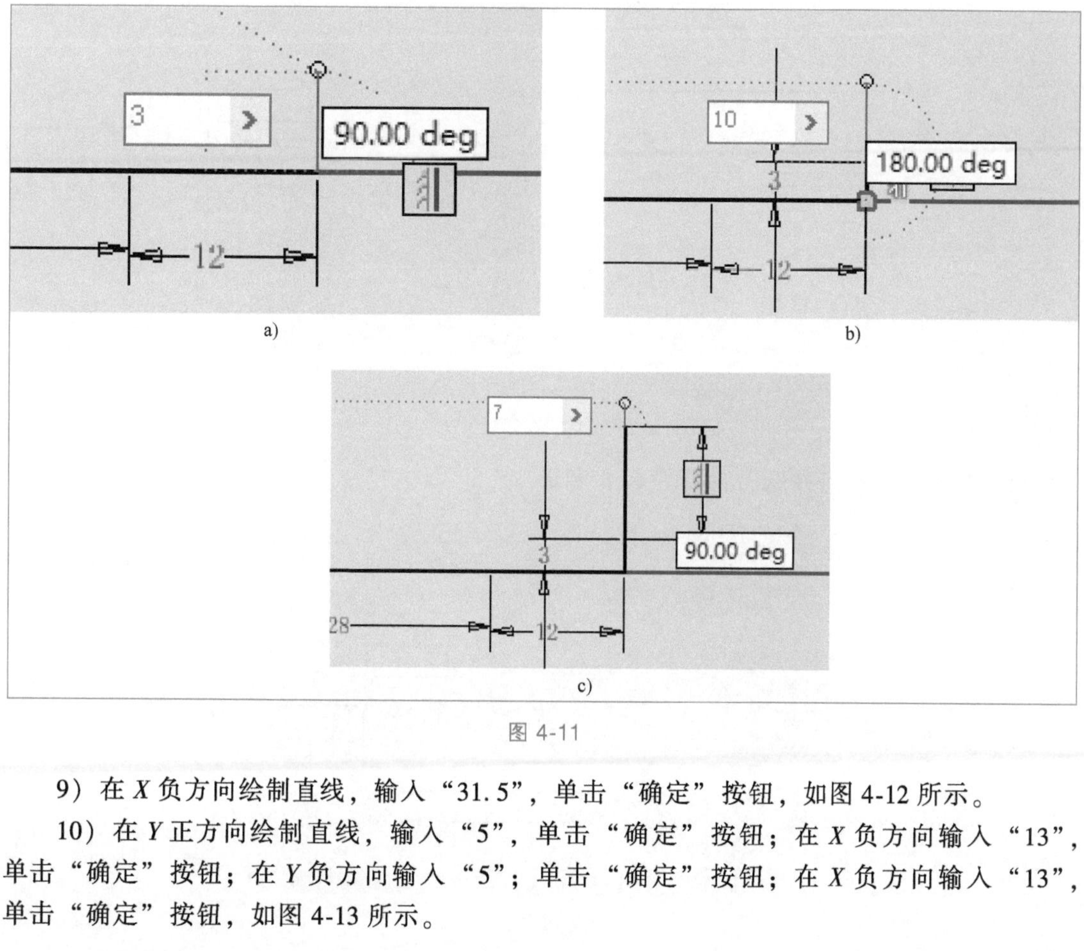


图 4-11

9）在 *X* 负方向绘制直线，输入“31.5”，单击“确定”按钮，如图 4-12 所示。

10）在 *Y* 正方向绘制直线，输入“5”，单击“确定”按钮；在 *X* 负方向输入“13”，单击“确定”按钮；在 *Y* 负方向输入“5”；单击“确定”按钮；在 *X* 负方向输入“13”，单击“确定”按钮，如图 4-13 所示。

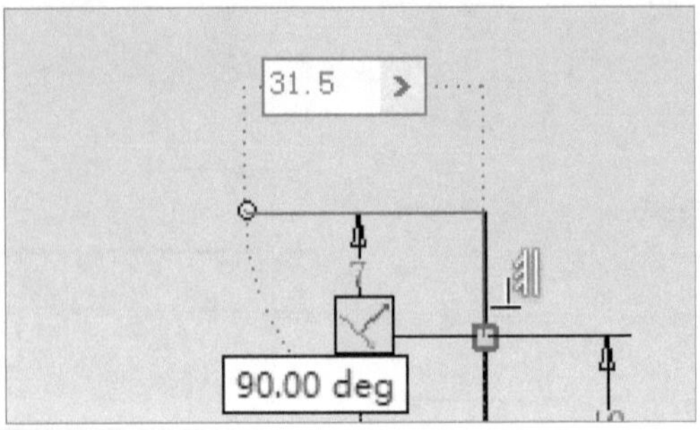


图 4-12

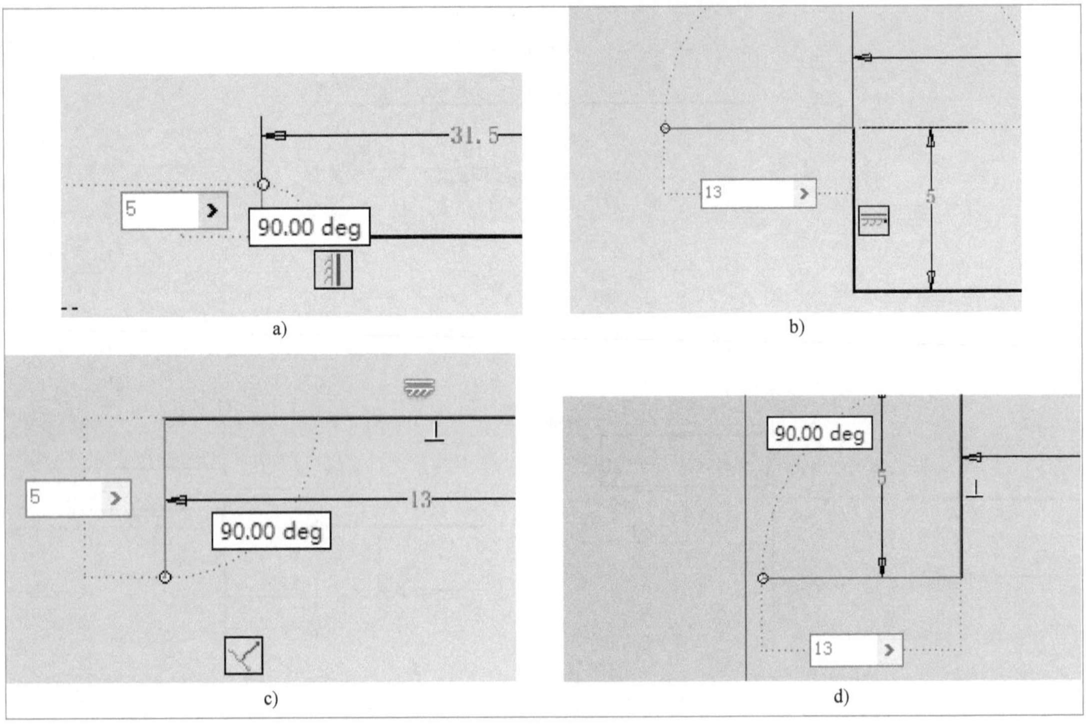


图 4-13

11）连接两个端点并退出，如图 4-14 所示。

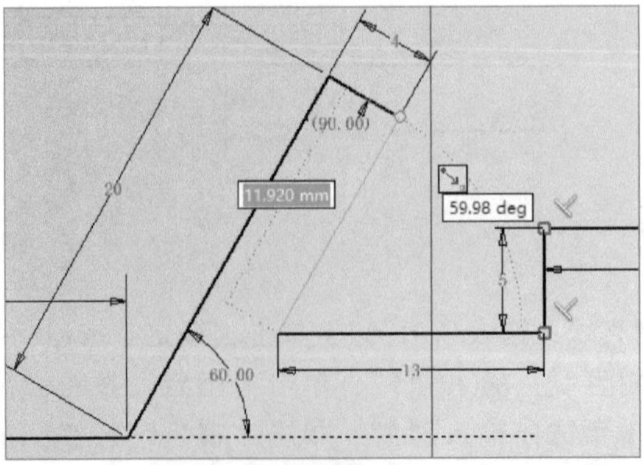


图 4-14

12）激活“圆弧”命令，选择起点与终点，输入半径“20”，单击“确定”按钮，如图 4-15 所示。

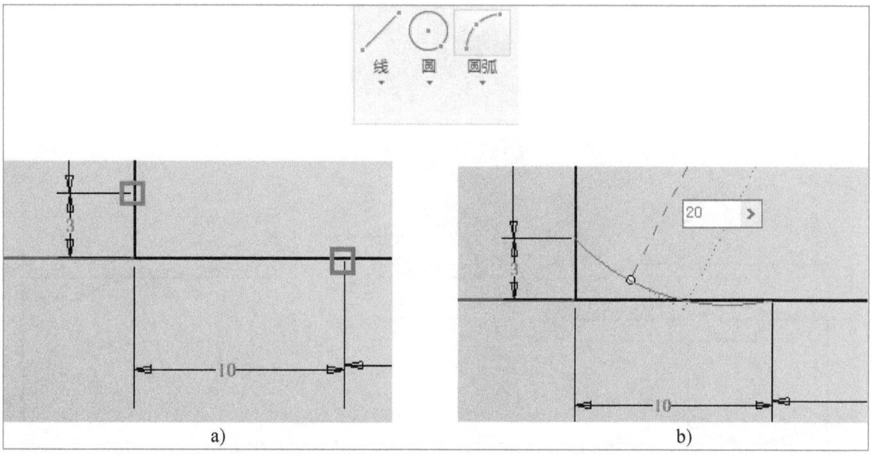


a)　　b)

图 4-15

13）继续绘制圆弧，选择起点与终点，输入半径“100，单击“确定”按钮，如图 4-16 所示。

14）继续绘制圆弧，选择起点与终点，输入半径“35”，单击“确定”按钮，如图 4-17 所示。

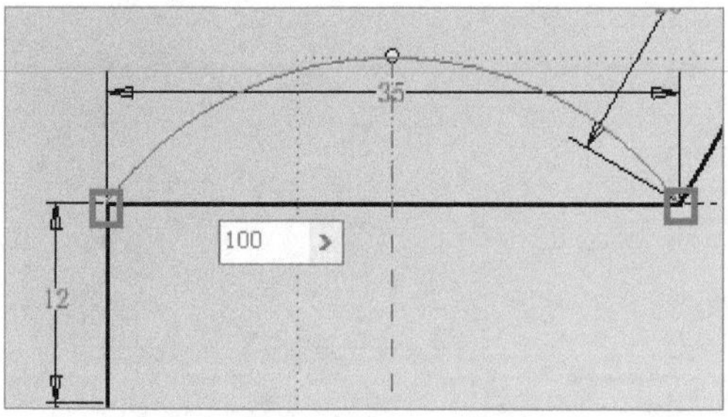


图 4-16

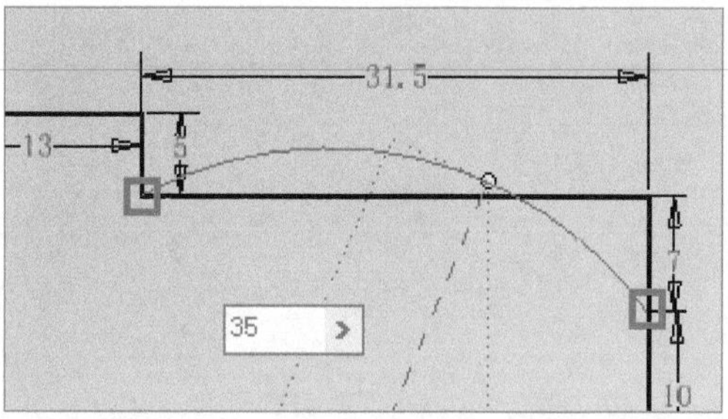


图 4-17

15）继续绘制圆弧，选择起点与终点，输入半径“20”，单击“确定”按钮，如图 4-18 所示。

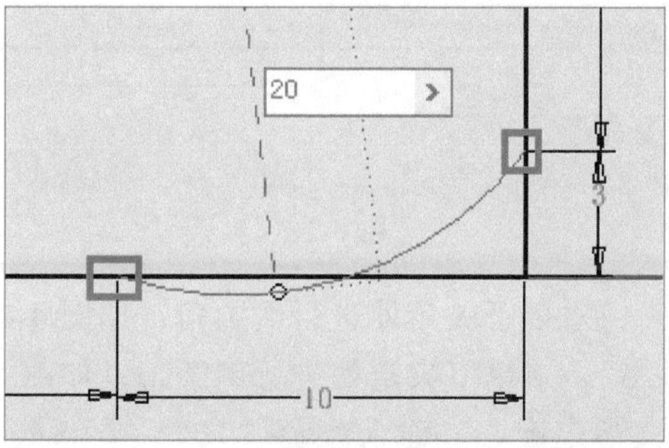


图 4-18

16）选择几条线段，将选择的线段变成构造线，如图 4-19 所示。

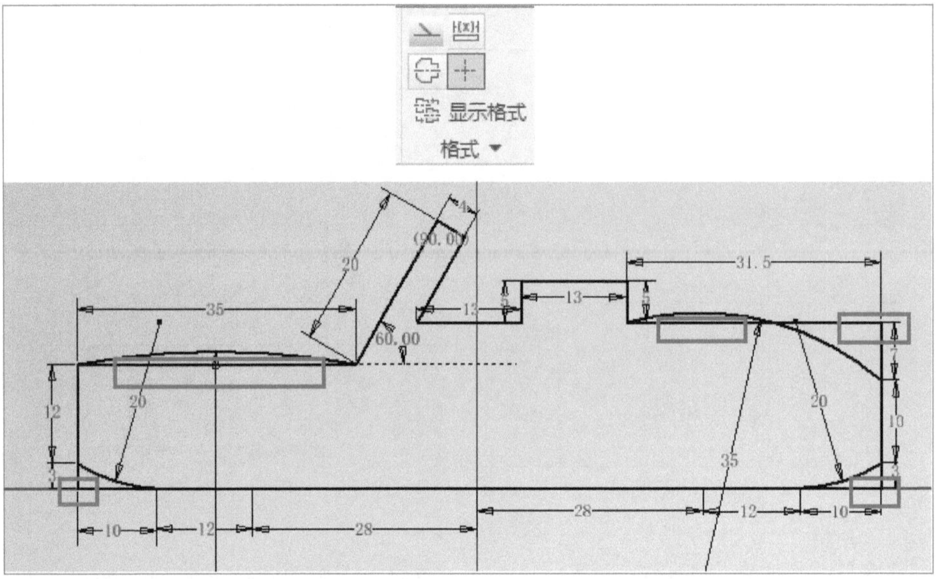


图 4-19

17）激活“圆角”命令，输入圆角半径“2”，对以下尖角处进行倒圆角，如图 4-20 所示。

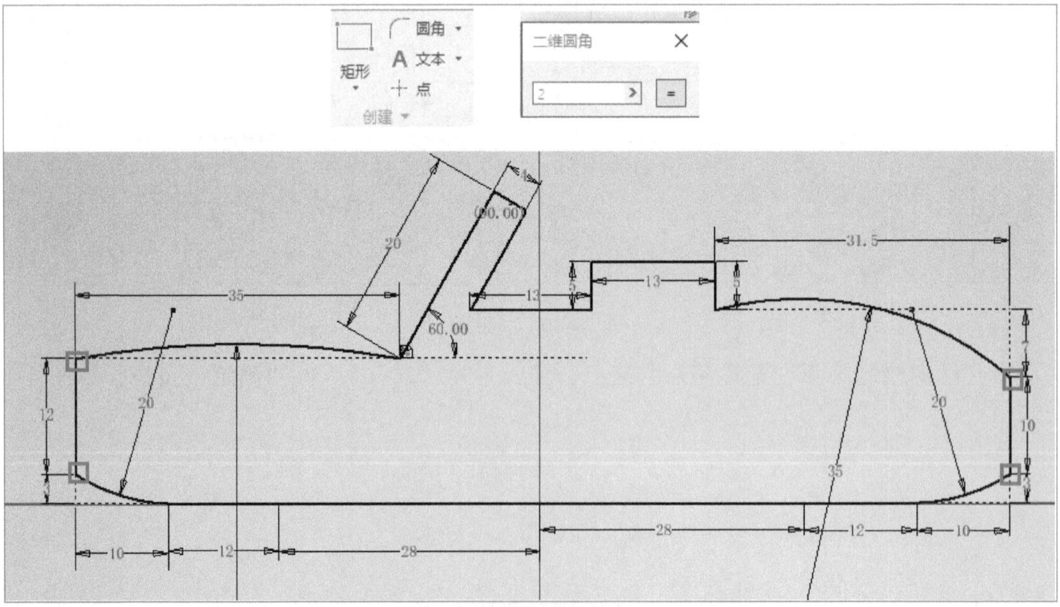


图 4-20

18）输入圆角半径“5”，对以下尖角处进行倒圆角，如图 4-21 所示。

19）输入圆角半径“1.5”，对以下尖角处进行倒圆角，如图 4-22 所示。

20）激活“圆”命令，指定圆心，输入直径“10”，绘制圆，单击“确定”按钮。再次指定圆心，输入直径“10”，绘制圆，单击“确定”按钮，如图 4-23 所示。

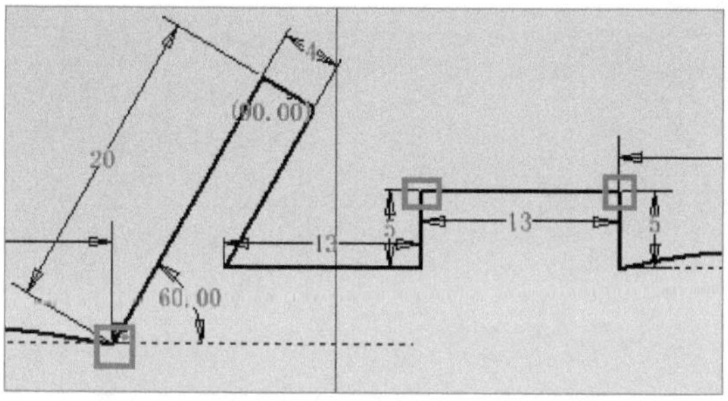

图 4-21

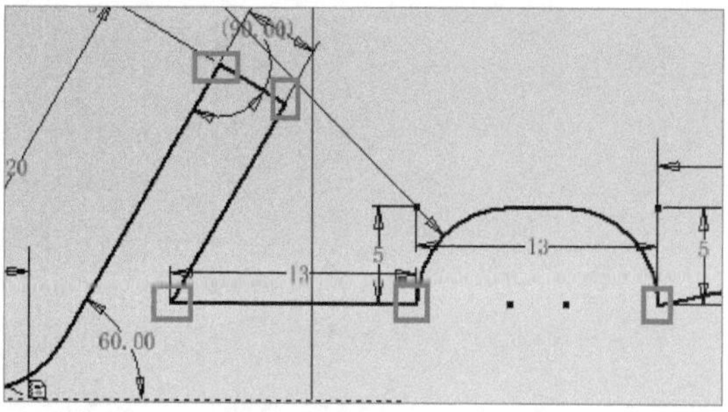

图 4-22

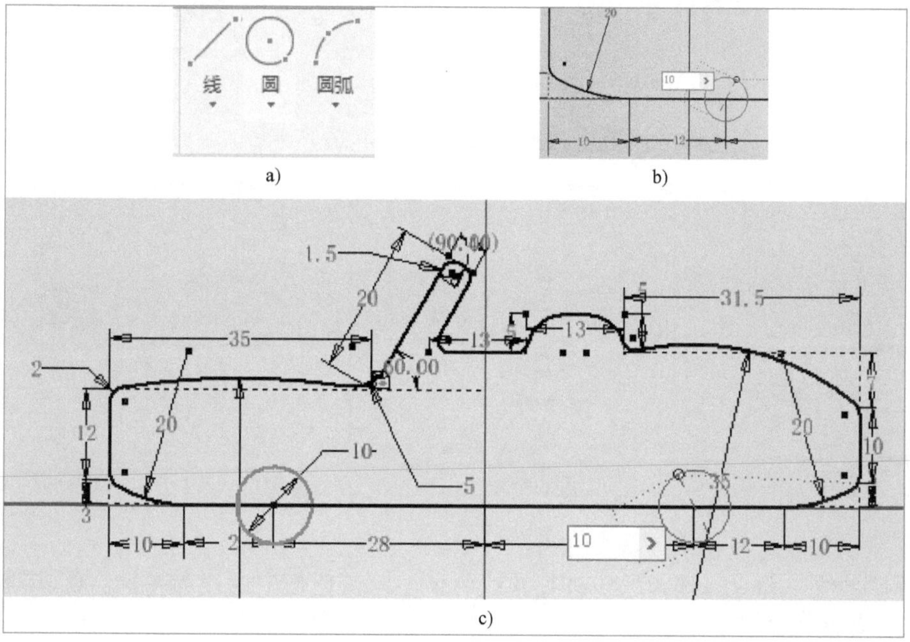


图 4-23

21）激活“偏移”命令，选择偏移图元，输入偏移距离“5”，单击“确定”按钮，如图 4-24 所示。

22）激活“修剪”命令，选择不需要的线段进行修剪，如图 4-25 所示。

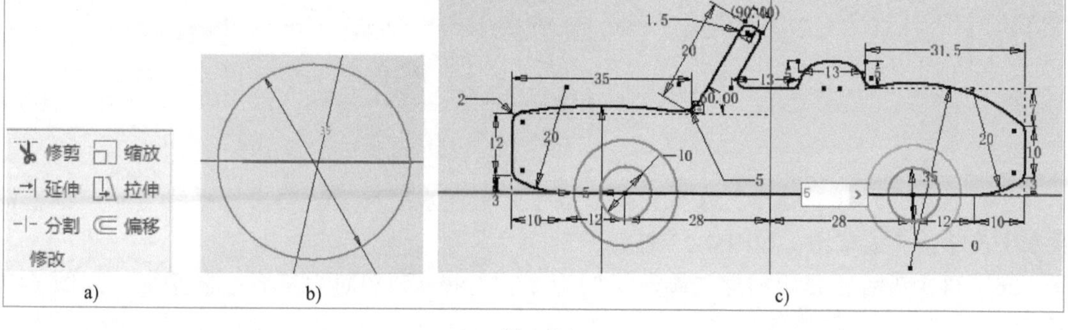


图 4-24

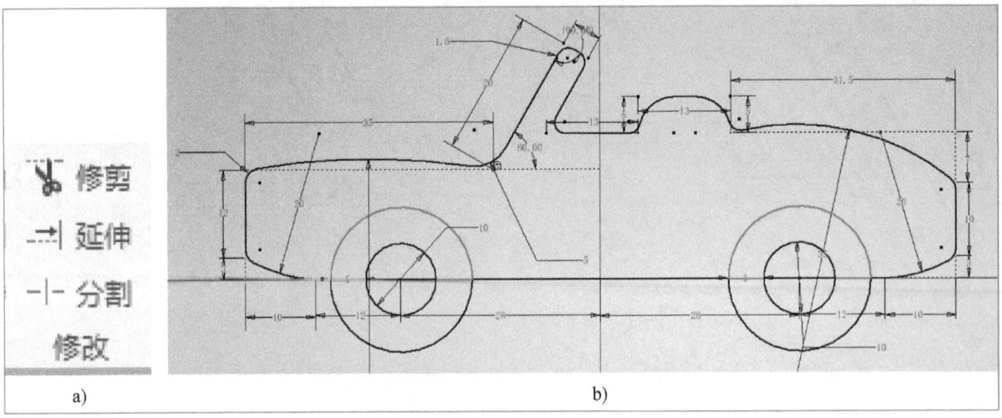


图 4-25

23）选择几条线段，将选择的线段变成构造线，如图 4-26 所示。

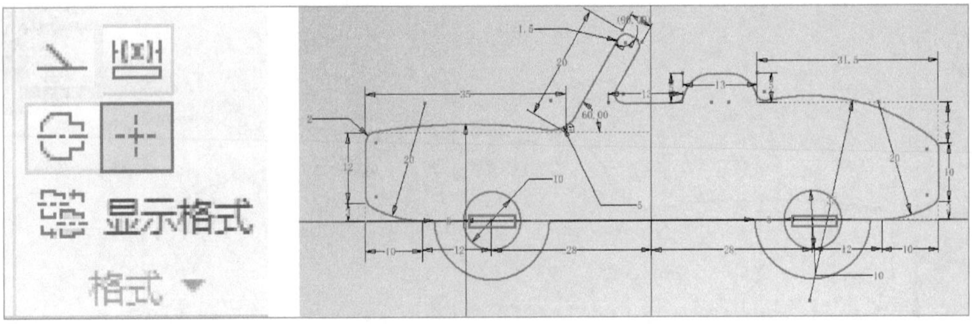


图 4-26

24）激活“共线”命令，选择线段进行共线约束：以蓝色框中的线为基准，使其两侧的 6 条线共线，如图 4-27 所示。

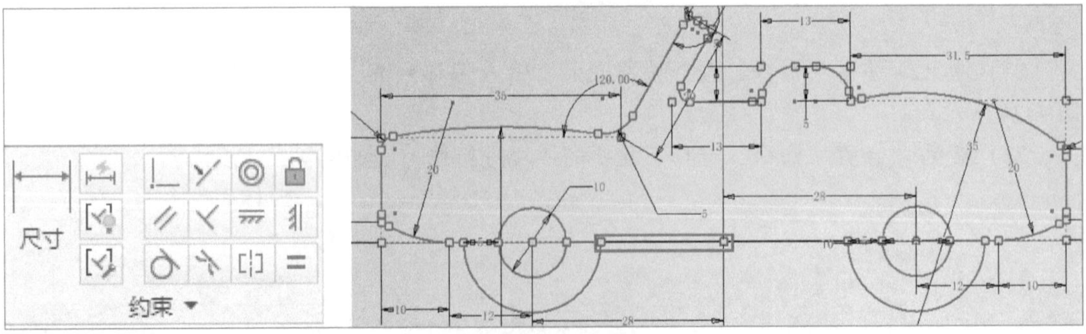


图 4-27

25）激活“尺寸”命令，选择线与原点位置标注水平尺寸。再次选择线与原点位置标注水平尺寸，完成草图，如图 4-28 所示。

26）再次激活“开始创建二维草图”命令，选择 *XY* 平面为草图绘制平面，如图 4-29 所示。

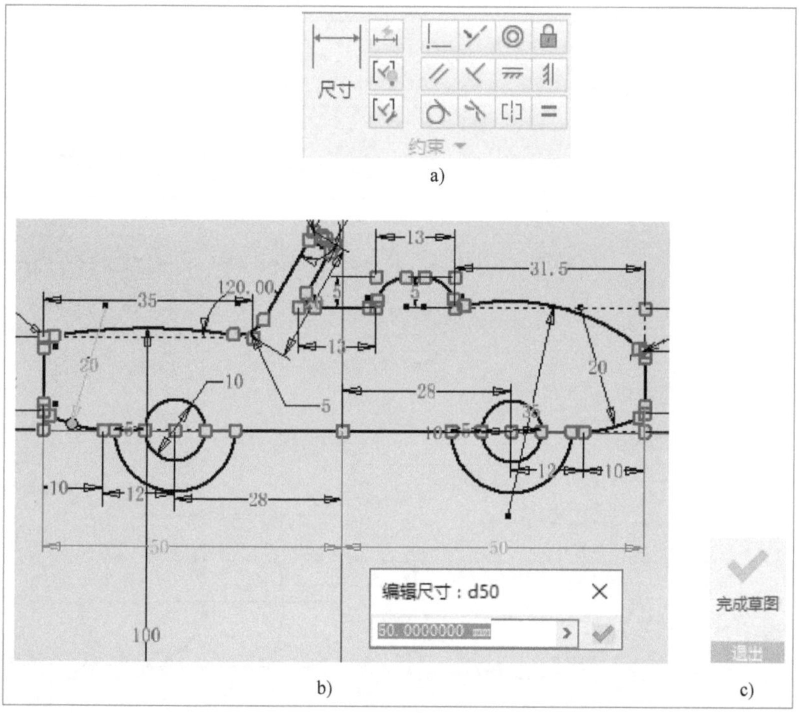


图 4-28

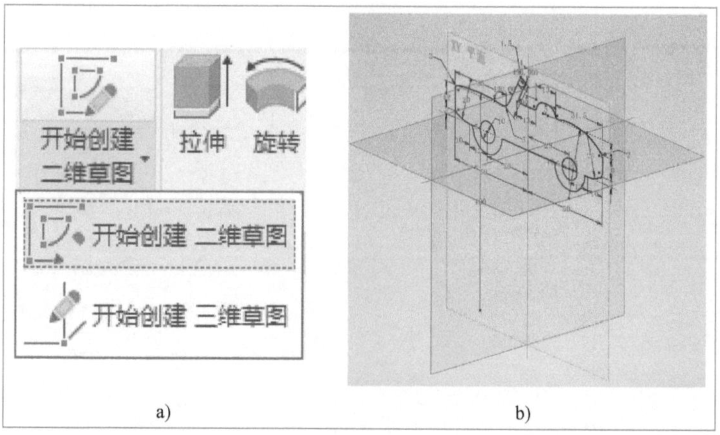


图 4-29

27）激活“线”命令，再激活“构造”命令，直接绘制构造线。捕捉中心位置，在 $X$ 正方向输入“28”，单击“确定”按钮。绘制完成后取消“构造”命令，如图 4-30 所示。

28）激活“圆”命令，捕捉端点位置，绘制圆，输入半径“23”，单击“确定”按钮；再次绘制圆，输入半径“8”，单击“退出”按钮，完成草图，如图 4-31 所示。

29）激活“复制”命令，选择 $\phi$23mm 和 $\phi$8mm 的圆，如图 4-32 所示。

激活基准点，选择圆心位置，如图 4-33 所示。

激活精确输入，输入 $X$“56”，$Y$“0”，按<ENTER>键确定，取消命令，如图 4-34 所示。

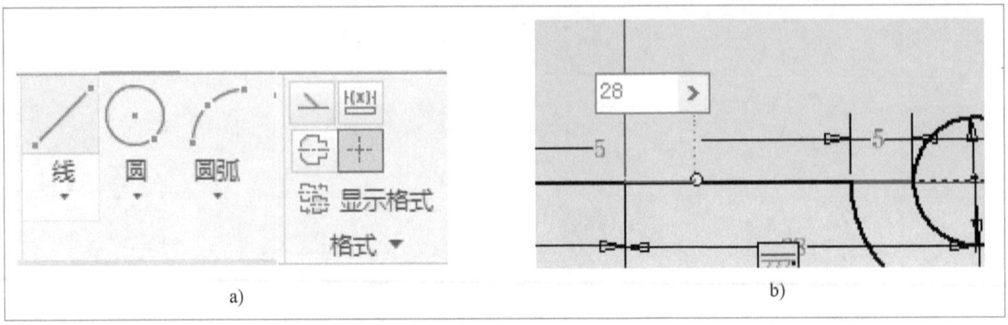


图 4-30

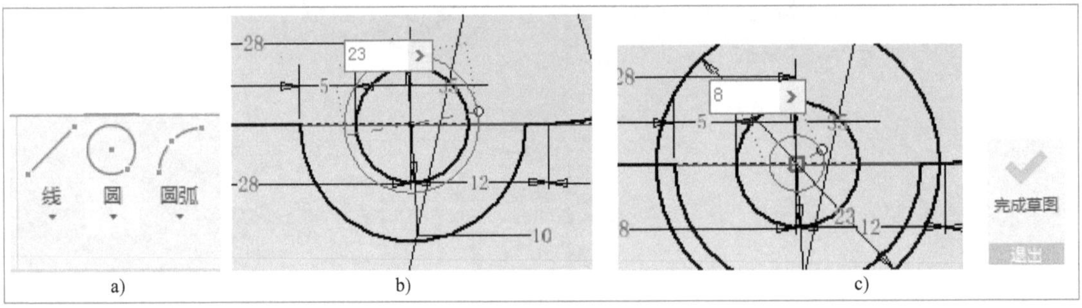


图 4-31

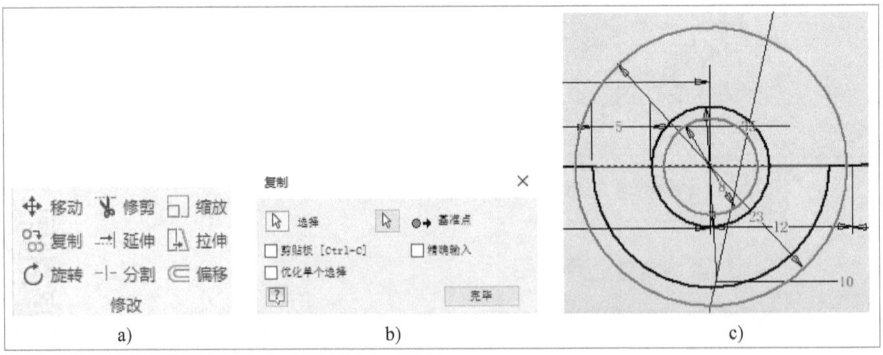


图 4-32

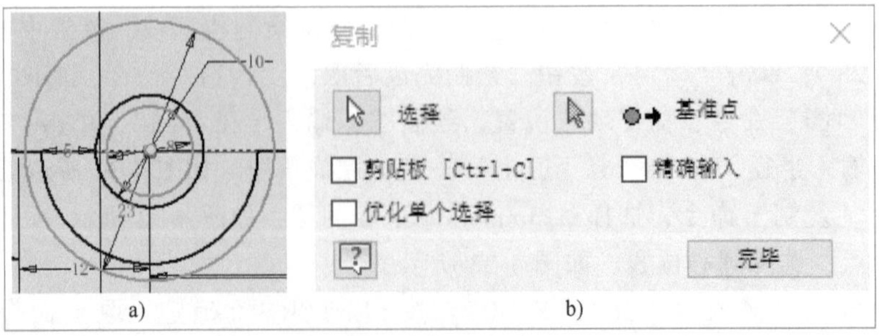


图 4-33

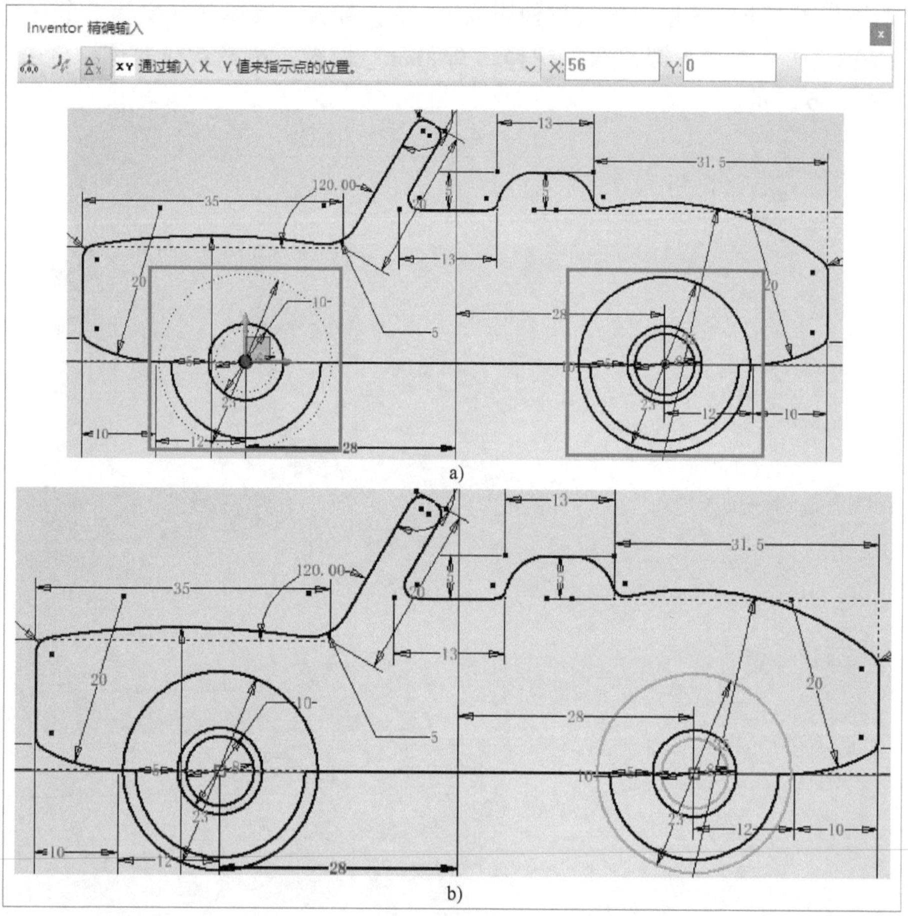


图 4-34

注意：绘制的平面草图必须为封闭的轮廓，若不封闭，则无法创建特征。

## 2. 特征的创建与编辑

1）激活“拉伸”命令，选择草图 1 区域，输入拉伸距离 45mm，单击应用按钮创建拉伸特征，如图 4-35 所示。

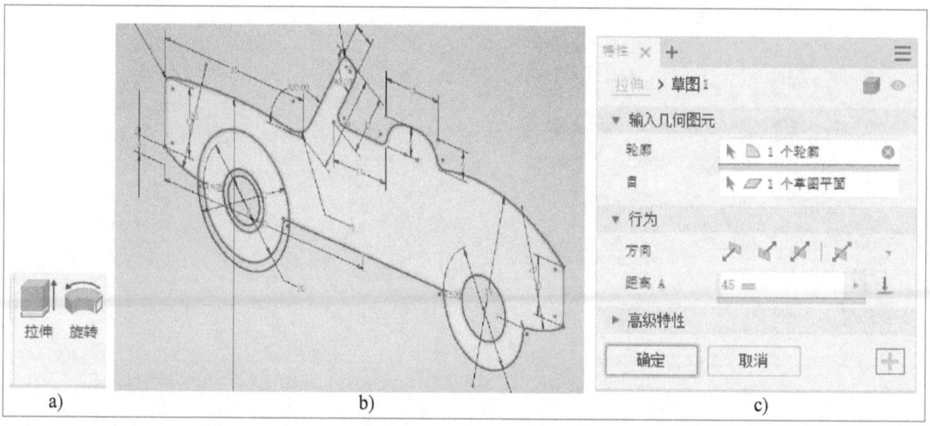


图 4-35

2）选择草图2小圆区域，输入拉伸距离45mm，翻转，选择新建实体，单击应用按钮创建拉伸特征。再次选择大圆，输入拉伸距离8mm，翻转，选择新建实体，单击“确定”按钮，如图4-36所示。

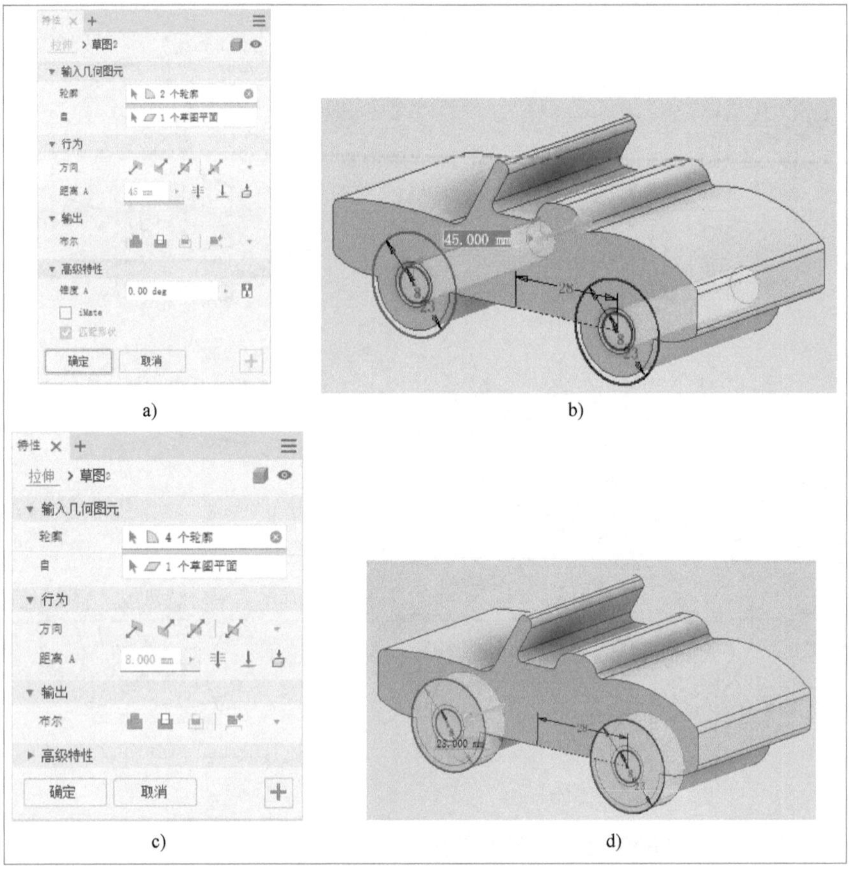

图 4-36

3）激活“复制对象”命令，选择轮子，选择“实体”“修复的几何图元”，取消勾选“删除初始对象”复选项，单击“应用”按钮，如图4-37所示。

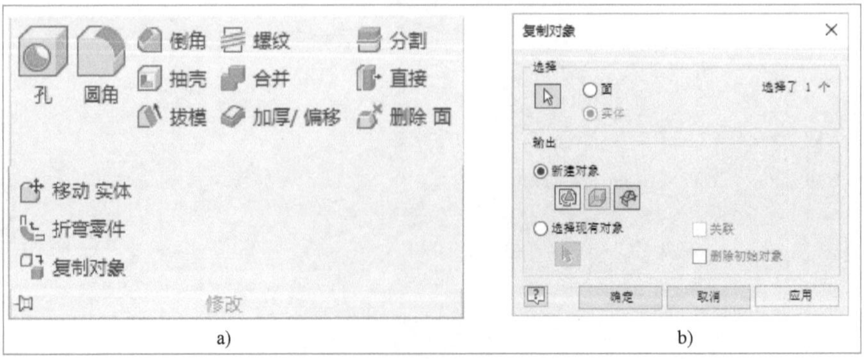

图 4-37

4）激活“移动实体”命令，选择复制的轮子实体，在“自由拖动”下分别输入 $X$“0” $Y$“0” $Z$“-37”，单击“确定”按钮，如图 4-38 所示。

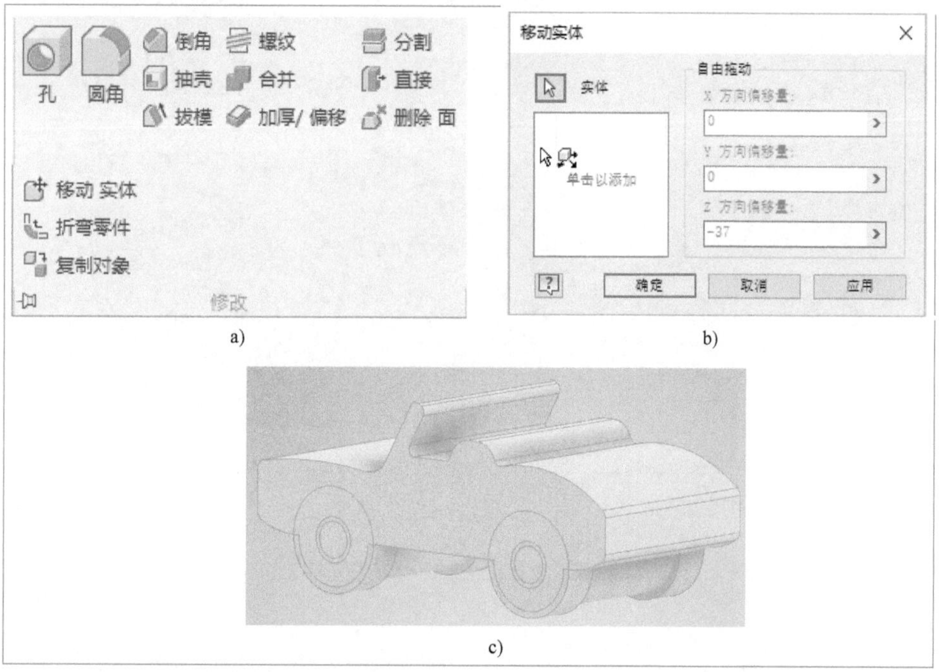


图 4-38

5）激活“合并”命令，选择“求差”，在基础视图中选择汽车主体，工具体选择 4 个轮子，勾选“保留工具体”复选项，单击“确定”按钮，如图 4-39 所示。

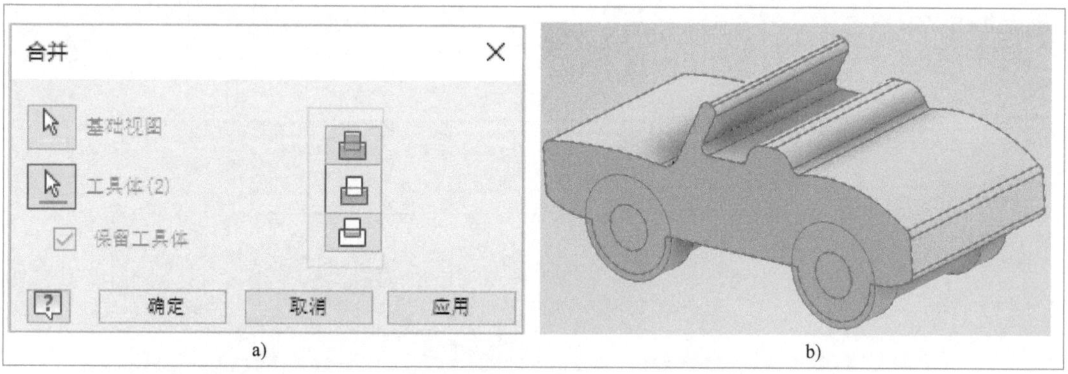


图 4-39

6）在左侧的零件树中，选择被隐藏的实体，单击鼠标右键，将其设置为可见，如图 4-40 所示。

7）激活“加厚/偏移”命令，选择轮毂外圆柱面，输入偏移距离“1.5”，单击“应用”按钮。使用同样的方法对底面突起与轮毂内侧面偏移同样的距离，如图 4-41 所示。

8）激活“合并”命令，基础视图选择轮轴，工具体选择 4 个轮子，再选择“求并”选项，如图 4-42 所示。

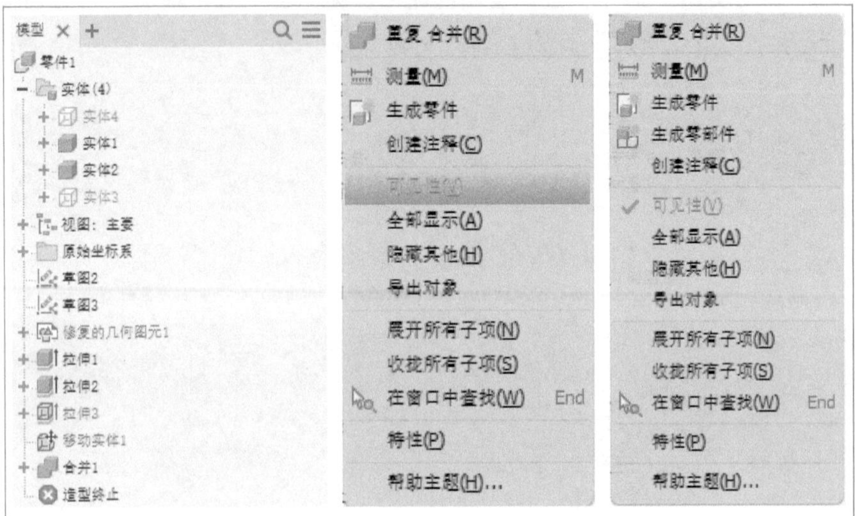


a) b) c)

图 4-40

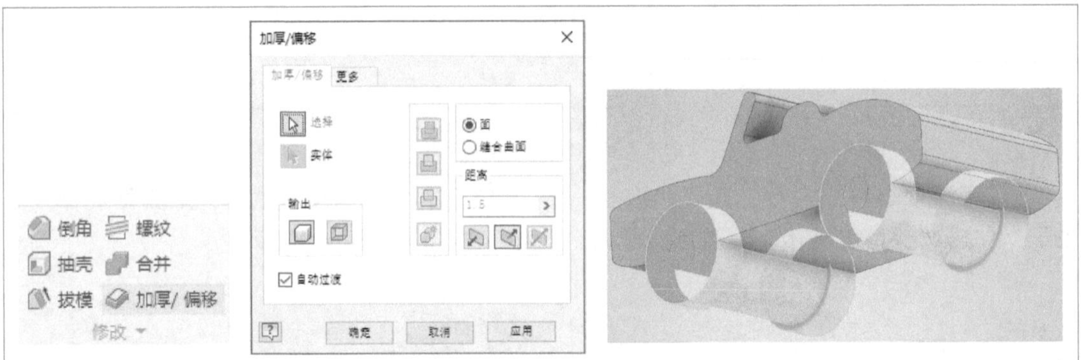


a) b) c)

图 4-41

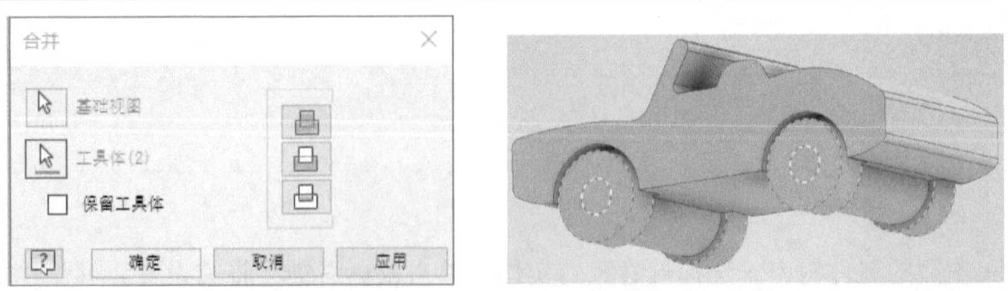


a) b)

图 4-42

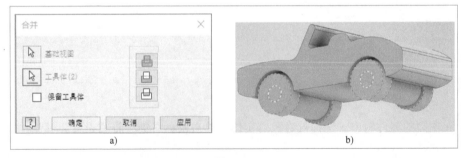

9）激活“圆角”命令，输入圆角半径“2”，对轮毂端面所有边进行倒圆角，如图 4-43 所示。

10）保存零件并导出 STL 文件。在功能区中单击鼠标右键，选择“显示面板”下的

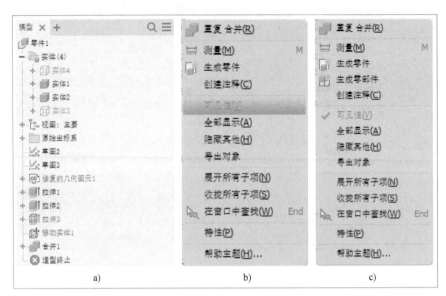

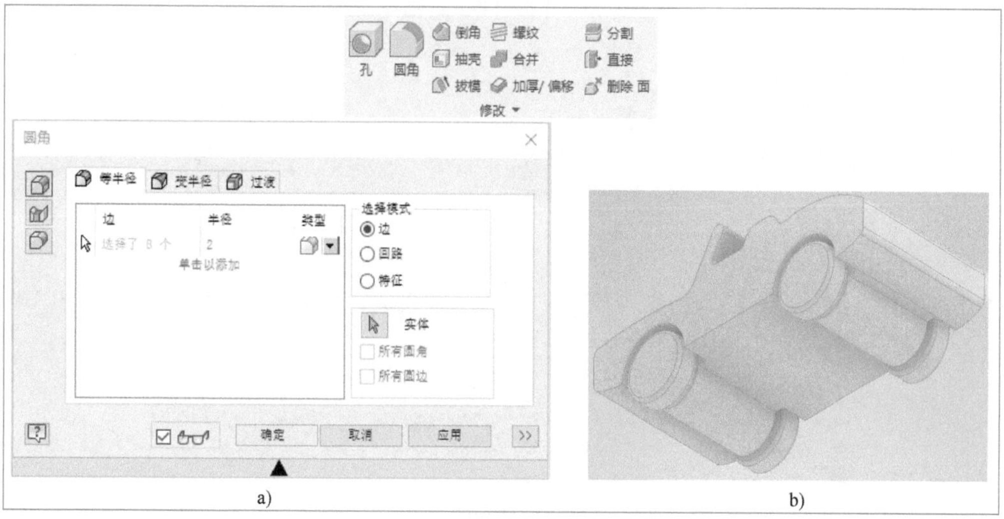

a) b)

图 4-43

“3D 打印”功能，激活“3D 打印”命令，选择导出 STL 文件，如图 4-44 所示。

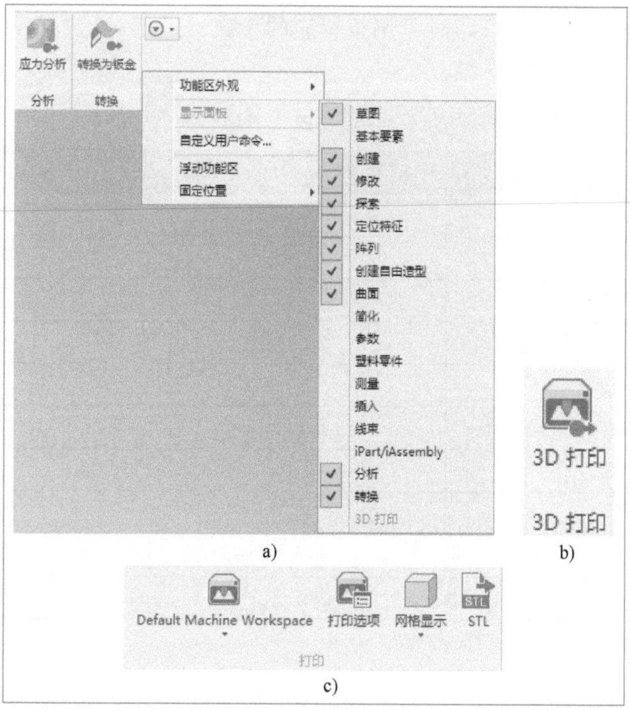

a) b)

c)

图 4-44

选择路径，命名文件，单击“保存”按钮，如图 4-45 所示。

### （三）模型打印

1）将模型导入切片软件进行切片处理。依据第二章“打印机的基本操作”的内容，设置好打印此模型所需要的各个参数。最终将设置好的参数保存至 SD 卡内。

2）开机并检查打印平台是否校准、打印头是否堵塞、打印材料是否充足以及加热是否

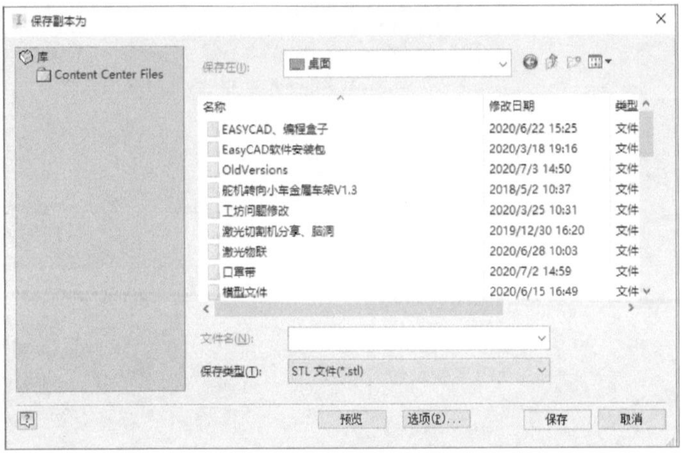


图 4-45

正常等。

3）将 SD 卡插入机器内，选择文件进行打印。

4）将设置的参数记录在表 4-1 内，以便于打印完成后的质量检查。打印过程中出现问题时，可查看切片参数，再次打印时可调整相应的参数，进行对比。每次打印完成后，基于最终模型进行整体打印参数的总结。

表 4-1 “一体打印”打印参数表

| 序号 | 参数名称 | 数值 | 备注 |
|---|---|---|---|
| 1 | 层厚 | | |
| 2 | 壁厚 | | |
| 3 | 底层/顶层厚度 | | |
| 4 | 填充密度 | | |
| 5 | 挤出温度 | | |
| 6 | 平台温度 | | |
| 7 | 填充线间距 | | |
| 8 | 支撑类型 | | |
| 9 | 有无底座 | | |
| 总结 | | | |
| | | | |

## 四、学习评价

学习评价见表 4-2。

表 4-2 “一体打印”学习评价表

| 评价项目 | 评价标准 | 配分 | 自评 | 互评 | 师评 | 综合 |
|---|---|---|---|---|---|---|
| 草图绘制 | 能正确使用草图绘制命令 | 15 | | | | |
| 草图编辑 | 能正确使用草图编辑命令 | 20 | | | | |
| 特征创建 | 能正确使用特征创建命令 | 15 | | | | |
| 特征编辑 | 能正确使用特征编辑命令 | 10 | | | | |
| 作品制作 | 能正确使用设备进行作品制作 | 15 | | | | |
| 项目反思 | 1)在完成项目过程中,你遇到了什么样的问题?<br>2)你是如何解决上述问题的?<br>3)你的方法是否有效解决了问题并达到了预期效果?<br>(每回答一个问题得 5 分,书写工整且逻辑清晰的可得 10 分附加分。) | 25 | | | | |

## 五、案例拓展

建模并打印如图 4-46（机械爪）、图 4-47（兔子）和图 4-48（活扳手）所示的制品。

图 4-46

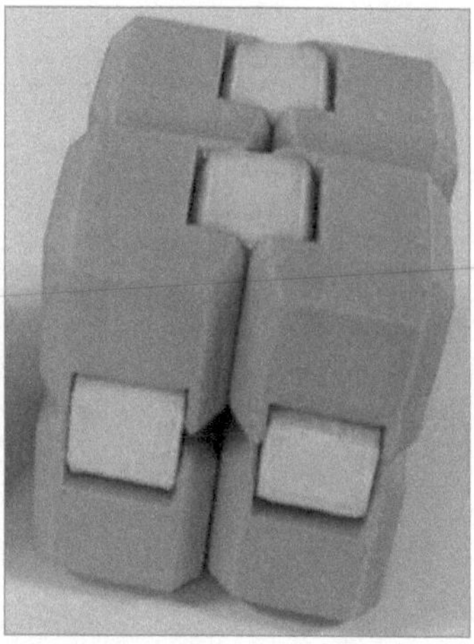

图 4-47

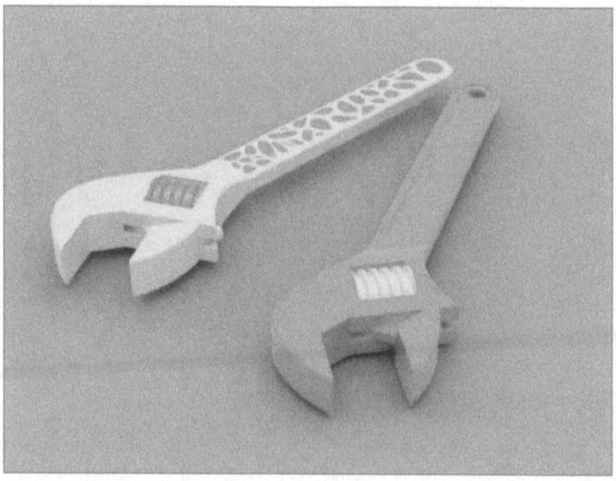

图 4-48

## 六、课后练习

按图 4-49、图 4-50 独立进行建模并打印。

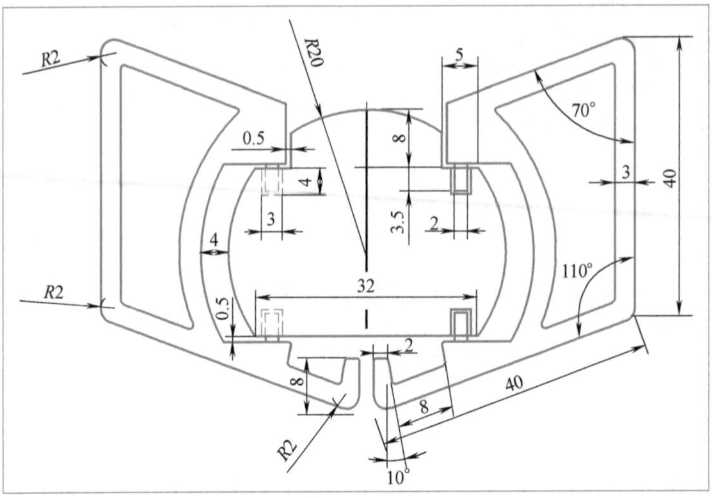


图 4-49

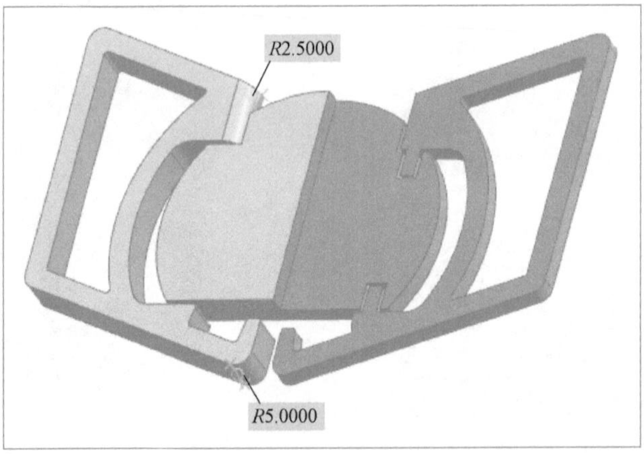


图 4-50

# 第二节　大面积打印——手机壳的设计

## 一、学习目标

1. 了解“大面积打印”的概念。
2. 熟练掌握大面积打印模型的建模方式。
3. 掌握“椭圆”“矩形两点中心”“线”和“倒角”等草图绘制命令。

4. 掌握“扫掠”“拉伸”和“圆角”等特征命令。

## 二、项目描述

本节介绍的知识点是“大面积打印”。在 3D 打印模型时可以发现，当模型的底面比较大时，可能会出现打印完后底面不平，有某一块区域翘起的情况，如图 4-51 所示。

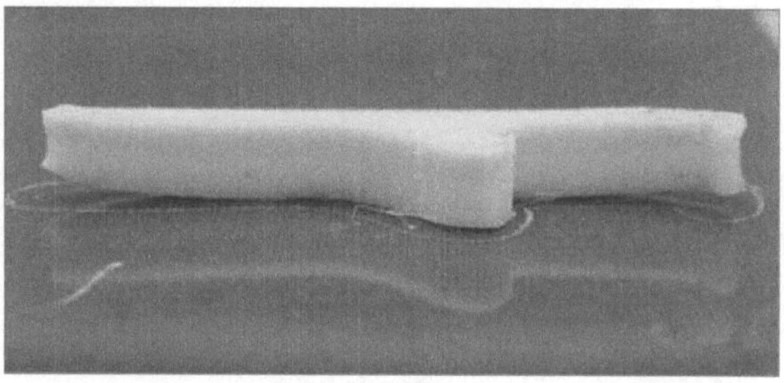

图 4-51

发生翘起的原因有以下几种：

1）平台与打印头喷嘴距离太大。解决办法：可以通过调节 3D 打印机打印平台下面的 4 个水平调节螺钉，确保平台与喷嘴的距离合适，大概的距离可以跟一张 70g A4 纸的厚度一样。尽量确保平台和打印头适当的紧密结合，这样打印出的层堆叠效果较好。这里强调的是“适当”，如果距离太近可能会造成打印头无法流出材料。

2）打印平台温度不够。解决方法：根据不同材料设置不同的平台打印温度。一般使用 PLA 材料的打印平台温度设置为 60℃左右，使用 ABS 材料设置为 100℃左右。

3）打印平台没有使用耐高温胶布或胶布过旧。解决方法：可以贴上耐高温胶布以提高黏性。现在有些 3D 打印机会使用一些特殊的打印平台贴纸，完美解决了这个问题。比如森工科技的蓝鲸系列使用的是 buildtak 平台贴纸，相比传统的美纹纸，它更加美观和牢固耐用。

4）打印底座或者下面几层的时候开启了模型冷却风扇，由于热胀冷缩，导致模型在平台上翘边脱落。解决方法：手动把喷嘴冷却风扇关闭，初始层打印完成后再手动把风扇开启。

5）初始层打印速度太快，导致模型在平台上面没有粘紧。解决方法：把初始层打印速度手动调慢，等模型初始层打印完成后再手动调快。

6）材料与平面没有足够的黏性，使得打印时脱胶翘边。解决办法：在平台表面涂上胶水，以增加模型与平台之间的黏合力。

## 三、学习过程

### （一）项目分析

如图 4-52 所示，使用 Inventor 软件按照平面标注的尺寸绘制图形。使用草图绘制里的“线”“倒角”“椭圆”和“矩形两点中心”等命令以及三维模型里的“拉伸”“圆角”和“扫掠”等命令创建手机壳的模型。在绘图的过程中需要考虑所有图形尺寸在图形中的位置关系。

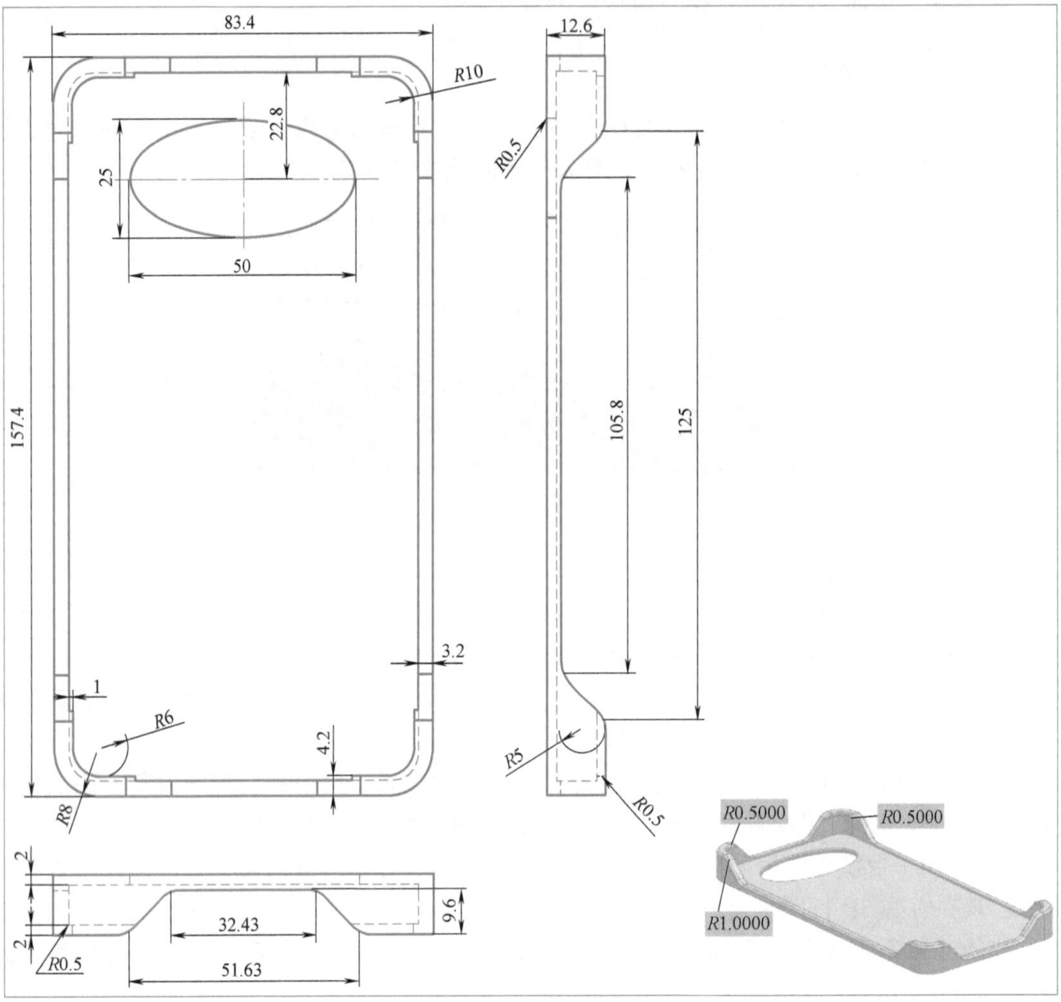


图 4-52

## （二）模型设计

### 1. 草图的绘制与编辑

1）激活“开始创建二维草图”命令，选择 *XZ* 平面为草图绘制平面，如图 4-53 所示。

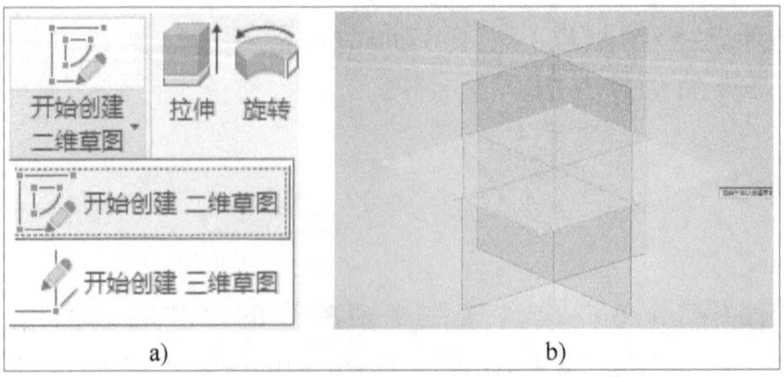


图 4-53

2）激活“矩形两点中心”命令，指定中心点，绘制矩形，长 151mm、宽 77mm，单击

“退出”按钮完成草图，如图 4-54 所示。

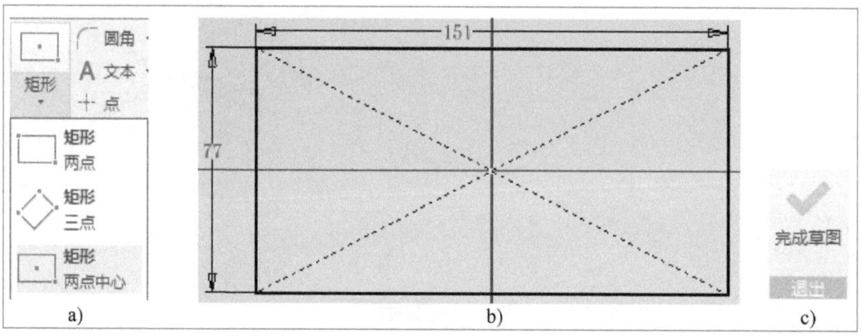

a) b) c)

图 4-54

3）再次激活“开始创建二维草图”命令，选择 *XY* 平面为草图绘制平面，如图 4-55 所示。

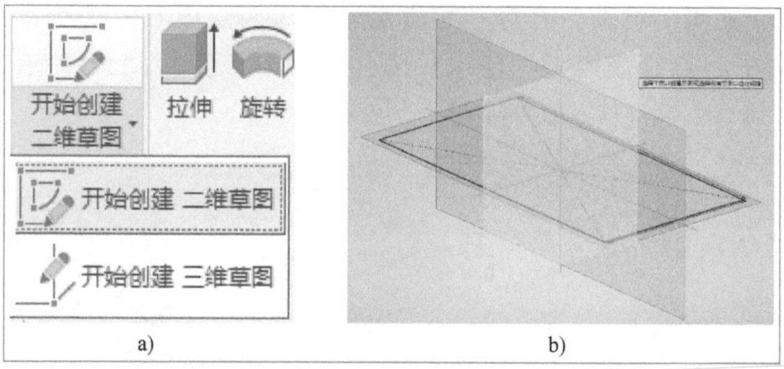

a) b)

图 4-55

4）激活“线”与“构造”命令，捕捉中心点位置，在 *X* 负方向绘制直线，输入“38.5”；关闭“构造”命令，捕捉直线端点位置，连续绘制直线：*X* 负向 3.2mm，*Y* 正向 12.6mm，*X* 正向 4.2mm，*Y* 负向 2mm，*X* 负向 1.0mm，最后连接起点，完成草图，如图 4-56 所示。

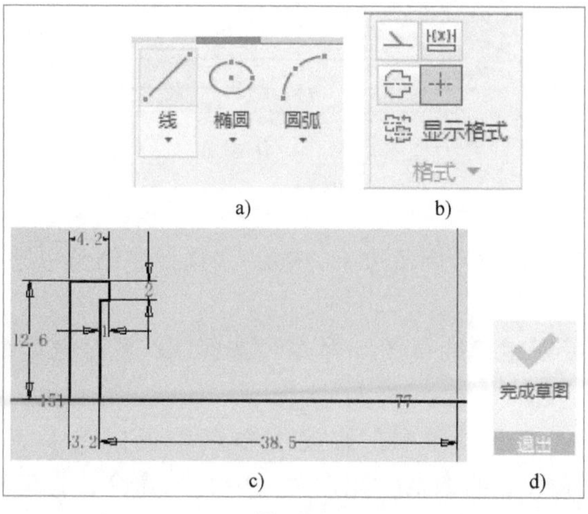

a) b) c) d)

图 4-56

5）激活“开始创建二维草图”命令，再次选择 *XY* 平面创建草图，并绘制图形，如图 4-57 所示。

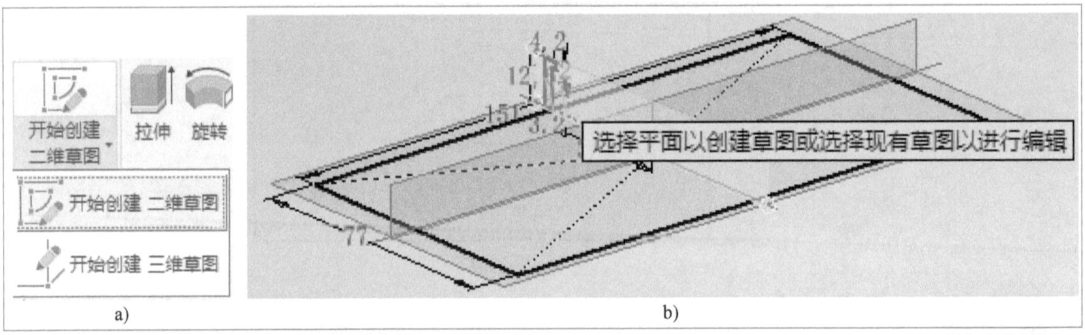


图 4-57

6）激活“线”与“构造”命令，捕捉中心点位置；在 *Y* 正方向绘制直线，输入“12.6”，关闭“构造”命令；再激活“矩形两点中心”命令，指定直线端点位置为中心点绘制矩形，输入长为“51.63”、宽为“19.2”；单击“确定”按钮，如图 4-58 所示。

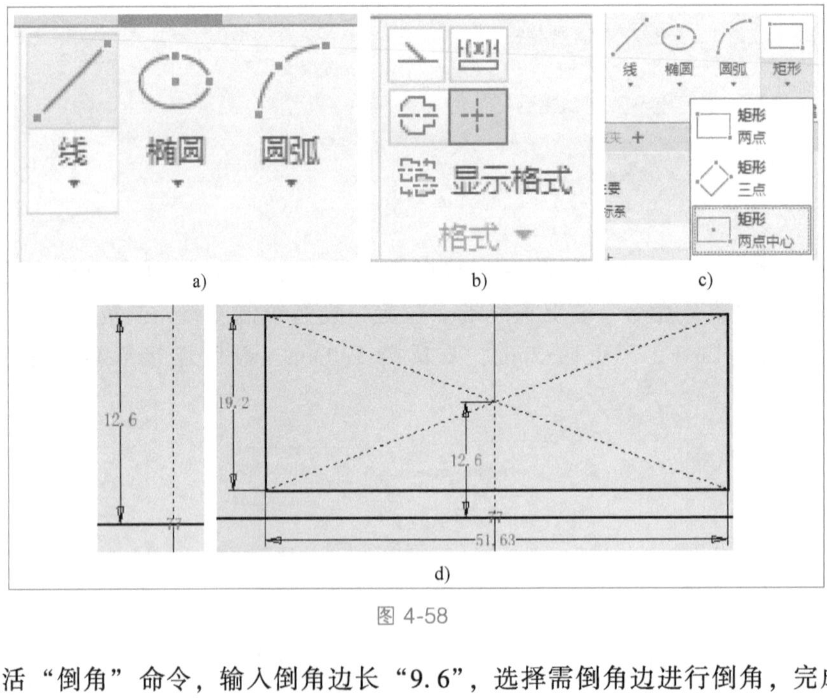


图 4-58

7）激活“倒角”命令，输入倒角边长“9.6”，选择需倒角边进行倒角，完成草图，如图 4-59 所示。

8）再次激活“开始创建二维草图”命令，选择 *YZ* 平面为草图绘制平面，如图 4-60 所示。

9）激活“线”与“构造”命令，捕捉中心点位置，在 *Y* 正方向绘制直线，输入“12.6”，关闭“构造”命令；再激活“矩形两点中心”命令，指定直线端点位置为中心点绘制矩形，输入长为“19.2”、宽为“125”；单击“确定”按钮，如图 4-61 所示。

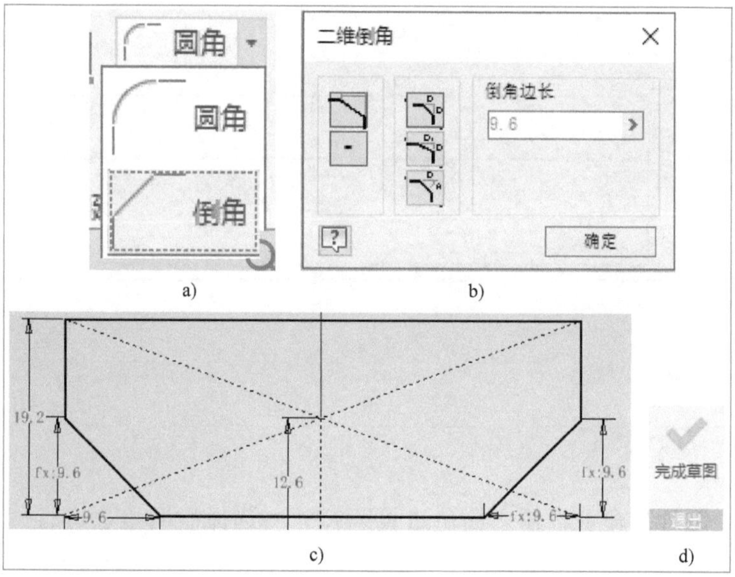

a) b)
c) d)

图 4-59

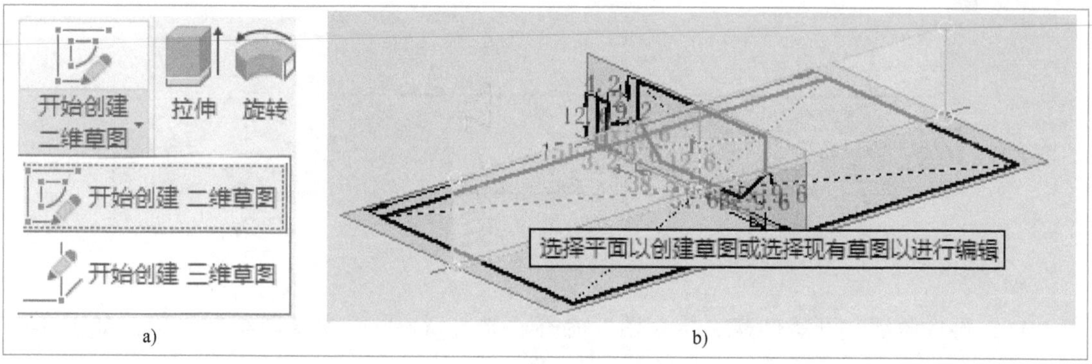

a) b)

图 4-60

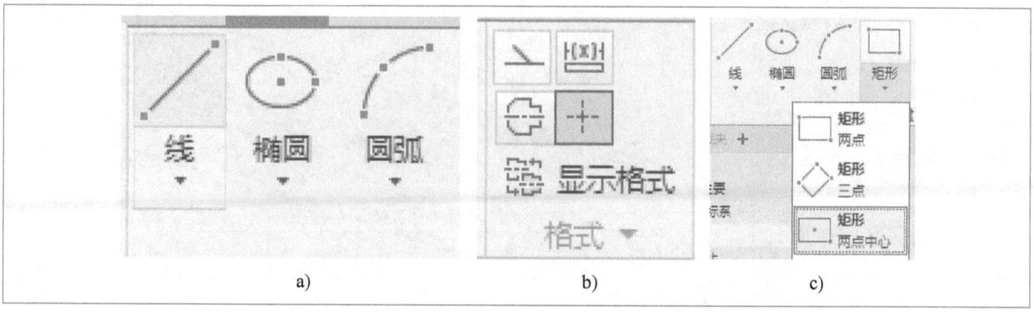

a) b) c)

图 4-61

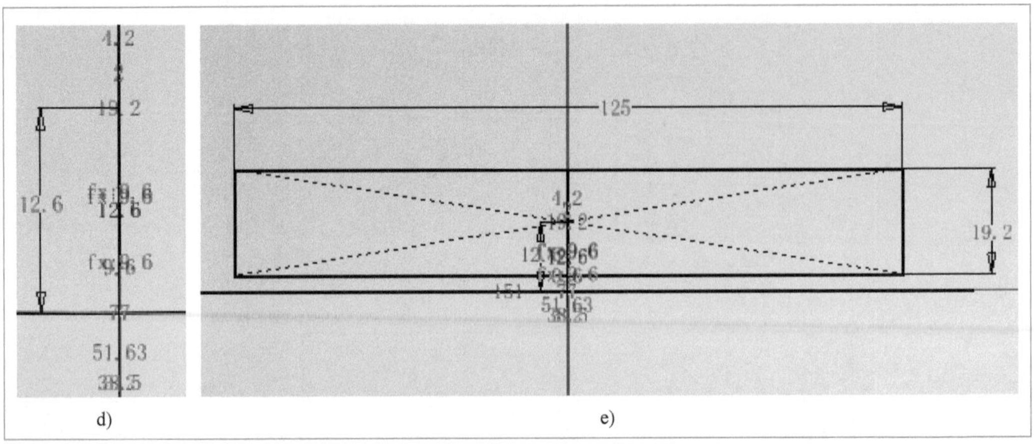


图 4-61（续）

10）激活“倒角”命令，输入倒角边长“9.6”，选择需倒角边进行倒角，完成草图，如图 4-62 所示。

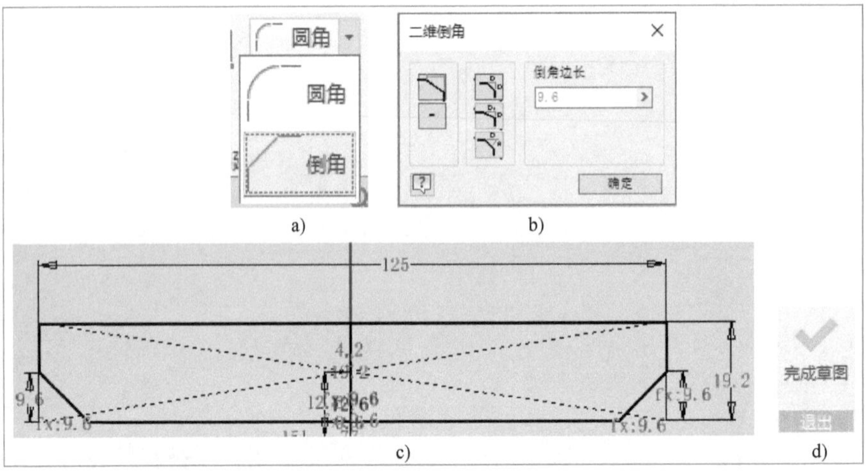


图 4-62

11）再次激活“开始创建二维草图”命令，选择 *XY* 平面为草图绘制平面，如图 4-63 所示。

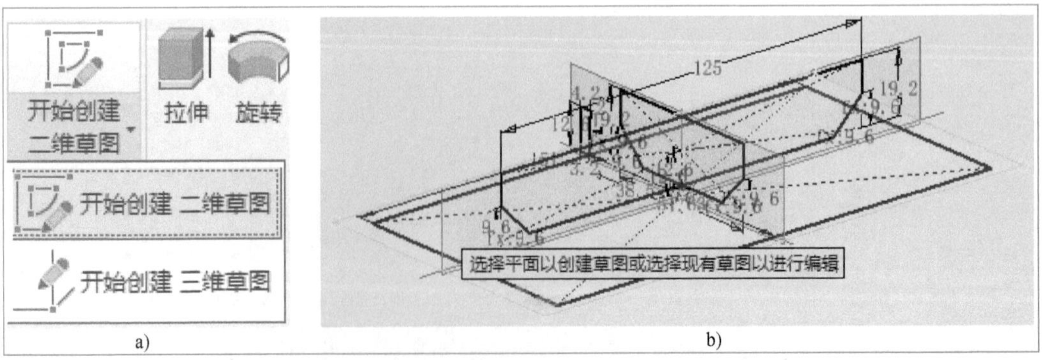


图 4-63

12）激活“线”与“构造”命令，捕捉中心点位置，在 X 正方向绘制直线，输入“52.9”“12.5”；再次激活“线”命令，捕捉直线端点位置，在 Y 正方向绘制直线，输入“25”，关闭“构造”命令；再激活“椭圆”命令，指定直线端点位置为中心点，捕捉两个端点位置为椭圆的长短轴限位点，绘制椭圆，单击“退出”按钮，完成草图，如图 4-64 所示。

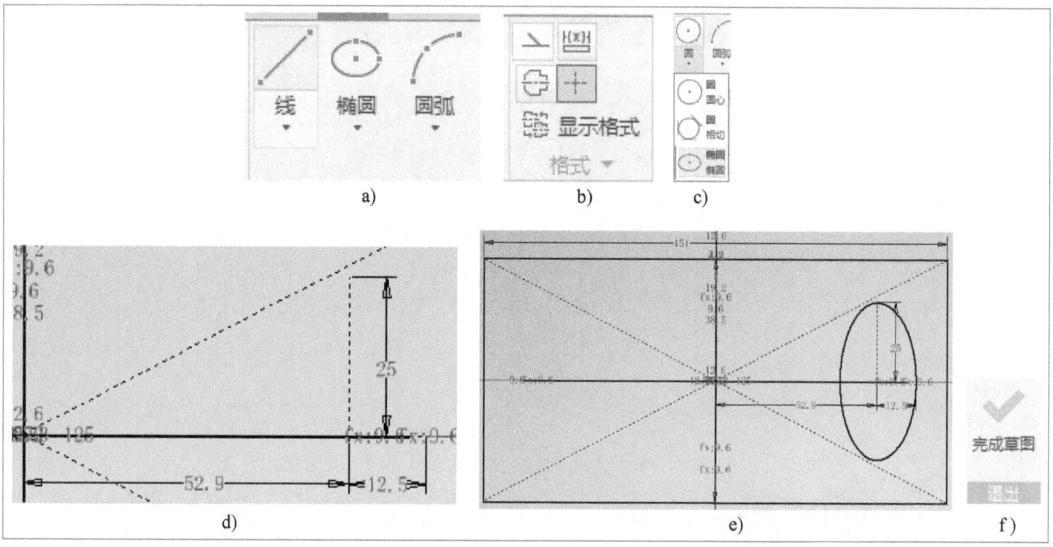


图 4-64

## 2. 特征的创建与编辑

1）激活“拉伸”命令，选择草图 1 区域，输入拉伸距离 2mm，单击应用按钮创建拉伸特征，如图 4-65 所示。

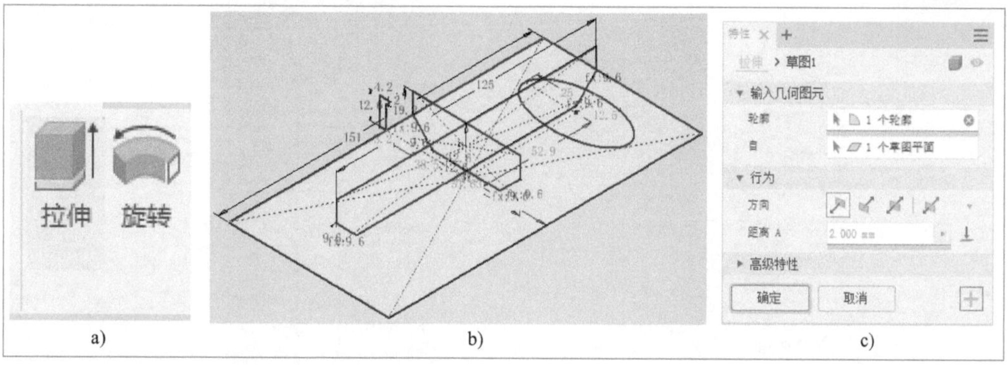


图 4-65

2）选择草图 5 区域，输入拉伸距离 2mm，布尔选择“求差”，单击“确定”按钮，如图 4-66 所示。

3）激活“扫掠”命令，选择草图 2 轮廓，路径选择草图 1 直线，“布尔”选择“求和”，单击“确定”按钮，如图 4-67 所示。

4）激活“拉伸”命令，选择草图 3 区域，方向选择对称，输入拉伸距离 160mm，布尔选择“求差”，单击应用按钮创建拉伸特征，如图 4-68 所示。

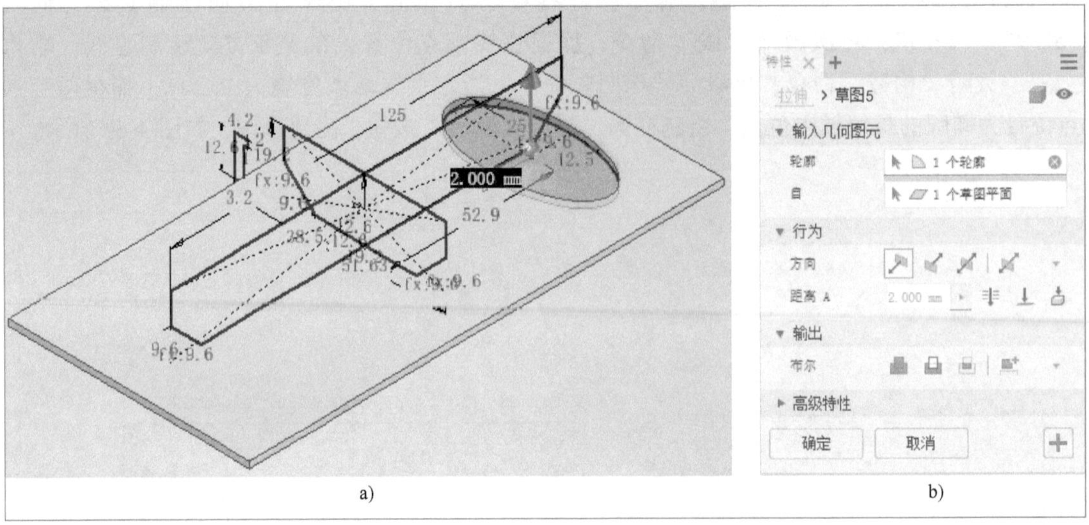

a)　　b)

图 4-66

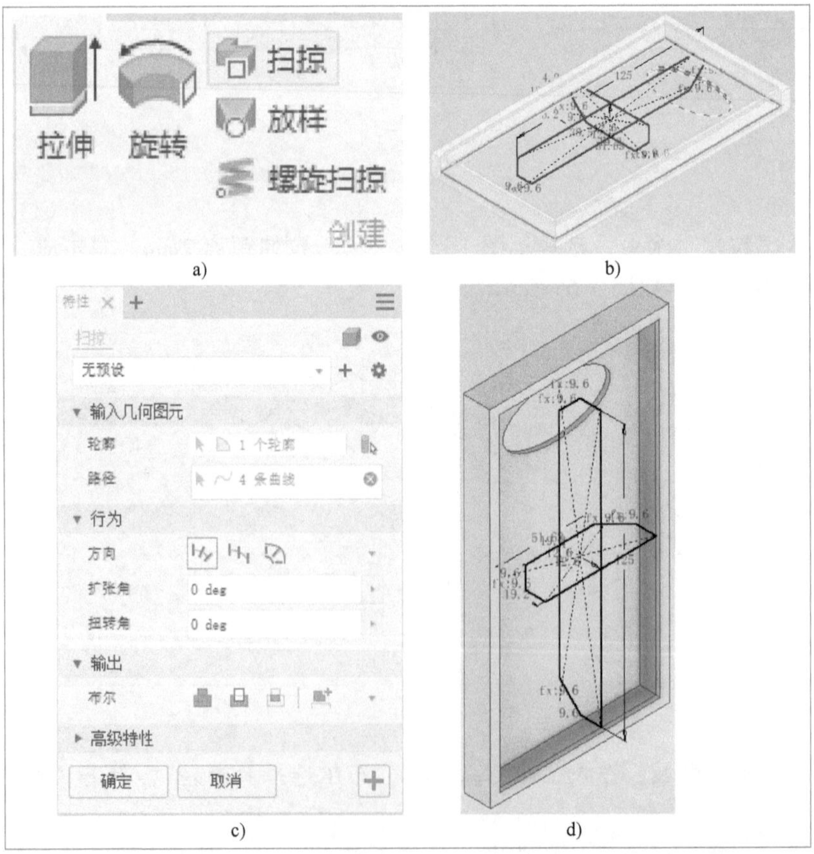

a)　　b)　　c)　　d)

图 4-67

5）选择草图4区域，方向选择对称，输入拉伸距离100mm，“布尔”选择“求差”，单击“确定”按钮，如图 4-69 所示。

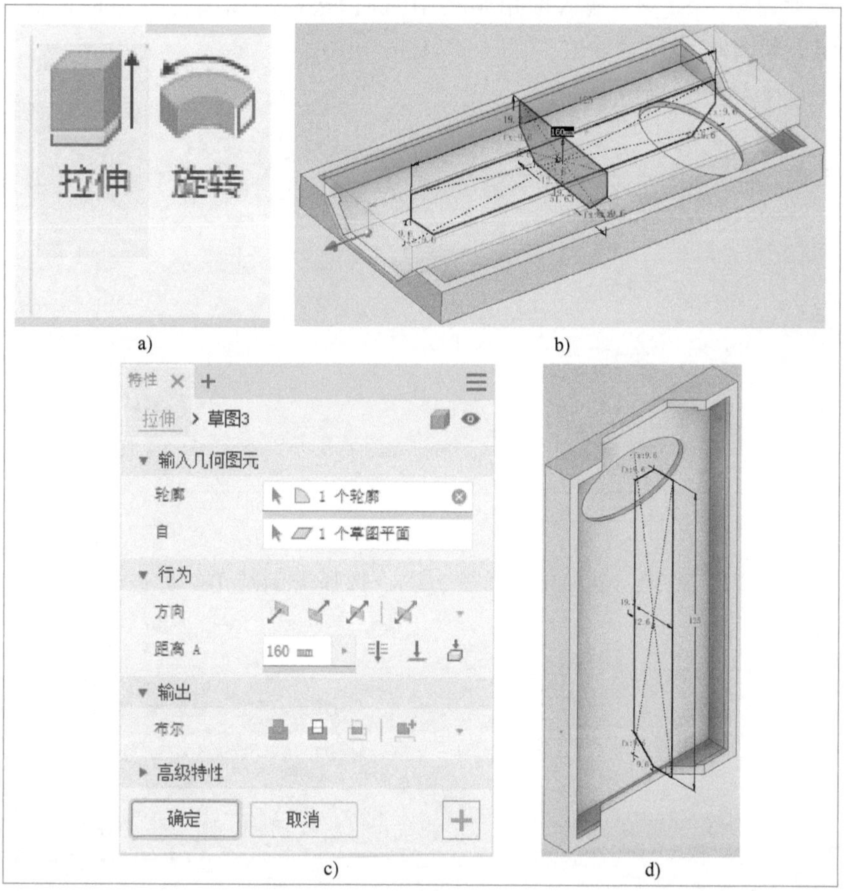
拉伸
旋转
a)
b)
特性
拉伸 > 草图3
输入几何图元
轮廓 1 个轮廓
自 1 个草图平面
行为
方向
距离 A 160 mm
输出
布尔
高级特性
确定
取消
c)
d)

图 4-68

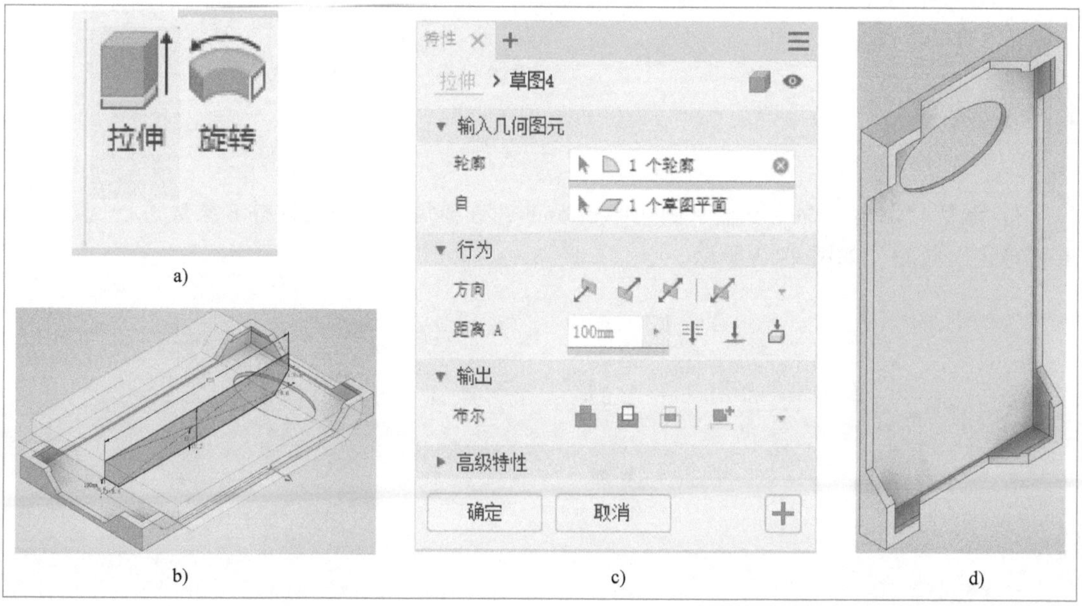
拉伸
旋转
a)
b)
特性
拉伸 > 草图4
输入几何图元
轮廓 1 个轮廓
自 1 个草图平面
行为
方向
距离 A 100mm
输出
布尔
高级特性
确定
取消
c)
d)

图 4-69

6）激活“圆角”命令，输入圆角半径 10mm，选择需倒圆角的边进行倒圆角，单击“确定”按钮，如图 4-70 所示。

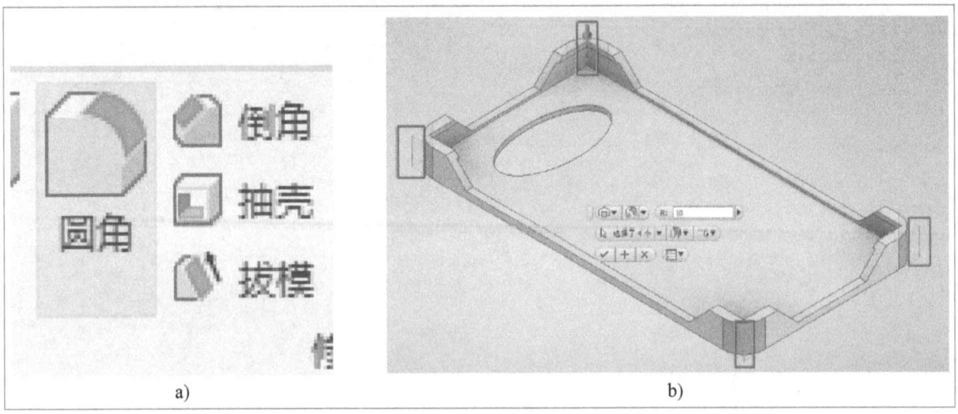


图 4-70

7）激活“圆角”命令，输入圆角半径 5mm，选择需倒圆角的边进行倒圆角，单击“确定”按钮，如图 4-71 所示。

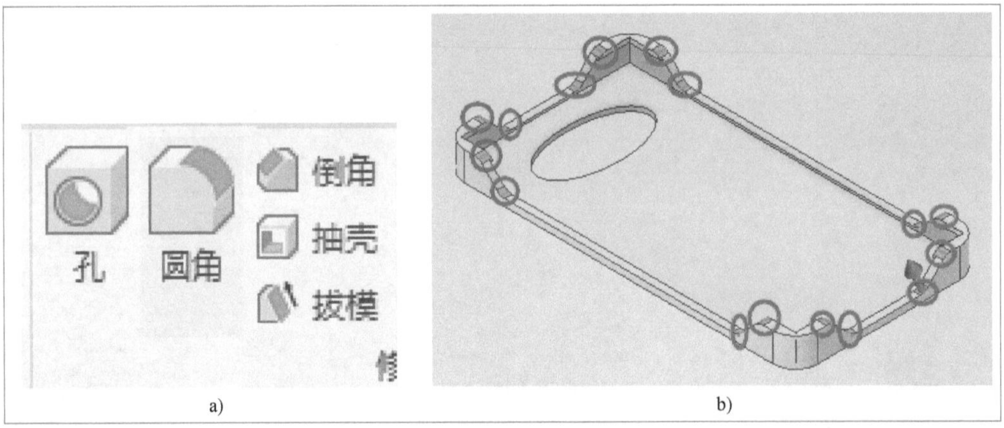


图 4-71

8）激活“圆角”命令，输入圆角半径 6mm，选择需倒圆角的内外 8 条边进行倒角，单击“确定”按钮，如图 4-72 所示。

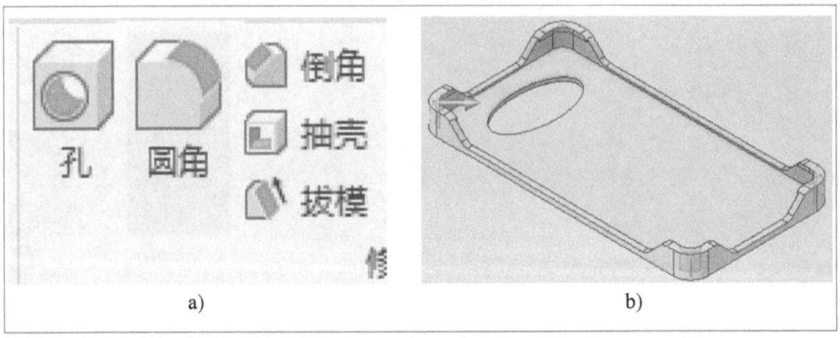


图 4-72

9）激活“圆角”命令，输入圆角半径 0.5mm，选择需倒圆角的边进行倒圆角，单击“确定”按钮，如图 4-73 所示。

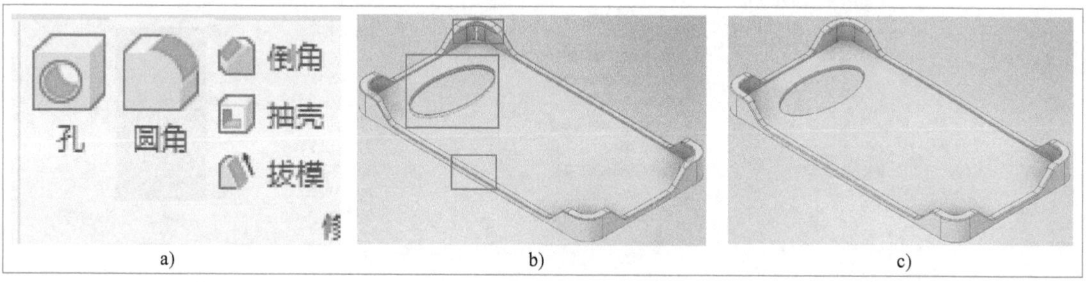


图 4-73

10）保存零件并导出 STL 文件。在功能区中单击鼠标右键，选择“显示面板”下的“3D 打印”功能，激活“3D 打印”命令，选择导出 STL 文件，如图 4-74 所示。

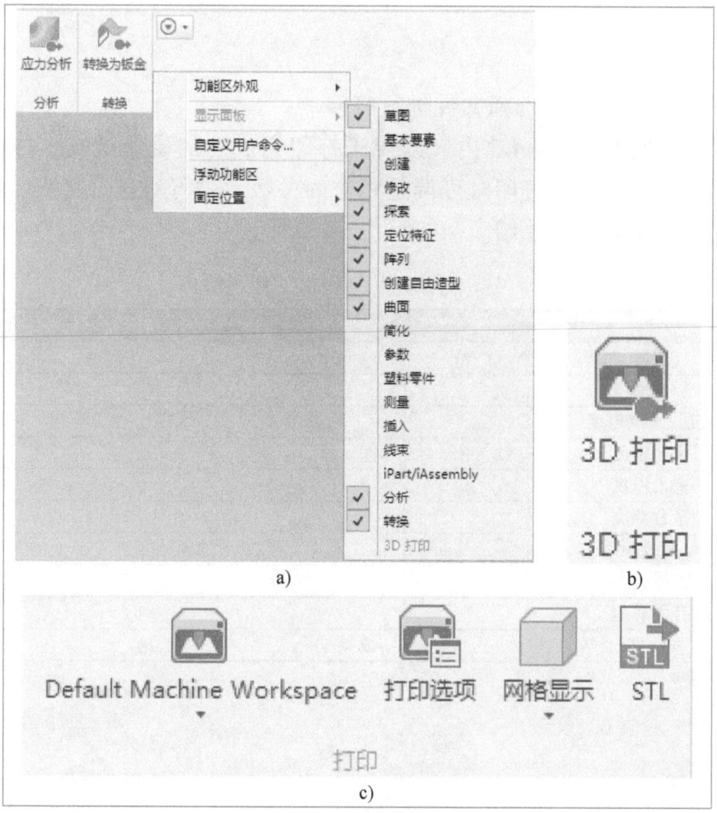


图 4-74

选择路径，文件命名，单击“保存”按钮如图 4-75 所示。

## （三）模型打印

1）将模型导入切片软件进行切片处理。依据第二章“打印机的基本操作”的内容，设置好打印此模型所需要的各个参数。最终将设置好的参数保存至 SD 卡内。

2）开机并检查打印平台是否校准、打印头是否堵塞、打印材料是否充足以及加热是否

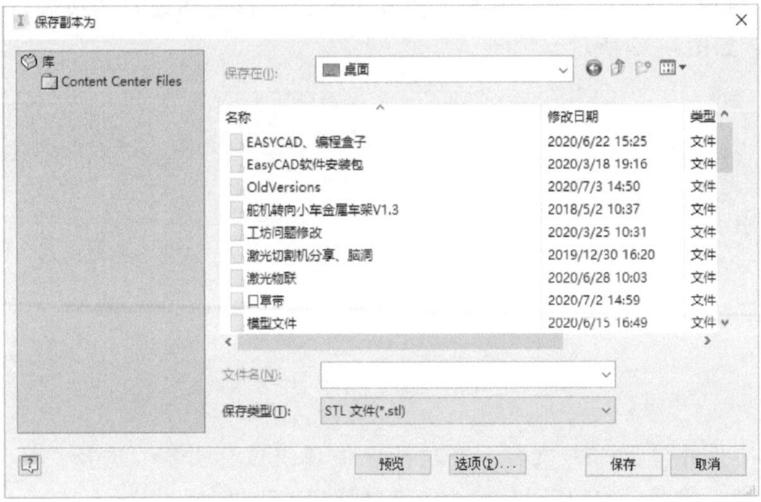


图 4-75

正常等。

3）将 SD 卡插入机器内，选择文件进行打印。

4）将设置的参数记录在表 4-3 内，以便于打印完成后的质量检查。打印过程中出现问题时，可查看切片参数，再次打印时可调整相应的参数，进行对比。每次打印完成后，基于最终模型进行整体打印参数的总结。

表 4-3 “大面积打印” 打印参数表

| 序号 | 参数名称 | 数值 | 备　注 |
|---|---|---|---|
| 1 | 层厚 | | |
| 2 | 壁厚 | | |
| 3 | 底层/顶层厚度 | | |
| 4 | 填充密度 | | |
| 5 | 挤出温度 | | |
| 6 | 平台温度 | | |
| 7 | 填充线间距 | | |
| 8 | 支撑类型 | | |
| 9 | 有无底座 | | |
| 总结 | | | |
| | | | |

## 四、学习评价

学习评价见表 4-4。

## 五、案例拓展

建模并打印如图 4-76（杯垫）、图 4-77（耳坠）和图 4-78（梳子）所示的制品。

表 4-4 “大面积打印”学习评价表

| 评价项目 | 评价标准 | 配分 | 自评 | 互评 | 师评 | 综合 |
|---|---|---|---|---|---|---|
| 草图绘制 | 能正确使用草图绘制命令 | 15 | | | | |
| 草图编辑 | 能正确使用草图编辑命令 | 20 | | | | |
| 特征创建 | 能正确使用特征创建命令 | 15 | | | | |
| 特征编辑 | 能正确使用特征编辑命令 | 10 | | | | |
| 作品制作 | 能正确使用设备进行作品制作 | 15 | | | | |
| 项目反思 | 1)在完成项目过程中,你遇到了什么样的问题?<br>2)你是如何解决上述问题的?<br>3)你的方法是否有效解决了问题并达到了预期效果?<br>(每回答一个问题得 5 分,书写工整且逻辑清晰的可得 10 分附加分。) | 25 | | | | |

图 4-76

图 4-77

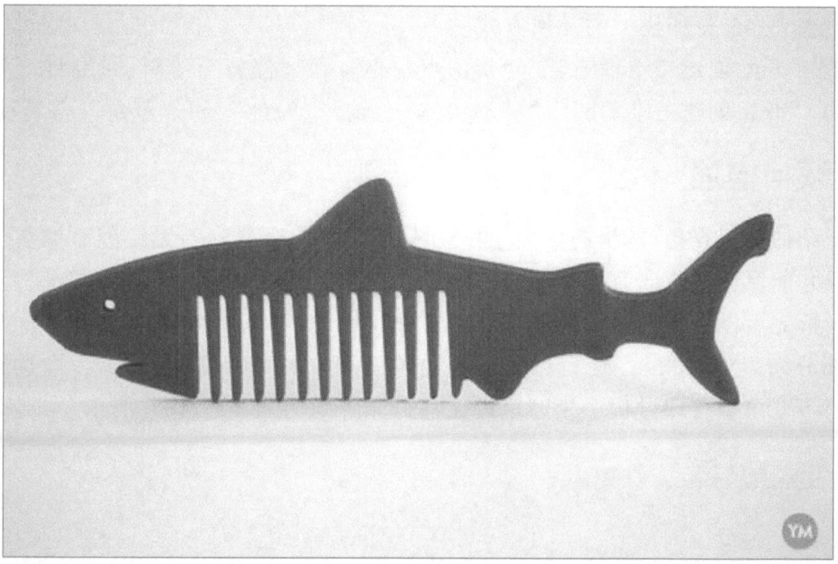

图 4-78

## 六、课后练习

按图 4-79 独立进行建模并打印。

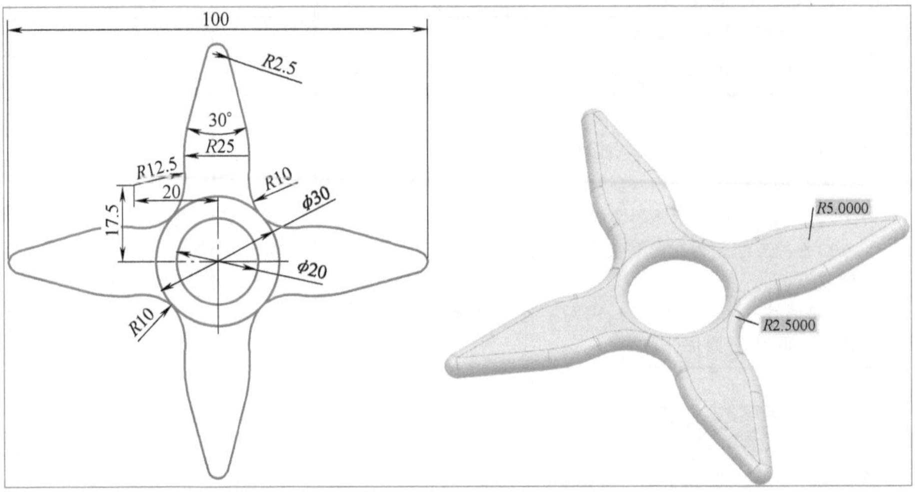


图 4-79

# 第三节　45°打印——雕塑的设计

## 一、学习目标

1. 了解“45°打印”的概念。
2. 熟练掌握 45°打印模型的建模方式。
3. 掌握“开始创建二维草图”“矩形两点中心”和“修剪”等草图绘制命令。
4. 掌握“开始创建三维草图”“移动实体”“轴”“拉伸”和“倒角”等特征命令。

## 二、项目描述

本节介绍的知识点是“45°打印”。在 3D 打印时可能会遇到：无论怎么调整位置，都只能加上支撑才能保证在打印时模型不会出问题，但加了支撑又会出现模型打印完后支撑拆卸困难，或者拆完后模型表面难看的问题。“45°打印”法可以有效地解决部分这类问题。此方法是将部分模型旋转 45°，使模型的所有边与面都与水平面成 45°左右，即达到打印的最大角度，而不至出现打印过程中模型坍塌无法打印等问题，如图 4-80 所示。

## 三、学习过程

### （一）项目分析

如图 4-81 所示，使用 Inventor 软件按照平面标注的尺寸绘制图形。使用草图绘制里的

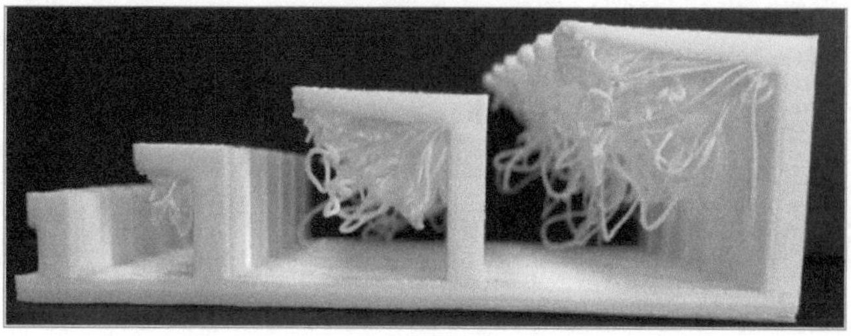

图 4-80

“开始创建二维草图”“矩形两点中心”和“修剪”命令，以及三维模型里的“开始创建三维草图”“移动实体”“轴”“拉伸”和“倒角”命令绘制雕塑体模型。在绘图的过程中需要注意二维平面的选择、绘图过程中图形矢量的方向是否正确，在三维草图里画直线、轴时点的捕捉，以及在旋转时方向的确认。务必仔细思考后再进行绘制，否则可能会出现旋转错方向或者开口方向不一致等问题。

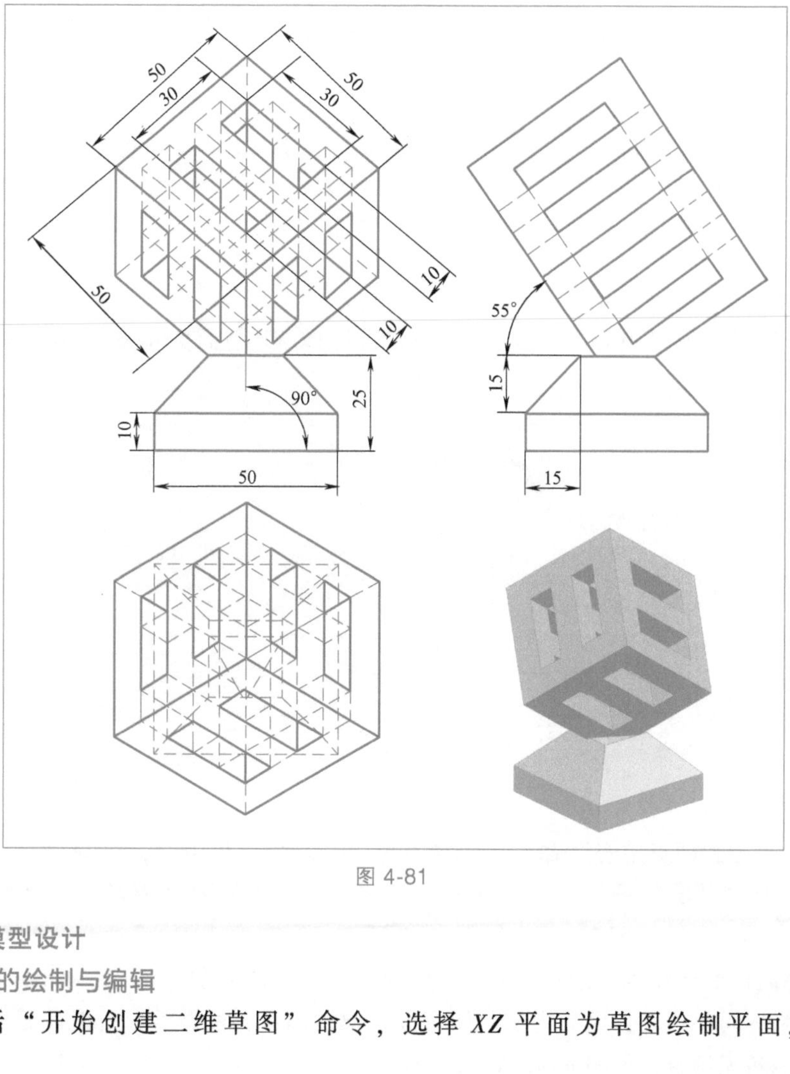


图 4-81

（二）模型设计

1. 草图的绘制与编辑

1）激活“开始创建二维草图”命令，选择 *XZ* 平面为草图绘制平面，如图 4-82 所示。

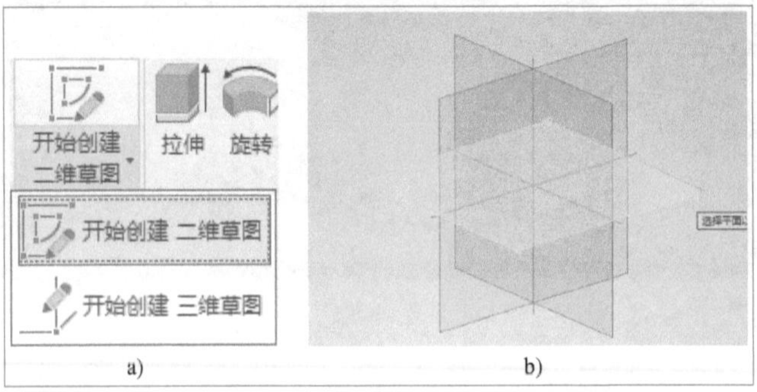


图 4-82

2）激活“矩形两点中心”命令，选择坐标中心点为矩形中心，绘制矩形，长、宽分别为 50mm，单击“退出”按钮完成草图，如图 4-83 所示。

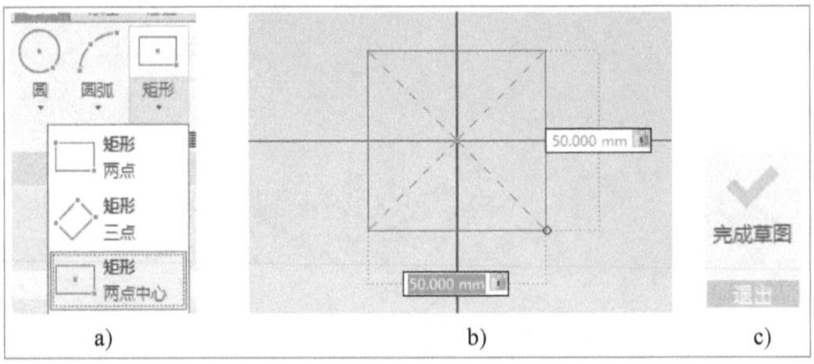


图 4-83

3）再次激活“开始创建二维草图”命令，选择 *XY* 平面为草图绘制平面，如图 4-84 所示。

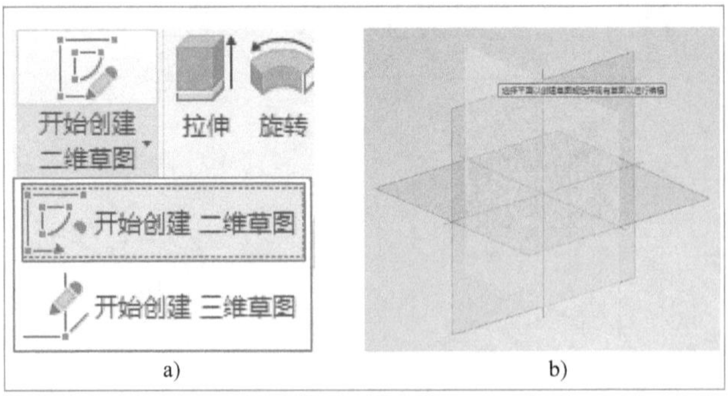


图 4-84

4）激活“矩形两点中心”命令，选择坐标中心点为矩形中心，绘制矩形，长、宽分别为 50mm，单击“退出”按钮。使用同样的方法，再次绘制两个矩形，一个长、宽分别为 30mm，另一个长 10mm、宽 30mm，如图 4-85 所示。

5）选择内部的标注线，按<Delete>键删除，为下一步修剪做准备。如果不把标注线删除，则无法修剪内部线段，因为内部的所有线段都被约束无法修剪，所以需要先把标注线删除，让内部线条无约束，如图 4-86 所示。

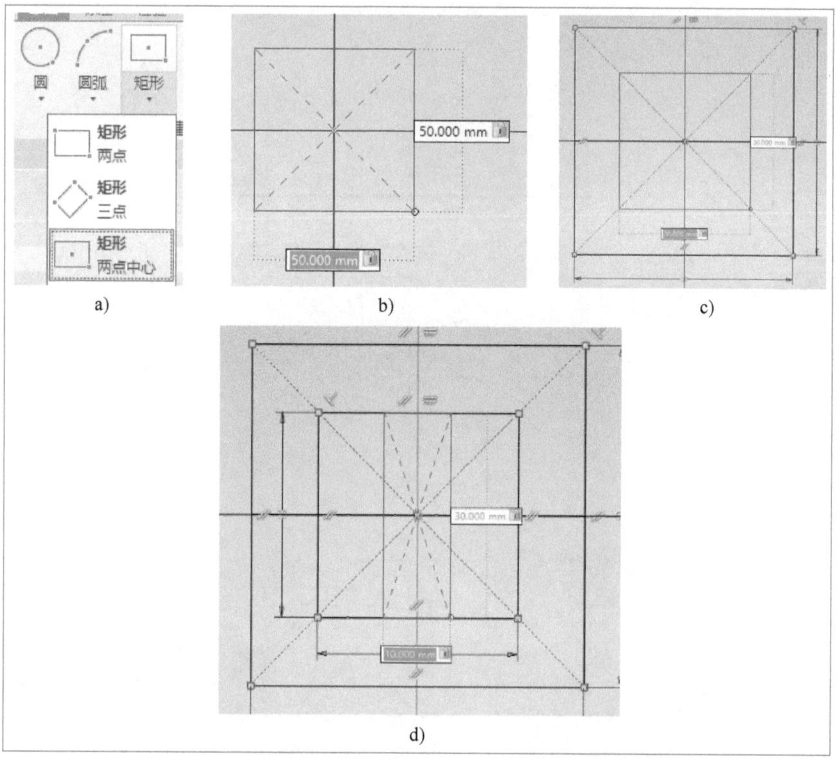


图 4-85

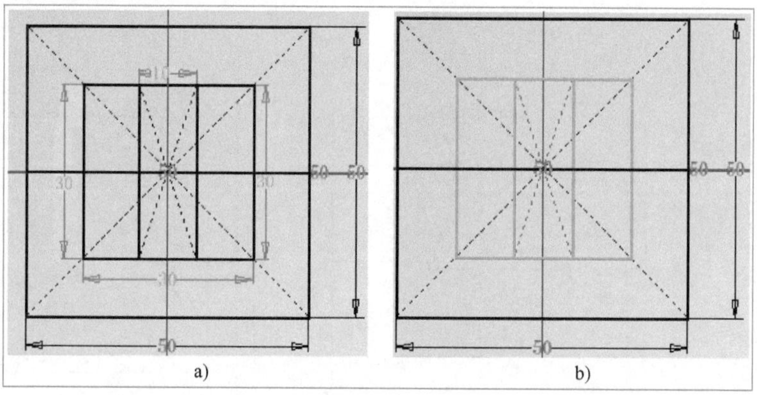


图 4-86

6）激活“修剪”命令，选择不需要的图元进行修剪，完成草图，如图 4-87 所示。

7）再次激活“开始创建二维草图”命令，选择 *XY* 平面为草图绘制平面，如图 4-88 所示。

8）激活“矩形两点中心”命令，选择坐标中心点为矩形中心绘制两个矩形，第一个长、宽分别为 30mm，第二个宽 30mm、长 10mm，如图 4-89 所示。

9）选择内部的标注线，按<Delete>键删除，如图 4-90 所示。

10）激活“修剪”命令，选择不需要的图元进行修剪，完成草图，如图 4-91 所示。

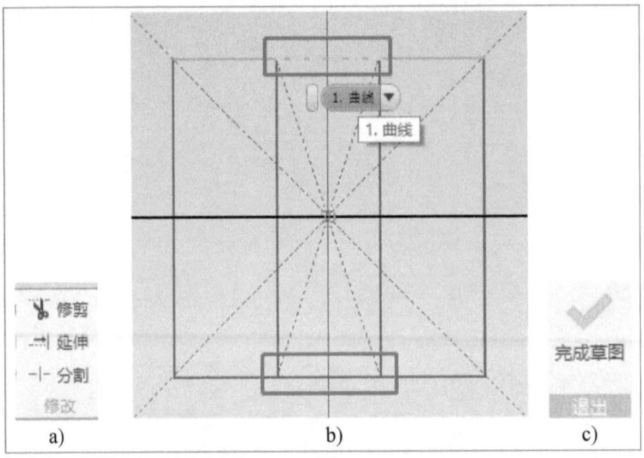

a) b) c)

图 4-87

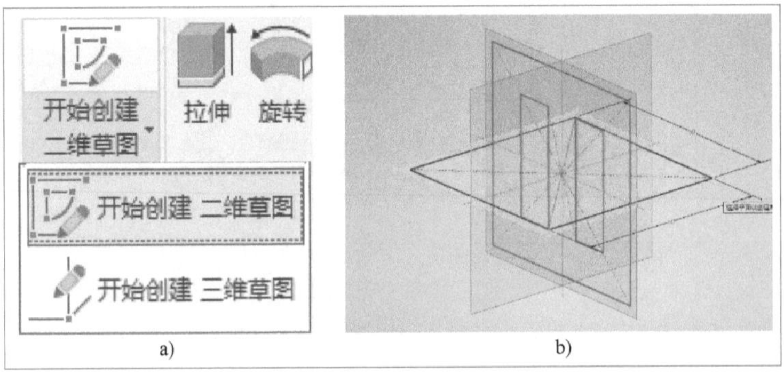

a) b)

图 4-88

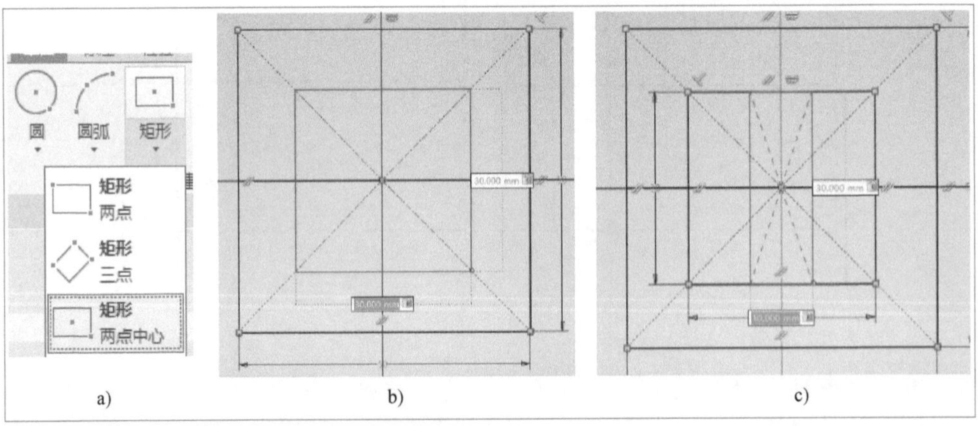

a) b) c)

图 4-89

11）再次激活“开始创建二维草图”命令，选择 *YZ* 平面为草图绘制平面，如图 4-92 所示。

12）激活“矩形两点中心”命令，选择坐标中心点为矩形中心，绘制两个矩形，第一个长、宽分别为 30mm，第二个长 10mm、宽 30mm，如图 4-93 所示。

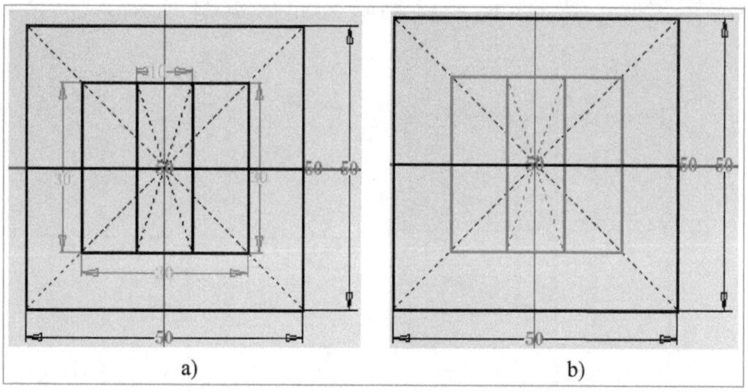


图 4-90

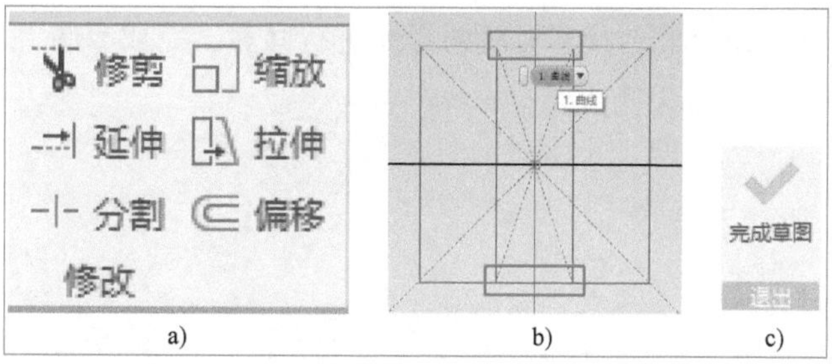


图 4-91

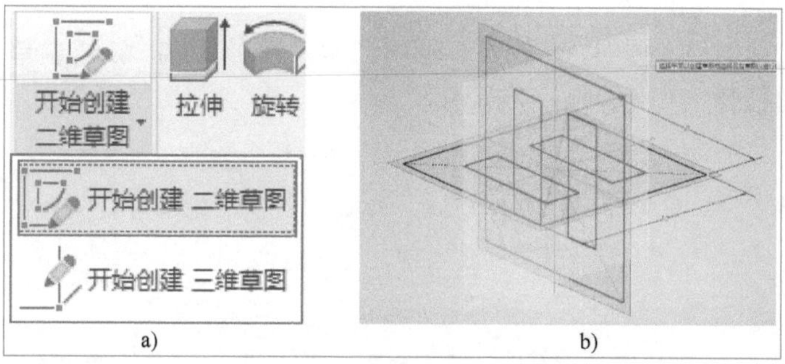


图 4-92

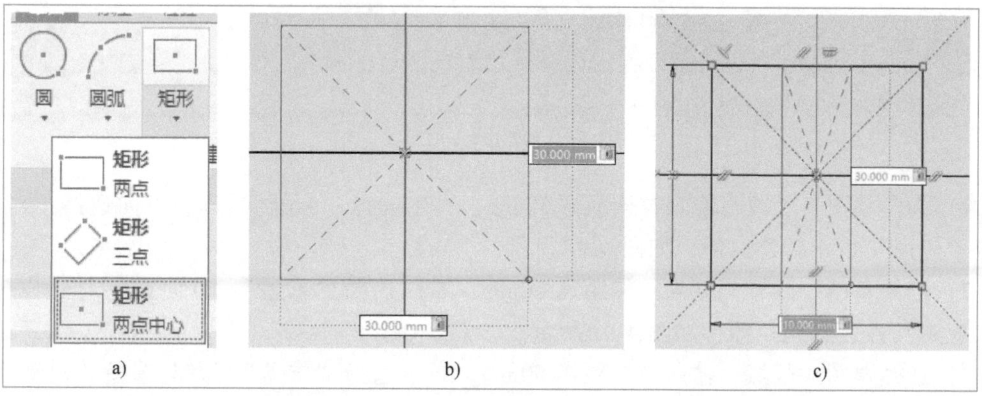


图 4-93

13）选择内部的标注线，按<Delete>键删除，如图 4-94 所示。

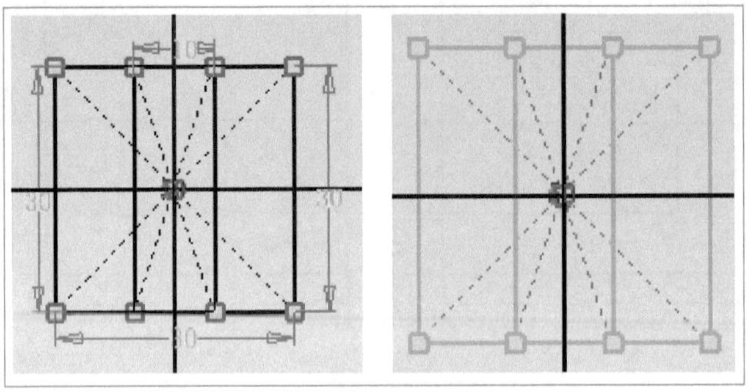

图 4-94

14）激活“修剪”命令，选择不需要的图元进行修剪，完成草图，如图 4-95 所示。

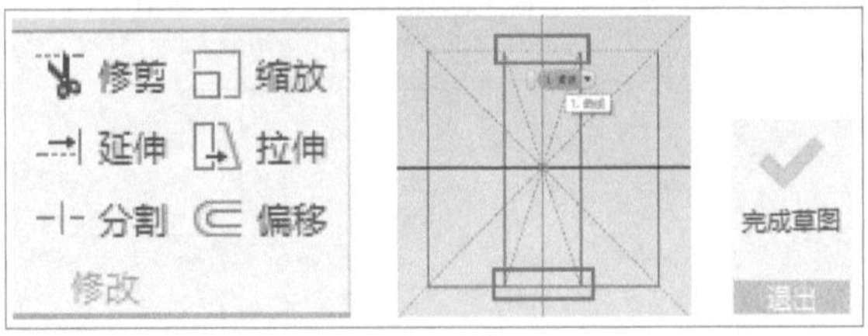


图 4-95

2. 特征的创建与编辑

1）激活“拉伸”命令，选择草图 1 区域，输入拉伸距离“25”，单击“应用”按钮新建拉伸，如图 4-96 所示。

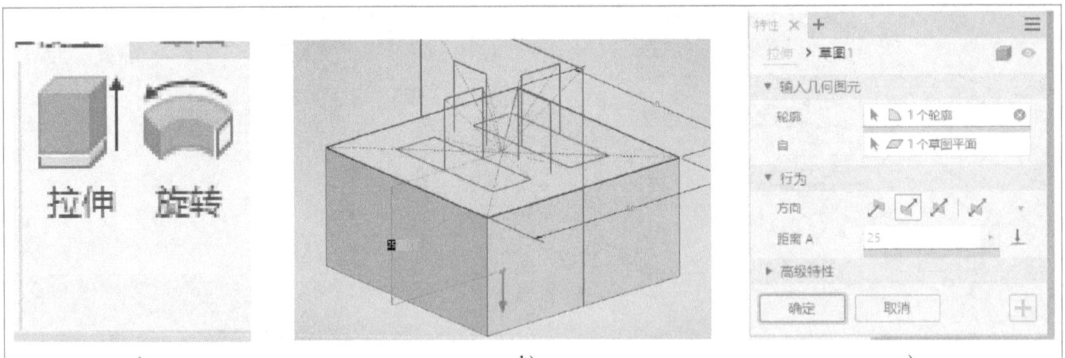


a) b) c)

图 4-96

2）选择草图 2 区域，输入拉伸距离 50mm，布尔选择“新建实体”，方向选择“对称”，单击“应用”按钮新建拉伸，如图 4-97 所示。

3）选择草图 3 区域，输入拉伸距离 50mm，布尔选择“求差”，方向选择“对称”，单击“应用”按钮新建拉伸，如图 4-98 所示。

4）选择草图 4 区域，输入拉伸距离 50mm，布尔选择“求差”，方向选择“对称”，单击“确定”按钮，如图 4-99 所示。

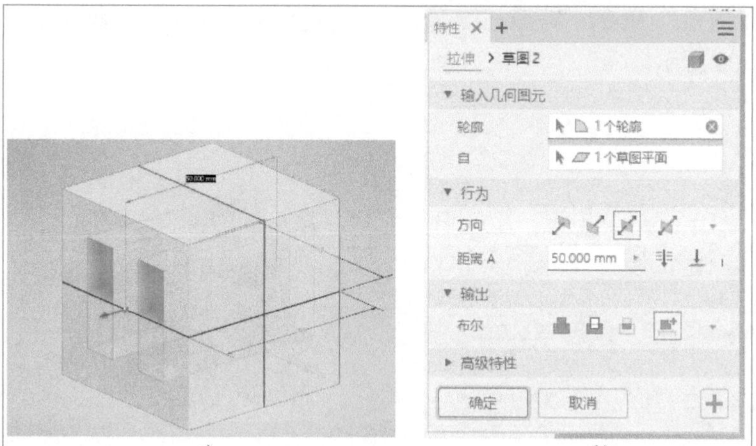


a) b)

图 4-97

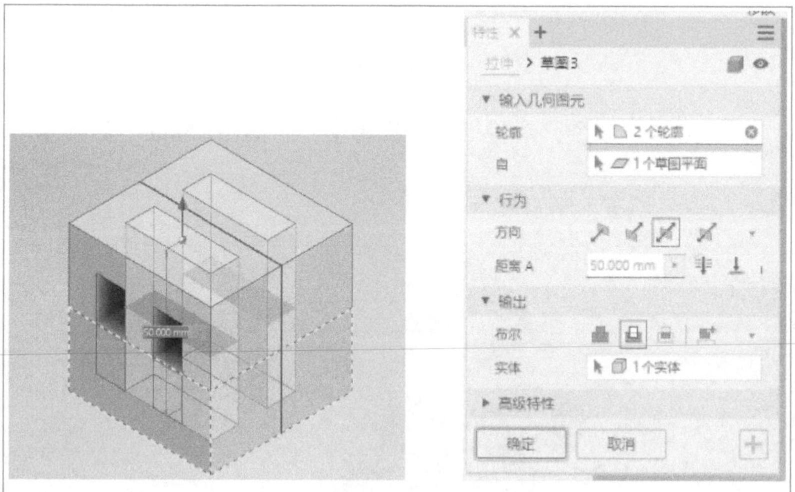


a) b)

图 4-98

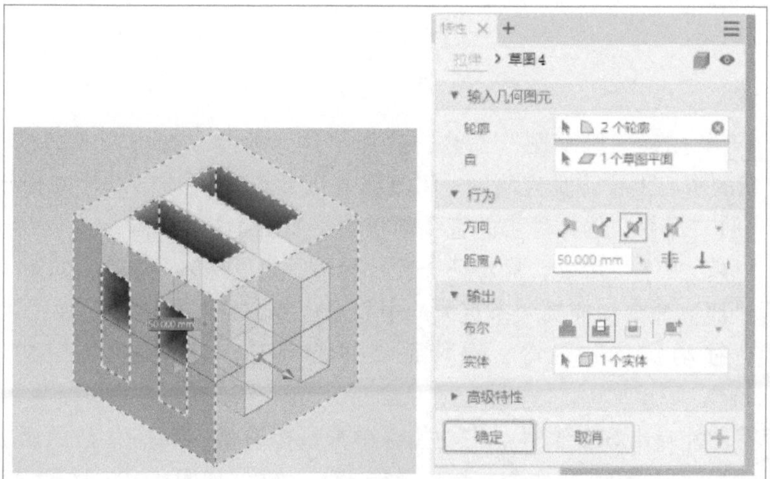


a) b)

图 4-99

5）激活“倒角”命令，对特征 1 顶部边进行倒角，倒角边长输入 15，单击“确定”按钮，如图 4-100 所示。

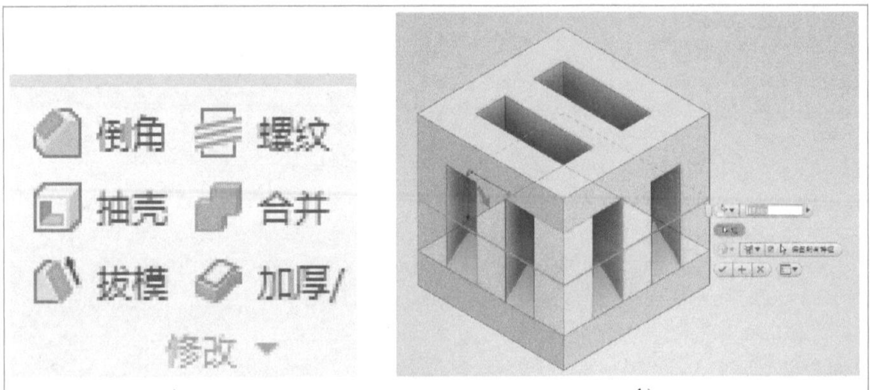


a) b)

图 4-100

6）激活“移动实体”命令，对特征 2 进行移动，距离为 35mm，如图 4-101 所示。

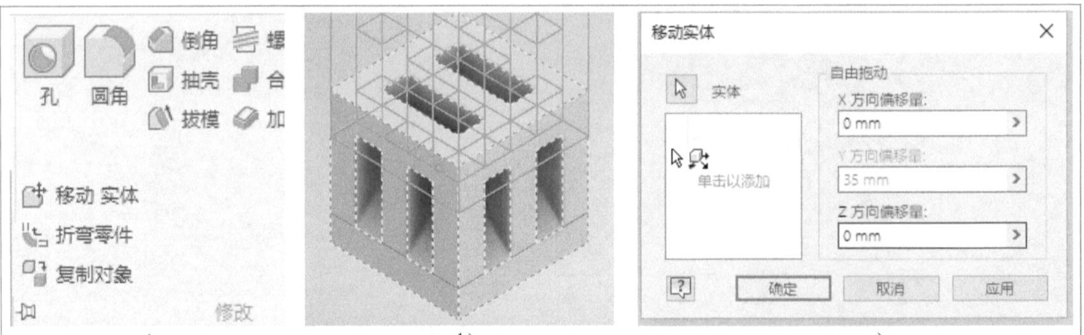


a) b) c)

图 4-101

7）激活“开始创建三维草图”命令，选择“线”命令，捕捉两条边的中心点绘制直线，然后在直线的中心点位置垂直绘制一根直线（随意长度），如图 4-102 所示。

8）激活“轴”命令，选择垂直的直线创建轴，如图 4-103 所示。

9）激活“移动实体”命令，对特征 2 进行旋转，角度输入“45”，如图 4-104 所示。

10）激活“轴”命令，捕捉两条直线的中心点位置，绘制旋转轴，如图 4-105 所示。

11）激活“移动实体”命令，对特征 2 进行旋转，角度输入“55”，如图 4-106 所示。

12）保存零件并导出 STL 文件。在功能区单击鼠标右键，选择“显示面板”下的“3D 打印”功能，激活“3D 打印”命令，选择导出 STL 文件，如图 4-107 所示。

选择路径，文件命名，单击“保存”按钮，如图 4-108 所示。

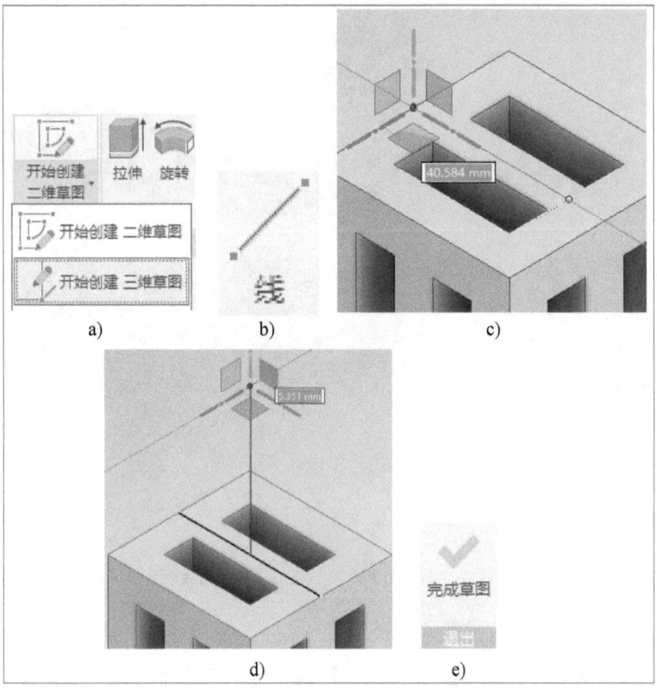


图 4-102

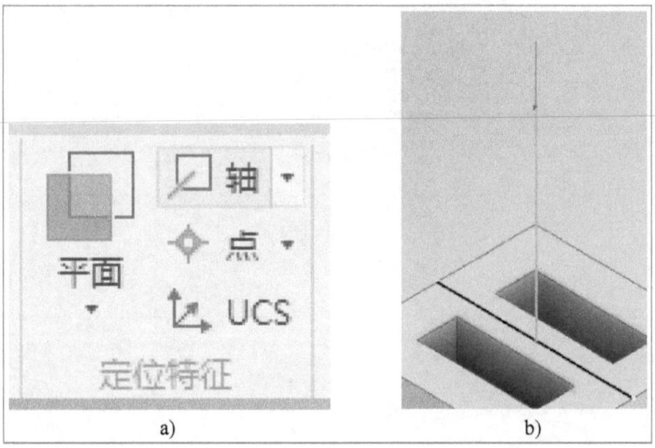


图 4-103

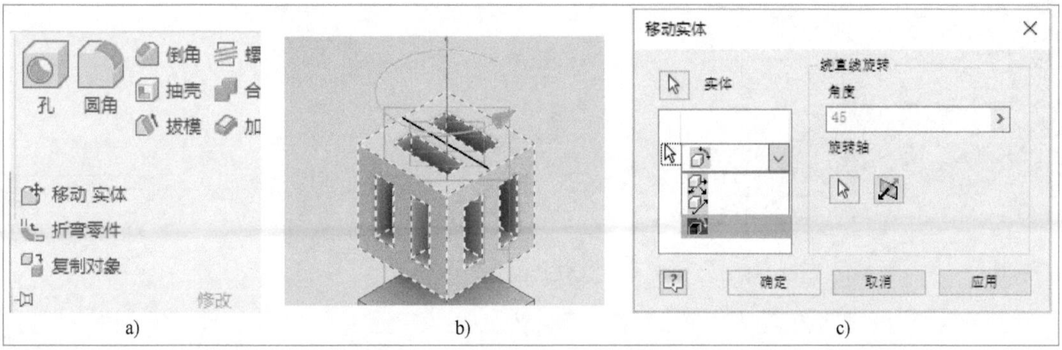


图 4-104

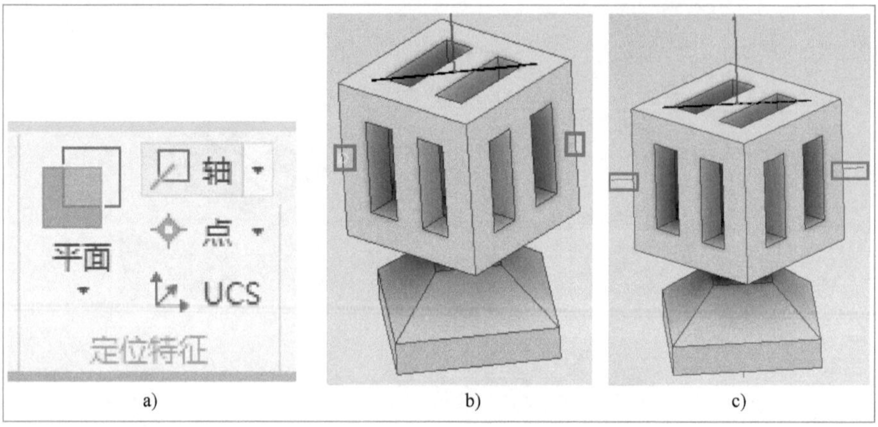


图 4-105

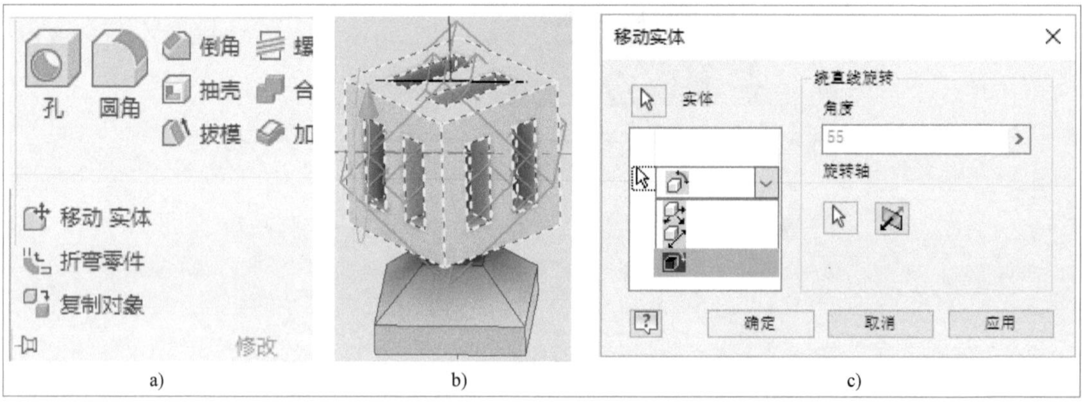


图 4-106

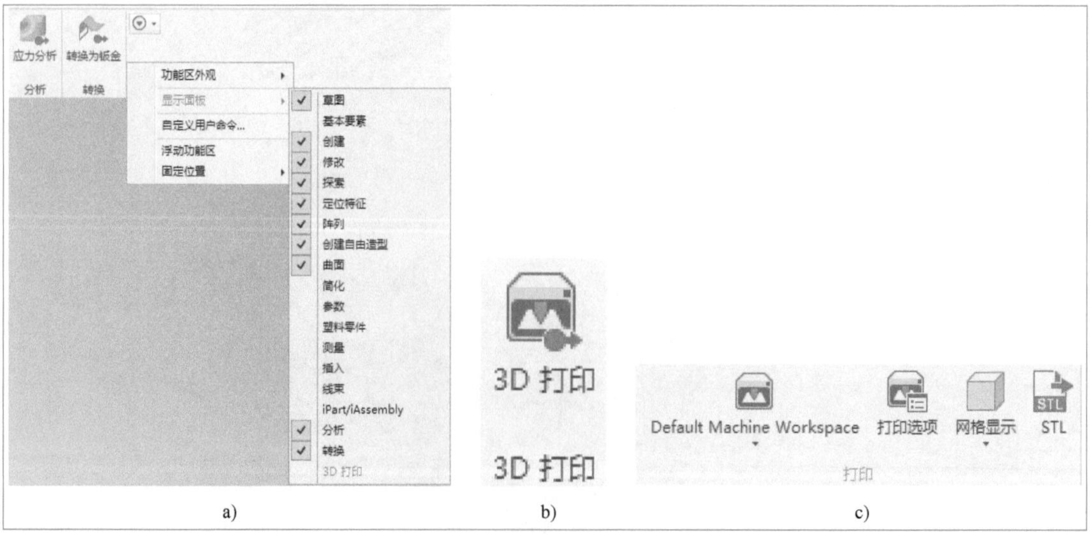


图 4-107

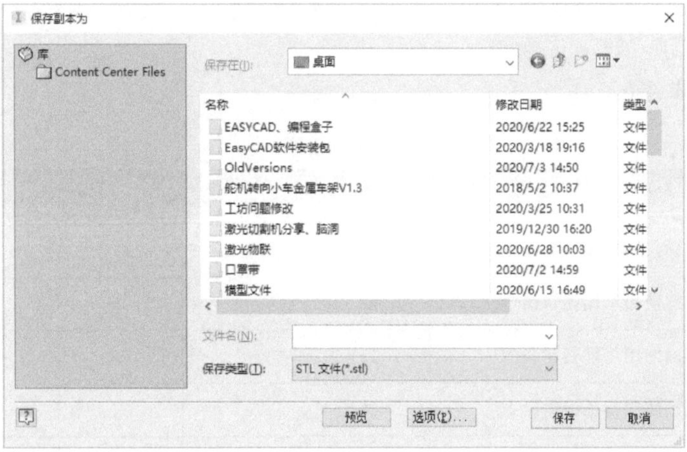


图 4-108

## （三）模型打印

1）将模型导入切片软件进行切片处理。依据第二章“打印机的基本操作”的内容，设置打印此模型所需要的各个参数。最终将设置好的参数保存至 SD 卡内。

2）开机并检查打印平台是否校准、打印头是否堵塞、打印材料是否充足以及加热是否正常等。

3）将 SD 卡插入机器内，选择文件进行打印。

4）将设置的参数记录在表 4-5 内，以便于打印完成后的质量检查。打印过程中出现问题时，可查看切片参数，再次打印时可调整相应的参数，进行对比。每次打印完成后，基于最终模型进行整体打印参数的总结。

表 4-5 “45°打印”打印参数表

| 序号 | 参数名称 | 数值 | 备　注 |
|---|---|---|---|
| 1 | 层厚 | | |
| 2 | 壁厚 | | |
| 3 | 底层/顶层厚度 | | |
| 4 | 填充密度 | | |
| 5 | 挤出温度 | | |
| 6 | 平台温度 | | |
| 7 | 填充线间距 | | |
| 8 | 支撑类型 | | |
| 9 | 有无底座 | | |
| 总结 | | | |

## 四、学习评价

学习评价见表4-6。

表4-6 "45°打印"学习评价表

| 评价项目 | 评价标准 | 配分 | 自评 | 互评 | 师评 | 综合 |
|---|---|---|---|---|---|---|
| 草图绘制 | 能正确使用草图绘制命令 | 15 | | | | |
| 草图编辑 | 能正确使用草图编辑命令 | 20 | | | | |
| 特征创建 | 能正确使用特征创建命令 | 15 | | | | |
| 特征编辑 | 能正确使用特征编辑命令 | 10 | | | | |
| 作品制作 | 能正确使用设备进行作品制作 | 15 | | | | |
| 项目反思 | 1)在完成项目过程中,你遇到了什么样的问题?<br>2)你是如何解决上述问题的?<br>3)你的方法是否有效解决了问题并达到了你的预期效果?<br>(每回答一个问题得5分,书写工整且逻辑清晰的可得10分附加分。) | 25 | | | | |

## 五、案例拓展

建模并打印如图4-109(吸管)、图4-110(固定夹)所示的制品。

图4-109

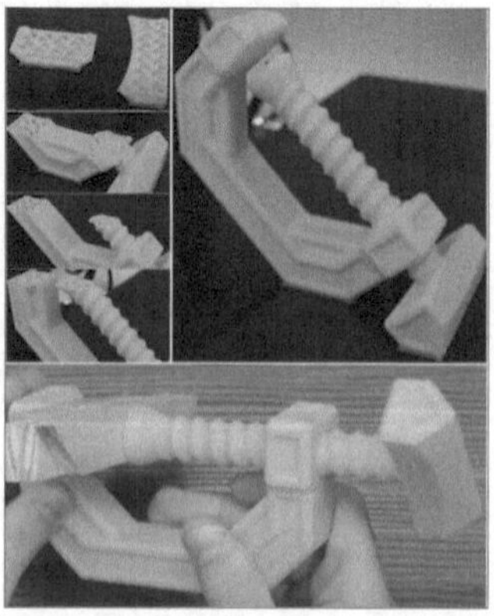

图4-110

## 六、课后练习

按图4-111独立进行建模并打印。

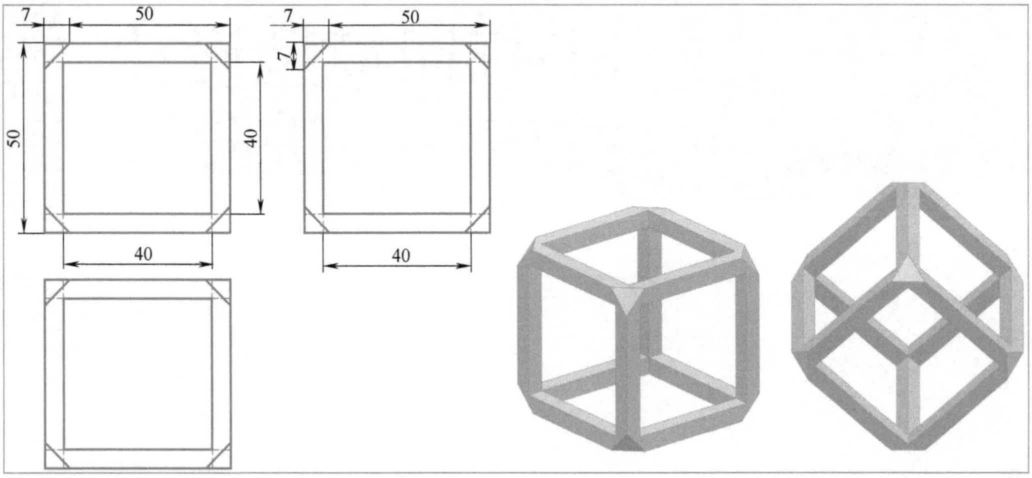


图 4-111

# 第五章 CHAPTER 5 3D打印模型设计技巧——进阶

## 第一节 智能小车的设计

### 一、学习目标

1. 了解智能硬件基于 3D 打印工艺的图形绘制。

2. 图 5-1 所示的模型是由多个零部件、模型与硬件相结合装配而成的。本节的重点在于模型与硬件之间的装配关系。

3. 掌握“镜像”“矩形三点”“移动”“开始创建二维草图”“线”“倒角”“矩形”“圆角”和“圆”等草图绘制命令。

4. 掌握“平行平面且通过点”“镜像”“合并”“拉伸”“移动实体”“圆角”“加厚/偏移”和“倒角”等特征命令。

图 5-1

### 二、项目描述

3D 打印与智能硬件是相辅相成的存在，基本上有智能硬件的地方大概率就有 3D 打印的工艺存在。智能硬件是以平台性底层软、硬件为基础，以智能传感互联、人机交互、新型显示及大数据处理等新一代信息技术为特征，以新设计、新材料、新工艺硬件为载体的新型智能终端产品及服务。3D 打印机本身也是由智能硬件模块与标准化的架构件组合而成的。那么如何将智能硬件与 3D 打印结构相结合呢？

### 三、学习过程

#### （一）项目分析（下盖）

如图 5-2 所示，使用 Inventor 软件按照平面标注的尺寸绘制图形。使用软件草图绘制里

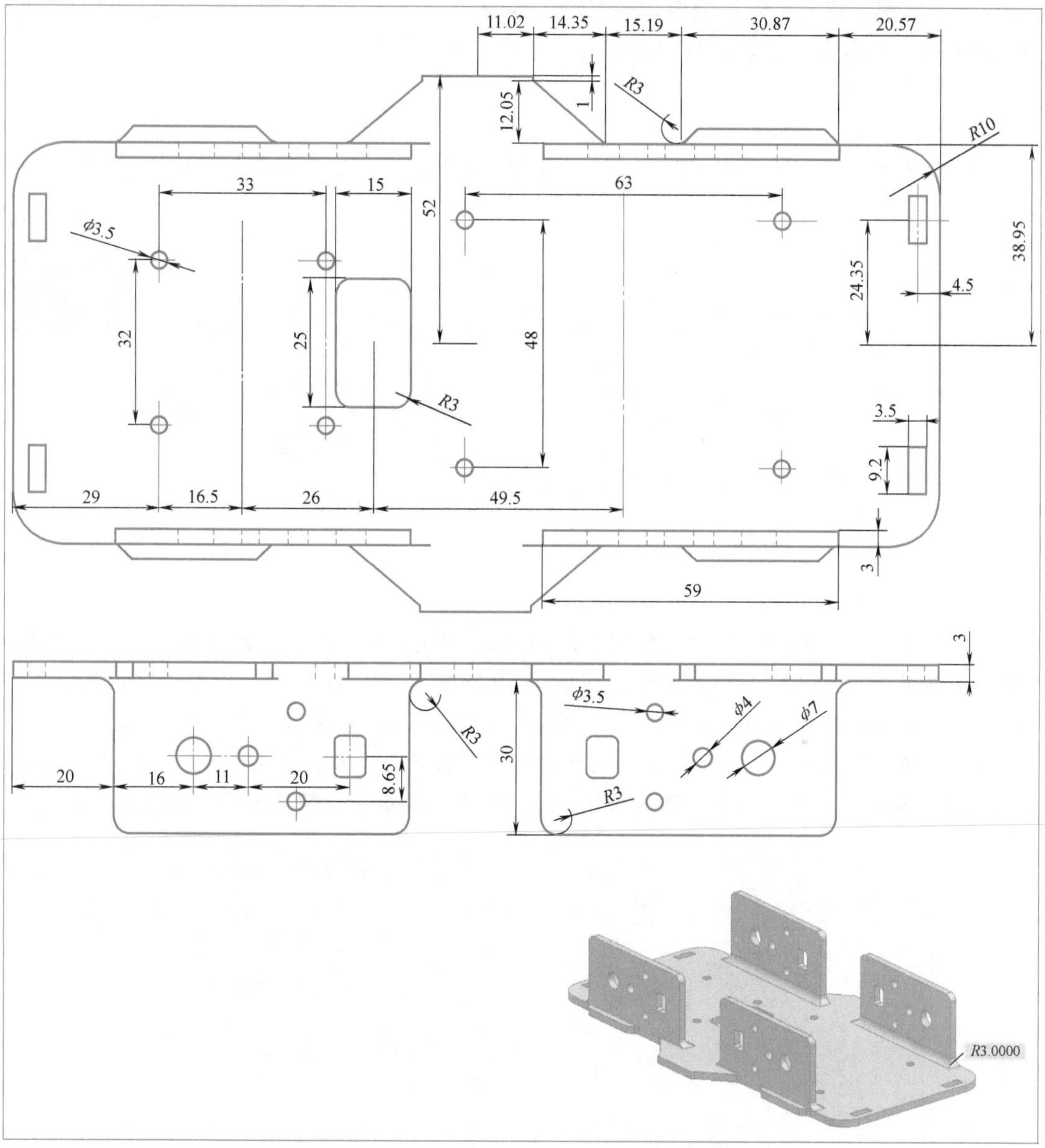


图 5-2

的“镜像”“矩形三点”“移动”“开始创建二维草图”“线”“倒角”“矩形”“圆角”“圆”等命令，与三维模型里的“平行平面且通过点”“镜像”“合并”“拉伸”“移动实体”“圆角”“加厚/偏移”“倒角”等命令绘制智能小车的模型。在绘制的过程中有如下几点需要注意：

1）本节所绘的图形有外部参照物，而且是需要装配的，所以在测量模块或配件的时候，需要精确数值，并尽可能留余量（偏大），否则可能会出现尺寸完好无间隙但无法装配的情况。

2）需要注意装配的干涉问题。绘图时需要考虑图形是否会与其他部件出现干涉而导致无法装配。

3）绘图前，要先了解每个模块的尺寸并定义好每个模块放置的位置以及放置的角度，以免出现某一边较长或者较高导致最终打印完成后无法装配。

## （二）模型设计（下盖）

### 1. 草图的绘制与编辑

1）激活“开始创建二维草图”命令，选择 *XZ* 平面为草图绘制平面，如图 5-3 所示。

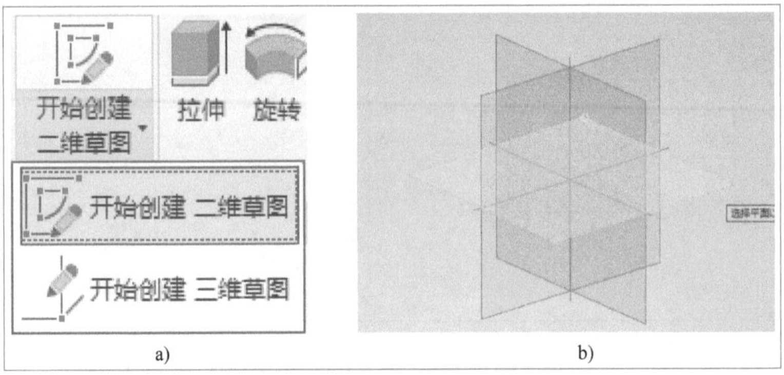


图 5-3

2）激活“线”命令，选择坐标中心点为起点绘制直线，在 *Y* 正方向输入“52”，单击“确定”按钮。继续绘制其余直线：在 *X* 正方向输入“11.02”，在 *Y* 负方向输入“1”“12.05”，在 *X* 正方向输入“14.35”“15.19”，在 *Y* 正方向输入“3”，在 *X* 正方向输入“30.87”，在 *Y* 负方向输入“3”，在 *X* 正方向输入“20.57”，在 *Y* 负方向输入“38.95”，在 *X* 负方向输入“4.5”，在 *Y* 正方向输入“24.35”。单击“确定”按钮并退出，如图 5-4 所示。

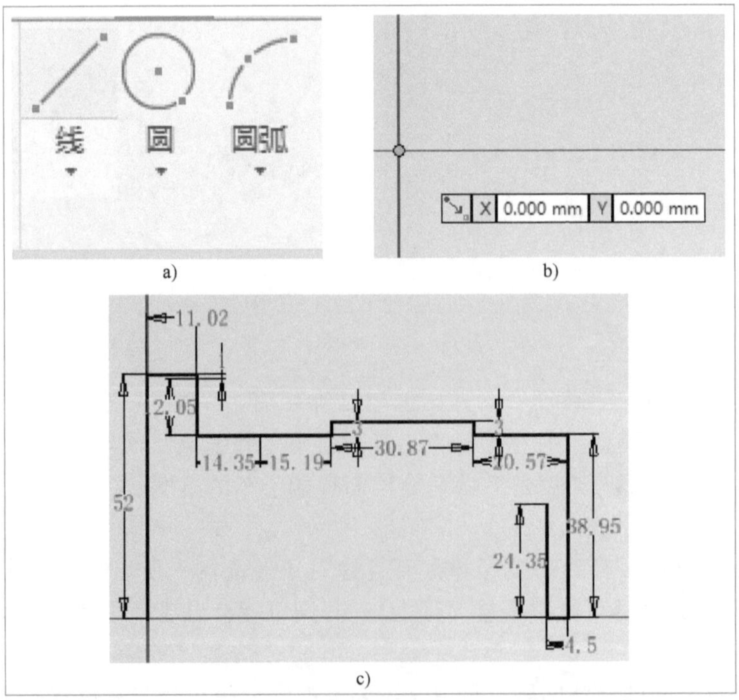


图 5-4

3）按住<Ctrl>键，同时选择以下5条线并选择“构造”命令，如图5-5所示。

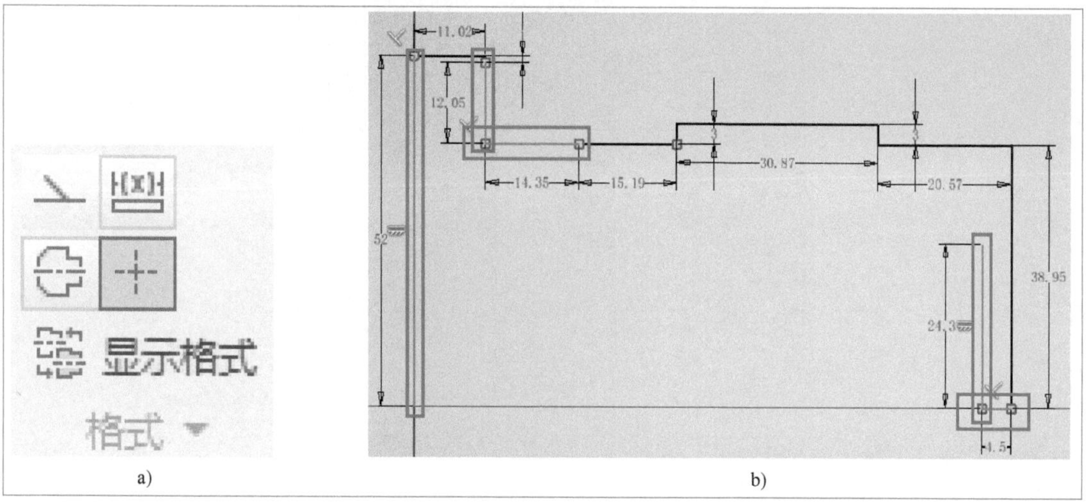


图 5-5

4）激活“线”命令，选择两条直线的端点位置，退出，如图5-6所示。

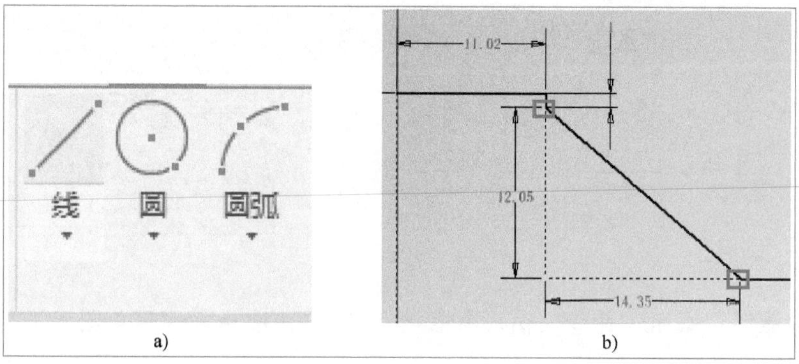


图 5-6

5）激活“倒角”命令，输入倒角距离3mm，选择倒角图元进行倒角，退出，如图5-7所示。

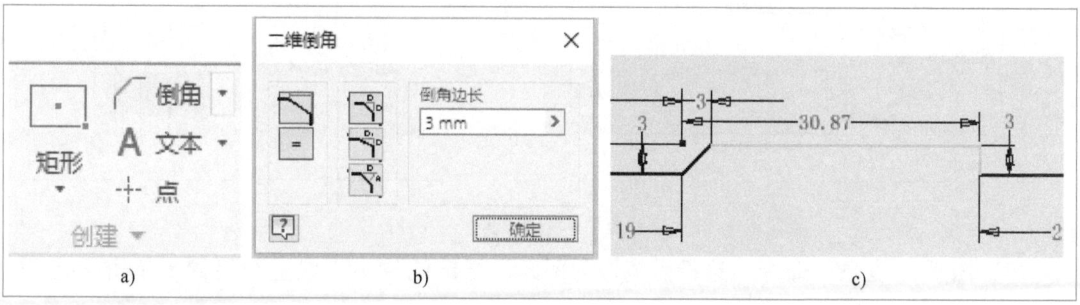


图 5-7

6）激活“矩形两点中心”命令，选择矩形中心绘制矩形，输入长“3.5”、宽“9.2”，单击“确定”按钮并退出，如图5-8所示。

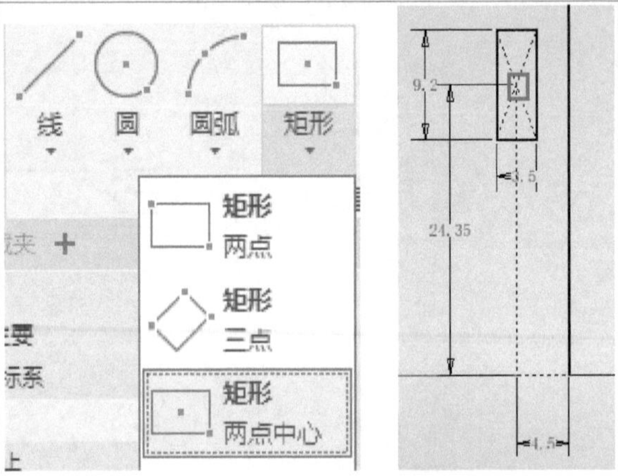

a)　b)

图 5-8

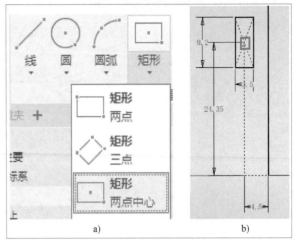

7）激活“圆角”命令，输入圆角半径 3mm，选择需倒圆角图元进行倒圆角，退出，如图 5-9 所示。

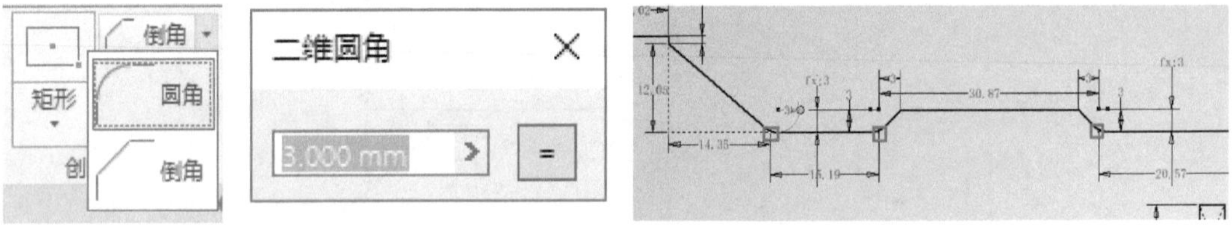

a)　b)　c)

图 5-9

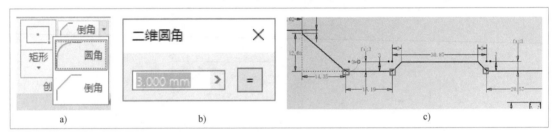

8）再次激活“圆角”命令，输入圆角半径“10”，选择需倒圆角图元进行倒圆角，退出，如图 5-10 所示。

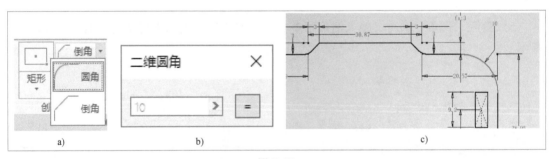

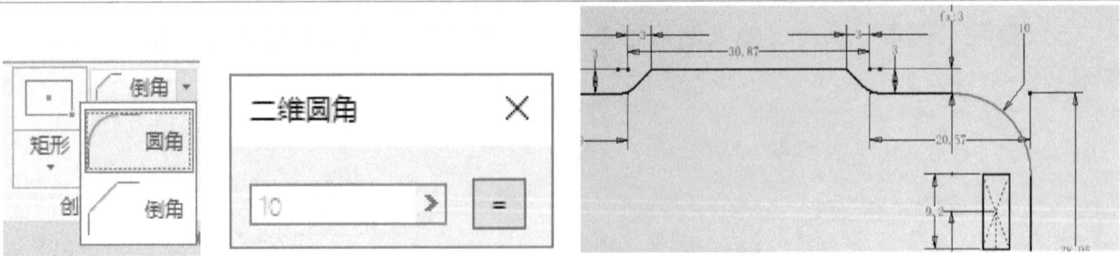

a)　b)　c)

图 5-10

9）激活“镜像”命令，选择需镜像的图元，指定镜像中心线进行镜像，单击“应用”按钮，如图 5-11 所示。

10）再次选择需镜像的图元，指定镜像中心线进行镜像，单击“应用”按钮并退出，如图 5-12 所示。

11）激活“线”与“构造”命令，选择起点绘制直线，在 $X$ 正方向输入长度“45. 5”

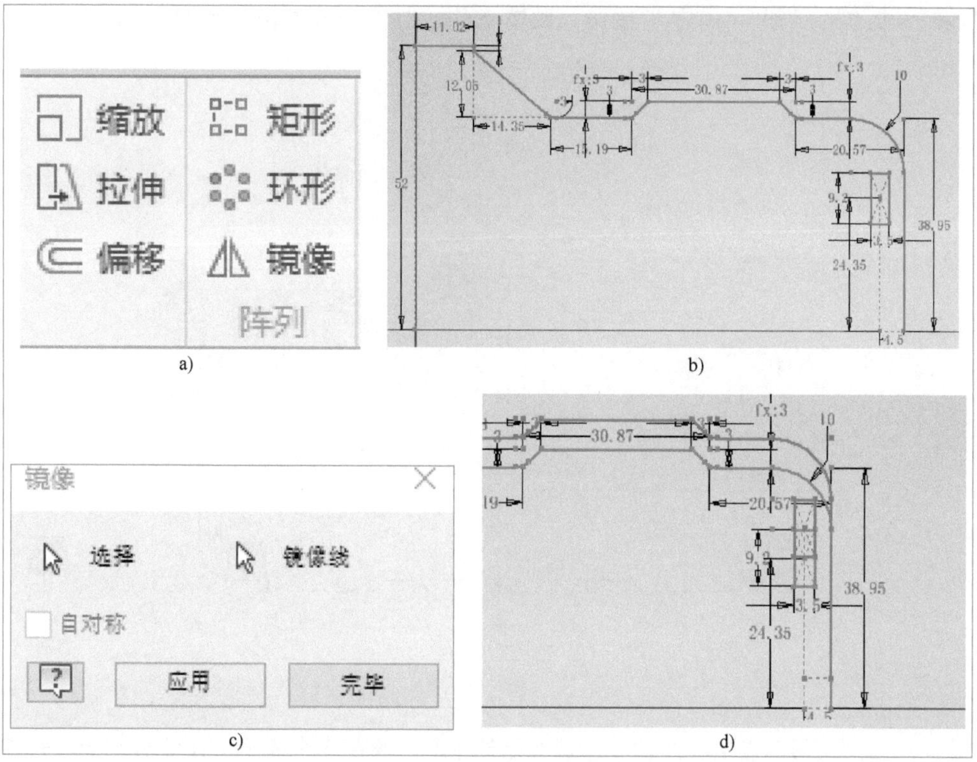


图 5-11

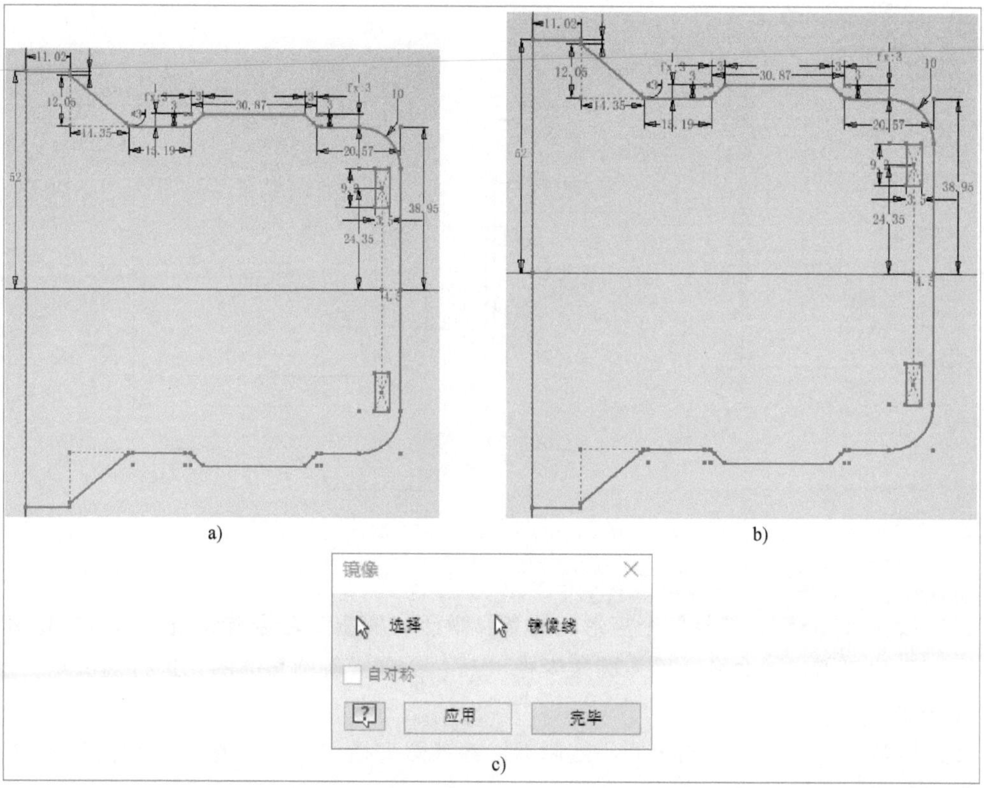


图 5-12

“26”和“49. 5”，单击“确定”按钮，取消“构造”命令并退出，如图 5-13 所示。

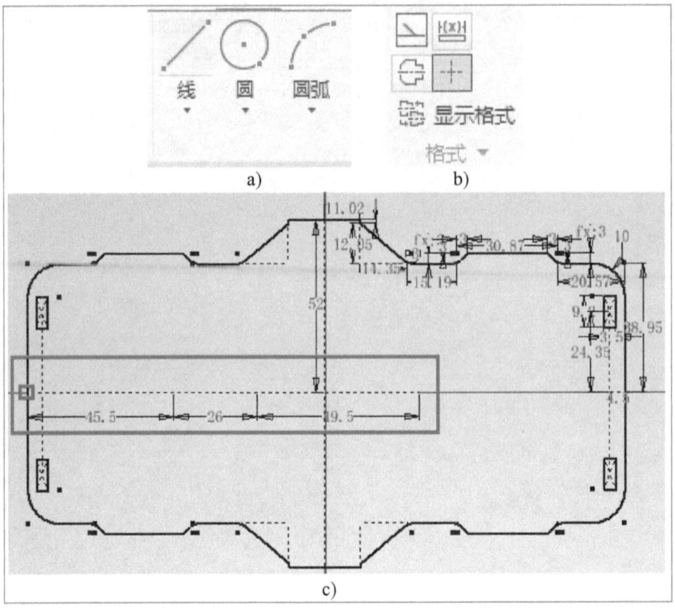


图 5-13

12）激活“矩形两点中心”命令，选择矩形中心，绘制 3 个矩形，尺寸分别为：长 33mm、宽 32mm，长 15mm、宽 25mm，长 63mm、宽 48mm，单击“确定”按钮并退出，如图 5-14 所示。

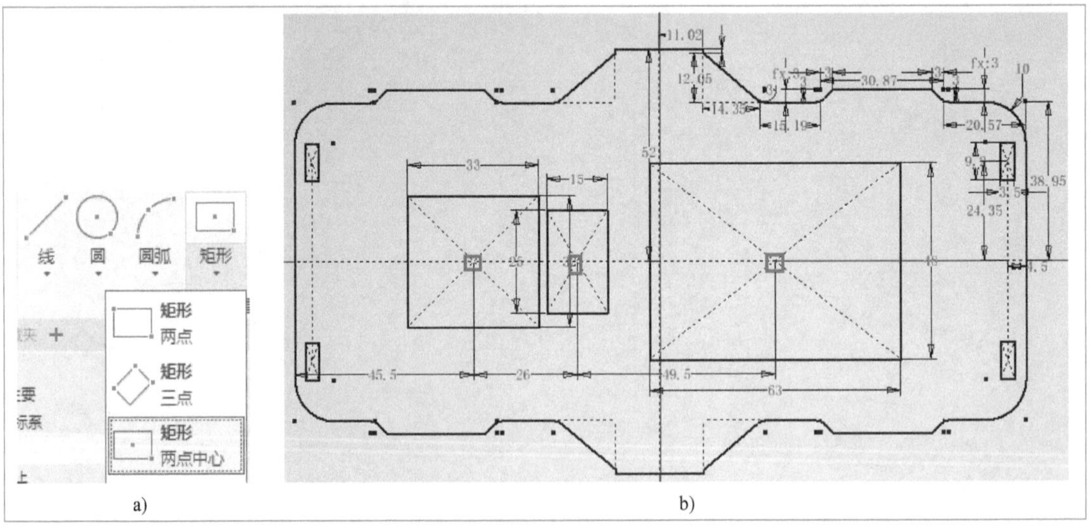


图 5-14

13）按住<Ctrl>键，选择两个矩形的线条，激活“构造”命令转参照，如图 5-15 所示。

14）激活“圆角”命令，输入圆角半径“3”，选择需倒圆角的图元进行倒圆角，退出，如图 5-16 所示。

15）激活“圆”命令，指定圆心绘制圆，输入圆直径“3. 5”，单击“确定”按钮。继续绘制其余圆，如图 5-17 所示。

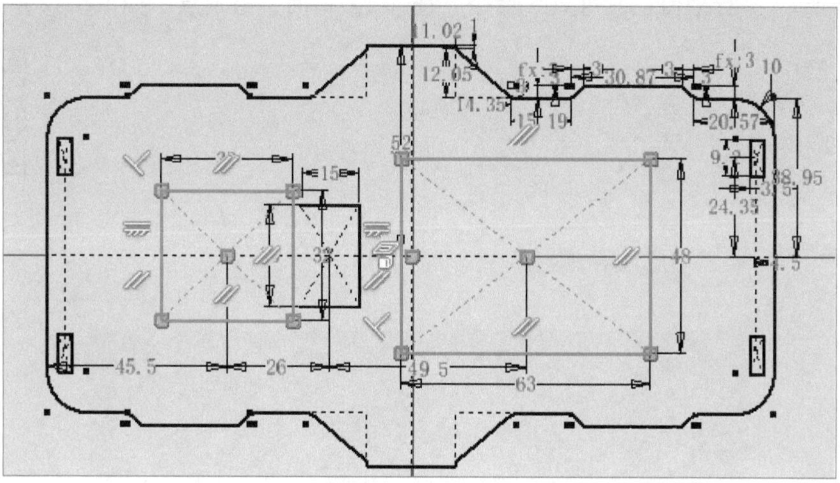


图 5-15

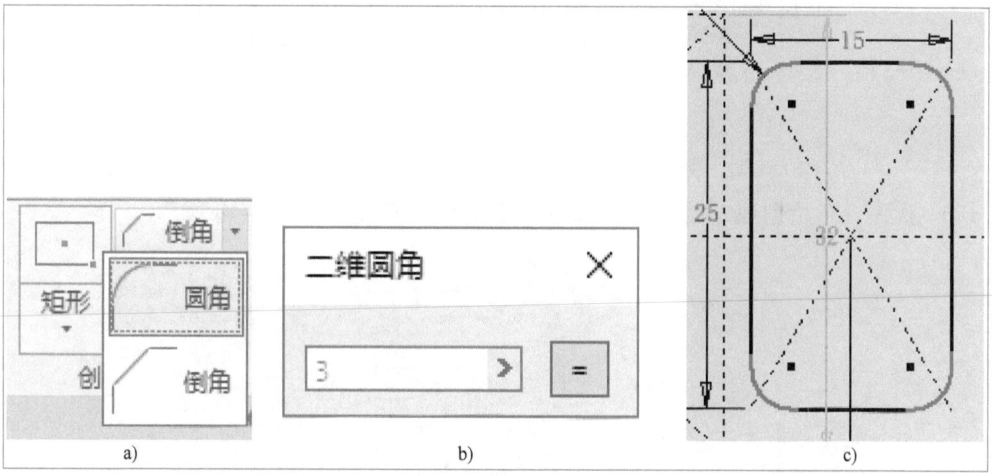


图 5-16

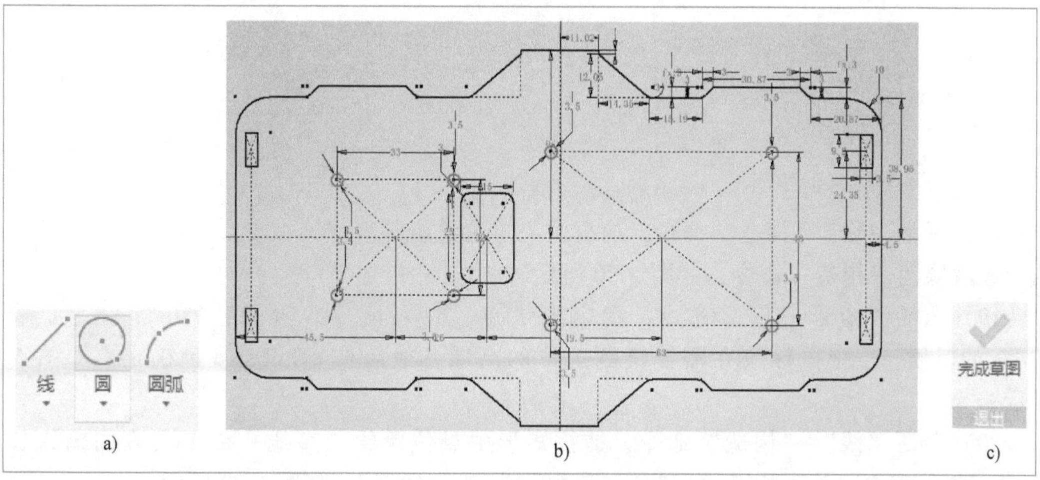


图 5-17

16）激活“平行平面且通过点”命令，选择 *YZ* 平面，指定点，如图 5-18 所示。

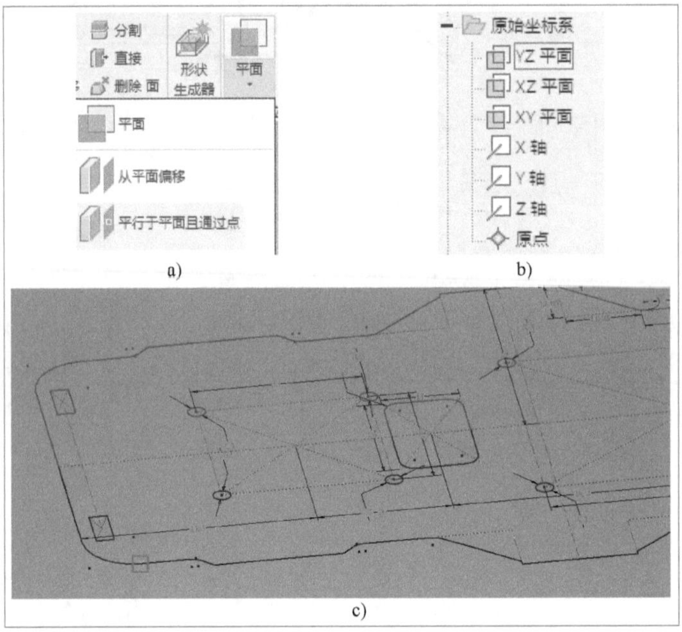


图 5-18

17）激活“开始创建二维草图”命令，选择草图平面，如图 5-19 所示。

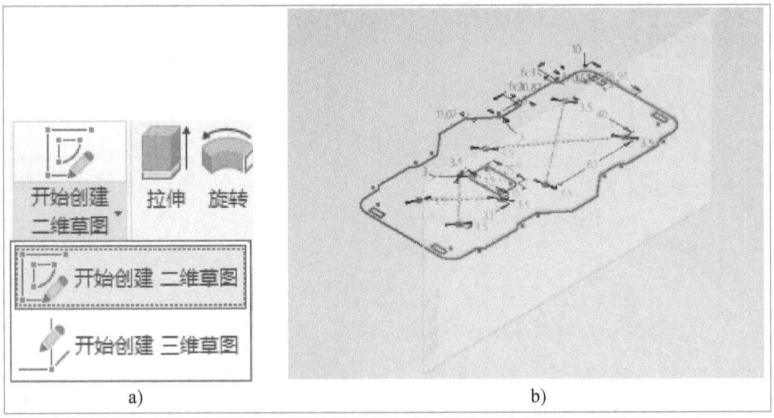


图 5-19

18）激活“线”“构造”命令，捕捉中心点位置绘制直线，在 *Y* 负方向输入“82”。绘制完成后取消“构造”命令，如图 5-20 所示。

19）激活“矩形三点”命令，指定第 1 点，输入长“59”、宽“30”。注意：输入“30”的时候，要把鼠标放在需要绘制矩形的区域。最后按<ENTER>键确定，如图 5-21 所示。

20）激活“线”“构造”命令，捕捉矩形中点位置绘制直线，在 *X* 负方向输入长度“10”，在 *X* 正方向输入长度“16”“11”“9.5”和“10.5”，如图 5-22 所示。

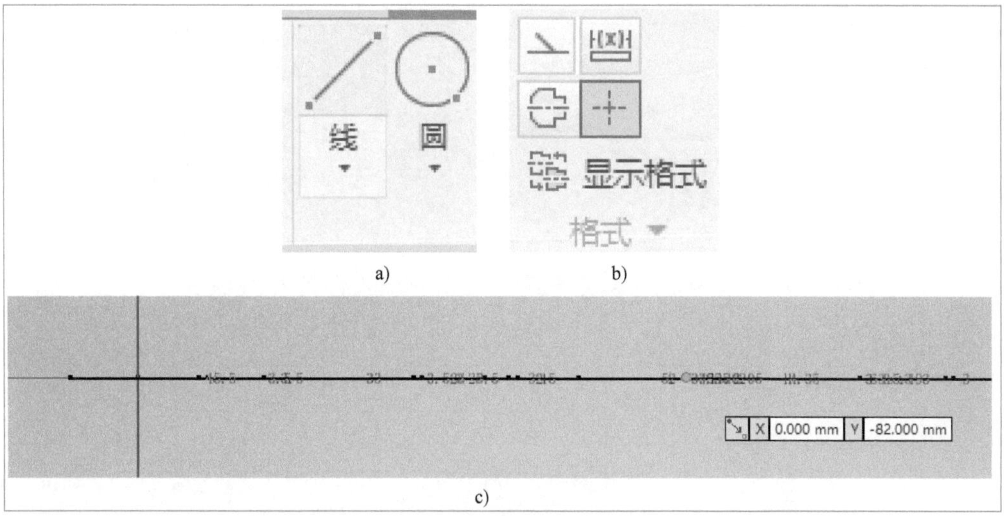


图 5-20

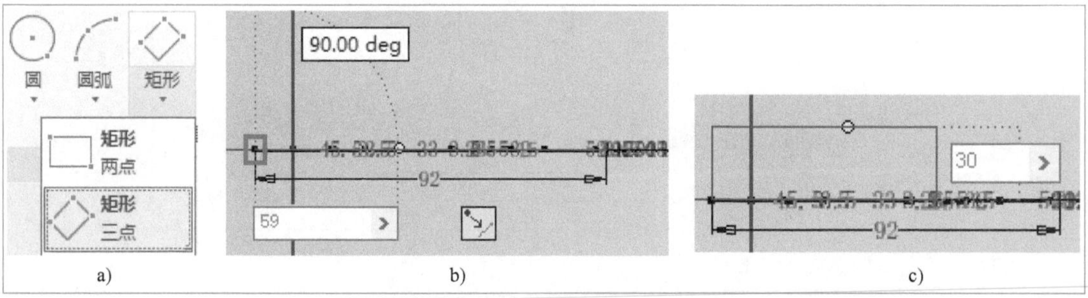


图 5-21

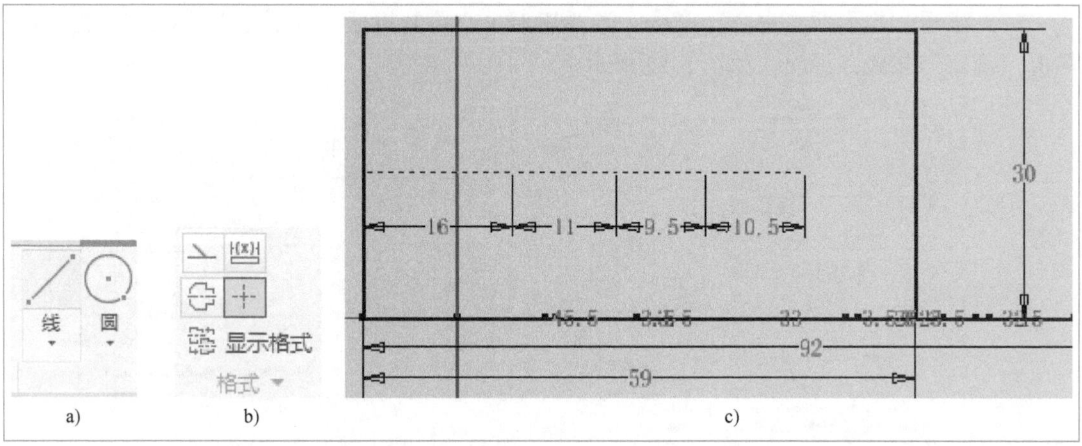


图 5-22

21）激活“线”命令，指定起点绘制直线，在 *Y* 正方向输入长度“8.65”，在 *Y* 负方向输入长度“8.65”。绘制完成后取消“构造”命令，如图 5-23 所示。

22）激活“圆”命令，指定圆心，分别绘制两个直径为 3.5mm 的圆以及直线为 7.2mm 和 8.65mm 的圆，如图 5-24 所示。

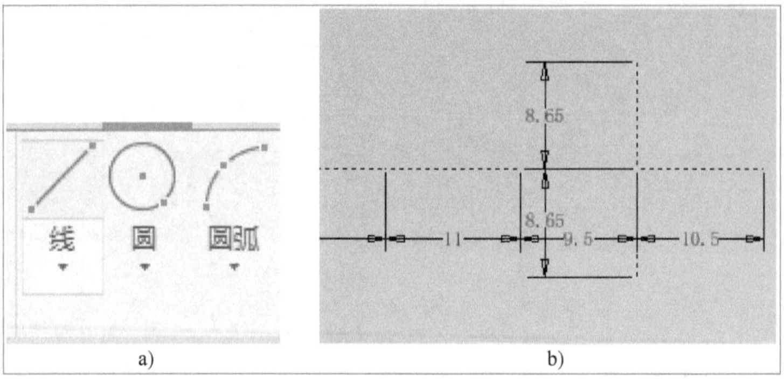


图 5-23

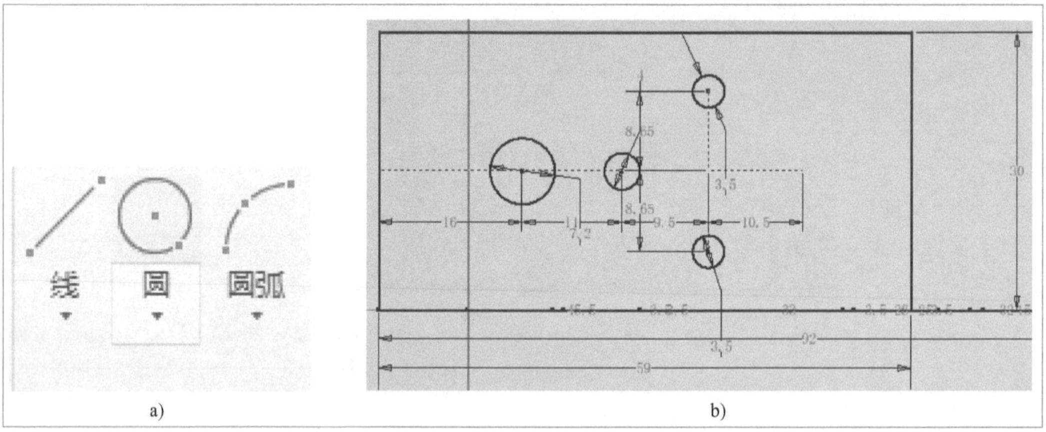


图 5-24

23）激活“矩形两点中心”命令，选择矩形中心绘制矩形，分别输入长 6mm、宽 8mm，单击“确定”按钮并退出，如图 5-25 所示。

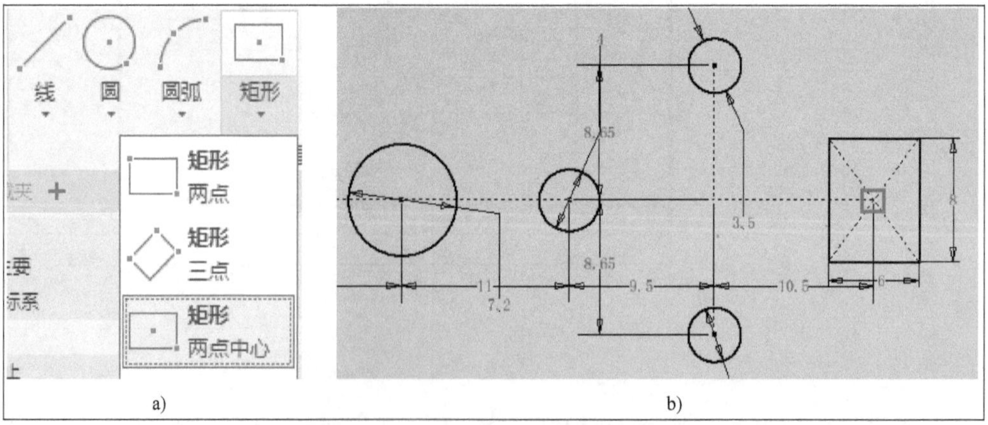


图 5-25

24）激活“圆角”命令，输入圆角半径“1”，选择需倒圆角的图元进行倒圆，然后退出，如图 5-26 所示。

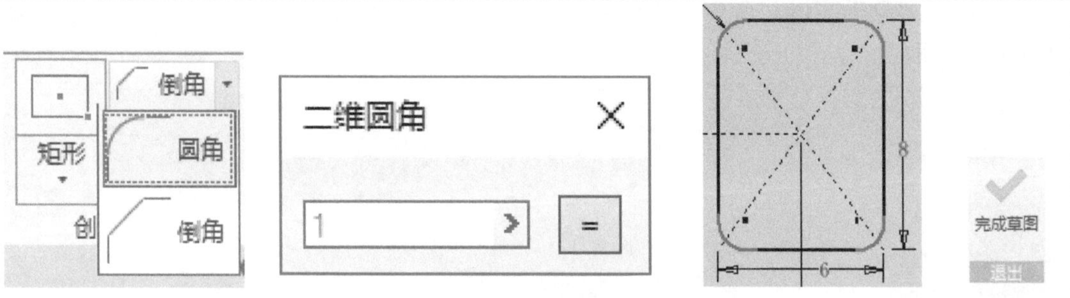


图 5-26

2. 特征的创建与编辑

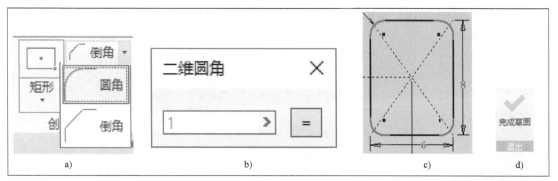

1）激活“拉伸”命令，选择草图 1 区域，输入拉伸距离“3”，单击“应用”按钮创建拉伸特征，如图 5-27 所示。

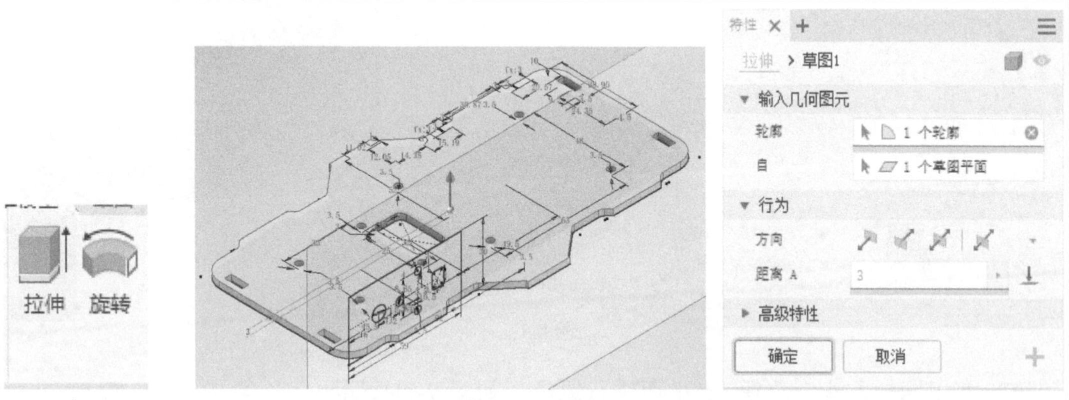


图 5-27

2）选择草图 2 区域，输入拉伸距离 3mm，选择新建实体，单击“确定”按钮，如图 5-28 所示。

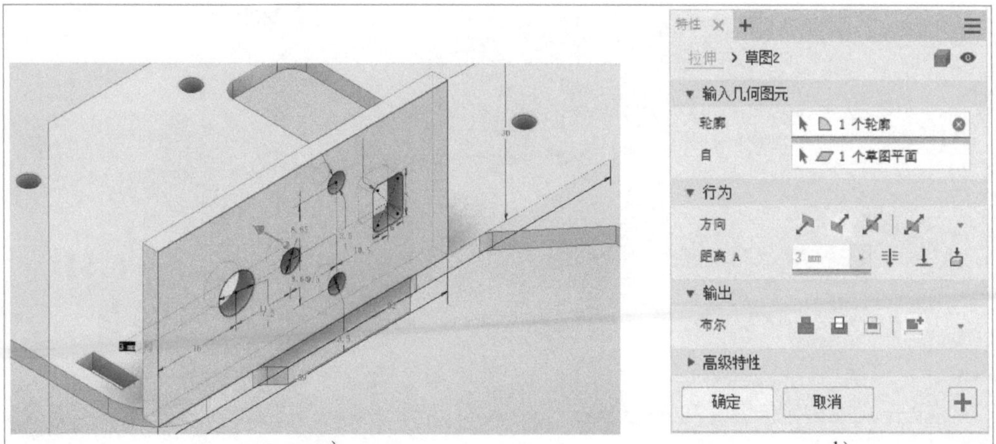


图 5-28

3）激活“移动实体”命令，选择实体，距离设置为“-20mm”，单击“确定”按钮，如图 5-29 所示。

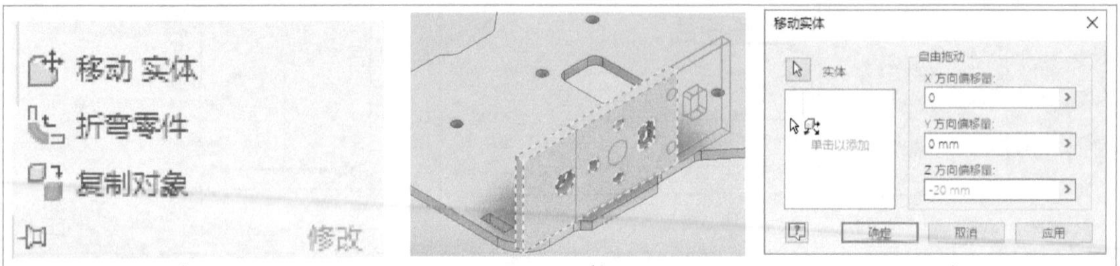


a)　　b)　　c)

图 5-29

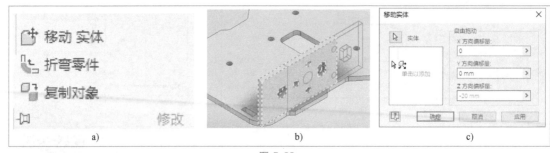

4）激活“镜像”命令，选择实体，选择 *YZ* 平面，单击“确定”按钮，如图 5-30 所示。

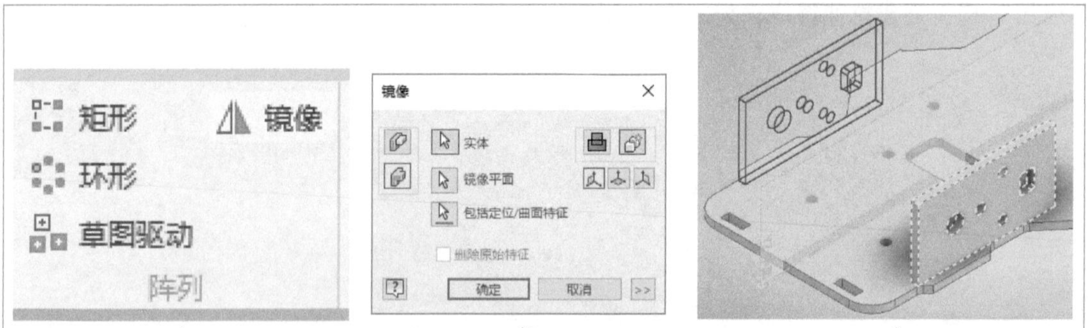


a)　　b)　　c)

图 5-30

5）使用同样方法，选择 *XY* 平面进行镜像，如图 5-31 所示。

6）激活“合并”命令，选择特征进行合并，如图 5-32 所示。

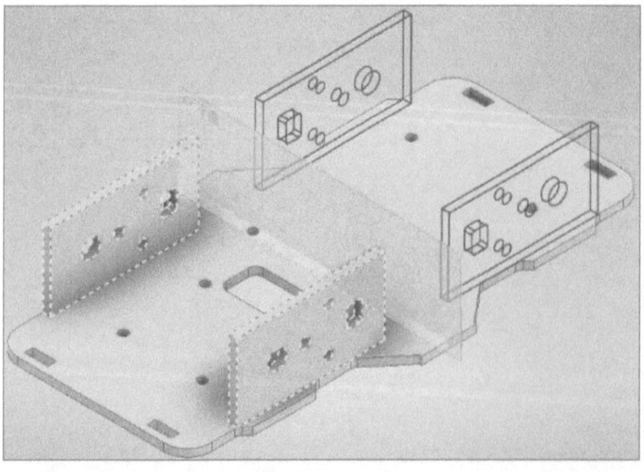

图 5-31

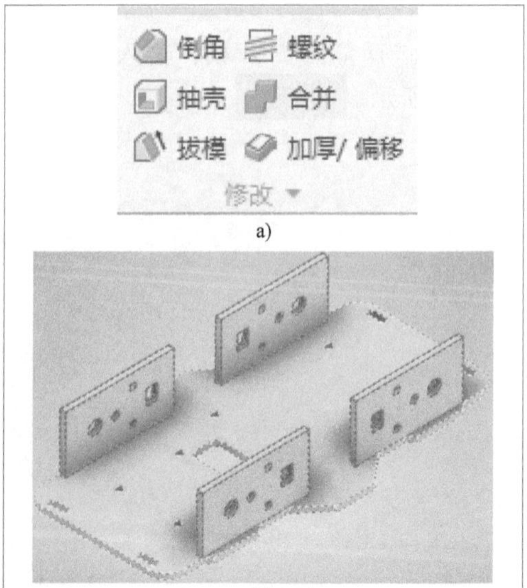


a)

b)

图 5-32

7）激活“圆角”命令，输入圆角半径“3”，选择需倒圆角的图元进行倒圆角，如图 5-33 所示。

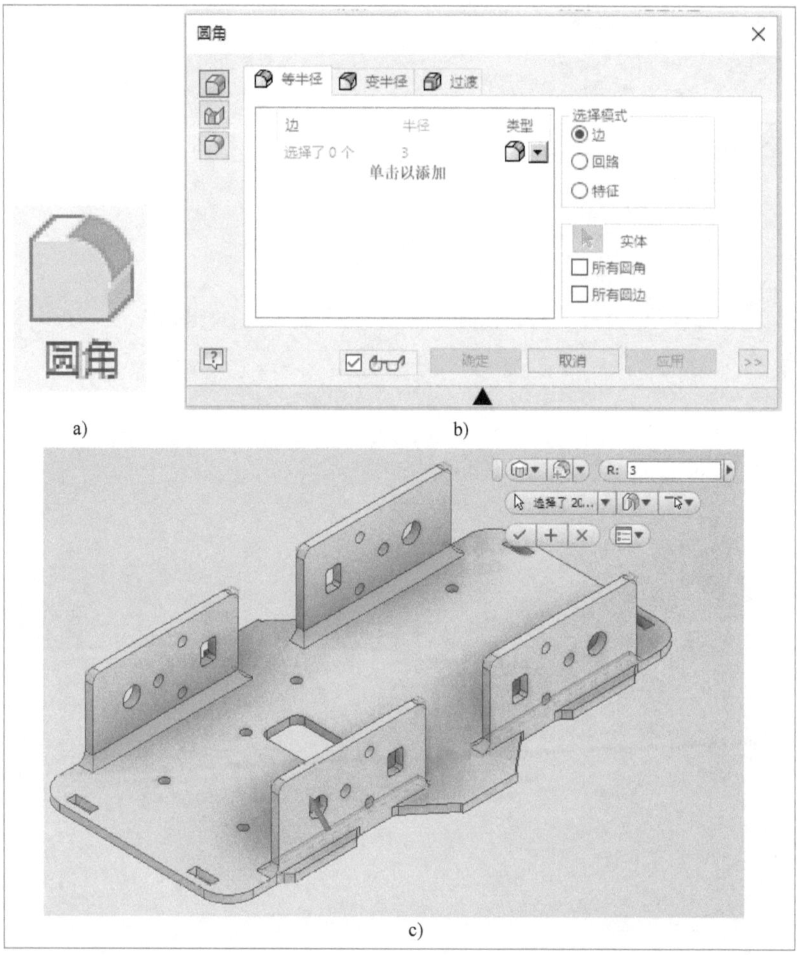


图 5-33

8）保存零件并导出 STL 文件。在功能区单击鼠标右键，选择“显示面板”下的“3D 打印”功能，激活“3D 打印”命令，选择导出 STL 文件，如图 5-34 所示。

选择路径，文件命名，单击“保存”按钮，如图 5-35 所示。

### （三）模型打印（下盖）

1）将模型导入切片软件进行切片处理。依据第二章“打印机的基本操作”的内容，设置好打印此模型所需要的各个参数。最终将设置好的参数保存至 SD 卡内。

2）开机并检查打印平台是否校准、打印头是否堵塞、打印材料是否充足以及加热是否正常等。

3）将 SD 卡插入机器内，选择文件进行打印。

4）将设置的参数记录在表 5-1 内，以便于打印完成后的质量检查。打印过程中出现问题时，可查看切片参数，再次打印时可调整相应的参数，进行对比。每次打印完成后，基于最终模型进行整体打印参数的总结。

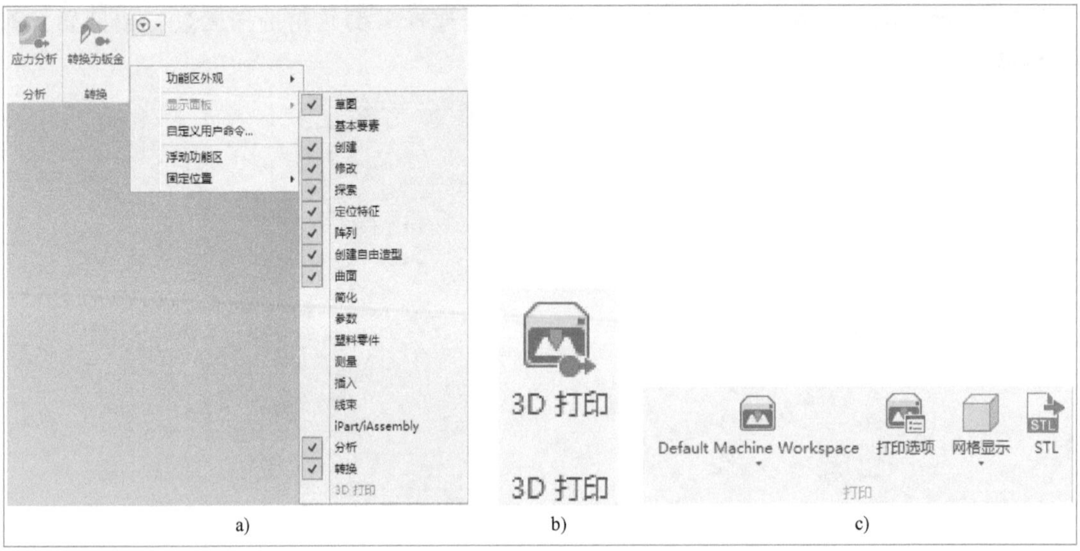


图 5-34

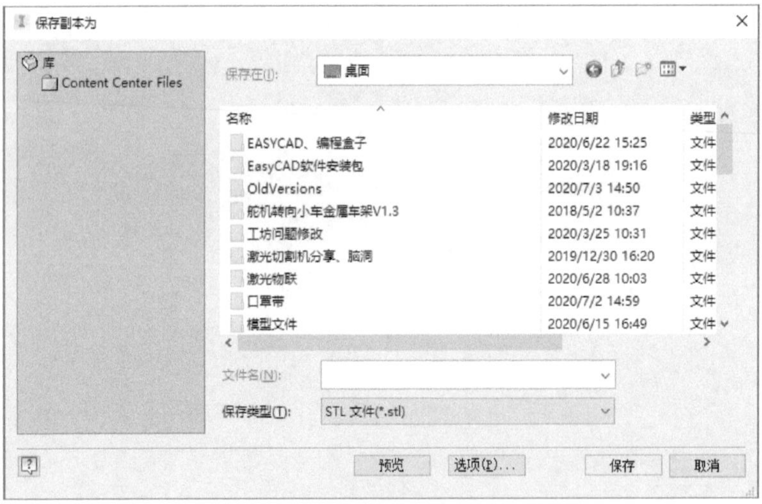


图 5-35

表 5-1 “智能小车（下盖）”打印参数表

| 序号 | 参数名称 | 数值 | 备　注 |
| --- | --- | --- | --- |
| 1 | 层厚 | | |
| 2 | 壁厚 | | |
| 3 | 底层/顶层厚度 | | |
| 4 | 填充密度 | | |
| 5 | 挤出温度 | | |
| 6 | 平台温度 | | |
| 7 | 填充线间距 | | |
| 8 | 支撑类型 | | |
| 9 | 有无底座 | | |
| 总结 | | | |
| | | | |

（四）项目分析（上盖）

如图 5-36 所示，使用 Inventor 软件按照平面标注的尺寸绘制图形。使用软件草图绘制里

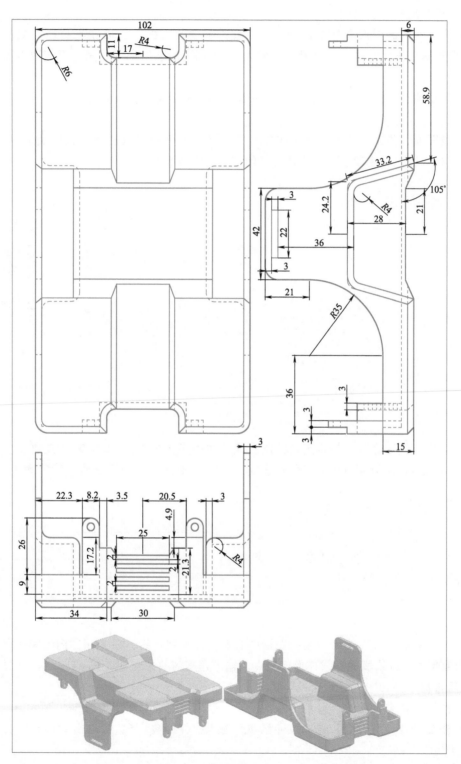

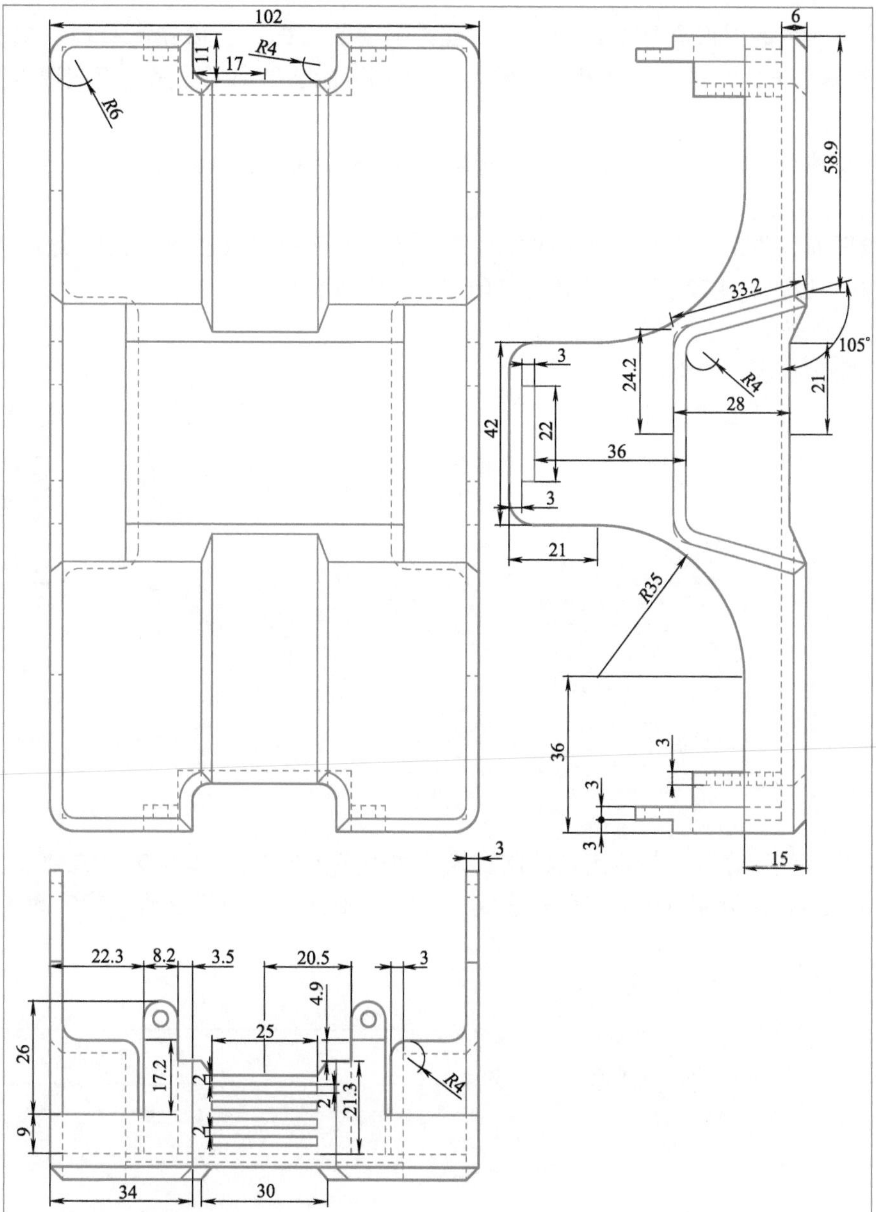


图 5-36

的“尺寸”“开始创建二维草图”“线”“矩形三点”和“圆角”等命令以及三维模型里的“拉伸”“镜像”“加厚”“偏移”“圆角”和“倒角”等命令绘制智能小车的模型。在绘图的过程中需要注意以下几点：

1）本节所绘的图形有外部参照物，而且是需要装配的，所以在测量模块或配件的时候，需要精确数值，并尽可能留余量（偏大），否则可能会出现尺寸完好无间隙但无法装配的情况。

2）需要注意装配的干涉问题。绘图时需要考虑图形是否会与其他部件出现干涉而导致无法装配。

3）绘图前，要先了解每个模块的尺寸并定义好每个模块放置的位置以及放置的角度，以免出现某一边较长或者较高导致最终打印完成后无法装配。

### （五）模型设计（上盖）

#### 1. 草图的绘制与编辑

1）激活“开始创建二维草图”命令，选择 *YZ* 平面为草图绘制平面，如图 5-37 所示。

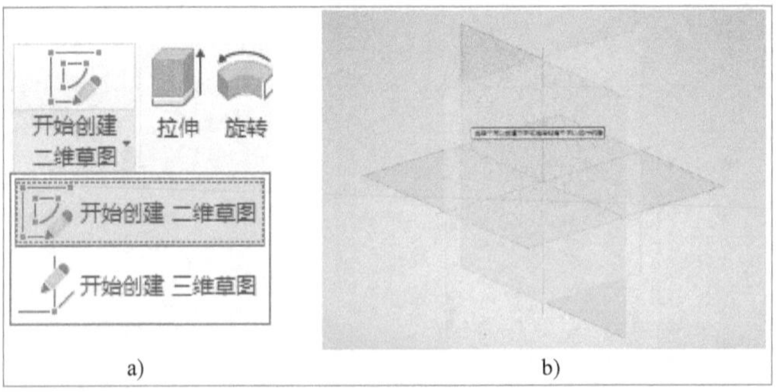


图 5-37

2）激活“线”命令，指定起点绘制直线，在 *X* 负方向输入“58.9”、在 *Y* 正方向输入“6”；在 *X* 正方向绘制超过中心点位的直线，如图 5-38 所示。最后取消“线”命令。

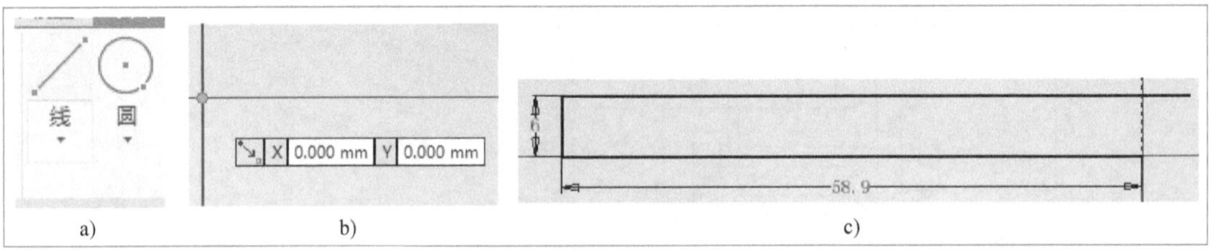


图 5-38

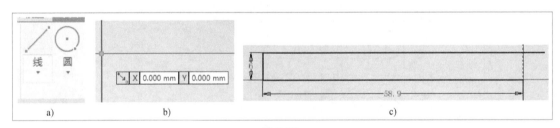

3）再次激活“线”命令，捕捉图形中心点位置绘制直线，在 *X* 正方向绘制一条角度为 15°、长度超过上方线段的直线，形成交点。输入角度需要按键盘上的<Tab>键”，进入角度输入框后再输入“15”，如图 5-39 所示。

4）激活“修剪”命令，修剪多余的线段，退出并完成草图，如图 5-40 所示。

5）激活“拉伸”命令，选择拉伸区域，输入拉伸距离“51”，单击“确定”按钮，如图 5-41 所示。

6）激活“开始创建二维草图”命令，选择草图绘制平面，如图 5-42 所示。

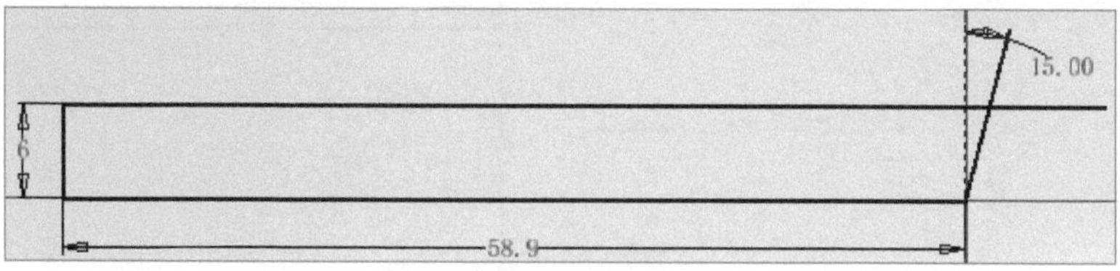


图 5-39

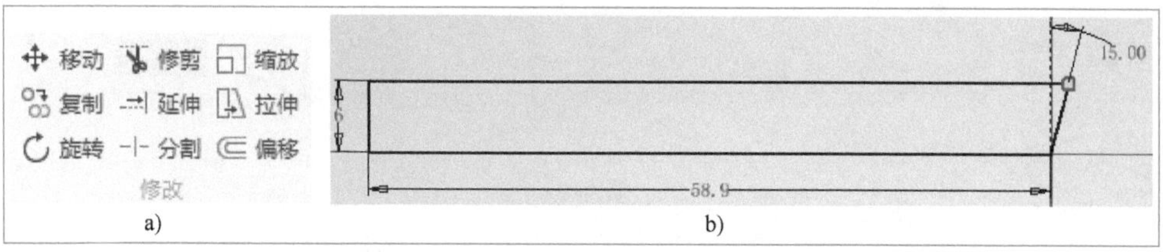


a) b)

图 5-40

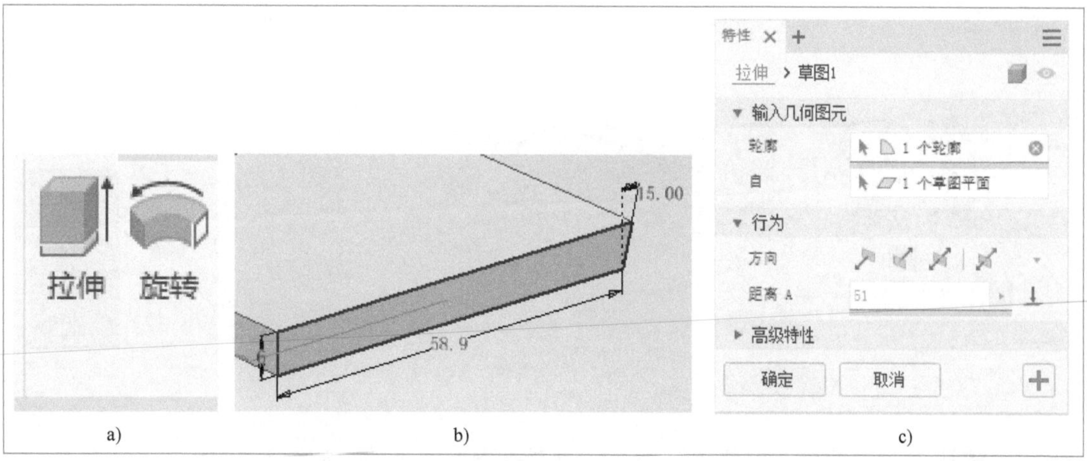


a) b) c)

图 5-41

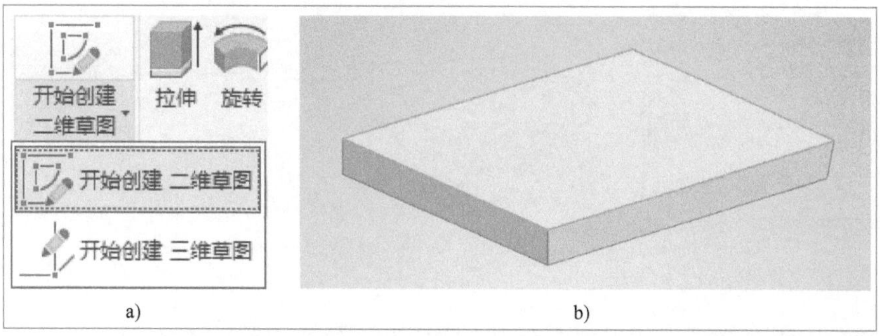


a) b)

图 5-42

7）激活“矩形三点”命令，捕捉图形左上角，指定第一点；输入长度“11”，单击“确定”按钮；输入宽度 17，单击“确定”按钮。退出并完成草图，如图 5-43 所示。

8）激活“拉伸”命令，选择拉伸区域，输入拉伸距离“6”，布尔选择求差，单击“确定”按钮，如图 5-44 所示。

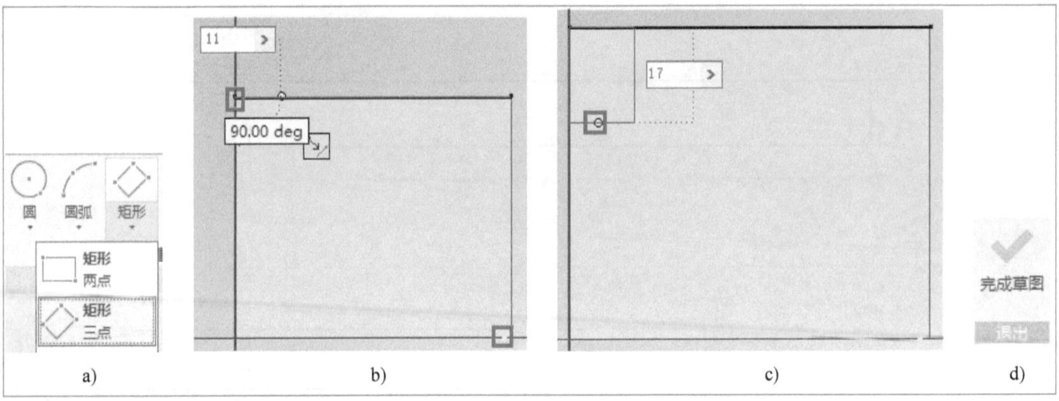


图 5-43

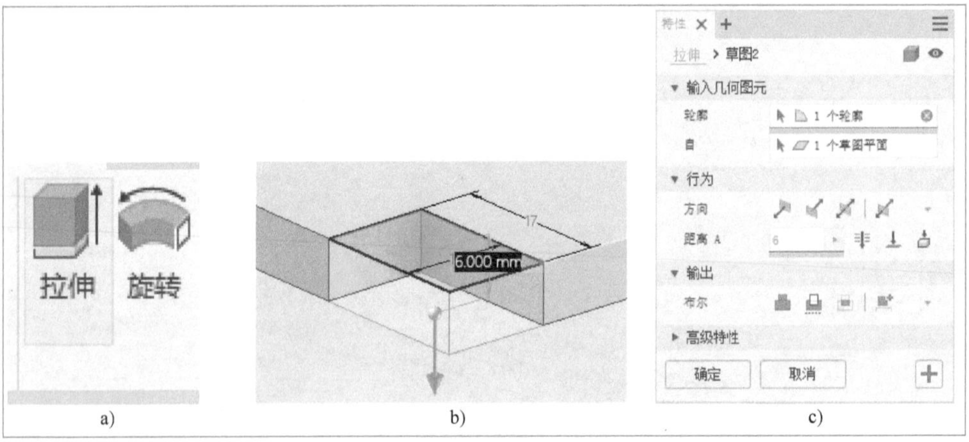


图 5-44

9）激活“开始创建二维草图”命令，选择草图绘制平面，如图 5-45 所示。

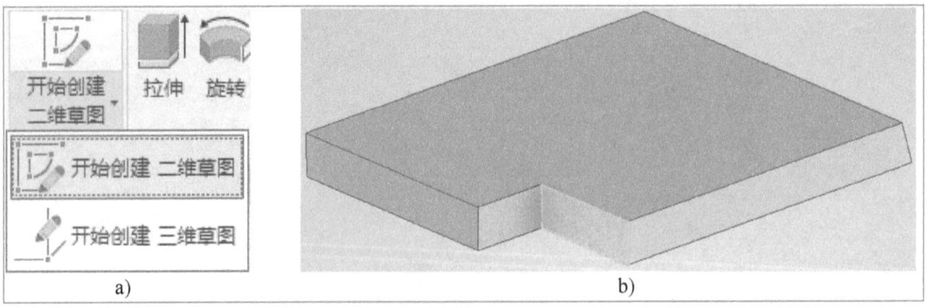


图 5-45

10）激活“线”命令，捕捉右上角点，指定起点绘制直线，在 *Y* 负方向输入“3”，在 *X* 负方向输入“12. 5”，取消“线”命令；再次激活“线”命令，捕捉右上角为起点位置绘制直线，在 *X* 负方向输入“15”，连接端点，完成草图，如图 5-46 所示。

11）激活“拉伸”命令，选择拉伸区域，输入拉伸距离“50”，布尔选择求差单击“确定”按钮，如图 5-47 所示。

12）激活“开始创建二维草图”命令，选择草图绘制平面，如图 5-48 所示。

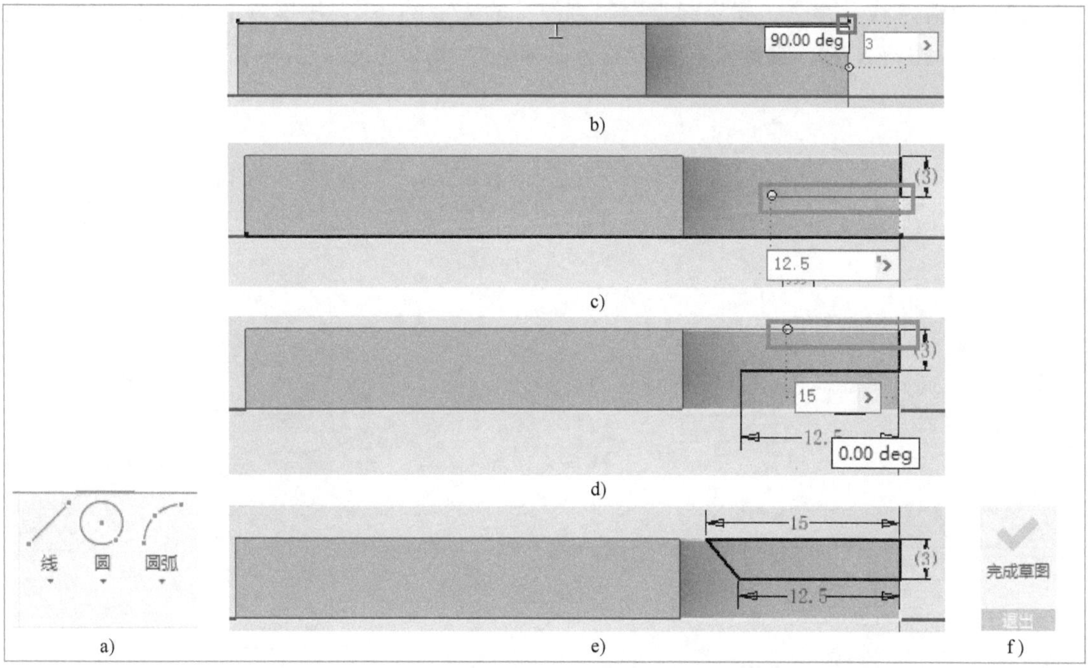


图 5-46

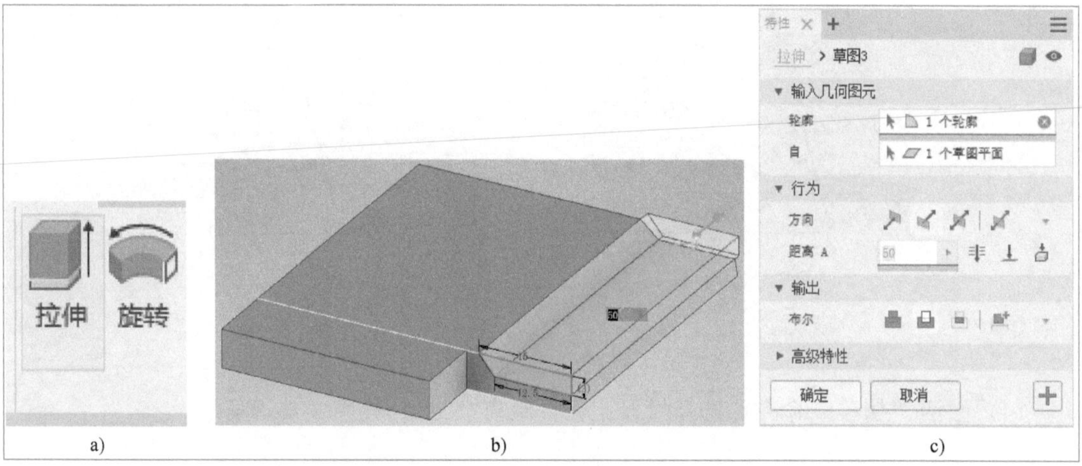


图 5-47

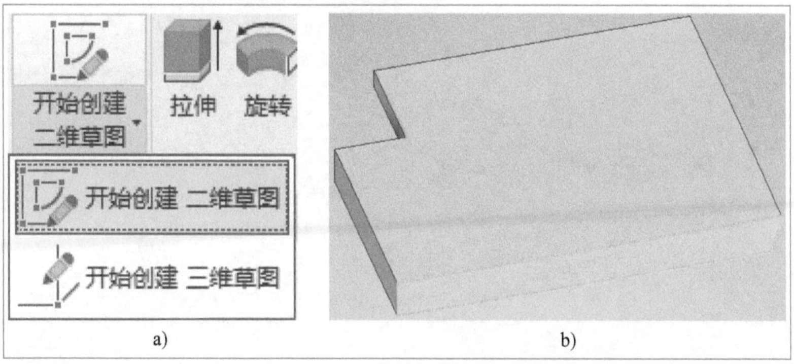


图 5-48

13）激活“线”命令，指定起点绘制直线，输入“33. 2”；按键盘上的<Tab>键再输入角度“75”，按<ENTER>键确定；在 *X* 正方向输入“24. 2”，如图 5-49 所示。

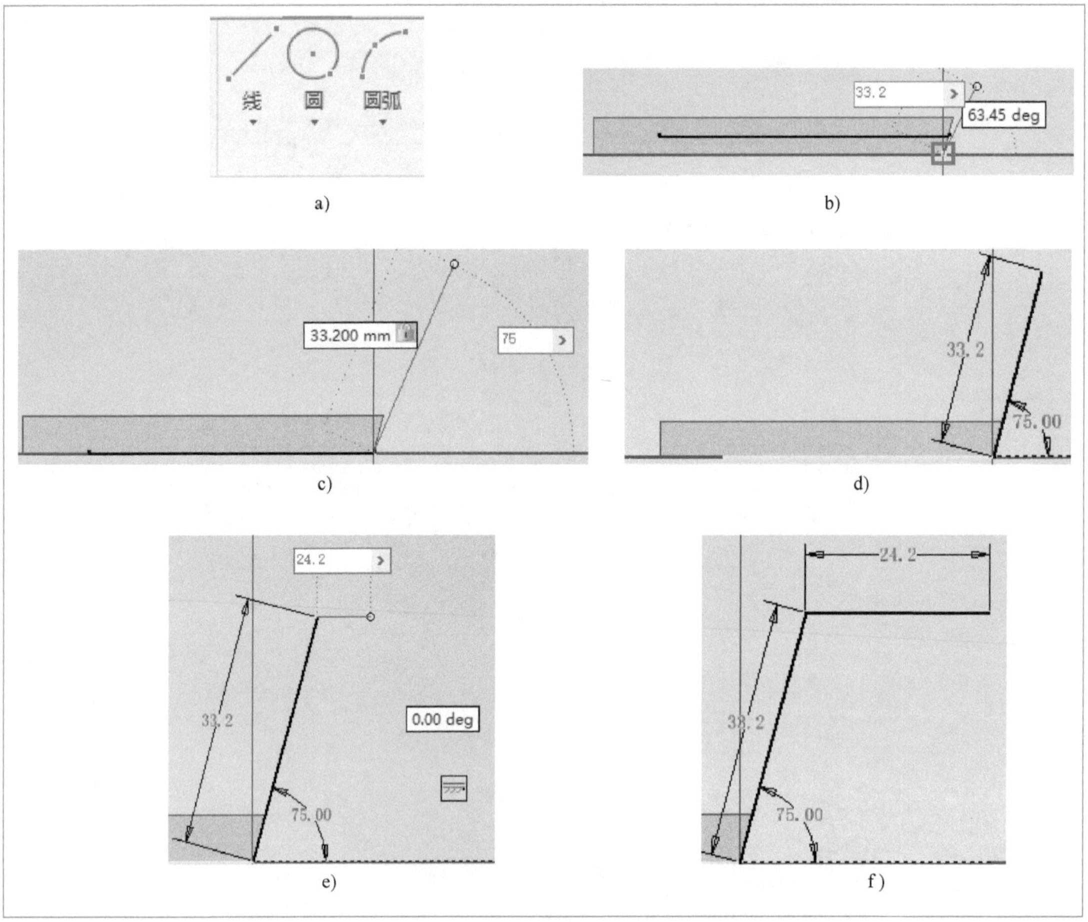


图 5-49

14）激活“偏移”命令，选择线段，偏置距离“3”，如图 5-50 所示。

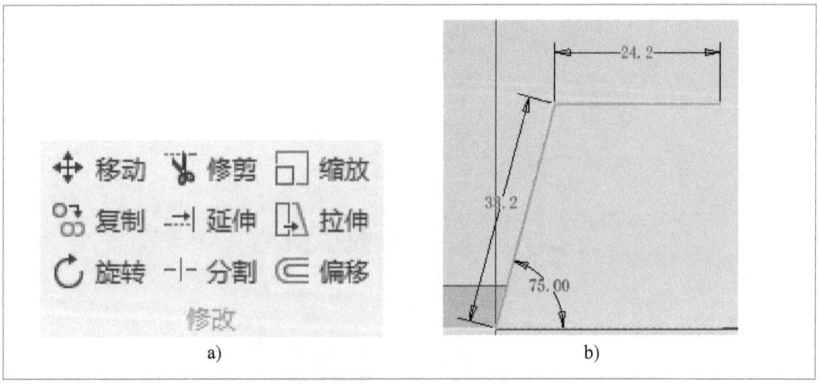


图 5-50

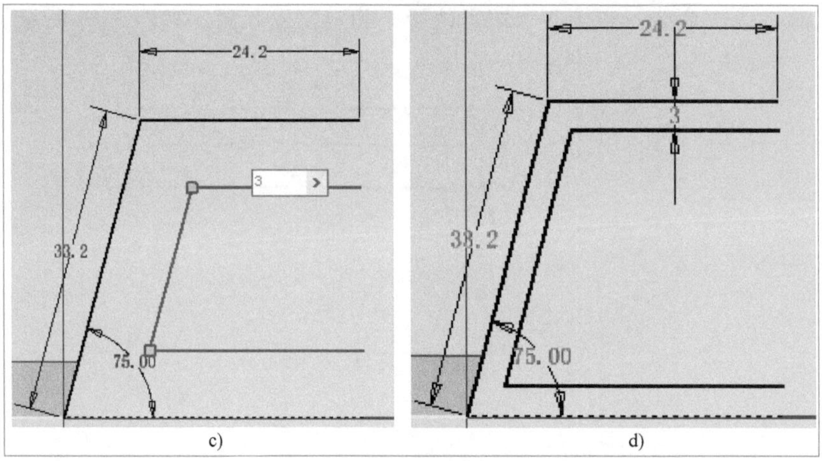


图 5-50（续）

15）选择线条，按<Delete>键删除，如图 5-51 所示。

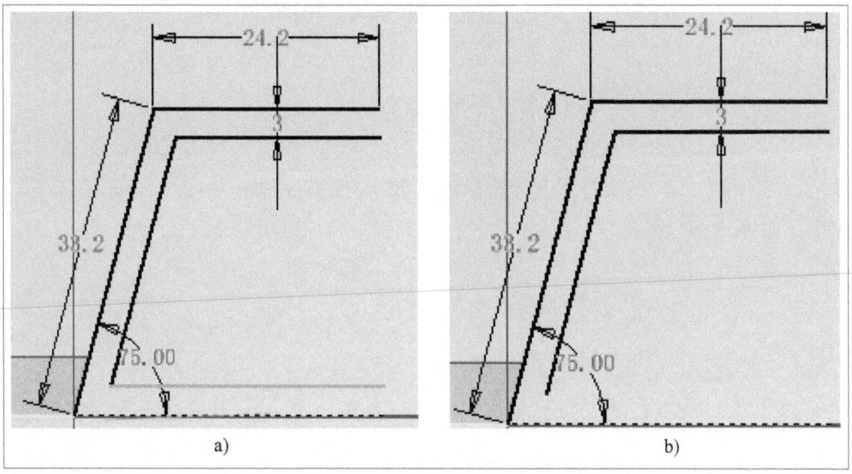


图 5-51

16）单击直线端点位置，用鼠标向下拖拽，直至延伸至 *X* 轴上，如图 5-52 所示。

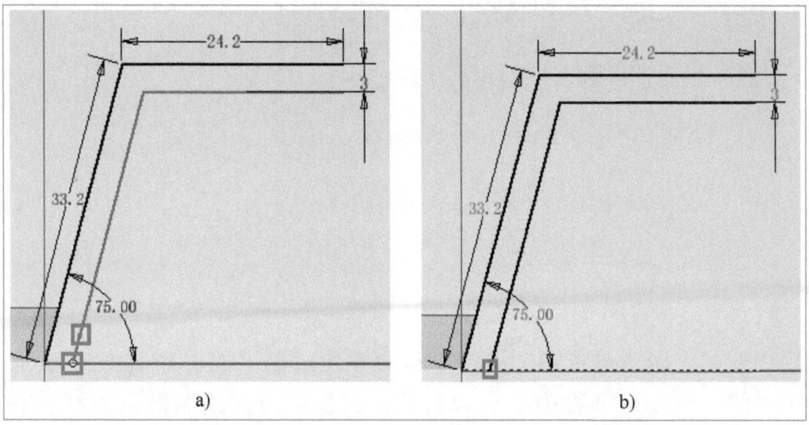


图 5-52

17）激活“线”命令，连接两个端点位置。确定完成草图，如图 5-53 所示。

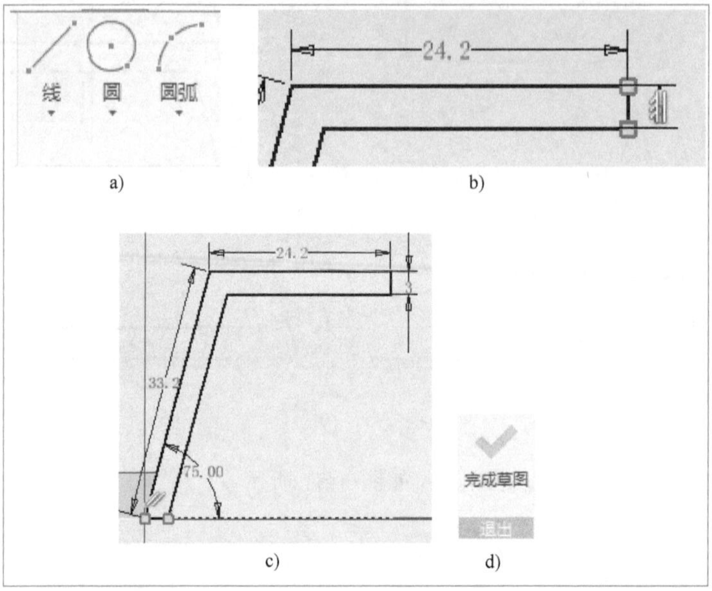


图 5-53

18）激活“拉伸”命令，选择拉伸区域，输入拉伸距离“18”，布尔选择求和，单击“确定”按钮，如图 5-54 所示。

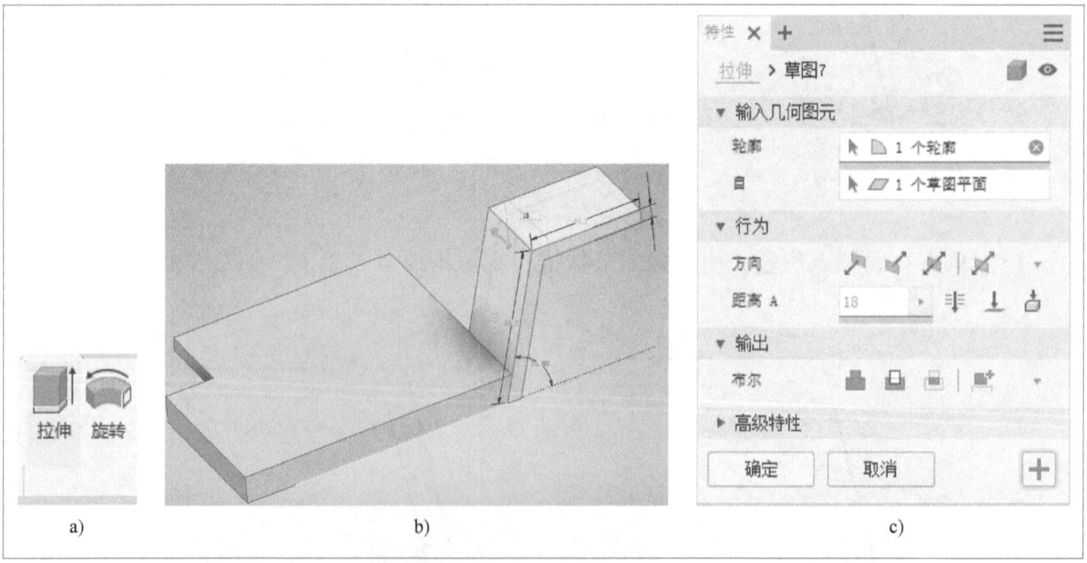


图 5-54

19）激活“开始创建二维草图”命令，选择草图绘制平面，如图 5-55 所示。

20）激活“线”命令，捕捉中心点位置后，捕捉端点，绘制两条直线：在 $Y$ 轴负方向输入“28”，在 $X$ 正方向输入“21”。连接起点，完成草图，如图 5-56 所示。

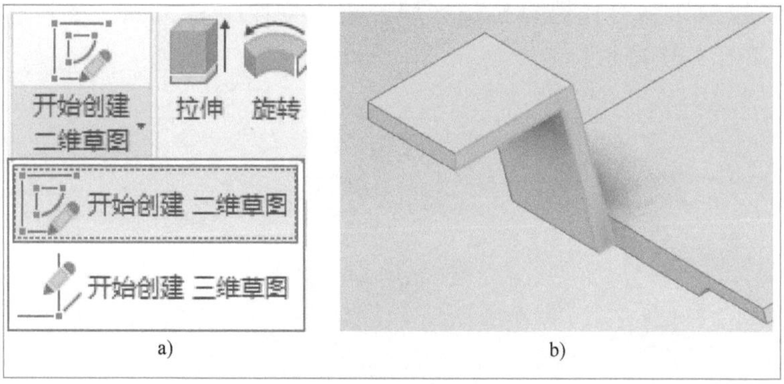
开始创建
二维草图
拉伸
旋转
开始创建 二维草图
开始创建 三维草图
a)
b)

图 5-55

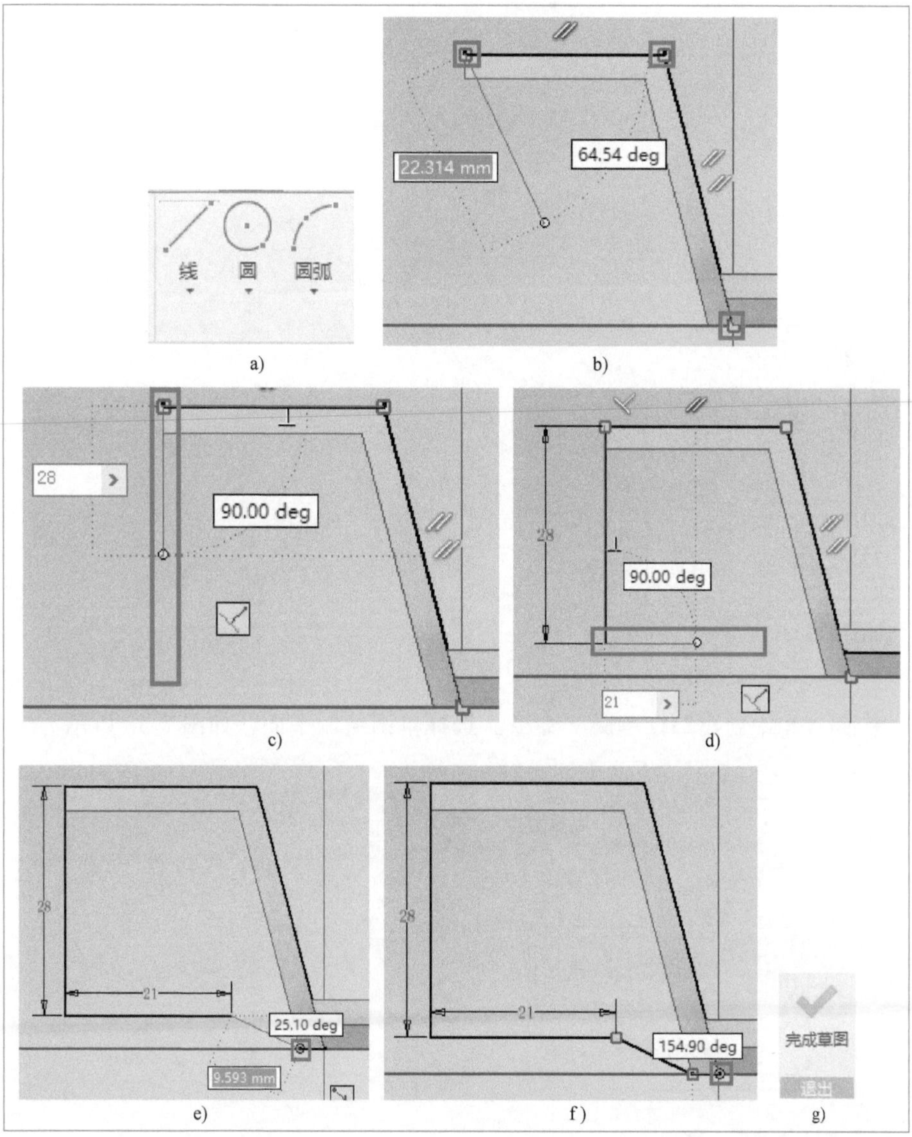
线
圆
圆弧
a)
22.314 mm
64.54 deg
b)
28
90.00 deg
c)
28
90.00 deg
21
d)
28
21
25.10 deg
9.593 mm
e)
28
21
154.90 deg
f)
完成草图
退出
g)

图 5-56

21）激活“拉伸”命令，选择拉伸区域，输入拉伸距离 3mm，布尔选择求和，单击“确定”按钮，如图 5-57 所示。

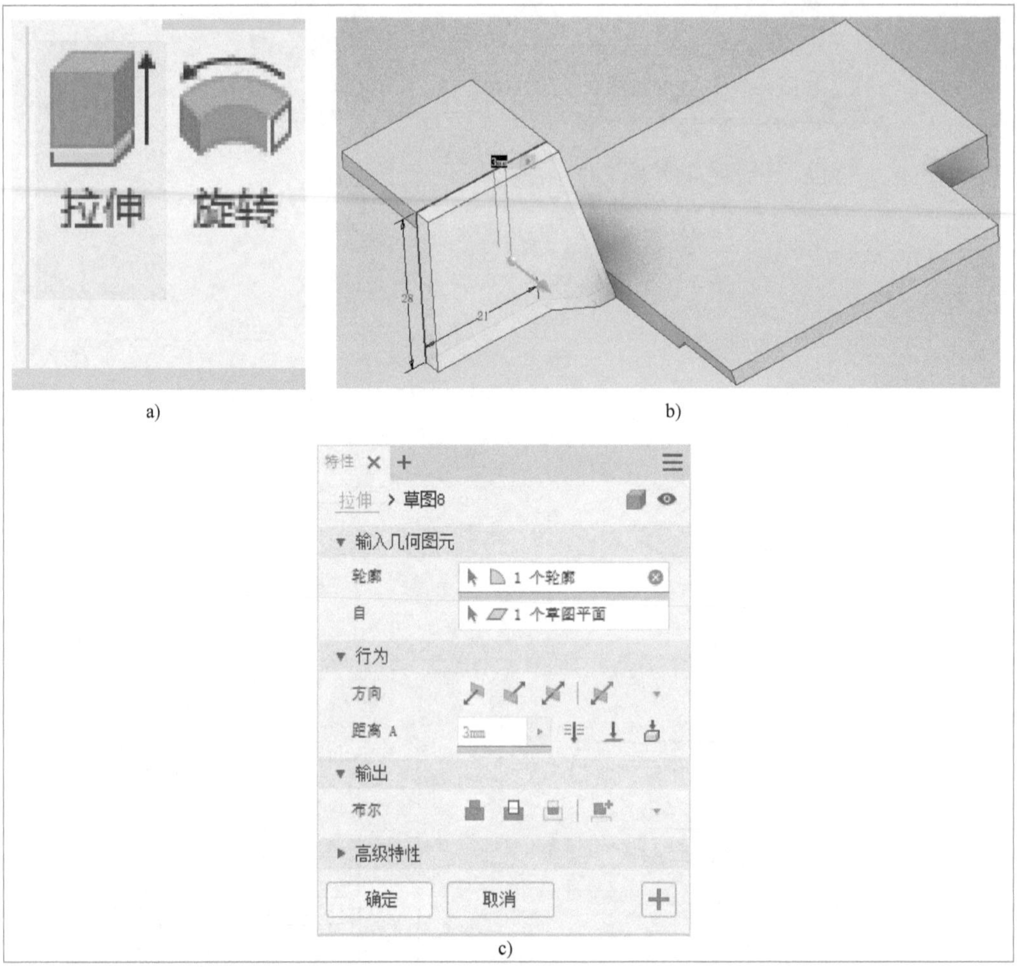


a) b) c)

图 5-57

22）激活“开始创建二维草图”命令，选择草图绘制平面，如图 5-58 所示。

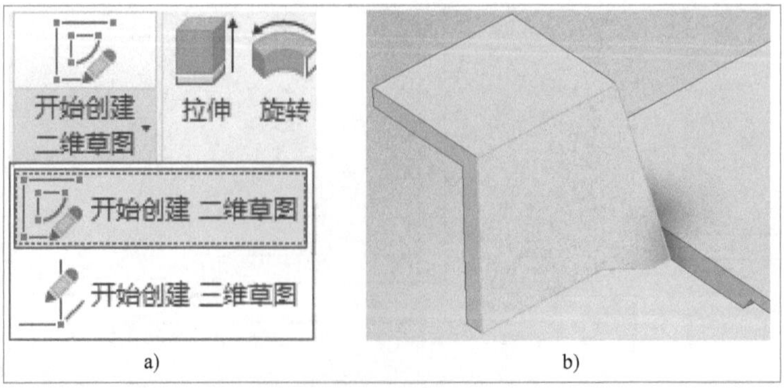


a) b)

图 5-58

23）激活“线”命令，捕捉中心点位置，指定起点，捕捉端点位置；X负方向捕捉直线上的交点位置，而后逐个捕捉端点位置。完成草图，如图5-59所示。

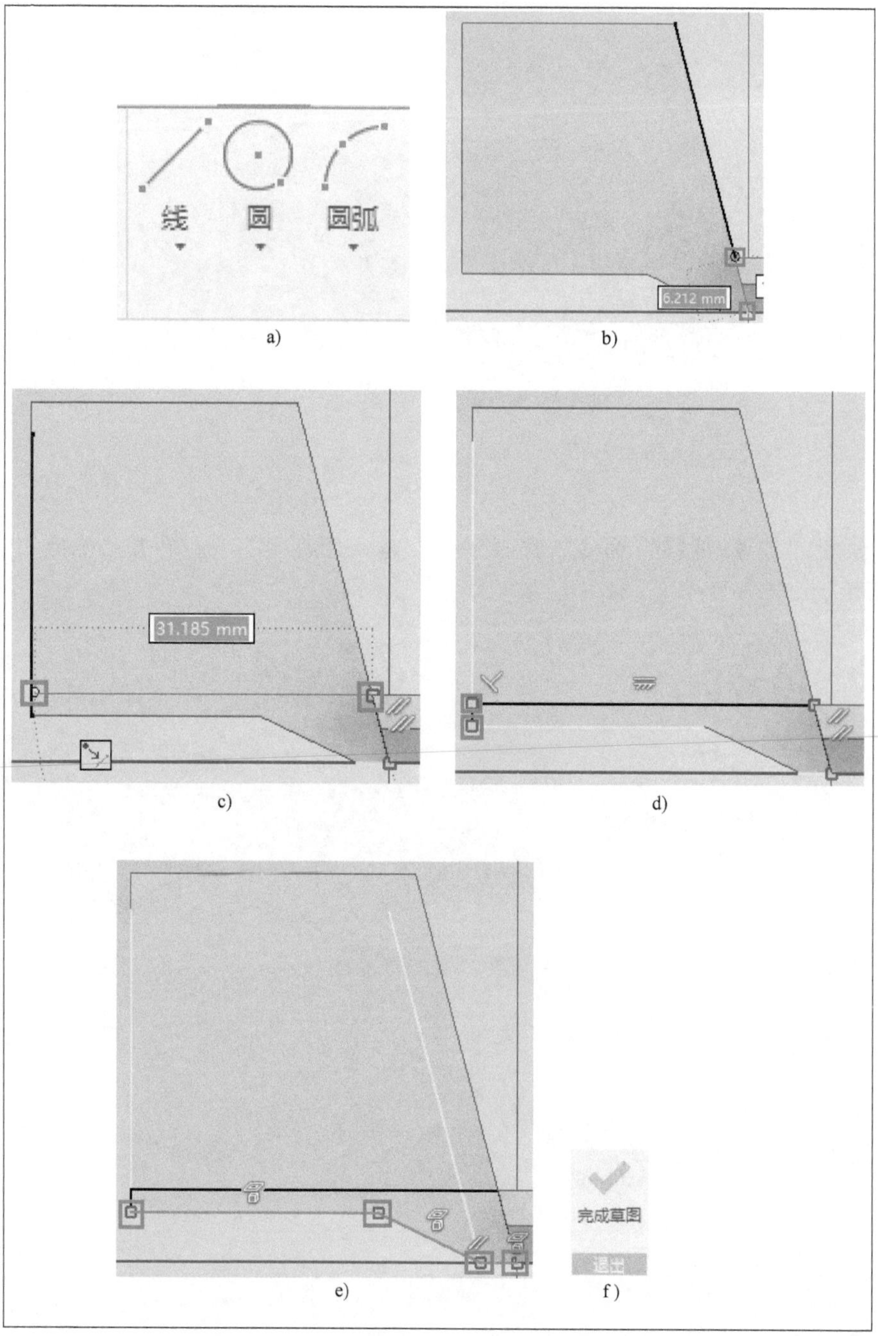


a) b) c) d) e) f)

图5-59

24）激活“拉伸”命令，选择拉伸区域，输入拉伸距离30mm，布尔选择求和，单击“确定”按钮，如图5-60所示。

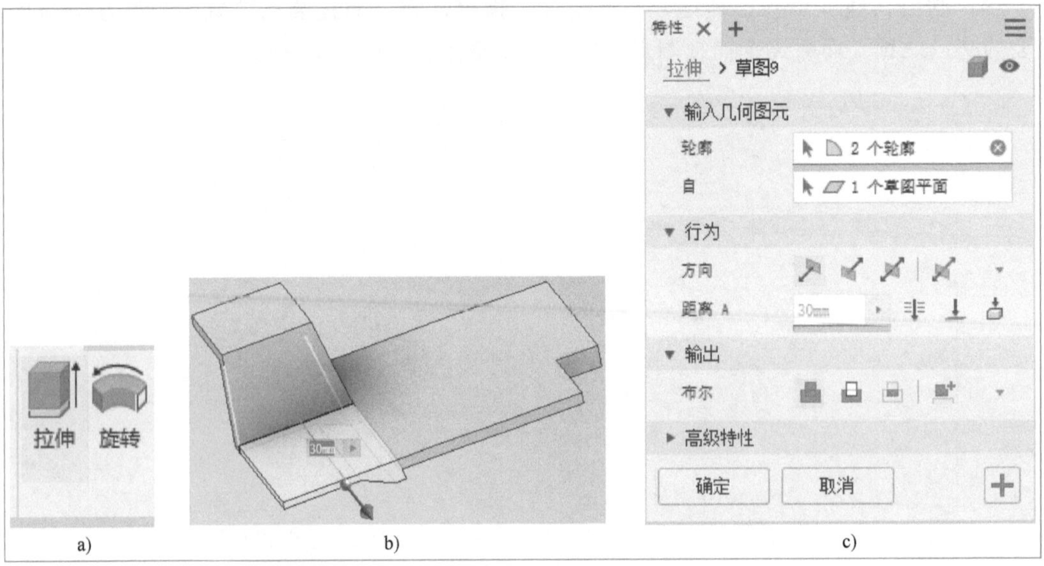


图 5-60

25）激活“加厚/偏移”命令，选择平面，输入距离“10”，单击“确定”按钮，如图 5-61 所示。

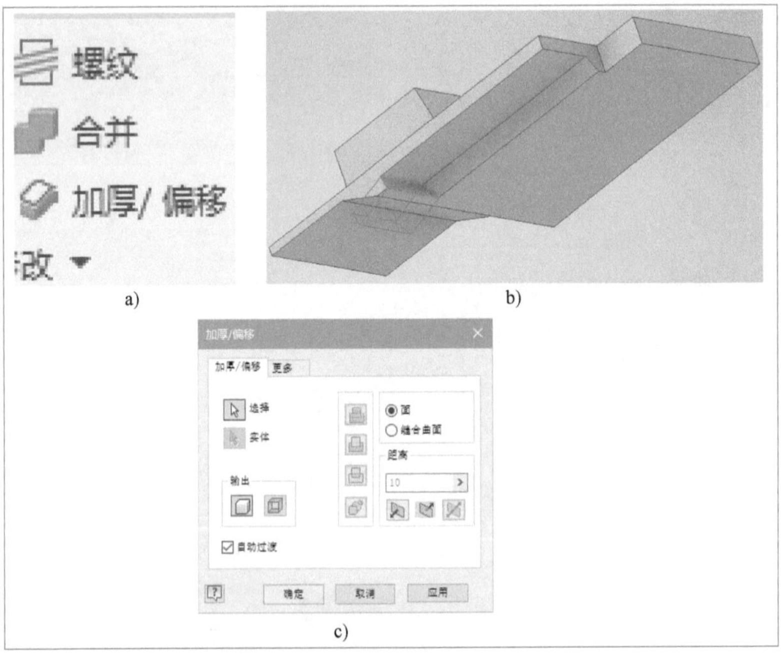


图 5-61

26）激活“开始创建二维草图”命令，选择草图绘制平面，如图 5-62 所示。

27）激活“线”命令，指定起点，绘制直线（图 5-63），完成草图。

28）激活“拉伸”命令，选择拉伸区域，输入拉伸距离 3mm，布尔选择求和，单击“确定”按钮，如图 5-64 所示。

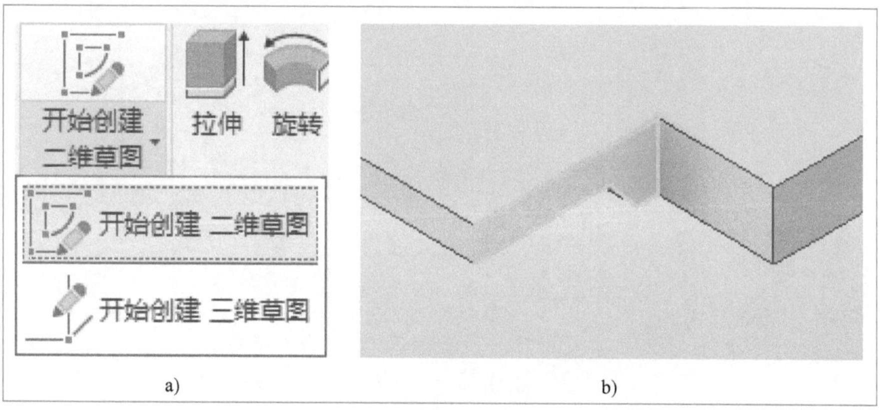


图 5-62

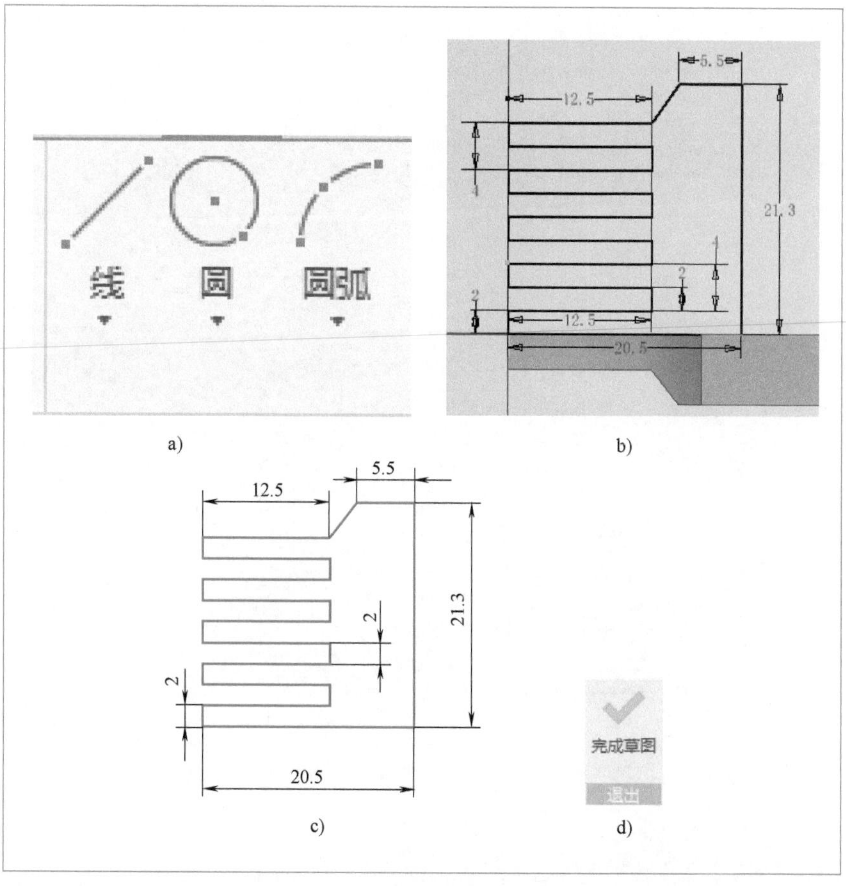


图 5-63

29）激活“开始创建二维草图”命令，选择草图绘制平面，如图 5-65 所示。

30）激活“矩形三点”命令，指定起点，绘制长 8mm、宽 21.3mm 的矩形。完成草图，如图 5-66 所示。

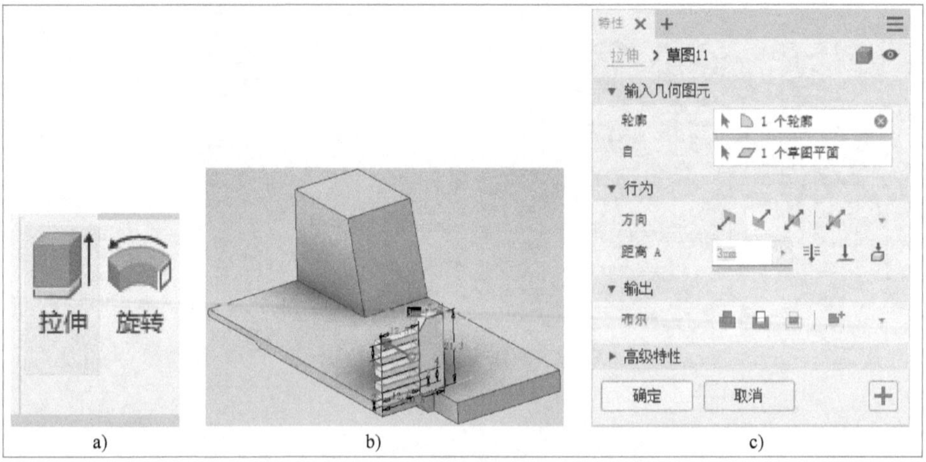


图 5-64

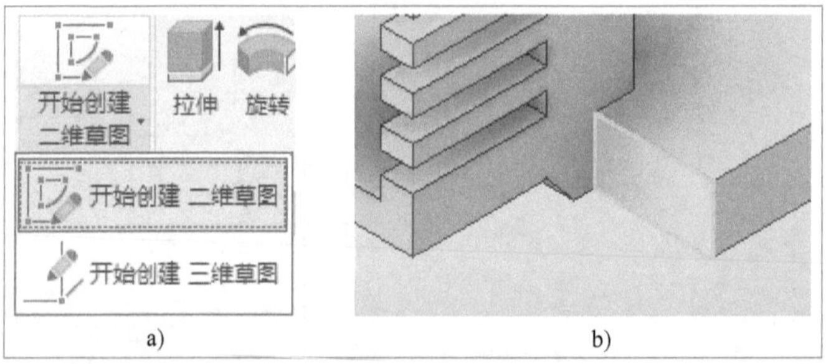


图 5-65

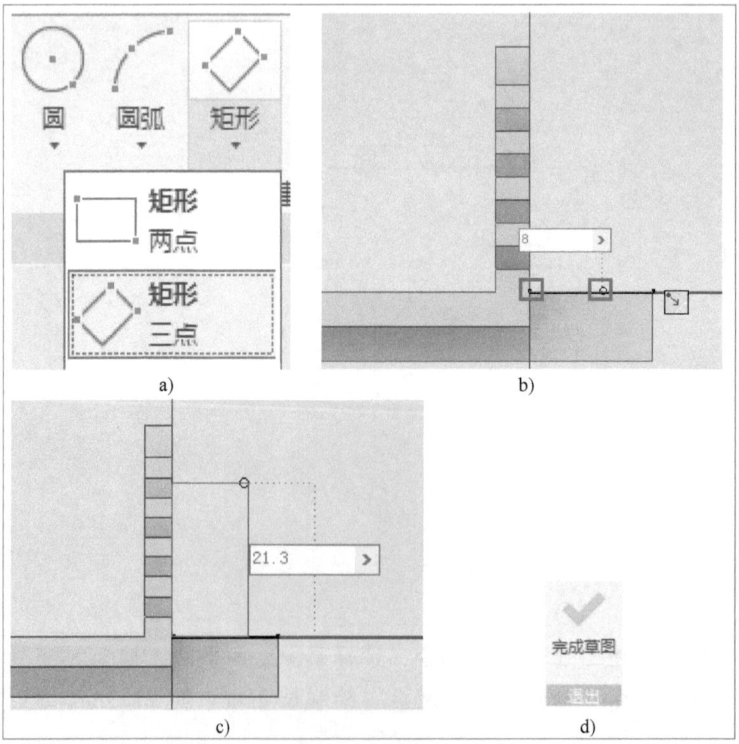


图 5-66

31）激活“拉伸”命令，选择拉伸区域，输入拉伸距离 3.5mm，布尔选择求和，单击“确定”按钮，如图 5-67 所示。

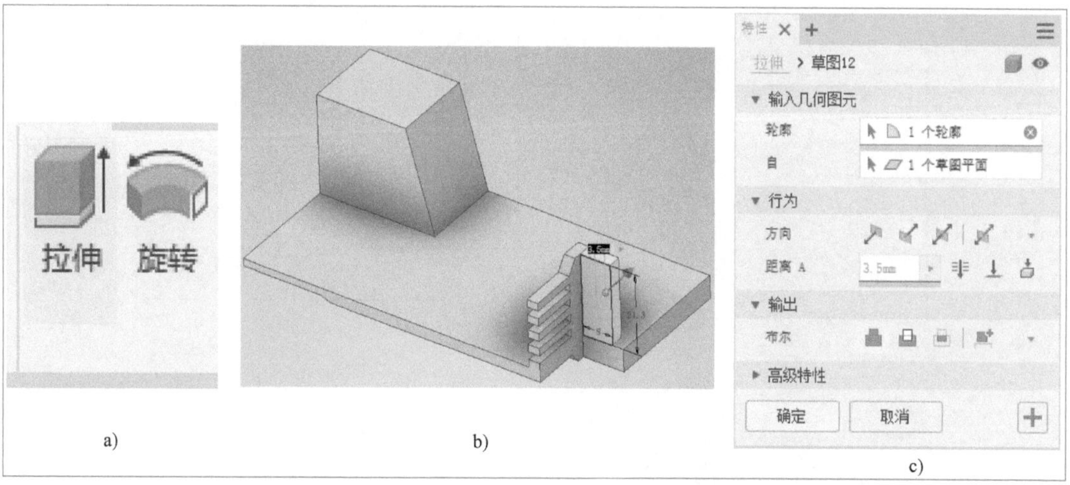


图 5-67

32）激活“开始创建二维草图”命令，选择草图绘制平面，如图 5-68 所示。

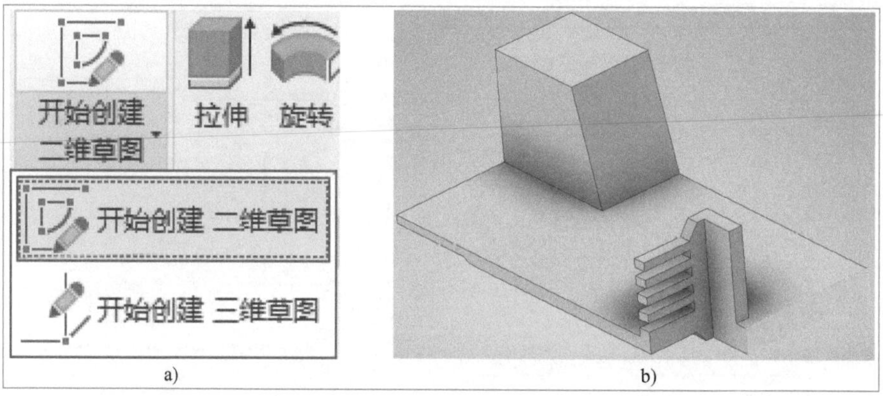


图 5-68

33）激活“线”命令，捕捉直线端点位置绘制直线：在 *X* 正方向输入“34”、在 *Y* 正方向输入“9”，在 *X* 负方向输入“22.3”、在 *Y* 正方向输入“17.2”，在 *X* 负方向输入“8.2”、在 *Y* 负方向输入“4.9”，在 *X* 负方向输入“3.5”；连接起点，如图 5-69 所示。

34）激活“拉伸”命令，选择拉伸区域，输入拉伸距离“3”，布尔选择求和，单击“确定”按钮，如图 5-70 所示。

35）激活“开始创建二维草图”命令，选择草图绘制平面，如图 5-71 所示。

36）激活“矩形三点”命令，指定起点，绘制长 8.2mm、宽 35mm 的矩形，完成草图，如图 5-72 所示。

37）激活“圆角”命令，输入半径值 4.1mm，如图 5-73 所示。

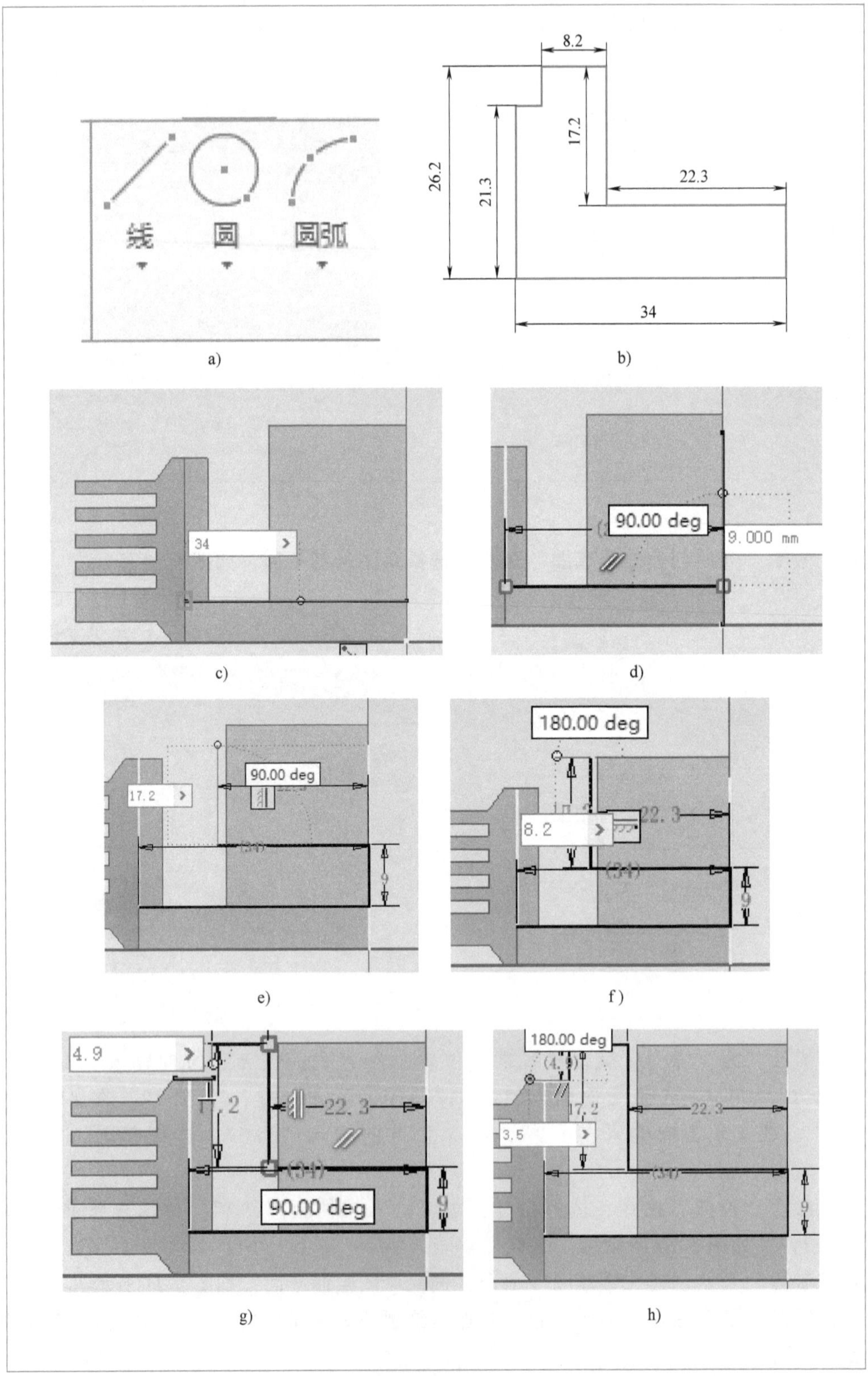
线
圆
圆弧
a)
8.2
17.2
26.2
21.3
22.3
34
b)
34
c)
90.00 deg
9.000 mm
d)
17.2
90.00 deg
(34)
9
e)
180.00 deg
8.2
22.3
(34)
9
f)
4.9
17.2
22.3
(34)
90.00 deg
9
g)
180.00 deg
(4.9)
3.5
17.2
22.3
(34)
9
h)

图 5-69

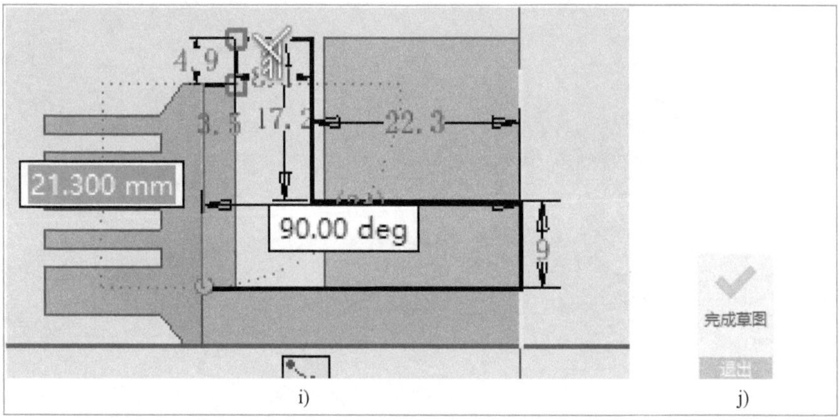


图 5-69（续）

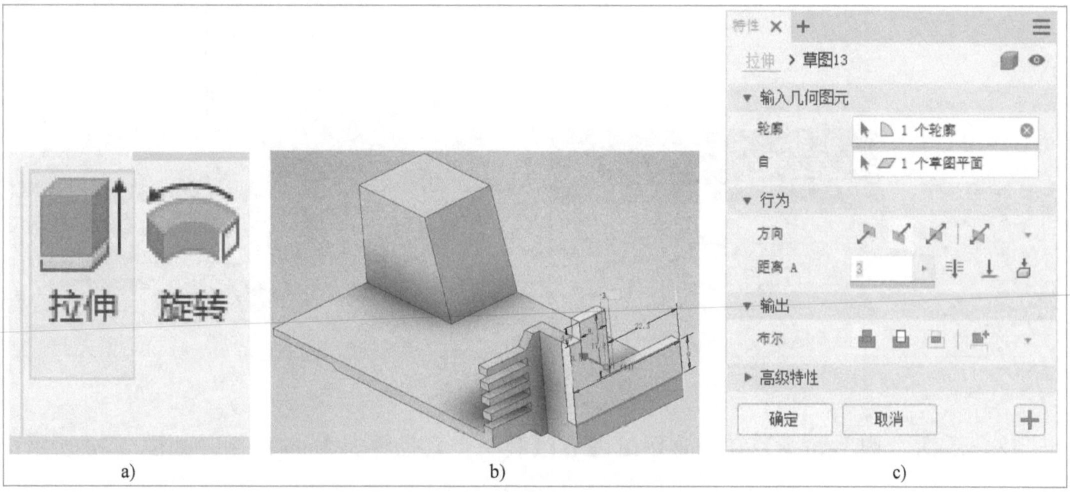


图 5-70

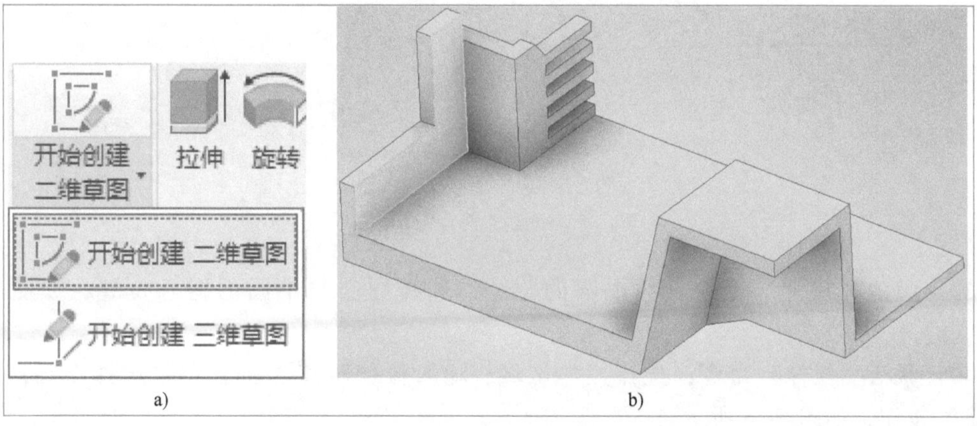


图 5-71

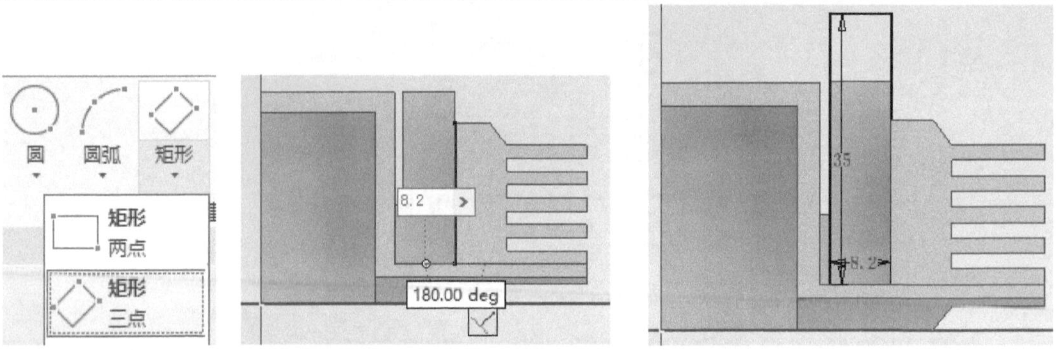


a) b) c)

图 5-72

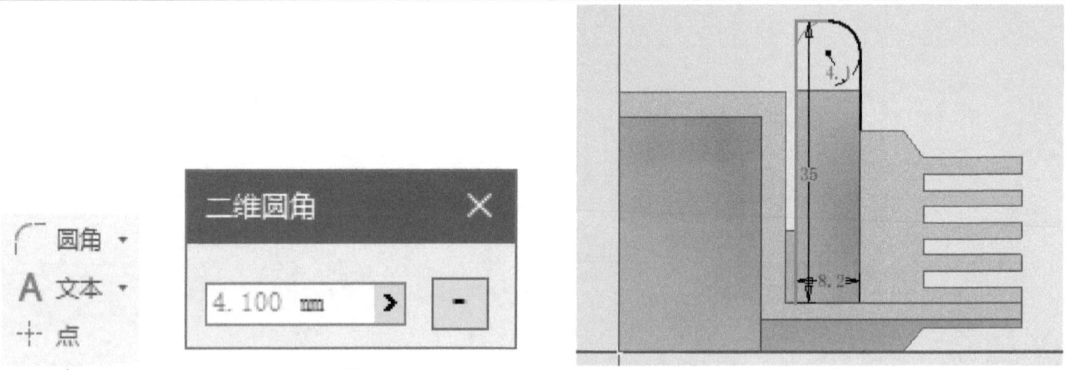


a) b) c)

图 5-73

38）激活“圆”命令，在图形附近随意绘制一个直径为3.5mm的圆，如图5-74所示。

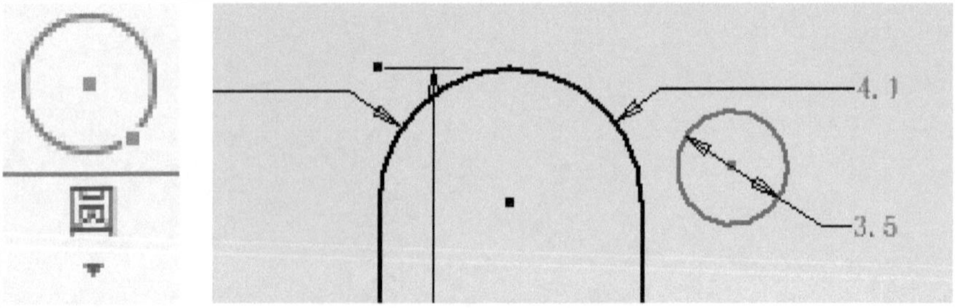


a) b)

图 5-74

39）激活“尺寸”命令，约束圆的位置，选择圆心与半圆的圆心位置，如图5-75所示。

40）激活“拉伸”命令，选择拉伸区域，输入拉伸距离3mm，布尔选择求和，单击“确定”按钮，如图5-76所示。

41）激活“开始创建二维草图”命令，选择草图绘制平面，如图5-77所示。

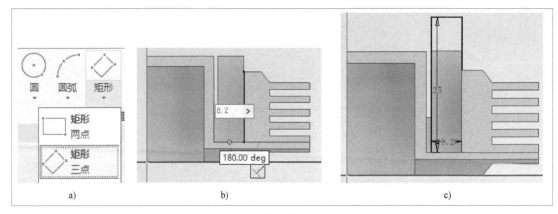

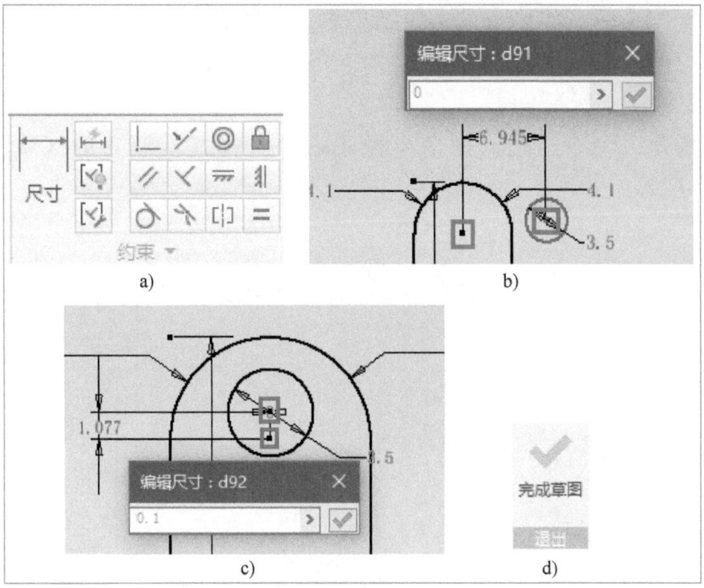


图 5-75

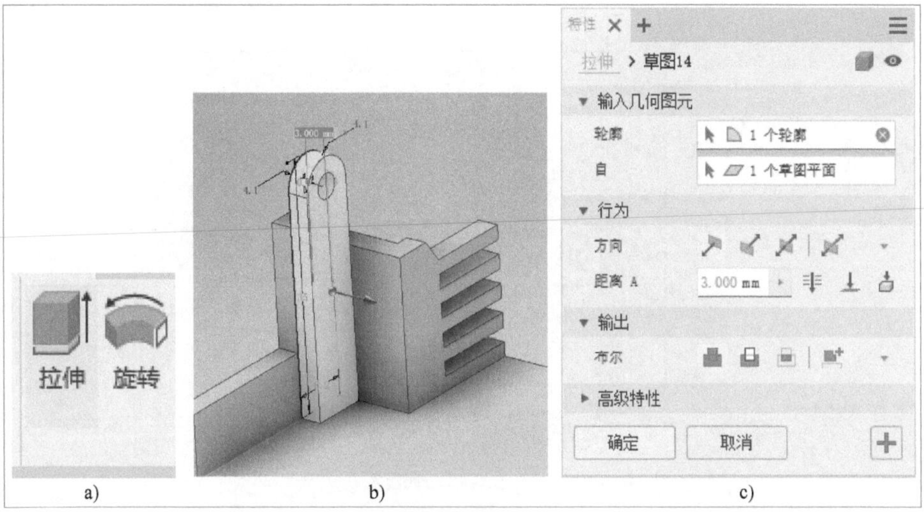


图 5-76

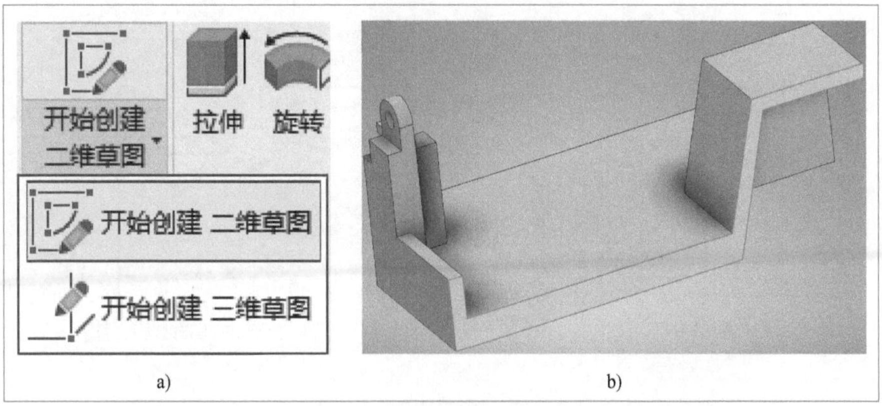


图 5-77

42）激活“线”命令，将已有的边绘制出来，如图 5-78 所示。

43）激活“拉伸”命令，选择拉伸区域，输入拉伸距离 3mm，布尔选择求和，单击“确定”按钮，如图 5-79 所示。

44）激活“圆角”命令，输入圆角半径 4mm，选择需倒圆角的区域，按“确定”按钮，如图 5-80 所示。

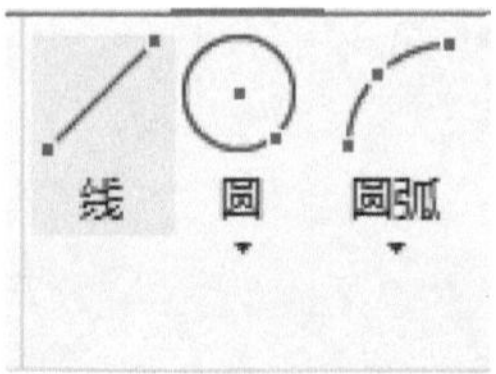

a)

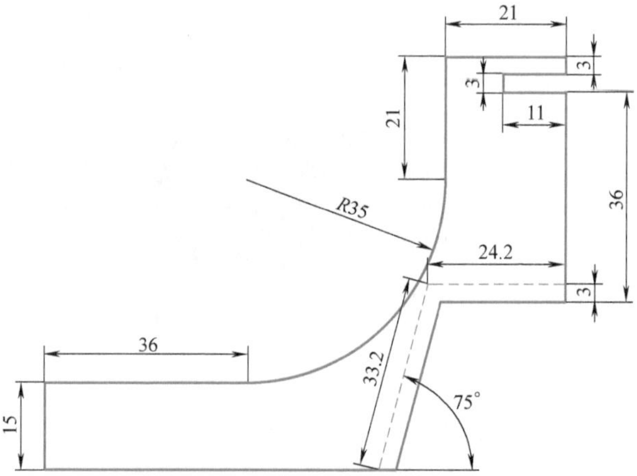

b)

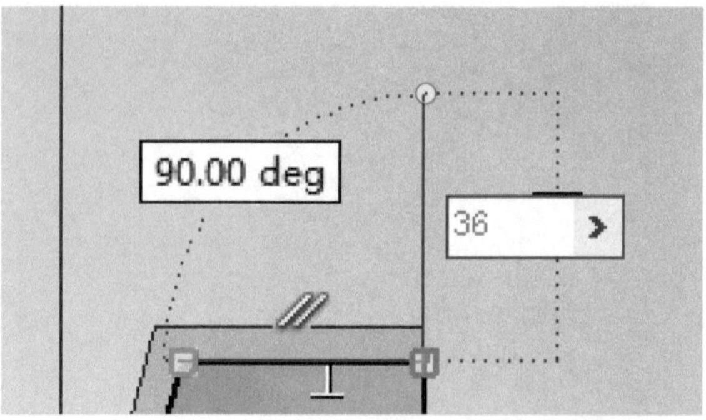

在Y轴正方向输入“36”
c)

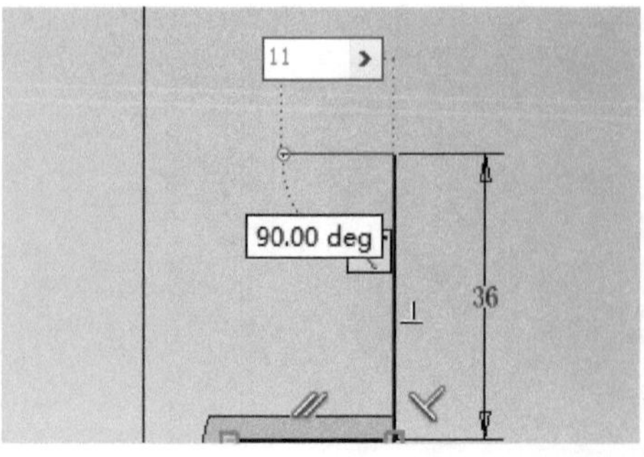

在X负方向输入“11”
d)

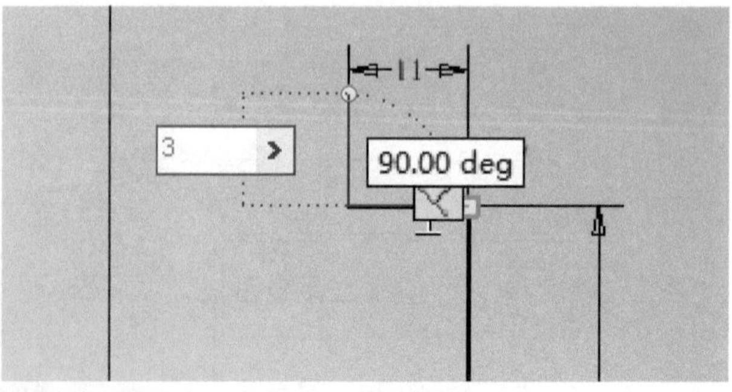

在Y正方向输入“3”
e)

图 5-78

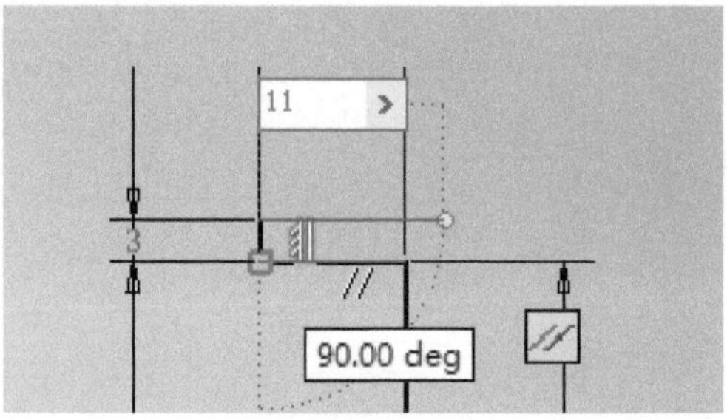


在X正方向输入“11”

f)

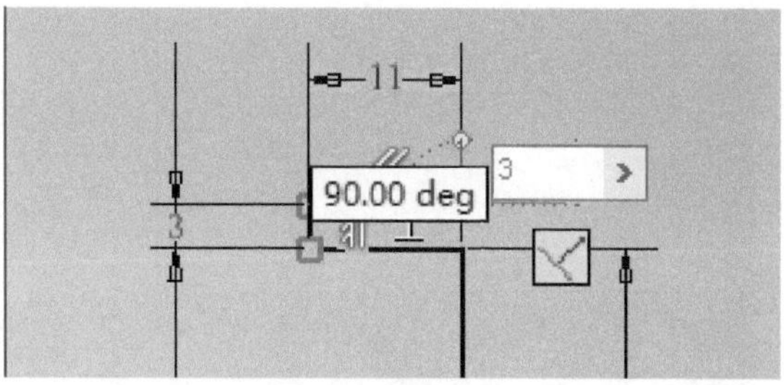


在Y正方向输入“3”

g)

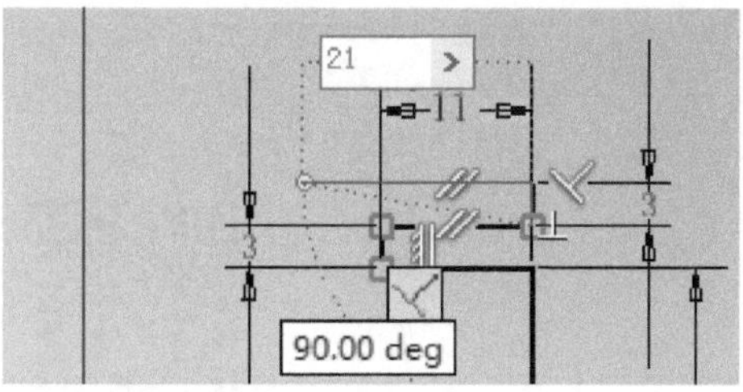


在X负方向输入“21”

h)

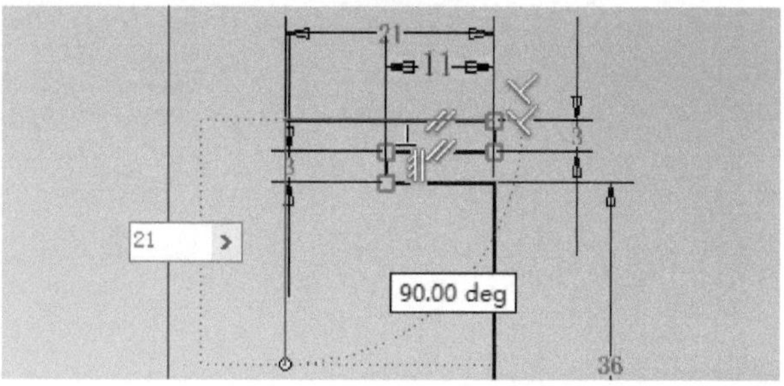


在Y负方向输入“21”，取消直线命令

i)

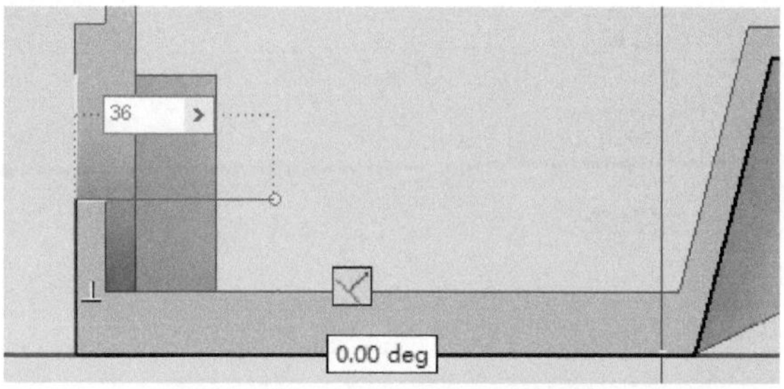


激活“直线”命令，捕捉另一端直线端点位置，在X正方向输入“36”，取消“线”命令

j)

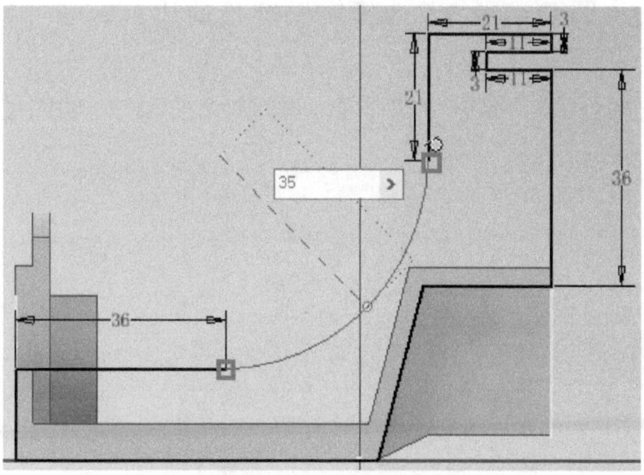


激活“圆弧”命令，选择两个端点位置，输入半径尺寸“35”，完成草图

k)

l)

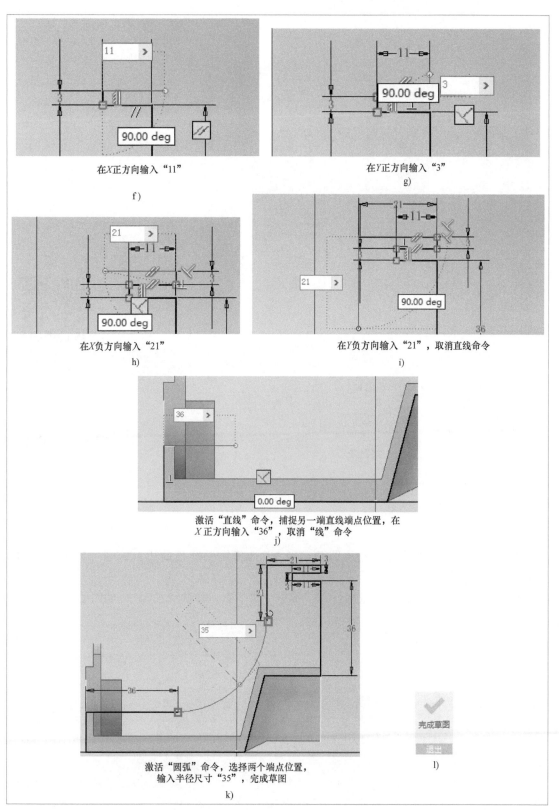

图 5-78（续）

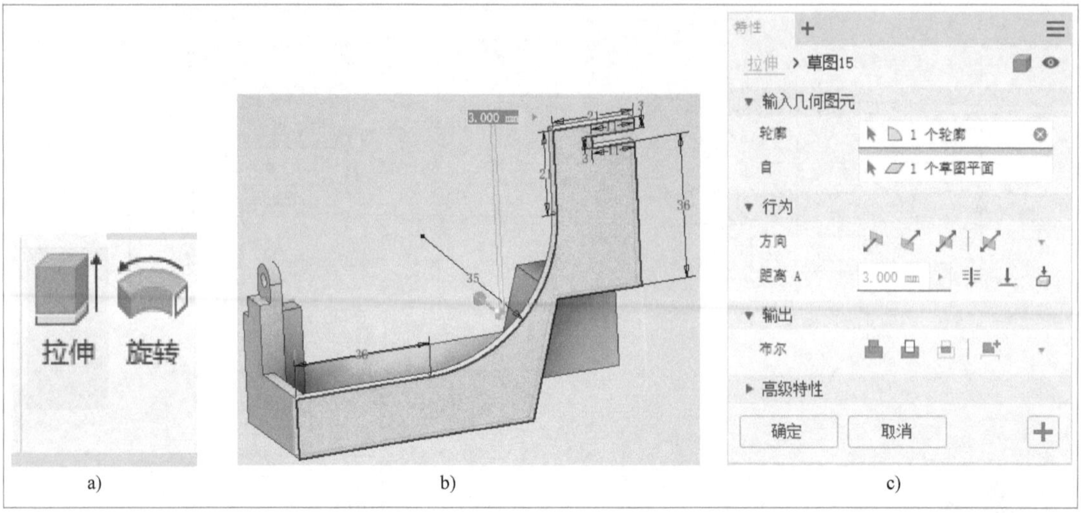


图 5-79

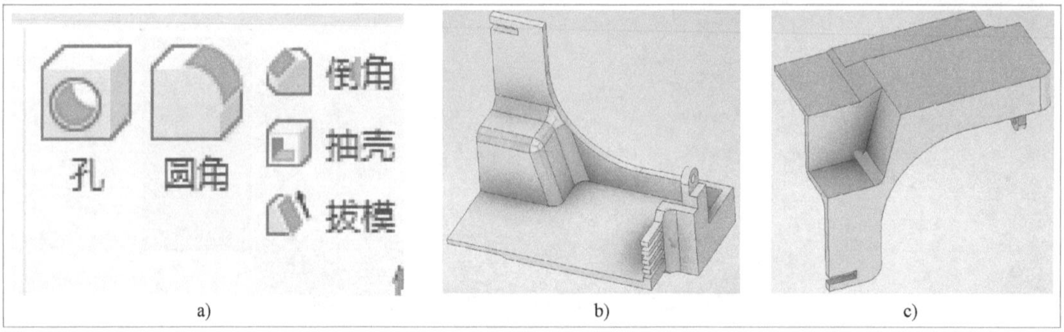


图 5-80

45）激活“圆角”命令，输入圆角半径 6，选择需倒圆角的边，单击“确定”按钮，如图 5-81 所示。

46）激活“镜像”命令，选择特征，指定镜像平面，选择“求和”，如图 5-82 所示。

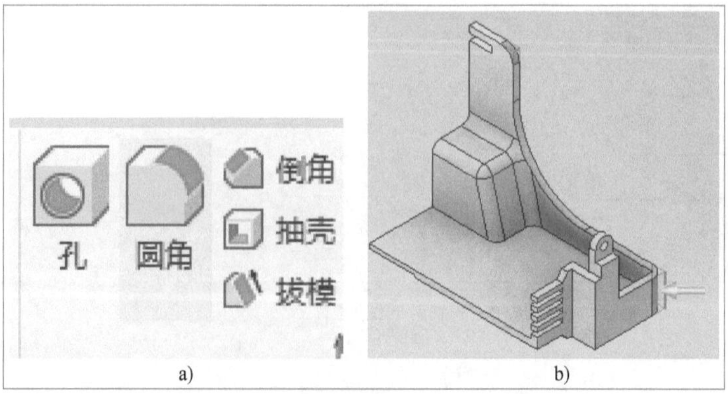


图 5-81

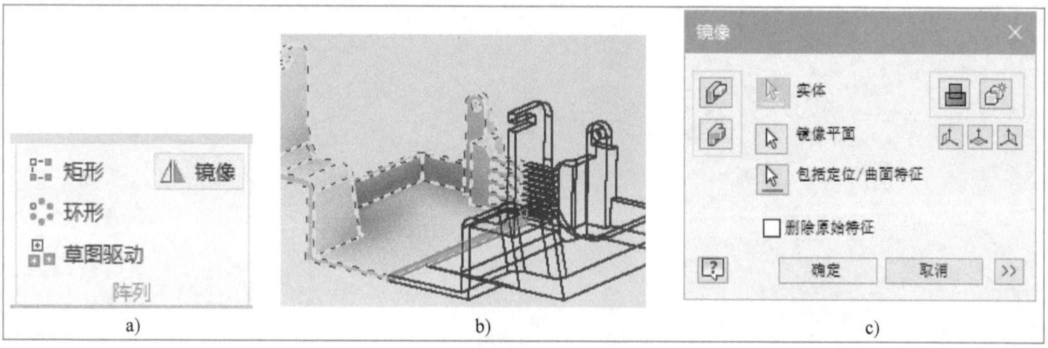


图 5-82

47）使用相同的方法，再次镜像，如图 5-83 所示。

48）激活“倒角”命令，输入倒角边长“3”，选择需倒角的边，单击“确定”按钮，如图 5-84 所示。

49）保存零件并导出 STL 文件。在功能区单击鼠标右键，选择“显示面板”下的“3D 打印”功能，激活“3D 打印”命令，选择导出 STL 文件，如图 5-85 所示。

选择路径，文件命名，单击“保存”按钮，如图 5-86 所示。

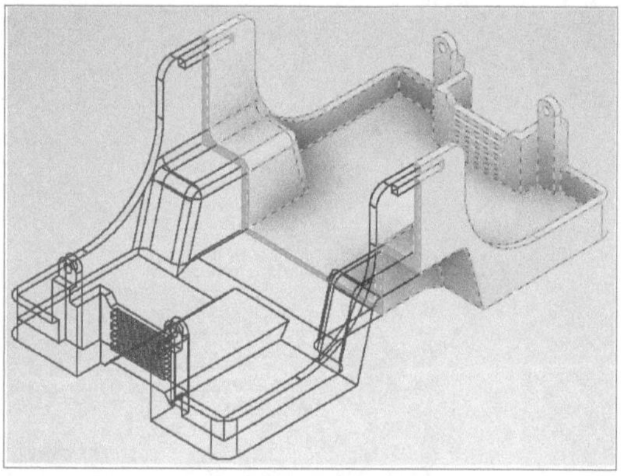

图 5-83

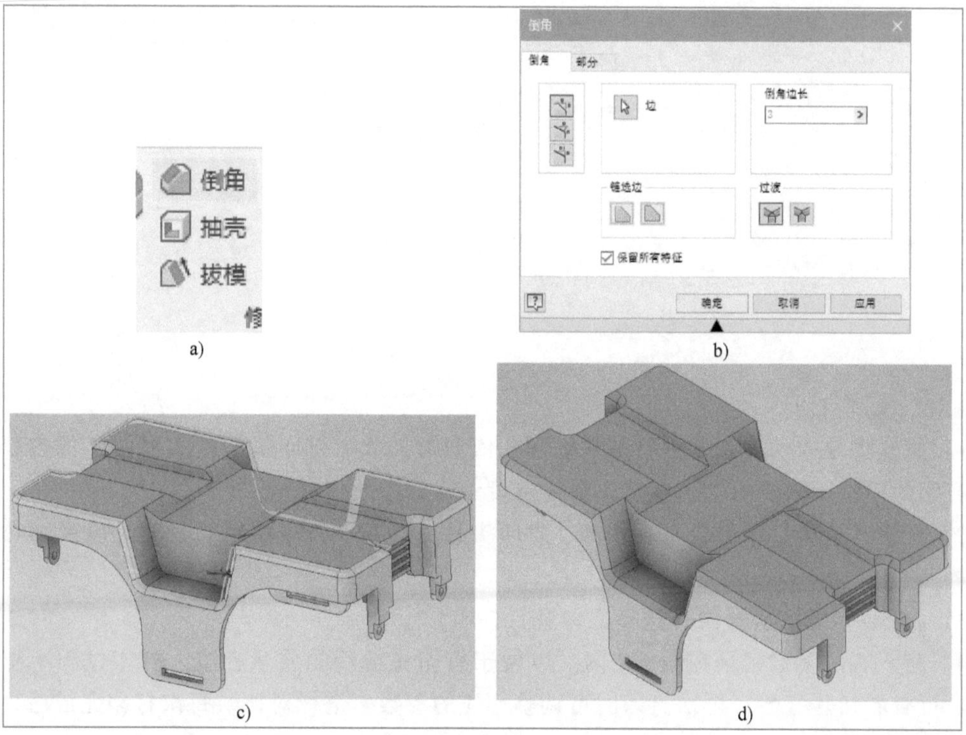


图 5-84

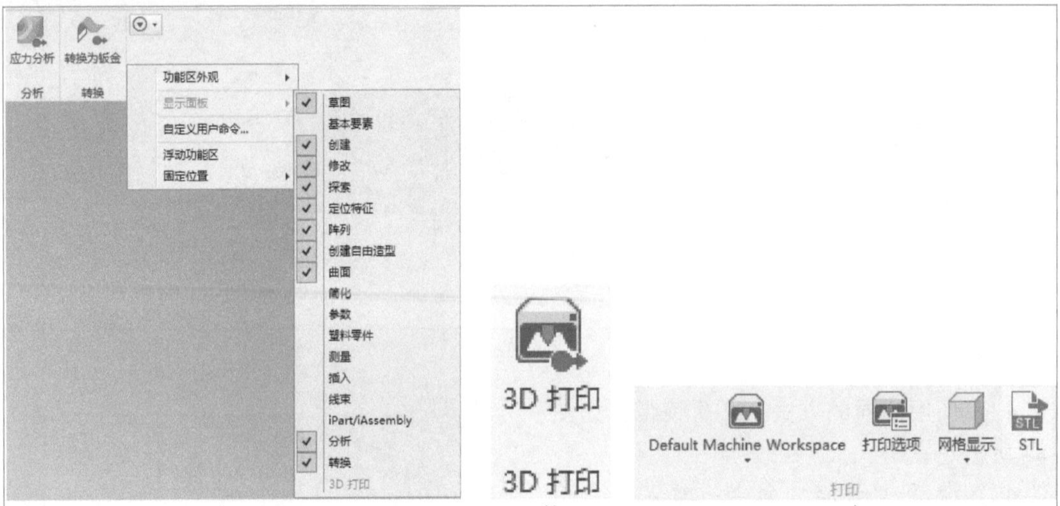


图 5-85

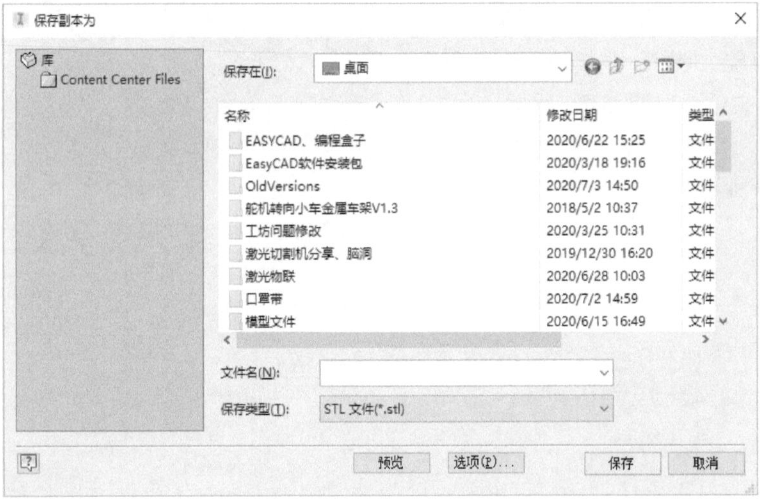


图 5-86

（六）模型打印

1）将模型导入切片软件进行切片处理。依据第二章“打印机的基本操作”的内容，设置好打印此模型所需要的各个参数。最终将设置好的参数保存至 SD 卡内。

2）开机并检查打印平台是否校准、打印头是否堵塞、打印材料是否充足以及加热是否正常等。

3）将 SD 卡插入机器内，选择文件进行打印。

4）将设置的参数记录在表 5-2 内，以便于打印完成后的质量检查。打印过程中出现问题时，可查看切片参数，再次打印时可调整相应的参数，进行对比。每次打印完成后，基于最终模型进行整体打印参数的总结。

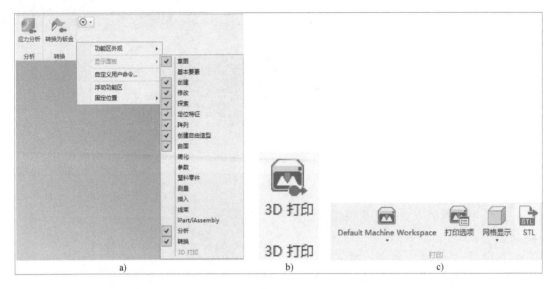

表 5-2 “智能小车（上盖）”打印参数表

| 序号 | 参数名称 | 数值 | 备　注 |
|---|---|---|---|
| 1 | 层厚 | | |
| 2 | 壁厚 | | |
| 3 | 底层/顶层厚度 | | |
| 4 | 填充密度 | | |
| 5 | 挤出温度 | | |
| 6 | 平台温度 | | |
| 7 | 填充线间距 | | |
| 8 | 支撑类型 | | |
| 9 | 有无底座 | | |
| 总结 | | | |

## 四、学习评价

学习评价见表 5-3。

表 5-3 “智能小车的设计”学习评价表

| 评价项目 | 评价标准 | 配分 | 自评 | 互评 | 师评 | 综合 |
|---|---|---|---|---|---|---|
| 草图绘制 | 能正确使用草图绘制命令 | 15 | | | | |
| 草图编辑 | 能正确使用草图编辑命令 | 20 | | | | |
| 特征创建 | 能正确使用特征创建命令 | 15 | | | | |
| 特征编辑 | 能正确使用特征编辑命令 | 10 | | | | |
| 作品制作 | 能正确使用设备进行作品制作 | 15 | | | | |
| 项目反思 | 1）在完成项目过程中，你遇到了什么样的问题？<br>2）你是如何解决上述问题的？<br>3）你的方法是否有效解决了问题并达到了预期效果？<br>（每回答一个问题得 5 分，书写工整且逻辑清晰的可得 10 分附加分。） | 25 | | | | |

## 五、案例拓展

建模并打印如图 5-87（手表）、图 5-88（台灯）、图 5-89（小夜灯）所示的制品。

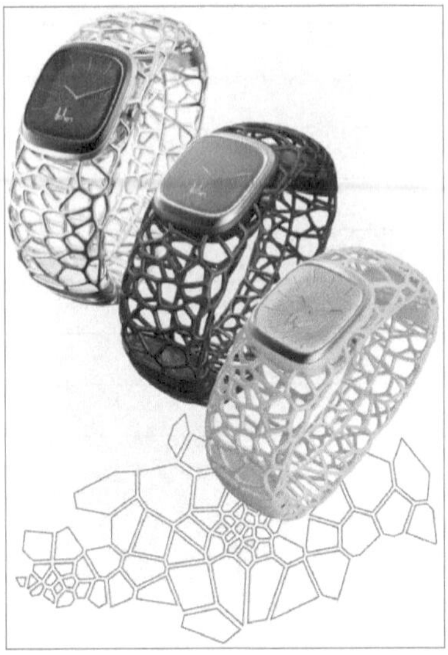

图 5-87

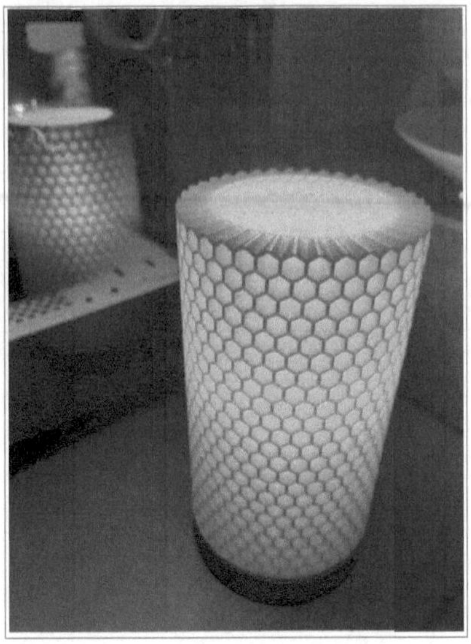

图 5-88

图 5-89

## 六、课后练习

按图 5-90 独立进行建模并打印。

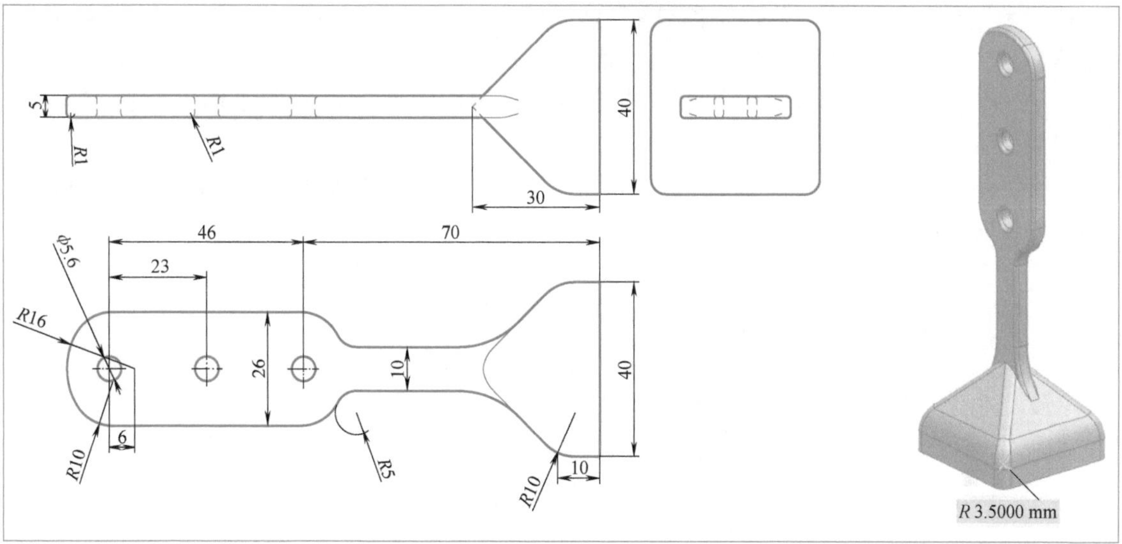


图 5-90

# 第二节 薄壁打印——笔筒的设计

## 一、学习目标

1. 了解“薄壁打印”的概念。
2. 熟练掌握薄壁打印模型的建模方式。
3. 掌握“旋转”“矩形阵列”、“镜像”“开始创建二维草图”“线”和“矩形两点中心”等草图绘制命令。
4. 掌握“抽壳”“环形阵列”和“合并”等特征命令。

## 二、项目描述

在3D打印的过程中，3D打印机配备的是固定尺寸的喷嘴，所以可能会在打印很薄、只有喷嘴直径几倍大小的壁的时候遇到问题。例如，如果使用0.4mm的喷嘴来打印1.0mm厚的壁，则必须要做一些调整，以确保打印机能够生成一个完全实心的壁，不在中间留下空隙，如图5-91所示。

图 5-91

## 三、学习过程

### （一）项目分析

如图5-92所示，使用Inventor软件按照标注的尺寸绘制图形。使用软件草图绘制里的“旋转”“矩形阵列”“镜像”“开始创建二维草图”“线”和“矩形两点中心”命令，以及三维模型里的“抽壳”“环形阵列”和“合并”命令绘制薄壁件的模型。在绘图的过程中需要考虑所有图形尺寸在图形中的位置关系。

绘制此图形的过程中，需要注意在做“阵列”时，阵列对象的选择以及阵列纵、横方向和数量的确定，以免出现阵列方向、尺寸错误，导致阵列错误。

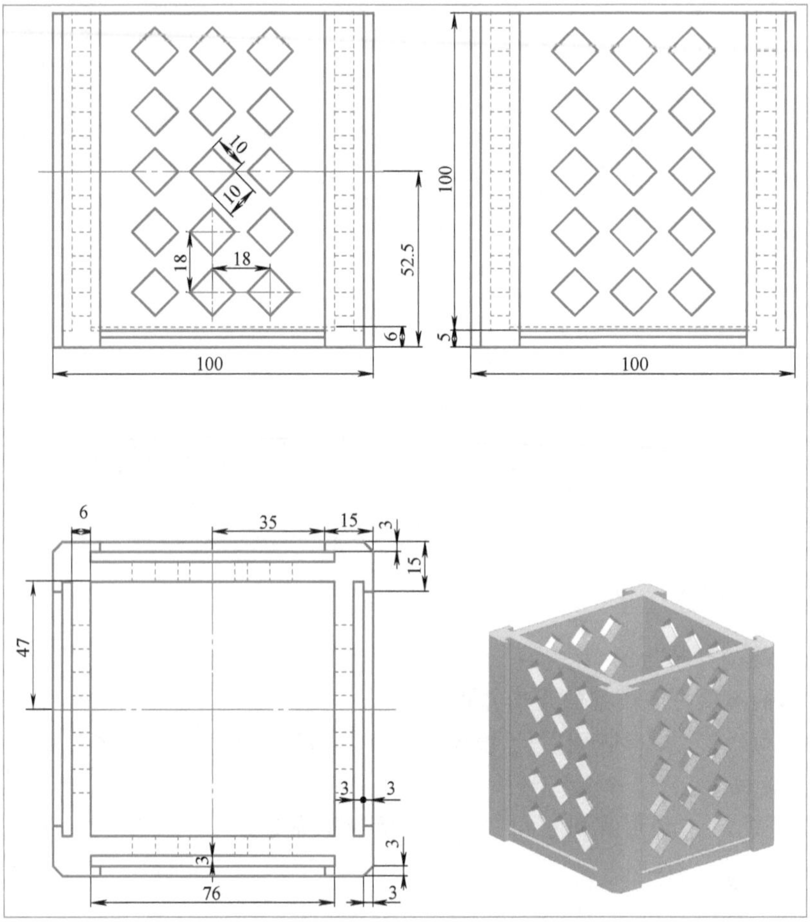


图 5-92

### （二）模型设计

#### 1. 草图绘制与编辑

1）激活“开始创建二维草图”命令，选择 *XZ* 平面，进入草图绘制界面，如图 5-93 所示。

2）激活草图创建中的“线”命令，选择坐标中心为起点绘制草图，尺寸如图 5-94 所示。

3）激活“线”命令绘制直线，在 *X* 正方向输入“44”，如图 5-95 所示。

重新激活“线”命令，捕捉图形中心点位置确定第一点，绘制长 44mm、角度为 45°的直线，如图 5-96 所示。

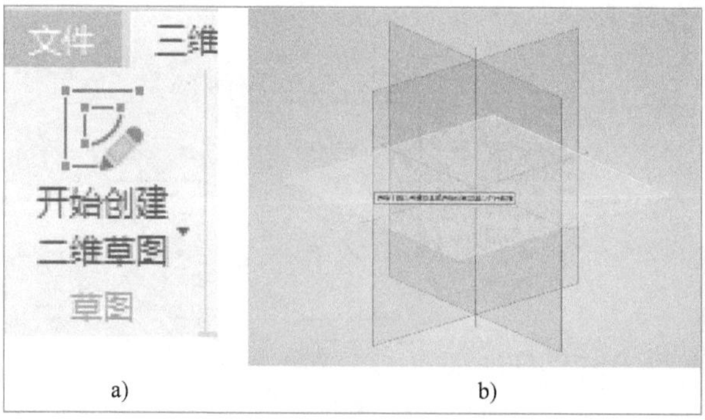


图 5-93

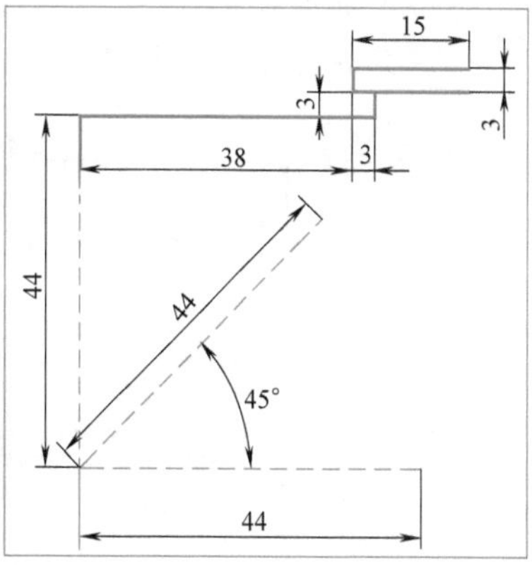


图 5-94

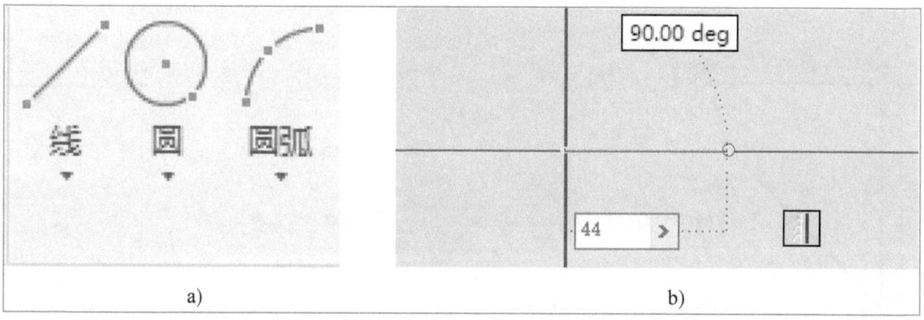


图 5-95

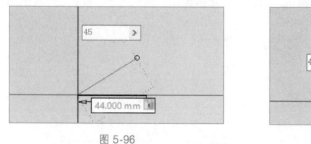

重新激活“线”命令，捕捉直线端点位置，在 *Y* 轴正方向输入“44”，如图 5-97 所示。

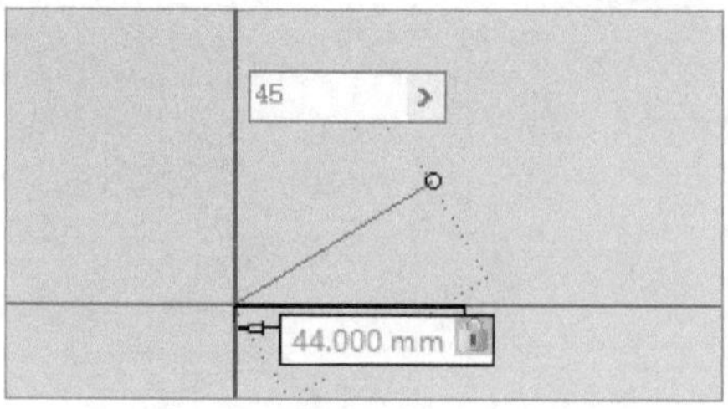


图 5-96

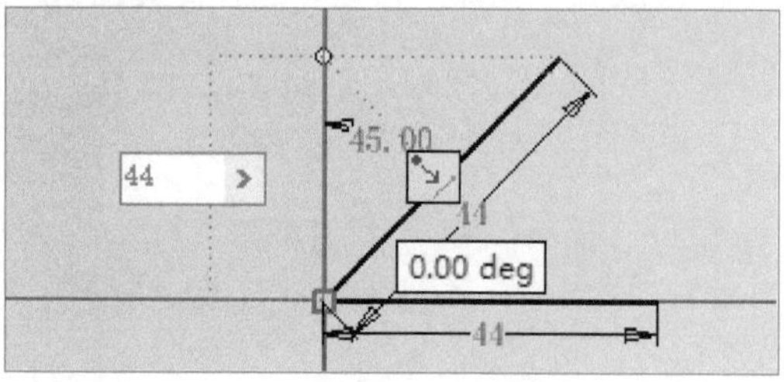


图 5-97

在 *X* 正方向输入“38”，如图 5-98 所示。

在 *Y* 轴正方向输入“3”，如图 5-99 所示。

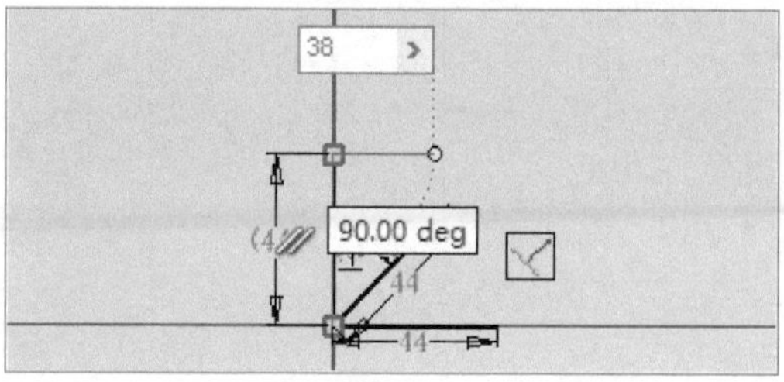


图 5-98

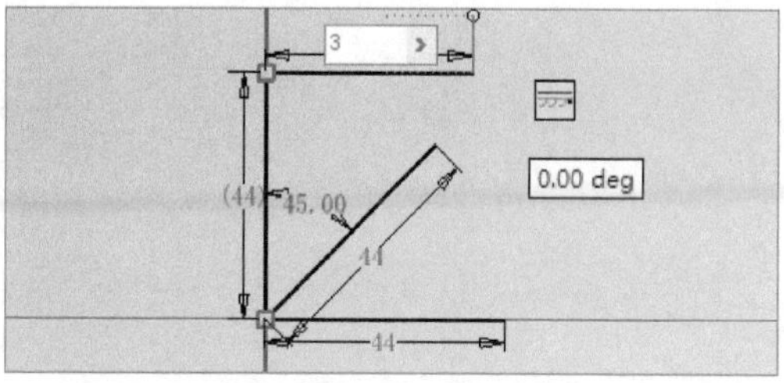


图 5-99

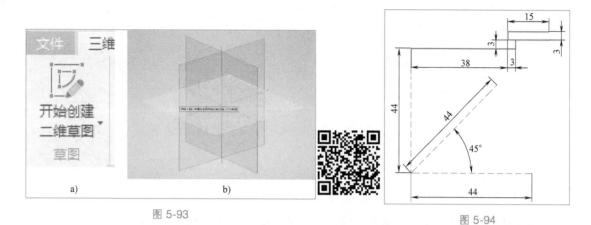

在 *X* 轴负方向输入“3”，如图 5-100 所示。

在 *Y* 轴正方向输入“3”，如图 5-101 所示。

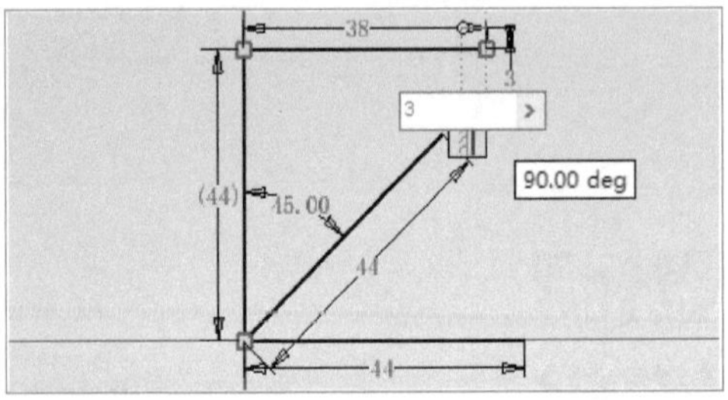


图 5-100

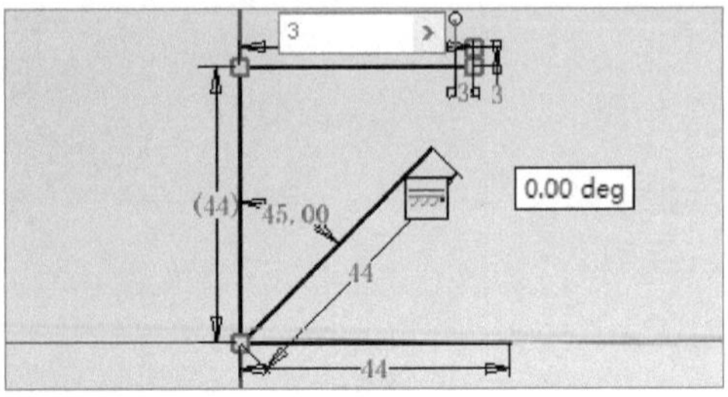


图 5-101

在 *X* 正方向输入“15”，单击“确定”按钮，退出“线”命令，如图 5-102 所示。

4）按住<Ctrl>键，同时选择 3 条线段，激活“构造”命令，转换参考线，如图 5-103 所示。

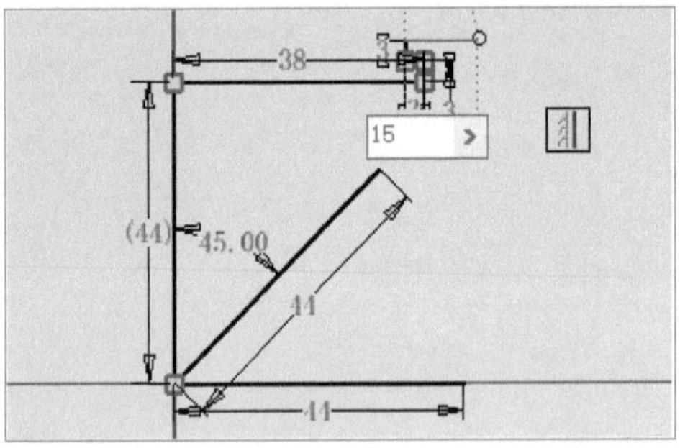


图 5-102

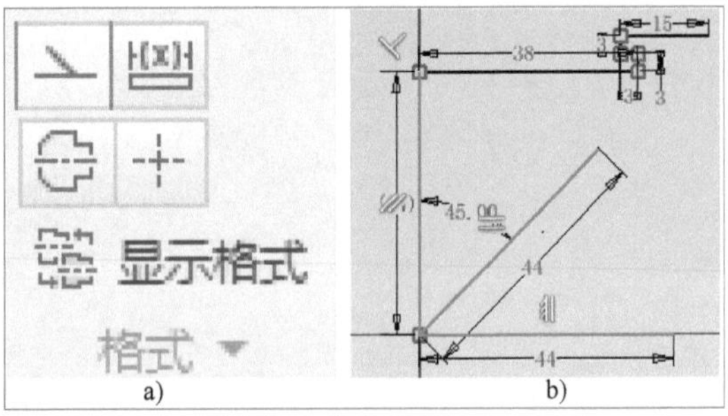


图 5-103

5）激活“镜像”命令，选择需要镜像的图元，指定镜像线，镜像图形，如图 5-104 所示。

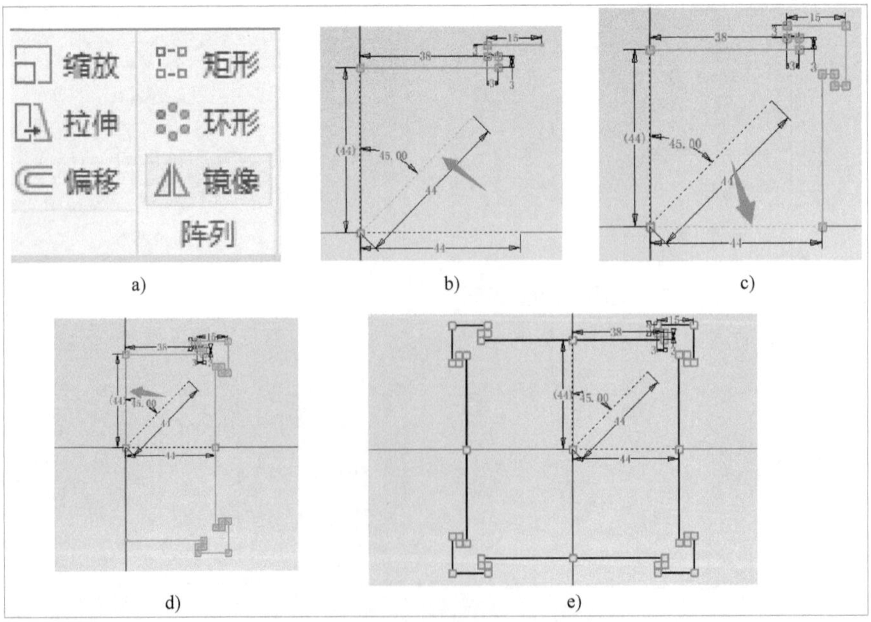


图 5-104

6）退出草图绘制。再次激活“开始创建二维草图”命令，选择 XZ 平面，进入草图绘制界面，如图 5-105 所示。

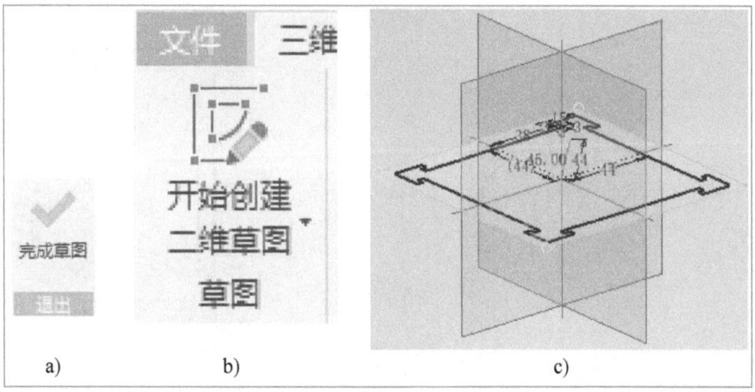


图 5-105

7）激活“矩形两点中心”命令，指定坐标中心点为矩形中心，绘制 100mm×100mm 的矩形，如图 5-106 所示。

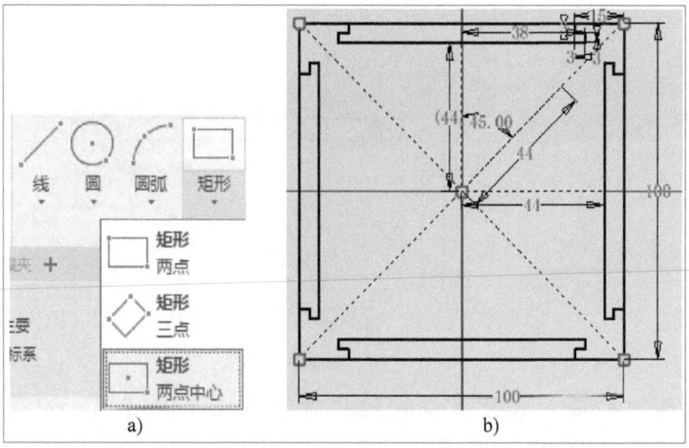


图 5-106

8）退出草图绘制。再次激活“开始创建二维草图”命令，选择 XZ 平面，进入草图绘制界面，如图 5-107 所示。

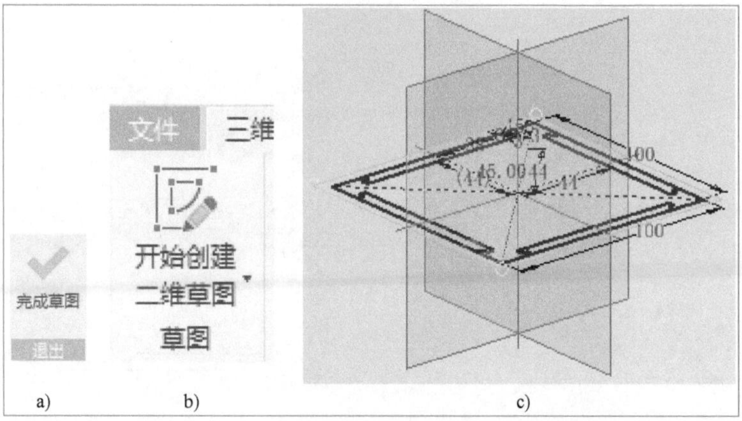


图 5-107

9）激活“线”“构造”命令，捕捉图形中心点位置为直线第 1 点，在 $Y$ 轴正方向输入 45.5，完成后取消“构造”命令，如图 5-108 所示。

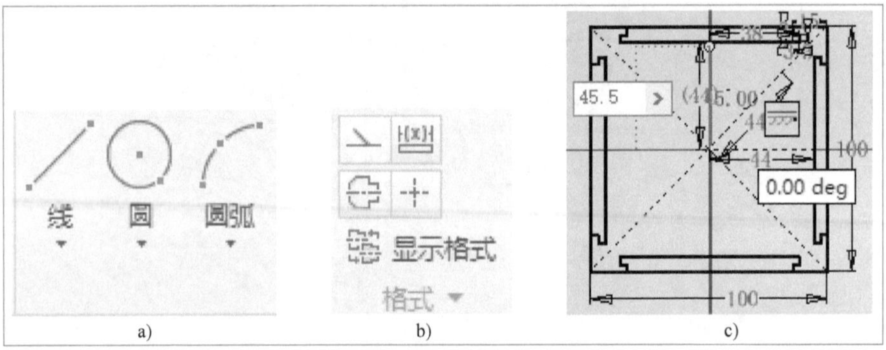


图 5-108

10）激活“矩形两点中心”命令，捕捉参考线端点位置为中心，绘制长 76mm、宽 3mm 的矩形，如图 5-109 所示。

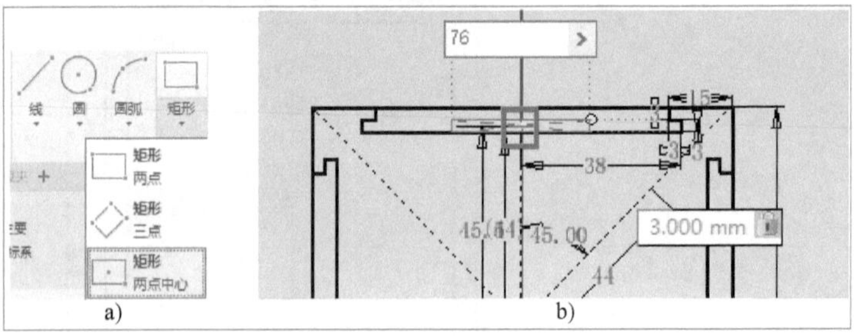


图 5-109

11）激活“旋转”命令，选择需要旋转的对象，选择旋转点，勾选“复制”复选项，输入旋转角度“180”，如图 5-110 所示。

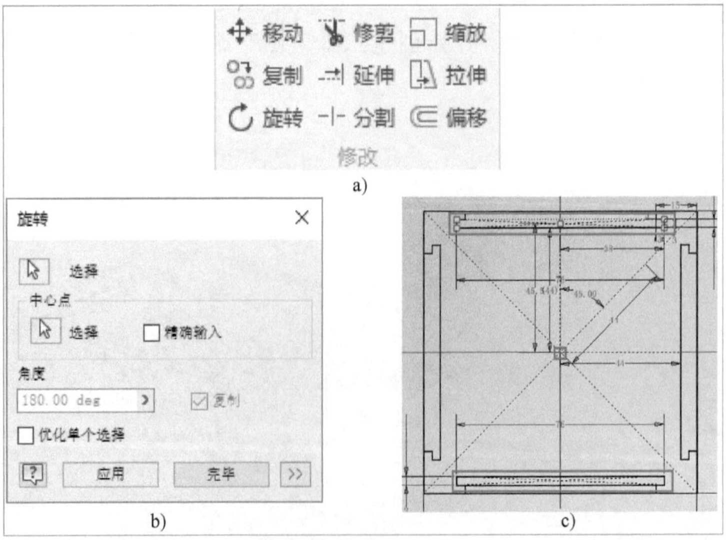


图 5-110

12）再次选择两个矩形，选择旋转点后输入旋转角度“90”，如图 5-111 所示。

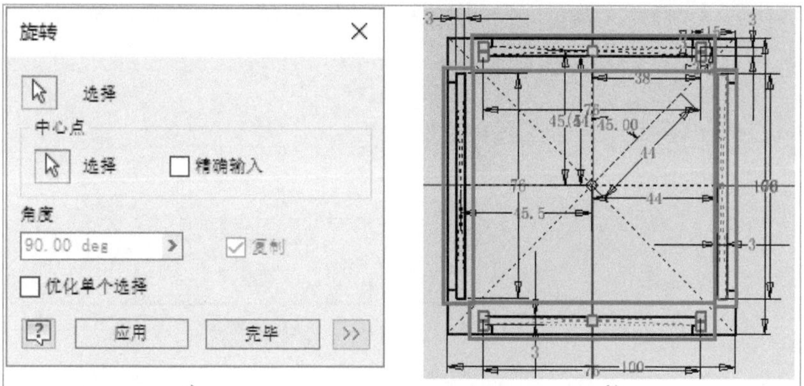


a)　　　b)

图 5-111

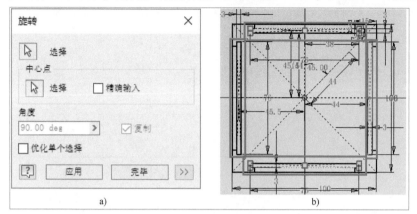

13）退出草图绘制。再次激活“开始创建二维草图”命令，选择 *XY* 平面，进入草图绘制界面，如图 5-112 所示。

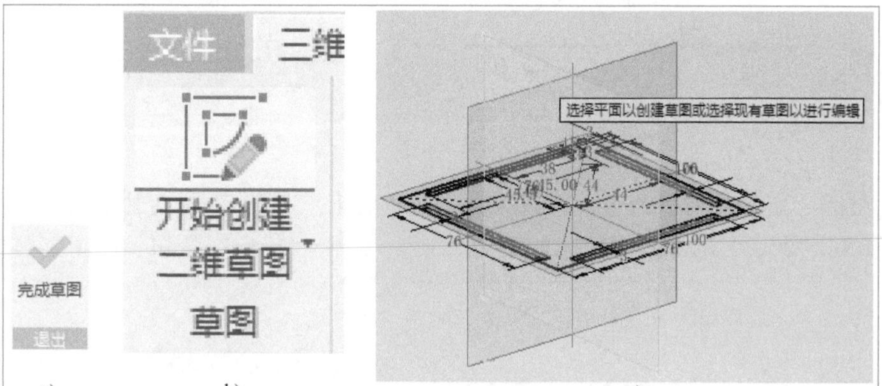


a)　　　b)　　　c)

图 5-112

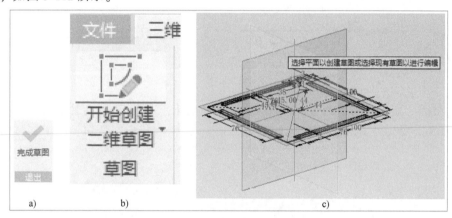

14）激活“线”与“构造”命令，以图形中心点为线的一个端点位置，*Y* 轴正向输入 9.5，*X* 正向输入 3，如图 5-113 所示。

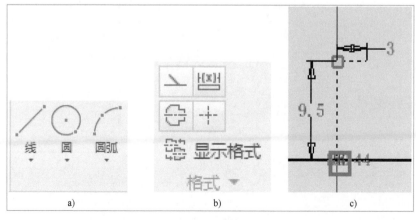

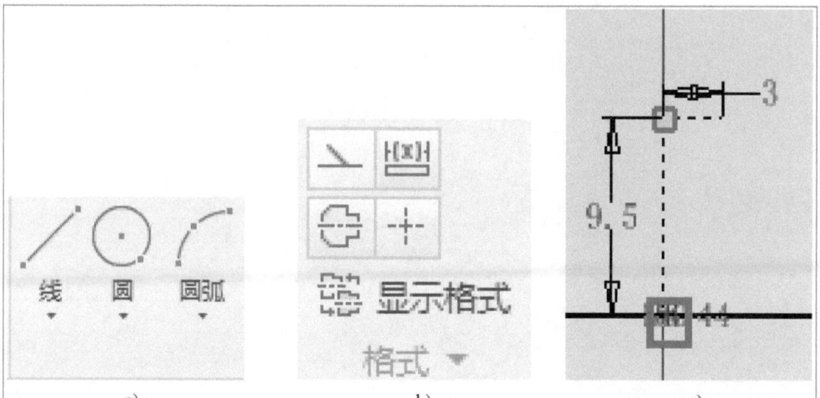


a)　　　b)　　　c)

图 5-113

15）激活“矩形三点”命令，单击“确定”按钮，选一点为直线端点位置，输入第 1 条边长度 10，按<Tab>键输入角度 45，再输入另一长度 10，如图 5-114 所示。

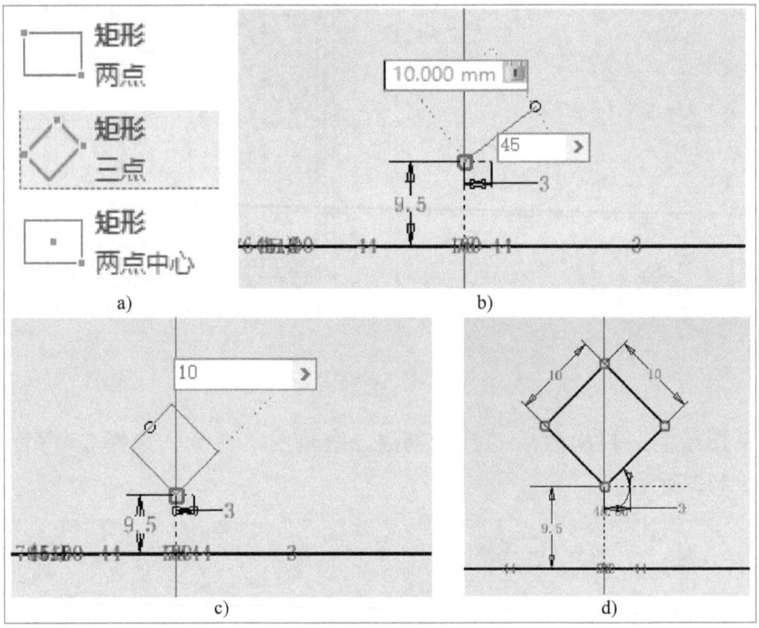


图 5-114

16）激活“矩形阵列”命令，选择需要阵列的图元，选择 *X*、*Y* 两轴的参考线；输入数量：*X* 轴方向“2”、*Y* 轴方向“5”；间距为“18”，单击“确定”按钮，如图 5-115 所示。

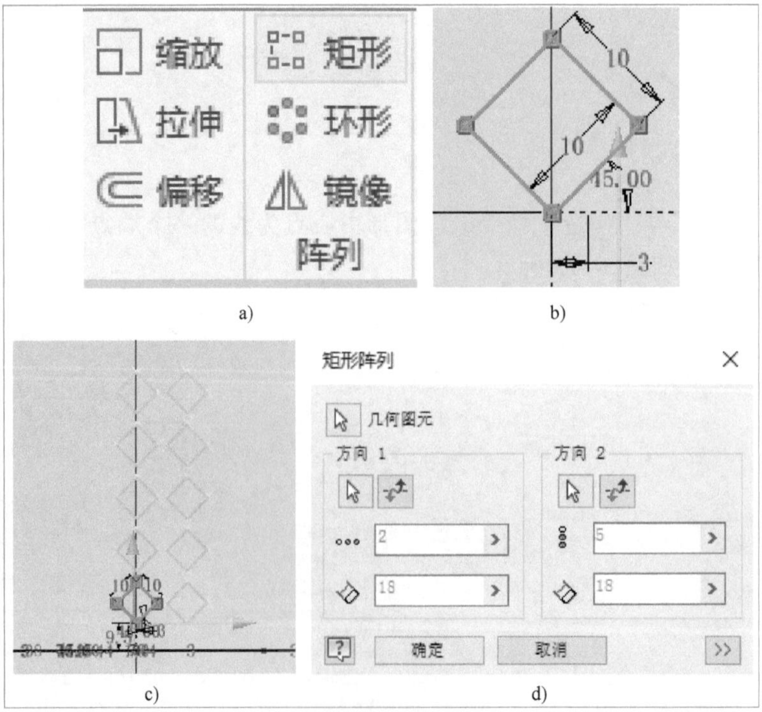


图 5-115

17）激活“镜像”命令，选择需要镜像的图元，选择镜像线，单击“应用”按钮，如图 5-116 所示。

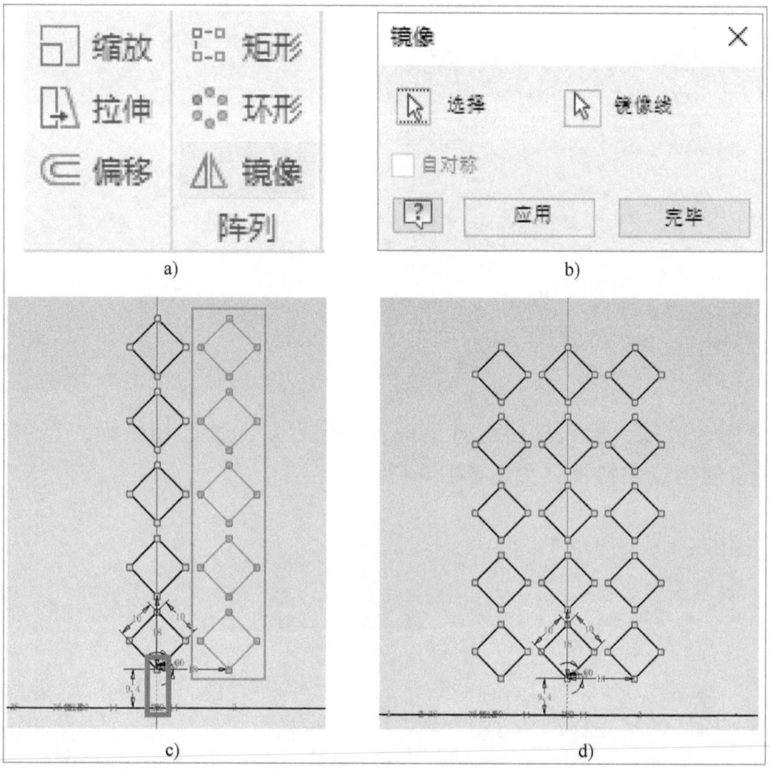


图 5-116

2. 特征的创建与编辑

1）激活“拉伸”命令，选择草图 1 区域，输入拉伸距离 100mm，单击“应用”按钮创建拉伸特征，如图 5-117 所示。

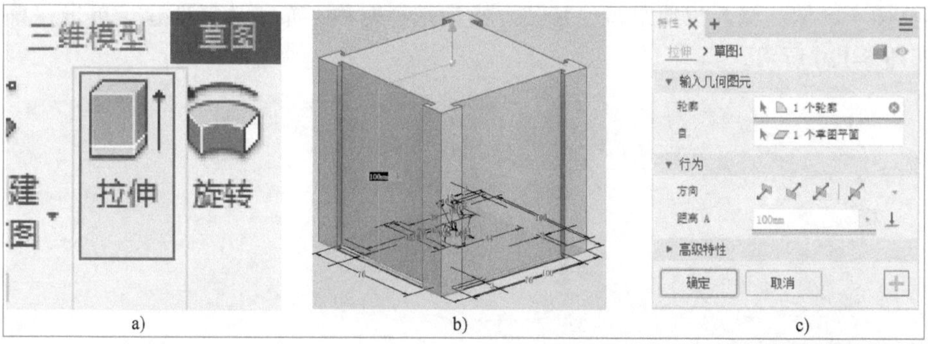


图 5-117

2）选择草图 2 区域，输入拉伸距离 3mm，布尔选择求和，单击“应用”按钮创建拉伸特征，如图 5-118 所示。

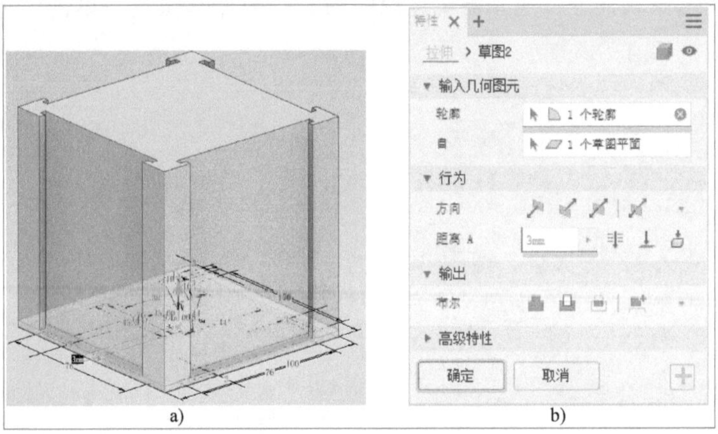


图 5-118

3）选择草图 3 区域，输入拉伸距离 5mm，指定台阶面为起始平面，布尔选择新建，单击“应用”按钮创建拉伸特征，如图 5-119 所示。

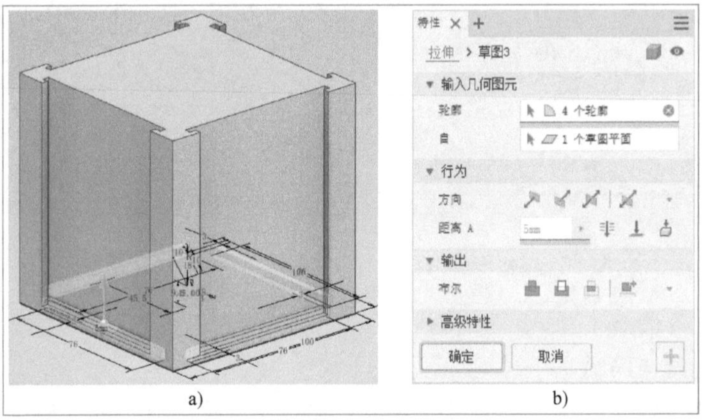


图 5-119

4）选择草图 4 区域，输入拉伸距离“100”，方向选择对称，布尔选择新建，单击“确定”按钮，如图 5-120 所示。

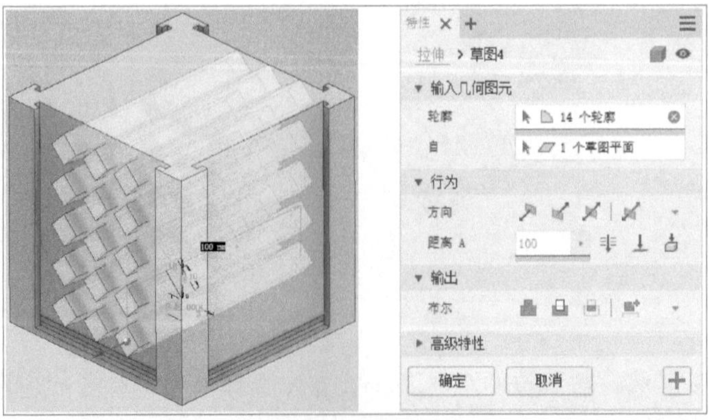


图 5-120

5）选择顶面，激活“抽壳”命令，输入厚度 6mm，单击“确定”按钮，如图 5-121 所示。

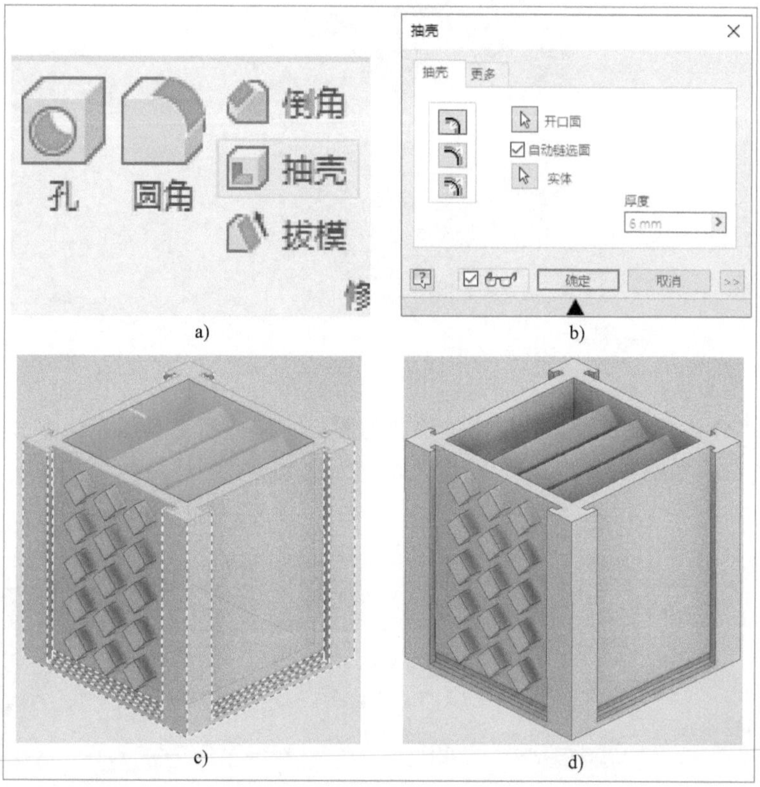


图 5-121

6）激活“轴”命令，选择“垂直于平面且通过点”，选择平面与中点创建轴，如图 5-122 所示。

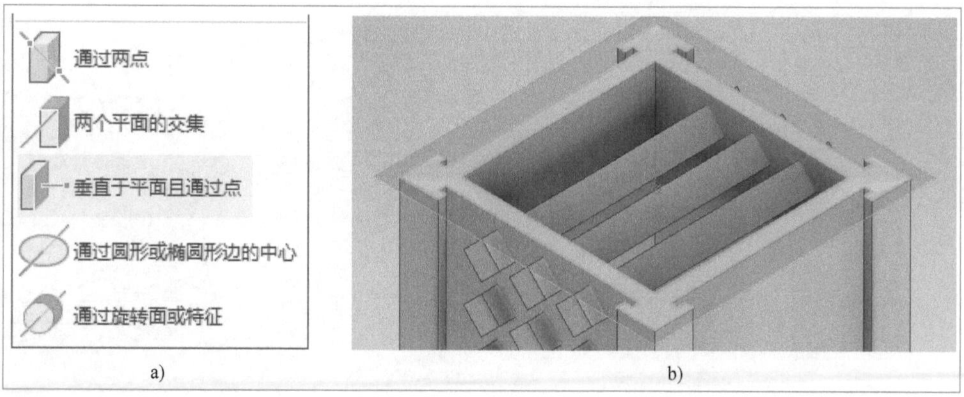


图 5-122

7）激活“环形阵列”命令，选择需阵列的图元，指定旋转轴，输入阵列个数“2”，角度“90”，单击“确定”按钮，如图 5-123 所示。

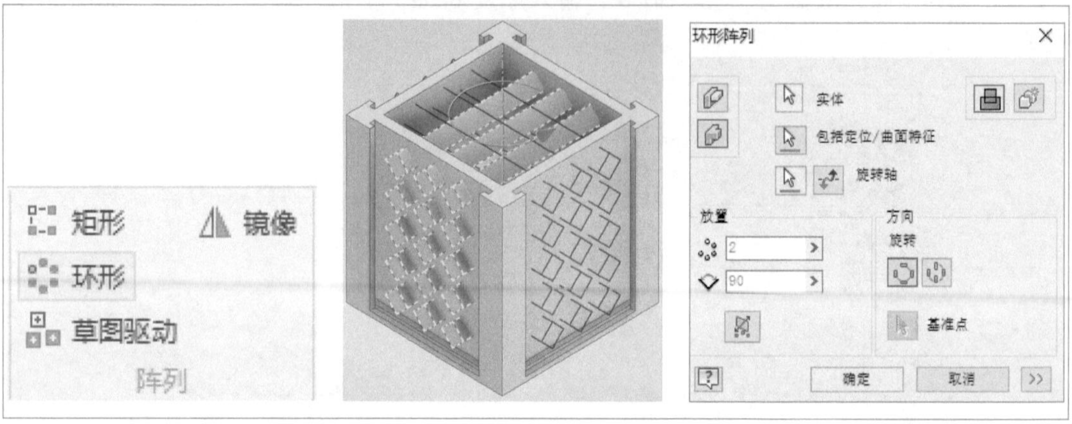


图 5-123

8）激活“合并”命令，选择需要被修剪的图元，再选择工具图元，方式选择求差，单击“确定”按钮，如图 5-124 所示。

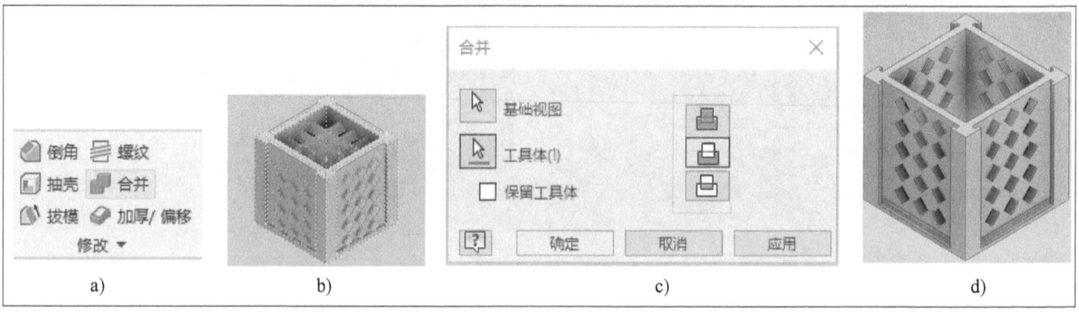


图 5-124

9）激活“倒角”命令，选择倒角线，输入倒角边长 3，单击“确定”按钮，如图 5-125 所示。

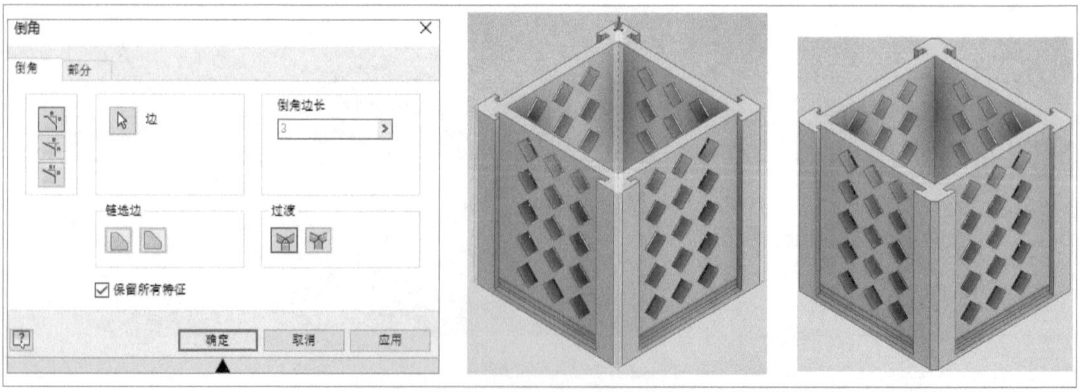


图 5-125

10）保存零件并导出 STL 文件。在功能区单击鼠标右键，选择“显示面板”下的“3D 打印”，激活“3D 打印”命令，选择导出 STL，如图 5-126 所示。

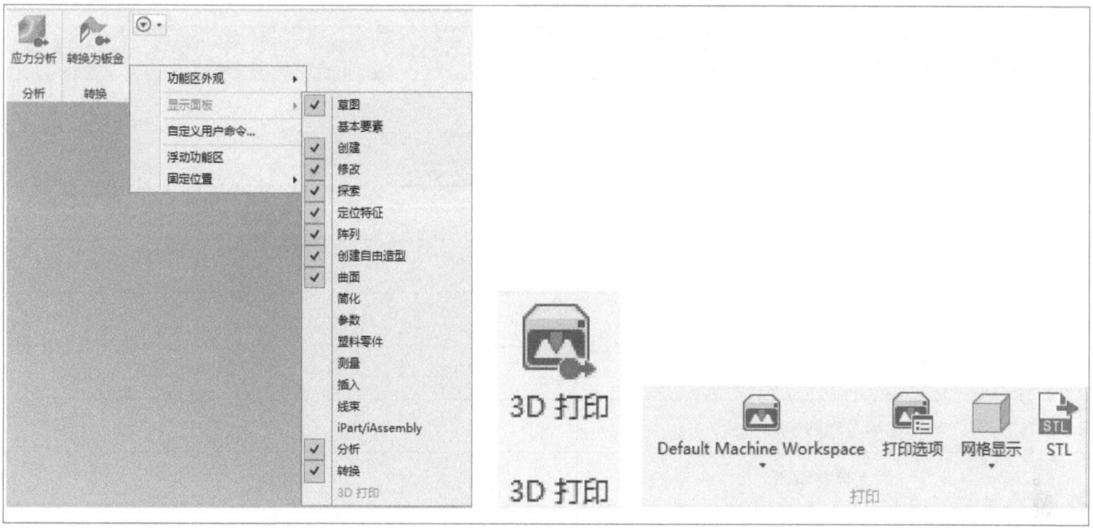


图 5-126

选择路径，文件命名，单击“保存”按钮，如图 5-127 所示。

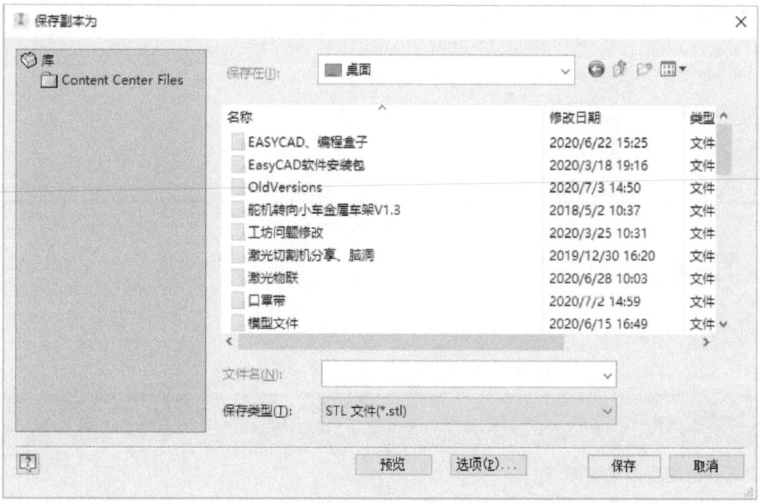


图 5-127

（三）模型打印

1）将模型导入切片软件进行切片处理。依据第二章“打印机的基本操作”的内容，设置好打印此模型所需要的各个参数。最终将设置好的参数保存至 SD 卡内。

2）开机并检查打印平台是否校准、打印头是否堵塞、打印材料是否充足以及加热是否正常等。

3）将 SD 卡插入机器内，选择文件进行打印。

4）将设置的参数记录在表 5-4 内，以便于打印完成后的质量检查。打印过程中出现问题时，可查看切片参数，再次打印时可调整相应的参数，进行对比。每次打印完成后，基于最终模型进行整体打印参数的总结。

表 5-4 “薄壁打印” 打印参数表

| 序号 | 参数名称 | 数值 | 备注 |
| --- | --- | --- | --- |
| 1 | 层厚 | | |
| 2 | 壁厚 | | |
| 3 | 底层/顶层厚度 | | |
| 4 | 填充密度 | | |
| 5 | 挤出温度 | | |
| 6 | 平台温度 | | |
| 7 | 填充线间距 | | |
| 8 | 支撑类型 | | |
| 9 | 有无底座 | | |
| 总结 | | | |
| | | | |

## 四、学习评价

学习评价见表 5-5。

表 5-5 “薄壁打印” 学习评价表

| 评价项目 | 评价标准 | 配分 | 自评 | 互评 | 师评 | 综合 |
| --- | --- | --- | --- | --- | --- | --- |
| 草图绘制 | 能正确使用草图绘制命令 | 15 | | | | |
| 草图编辑 | 能正确使用草图编辑命令 | 20 | | | | |
| 特征创建 | 能正确使用特征创建命令 | 15 | | | | |
| 特征编辑 | 能正确使用特征编辑命令 | 10 | | | | |
| 作品制作 | 能正确使用设备进行作品制作 | 15 | | | | |
| 项目反思 | 1)在完成项目过程中,你遇到了什么样的问题?<br>2)你是如何解决上述问题的?<br>你的方法是否有效解决了问题并达到了预期效果?<br>(每回答一个问题得 5 分,书写工整且逻辑清晰的可得 10 分附加分。) | 25 | | | | |

## 五、案例拓展

建模并打印如图 5-128（玫瑰花）、图 5-129（碗）和图 5-130（艺术花瓶）所示的制品。

图 5-128

图 5-129

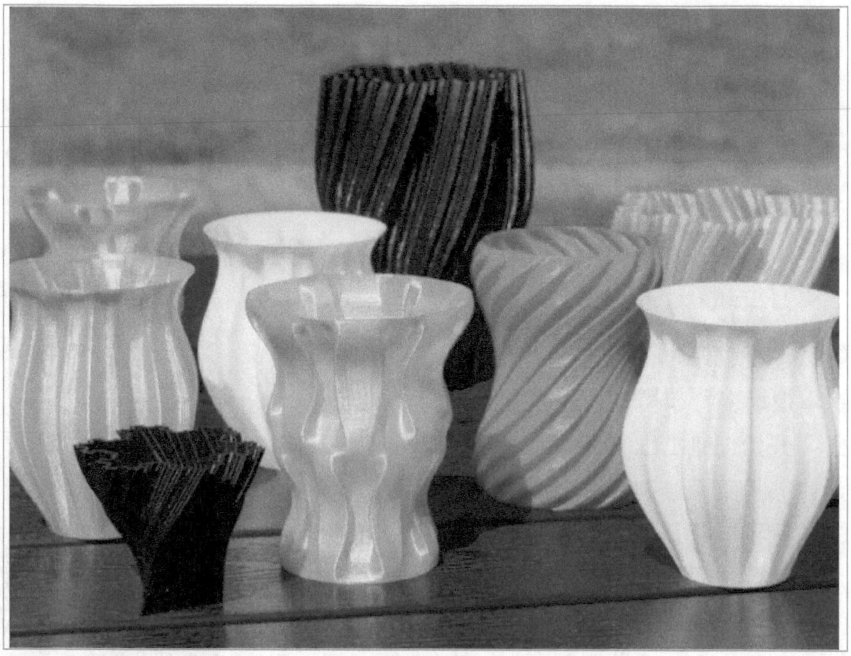

图 5-130

## 六、课后练习

按图 5-131 独立进行建模并打印。

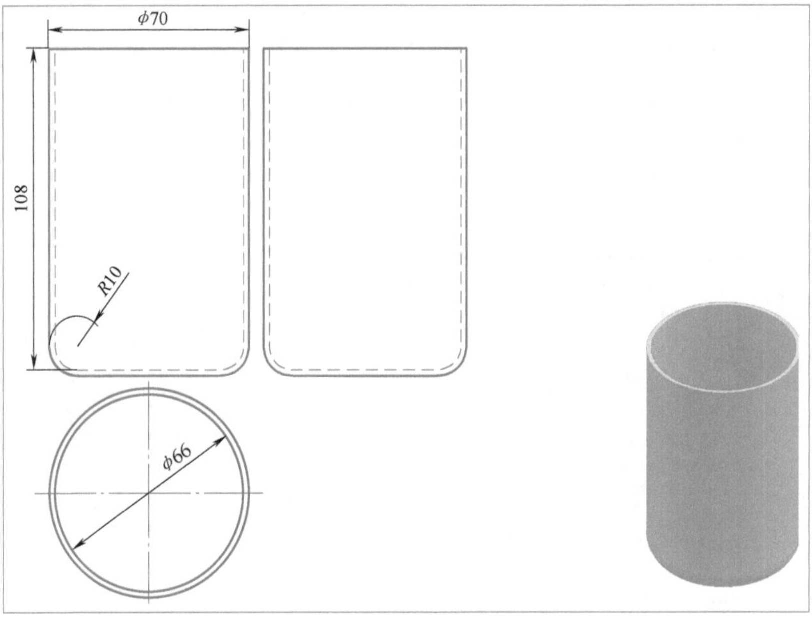


图 5-131

# 第三节　渐变打印——高脚杯的设计

## 一、学习目标

1. 了解“渐变打印”的概念。

2. 熟练掌握渐变打印模型的建模方式。

3. 掌握“开始创建二维草图”“线”“圆角”“偏移”“修剪”“延伸”等草图绘制命令。

4. 掌握“旋转”特征命令。

## 二、项目描述

本节介绍的知识点是“渐变打印”。在 3D 打印模型时会遇到一种特殊的模型，比如图 5-132 所示的高脚杯，其粗细的转折非常明显，这种模型在打印过程中可能会出现脱落、打印层脱丝等问题。

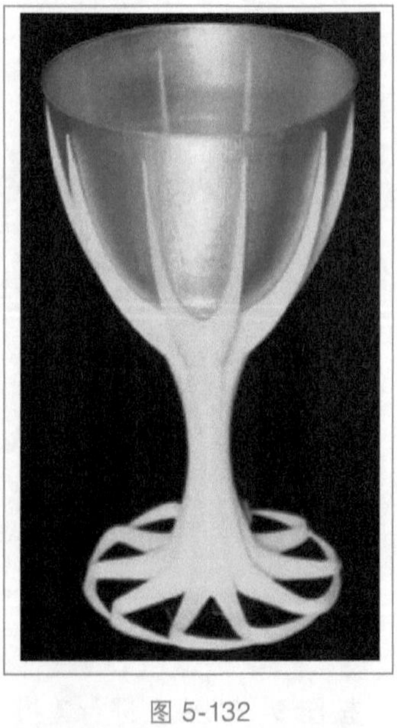

图 5-132

## 三、学习过程

### （一）项目分析

如图 5-133 所示，使用 Inventor 软件按照平面标注的尺寸绘制图形。使用草图绘制里的“开始创建二维草图”“线”“圆角”“偏移”“修剪”和“延伸”等命令，以及三维模型里的“旋转”命令绘制高脚杯的模型。在绘图的过程中需要考虑所有图形尺寸在图形中的位置关系。

在绘制图形的过程中需要注意的是：在打印的过程中，底层和细的地方必须打得非常牢固，所以需要用实体打印，否则打印上端的时候可能会因为底部未打印稳，导致模型脱落底板；模型的粗细转换之间的变化不可以直接采用直角转换，要留有足够的角度与长度。

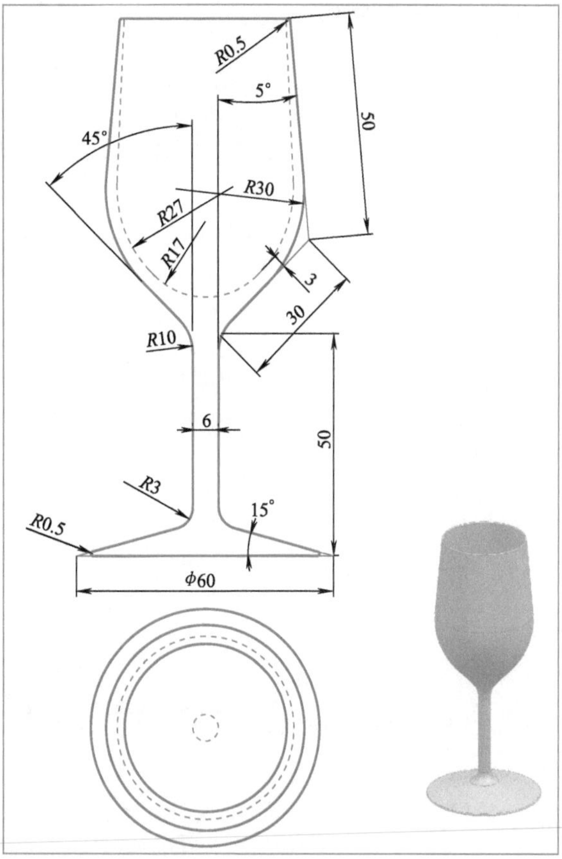


图 5-133

### （二）模型设计

#### 1. 草图的绘制与编辑

1）激活“开始创建二维草图”命令，选择 XY 平面，进入草图绘制界面，如图 5-134 所示。

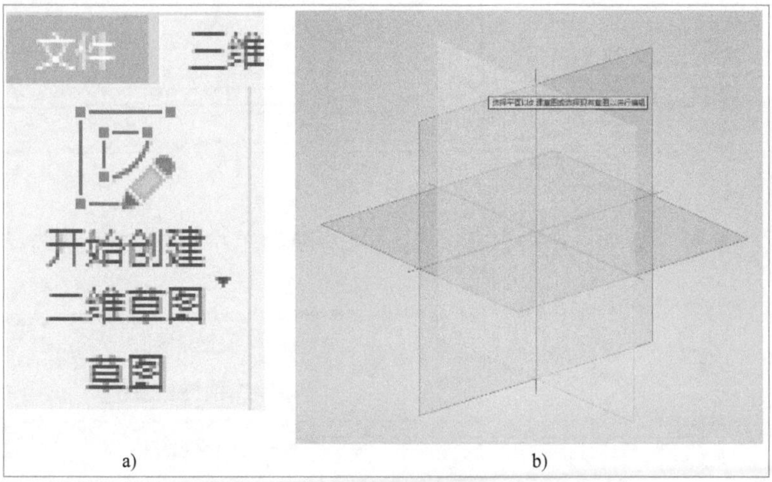


图 5-134

2）激活“线”命令，选择中心点位置固定一点绘制直线，在 Y 正方向输入“50”，在 X 方向输入“30”，输入角度“135”，在 Y 方向输入“50”、角度“130”，单击“确定”按钮，如图 5-135 所示。

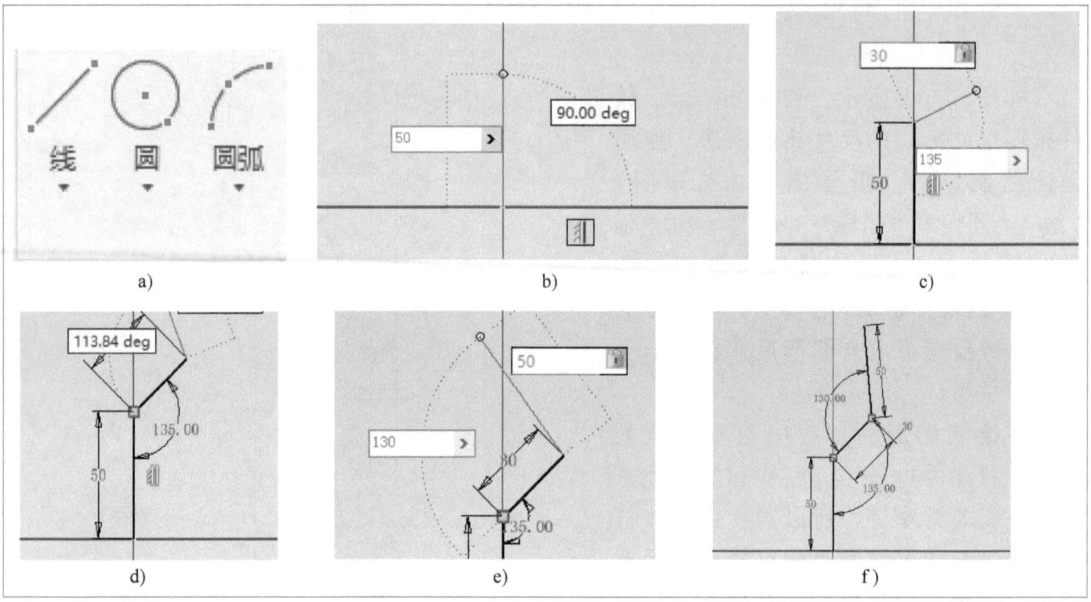


图 5-135

3）激活“偏移”命令，选择需要偏移的线段，输入向左侧偏移距离“3”，如图 5-136 所示。

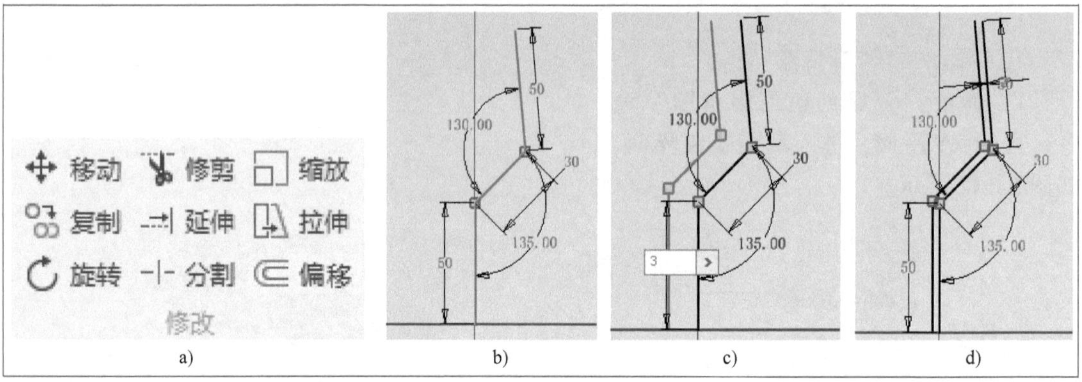


图 5-136

再次激活“偏移”命令，单击鼠标右键，在快捷菜单中单击“回路选择”取消选择，如图 5-137 所示。

图 5-137

单击选择需要偏移的线条，按<Enter>键确定，输入向左偏移距离“1”，如图 5-138 所示。

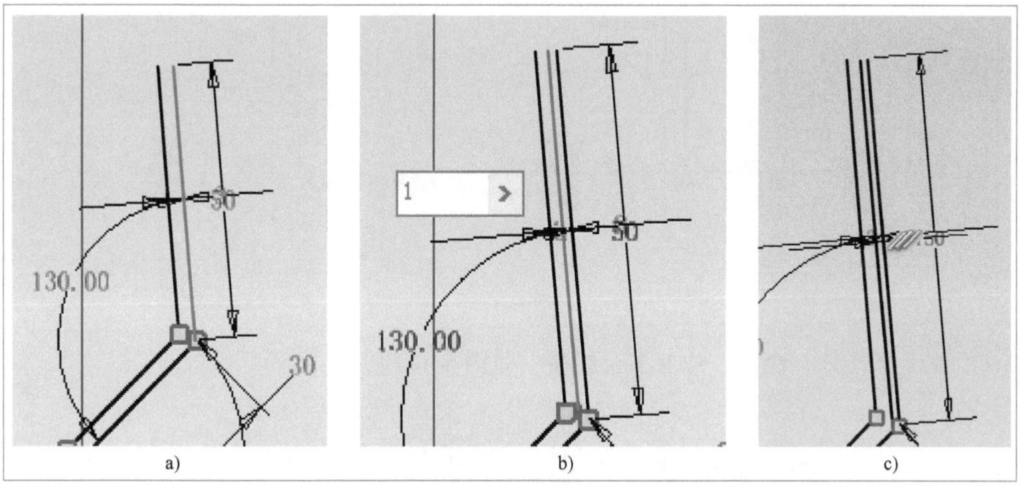


a)　b)　c)

图 5-138

4）激活“线”命令，连接图中的几个端点位置，如图 5-139 所示。

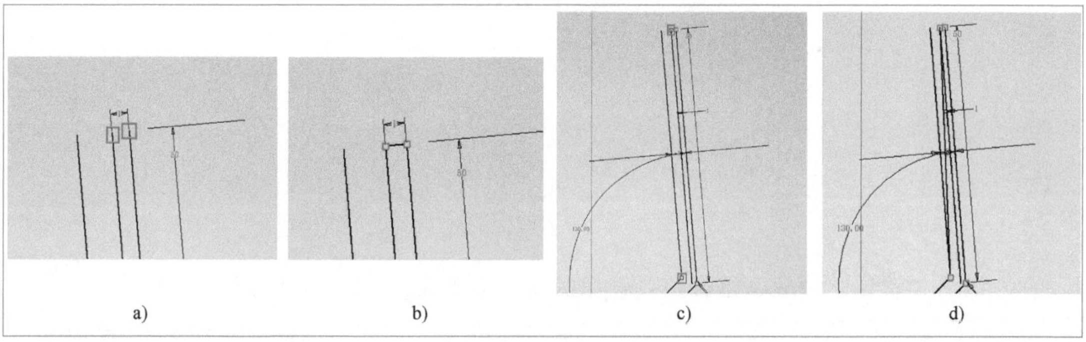

a)　b)　c)　d)

图 5-139

5）按住<Ctrl>键，同时选择两条直线，激活“构造”命令，转换参考线，如图 5-140 所示。

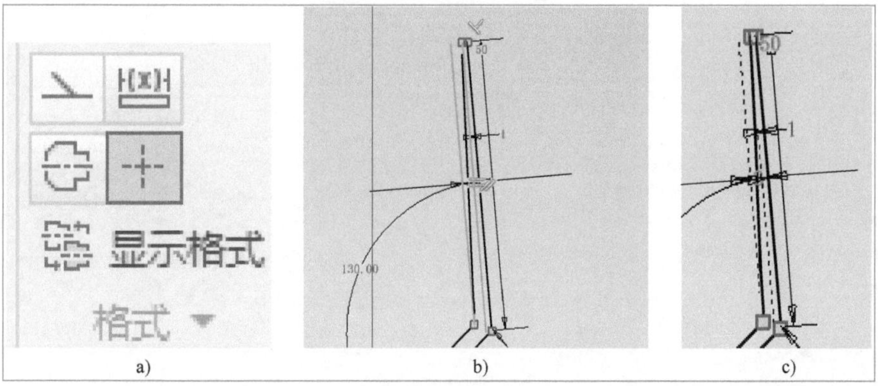


a)　b)　c)

图 5-140

6）激活“线”命令，捕捉直线端点位置，在 *X* 正方向输入“30”，在 *Y* 负方向输入角度“15”，长度需要超过两条 *Y* 轴直线即可，但不可以固定数值，如图 5-141 所示。

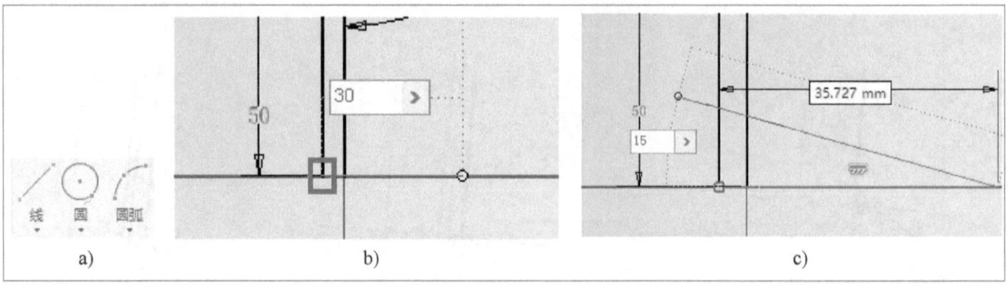


图 5-141

7）激活“修剪”命令，修剪多余线段，如图 5-142 所示。

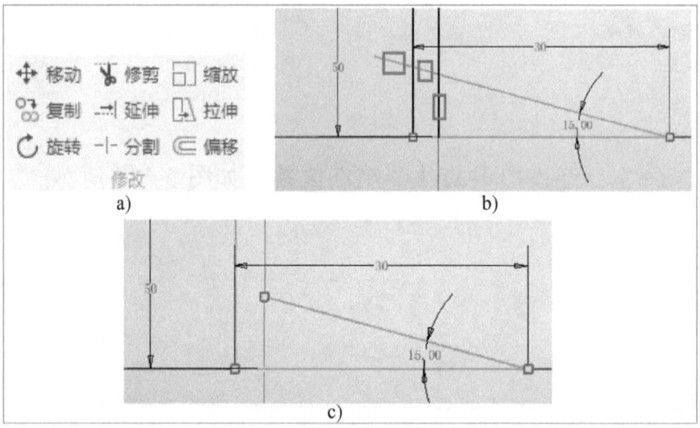


图 5-142

8）激活“镜像”命令，选择需要镜像的线与镜像线，如图 5-143 所示。

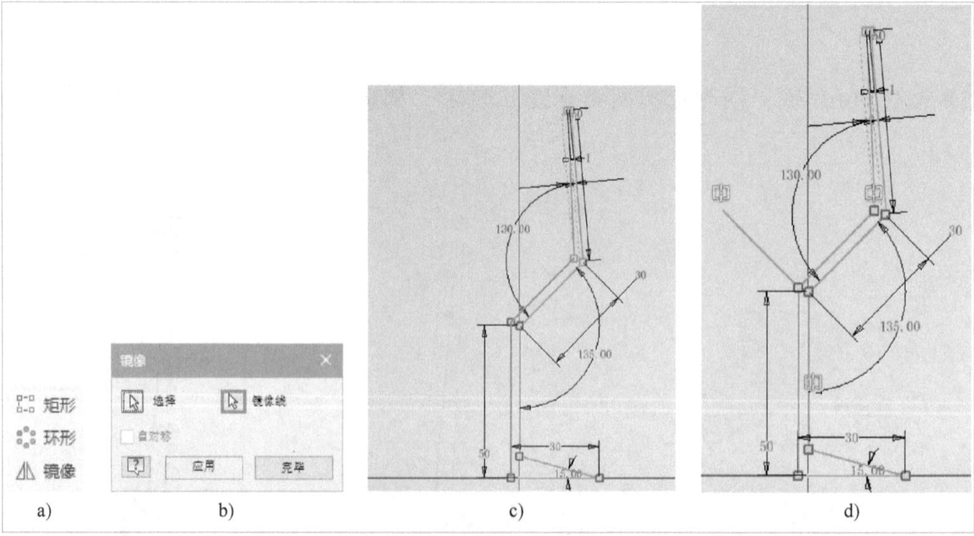


图 5-143

9）激活“圆角”命令，输入半径值“17”，选择需要倒圆的两条直线，如图 5-144 所示。

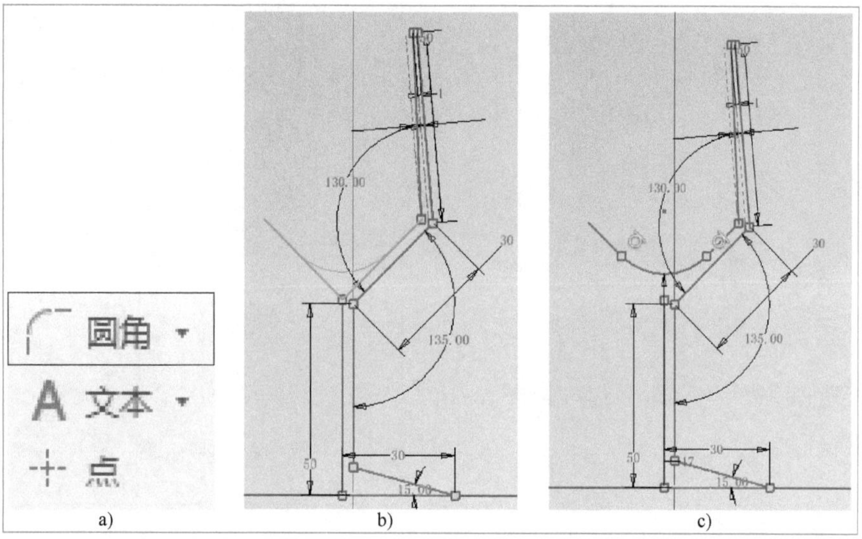


图 5-144

10）激活“延伸”命令，如图 5-145 所示。

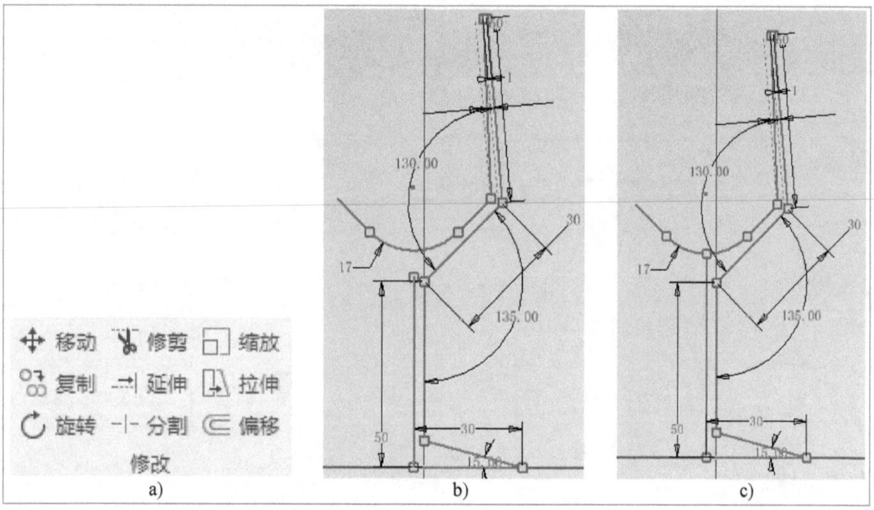


图 5-145

11）激活“修剪”命令，修剪线段，如图 5-146 所示。
12）激活“圆角”命令，输入半径值“0.5”，如图 5-147 所示。
输入半径值 30，选择两条直线，如图 5-148 所示。
输入半径值“27”，选择两条直线，如图 5-149 所示。

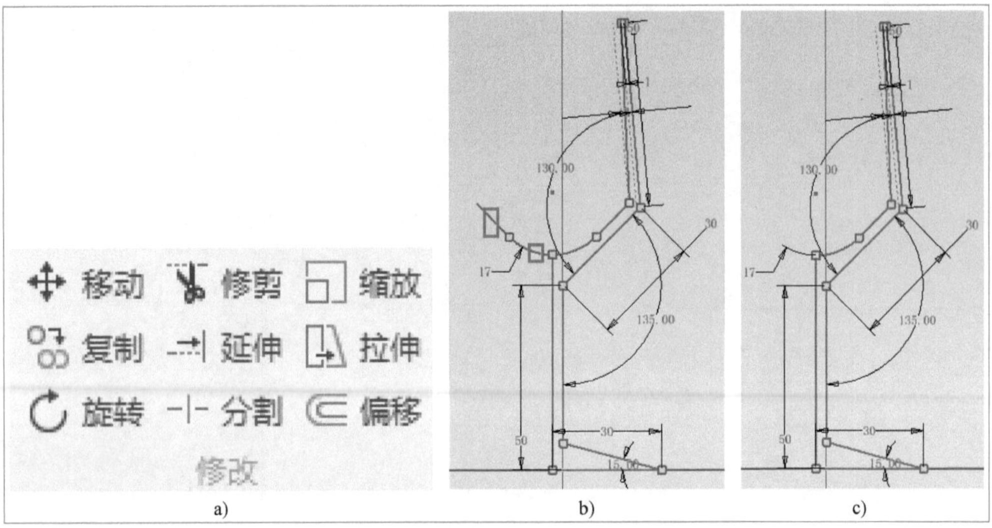


图 5-146

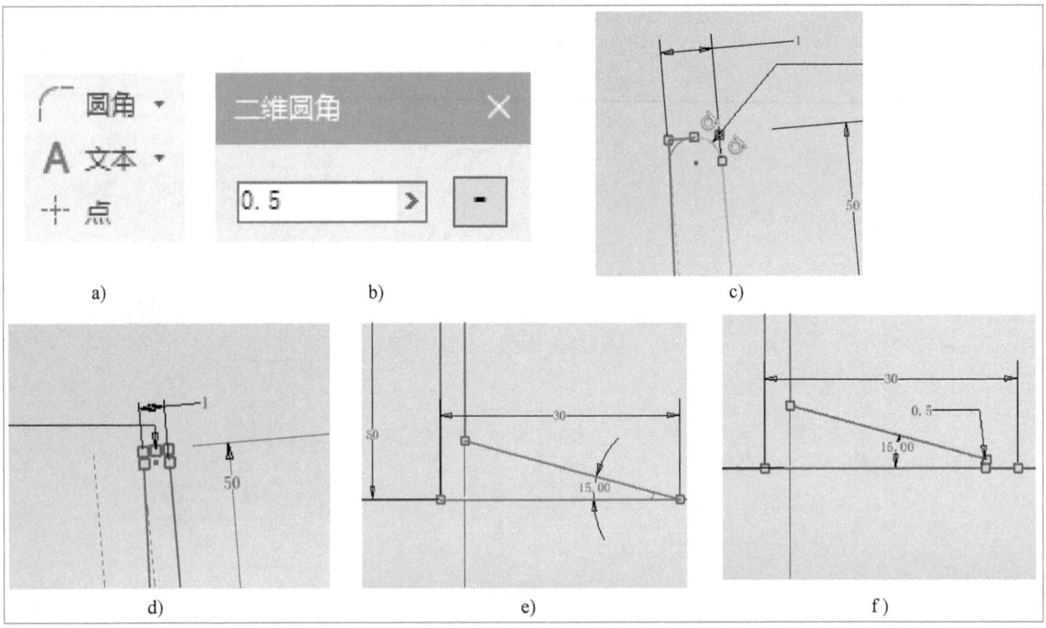


图 5-147

输入半径值“10”，选择两条直线，如图 5-150 所示。

输入半径值“3”，选择两条直线，完成草图，如图 5-151 所示。

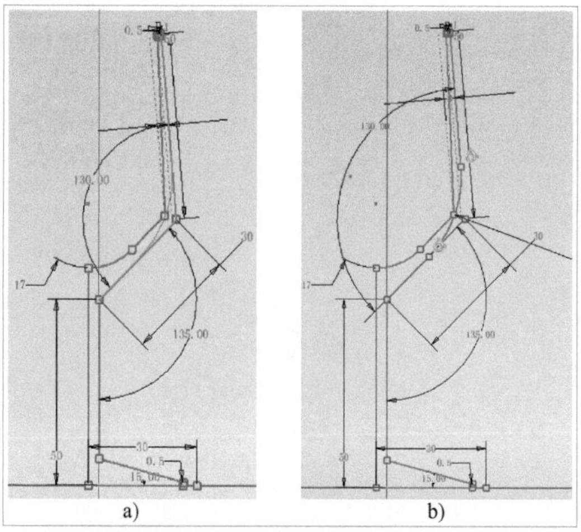


图 5-148

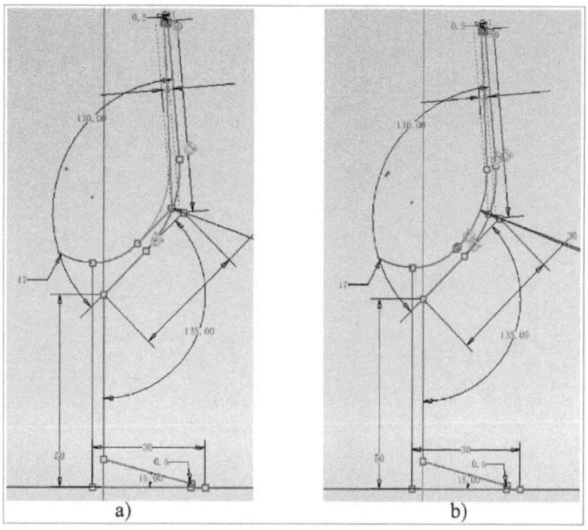


图 5-149

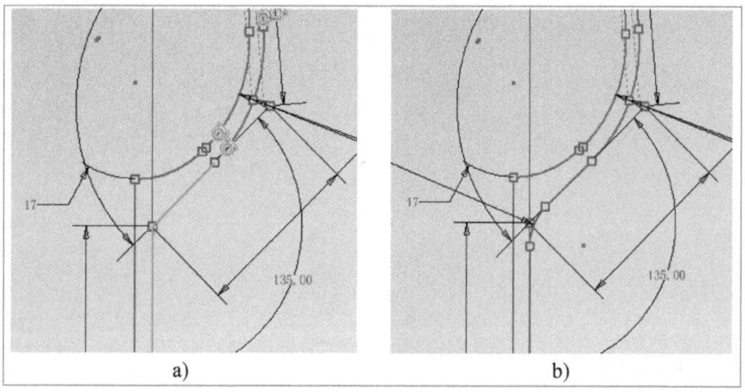


图 5-150

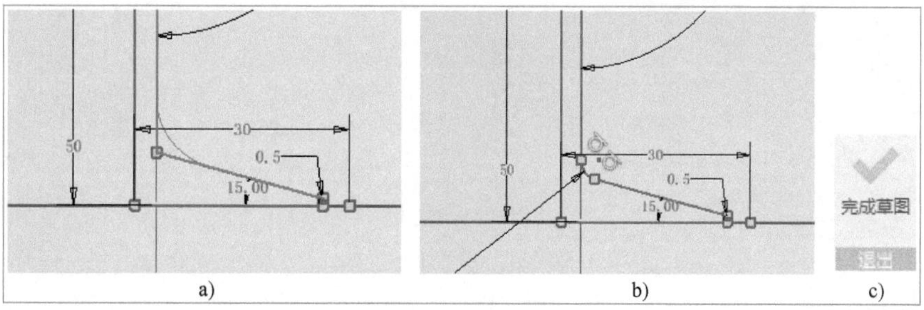


图 5-151

2. 特征的创建与编辑

1）激活“旋转”命令，选择旋转轴，单击“确定”按钮，如图 5-152 所示。

2）保存零件并导出 STL 文件。在功能区单击鼠标右键，选择“显示面板”下的“3D 打印”，激活“3D 打印”命令，选择导出 STL 文件，如图 5-153 所示。

选择路径，文件命名，单击“保存”按钮，如图 5-154 所示。

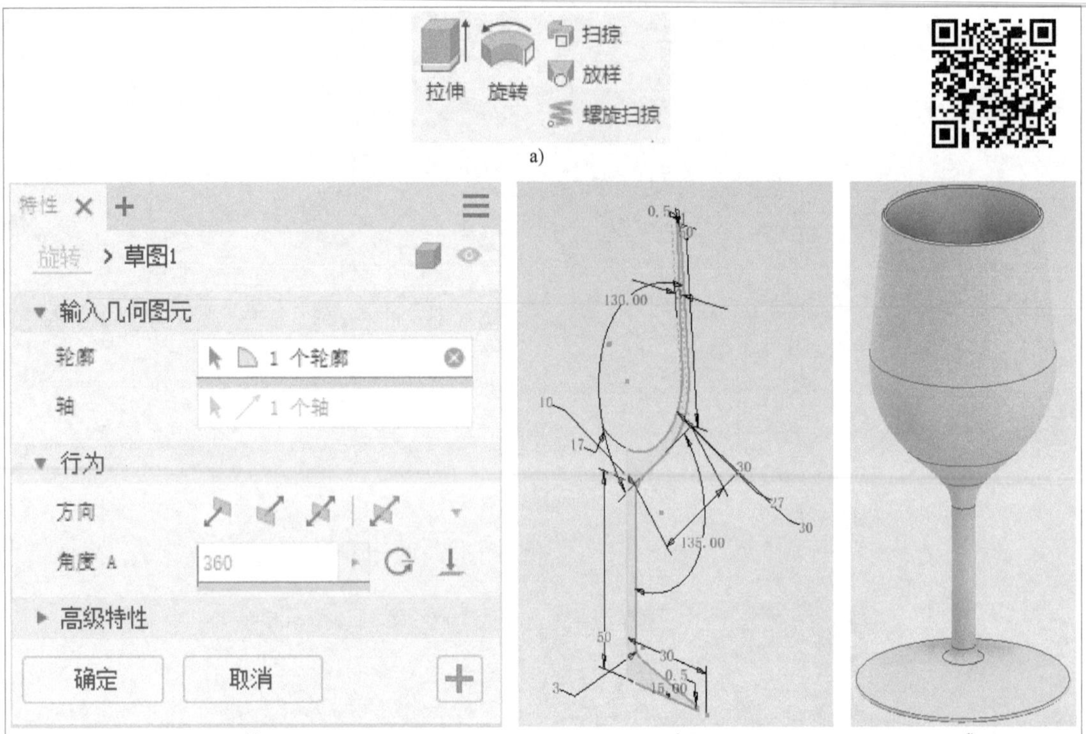


a)
b)
c)
d)

图 5-152

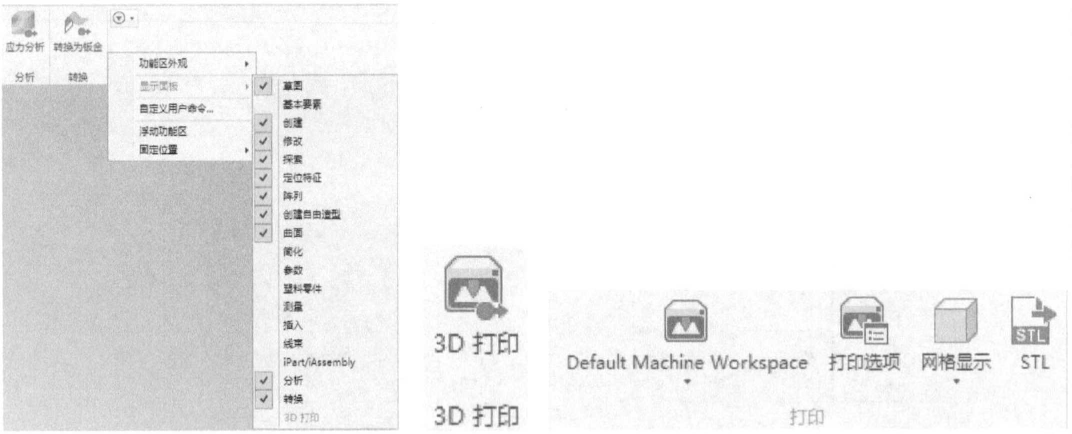


a)
b)
c)

图 5-153

（三）模型打印

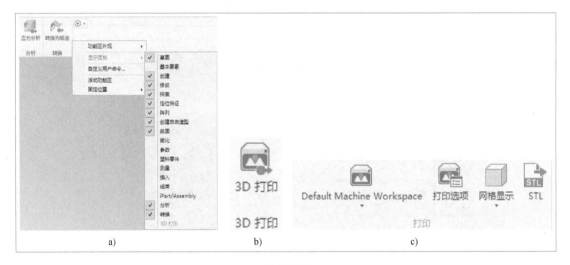

1）将模型导入切片软件进行切片处理。依据第二章“打印机的基本操作”的内容，设置好打印此模型所需要的各个参数。最终将设置好的参数保存至 SD 卡内。

2）开机并检查打印平台是否校准、打印头是否堵塞、打印材料是否充足以及加热是否正常等。

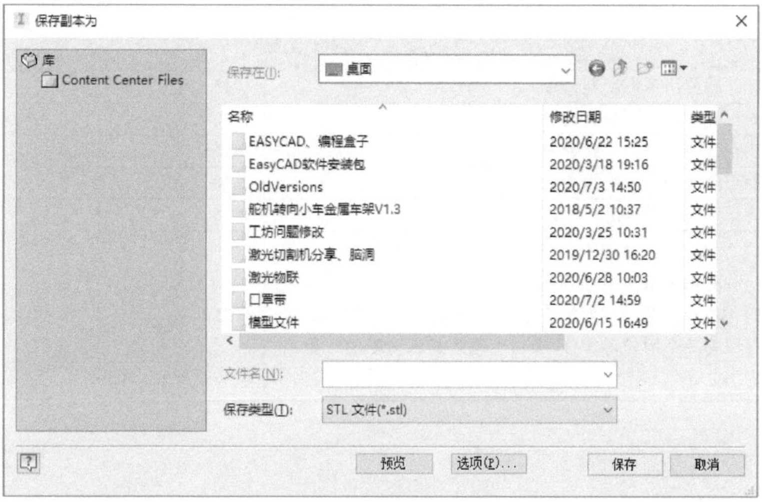


图 5-154

3）将 SD 卡插入机器内，选择文件进行打印。

4）将设置的参数记录在表 5-6 内，以便于打印完成后的质量检查。打印过程中出现问题时，可查看切片参数，再次打印时可调整相应的参数，进行对比。每次打印完成后，基于最终模型进行整体打印参数的总结。

表 5-6 “渐变打印”打印参数表

| 序号 | 参数名称 | 数值 | 备注 |
| --- | --- | --- | --- |
| 1 | 层厚 | | |
| 2 | 壁厚 | | |
| 3 | 底层/顶层厚度 | | |
| 4 | 填充密度 | | |
| 5 | 挤出温度 | | |
| 6 | 平台温度 | | |
| 7 | 填充线间距 | | |
| 8 | 支撑类型 | | |
| 9 | 有无底座 | | |
| 总结 | | | |
| | | | |

## 四、学习评价

学习评价见表 5-7。

表 5-7 “渐变打印”学习评价表

| 评价项目 | 评价标准 | 配分 | 自评 | 互评 | 师评 | 综合 |
|---|---|---|---|---|---|---|
| 草图绘制 | 能正确使用草图绘制命令 | 15 | | | | |
| 草图编辑 | 能正确使用草图编辑命令 | 20 | | | | |
| 特征创建 | 能正确使用特征创建命令 | 15 | | | | |
| 特征编辑 | 能正确使用特征编辑命令 | 10 | | | | |
| 作品制作 | 能正确使用设备进行作品制作 | 15 | | | | |
| 项目反思 | 1)在完成项目过程中,你遇到了什么样的问题?<br>2)你是如何解决上述问题的?<br>3)你的方法是否有效解决了问题并达到了预期效果?<br>每回答一个问题得 5 分,书写工整且逻辑清晰的可得 10 分附加分。 | 25 | | | | |

## 五、案例拓展

建模并打印如图 5-155（沙漏）、图 5-156（陀螺）和图 5-157（棒球棒）所示的制品。

图 5-155

图 5-156

图 5-157

## 六、课后练习

按图 5-158 独立进行建模并打印。

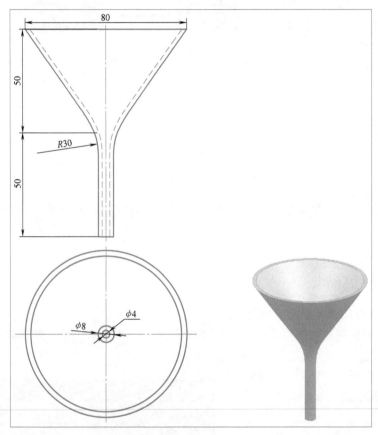

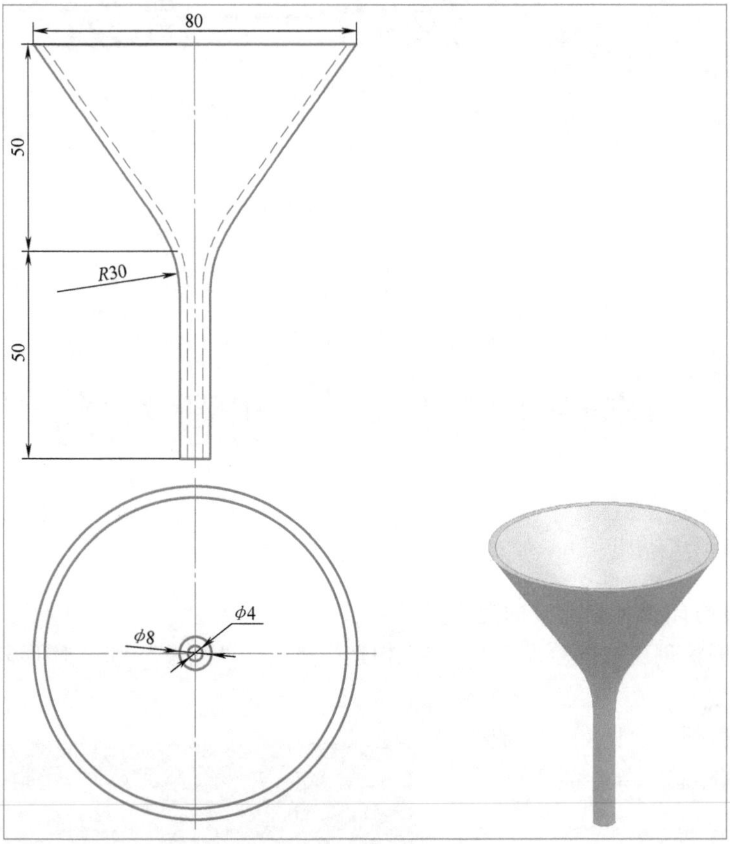


图 5-158

# 第六章 3D打印模型设计技巧——高级

CHAPTER 6

## 第一节 综合打印——创意花盆的设计

### 一、学习目标

1. 了解 3D 打印模型装配时的建模尺寸需求。

2. 掌握“开始创建二维草图”“线”“构造”“圆”“镜像”和“环形阵列”等草图绘制命令。

3. 掌握“拉伸”“圆角”“旋转”“抽壳”和“删除面”等特征命令。

### 二、项目描述

本节介绍综合打印，重点是 3D 打印件之间的装配，要考虑哪些地方需要过盈配合，哪些地方需要间隙配合。如图 6-1 所示，齿轮的转动部分采用间隙配合，不能过度紧密而导致齿轮无法转动；摇动的手柄与手把的配合采用过盈配合，确保手柄在旋转过程中不至于掉落。

图 6-1

### 三、学习过程

#### (一) 项目分析（外壳）

如图 6-2 所示，使用 Inventor 软件按照平面标注的尺寸绘制图形。使用草图绘制里的“开始创建二维草图”“线”“构造”“圆”和“镜像”等命令，以及三维模型里的“拉伸”“圆角”“抽壳”和“删除面”等命令绘制花盆的模型。绘制过程中需要注意测试打印模型的装配参数，然后再采用该参数进行设计。因为打印机的参数及硬件不同，打印完成后的装配间隙也不相同，所以只有先了解打印机参数才能设计出完美的装配模型。

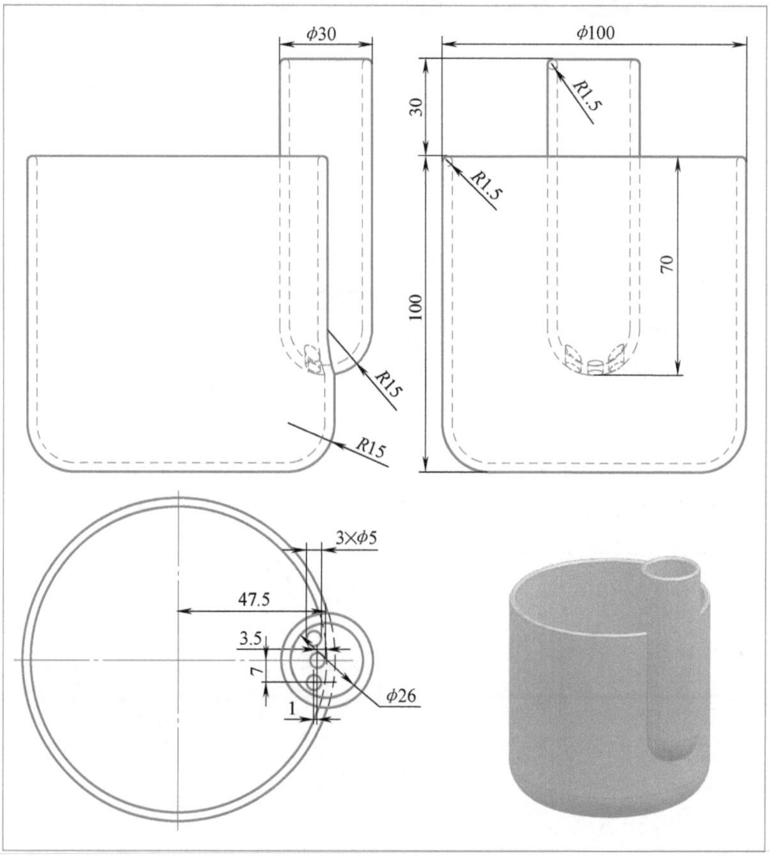


图 6-2

（二）模型设计（外壳）

1. 草图的绘制与编辑

1）激活“开始创建二维草图”命令，选择 *XZ* 平面，进入草图绘制界面，如图 6-3 所示。

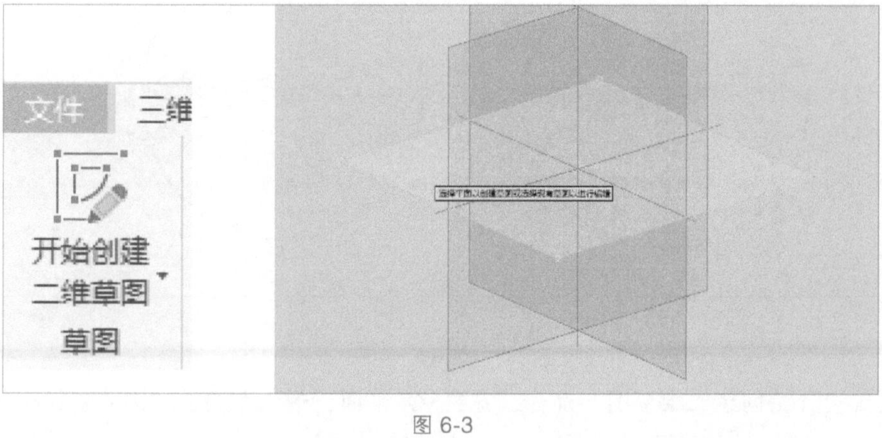


图 6-3

2）激活草图创建中的“圆”命令，在弹出的坐标输入窗口中输入直径“100”，单击“确定”按钮退出，完成草图，如图 6-4 所示。

3）再次激活“开始创建二维草图”命令，选择 *XZ* 平面，进入草图，如图 6-5 所示。

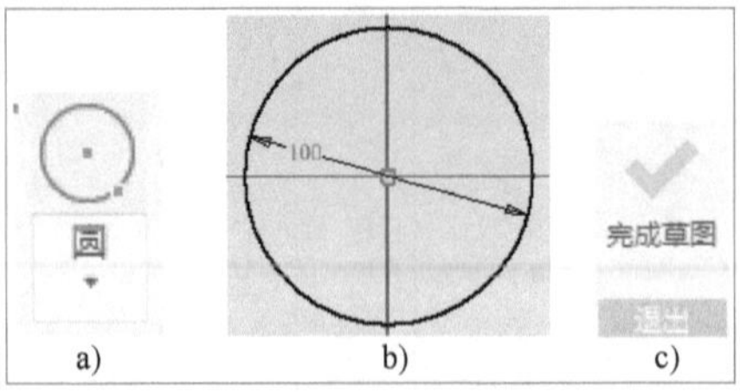


图 6-4

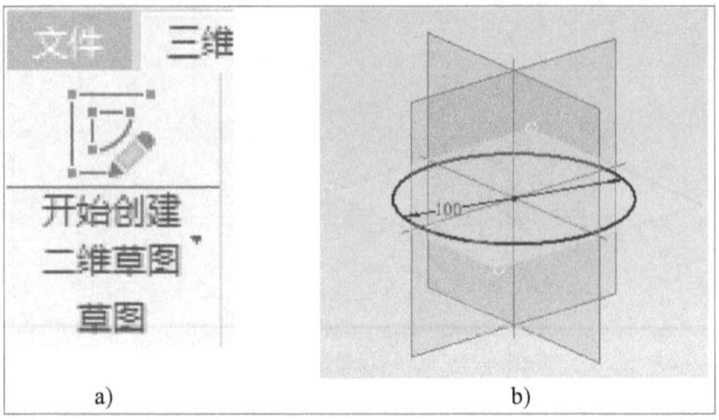


图 6-5

4）激活“线”“构造”命令，捕捉绘图区中心点，设置起点位置绘制直线，在 *X* 负方向输入“47.5”，绘制完成后取消“构造”命令，单击“确定”按钮，如图 6-6 所示。

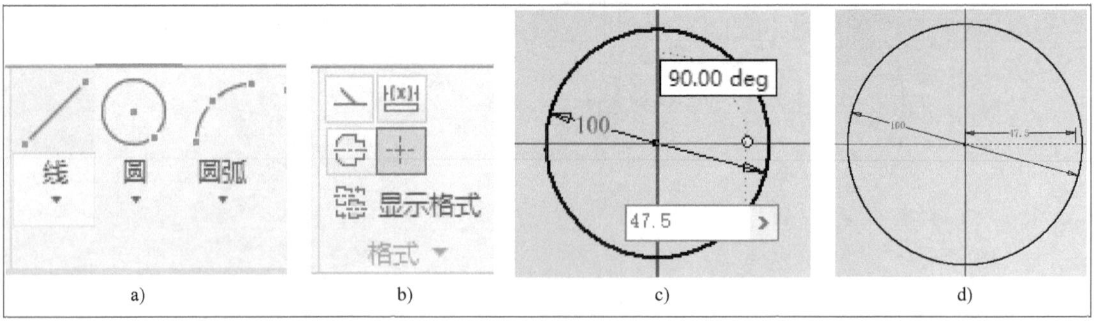


图 6-6

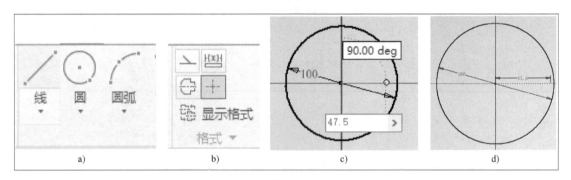

5）激活“圆”命令，捕捉直线端点位置，绘制直径为 30mm 的圆，完成草图，如图 6-7 所示。

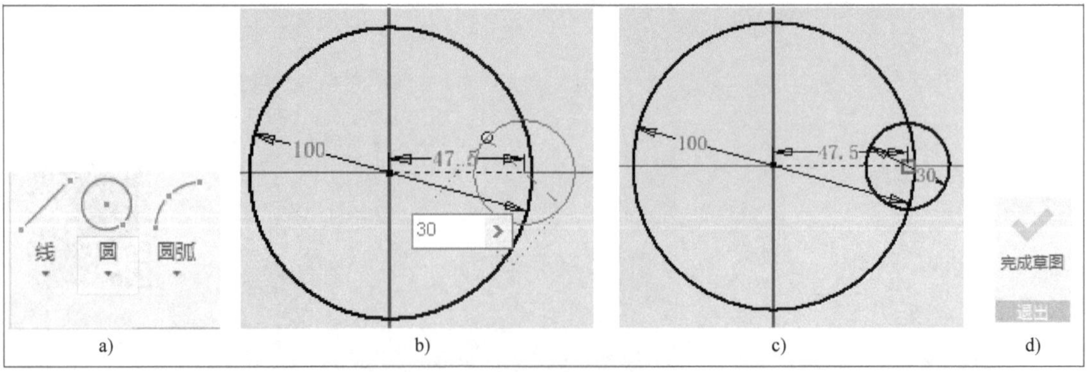


图 6-7

6）再次激活“开始创建二维草图”命令，选择 *XZ* 平面，进入草图，如图 6-8 所示。

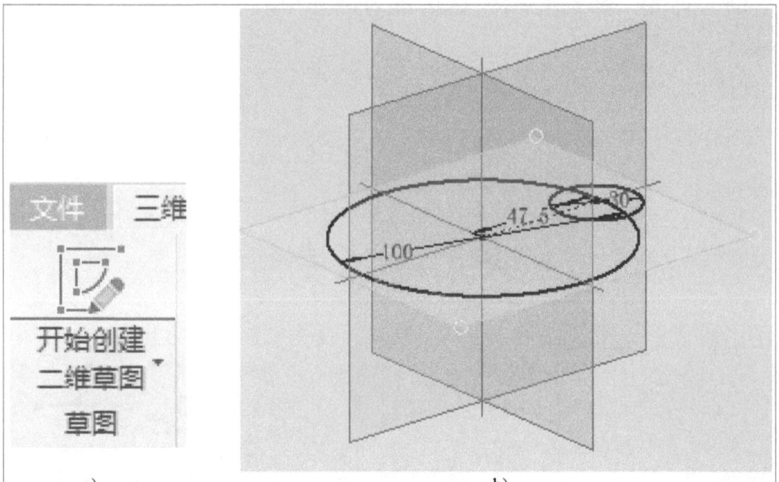


a) b)

图 6-8

7）激活“线”“构造”命令，捕捉绘图区中心点，设置起点位置绘制直线，在 *X* 负方向输入“44”，在 *Y* 正方向输入“7”，在 *X* 负方向输入“1”，绘制完成后取消“构造”命令，单击“确定”按钮，如图 6-9 所示。

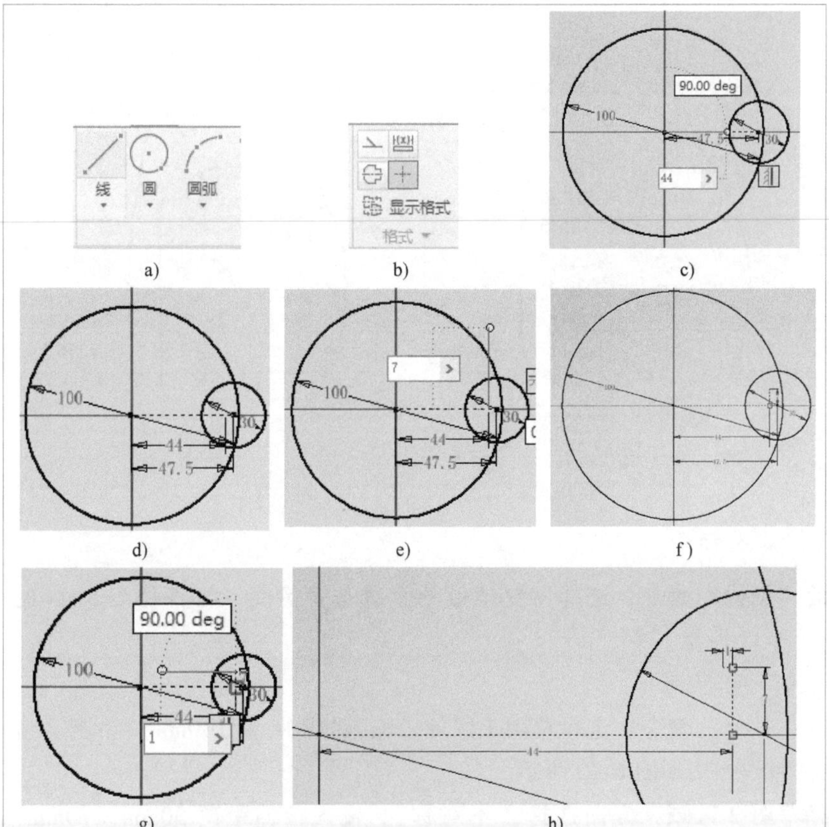


a) b) c) d) e) f) g) h)

图 6-9

8）激活“圆”命令，捕捉直线端点位置为圆的中心，绘制两个直径为5mm的圆，如图6-10所示。

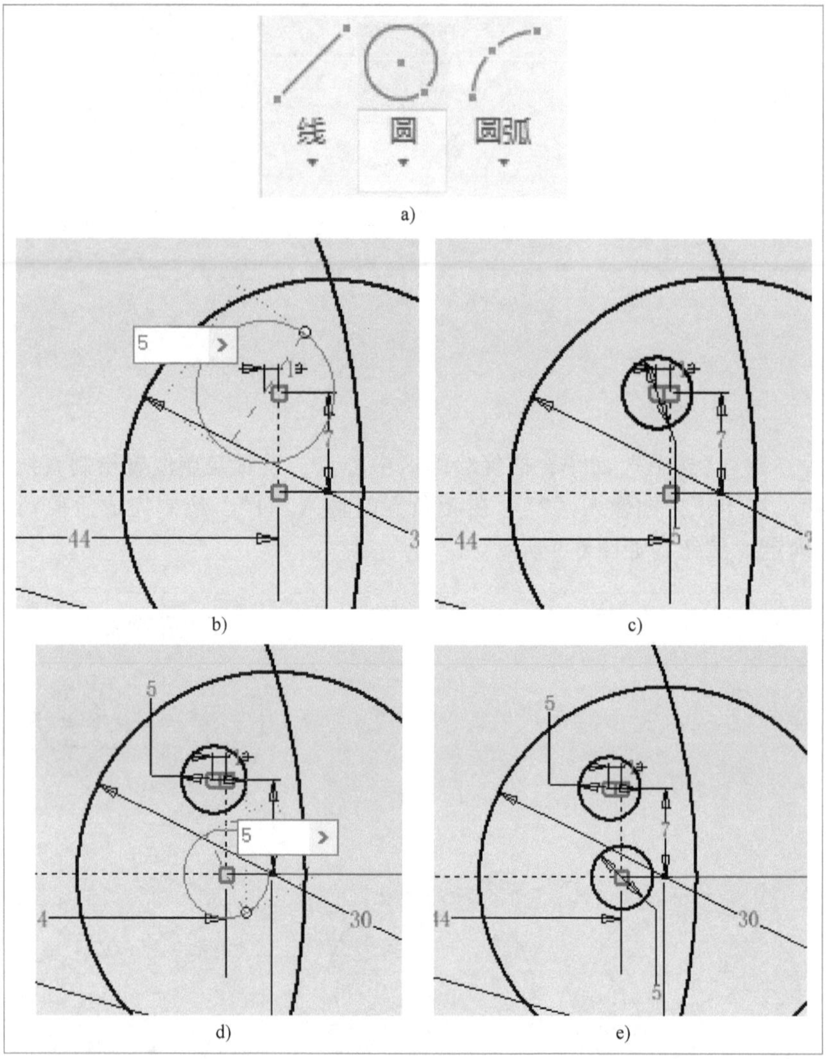


图 6-10

9）激活“镜像”命令，选择需要镜像的直线与镜像线，将直径为5mm的圆镜像，完成草图，如图6-11所示。

2. 特征的创建与编辑

1）激活“拉伸”命令，选择草图1区域，输入拉伸距离100mm，单击“应用”按钮创建拉伸特征，操作方法如图6-12所示。

2）选择草图2区域，方向选择“不对称”，输入拉伸距离30mm、70mm，创建实体，单击“确定”按钮，如图6-13所示。

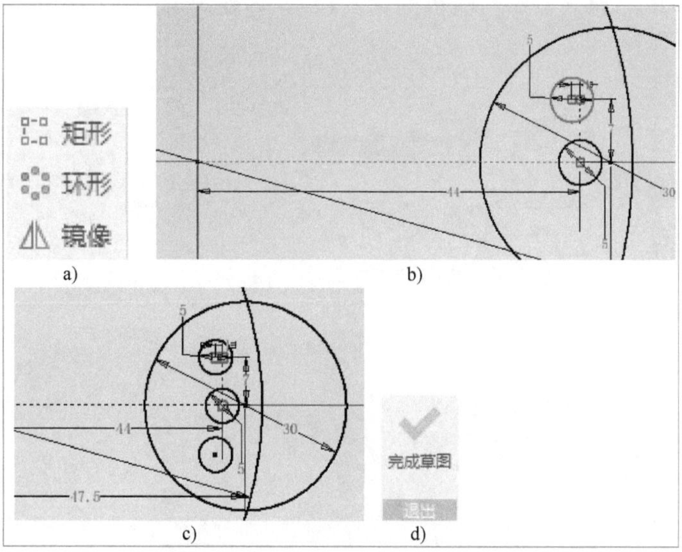


图 6-11

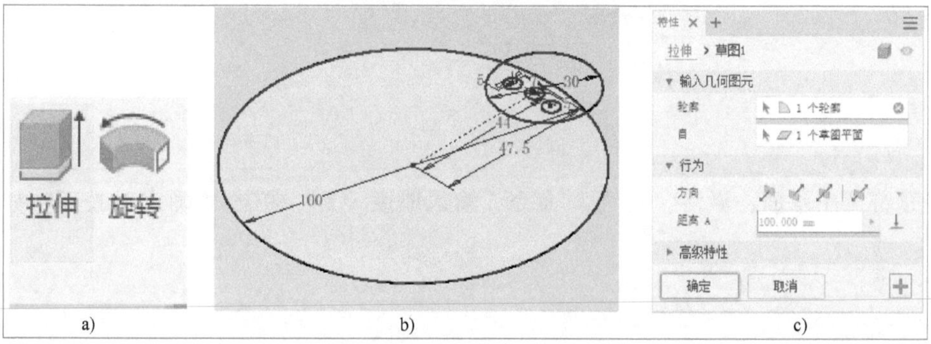


图 6-12

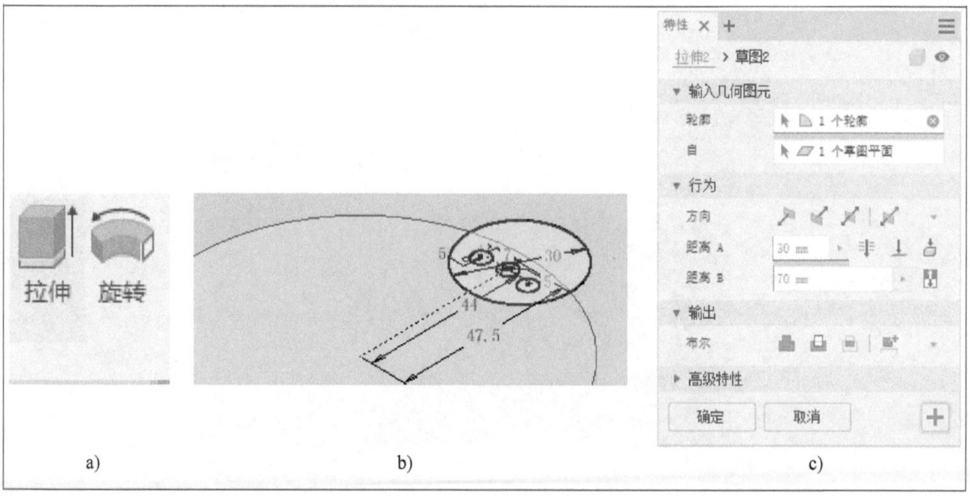


图 6-13

3）激活“圆角”命令，输入圆角半径“15”，选择需倒圆角的图元，单击“确定”按钮，如图 6-14 所示。

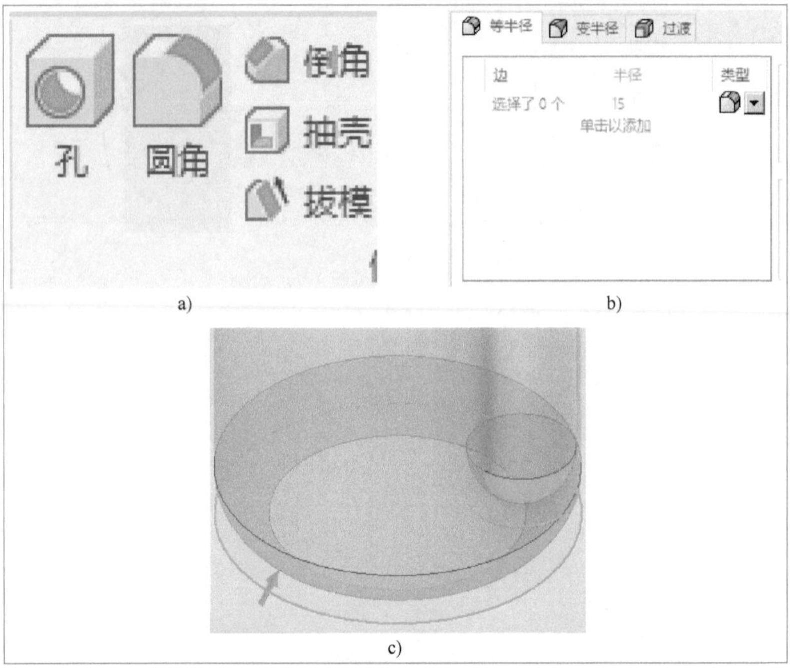


图 6-14

4）选择顶部两个平面，激活“抽壳”命令，输入厚度“3”，单击“确定”按钮，如图 6-15 所示。

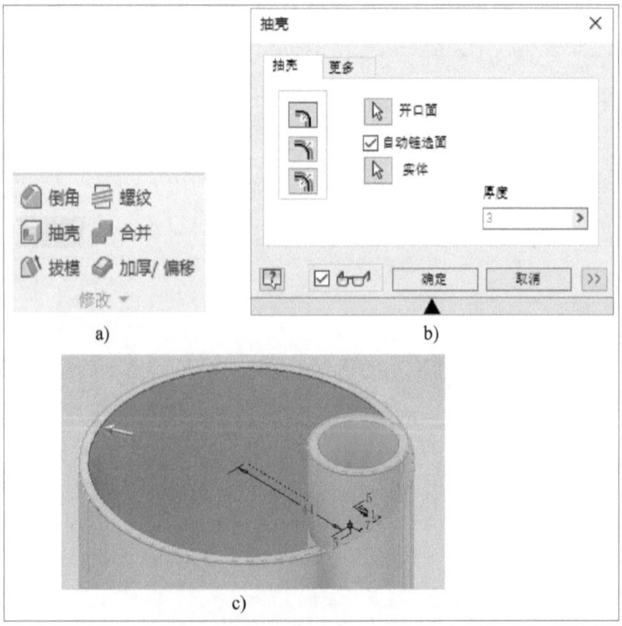


图 6-15

5）激活“拉伸”命令，选择草图 3，输入拉伸距离“100”，选择目标实体 2，如图 6-16 所示。

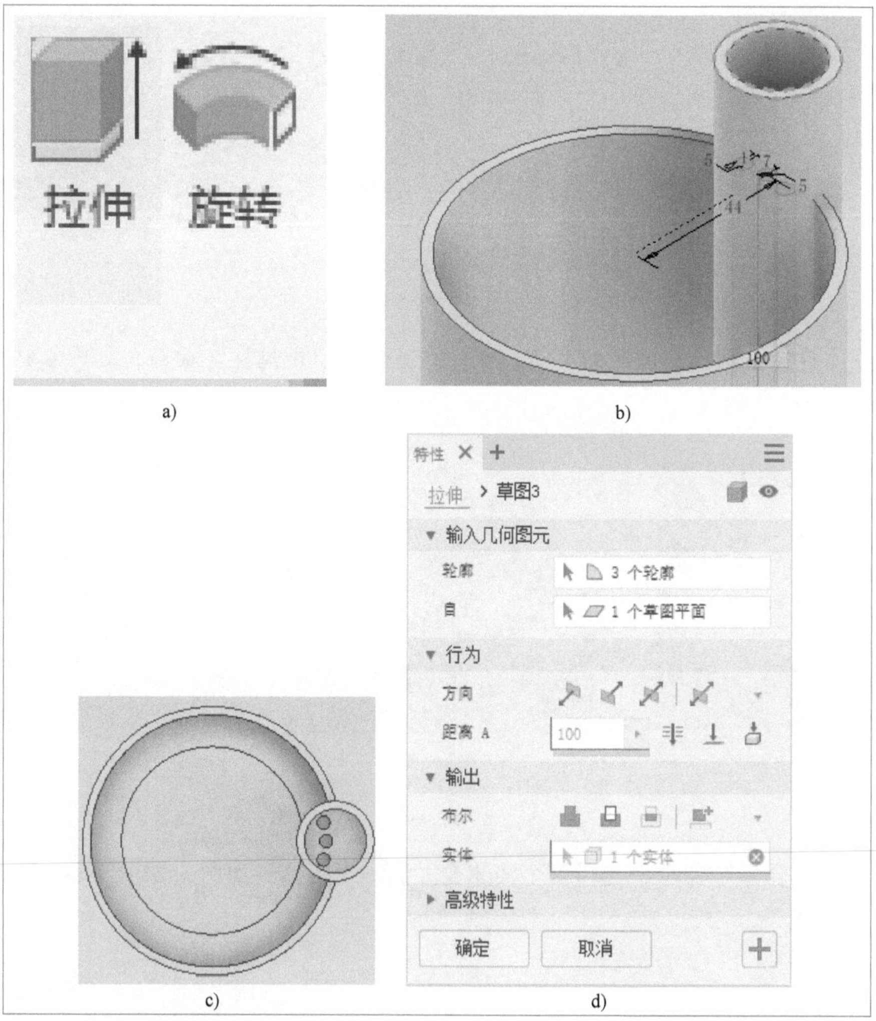


图 6-16

6）激活“合并”命令，基础视图选择实体 1，工具体选择实体 2，布尔选择求差勾选“保留工具体”复选项，如图 6-17 所示。

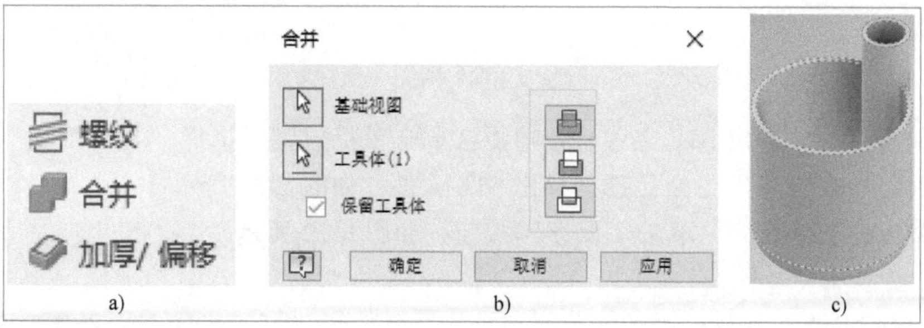


图 6-17

7）激活“删除面”命令，选择“体块”或“中空体”，如图 6-18 所示。

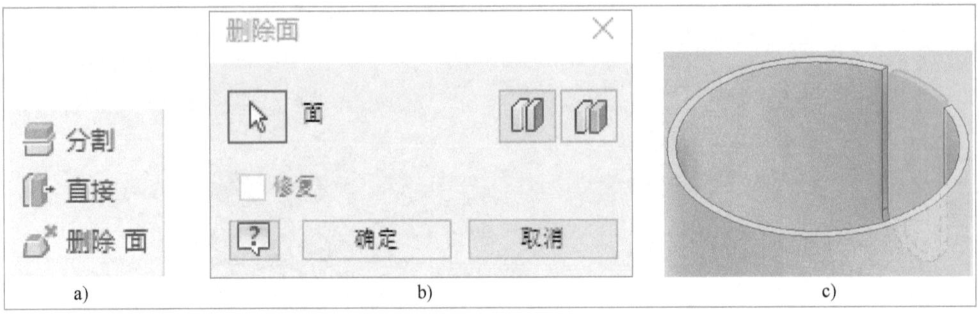


图 6-18

8）在零件树上选择被隐藏的实体，鼠标右键激活“可见性”命令，如图 6-19 所示。

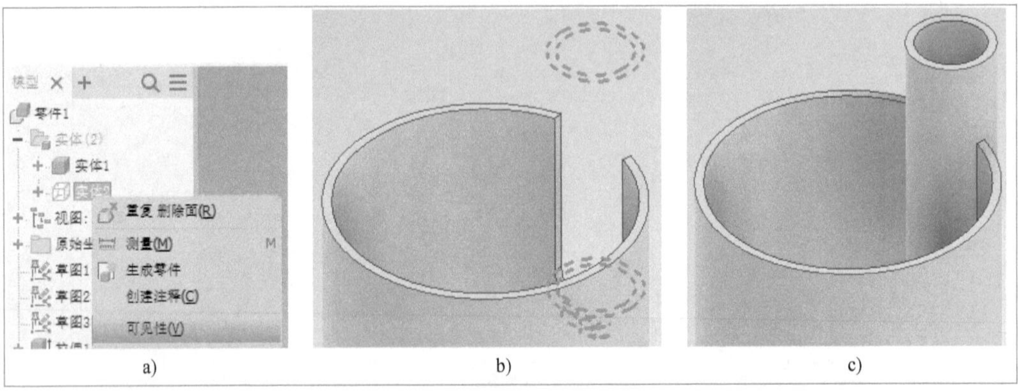


图 6-19

9）激活“合并”命令，选择两个实体合并成一个实体，如图 6-20 所示。

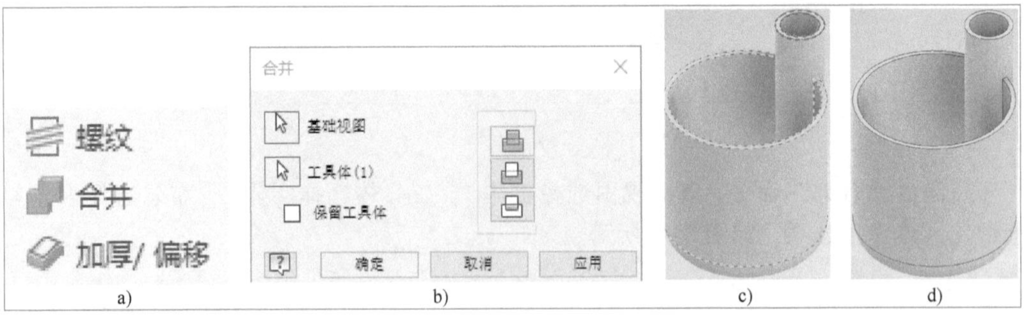


图 6-20

10）保存零件并导出 STL 文件。在功能区单击鼠标右键，选择“显示面板”下的“3D 打印”，激活“3D 打印”命令，选择导出 STL 文件，如图 6-21 所示。

选择路径，文件命名，单击“保存”按钮，如图 6-22 所示。

（三）模型打印（外壳）

1）将模型导入切片软件进行切片处理。依据第二章“打印机的基本操作”的内容，设置好打印此模型所需要的各个参数。最终将设置好的参数保存至 SD 卡内。

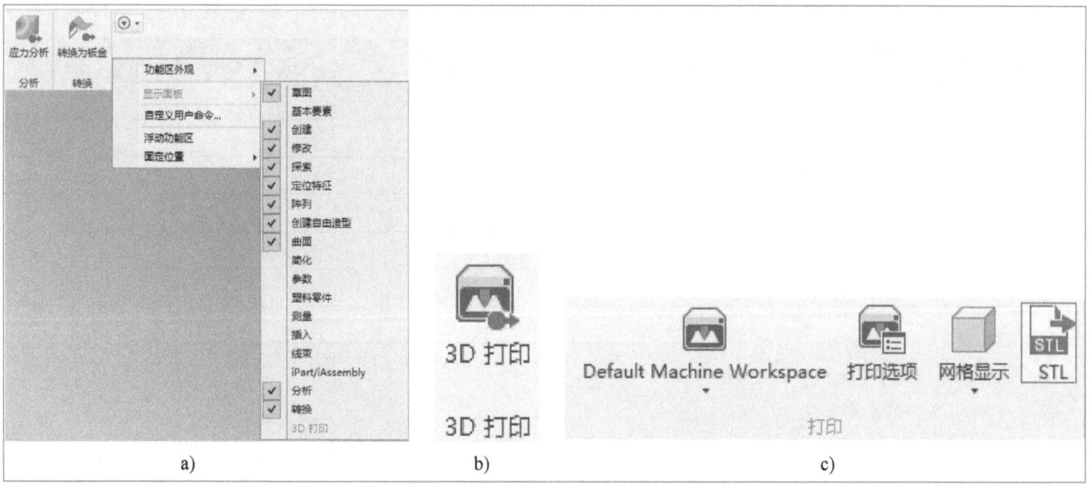


图 6-21

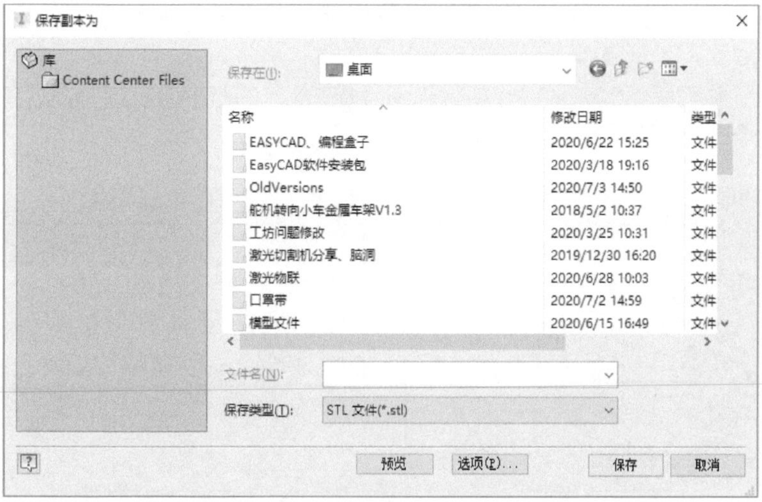


图 6-22

2）开机并检查打印平台是否校准、打印头是否堵塞、打印材料是否充足以及加热是否正常等。

3）将 SD 卡插入机器内，选择文件进行打印。

4）将设置的参数记录在表 6-1 内，以便于打印完成后的质量检查。打印过程中出现问题时，可查看切片参数，再次打印时可调整相应的参数，进行对比。每次打印完成后，基于最终模型进行整体打印参数的总结。

表 6-1 “综合打印（外壳）”打印参数表

| 序号 | 参数名称 | 数值 | 备注 |
|---|---|---|---|
| 1 | 层厚 | | |
| 2 | 壁厚 | | |
| 3 | 底层/顶层厚度 | | |

（续）

| 序号 | 参数名称 | 数值 | 备注 |
|---|---|---|---|
| 4 | 填充密度 | | |
| 5 | 挤出温度 | | |
| 6 | 平台温度 | | |
| 7 | 填充线间距 | | |
| 8 | 支撑类型 | | |
| 9 | 有无底座 | | |
| 总结 | | | |

### （四）项目分析（内壳）

如图 6-23 所示，使用 Inventor 软件按照平面标注的尺寸绘制图形。使用草图绘制里的

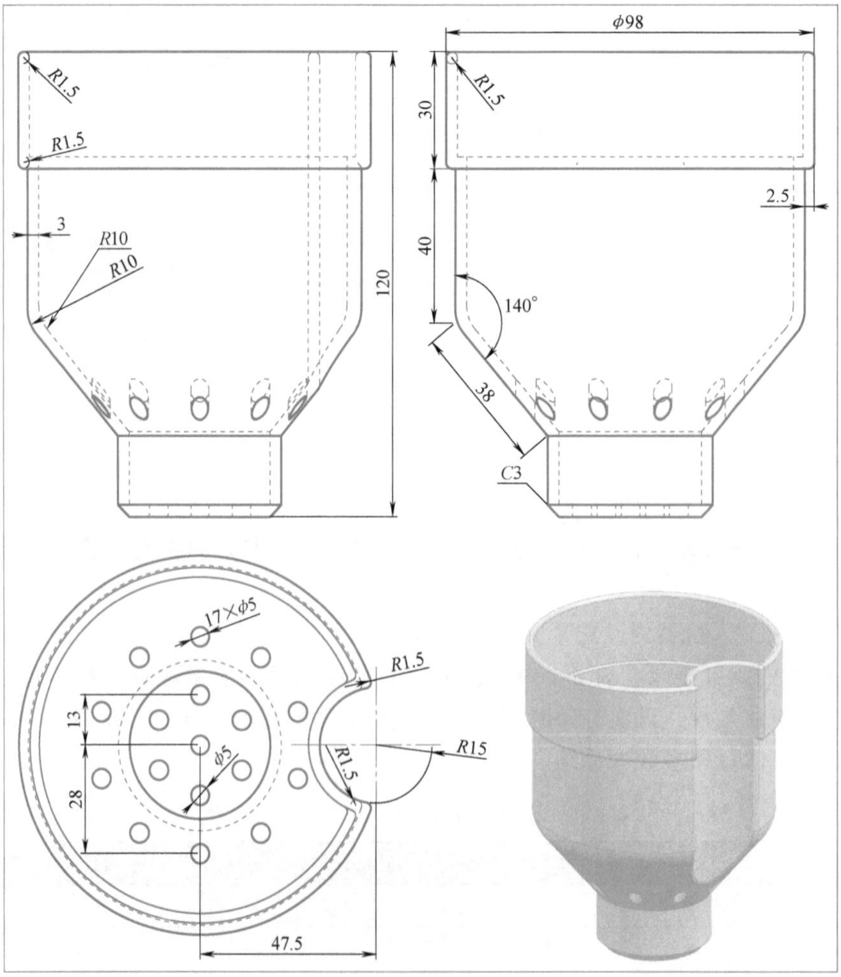


图 6-23

“环形阵列”“开始创建二维草图”“圆”“线”和“构造”命令，以及三维模型里的“拉伸”“抽壳”“旋转”和“圆角”命令绘制花盆的模型。绘制过程中需要注意测试打印模型的装配参数，然后再采用该参数进行设计。因为打印机的参数及硬件不同，打印完成后的装配间隙也不相同，所以只有先了解打印机参数才能设计出完美的装配模型。

（五）模型设计（内壳）

1. 草图的绘制与编辑

1）激活“开始创建二维草图”命令，选择 *XY* 平面，进入草图绘制界面，如图 6-24 所示。

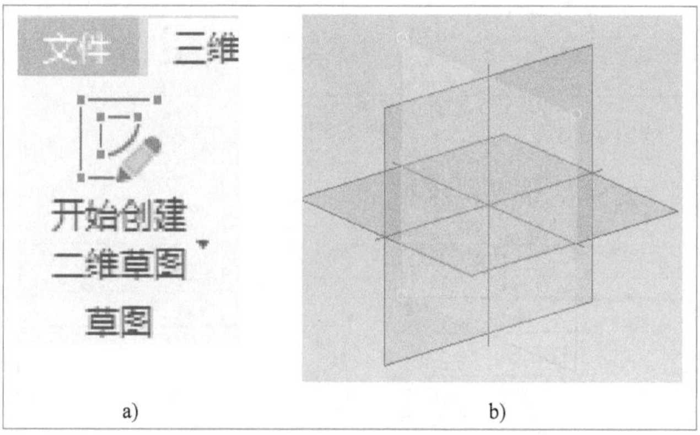


图 6-24

2）激活草图创建中的“线”命令，捕捉图形中心点为直线第一端点，在 *Y* 正方向输入“120”，如图 6-25 所示。

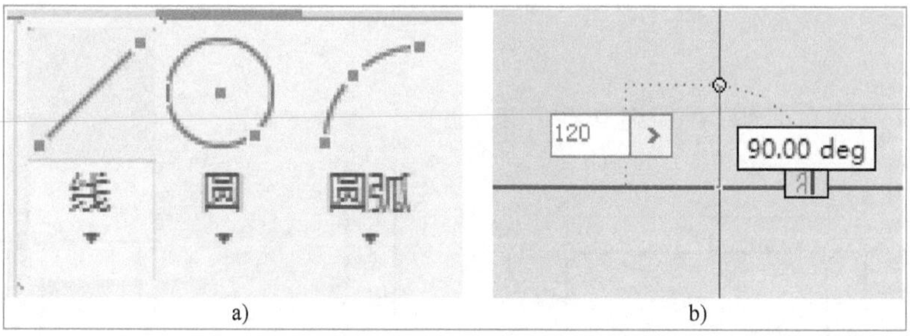


图 6-25

在 *X* 正方向输入“49”，如图 6-26 所示。

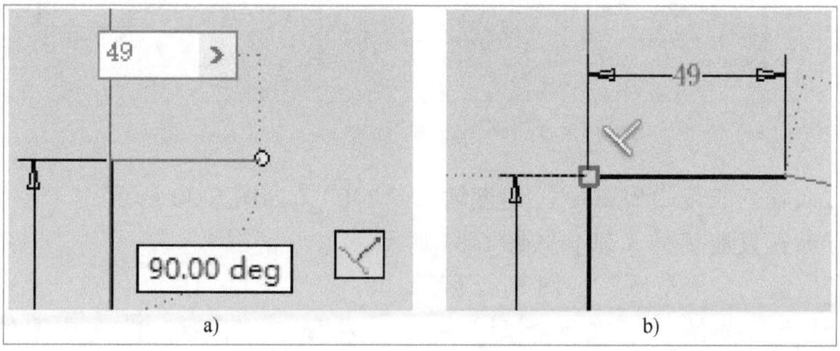


图 6-26

在 *Y* 负方向输入“30”，如图 6-27 所示。

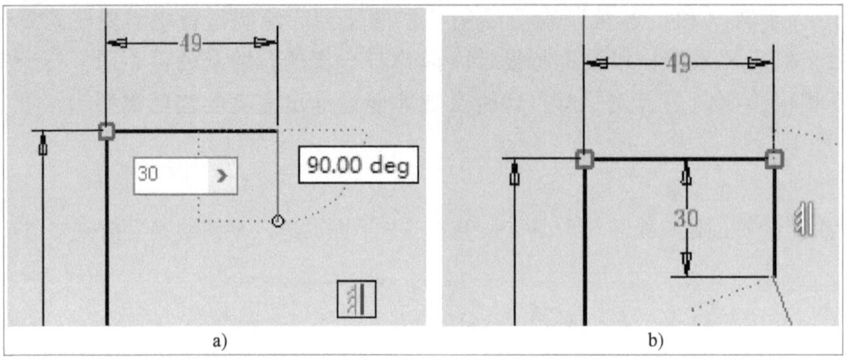


图 6-27

在 *X* 负方向输入“2. 5”，如图 6-28 所示。

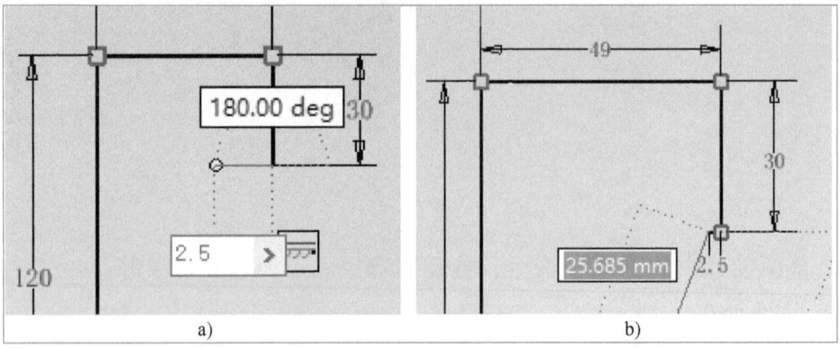


图 6-28

在 *Y* 负方向输入“40”，如图 6-29 所示。

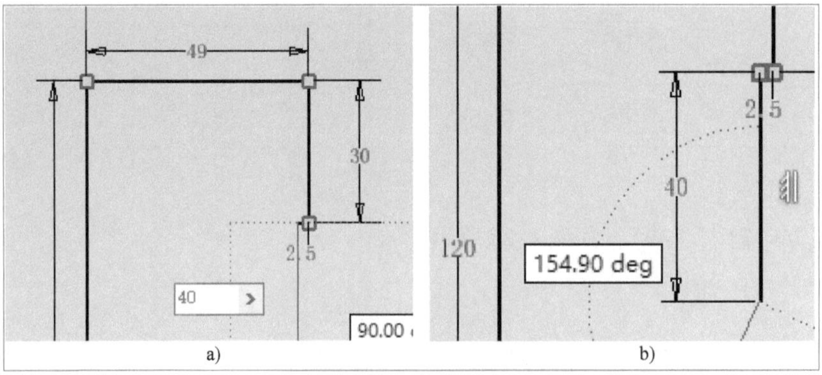


图 6-29

在 *X* 负方向输入长度“38mm”，角度输入“140”，如图 6-30 所示。

在 *Y* 负方向垂直连接至 *X* 轴，如图 6-31 所示。

连接原点位置，完成草图，如图 6-32 所示。

3）再次激活“开始创建二维草图”命令，选择 *XZ* 平面，进入草图绘制界面，如图 6-33 所示。

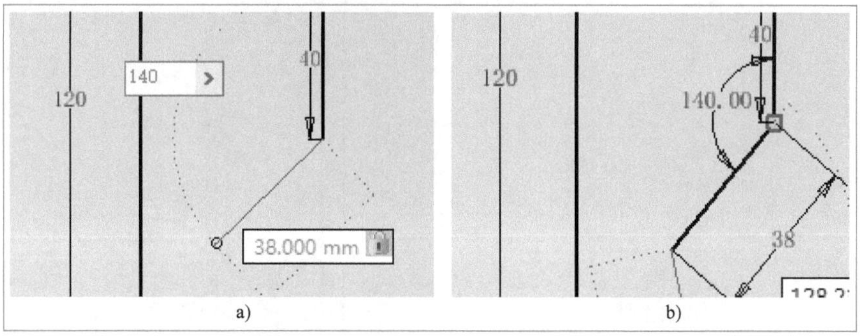


a) b)

图 6-30

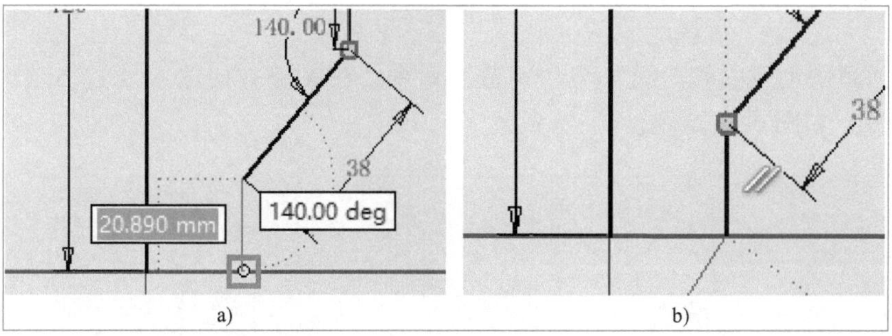


a) b)

图 6-31

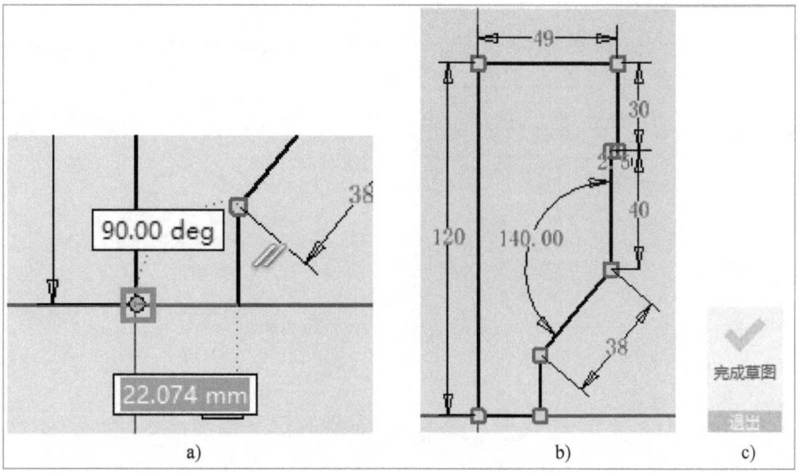


a) b) c)

图 6-32

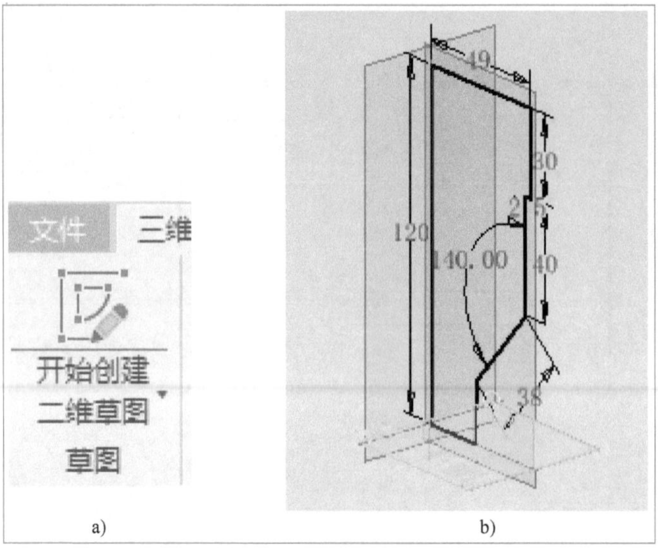


图 6-33

4）激活草图创建中的“线”与“构造”命令，在 *X* 正方向输入“47.5”，完成后关闭“构造”命令，如图 6-34 所示。

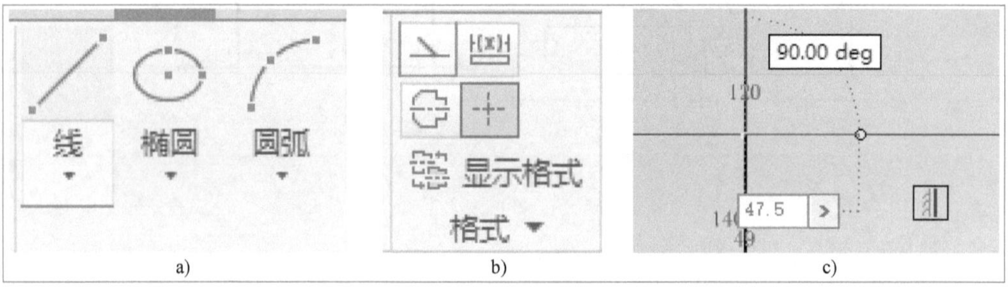


图 6-34

5）激活“圆”命令，捕捉圆心位置，绘制直径为 30mm 的圆，完成草图，如图 6-35 所示。

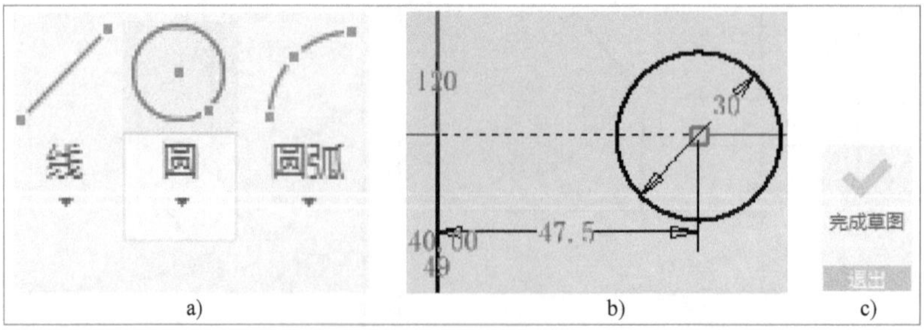


图 6-35

6）再次激活“开始创建二维草图”命令，选择 *XZ* 平面，进入草图绘制界面，如图 6-36 所示。

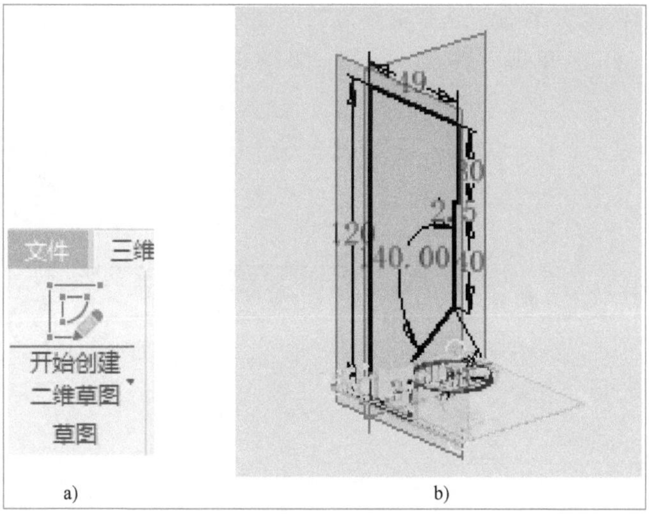


图 6-36

7）激活“线”“构造”命令，在 Y 轴正方向输入尺寸“13”和“15”单击“确认”按钮，完成后取消“构造”命令，如图 6-37 所示。

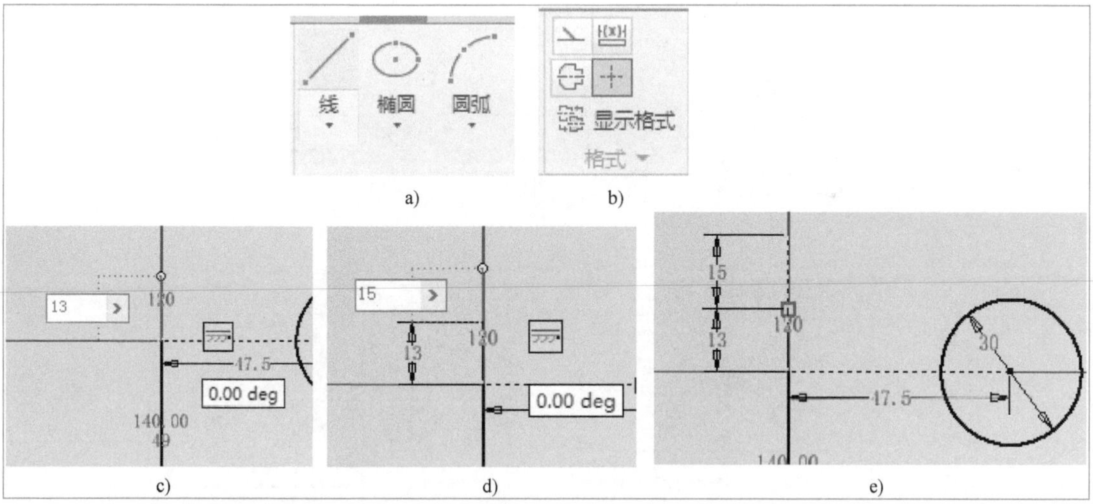


图 6-37

8）激活“圆”命令，捕捉圆心位置，绘制 3 个直径为 5mm 的圆，如图 6-38 所示。

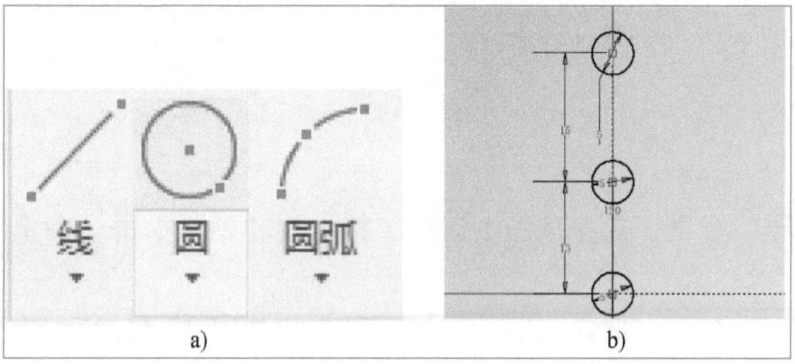


图 6-38

9）激活“环形阵列”命令，选择需要旋转的图形，选择旋转点或旋转轴，输入旋转数量“6”、旋转角度 360°，单击“确定”按钮，如图 6-39 所示。

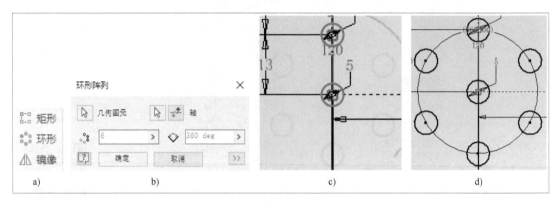

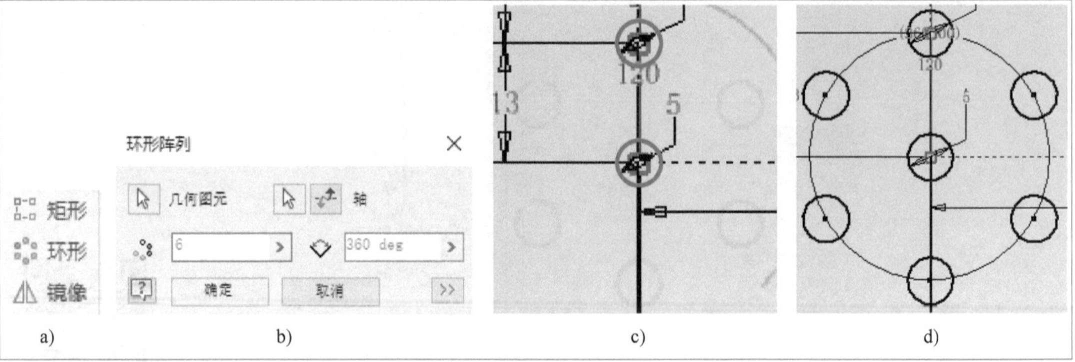


图 6-39

10）激活“环形阵列”命令，选择需要旋转的图形，选择旋转点或旋转轴，输入旋转数量“10”、旋转角度 360°，单击“确定”按钮，如图 6-40 所示。

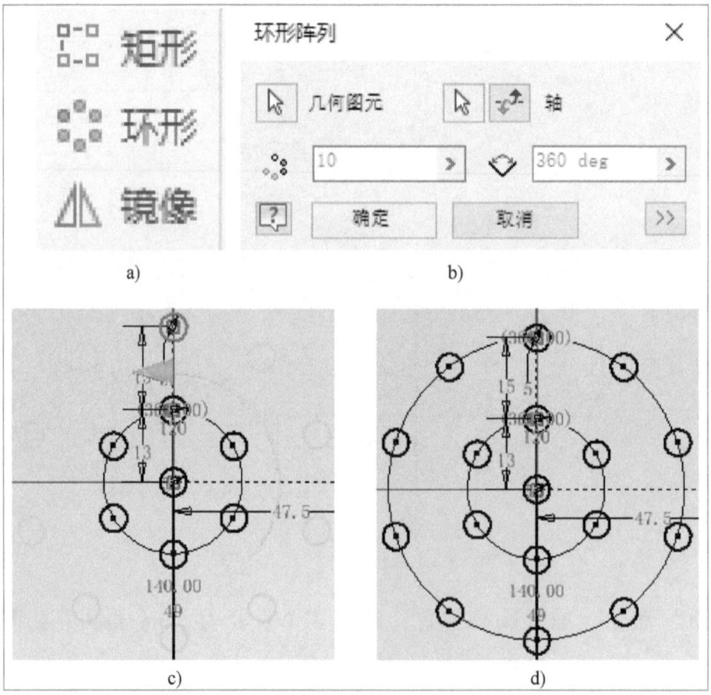


图 6-40

2. 特征的创建与编辑

1）激活“旋转”命令，选择草图 1 区域，指定旋转轴，单击“确定”按钮，如图 6-41 所示。

2）激活“拉伸”命令，选择草图 2 区域，输入拉伸距离“120”，布尔选择求差，单击“确定”按钮，如图 6-42 所示。

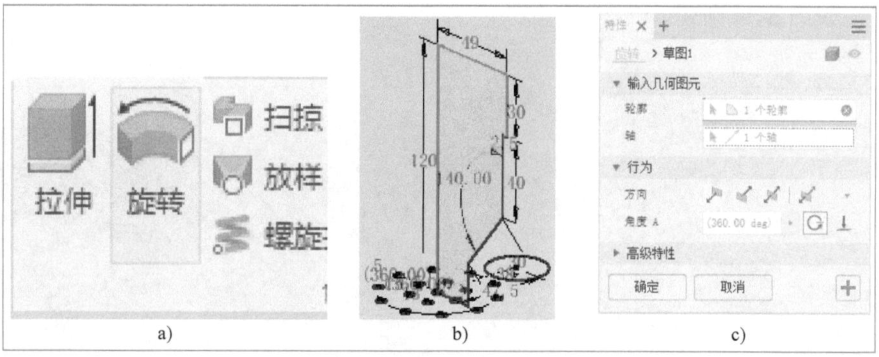


图 6-41

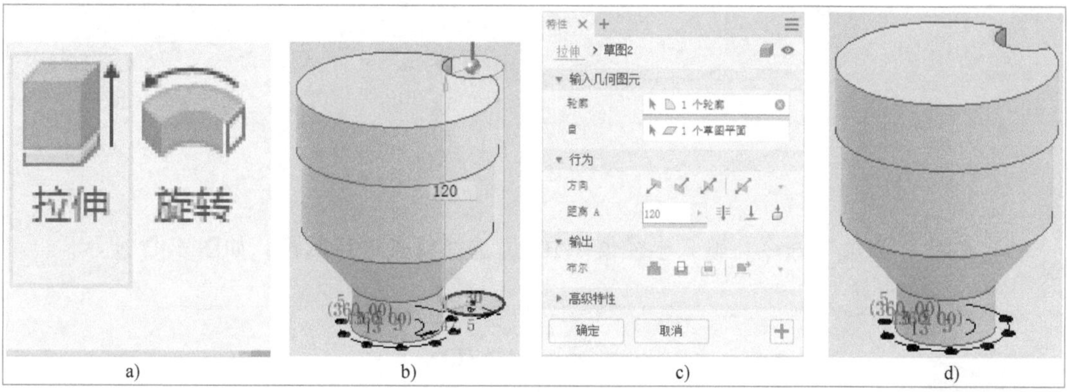


图 6-42

3）选择顶部平面，激活“抽壳”命令，输入厚度“3”，单击“确定”按钮，如图 6-43 所示。

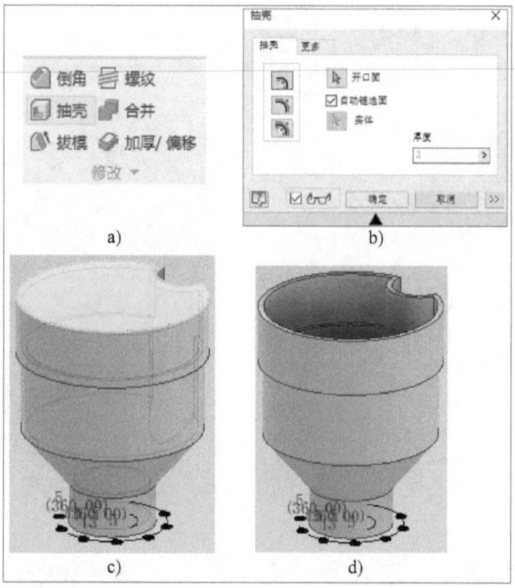


图 6-43

4）激活“拉伸”命令，选择草图 3，输入拉伸距离 120mm，布尔选择求差，单击“确定”按钮，如图 6-44 所示。

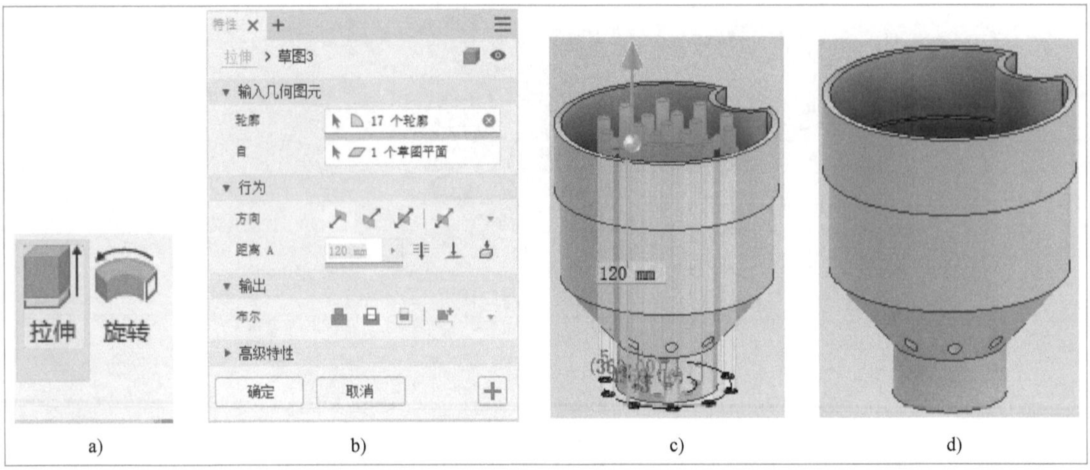


图 6-44

5）激活“圆角”命令，输入半径值“10”，选择线条进行倒角，如图 6-45 所示。

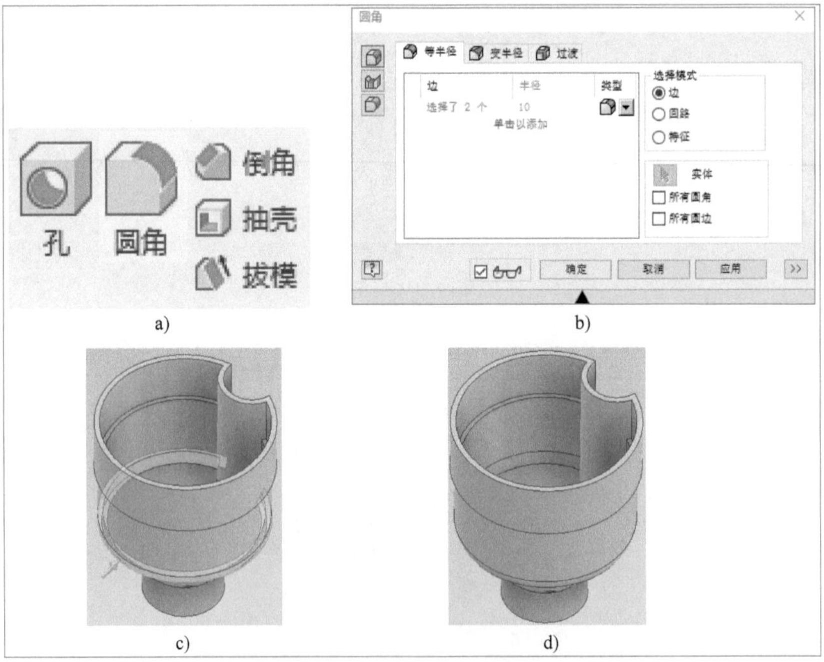


图 6-45

6）再次激活“圆角”命令，输入半径值“1.5”，选择线条进行倒角，如图 6-46 所示。

7）激活“倒角”命令，输入倒角边长“3”，选择倒角线，单击“确定”按钮，如图 6-47 所示。

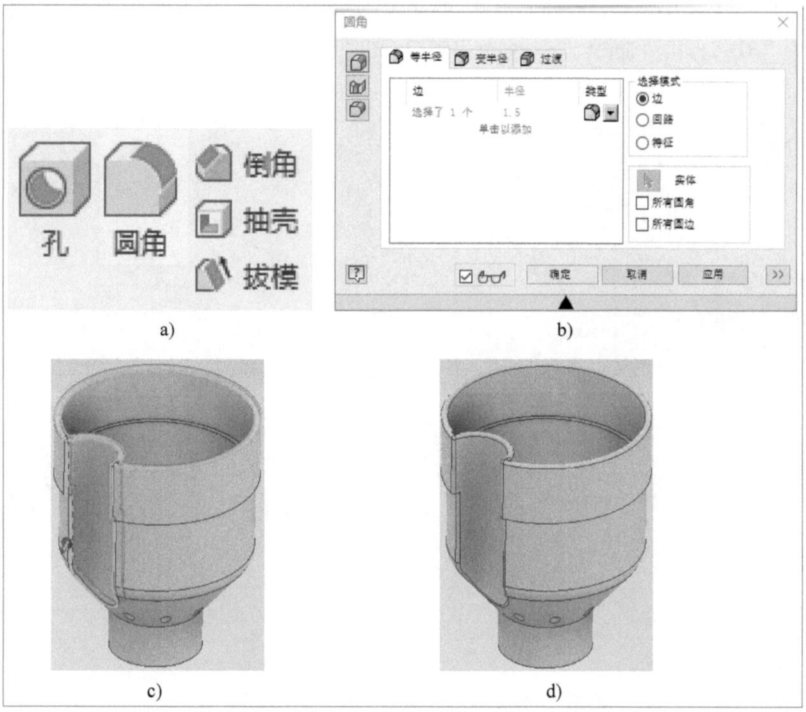
孔
圆角
倒角
抽壳
拔模
a)
圆角
等半径
变半径
过渡
边
半径
选择了 1 个
1.5
单击以添加
选择模式
边
回路
特征
实体
所有圆角
所有圆边
确定
取消
应用
b)
c)
d)

图 6-46

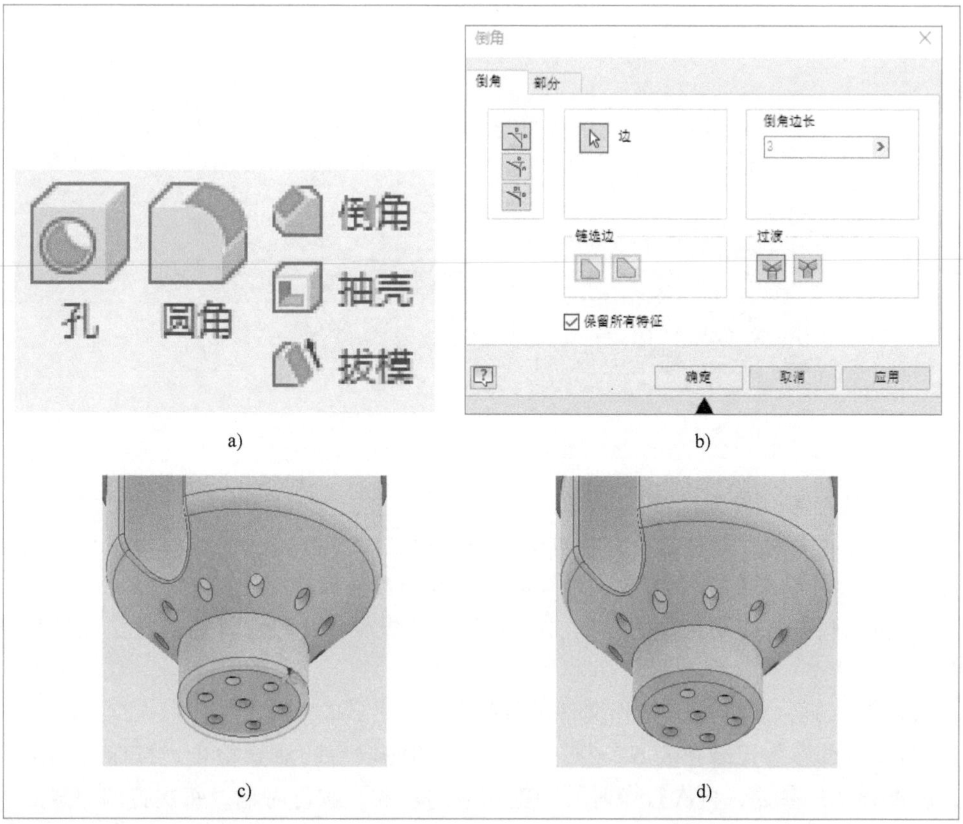
孔
圆角
倒角
抽壳
拔模
a)
倒角
倒角
部分
边
倒角边长
3
链选边
过渡
保留所有特征
确定
取消
应用
b)
c)
d)

图 6-47

8）保存零件并导出 STL 文件。在功能区单击鼠标右键，选择“显示面板”下的“3D 打印”，激活“3D 打印”命令，选择导出 STL 文件，如图 6-48 所示。

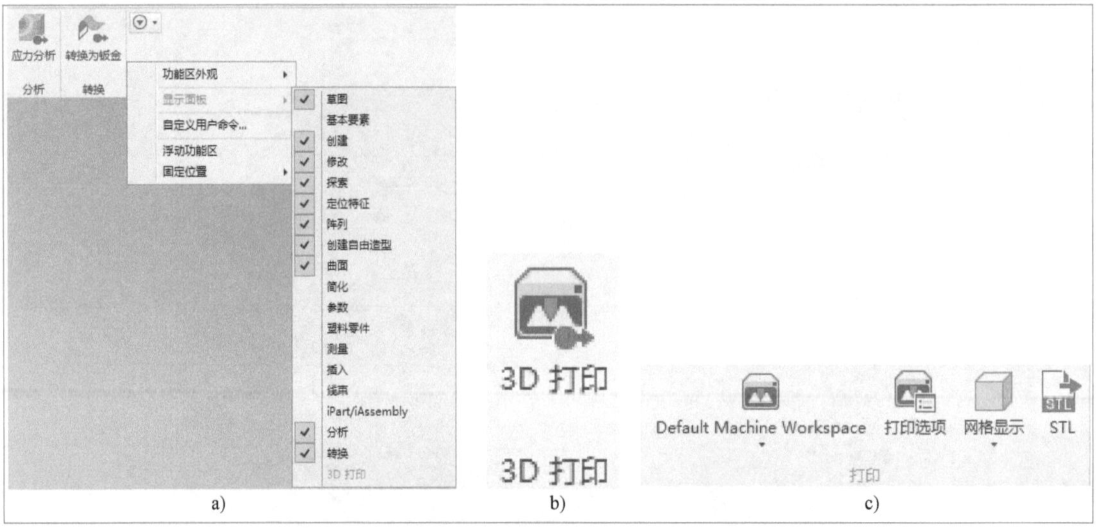


图 6-48

选择路径，文件命名，单击“保存”按钮，如图 6-49 所示。

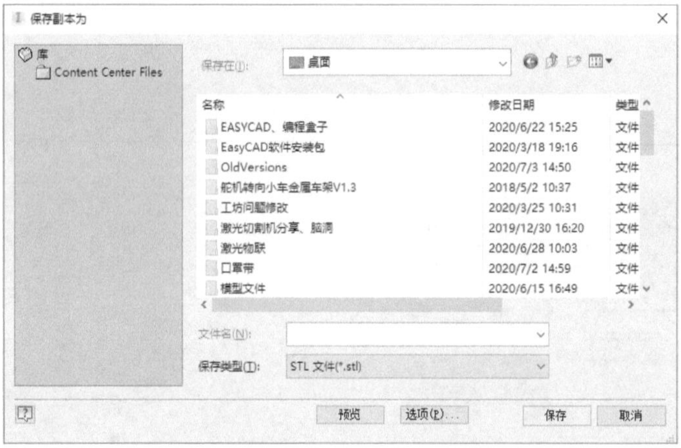


图 6-49

### （六）模型打印（内壳）

1）将模型导入切片软件进行切片处理。依据第二章“打印机的基本操作”的内容，设置好打印此模型所需要的各个参数。最终将设置好的参数保存至 SD 卡内。

2）开机并检查打印平台是否校准、打印头是否堵塞、打印材料是否充足以及加热是否正常等。

3）将 SD 卡插入机器内，选择文件进行打印。

4）将设置的参数记录在表 6-2 内，以便于打印完成后的质量检查。打印过程中出现问题时，可查看切片参数，再次打印时可调整相应的参数，进行对比。每次打印完成后，基于最终模型进行整体打印参数的总结。

表 6-2 “综合打印（内壳）”打印参数表

| 序号 | 参数名称 | 数值 | 备注 |
|---|---|---|---|
| 1 | 层厚 | | |
| 2 | 壁厚 | | |
| 3 | 底层/顶层厚度 | | |
| 4 | 填充密度 | | |
| 5 | 挤出温度 | | |
| 6 | 平台温度 | | |
| 7 | 填充线间距 | | |
| 8 | 支撑类型 | | |
| 9 | 有无底座 | | |
| 总结 | | | |

## 四、学习评价

学习评价见表 6-3。

表 6-3 “综合打印”学习评价表

| 评价项目 | 评价标准 | 配分 | 自评 | 互评 | 师评 | 综合 |
|---|---|---|---|---|---|---|
| 草图绘制 | 能正确使用草图绘制命令 | 15 | | | | |
| 草图编辑 | 能正确使用草图编辑命令 | 20 | | | | |
| 特征创建 | 能正确使用特征创建命令 | 15 | | | | |
| 特征编辑 | 能正确使用特征编辑命令 | 10 | | | | |
| 作品制作 | 能正确使用设备进行作品制作 | 15 | | | | |
| 项目反思 | 1)在完成项目过程中,你遇到了什么样的问题?<br>2)你是如何解决上述问题的?<br>3)你的方法是否有效解决了问题并达到了预期效果?<br>每回答一个问题得 5 分,书写工整且逻辑清晰的可得 10 分附加分。 | 25 | | | | |

## 五、案例拓展

建模并打印图 6-50（名片盒）、图 6-51（抽屉）、图 6-52（飞机模型）所示的制品。

图 6-50

图 6-51

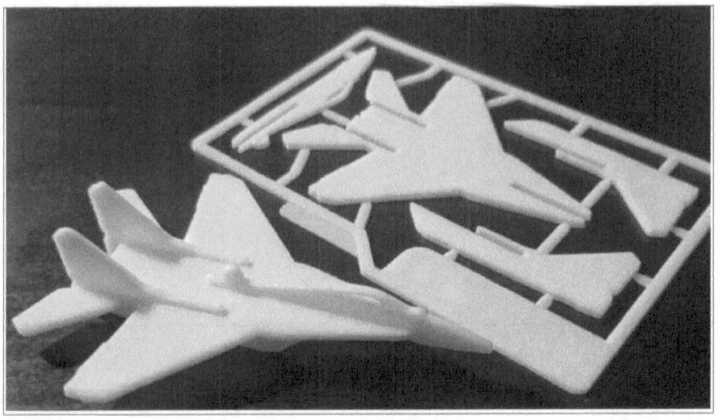

图 6-52

## 六、课后练习

按图 6-53 独立进行建模并打印。

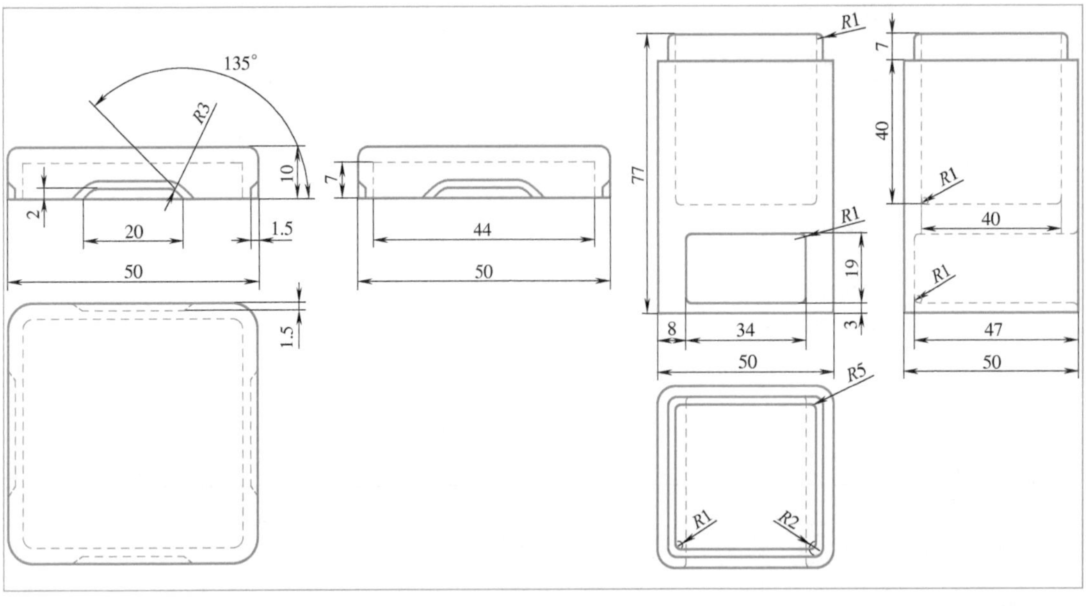


图 6-53

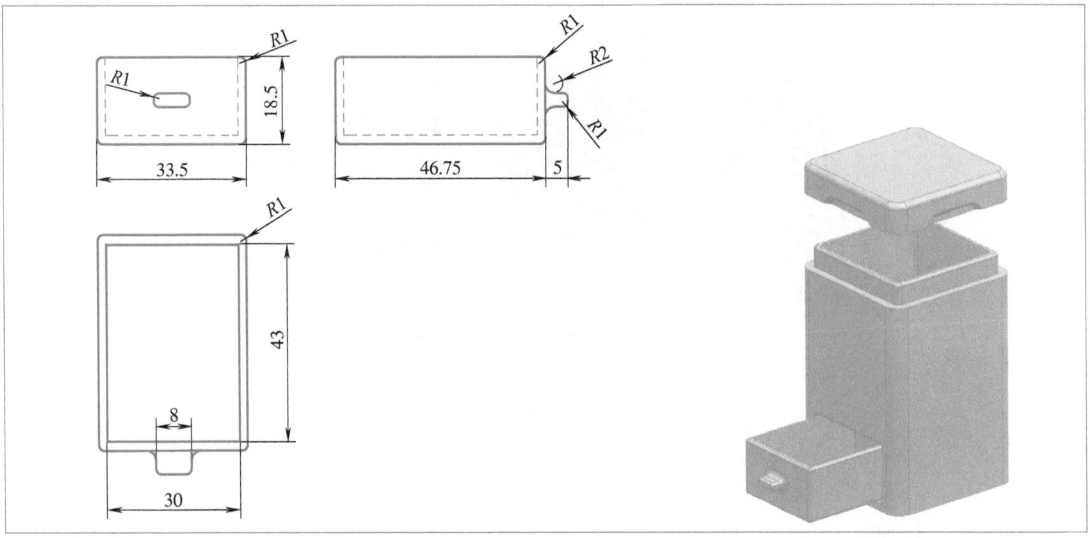


图 6-53（续）

# 第二节　支撑设计——茶壶的设计

## 一、学习目标

1. 了解 3D 打印“支撑设计”的概念。

2. 熟练掌握 3D 打印支撑件模型的建模方式。

3. 掌握“开始创建二维草图”“线”“构造”“偏移”“延伸”“尺寸”“圆角”“平面”和“圆”等草图绘制命令。

4. 掌握“放样”“旋转”“拉伸”“圆角”“合并”和“删除面”等特征命令。

## 二、项目描述

本节介绍的知识点是 3D 打印支撑设计。在 3D 打印中，支撑的添加是很常见的，大部分模型都需要添加支撑。当模型的部分位置处于悬空的状态，或者圆弧过渡等部位无法在自然打印的状态下完美打印的时候，就需要添加支撑。

通常，在 3D 打印切片软件内自动添加的支撑会有如下几个问题：

1）增加了材料成本。支撑结构需要额外的材料，并且在打印后必须将它们去除并丢弃，这显然增加了材料成本。

2）增加了打印时长。因为必须打印多出来的支撑结构，增加了打印持续时间。

3）打印完成后支撑难去除。3D 打印支撑结构经常粘在模型的壁上，这是为悬垂和桥形结构提供支撑的唯一方法。如果在去除支撑结构时不小心，它们可能会在模型表面留下瑕疵，部分模型可能会与支撑结构一起断掉，如图 6-54 所示。

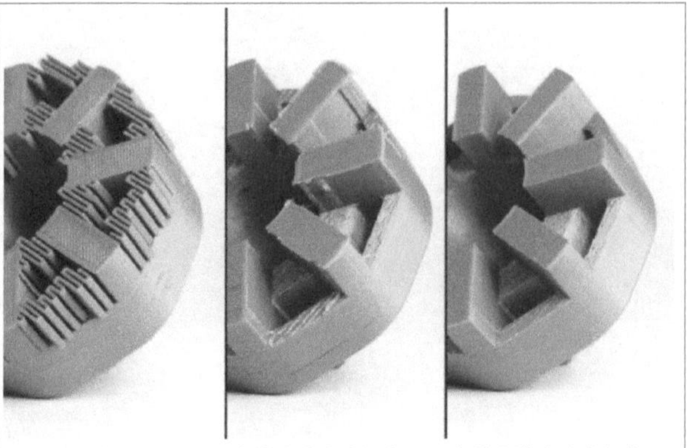

支撑结构 a)　　支撑去除造成损害(一) b)　　支撑去除未造成损害(二) c)

图 6-54

## 三、学习过程

### （一）项目分析（壶身）

如图 6-55 所示，使用 Inventor 软件按照平面标注的尺寸绘制图形。使用草图绘制里的“开始创建二维草图”“线”“构造”“偏移”“延伸”“尺寸”“圆角”“平面”和“圆”等

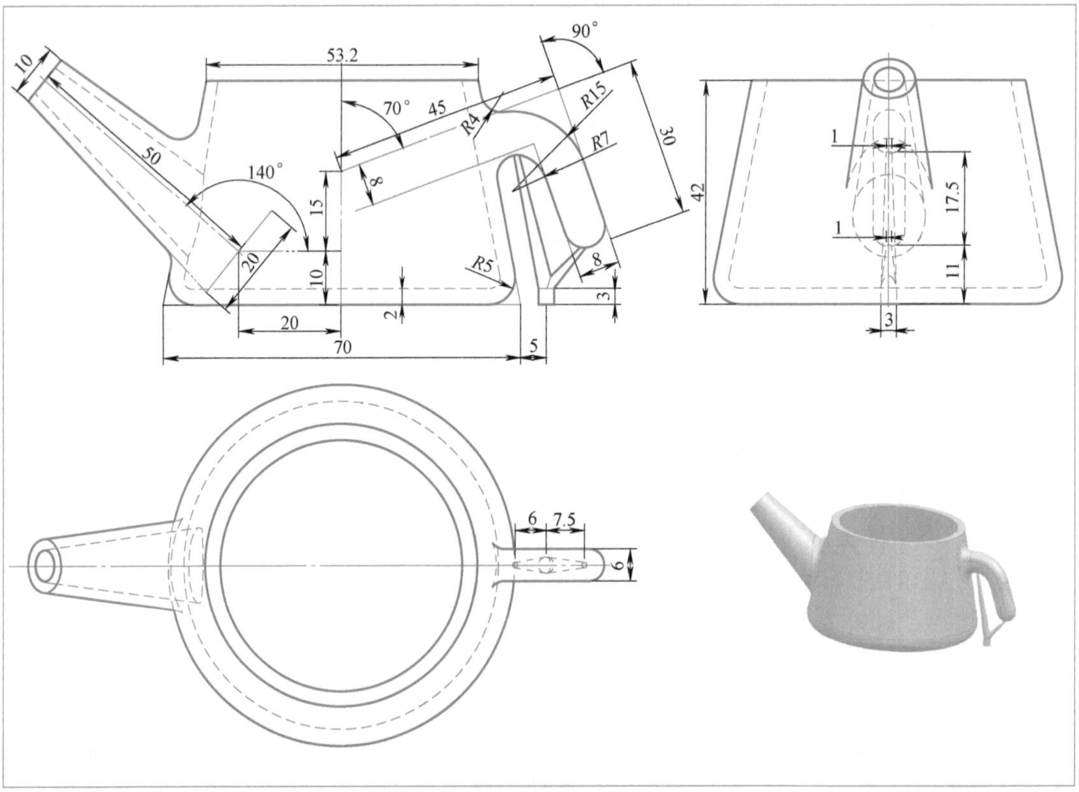


图 6-55

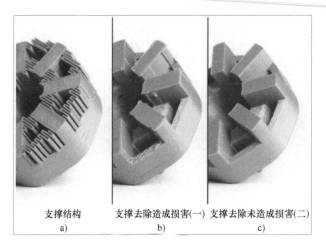

命令，以及三维模型里的“放样”“旋转”“拉伸”“圆角”“合并”和“删除面”等命令绘制茶壶的模型。绘图的过程中需要注意创建平面时点与方向的精确选择，抽壳的时候注意单面抽壳与双面抽壳的区别，最重要的是删除面的时候需要注意选择修复，否则面将会被直接删除。

（二）模型设计（壶身）

1. 草图的绘制与编辑

1）激活“开始创建二维草图”命令，选择 *XY* 平面，进入草图绘制界面，如图 6-56 所示。

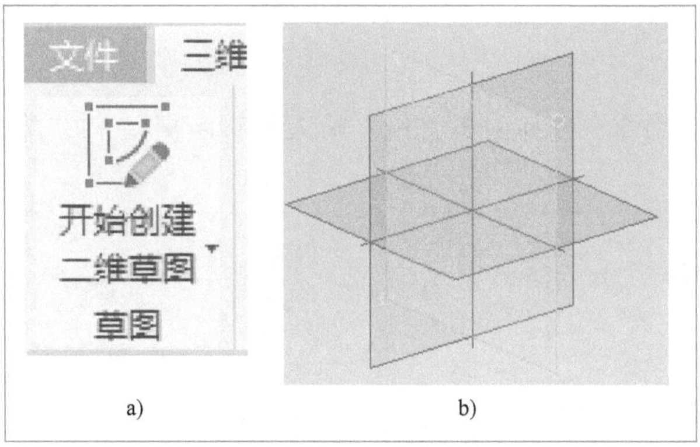


图 6-56

2）激活“线”“构造”命令，捕捉图形原点为直线第 1 个点位置绘制直线，在 *Y* 轴正方向输入“42”，在 *X* 轴正方向输入“26. 2”，单击“确定”按钮，完成后取消“构造”命令，如图 6-57 所示。

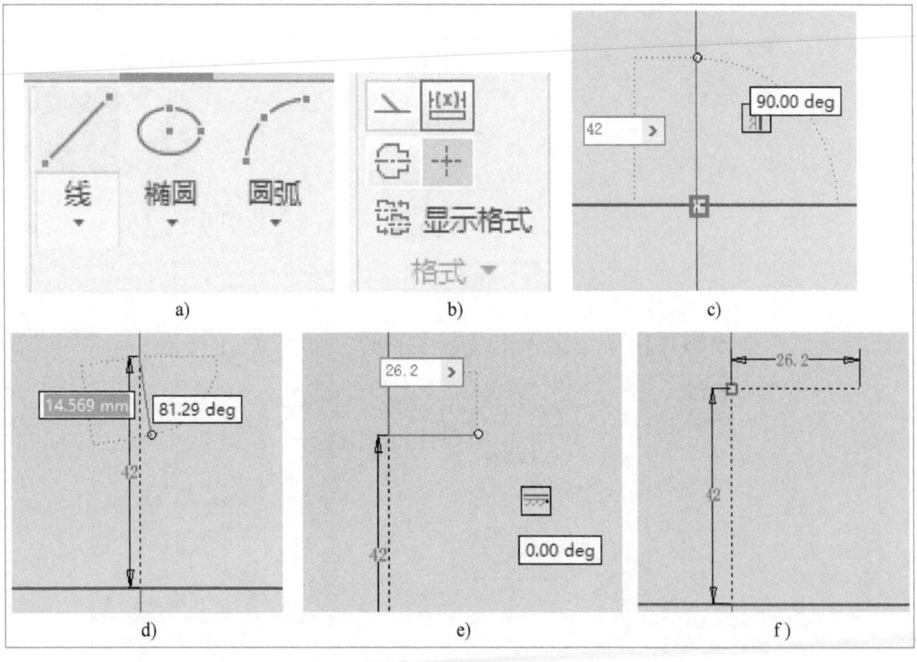


图 6-57

3）激活“线”命令，捕捉图形原点位置，在 $X$ 轴正方向输入“35”，连接直线端点位置，单击“确定”按钮，如图 6-58 所示。

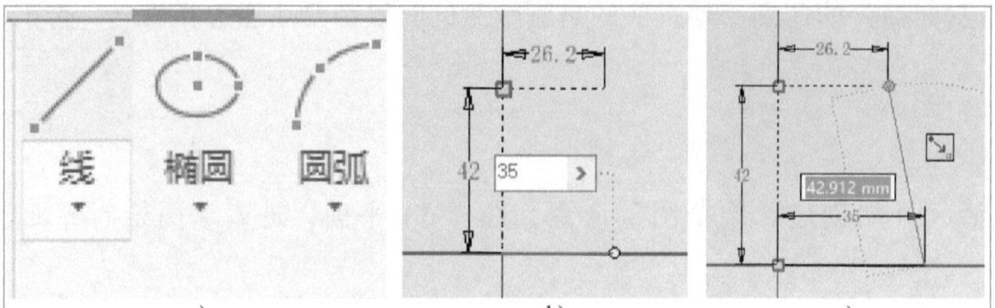

a) b) c)

图 6-58

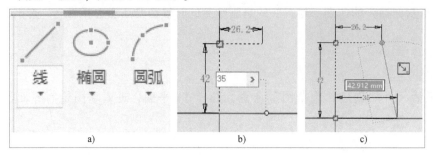

4）激活“偏移”命令，选择两条直线，输入偏移距离“3”，单击“确定”按钮，如图 6-59 所示。

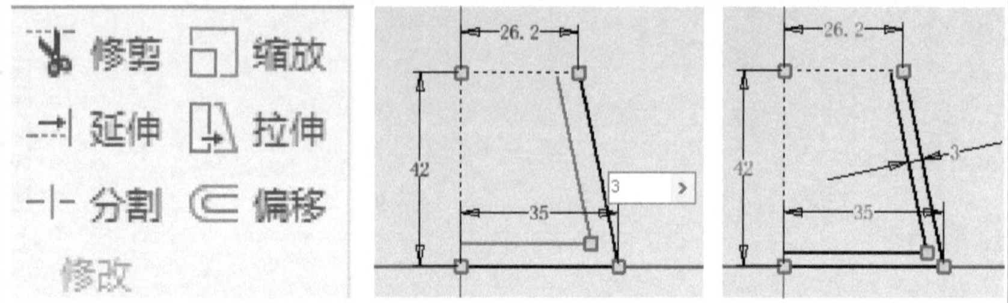

a) b) c)

图 6-59

5）激活“延伸”命令，选择需要延伸的直线进行延伸，如图 6-60 所示。

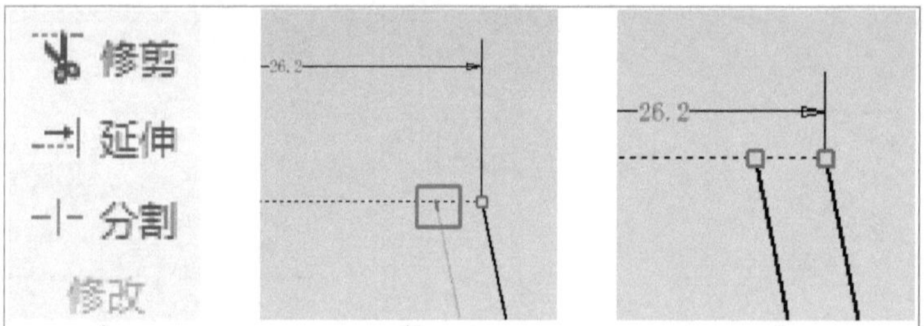

a) b) c)

图 6-60

6）激活“线”命令，连接 4 个端点形成两条直线，如图 6-61 所示。

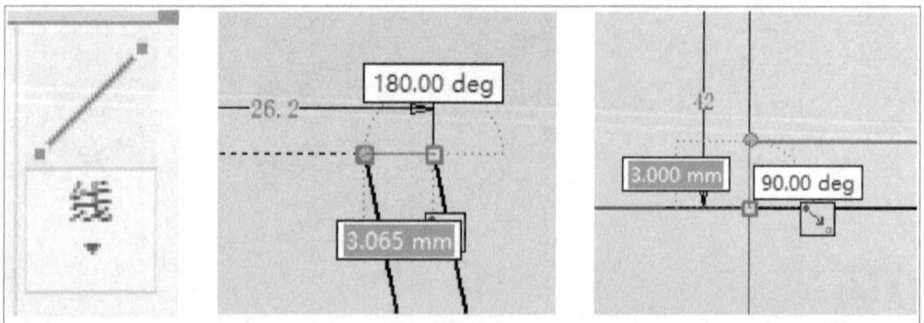

a) b) c)

图 6-61

7）激活“尺寸”命令，选择要标注的两条直线，单击“确定”按钮，如图 6-62 所示。

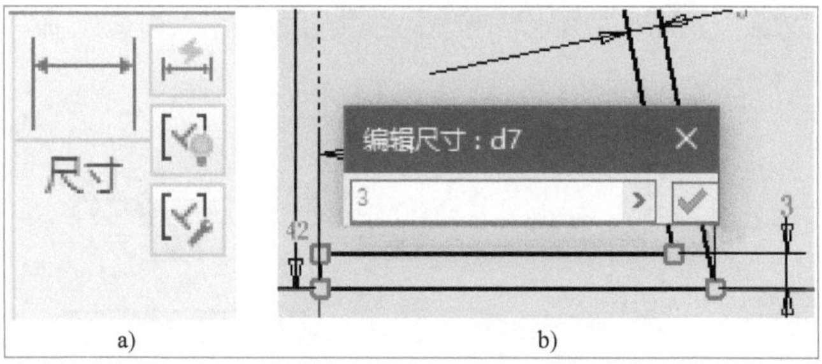


图 6-62

8）激活“圆角”命令，输入半径值“5”，选择两条直线进行倒角，如图 6-63 所示。

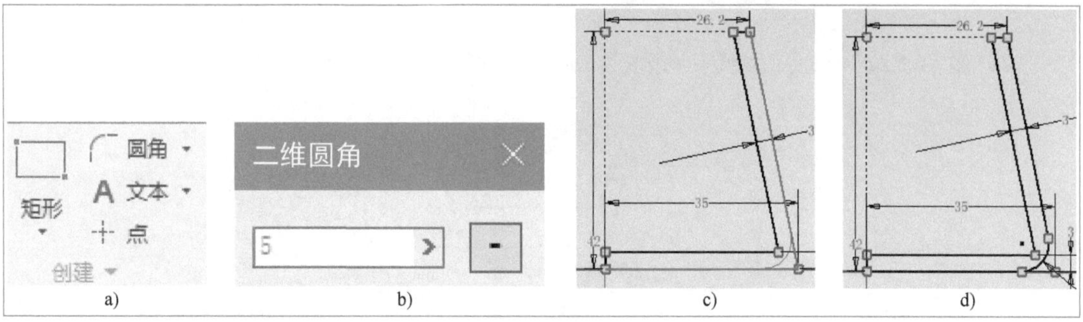


图 6-63

9）再次输入半径值“2”，选择两条直线进行倒角，完成草图，如图 6-64 所示。

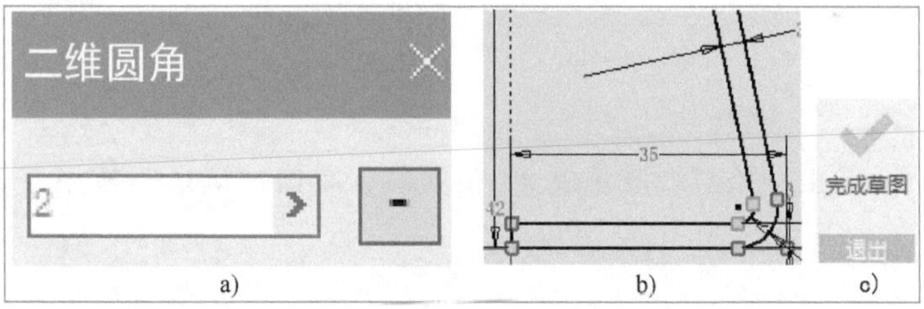


图 6-64

10）激活“开始创建二维草图”命令，选择 *XY* 平面，进入草图绘制界面，如图 6-65 所示。

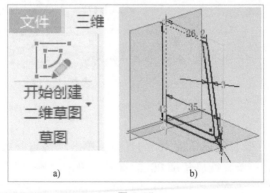

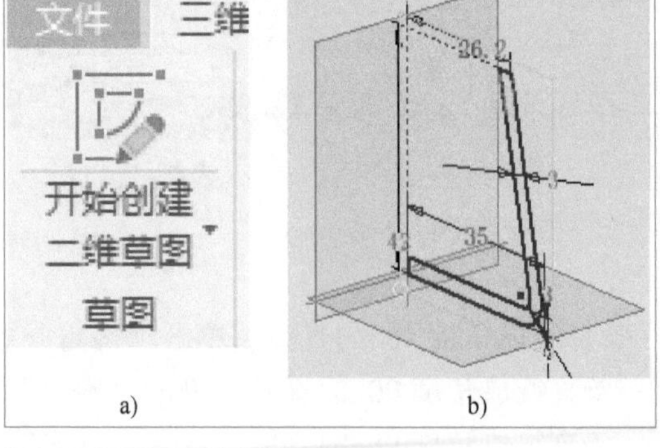


图 6-65

11）激活“线”与“构造”命令，捕捉图形原点为直线的第1个起点绘制直线，在$Y$轴正方向输入尺寸“25”，单击“确定”按钮，完成后取消“构造”命令，如图6-66所示。

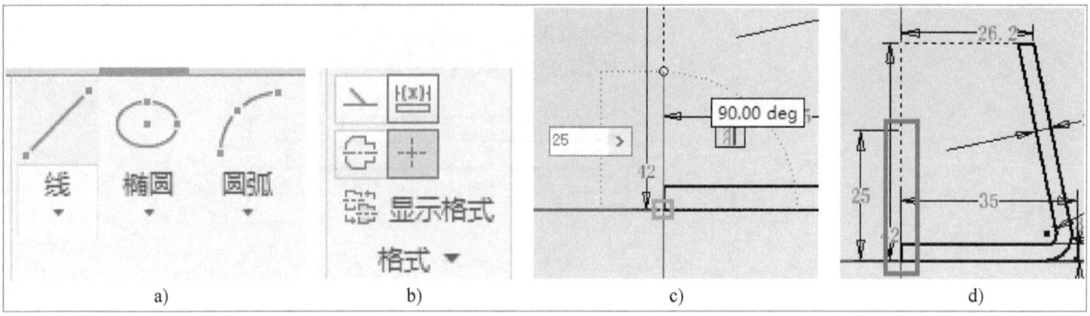


图 6-66

12）激活“线”命令，绘制一条长45mm、角度为20°的直线，如图6-67所示。

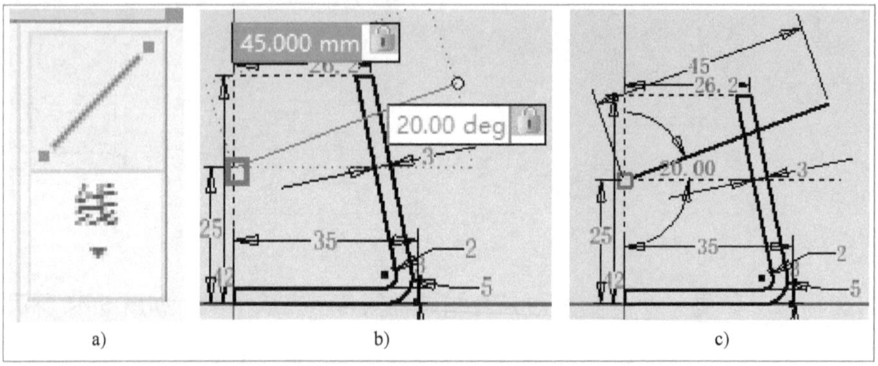


图 6-67

绘制长30mm、与上一条直线成角度90°的直线，单击“确定”按钮，如图6-68所示。

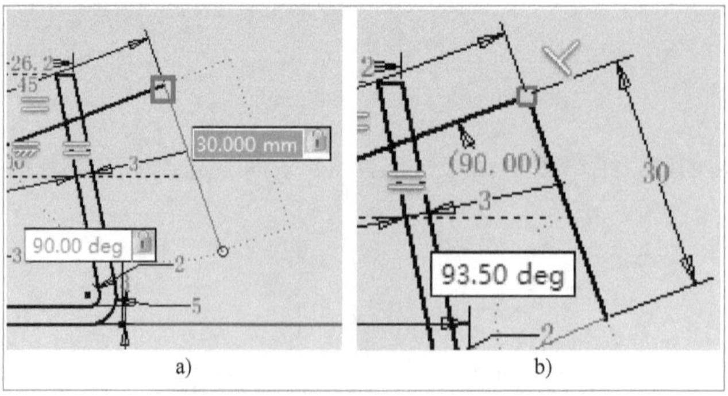


图 6-68

绘制长8mm、与上一条直线成角度90°的直线，单击“确定”按钮，如图6-69所示。
绘制长22mm、与上一条直线成角度90°的直线，单击“确定”按钮，如图6-70所示。
绘制长37mm、与上一条直线成角度90°的直线，单击“确定”按钮，如图6-71所示。

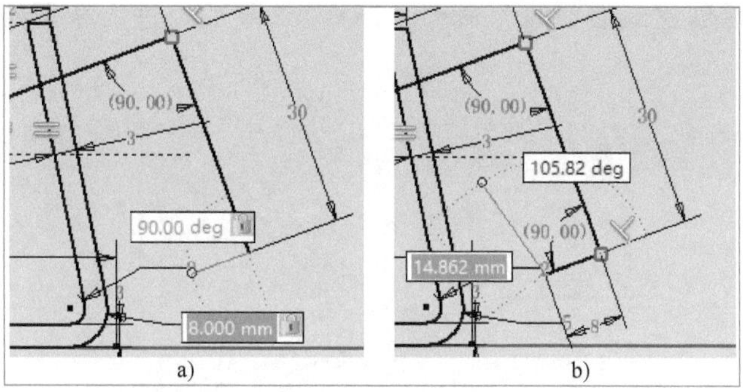


图 6-69

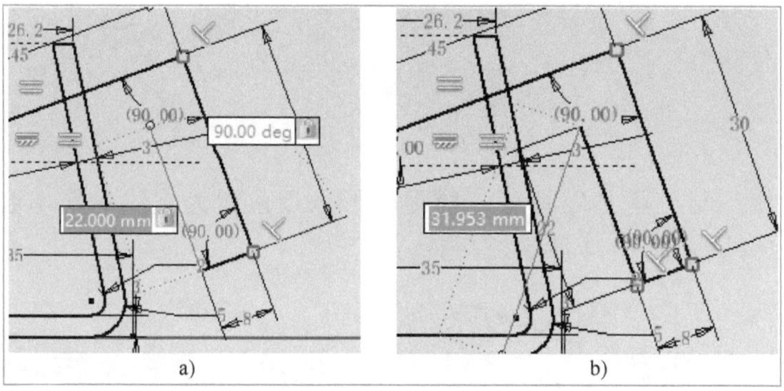


图 6-70

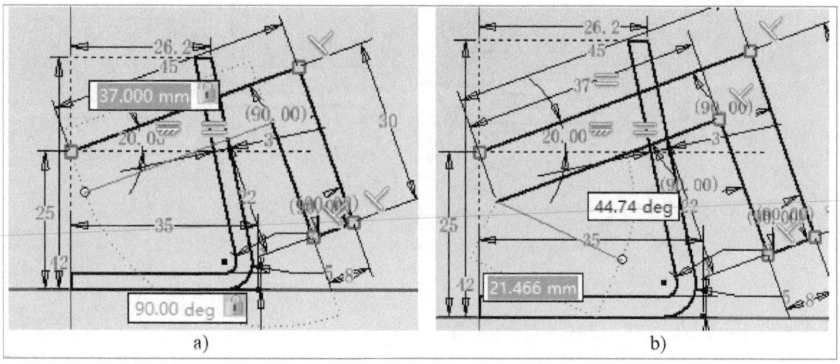


图 6-71

连接直线端点位置，单击“确定”按钮，完成草图，如图 6-72 所示。

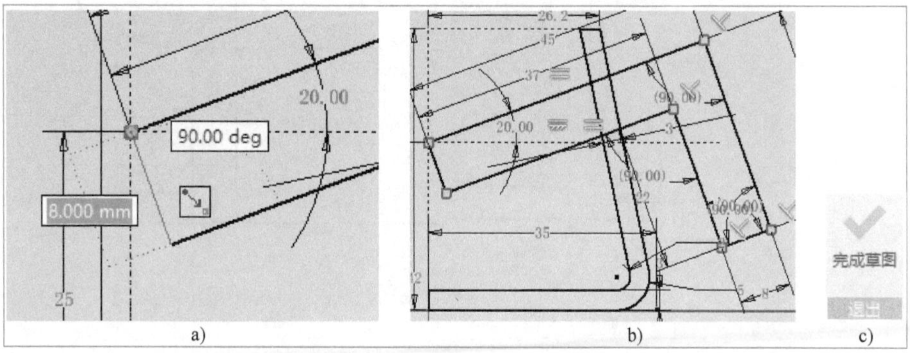


图 6-72

13）激活“开始创建二维草图”命令，选择 *XY* 平面，进入草图绘制界面，如图 6-73 所示。

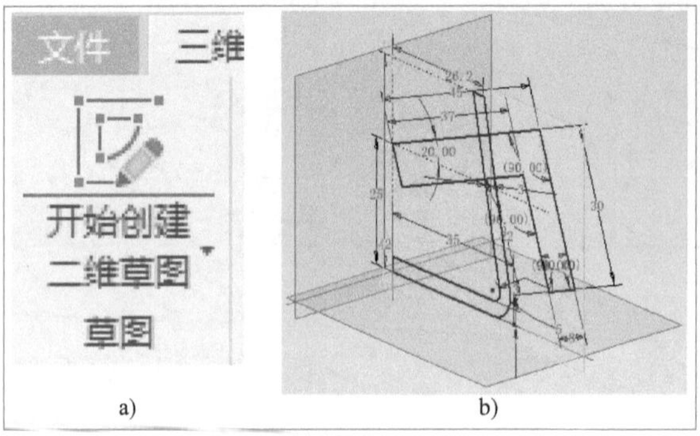


图 6-73

14）激活“线”与“构造”命令，捕捉图形原点位置为直线的第 1 起点绘制直线，*Y* 轴正方向输入“10”，如图 6-74 所示。

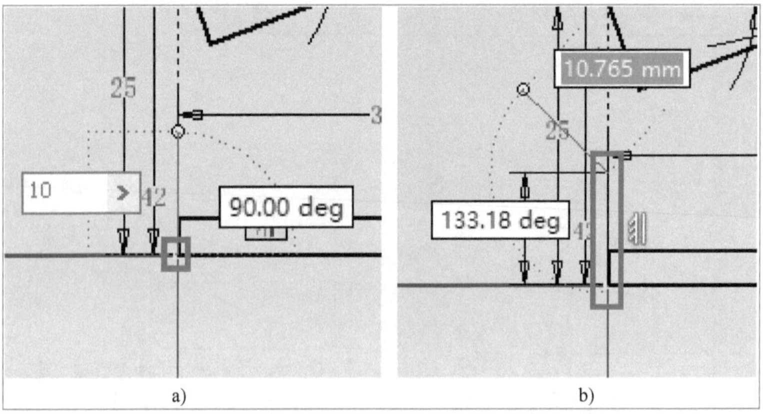


图 6-74

在 *X* 负方向输入“20”，如图 6-75 所示。

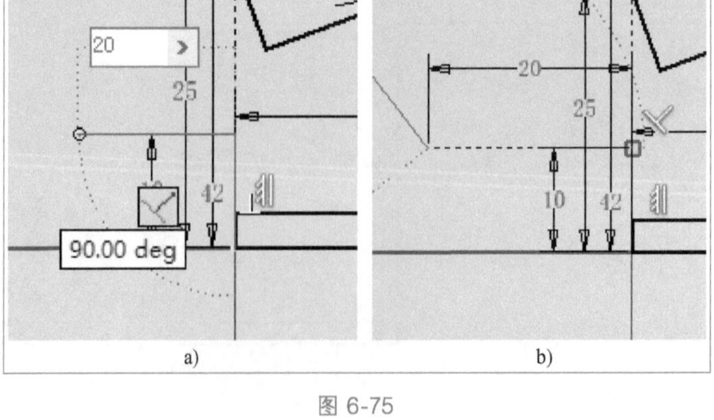


图 6-75

在 *X* 负方向输入长度 50mm、角度 140°，如图 6-76 所示。

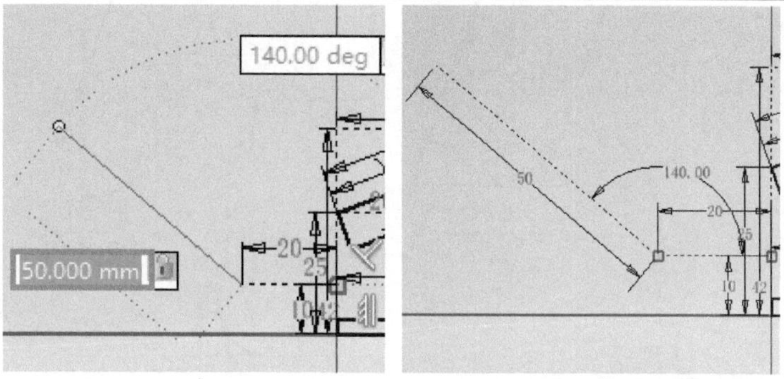


a)　　　　b)

图 6-76

15）再次激活“线”命令，捕捉图形原点为中心绘制直线，在 *X* 正方向输入“40”如图 6-77 所示。

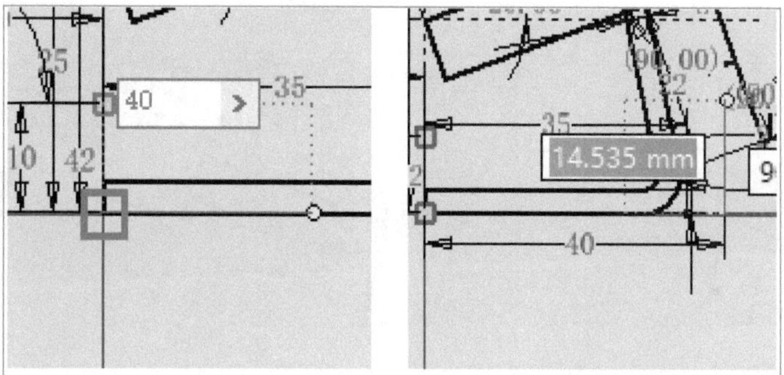


a)　　　　b)

图 6-77

在 *Y* 正方向输入尺寸 14、17.5，如图 6-78 所示。

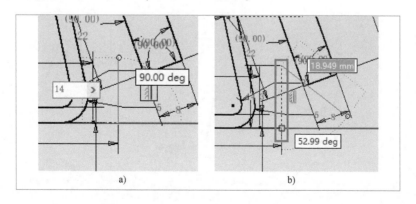

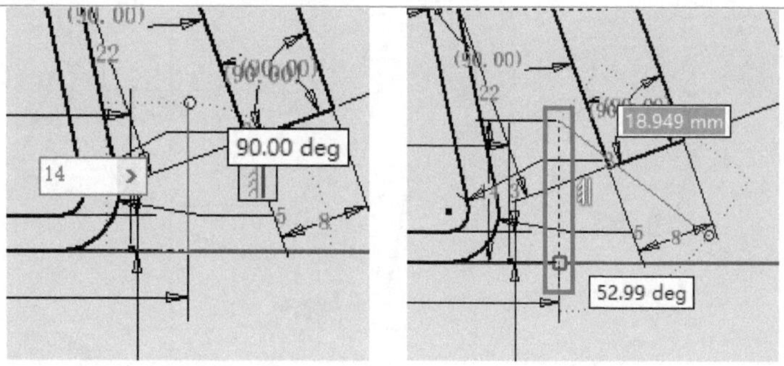


a)　　　　b)

图 6-78

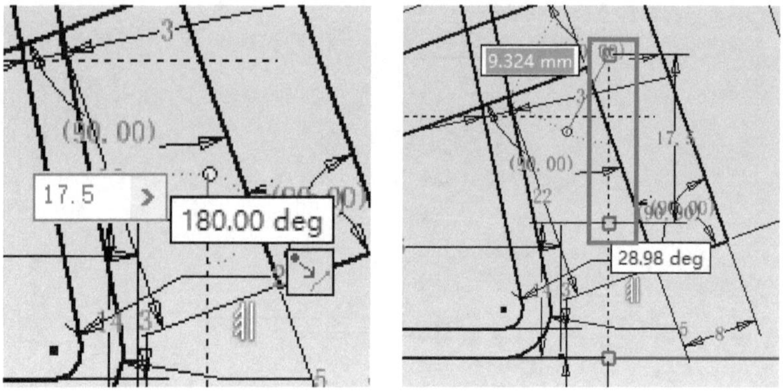


c) d)

图 6-78（续）

在 *X* 负方向输入“6”，如图 6-79 所示。

a) b)

图 6-79

激活“线”命令，捕捉直线端点位置绘制直线，在 *X* 正方向输入“7.5”，退出草图，如图 6-80 所示。

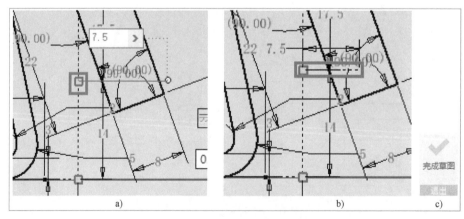

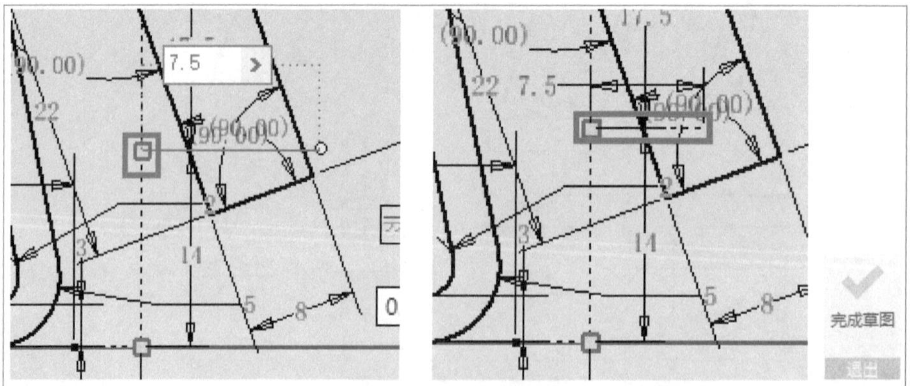


a) b) c)

图 6-80

16）激活“平面”命令，捕捉尺寸为“6”的参考线端点位置为平面的原点，再捕捉一条垂直于 *Y* 轴的直线创建工作平面，如图 6-81 所示。

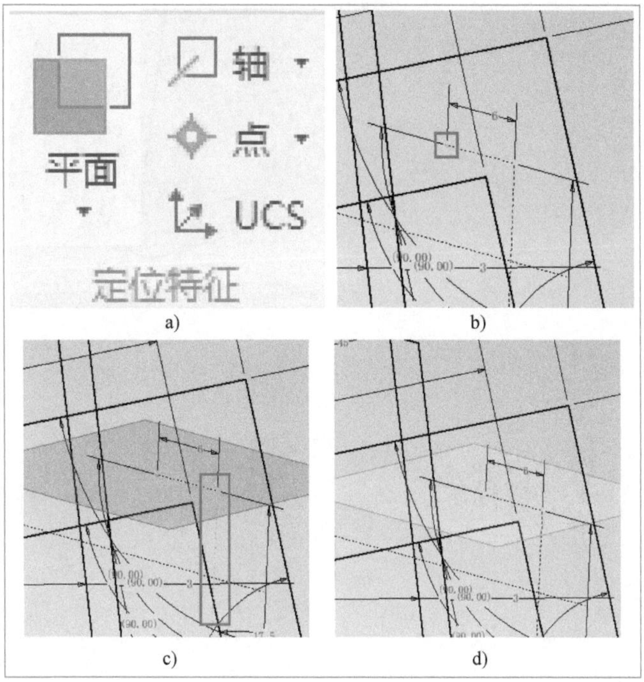


图 6-81

17）激活“平面”命令，捕捉尺寸为“7.5”的参考线端点位置为平面的原点，再捕捉一条垂直于 *Y* 轴的直线创建工作平面，如图 6-82 所示。

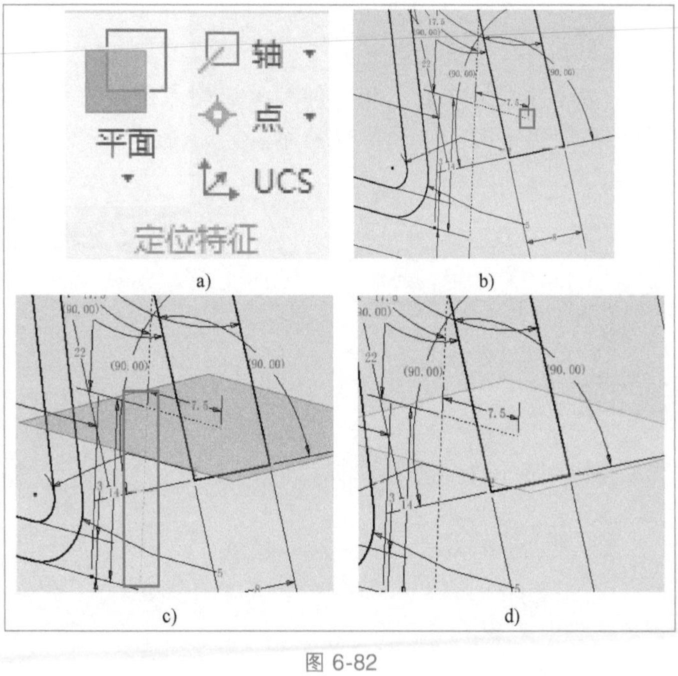


图 6-82

18）激活“平面”命令，捕捉尺寸为“14”的参考线端点位置为平面的原点，再捕捉一条垂直于 *Y* 轴的直线创建工作平面，如图 6-83 所示。

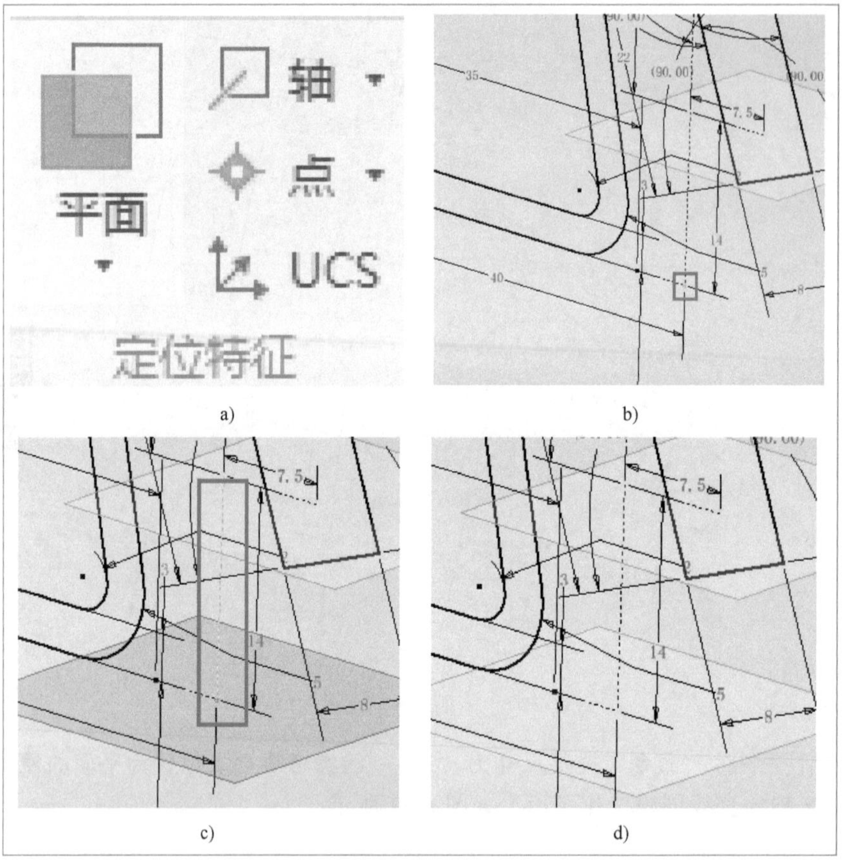

图 6-83

19）激活“平面”命令捕捉尺寸为“50”的参考线端点位置为平面的原点，再捕捉长度为“50”的几何图元来创建平面，如图 6-84 所示。

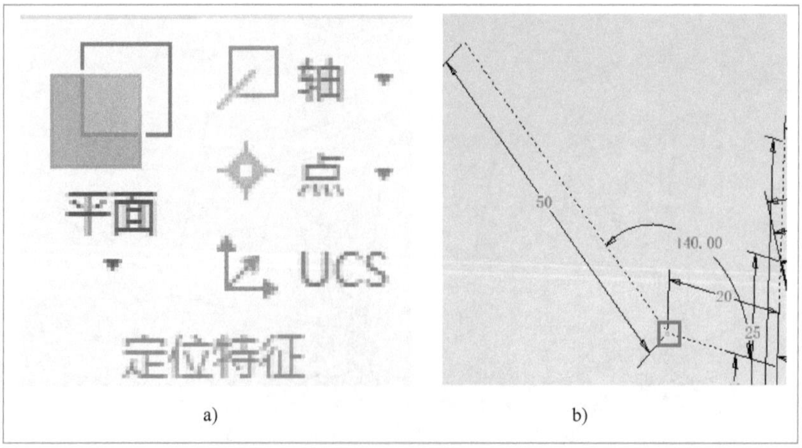

图 6-84

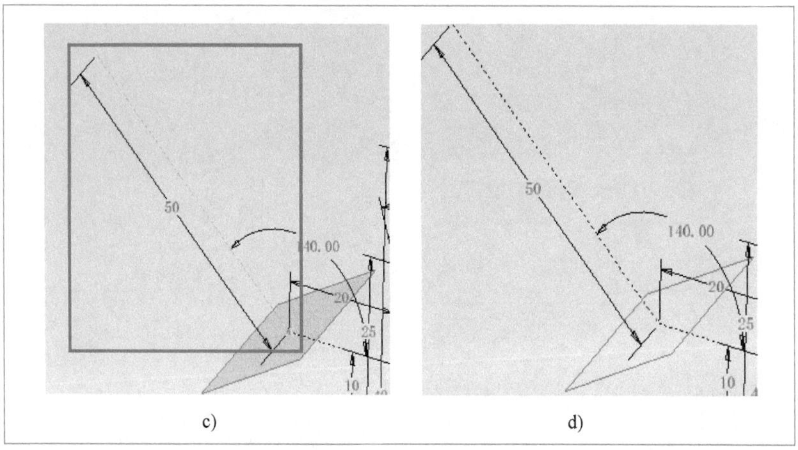


图 6-84（续）

20）激活“平面”命令，捕捉尺寸为“50”的参考线端点位置为平面的原点，再捕捉长度为“50”的几何图形来创建平面，如图 6-85 所示。

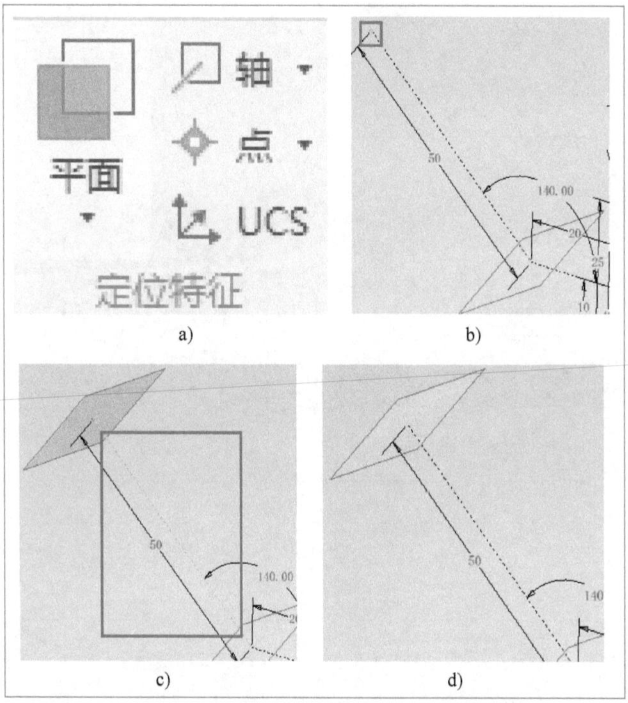


图 6-85

21）激活“开始创建二维草图”命令，选择工作平面 1，如图 6-86 所示。

22）激活“圆”命令，捕捉该平面原点位置，绘制一个直径为 1 的圆，完成草图，如图 6-87 所示。

23）激活“开始创建二维草图”命令，选择工作平面 2，如图 6-88 所示。

24）激活“圆”命令，捕捉该平面原点位置，绘制一个直径为 1mm 的圆，完成草图，如图 6-89 所示。

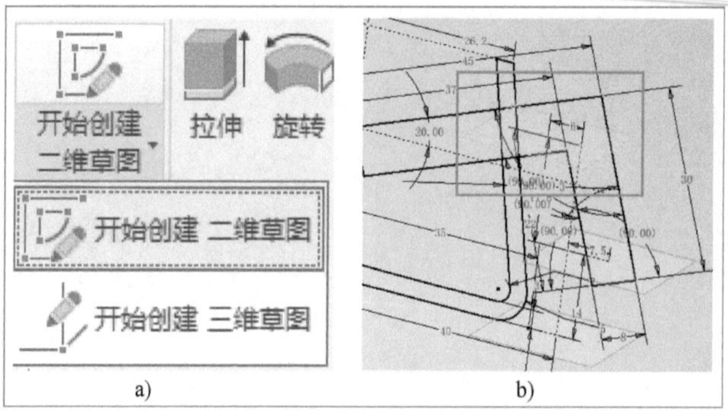


图 6-86

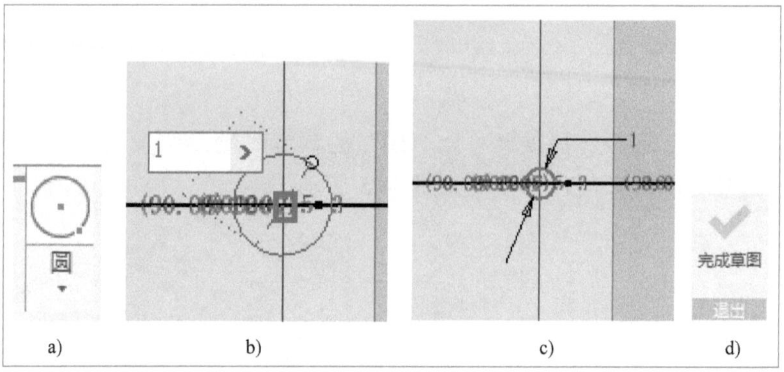


图 6-87

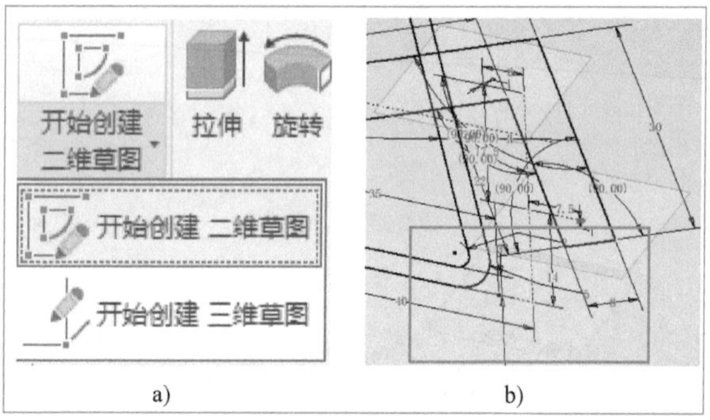


图 6-88

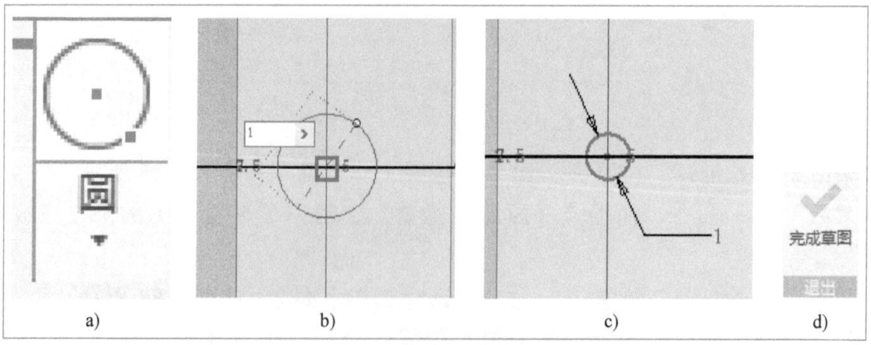


图 6-89

25）激活“开始创建二维草图”命令，选择工作平面 3，如图 6-90 所示。

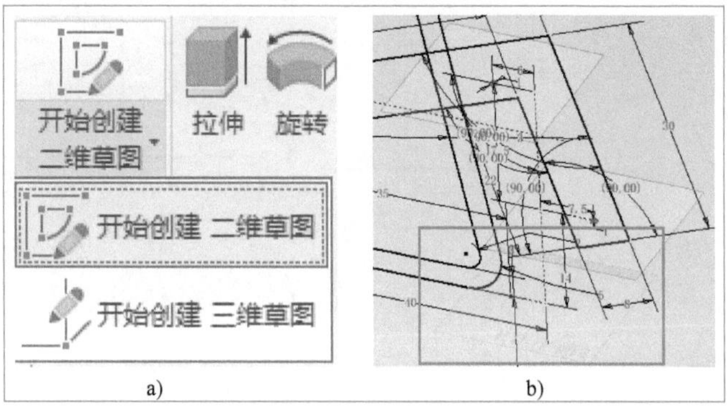


图 6-90

26）激活“圆”命令，捕捉该平面原点位置，绘制一个直径为 3mm 的圆，完成草图，如图 6-91 所示。

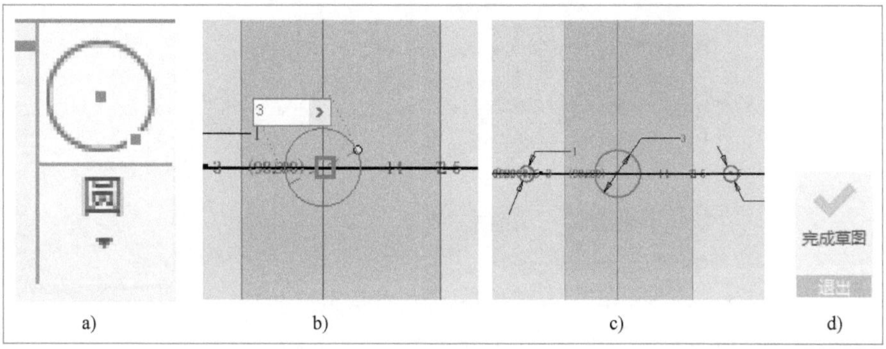


图 6-91

27）激活“开始创建二维草图”命令，选择工作平面 4，如图 6-92 所示。

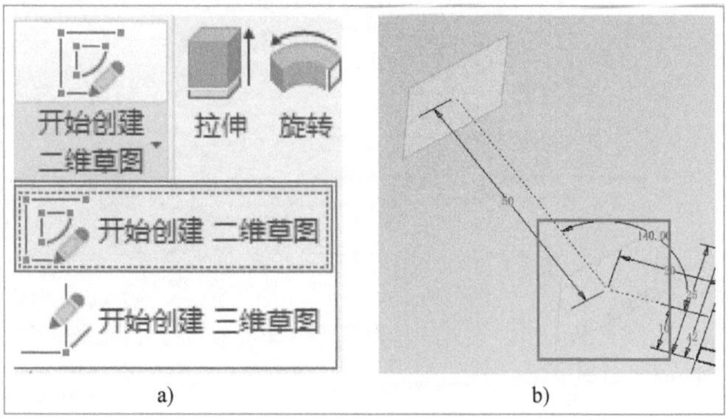


图 6-92

28）激活“圆”命令，捕捉该平面原点位置，绘制一个直径为 20mm 的圆，完成草图，如图 6-93 所示。

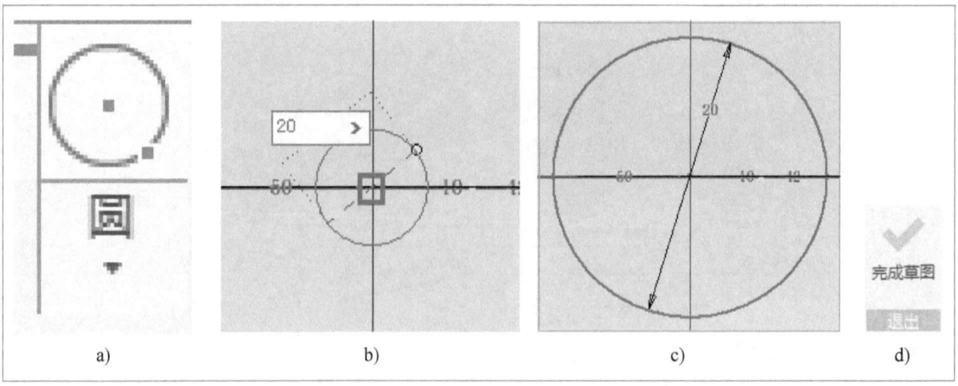


图 6-93

29）激活“开始创建二维草图”命令，选择工作平面 5，如图 6-94 所示。

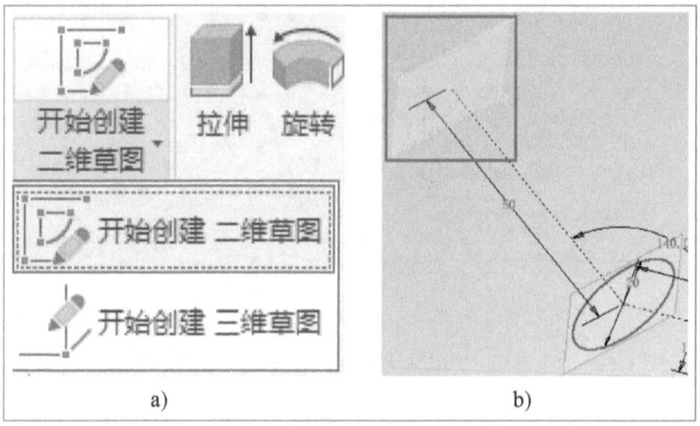


图 6-94

30）激活“圆”命令，捕捉该平面原点位置，绘制一个直径为 10mm 的圆，完成草图，如图 6-95 所示。

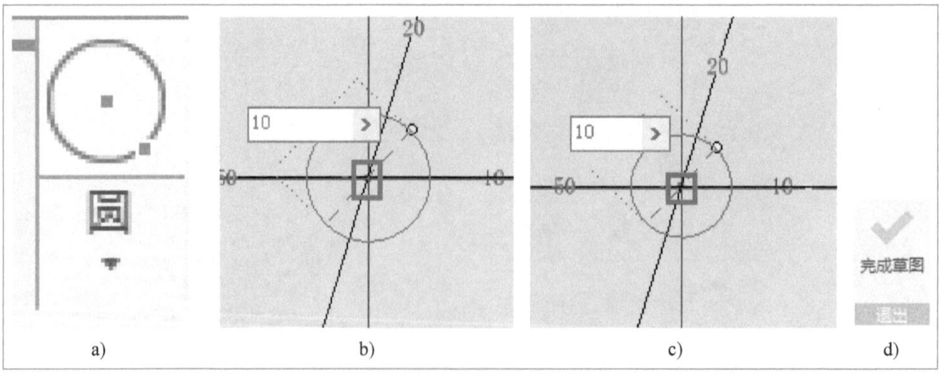


图 6-95

2. 特征的创建与编辑

1）激活“旋转”命令，选择草图 1，选择旋转轴，单击“确定”按钮，如图 6-96 所示。

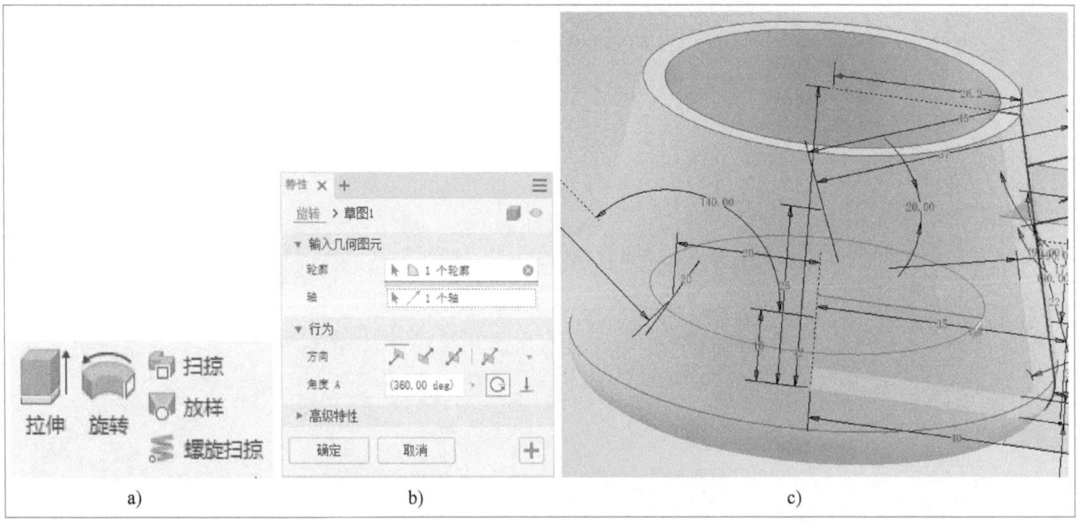


图 6-96

2）激活“拉伸”命令，选择草图 2，方向选择“对称”，距离输入“6”，布尔选择求并，单击“确定”按钮，如图 6-97 所示。

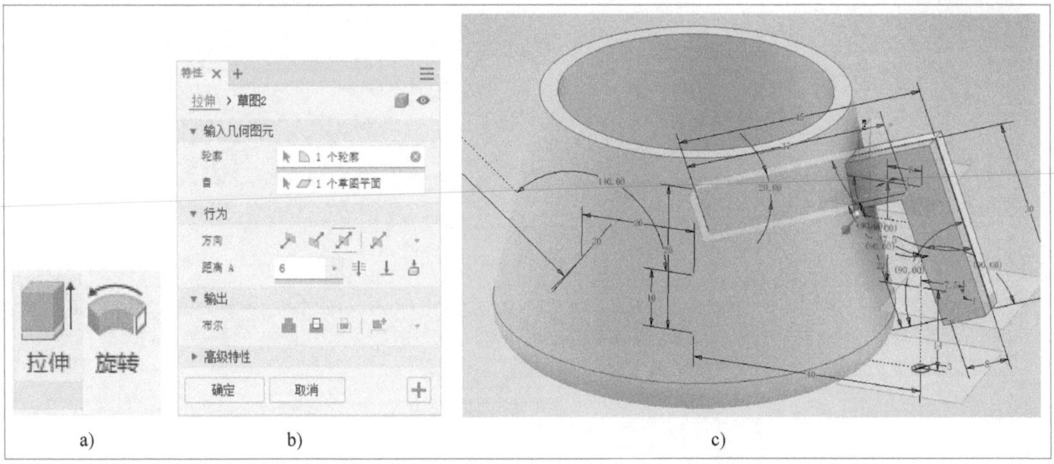


图 6-97

3）激活“圆角”命令，输入半径“15”，选择线条进行倒圆，单击“应用”按钮，如图 6-98 所示。

4）再次使用“圆角”命令，输入半径值“7”，单击“应用”按钮，如图 6-99 所示。

5）再次使用“圆角”命令，输入半径值“4”，单击“应用”按钮，如图 6-100 所示。

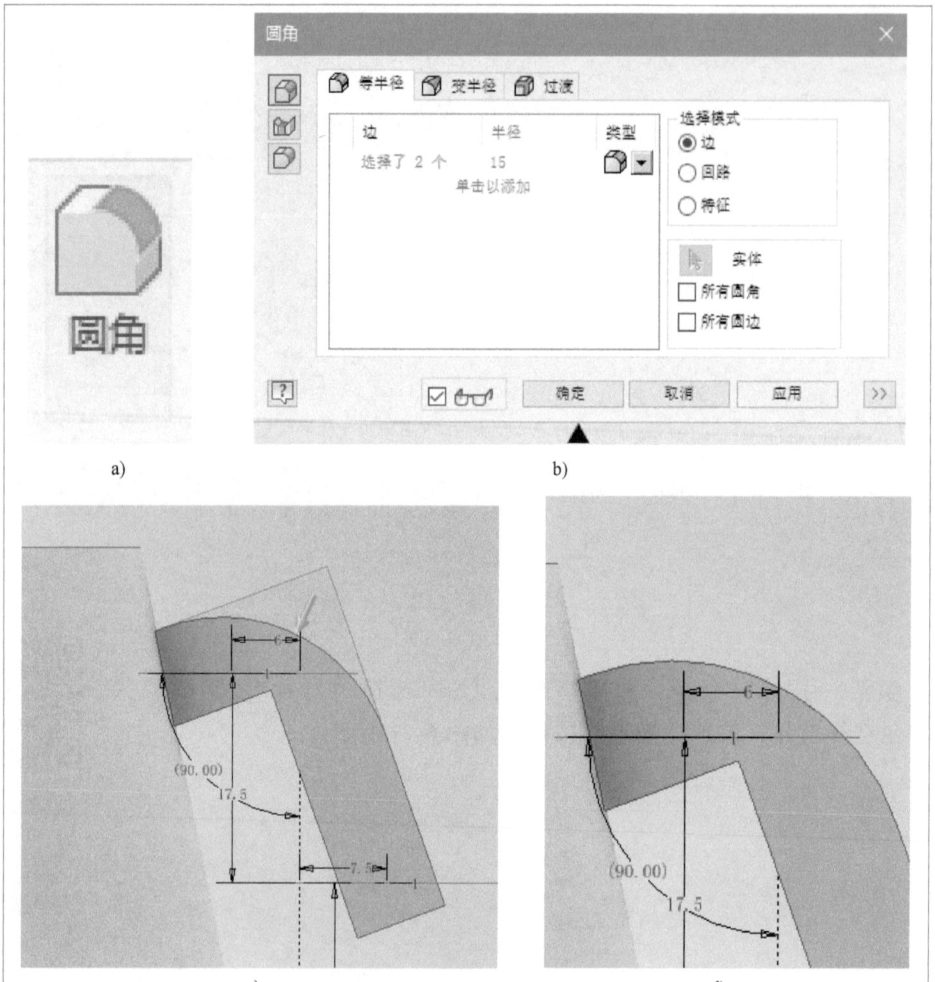


a) b) c) d)

图 6-98

a) b)

图 6-99

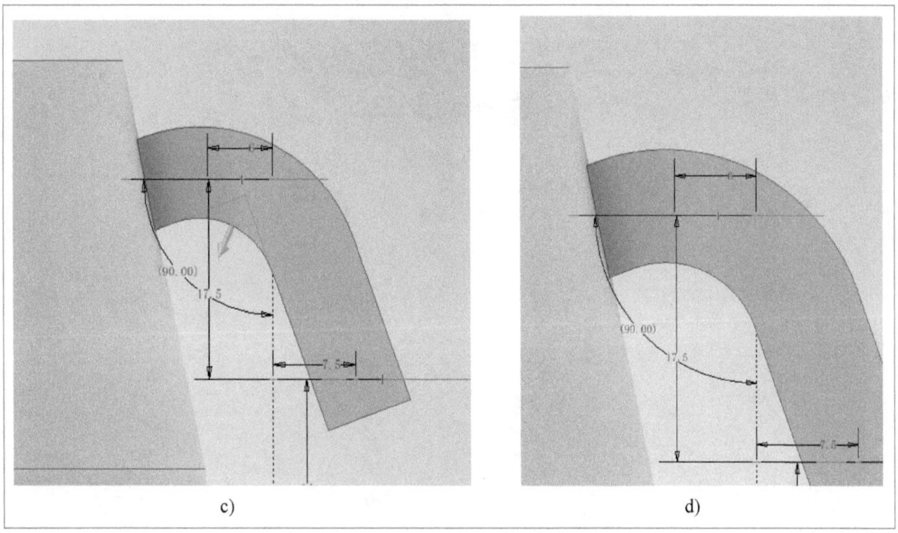
(90.00)
17.5
7.5
c)
d)

图 6-99（续）

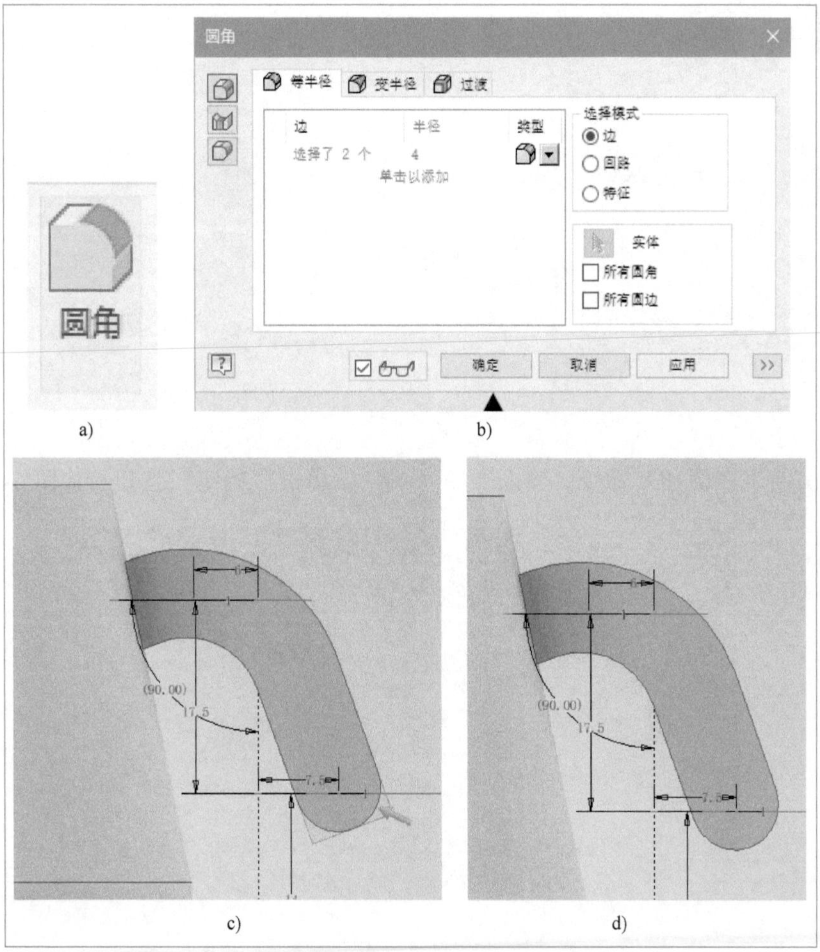
圆角
圆角
等半径
变半径
过渡
边
半径
类型
选择了 2 个
4
单击以添加
选择模式
边
回路
特征
实体
所有圆角
所有圆边
确定
取消
应用
a)
b)
(90.00)
17.5
7.5
c)
d)

图 6-100

6）再次使用“圆角”命令，输入半径值“3”，单击“应用”按钮，如图 6-101 所示。

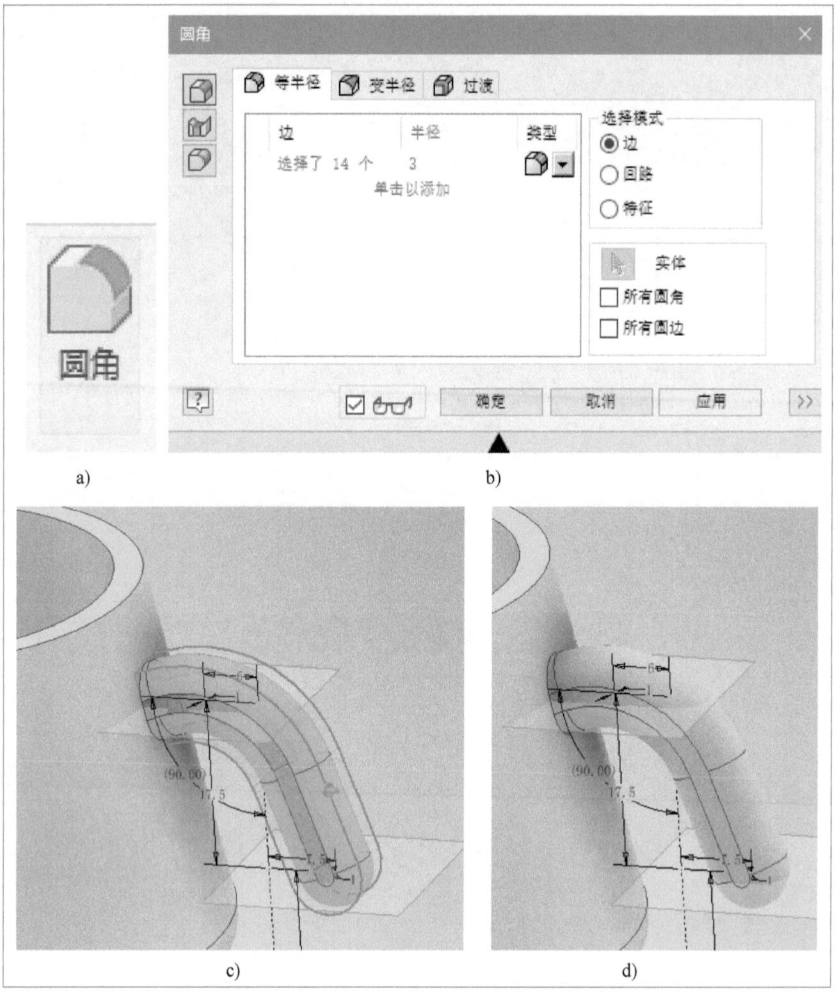


图 6-101

7）再次使用“圆角”命令，输入半径值“4”，单击“确定”按钮，如图 6-102 所示。

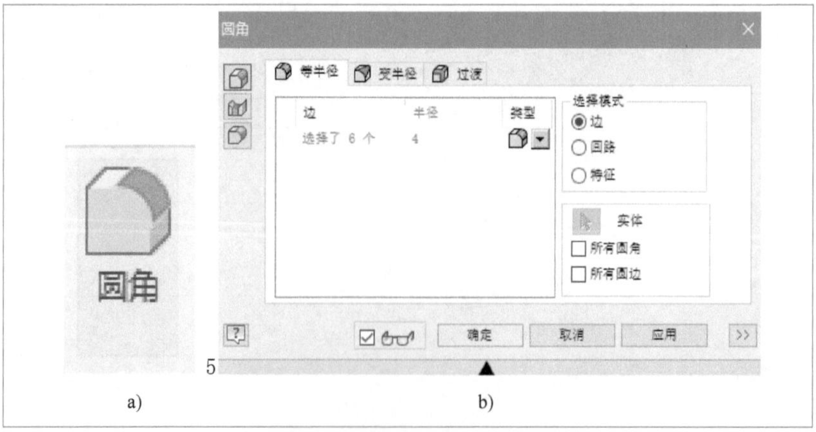


图 6-102

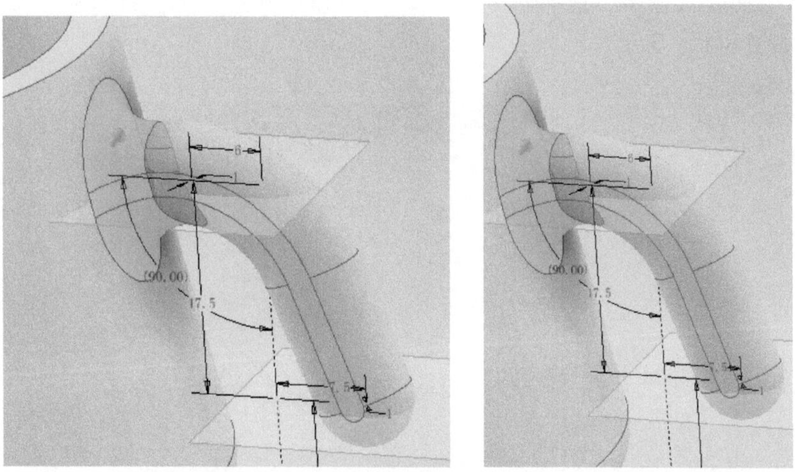


c) d)

图 6-102（续）

8）激活“放样”命令，选择草图 7 与草图 8，如图 6-103 所示。

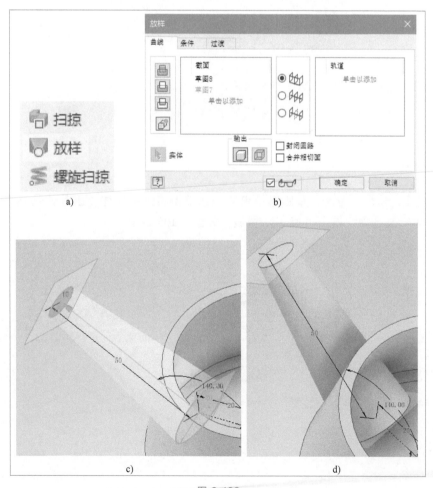

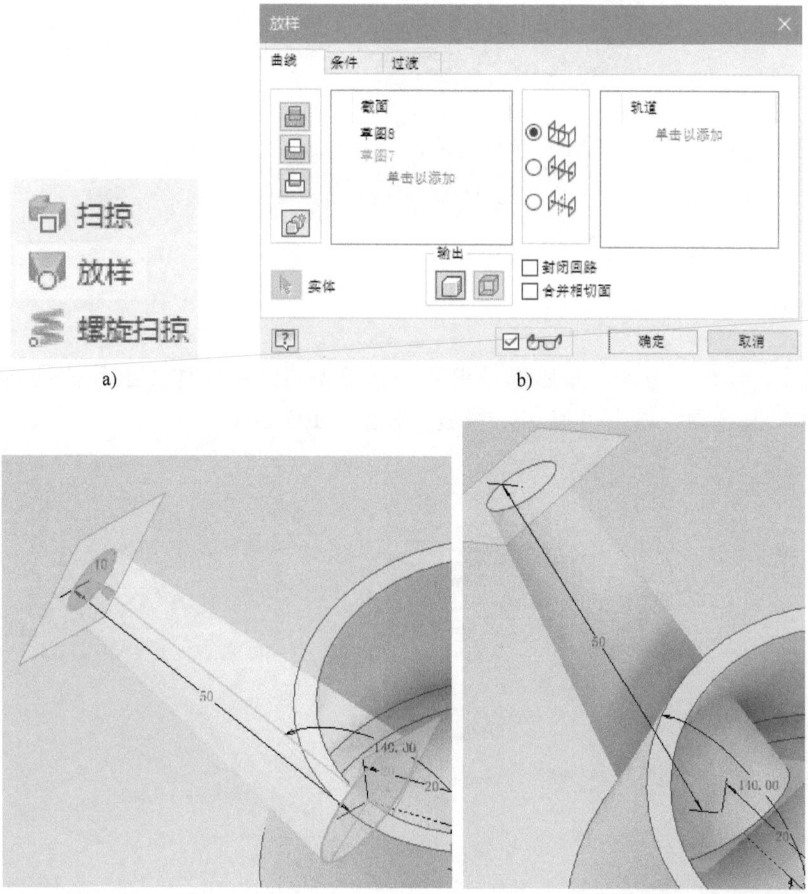


a) b) c) d)

图 6-103

9）激活“抽壳”命令，选择两个“开口面”即可互通，输入厚度值“2”，单击“确定”按钮，如图 6-104 所示。

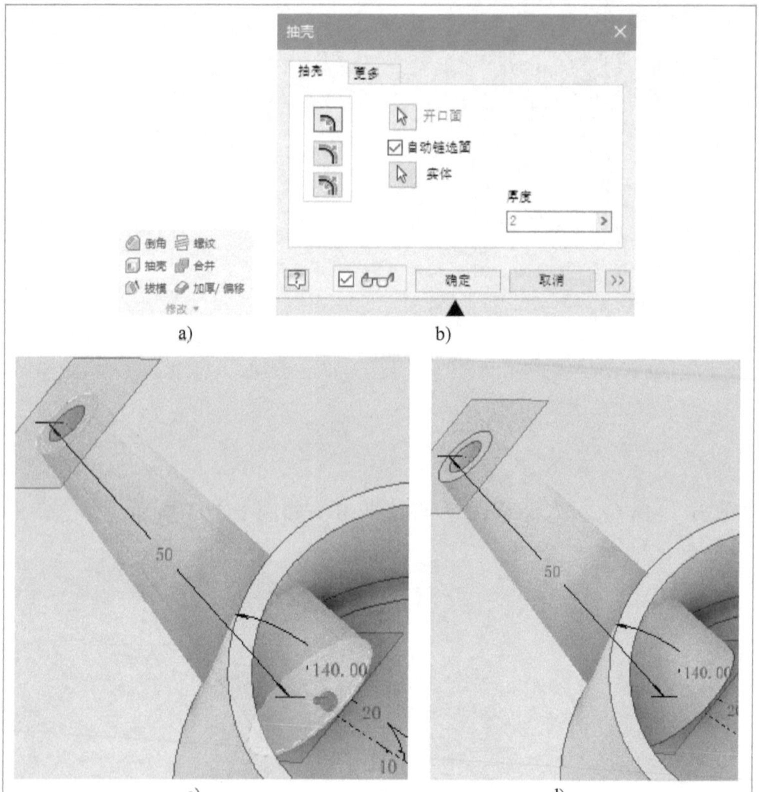

a)　b)　c)　d)

图 6-104

10）激活“合并”命令，布尔选择求差，基础视图选择壶体，工具体选择壶嘴，勾选“保留工具体”复选项，单击“确定”按钮，如图 6-105 所示。

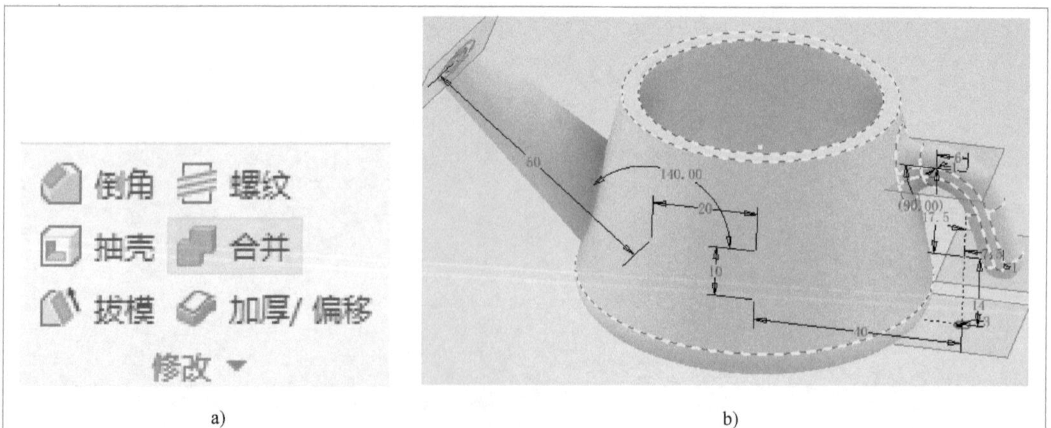

a)　b)

图 6-105

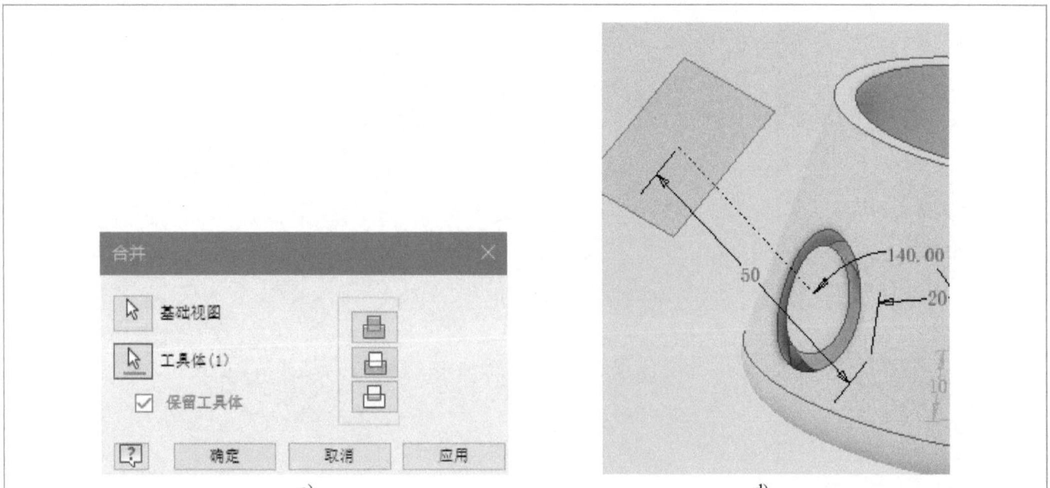


c) d)

图 6-105（续）

11）激活“删除面”命令，选择“体块”或“中空体”，选择需要删除的对象，单击“确定”按钮，如图 6-106 所示。

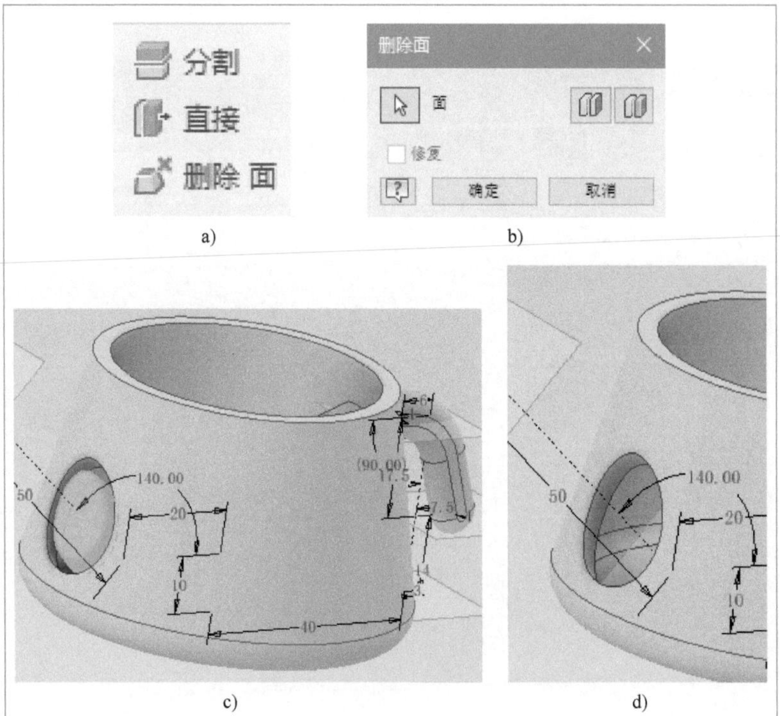


a) b) c) d)

图 6-106

12）在零件树内设置壶嘴显示可见性，如图 6-107 所示。

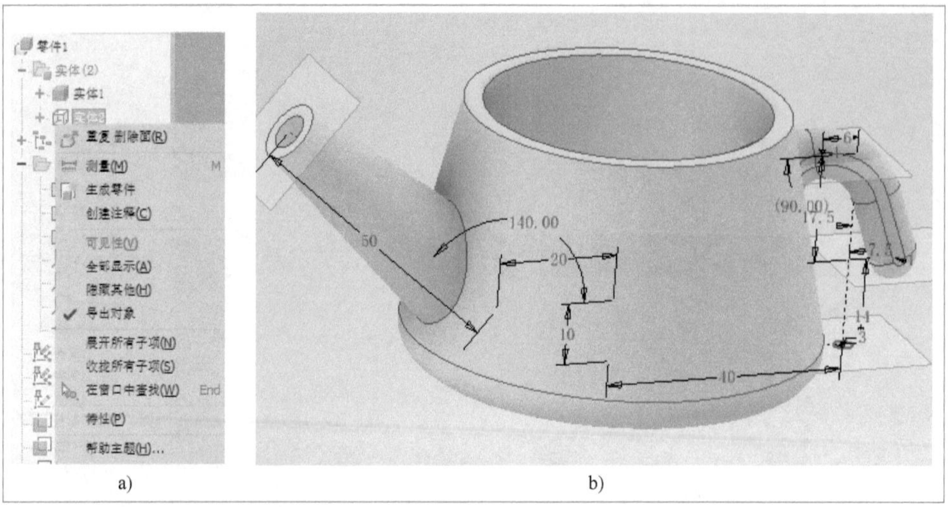


图 6-107

13）激活“合并”命令，选择两个实体，布尔选择求并，单击“确定”按钮，如图 6-108 所示。

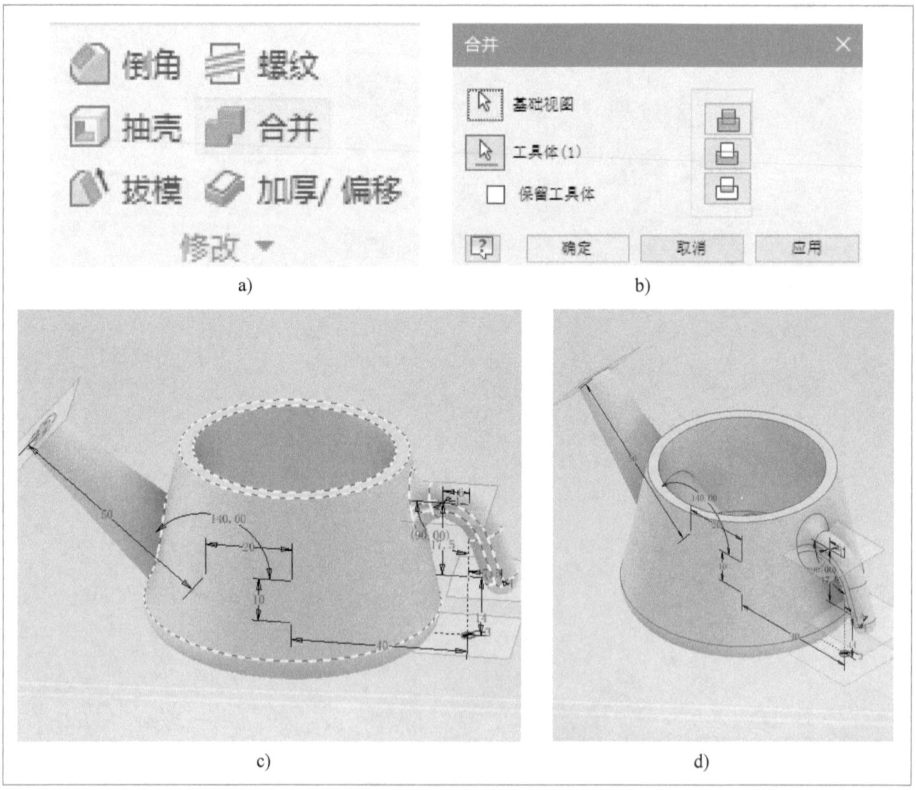


图 6-108

14）激活“删除面”命令，选择“修复”，选择需要删除修复的面。注意：壶嘴的内侧面不能选择，否则会导致内腔堵死，如图 6-109 所示。

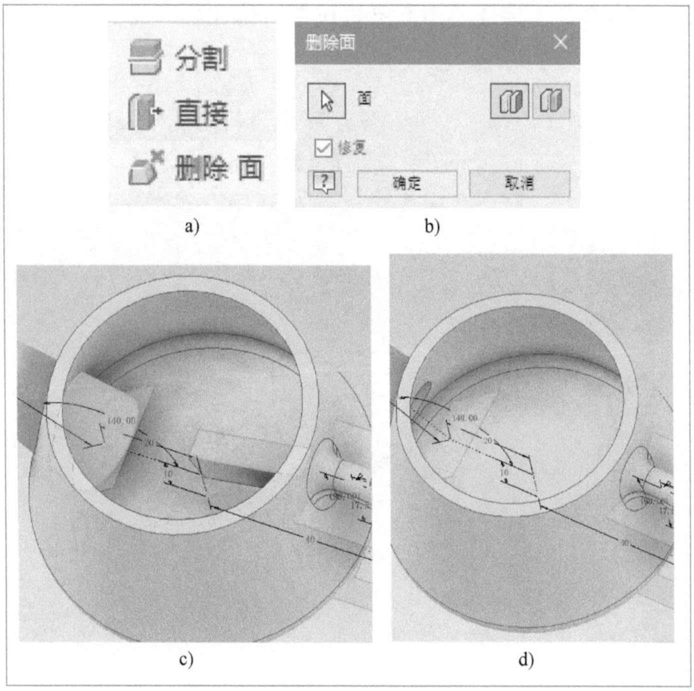


图 6-109

15）激活“圆角”命令，输入半径值“4”，选择线条进行倒圆，如图 6-110 所示。

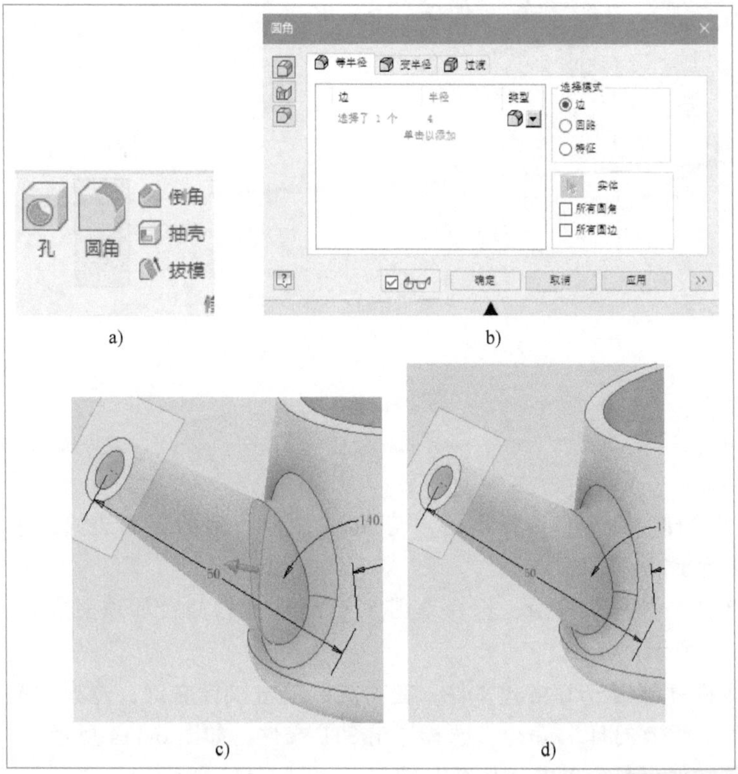


图 6-110

16）激活“拉伸”命令，选择草图 6 进行拉伸，拉伸距离为 3mm，如图 6-111 所示。

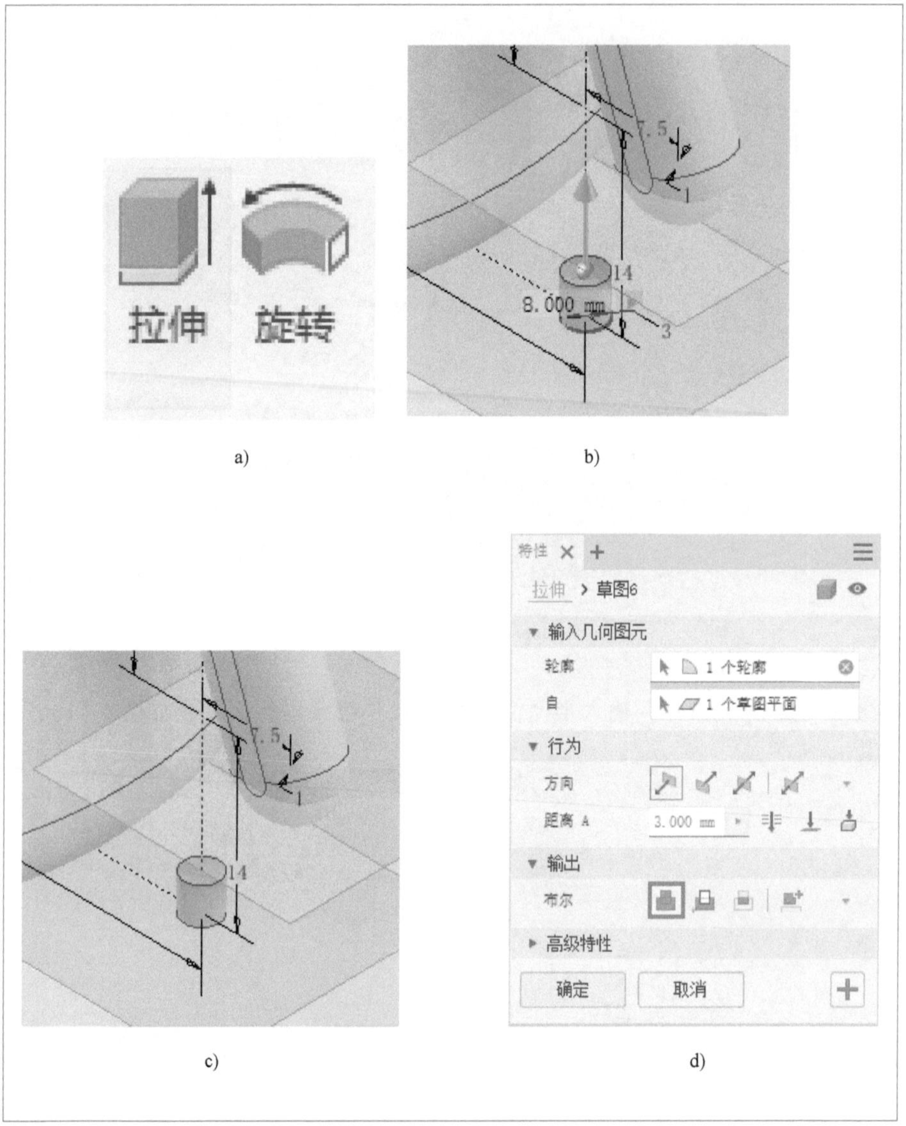


图 6-111

17）激活“放样”命令，选择草图 4 与 3mm 拉伸凸台的顶面边界，单击“确定”按钮，如图 6-112 所示。

18）再次激活“放样”命令，选择草图 5 与 3mm 拉伸凸台的顶面边界，单击“确定”按钮，如图 6-113 所示。

19）保存零件并导出 STL 格式文件。在功能区单击鼠标右键，选择“显示面板”下的“3D 打印”，激活“3D 打印”命令，选择导出 STL 文件，如图 6-114 所示。

选择路径，文件命名，单击“保存”按钮。如图 6-115 所示。

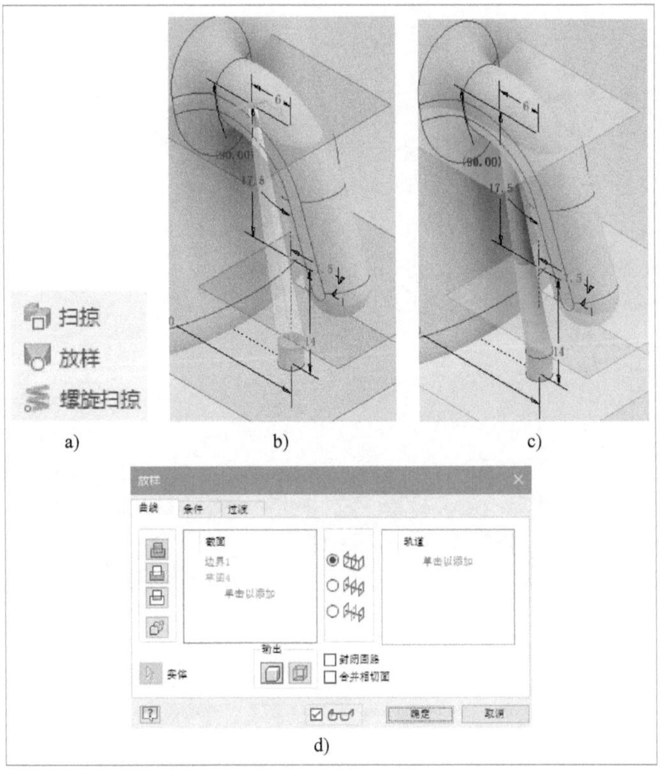
扫掠
放样
螺旋扫掠
a)
b)
c)
放样
曲线
条件
过渡
截面
边界1
草图4
单击以添加
轨道
单击以添加
输出
实体
封闭回路
合并相切面
确定
取消
d)

图 6-112

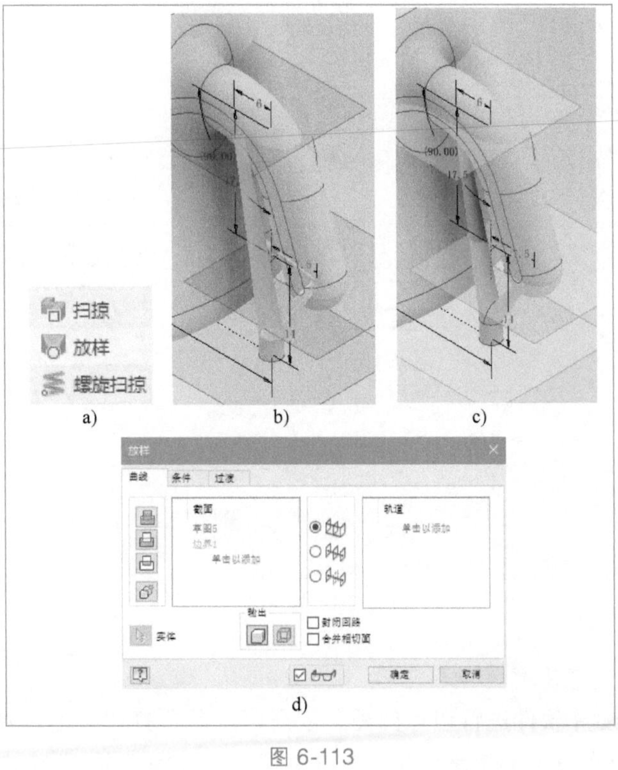
扫掠
放样
螺旋扫掠
a)
b)
c)
放样
曲线
条件
过渡
截面
草图5
边界1
单击以添加
轨道
单击以添加
输出
实体
封闭回路
合并相切面
确定
取消
d)

图 6-113

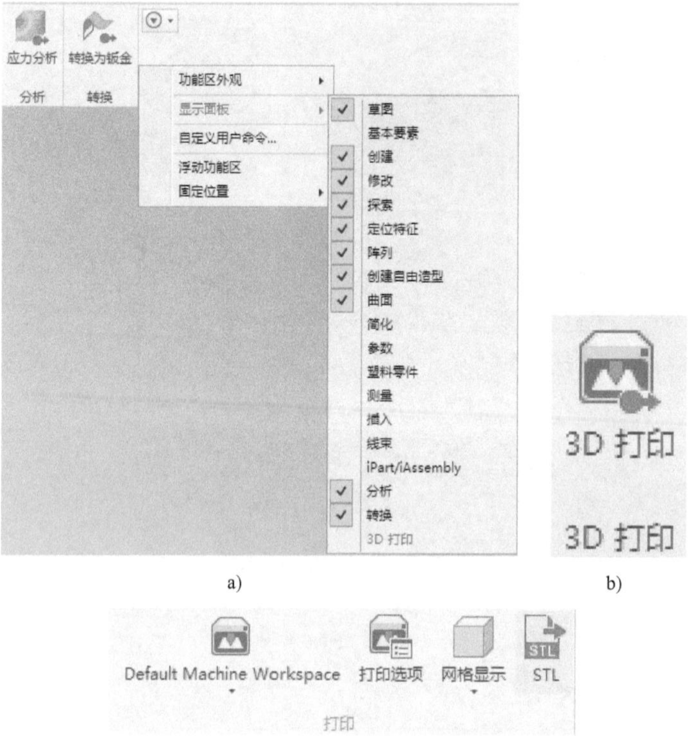

a) b) c)

图 6-114

图 6-115

## （三）模型打印（壶身）

1）将模型导入切片软件进行切片处理。依据第二章“打印机的基本操作”的内容，设置好打印此模型所需要的各个参数。最终将设置好的参数保存至 SD 卡内。

2）开机并检查打印平台是否校准、打印头是否堵塞、打印材料是否充足以及加热是否正常等。

3）将SD卡插入机器内，选择文件进行打印。

4）将设置的参数记录在表6-4内，以便于打印完成后的质量检查。打印过程中出现问题时，可查看切片参数，再次打印时可调整相应的参数，进行对比。每次打印完成后，基于最终模型进行整体打印参数的总结。

表6-4 “支撑设计（壶身）”打印参数表

| 序号 | 参数名称 | 数值 | 备注 |
| --- | --- | --- | --- |
| 1 | 层厚 | | |
| 2 | 壁厚 | | |
| 3 | 底层/顶层厚度 | | |
| 4 | 填充密度 | | |
| 5 | 挤出温度 | | |
| 6 | 平台温度 | | |
| 7 | 填充线间距 | | |
| 8 | 支撑类型 | | |
| 9 | 有无底座 | | |
| 总结 | | | |

### （四）项目分析（壶盖）

如图6-116所示，使用Inventor软件按照平面标注的尺寸绘制图形。使用草图绘制里的“开始创建二维草图”“线”“圆”“偏移”和“圆角”等命令，以及三维模型里的“旋转”命令绘制壶盖的模型。在绘图的过程中需要考虑所有图形尺寸在图形中的位置关系。

### （五）模型设计（壶盖）

#### 1. 草图的绘制与编辑

1）激活“开始创建二维草图”命令，选择*XY*平面，进入草图绘制界面，如图6-117所示。

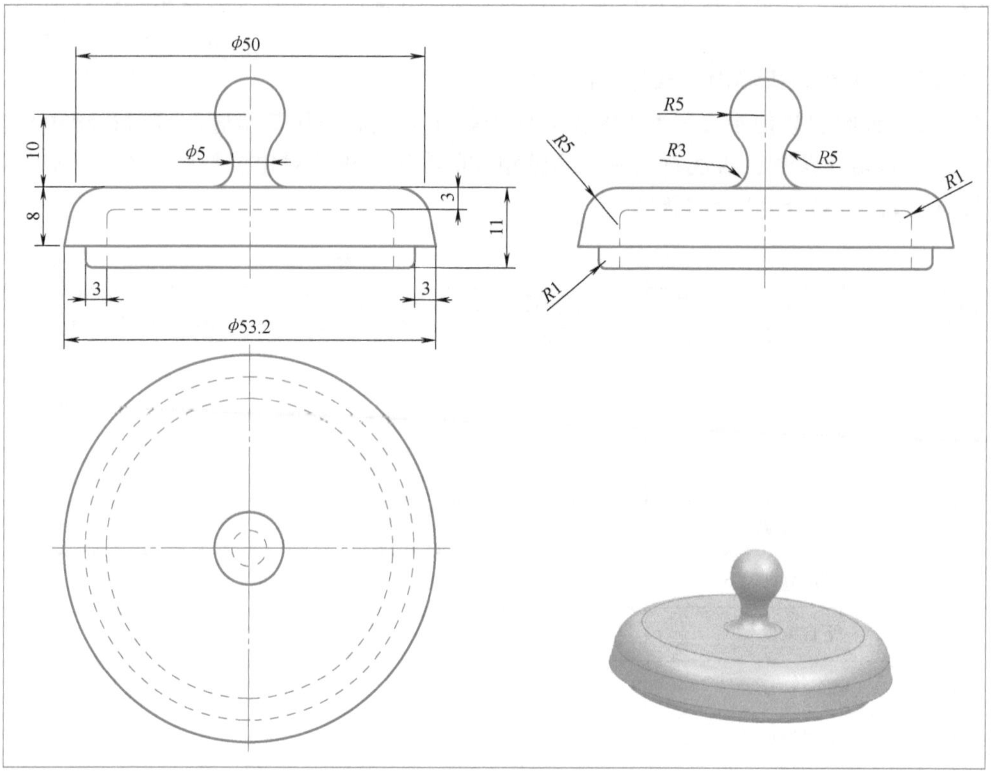


图 6-116

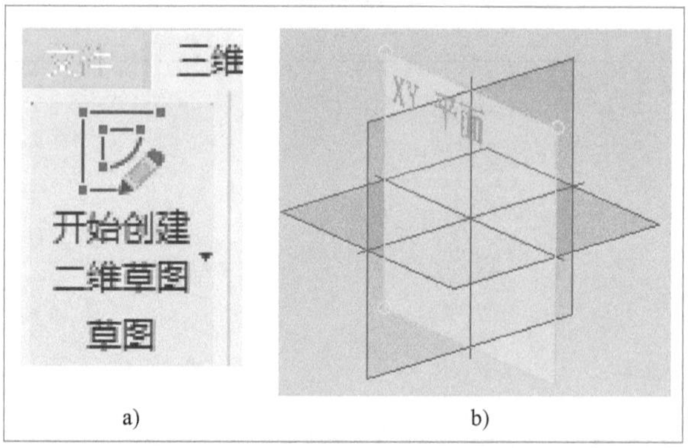


图 6-117

2）激活“线”与“构造”命令，捕捉原点为第 1 起点绘制直线，在 *X* 正方向输入尺寸“26. 6”，单击“确定”按钮，如图 6-118 所示。

3）再次激活“线”命令，捕捉原点为第 1 起点绘制直线，在 *Y* 正方向输入尺寸“8”，单击“确定”按钮，完成后取消“构造”命令，如图 6-119 所示。

4）激活“线”命令，捕捉直线端点位置为直线的起点绘制直线，在 *Y* 轴正方向输入尺寸“10”“5”，单击“确定”按钮，如图 6-120 所示。

5）激活“圆”命令，捕捉直线端点位置，绘制直径为 10mm 的圆，单击“确定”按钮，如图 6-121 所示。

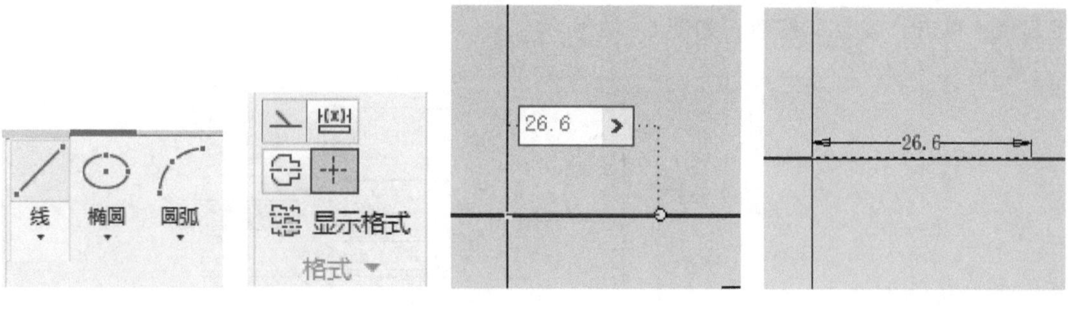


a) b) c) d)

图 6-118

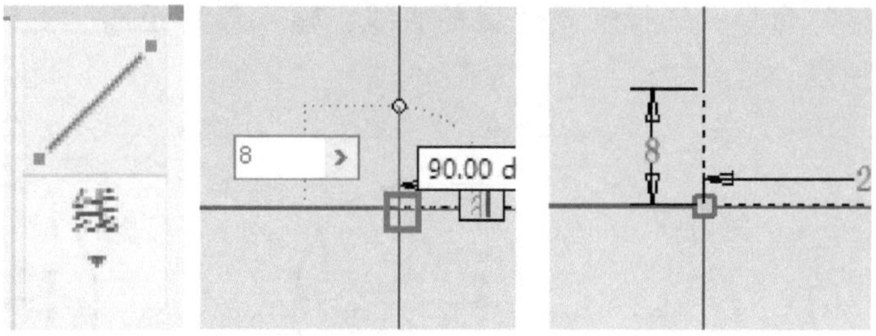


a) b) c)

图 6-119

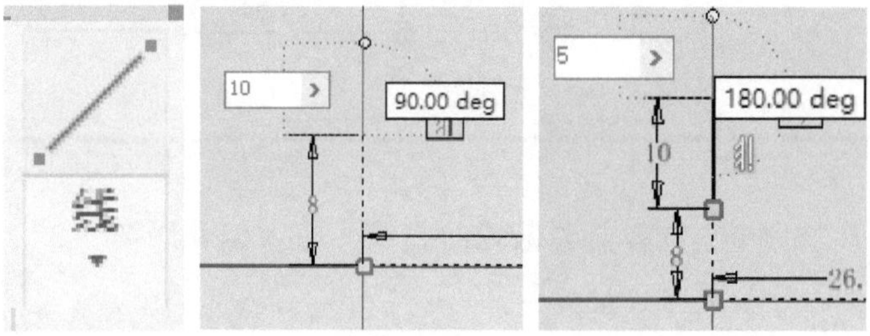


a) b) c)

图 6-120

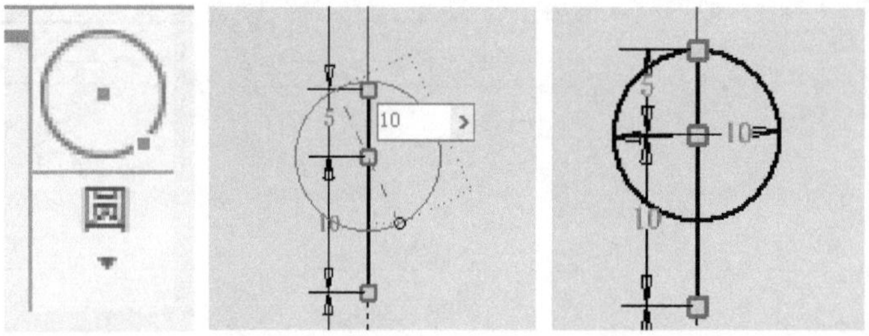


a) b) c)

图 6-121

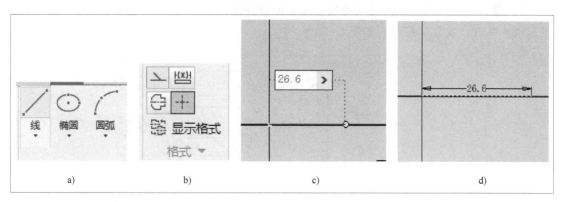

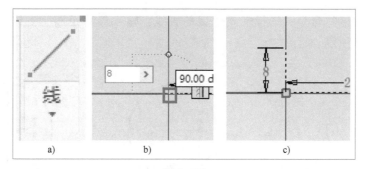

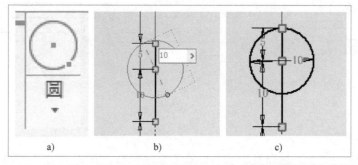

6）激活“线”命令，捕捉直线端点位置绘制直线，在 *X* 轴正方向输入尺寸“25”，连接起点，单击“确定”按钮，如图 6-122 所示。

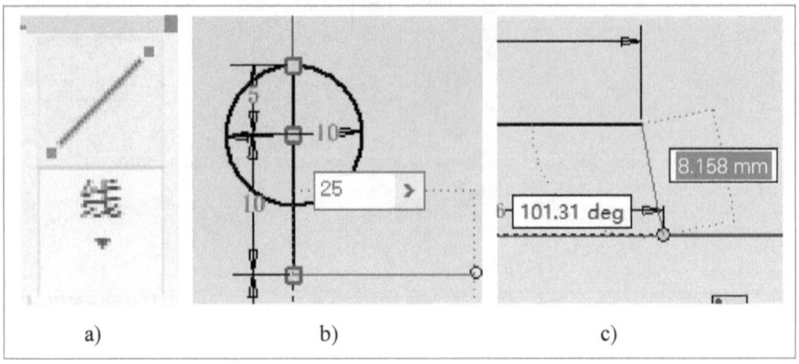


图 6-122

7）激活“偏移”命令，选择需要偏置的直线，输入偏移距离“2.5”，单击“确定”按钮，如图 6-123 所示。

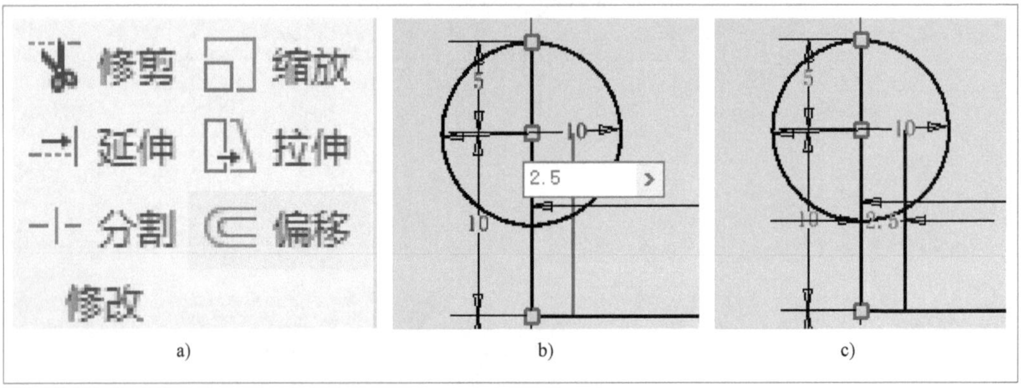


图 6-123

8）激活“偏移”命令，选择需要偏置的直线，输入偏移距离“3”，单击“确定”按钮，如图 6-124 所示。

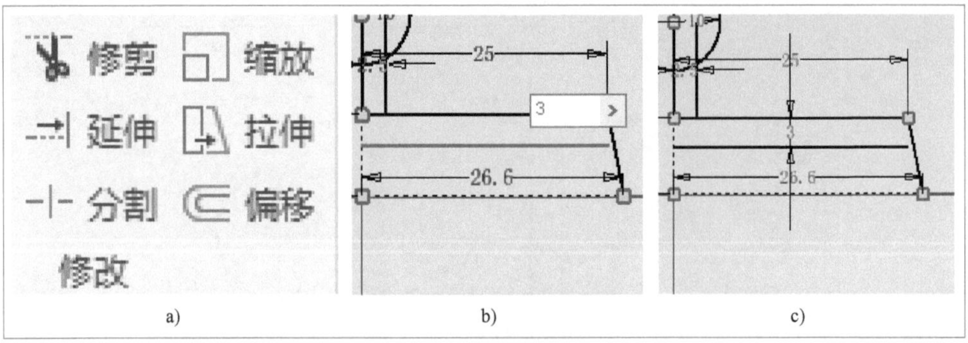


图 6-124

9）激活“线”命令，捕捉直线端点位置为直线起点，在 *X* 轴负方向输入尺寸 3，单击“确定”按钮，如图 6-125 所示。

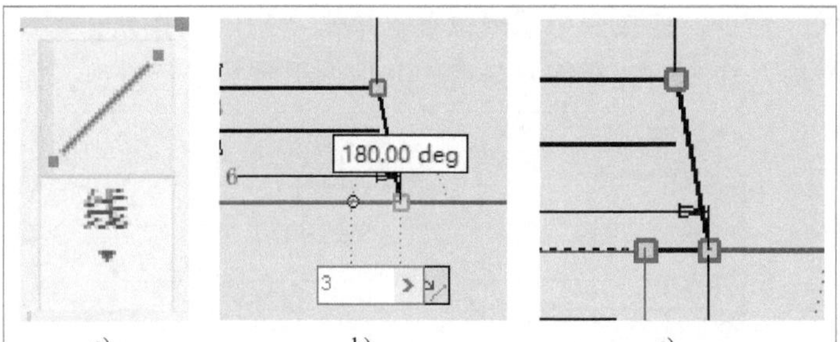


a) b) c)

图 6-125

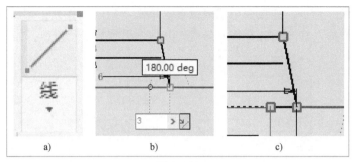

继续绘制直线，在 *Y* 轴负方向输入尺寸“3”，单击“确定”按钮，如图 6-126 所示。

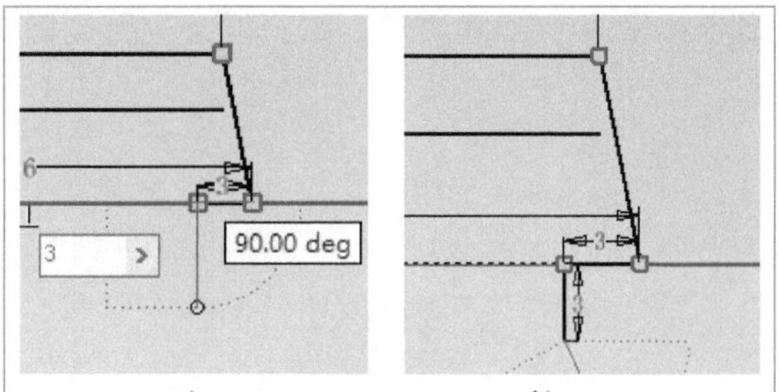


a) b)

图 6-126

在 *X* 轴负方向输入尺寸“3”，单击“确定”按钮，如图 6-127 所示。

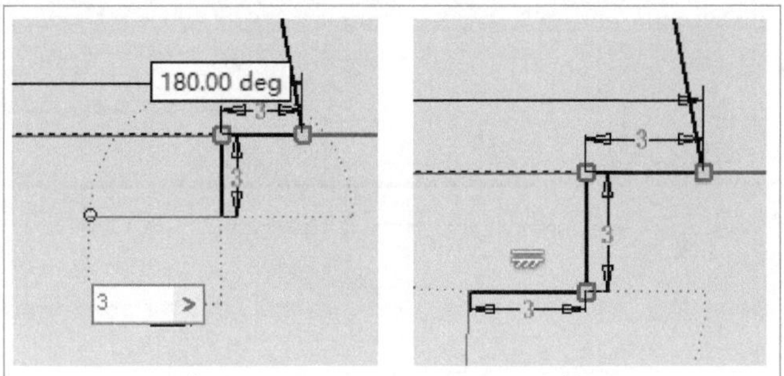


a) b)

图 6-127

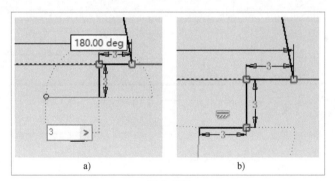

在 *Y* 轴正方向输入尺寸“8”，单击“确定”按钮，如图 6-128 所示。

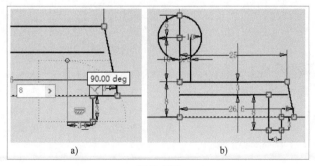

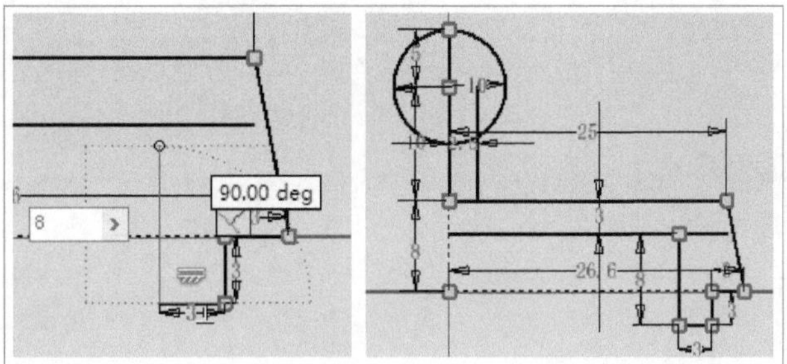


a) b)

图 6-128

10）激活“线”命令，连接两个端点位置，单击“确定”按钮，如图 6-129 所示。

11）激活“修剪”命令，选择需要修剪的几何图形数据进行修剪，如图 6-130 所示。

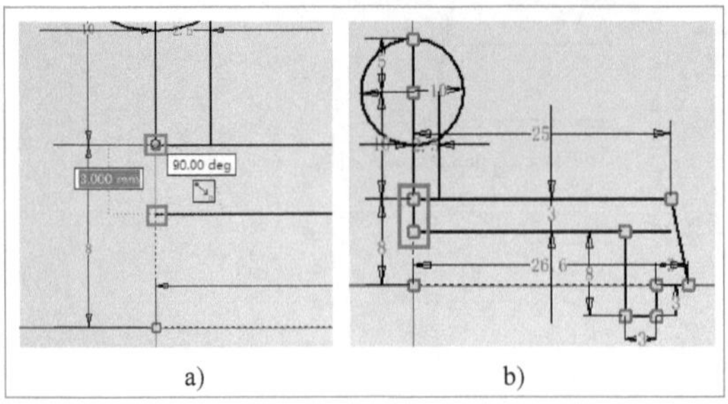


图 6-129

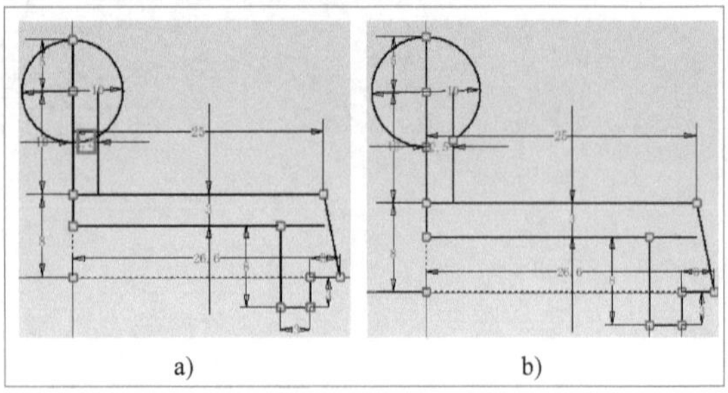


图 6-130

12）激活“圆角”命令，输入半径值“5”，选择线条进行倒圆，如图 6-131 所示。

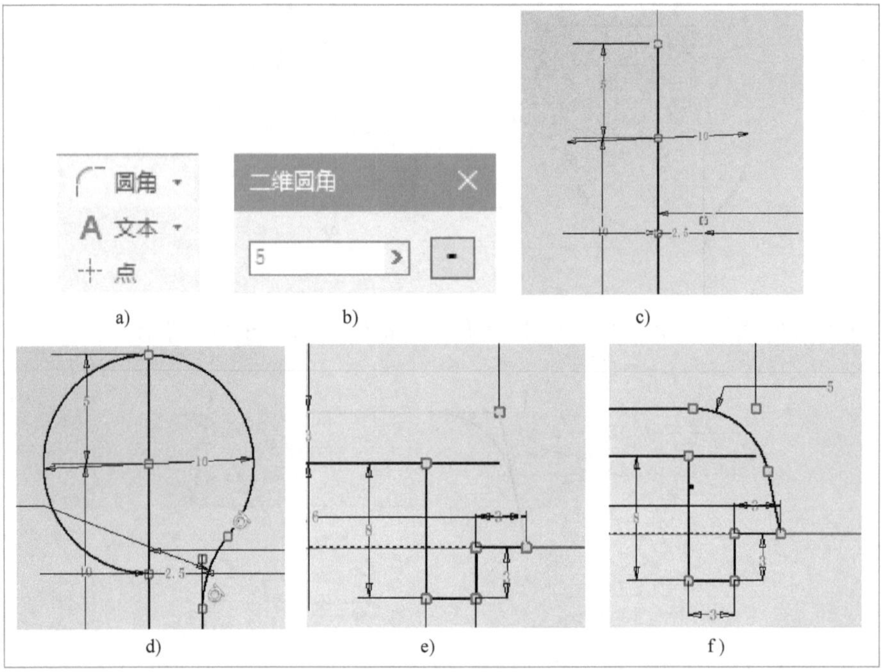


图 6-131

13）激活“圆角”命令，输入半径值“3”，选择线条进行倒圆，如图 6-132 所示。

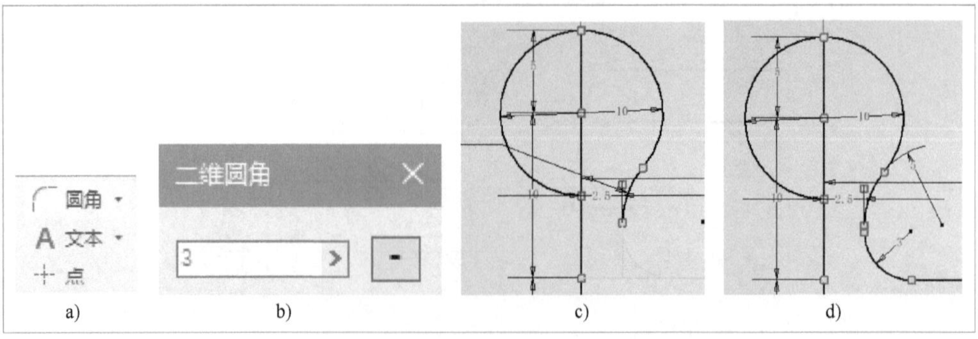


图 6-132

14）激活“圆角”命令，输入半径值“1”，选择线条进行倒圆，如图 6-133 所示。

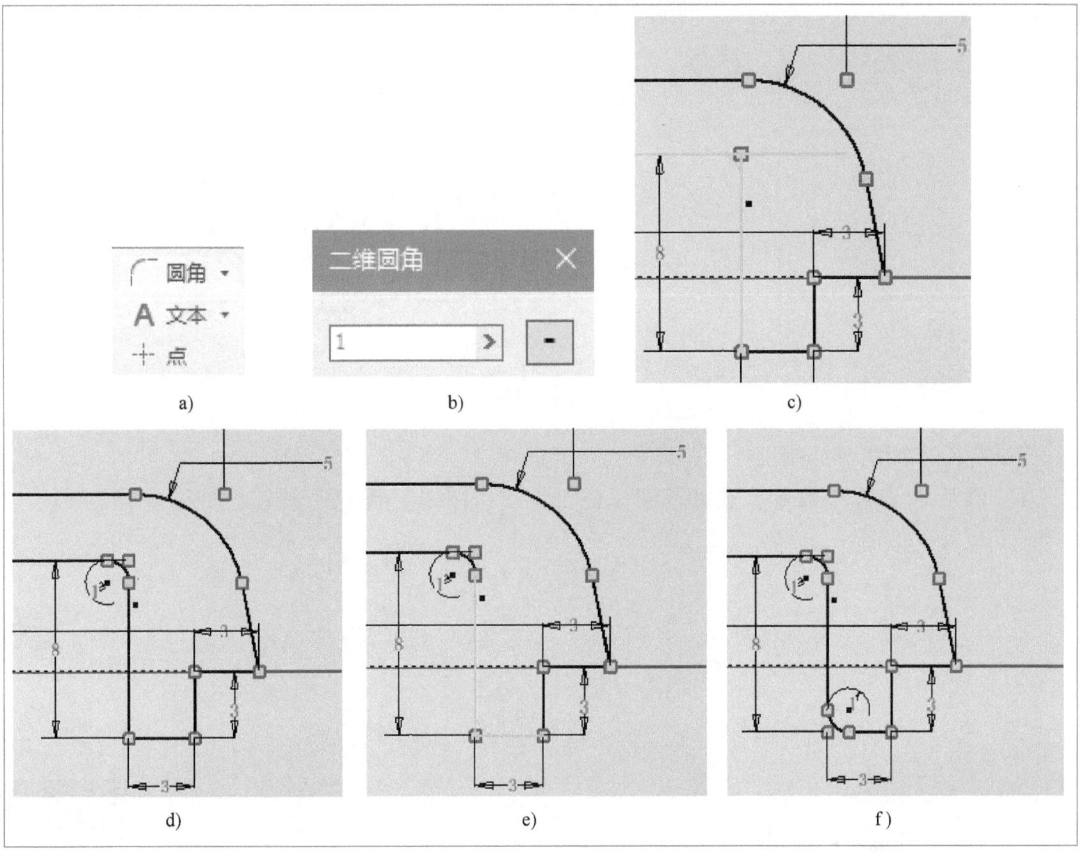


图 6-133

15）选择直径为 10mm 的标注线，删除，否则无法进行下一步修剪。选择需要删除的尺寸，按键盘<Delete>键进行删除，如图 6-134 所示。

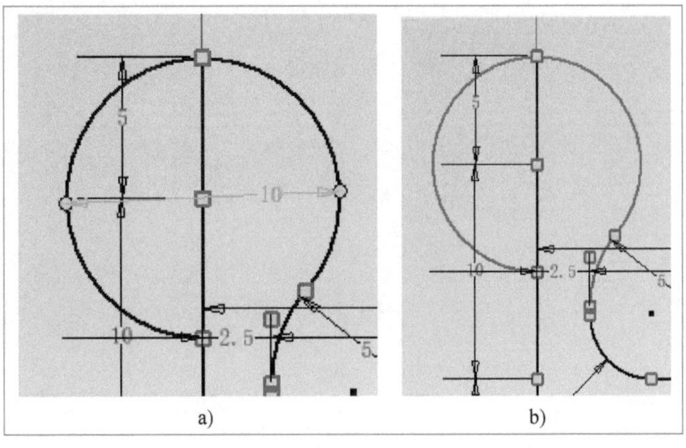

图 6-134

16）激活“修剪”命令，选择需要修剪的图形数据进行修剪，完成草图，如图 6-135 所示。

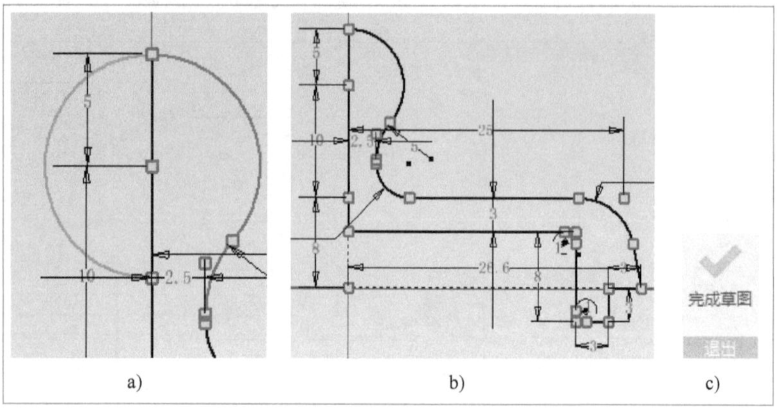


图 6-135

## 2. 特征的创建与编辑

1）激活“旋转”命令，选择草图 1 进行旋转，单击“确定”按钮，如图 6-136 所示。

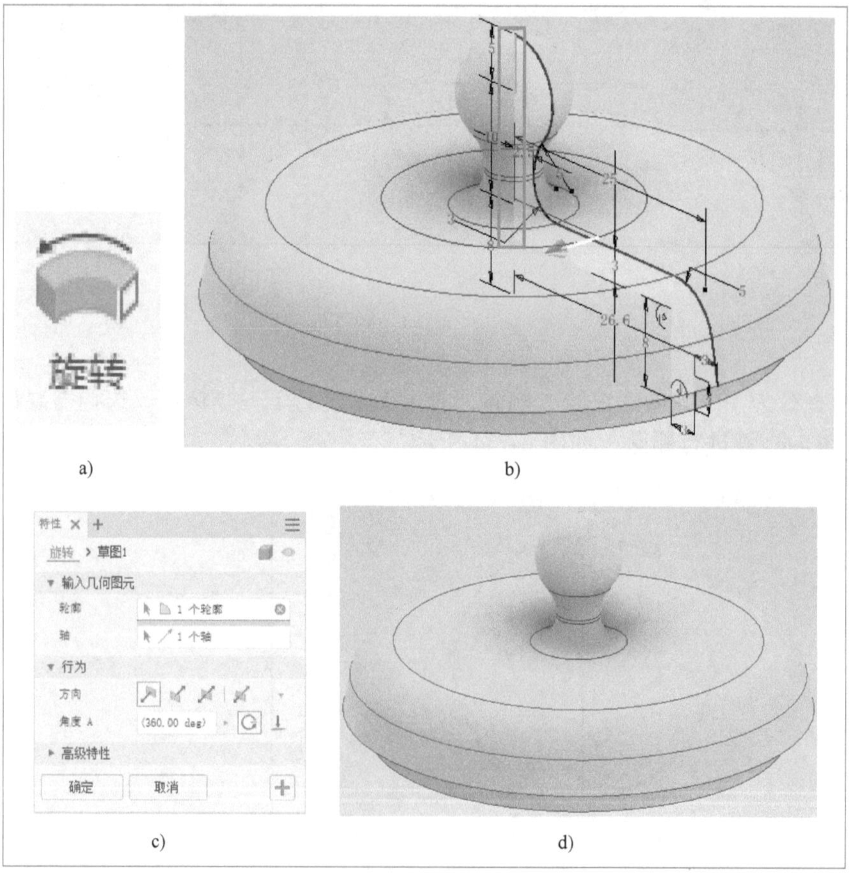


图 6-136

2）保存零件并导出 STL 文件。在功能区单击鼠标右键，选择“显示面板”下的“3D 打印”，激活“3D 打印”命令，选择导出 STL 文件，如图 6-137 所示。

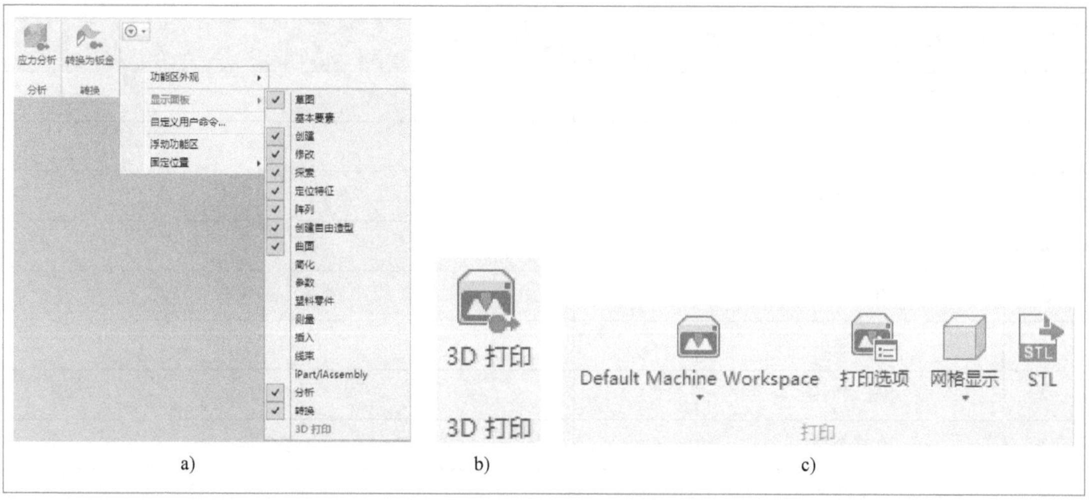


图 6-137

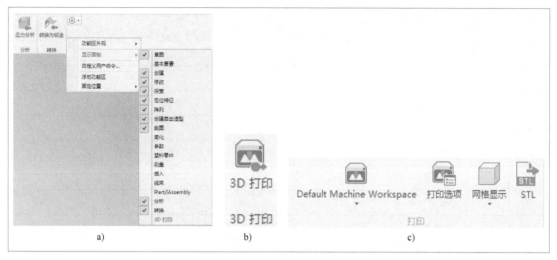

选择路径，文件命名，单击“保存”按钮，如图 6-138 所示。

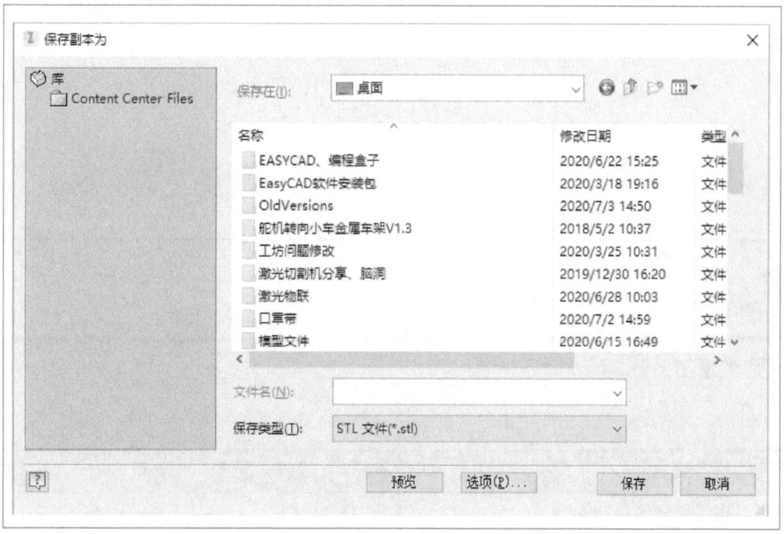


图 6-138

（六）模型打印（壶盖）

1）将模型导入切片软件进行切片处理。依据第二章“打印机的基本操作”的内容，设置好打印此模型所需要的各个参数。最终将设置好的参数保存至 SD 卡内。

2）开机并检查打印平台是否校准、打印头是否堵塞、打印材料是否充足以及加热是否正常等。

3）将 SD 卡插入机器内，选择文件进行打印。

4）将设置的参数记录在表 6-5 内，进行打印。以便于了解打印完成后质量的差异。打印过程中出现问题时，可查看切片参数，再次打印时可调整相应的参数，进行对比。每次打印完成后，基于最终模型进行整体打印参数的总结。

表 6-5 “支撑设计（壶盖）”打印参数表

| 序号 | 参数名称 | 数值 | 备注 |
|---|---|---|---|
| 1 | 层厚 | | |
| 2 | 壁厚 | | |
| 3 | 底层/顶层厚度 | | |
| 4 | 填充密度 | | |
| 5 | 挤出温度 | | |
| 6 | 平台温度 | | |
| 7 | 填充线间距 | | |
| 8 | 支撑类型 | | |
| 9 | 有无底座 | | |
| 总结 | | | |

## 四、学习评价

学习评价见表 6-6。

表 6-6 “支撑设计”学习评价表

| 评价项目 | 评价标准 | 配分 | 自评 | 互评 | 师评 | 综合 |
|---|---|---|---|---|---|---|
| 草图绘制 | 能正确使用草图绘制命令 | 15 | | | | |
| 草图编辑 | 能正确使用草图编辑命令 | 20 | | | | |
| 特征创建 | 能正确使用特征创建命令 | 15 | | | | |
| 特征编辑 | 能正确使用特征编辑命令 | 10 | | | | |
| 作品制作 | 能正确使用设备进行作品制作 | 15 | | | | |
| 项目反思 | 1)在完成项目过程中,你遇到了什么样的问题?<br>2)你是如何解决上述问题的?<br>3)你的方法是否有效解决了问题并达到了预期效果?<br>每回答一个问题得 5 分,书写工整且逻辑清晰的可得 10 分附加分。 | 25 | | | | |

## 五、案例拓展

建模并打印如图 6-139（猎豹）、图 6-140（洒水壶）和图 6-141（外星人）所示的制品。

图 6-139

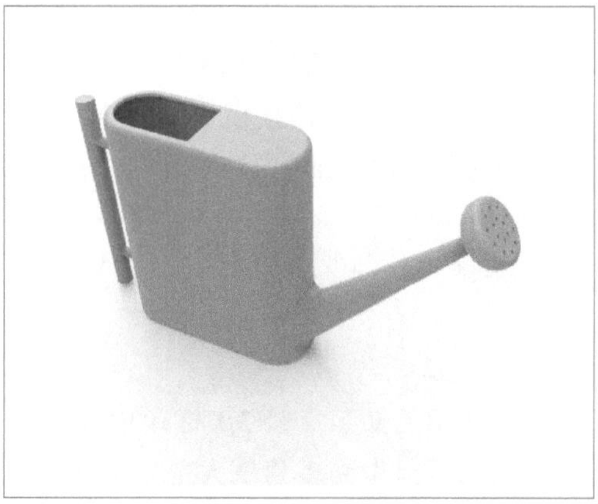

图 6-140

## 六、课后练习

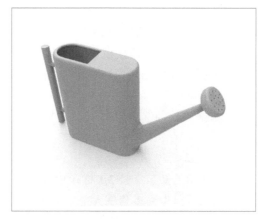

按图 6-142 独立进行建模并打印。

图 6-141

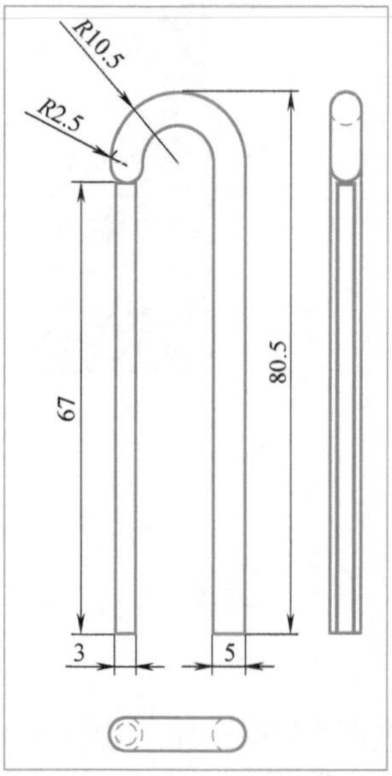


图 6-142

# 第三节　球形连接——手环的设计

## 一、学习目标

1. 了解“球形连接”的概念。

2. 熟练掌握球形连接模型的建模方式。

3. 掌握“开始创建二维草图”“线”“圆”“偏移”“修剪”和“圆角”等草图绘制命令。

4. 掌握“拉伸”“旋转”复制对象”“移动实体”和“圆角”等特征命令。

## 二、项目描述

本节介绍的知识点是3D打印中“球形连接”。球形连接是一种可拆卸的连接方式，相连接的结构可以做到多角度大范围的旋转，而且这种结构可以无限叠加并固定旋转后的某一位置。图6-143所示为一种采用球形连接方式制作的摄像头固定架，可以通过中间的球形连接达到捕捉各个角度进行摄像的功能。

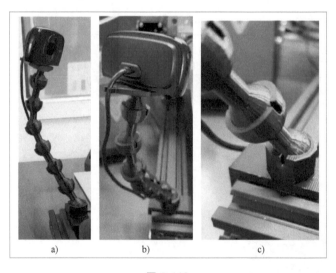

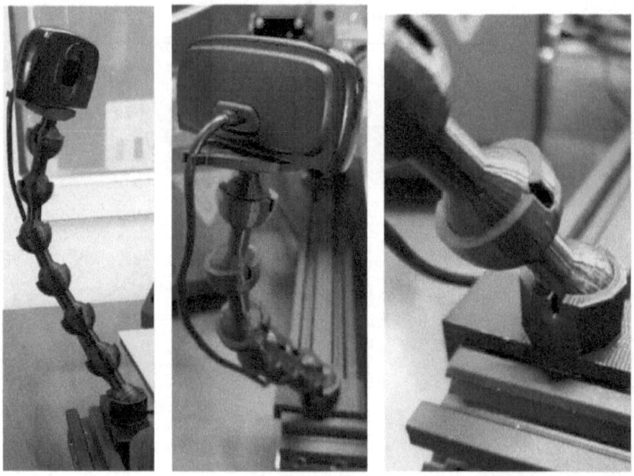

a)　b)　c)

图 6-143

## 三、学习过程

### （一）项目分析

如图6-144所示，使用Inventor软件按照平面标注的尺寸绘制图形。使用草图绘制里的“开始创建二维草图”“线”“圆”“偏移”“修剪”和“圆角”等命令，以及三维模型里的“拉伸”“旋转”“复制对象”“移动实体”和“圆角”等命令。注意：在绘图的过程中，删除尺寸线后不能移动几何图形数据，否则限定过的尺寸会变形，导致尺寸失效。在修剪过程中，如果某条线段无法修剪，可以先尝试修剪另外的线段，直至可以完全修剪。

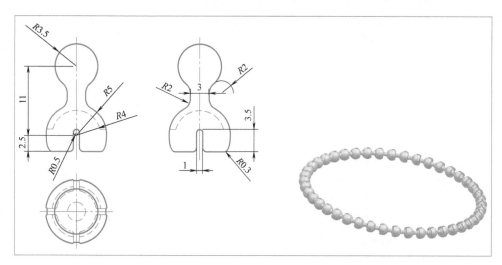

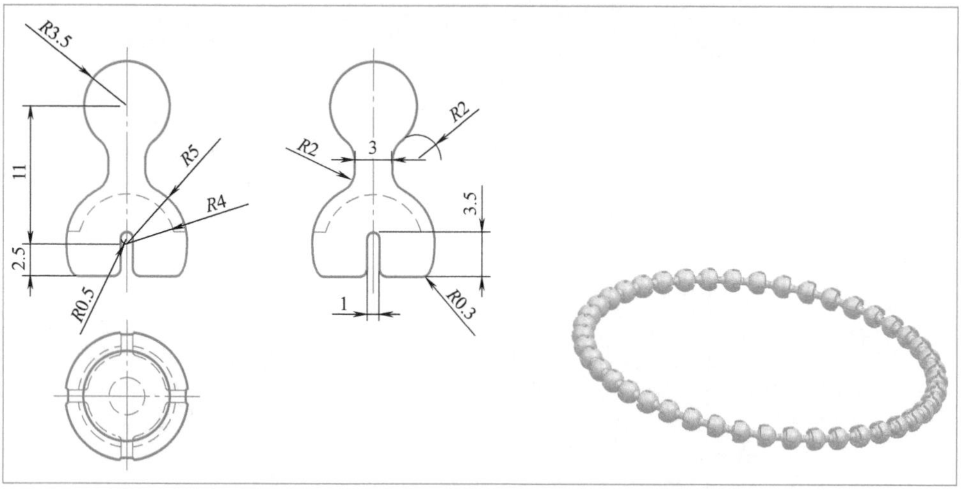


图 6-144

（二）模型设计

1. 草图的创建与编辑

1）激活“开始创建二维草图”命令，选择 *XY* 平面，进入草图绘制界面，如图 6-145 所示。

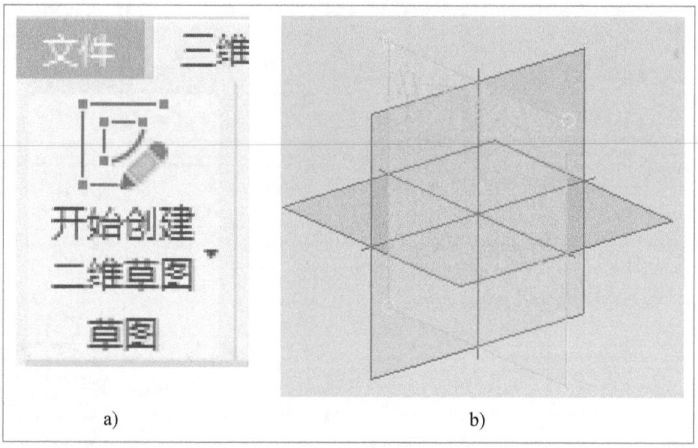


图 6-145

2）激活“线”命令，捕捉图形原点为直线端点绘制直线，在 *Y* 轴正方向输入尺寸“2.5”“2.5”“11”和“3.5”，如图 6-146 所示。

3）激活“圆”命令，捕捉直线端点位置，绘制两个直径为 7mm 和 10mm 的圆，如图 6-147 所示。

4）激活“偏移”命令，选择需要偏移的几何图形数据，输入偏移距离“1”，单击“确定”按钮，如图 6-148 所示。

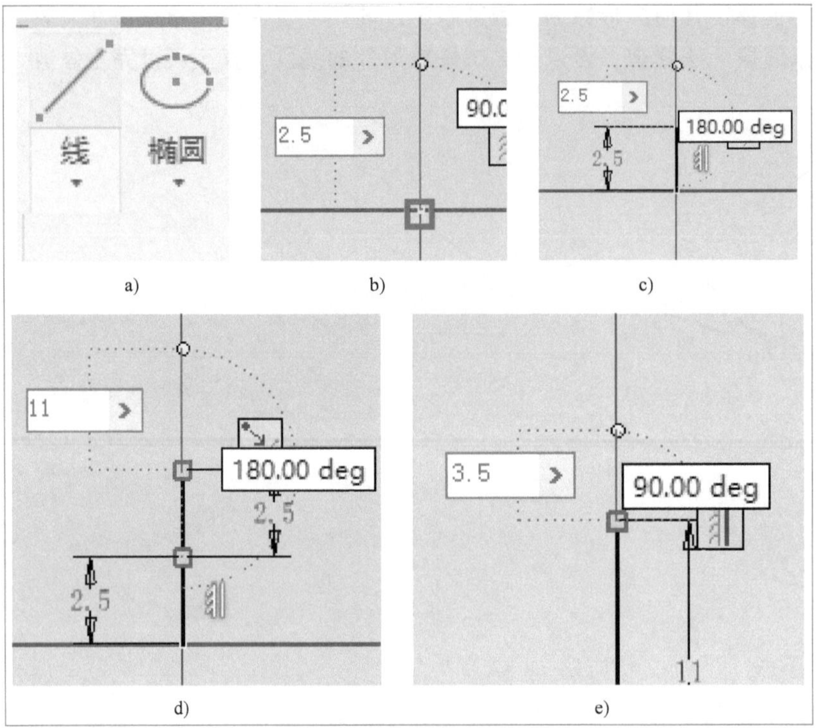


图 6-146

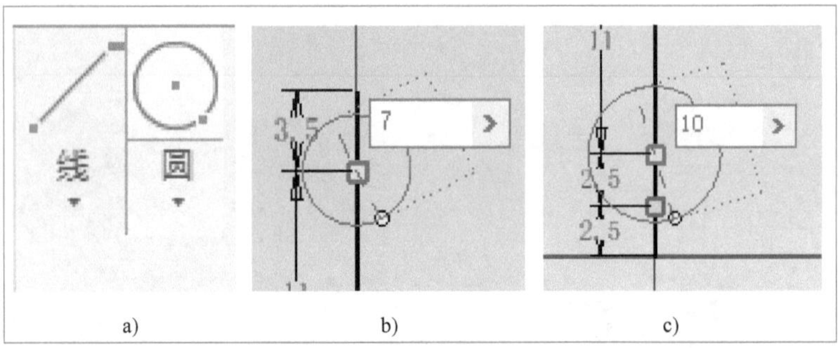


图 6-147

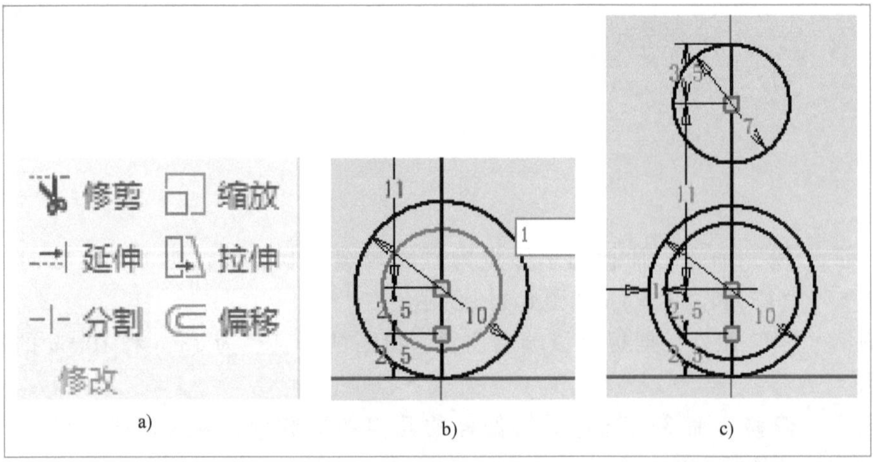


图 6-148

5）激活“线”命令，捕捉直线端点位置为起点绘制直线，在 X 轴捕捉直径为 10mm 的圆的交点位置为另一端点，单击“确定”按钮，如图 6-149 所示。

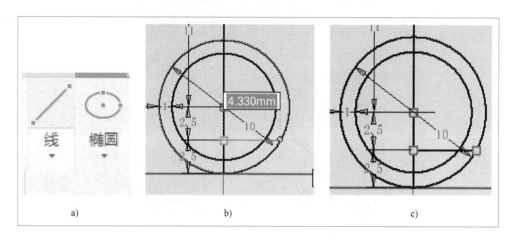

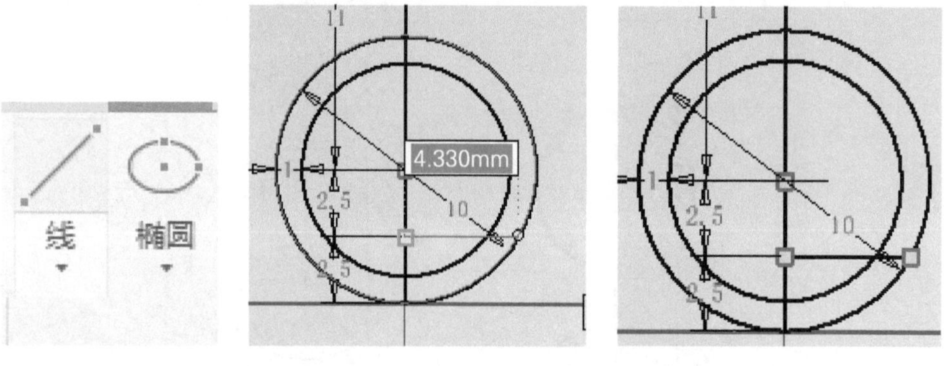


a) b) c)

图 6-149

6）激活“线”命令，捕捉直线端点位置为起点绘制直线，在 X 轴输入尺寸“1.5”，如图 6-150 所示。

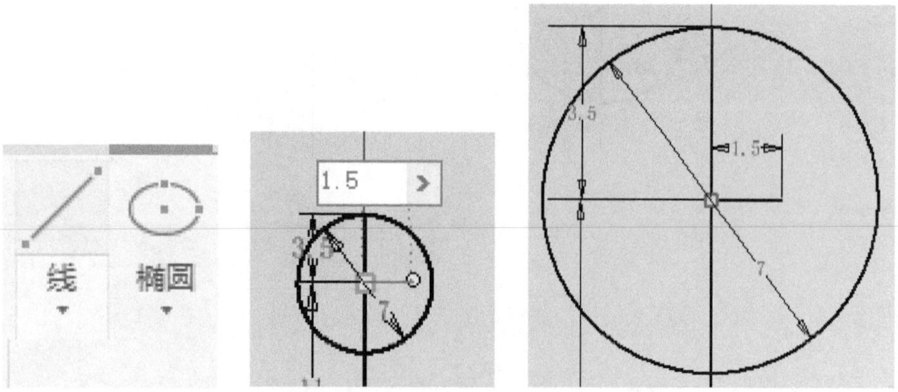


a) b) c)

图 6-150

沿 Y 轴垂直向下捕捉圆的交点位置为另一端点位置，如图 6-151 所示。

7）选择直径为 7mm 的标注线，按键盘<Delete>键进行删除，否则下一步无法修剪该图形。删除之后不能移动标注过的图元，否则尺寸会改变，如图 6-152 所示。

8）激活“修剪”命令，选择需要修剪的对象进行修剪，完成草图，如图 6-153 所示。

9）激活“开始创建二维草图”命令，选择 XY 平面，进入草图绘制界面，如图 6-154 所示。

10）激活“线”命令，捕捉图形原点为直线第 1 个起点绘制直线，在 X 轴负方向输入尺寸“0.5”，单击“确定”按钮，如图 6-155 所示。

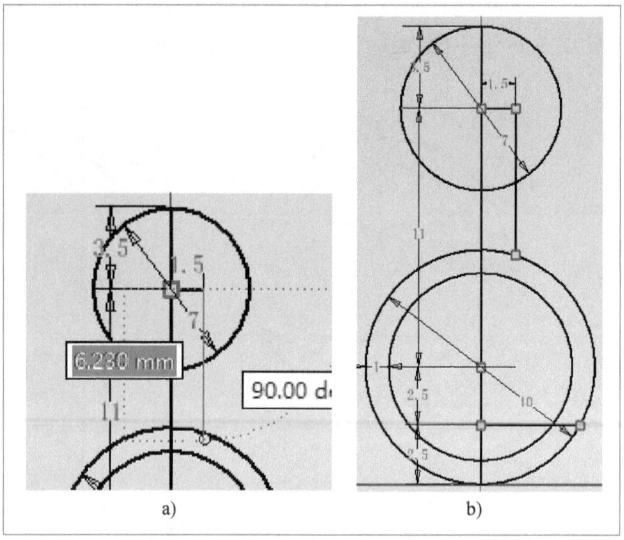


图 6-151

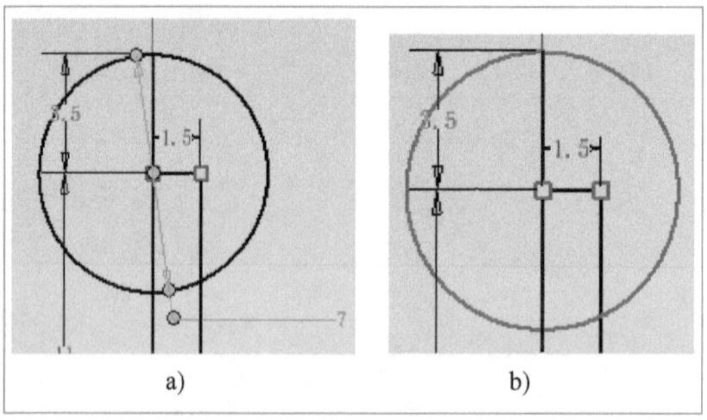


图 6-152

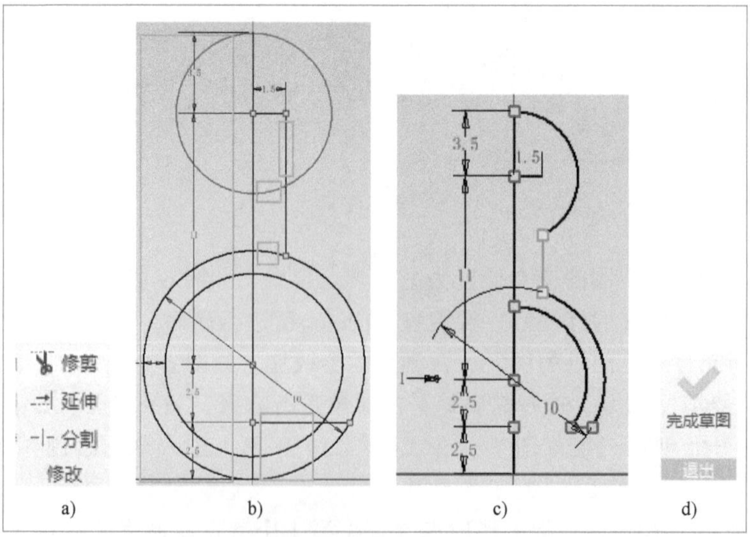


图 6-153

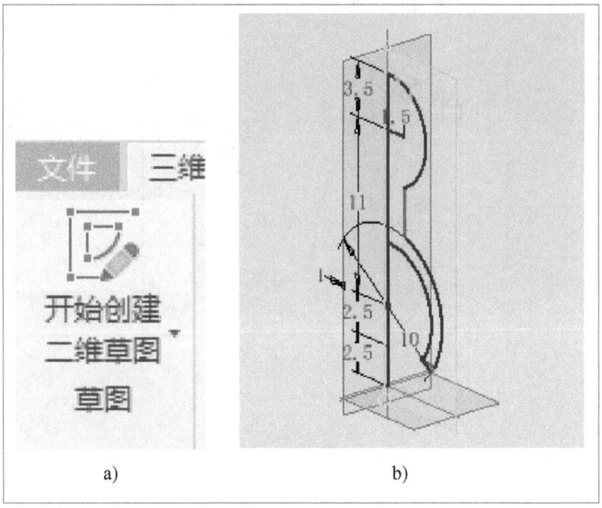


图 6-154

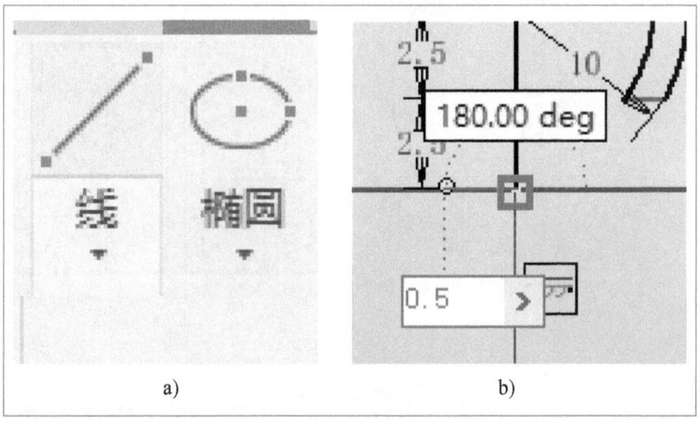


图 6-155

在 Y 轴正方向输入尺寸“6”，单击“确定”按钮，如图 6-156 所示。

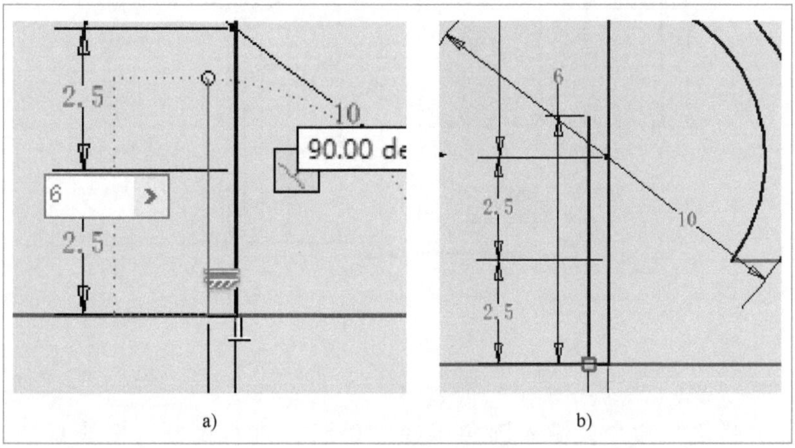


图 6-156

在 *X* 正方向输入尺寸“1”，单击“确定”按钮，如图 6-157 所示。

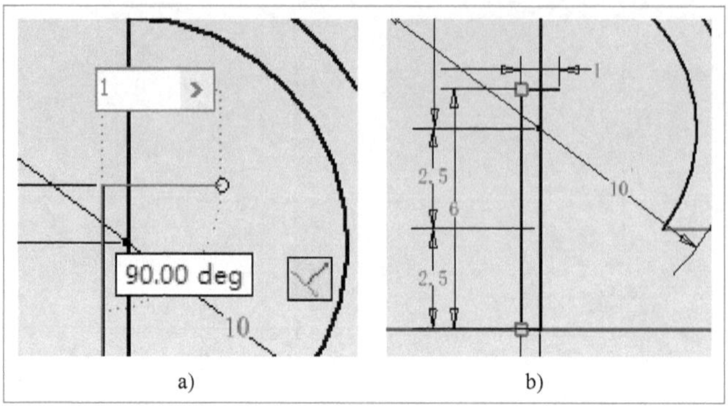

图 6-157

在 *Y* 负方向输入尺寸“6”，单击“确定”按钮，如图 6-158 所示。

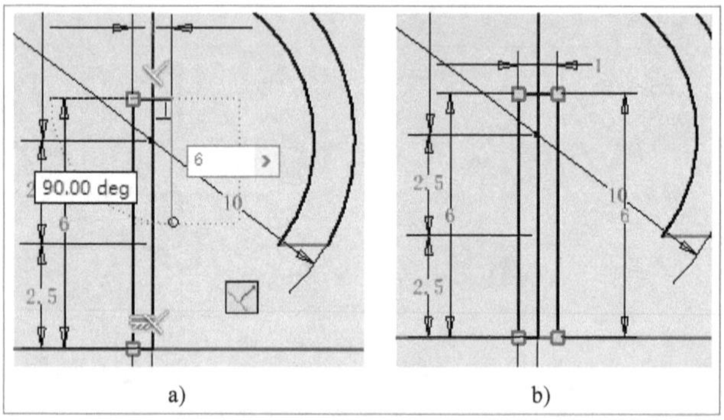

图 6-158

连接起点位置，单击“确定”按钮，如图 6-159 所示。

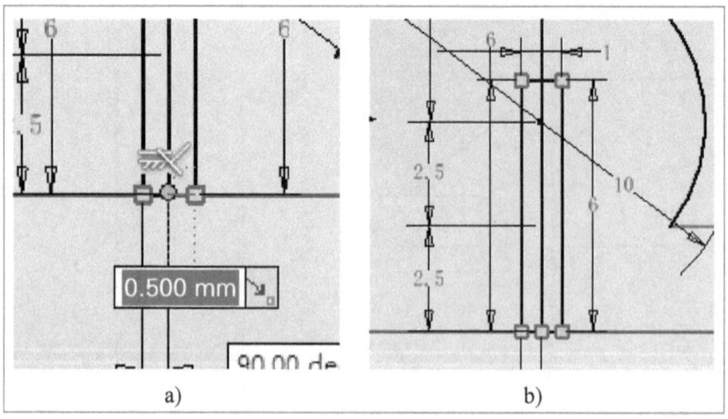

图 6-159

11）激活“圆角”命令，输入圆角半径“0.5”，进行倒圆，完成草图，如图 6-160 所示。

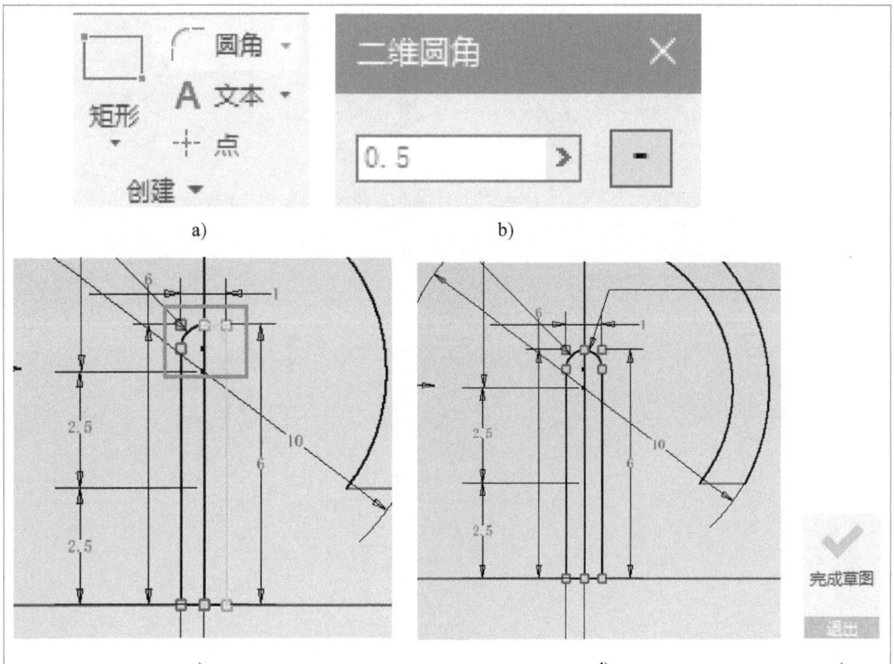


a) b) c) d) e)

图 6-160

2. 特征的创建与编辑

1）激活“拉伸”命令，选择草图 2，设置拉伸距离为 20mm，方向选择“对称”，单击“应用”按钮创建拉伸特征，如图 6-161 所示。

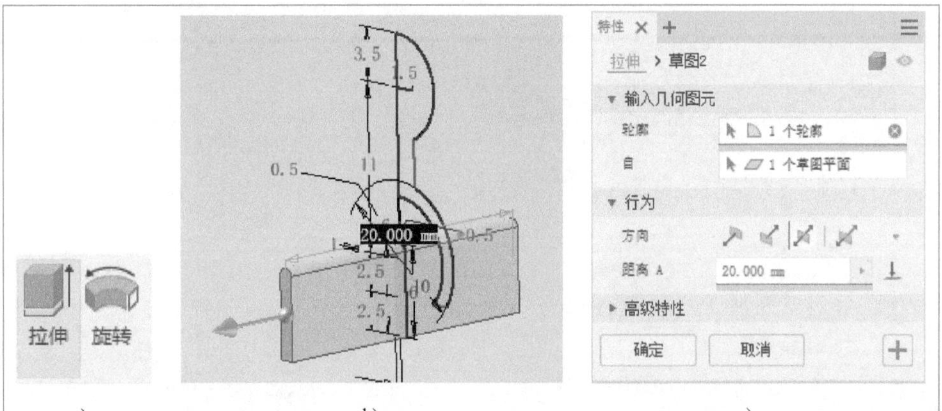


a) b) c)

图 6-161

2）激活“旋转”命令，选择需要旋转的图元，选择旋转轴，新建实体进行旋转，单击“确定”按钮，如图 6-162 所示。

3）激活“复制对象”命令，选择拉伸的实体，选择修复的几何图元，单击“确定”按钮，如图 6-163 所示。

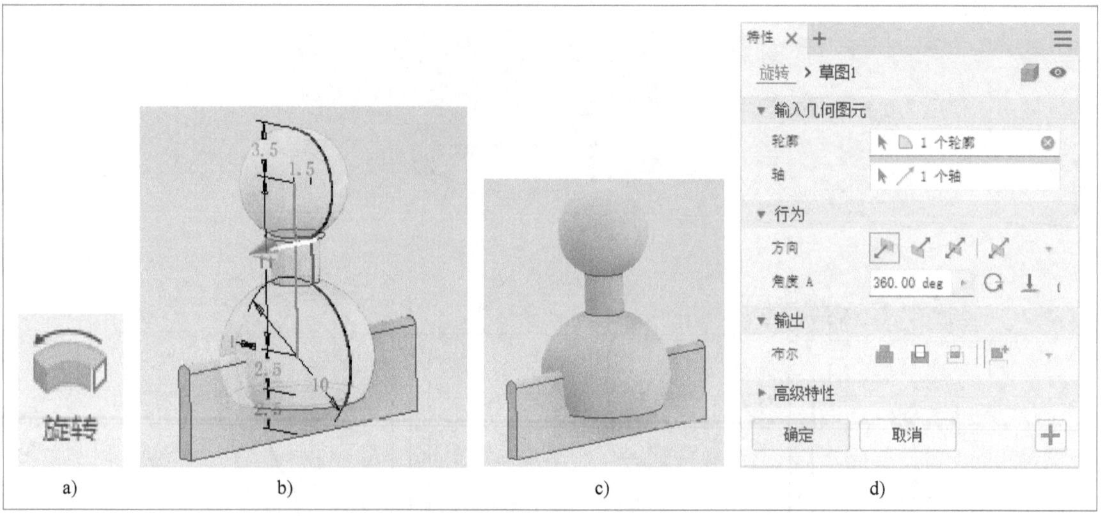


图 6-162

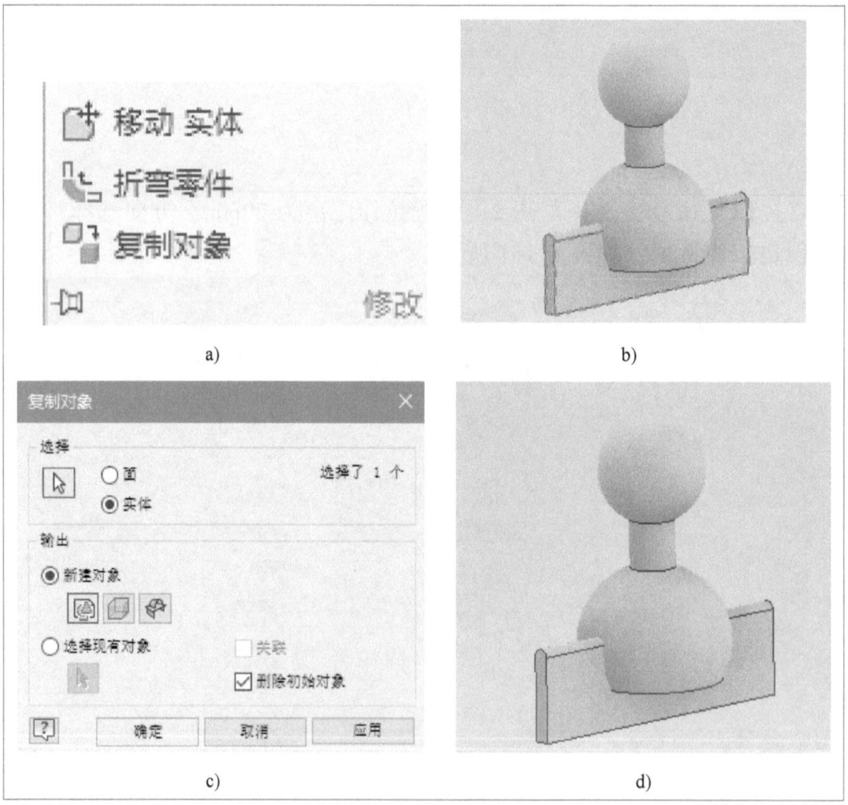


图 6-163

4）激活“移动实体”命令，选择刚复制的实体，绕直线旋转，单击“确定”按钮，如图 6-164 所示。

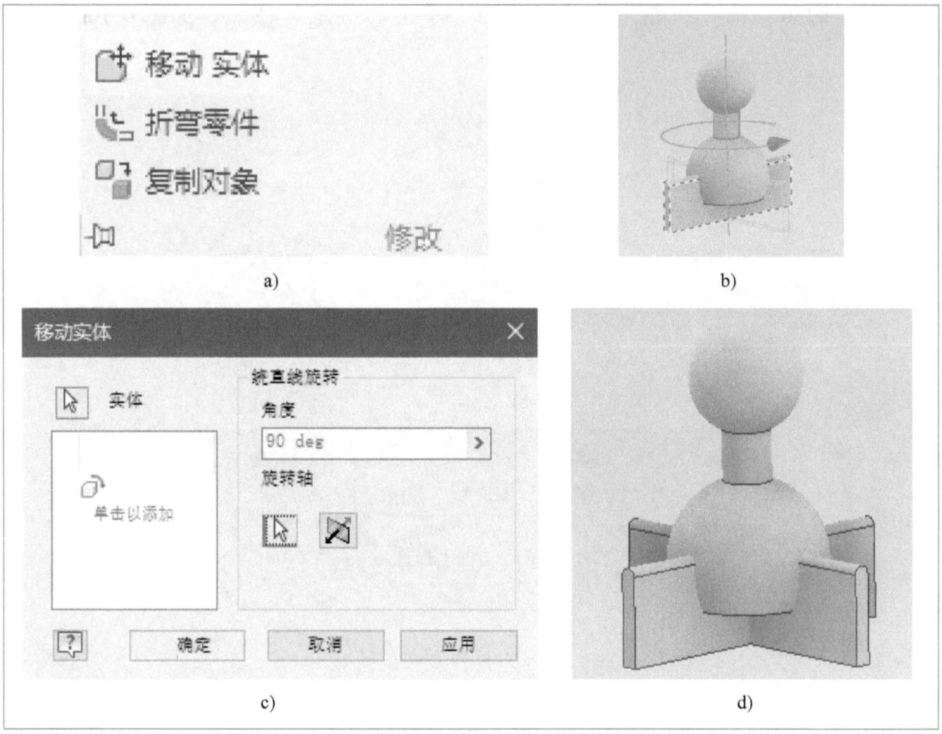


图 6-164

5）激活“合并”命令，进行合并操作，如图 6-165 所示。

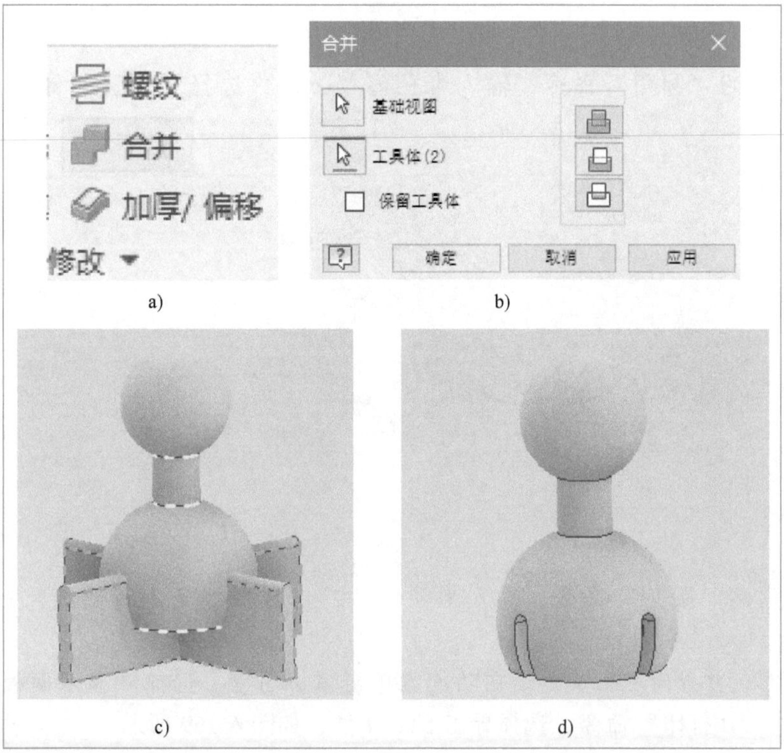


图 6-165

6）激活“圆角”命令，输入尺寸“0.5”，单击“确定”按钮，如图 6-166 所示。

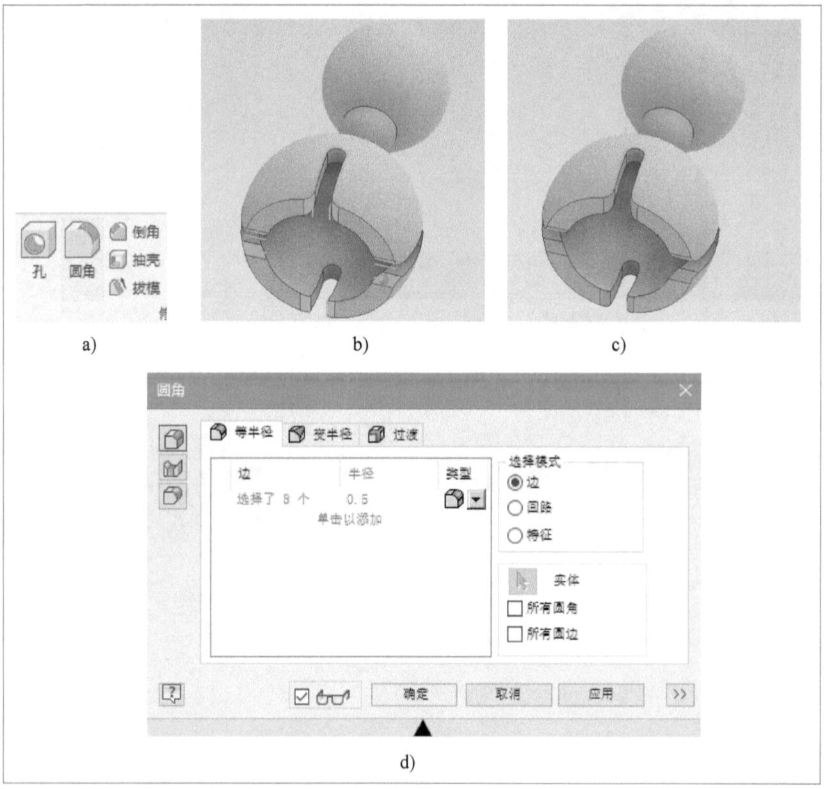


图 6-166

7）再次激活“圆角”命令，输入半径值“0.3”，选择圆角进行倒圆，如图 6-167 所示。

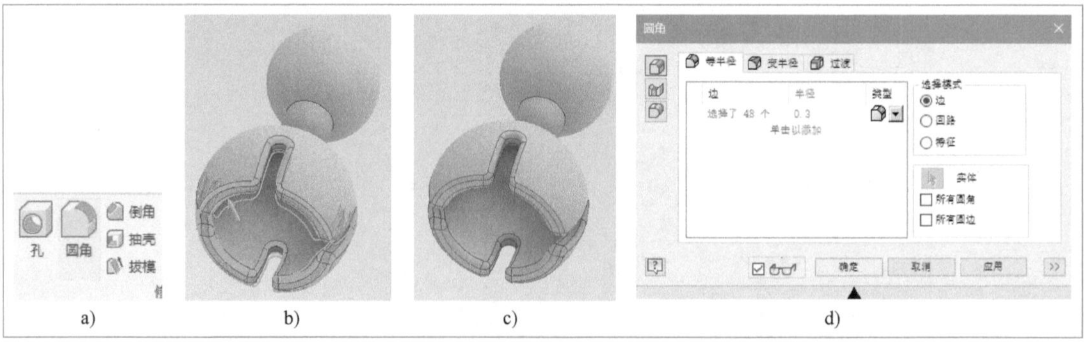


图 6-167

8）再次激活“圆角”命令，输入半径值“2”，选择线条进行倒圆，完成草图，如图 6-168 所示。

9）保存零件并导出 STL 文件。在功能区单击鼠标右键，选择“显示面板”下的“3D 打印”，激活“3D 打印”命令，选择导出 STL 文件，如图 6-169 所示。

选择路径，文件命名，单击“保存”按钮，如图 6-170 所示。

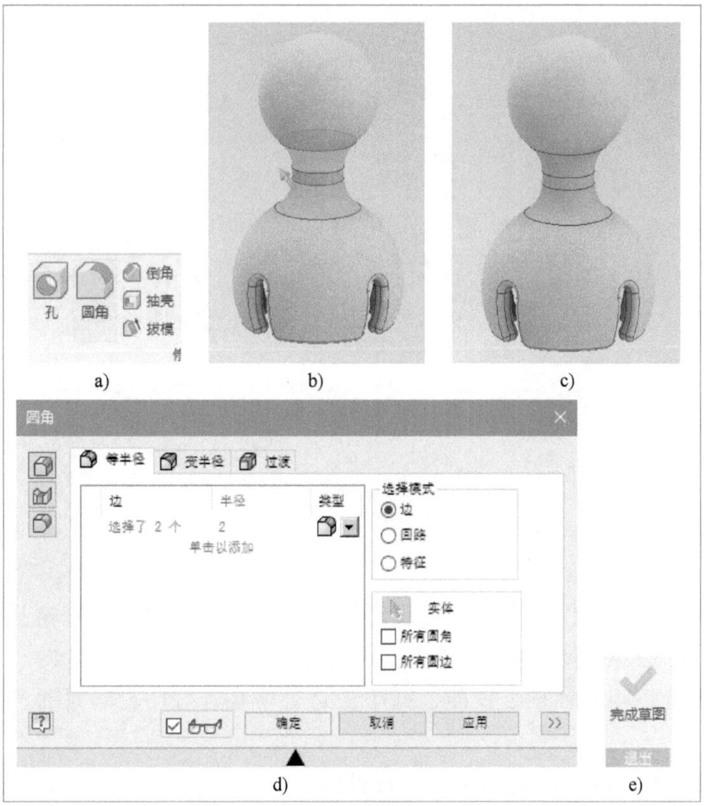
孔
圆角
倒角
抽壳
拔模
a)
b)
c)
圆角
等半径
变半径
过渡
边
半径
类型
选择了 2 个
2
单击以添加
选择模式
边
回路
特征
实体
所有圆角
所有圆边
确定
取消
应用
d)
完成草图
退出
e)

图 6-168

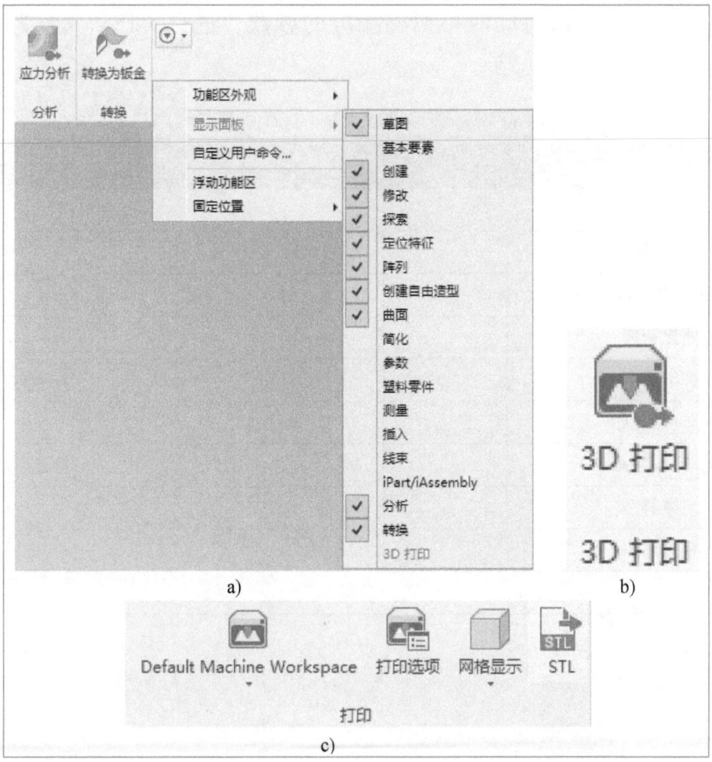
应力分析
转换为钣金
分析
转换
功能区外观
显示面板
自定义用户命令...
浮动功能区
固定位置
草图
基本要素
创建
修改
探索
定位特征
阵列
创建自由造型
曲面
简化
参数
塑料零件
测量
插入
线束
iPart/iAssembly
分析
转换
3D 打印
a)
3D 打印
3D 打印
b)
Default Machine Workspace
打印选项
网格显示
STL
打印
c)

图 6-169

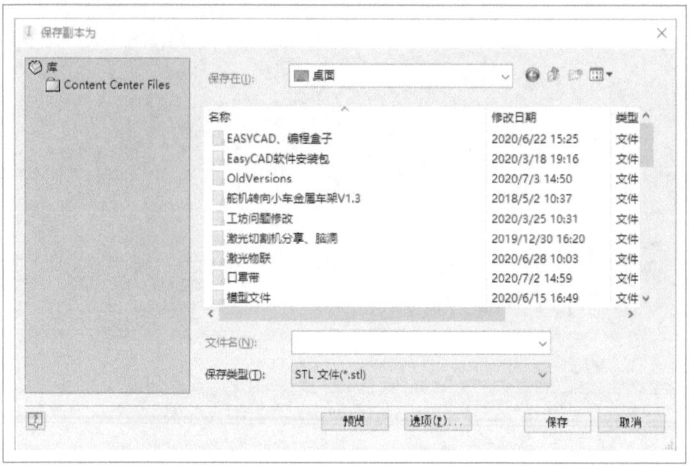


图 6-170

### （三）模型打印

1）将模型导入切片软件进行切片处理。依据第二章“打印机的基本操作”的内容，设置好打印此模型所需要的各个参数。最终将设置好的参数保存至 SD 卡内。

2）开机并检查打印平台是否校准、打印头是否堵塞、打印材料是否充足以及加热是否正常等。

3）将 SD 卡插入机器内，选择文件进行打印。

4）将设置的参数记录在表 6-7 内，以便于打印完成后的质量检查。打印过程中出现问题时，可查看切片参数，再次打印时可调整相应的参数，进行对比。每次打印完成后，基于最终模型进行整体打印参数的总结。

表 6-7 “球形连接”打印参数表

| 序号 | 参数名称 | 数值 | 备注 |
|---|---|---|---|
| 1 | 层厚 | | |
| 2 | 壁厚 | | |
| 3 | 底层/顶层厚度 | | |
| 4 | 填充密度 | | |
| 5 | 挤出温度 | | |
| 6 | 平台温度 | | |
| 7 | 填充线间距 | | |
| 8 | 支撑类型 | | |
| 9 | 有无底座 | | |
| 总结 | | | |

## 四、学习评价

学习评价见表 6-8。

表 6-8 “球形连接”学习评价表

| 评价项目 | 评价标准 | 配分 | 自评 | 互评 | 师评 | 综合 |
| --- | --- | --- | --- | --- | --- | --- |
| 草图绘制 | 能正确使用草图绘制命令 | 15 | | | | |
| 草图编辑 | 能正确使用草图编辑命令 | 20 | | | | |
| 特征创建 | 能正确使用特征创建命令 | 15 | | | | |
| 特征编辑 | 能正确使用特征编辑命令 | 10 | | | | |
| 作品制作 | 能正确使用设备进行作品制作 | 15 | | | | |
| 项目反思 | 1)在完成项目过程中,你遇到了什么样的问题?<br>2)你是如何解决上述问题的?<br>3)你的方法是否有效解决了问题并达到了预期效果?<br>每回答一个问题得 5 分,书写工整且逻辑清晰的可得 10 分附加分 | 25 | | | | |

## 五、案例拓展

建模并打印如图 6-171（活动式摄像头）、图 6-172（蜘蛛）和图 6-173（蛇）所示的制品。

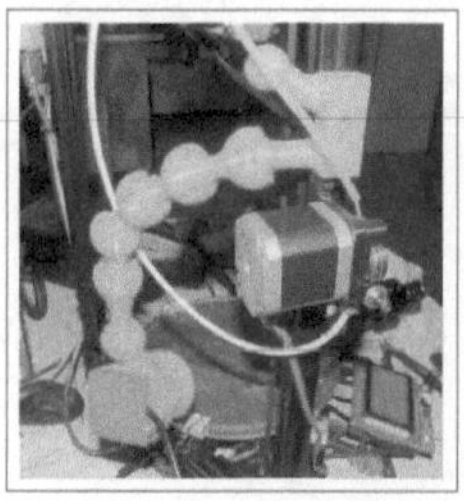

图 6-171

图 6-172

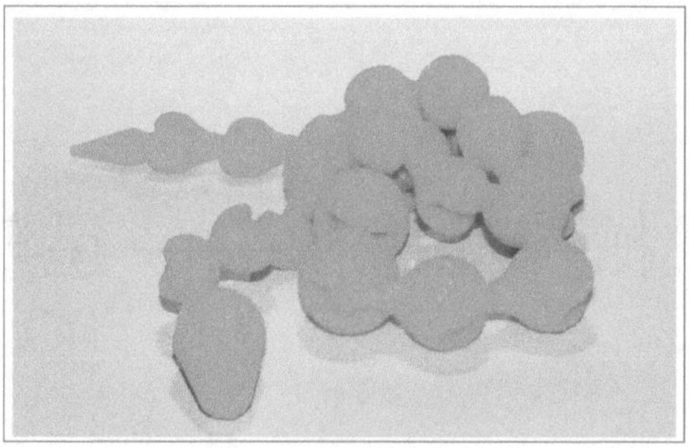

图 6-173

## 六、课后练习

按图 6-174 所示独立进行建模并打印。

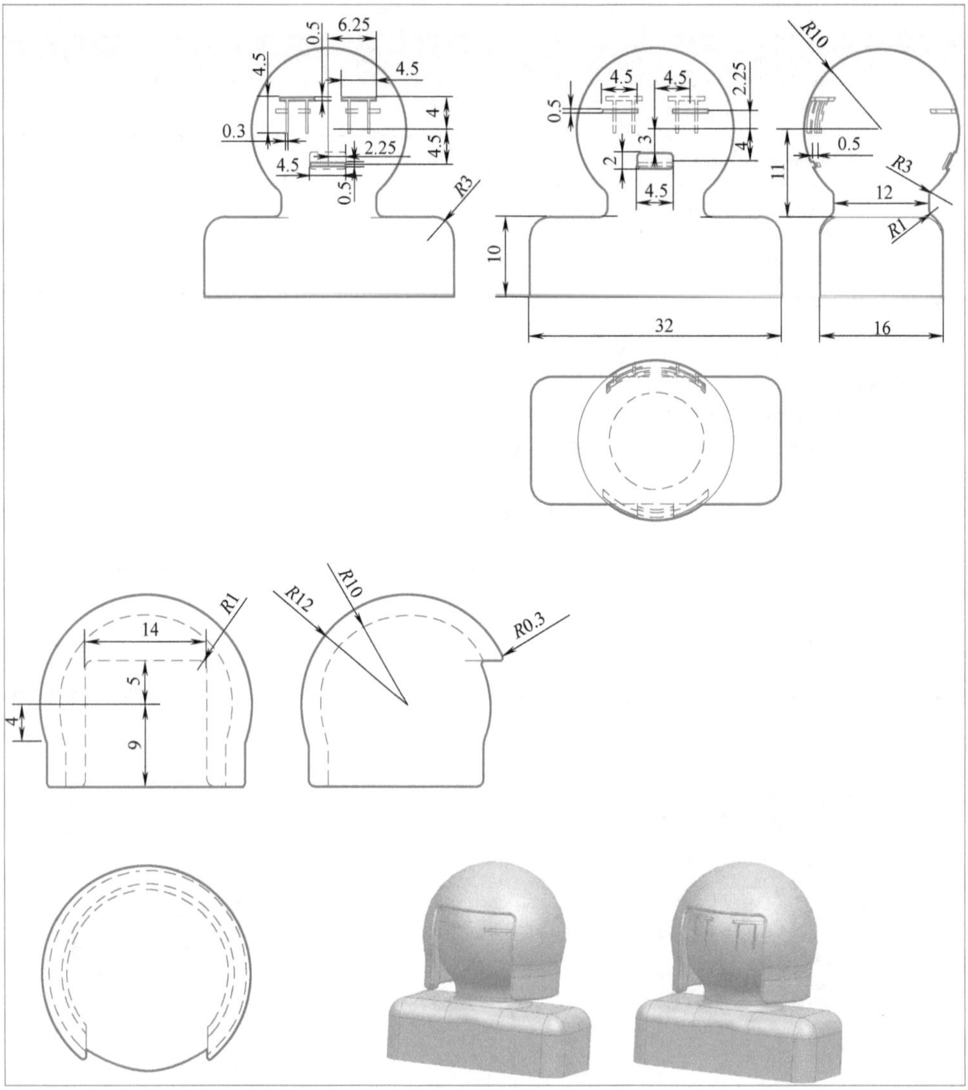


图 6-174

# 第四节　机械传动机构——星期仪的设计

## 一、学习目标

1. 掌握机械传动机构在 3D 打印中的建模方式。

2. 掌握“三点中心矩形”“圆弧圆心”和“文本”等新命令，温习“开始创建二维草图”“圆”“两点中心矩形”“线”“构造”“尺寸”“修剪”和“复制”等草图绘制命令。

3. 掌握“拉伸”“移动实体”“镜像”“合并”“圆角”“扫掠”和“复制对象”等特征命令。

## 二、项目描述

本节主要介绍如何用3D打印的工艺，结合机械原理制作一个小的作品。通常机械设备（图6-175）的零件都是通过机械加工出来的，机械加工比较复杂，需要有足够的专业知识才能驾驭设备，但是用3D打印工艺可以用比较简单的操作来完成零件加工。因为加工工艺不同，所以模型的设计也有许多不一样的地方。

图 6-175

## 三、学习过程

### （一）项目分析（底座）

如图6-176所示，使用Inventor软件按照平面标注的尺寸绘制图形。使用软件草图绘制里的“矩形三点中心”“圆弧圆心”“文本”“开始创建二维草图”“圆”“矩形两点中心”“线”“构造”“尺寸”“修剪”和“复制”等命令，以及三维模型里的“拉伸”“移动实体”“镜像”“合并”“圆角”“扫掠”“复制对象”等命令绘制模型。

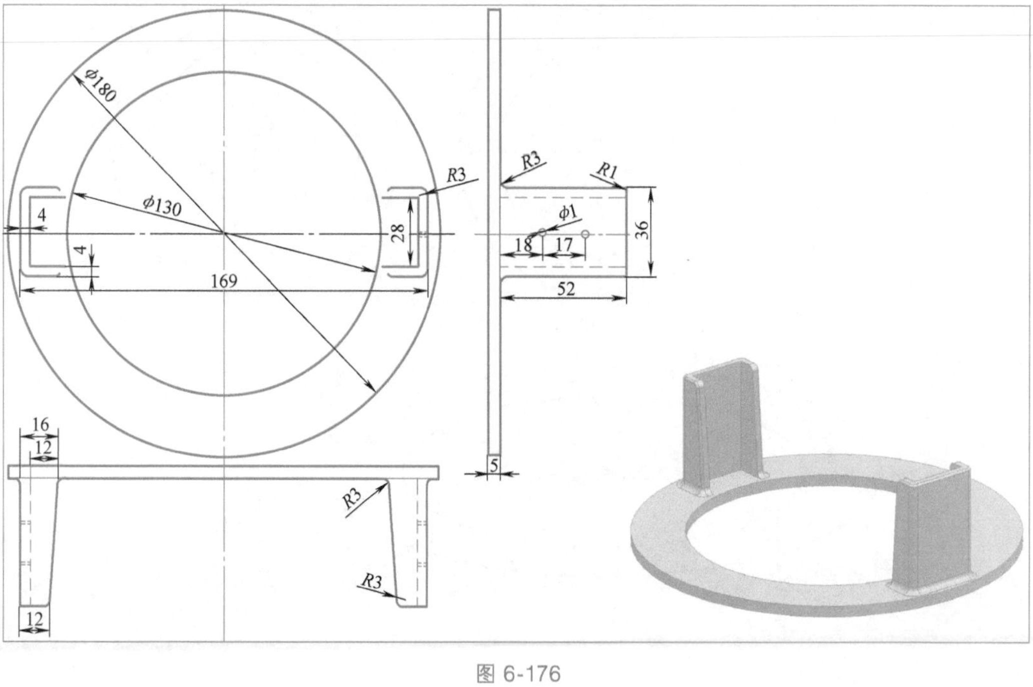


图 6-176

### (二）模型设计（底座）

#### 1. 草图的绘制与编辑

1）激活“开始创建二维草图”命令，选择 *XZ* 平面，进入草图绘制界面，如图 6-177 所示。

2）激活“圆”命令，捕捉图形中心点位置为圆心，绘制两个直径为 130mm 和 180mm 的圆，如图 6-178 所示。

3）激活“矩形”命令，绘制一个长 28mm、宽 24mm 的矩形。退出草图，如图 6-179 所示。

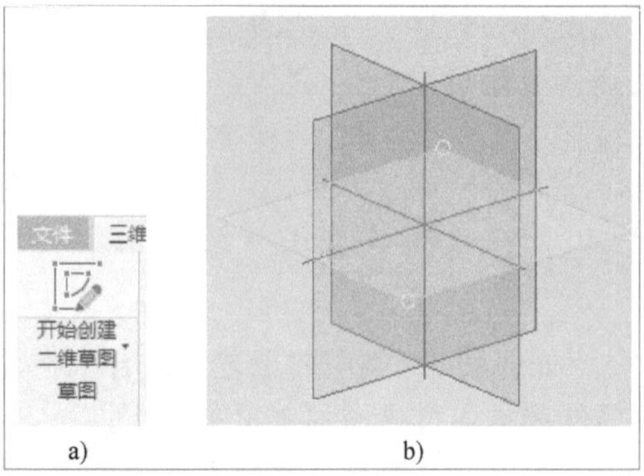


图 6-177

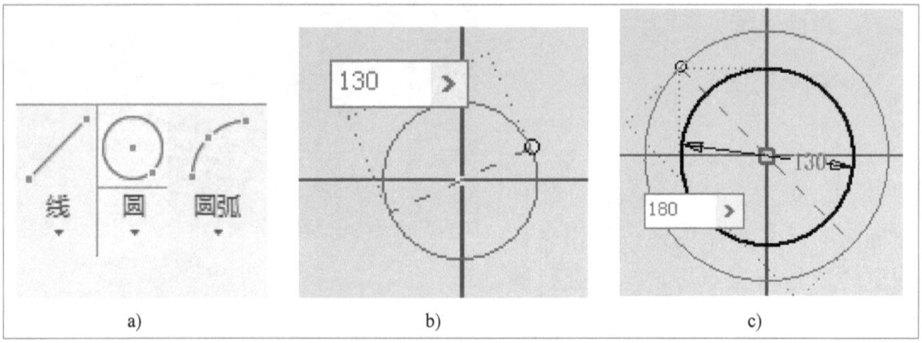


图 6-178

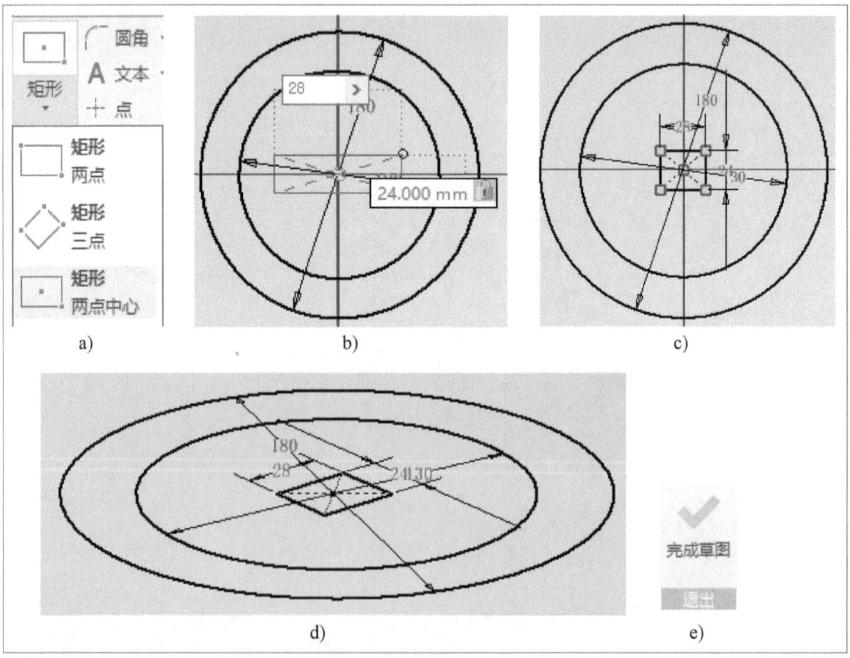


图 6-179

4）激活“开始创建二维草图”命令，选择 *XY* 平面，进入草图绘制界面，如图 6-180 所示。

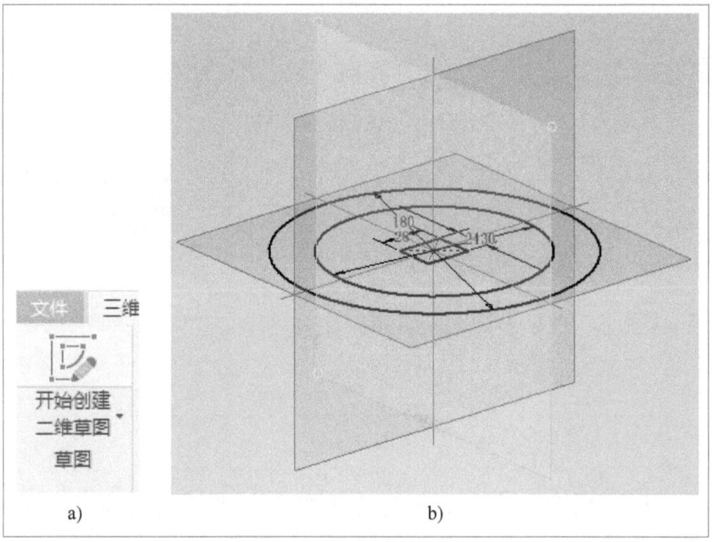


图 6-180

5）激活“线”命令，以原点为第 1 起点绘制直线，在 *X* 正方向输入“16”，在 *Y* 正向输入“52”，在 *X* 负方向输入 12。连接起点，完成退出草图，如图 6-181 所示。

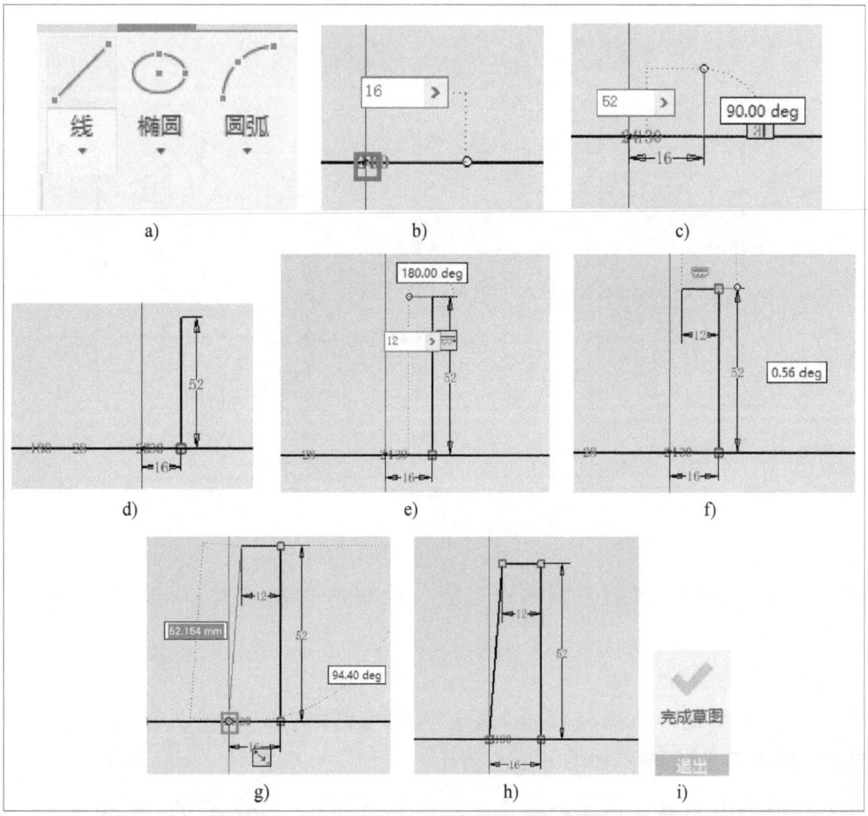


图 6-181

6）激活“开始创建二维草图”命令，选择 *YZ* 平面，进入草图绘制界面，如图 6-182 所示。

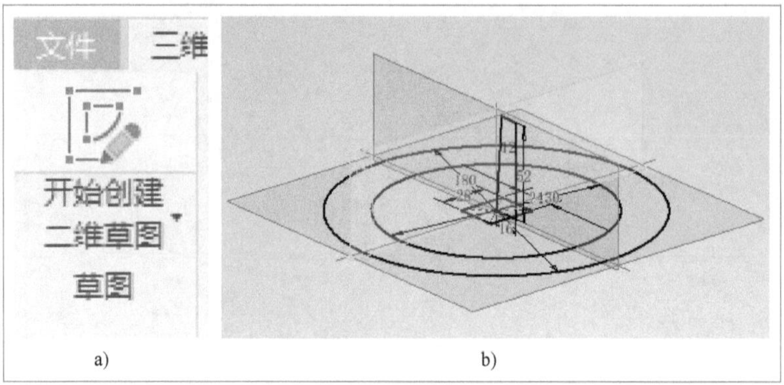


a)　　b)

图 6-182

7）激活“线”与“构造”命令，以原点为第 1 起点绘制直线，在 *Y* 轴正向输入尺寸“18”“17”，完成后取消“构造”命令，如图 6-183 所示。

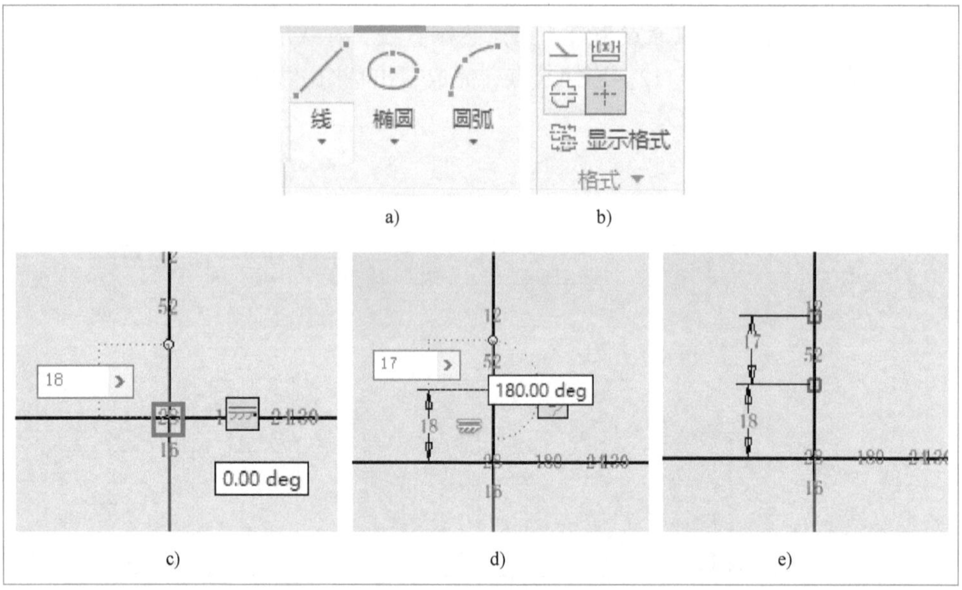


a)　　b)

c)　　d)　　e)

图 6-183

8）激活“圆”命令，捕捉直线端点位置，绘制两个直径为 1mm 的圆，退出草图，如图 6-184 所示。

## 2. 特征的创建与编辑

1）激活“拉伸”命令，选择草图 1 图形内两个圆的圆环，输入拉伸长度“5”，翻转，单击“应用”按钮新建拉伸，如图 6-185 所示。

2）再次选择草图 1 进行拉伸，输入拉伸长度“36”，对称拉伸，新建实体，单击“应用”按钮新建实体，如图 6-186 所示。

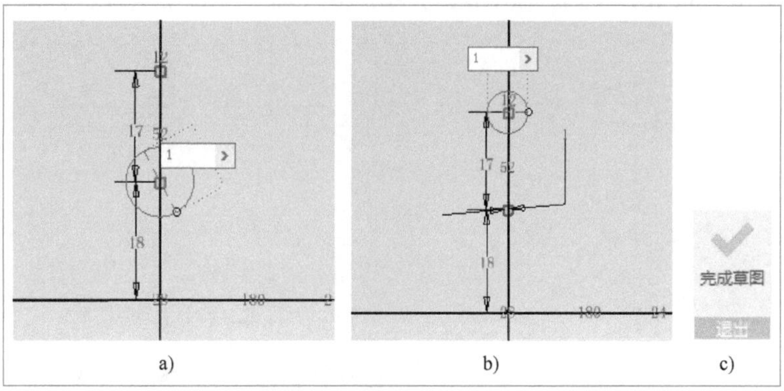


图 6-184

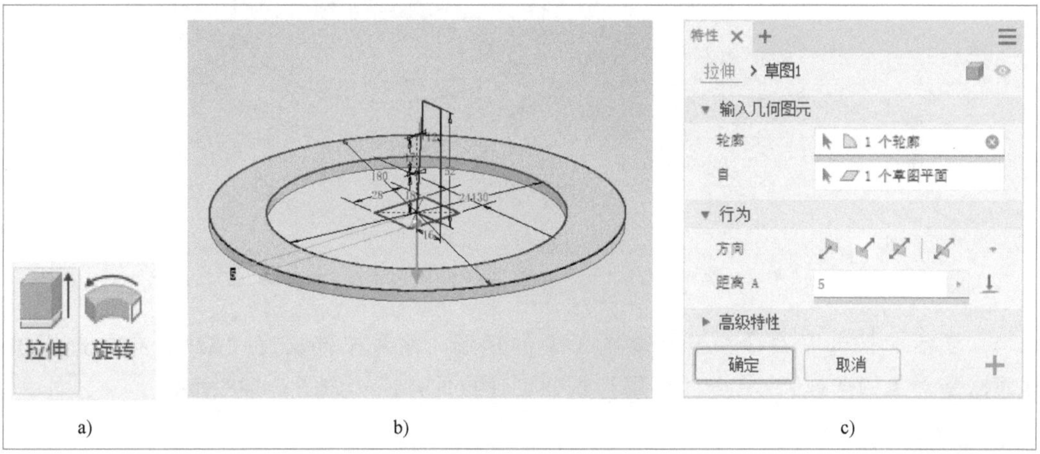


图 6-185

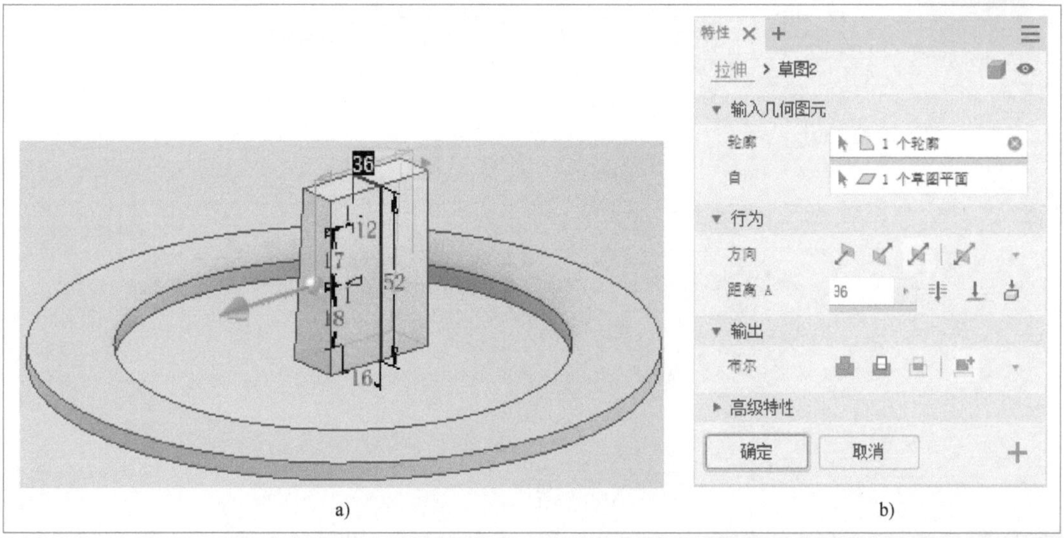


图 6-186

3）右键单击模型树内的草图 1，激活快捷菜单，将隐藏的草图激活可见性，如图 6-187 所示。

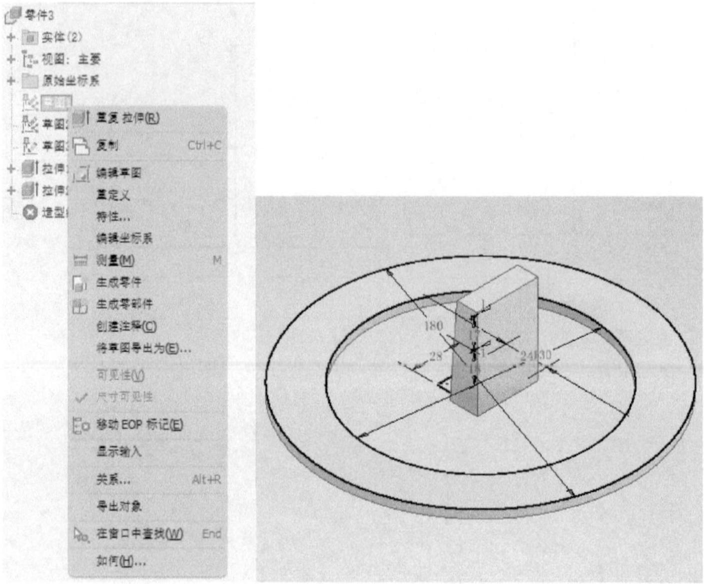


a)　　b)

图 6-187

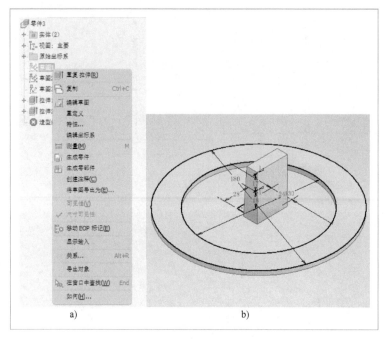

4）激活“拉伸”命令，选择草图 1 中的矩形，输入拉伸长度“52”，布尔选择求差（注意求差对象的选择），单击“应用”按钮创建拉伸特征，如图 6-188 所示。

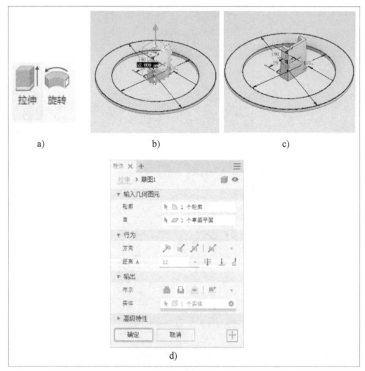

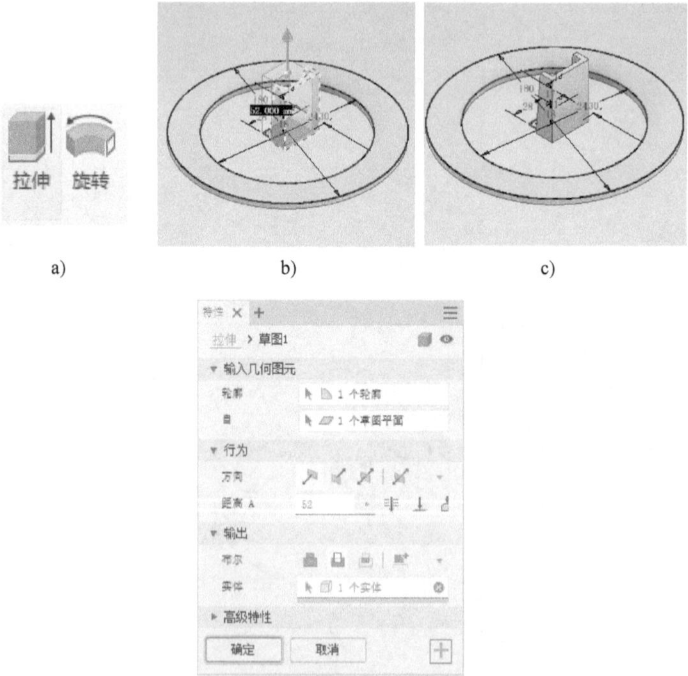


a)　　b)　　c)

d)

图 6-188

5）选择草图 3 进行拉伸，输入拉伸长度“16”，布尔选择求差，单击“确定”按钮，如图 6-189 所示。

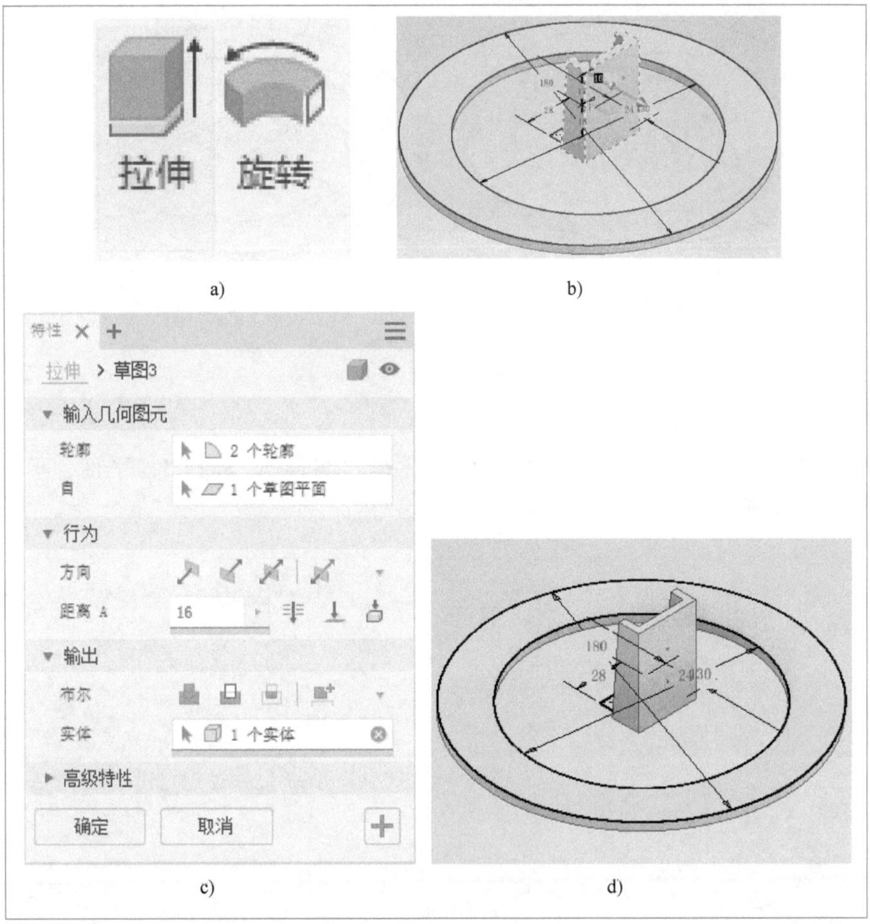


图 6-189

6）激活“移动实体”命令，选择实体，*X* 方向偏移量输入“68.5”，单击“确定”按钮，如图 6-190 所示。

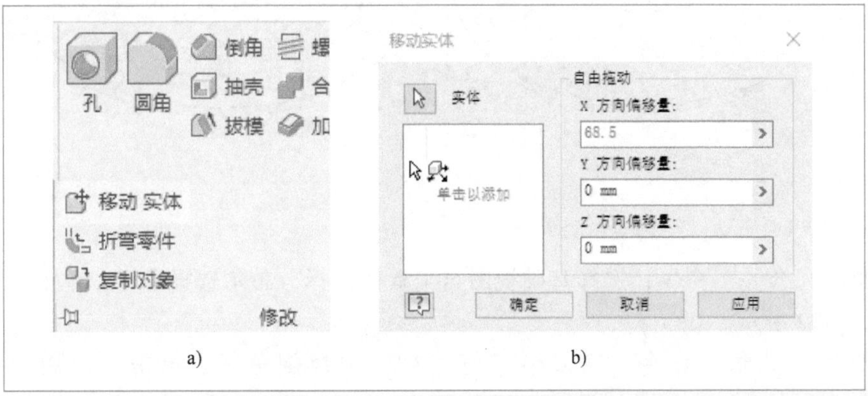


图 6-190

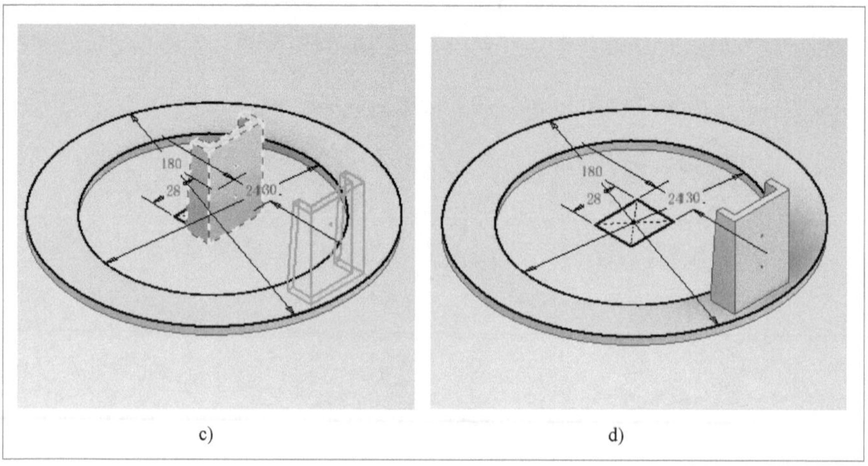


c)　　d)

图 6-190（续）

7）激活“镜像”命令，选择镜像实体，选择“实体”，选择 *YZ* 平面，单击“确定”按钮，如图 6-191 所示。

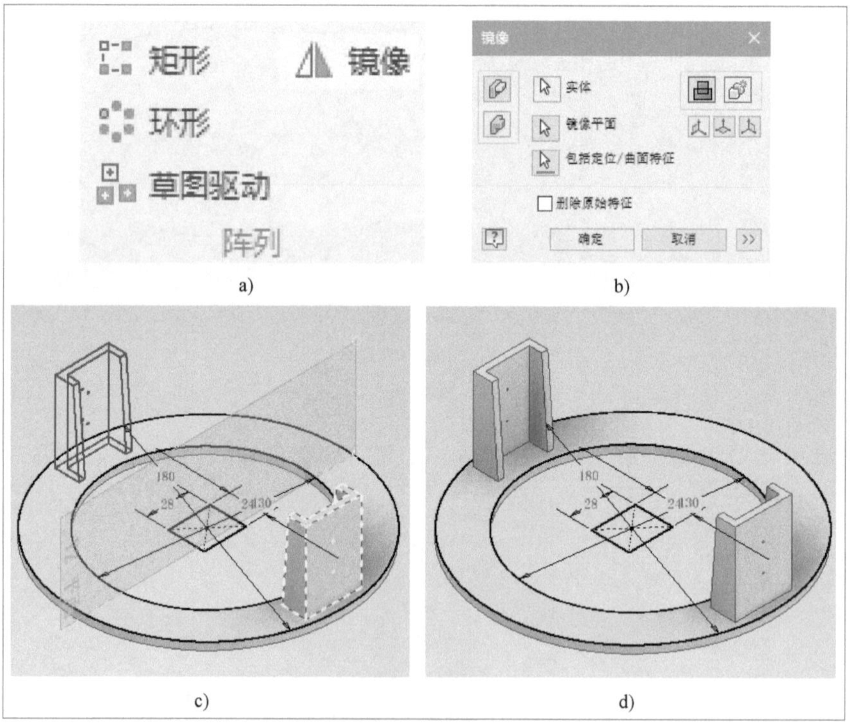


a)　　b)

c)　　d)

图 6-191

8）激活“合并”命令，选择基础视图与工具体选择，布尔选择求和，单击“确定”按钮，如图 6-192 所示。

9）激活“圆角”命令，输入半径值“3”，选择倒角线，单击“应用”按钮，如图 6-193 所示。

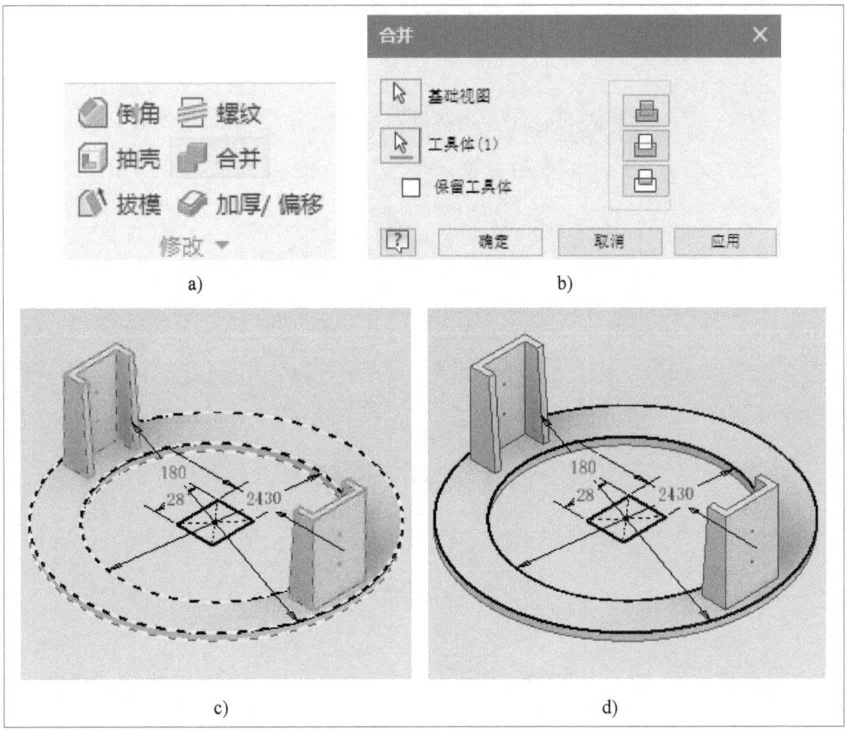
倒角
螺纹
抽壳
合并
拔模
加厚/偏移
修改
合并
基础视图
工具体(1)
保留工具体
确定
取消
应用
180
28
2430

图 6-192

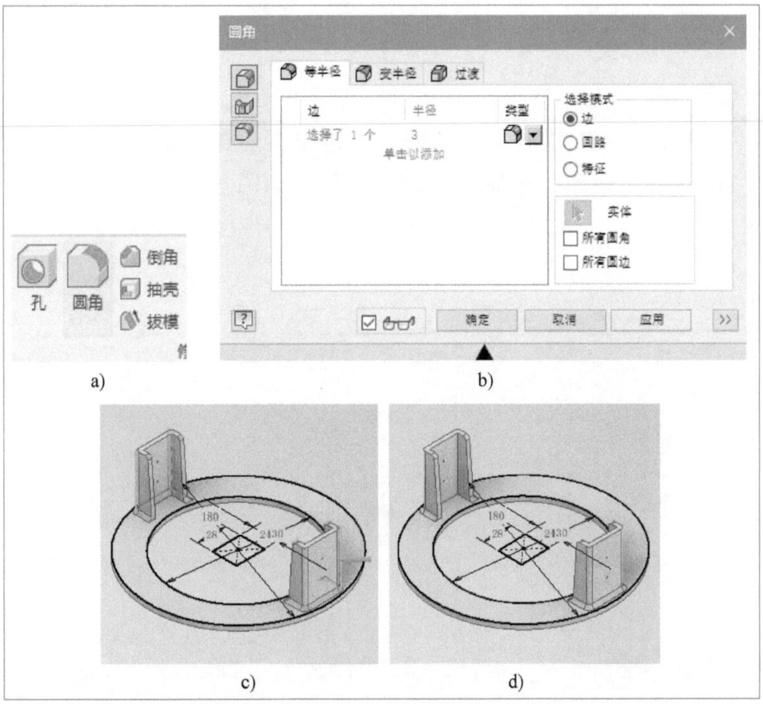
圆角
等半径
变半径
过渡
边
半径
类型
选择了 1 个
3
单击以添加
选择模式
边
回路
特征
实体
所有圆角
所有圆边
确定
取消
应用
孔
圆角
倒角
抽壳
拔模
180
28
2430

图 6-193

10）再次使用“圆角”命令，输入半径值 1，选择倒角线，单击“确定”按钮，如图 6-194 所示。

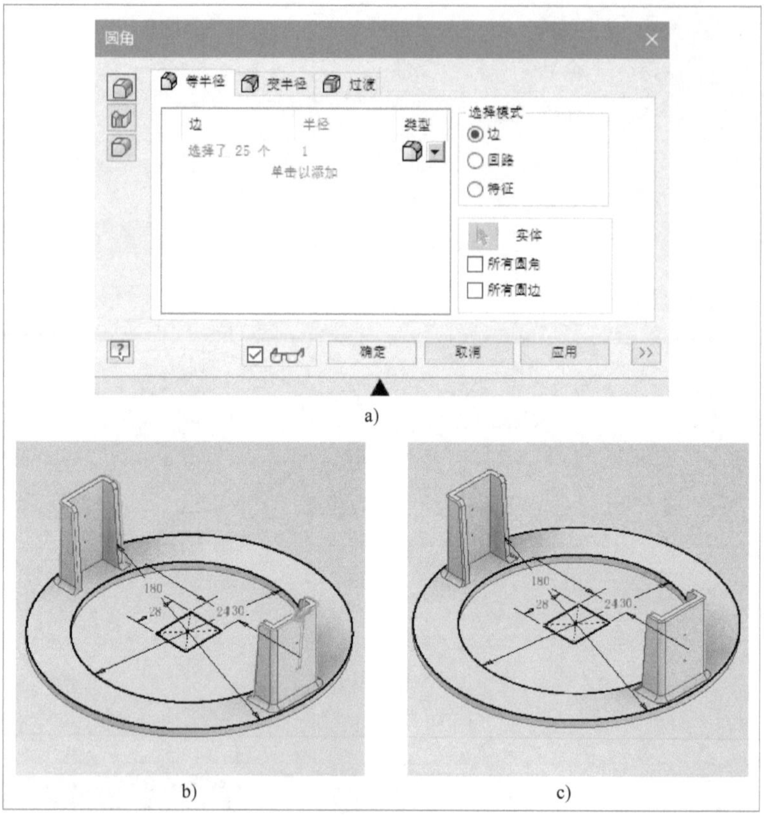


图 6-194

11）保存零件并导出 STL 文件。在功能区单击鼠标右键，选择“显示面板”下的“3D 打印”，激活“3D 打印”命令，选择导出 STL 文件，如图 6-195 所示。

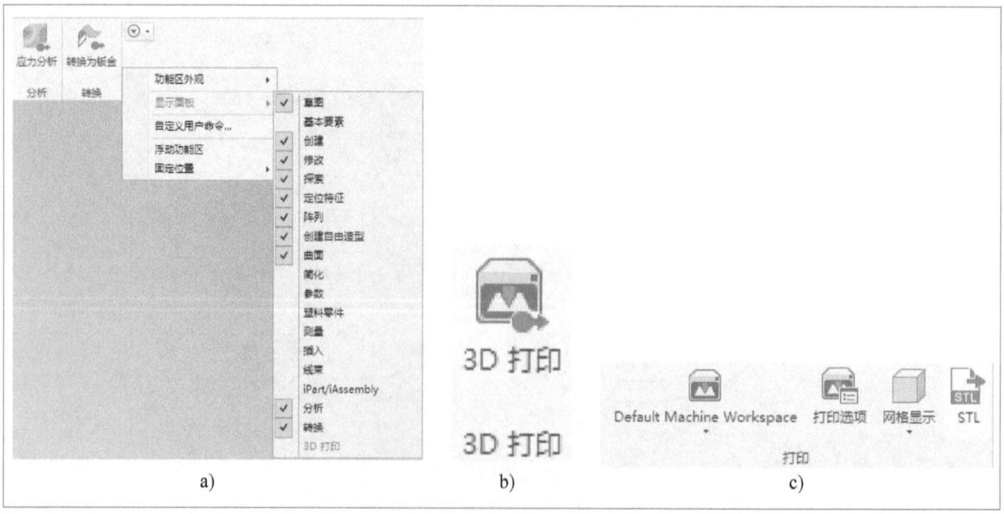


图 6-195

选择路径，文件命名，单击“保存”按钮，如图 6-196 所示。

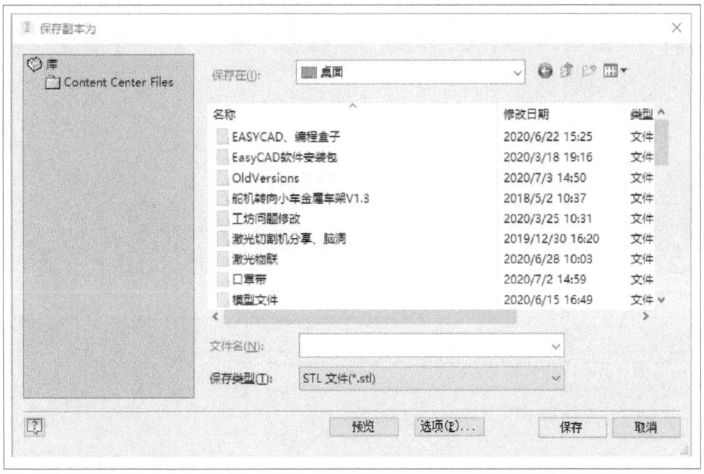

图 6-196

## （三）模型打印（底座）

1）将模型导入切片软件进行切片处理。依据第二章“打印机的基本操作”的内容，设置好打印此模型所需要的各个参数。最终将设置好的参数保存至 SD 卡内。

2）开机并检查打印平台是否校准、打印头是否堵塞、打印材料是否充足以及加热是否正常等。

3）将 SD 卡插入机器内，选择文件进行打印。

4）将设置的参数记录在表 6-9 内，以便于打印完成后的质量检查。打印过程中出现问题时，可查看切片参数，再次打印时可调整相应的参数，进行对比。每次打印完成后，基于最终模型进行整体打印参数的总结。

表 6-9 “机械传动机构（底座）”打印参数表

| 序号 | 参数名称 | 数值 | 备注 |
|---|---|---|---|
| 1 | 层厚 | | |
| 2 | 壁厚 | | |
| 3 | 底层/顶层厚度 | | |
| 4 | 填充密度 | | |
| 5 | 挤出温度 | | |
| 6 | 平台温度 | | |
| 7 | 填充线间距 | | |
| 8 | 支撑类型 | | |
| 9 | 有无底座 | | |
| 总结 | | | |

（四）项目分析（顶板）

如图 6-197 所示，使用 Inventor 软件按照平面标注的尺寸绘制图形。使用草图绘制里的“开始创建二维草图”“矩形两点中心”“线”“构造”和“圆”等命令，以及三维模型里的“拉伸”“圆角”等命令绘制模型。

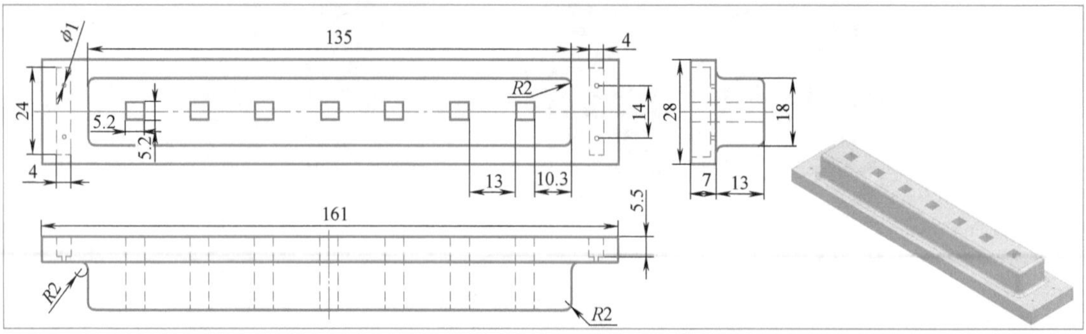


图 6-197

（五）模型设计（顶板）

1. 草图的绘制与编辑

1）激活“开始创建二维草图”命令，选择 *YZ* 平面，进入草图绘制界面，如图 6-198 所示。

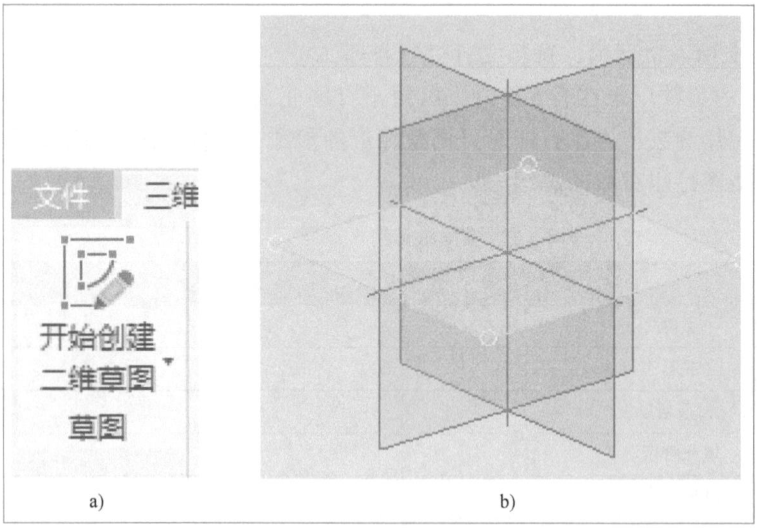


图 6-198

2）激活“线”与“构造”命令，以图形原点为中心绘制直线，在 *X* 负方向输入“18.2”“18.2”“18.2”和“19.8”，在 *Y* 正方向输入“7”，单击“确定”按钮，如图 6-199 所示。

再次选择“线”命令，以原点为中心绘制直线，在 *Y* 轴正方向输入“10”，关闭“构造”命令，如图 6-200 所示。

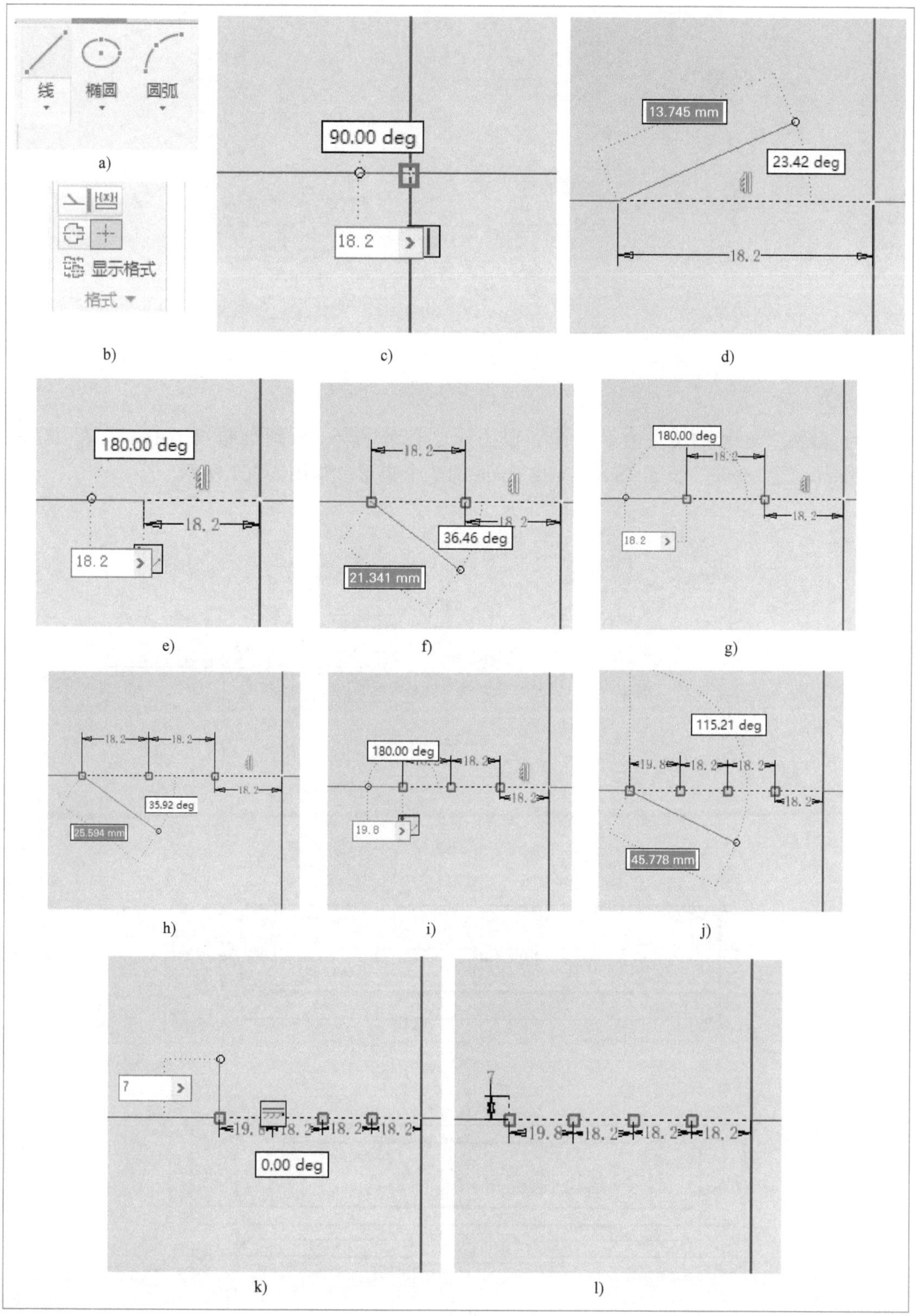
线
椭圆
圆弧
a)
显示格式
格式
b)
90.00 deg
18.2
c)
13.745 mm
23.42 deg
18.2
d)
180.00 deg
18.2
18.2
e)
18.2
18.2
36.46 deg
21.341 mm
f)
180.00 deg
18.2
18.2
18.2
g)
18.2
18.2
35.92 deg
25.594 mm
18.2
h)
180.00 deg
18.2
18.2
19.8
i)
115.21 deg
19.8
18.2
18.2
18.2
45.778 mm
j)
7
19.8
18.2
18.2
18.2
0.00 deg
k)
7
19.8
18.2
18.2
18.2
l)

图 6-199

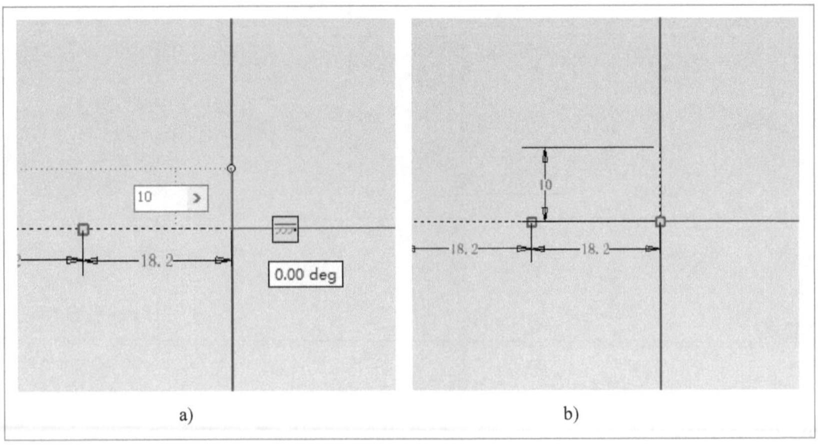


图 6-200

3）激活“矩形两点中心”命令，以图形原心为中点，分别绘制长 161mm、宽 28mm，长 135mm、宽 18mm、长 5. 2mm、宽 5. 2mm 的 3 个矩形，如图 6-201 所示。

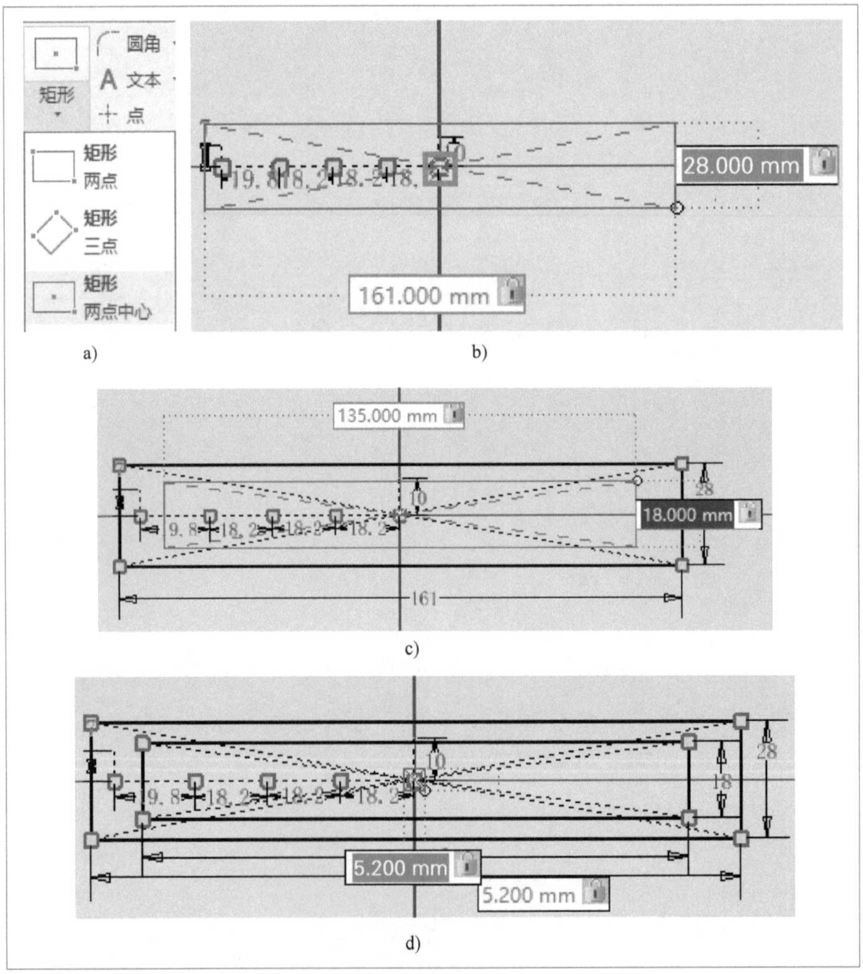


图 6-201

4）再次选择“矩形两点中心”命令，捕捉直线端点位置为矩形中点，绘制 3 个长 5.2mm、宽 5.2mm 的矩形，如图 6-202 所示。

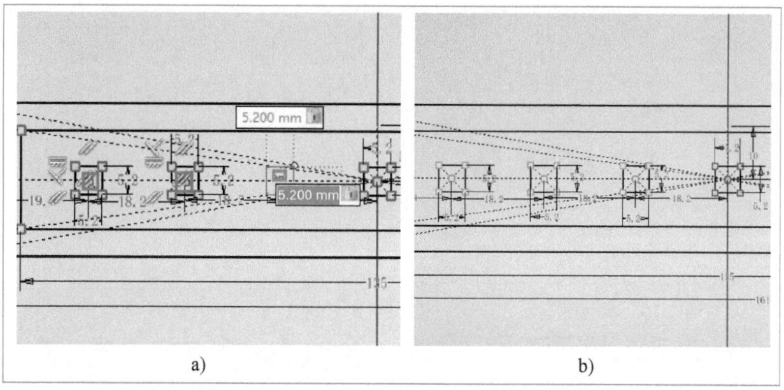


图 6-202

5）再次选择“矩形两点中心”命令，捕捉直线端点位置为矩形中点，绘制一个长 4mm、宽 24mm 的矩形，如图 6-203 所示。

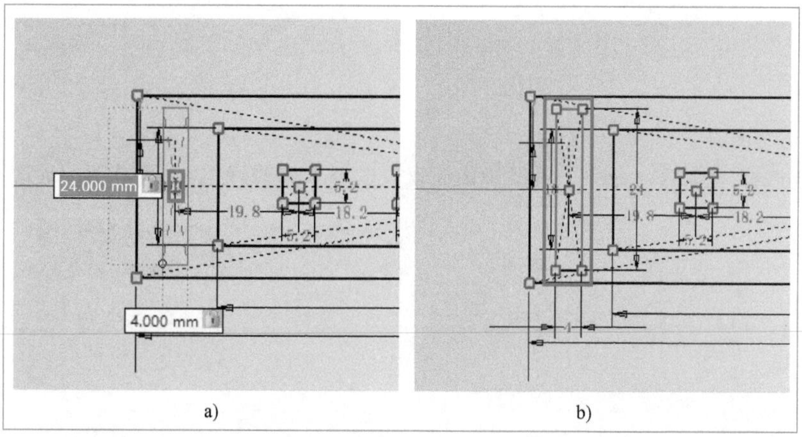


图 6-203

6）激活“圆”命令，捕捉直线端点位置，绘制直径为 1mm 的圆，如图 6-204 所示。

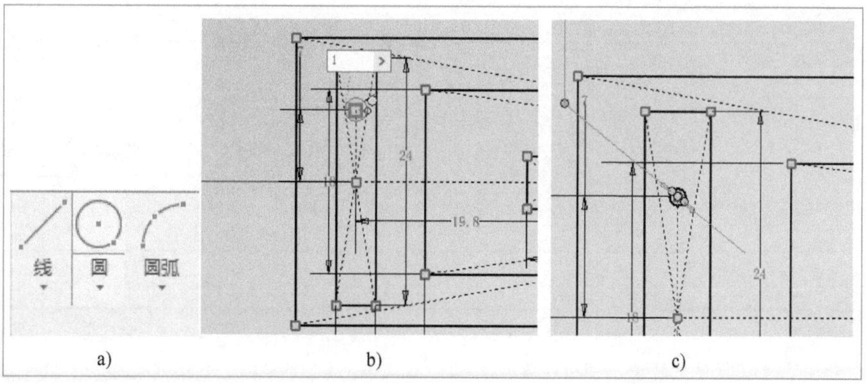


图 6-204

7）激活“镜像”命令，选择直径为 1mm 的圆为镜像元素，再选择“镜像线”进行镜像，如图 6-205 所示。

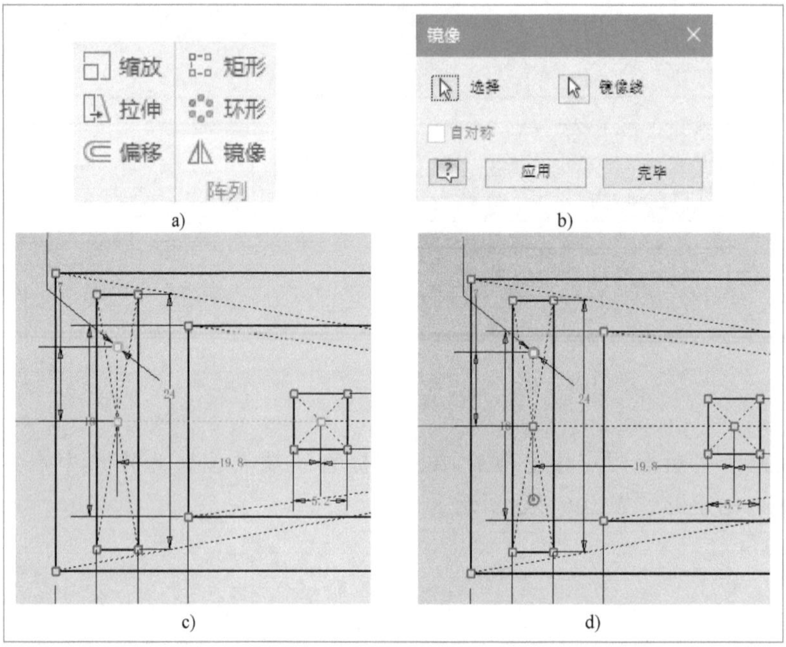


图 6-205

8）再次选择“镜像”命令，选择镜像元素，选择“镜像线”，完成草图，如图 6-206 所示。

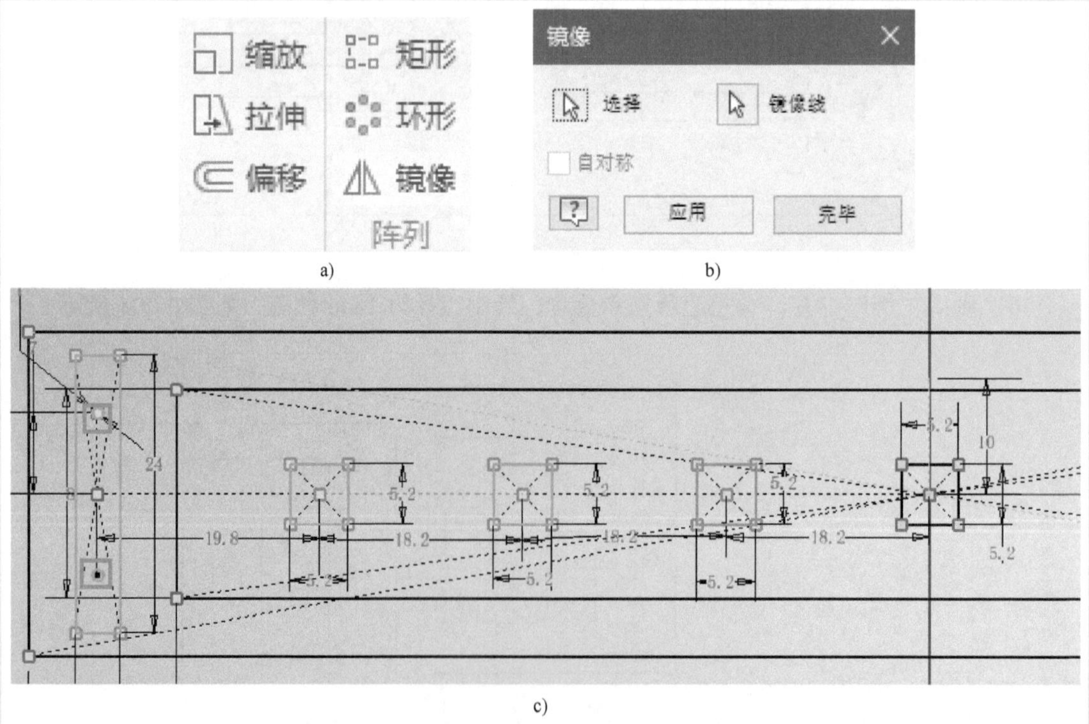


图 6-206

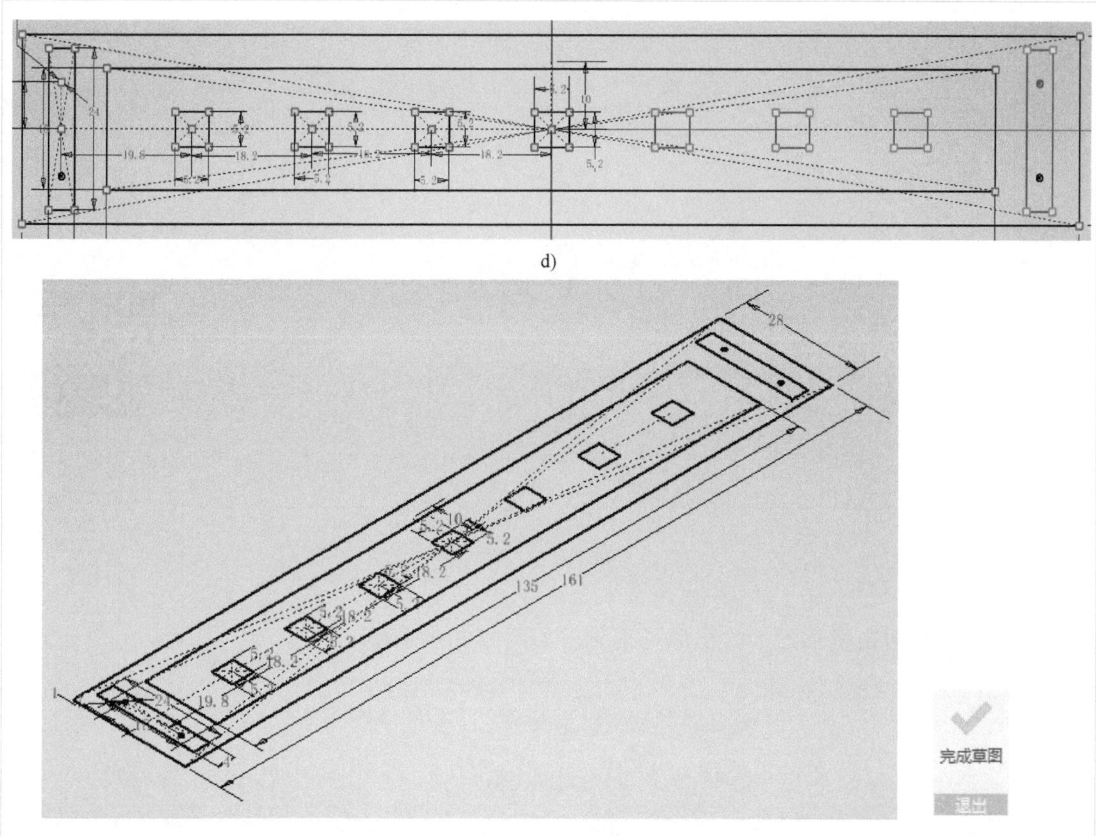


d)　e)　f)

图 6-206（续）

## 2. 特征的创建与编辑

1）激活“拉伸”命令，选择草图 1 的外轮廓，拉伸距离为“7”，单击“应用”按钮，创建拉伸特征，如图 6-207 所示。

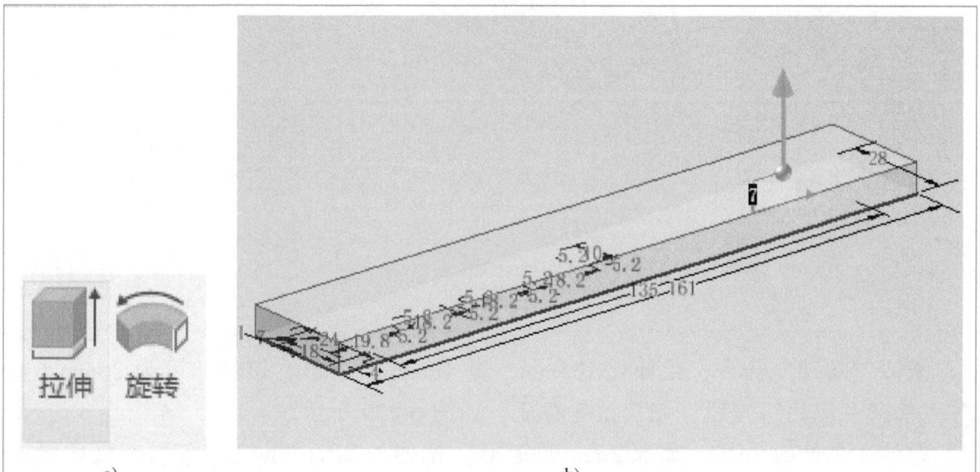


a)　b)

图 6-207

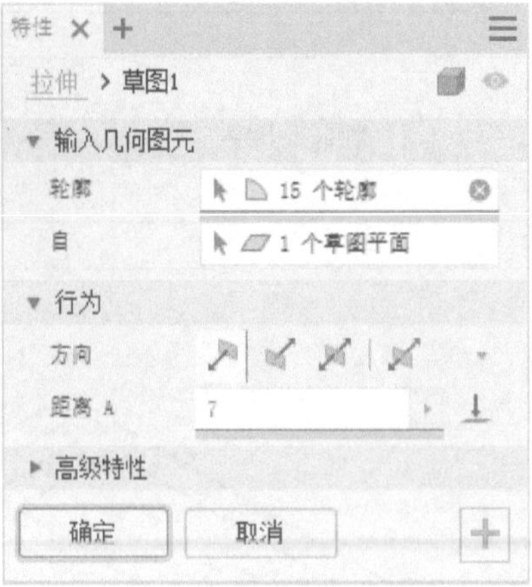

c)

图 6-207（续）

2）在建模树内将草图 1 的图形可视化，如图 6-208 所示。

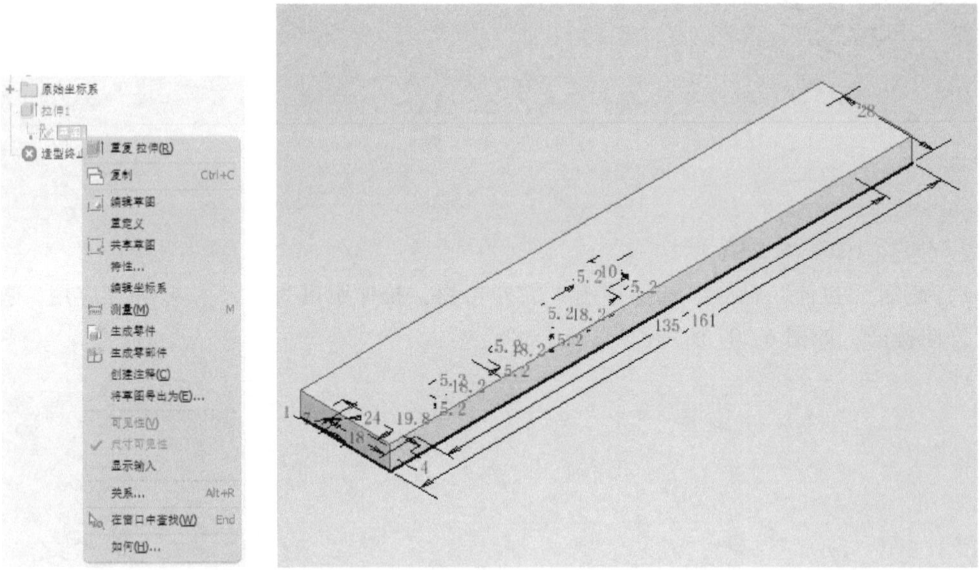

a)　　b)

图 6-208

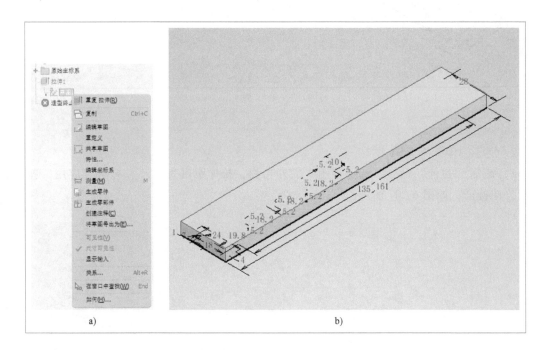

3）激活“拉伸”命令，拉伸长 135mm、宽 18mm 的矩形，拉伸长度为 20mm，布尔选择合并，单击“应用”按钮，创建拉伸特征，如图 6-209 所示。

4）拉伸 7 个长 5.2mm、宽 5.2mm 的矩形，拉伸长度为 20mm，布尔选择求差，单击“应用”按钮，创建拉伸特征，如图 6-210 所示。

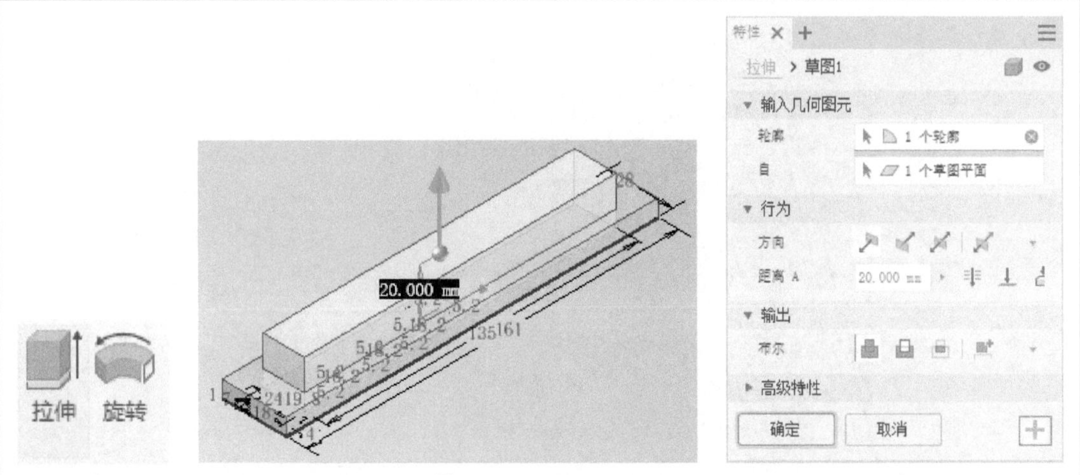

a) b) c)

图 6-209

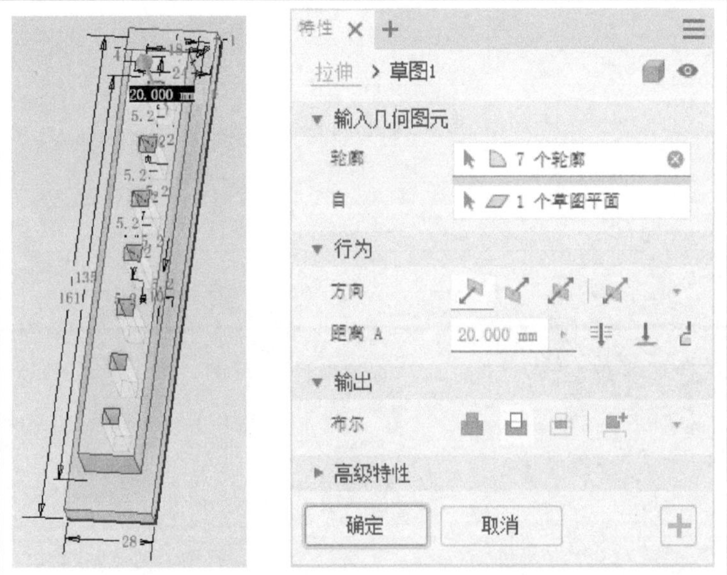

a) b)

图 6-210

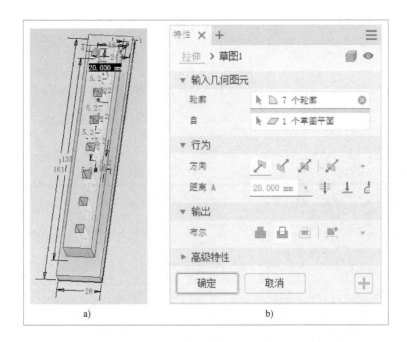

5）拉伸对称的 2 个长 4mm、宽 24mm 的矩形，拉伸长度为 5.5mm，布尔选择求差，单击“应用”按钮，创建拉伸特征，如图 6-211 所示。

6）拉伸对称的 2 个直径为 1mm 的圆，拉伸长度为 7mm，布尔选择求差，单击“确定”按钮，如图 6-212 所示。

7）激活“圆角”命令，输入半径值 2mm，选择需要倒圆的线，单击“确定”按钮，如图 6-213 所示。

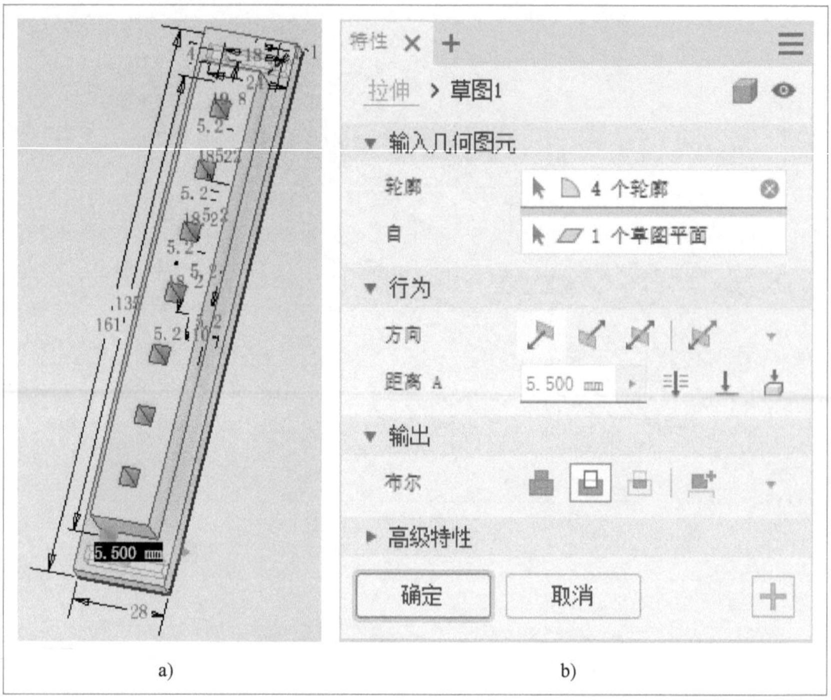
特性
拉伸 > 草图1
输入几何图元
轮廓
4 个轮廓
自
1 个草图平面
行为
方向
距离 A
5.500 mm
输出
布尔
高级特性
确定
取消
a)
b)

图 6-211

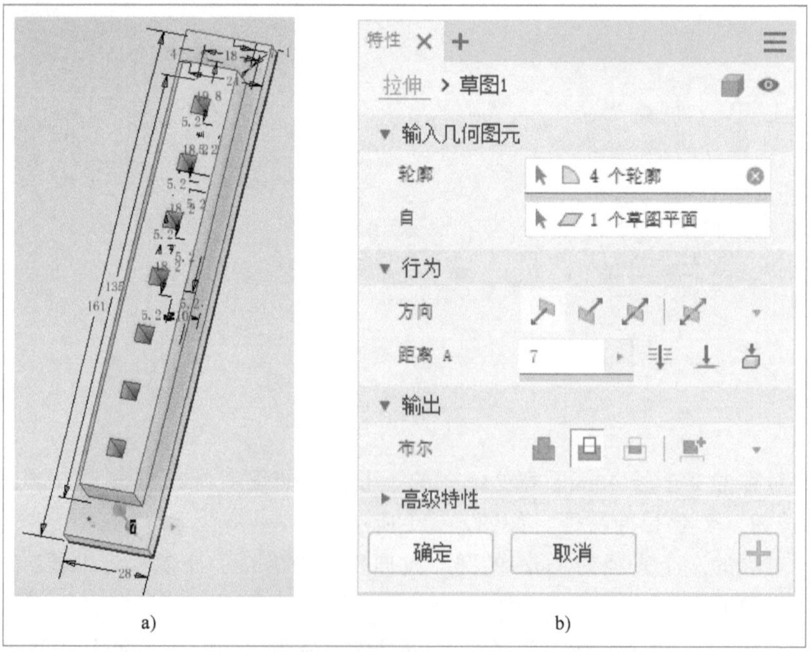
特性
拉伸 > 草图1
输入几何图元
轮廓
4 个轮廓
自
1 个草图平面
行为
方向
距离 A
7
输出
布尔
高级特性
确定
取消
a)
b)

图 6-212

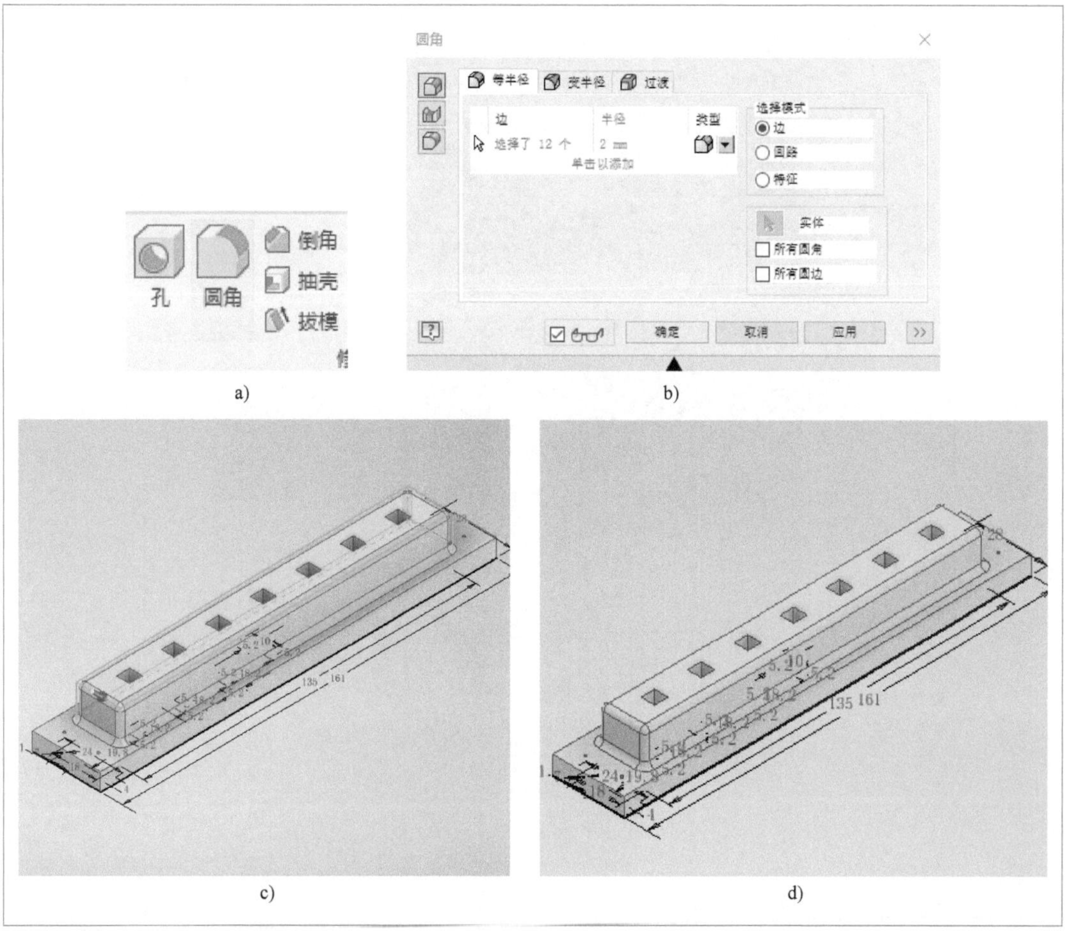


a) b) c) d)

图 6-213

8）保存零件并导出 STL 文件。在功能区单击鼠标右键，选择“显示面板”下的“3D 打印”，激活“3D 打印”命令，选择导出 STL 文件，如图 6-214 所示。

选择路径，文件命名，单击“保存”按钮，如图 6-215 所示。

（六）模型打印（顶板）

1）将模型导入切片软件进行切片处理。依据第二章“打印机的基本操作”的内容，设置好打印此模型所需要的各个参数。最终将设置好的参数保存至 SD 卡内。

2）开机并检查打印平台是否校准、打印头是否堵塞、打印材料是否充足以及加热是否正常等。

3）将 SD 卡插入机器内，选择文件进行打印。

4）将设置的参数记录在表 6-10 内，以便于打印完成后的质量检查。打印过程出现问题时，可查看切片参数，再次打印时可调整相应的参数，进行对比。每次打印完成后，基于最终模型进行整体打印参数的总结。

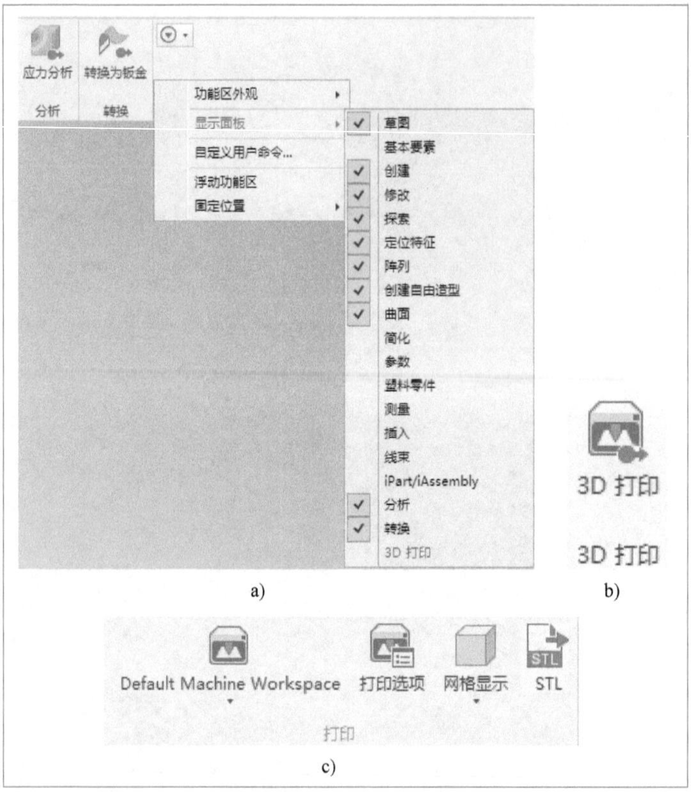
应力分析
转换为钣金
分析
转换
功能区外观
显示面板
自定义用户命令...
浮动功能区
固定位置
草图
基本要素
创建
修改
探索
定位特征
阵列
创建自由造型
曲面
简化
参数
塑料零件
测量
插入
线束
iPart/iAssembly
分析
转换
3D 打印
a)
3D 打印
3D 打印
b)
Default Machine Workspace
打印选项
网格显示
STL
打印
c)

图 6-214

保存副本为
库
Content Center Files
保存在(I):
桌面
名称
修改日期
类型
EASYCAD、编程盒子
2020/6/22 15:25
EasyCAD软件安装包
2020/3/18 19:16
OldVersions
2020/7/3 14:50
舵机转向小车金属车架V1.3
2018/5/2 10:37
工坊问题修改
2020/3/25 10:31
激光切割机分享、脑洞
2019/12/30 16:20
激光物联
2020/6/28 10:03
口罩带
2020/7/2 14:59
模型文件
2020/6/15 16:49
文件名(N):
保存类型(T):
STL 文件(*.stl)
预览
选项(E)...
保存
取消

图 6-215

表 6-10 “机械传动机构（顶板）”打印参数表

| 序号 | 参数名称 | 数值 | 备注 |
|---|---|---|---|
| 1 | 层厚 | | |
| 2 | 壁厚 | | |
| 3 | 底层/顶层厚度 | | |
| 4 | 填充密度 | | |
| 5 | 挤出温度 | | |
| 6 | 平台温度 | | |
| 7 | 填充线间距 | | |
| 8 | 支撑类型 | | |
| 9 | 有无底座 | | |
| 总结 | | | |

### （七）项目分析（支撑板）

如图 6-216 所示，使用 Inventor 软件按照平面标注的尺寸绘制图形。使用草图绘制里的“开始创建二维草图”“线”“构造”和“圆”等命令，以及三维模型里的“拉伸”“圆角”命令绘制模型。

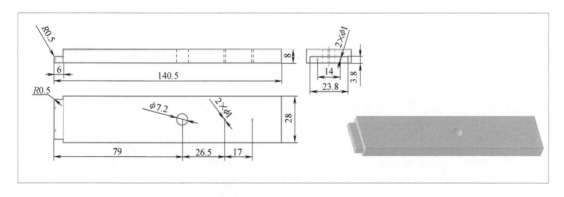

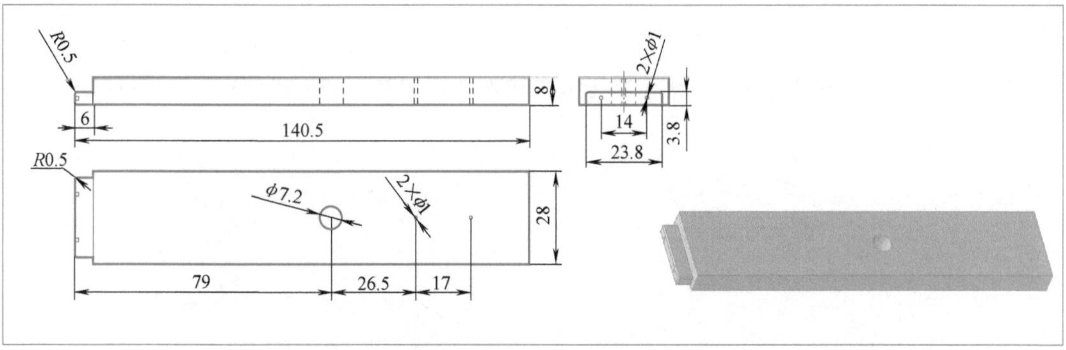


图 6-216

### （八）模型设计（支撑板）

#### 1. 草图的绘制与编辑

1）激活“开始创建二维草图”命令，选择 *XZ* 平面，进入草图绘制界面，如图 6-217 所示。

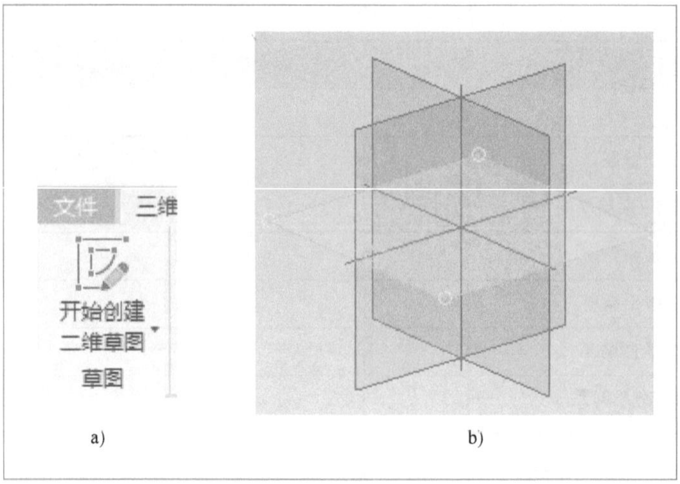


图 6-217

2）激活“线”与“构造”命令，捕捉绘图区原点位置为第 1 起点绘制直线，在 *Y* 轴正方向输入“14”，单击“确定”按钮，如图 6-218 所示。

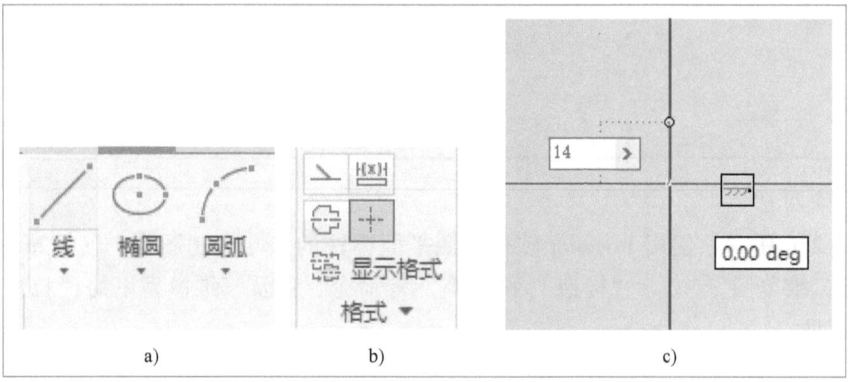


图 6-218

捕捉直线端点位置绘制直线，在 *X* 轴正方向输入“3”“76”“26.5”“17”，如图 6-219 所示。

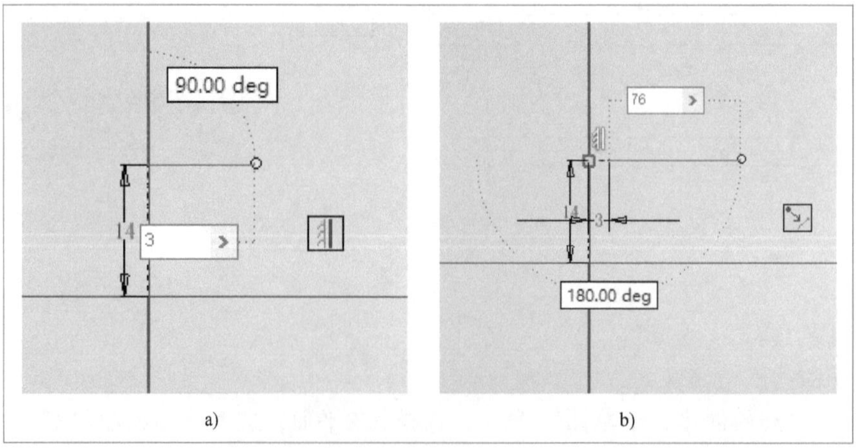


图 6-219

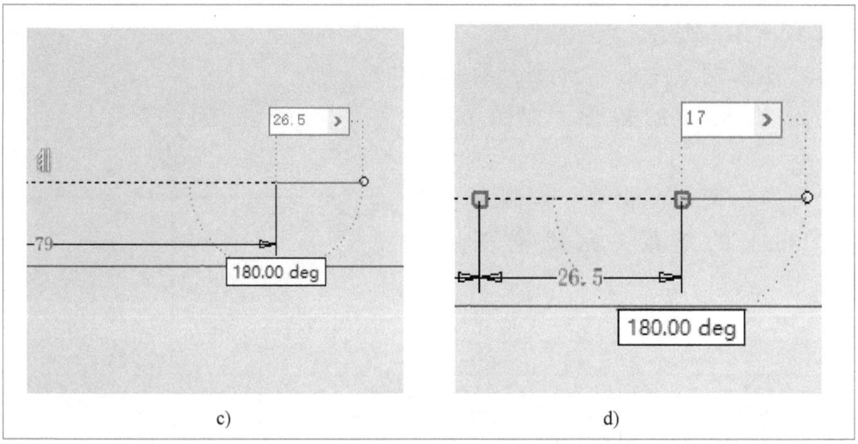


c) d)

图 6-219（续）

捕捉图形原点位置绘制直线，在 X 正方向输入“6”，完成后取消“构造”命令，单击“确定”按钮，如图 6-220 所示。

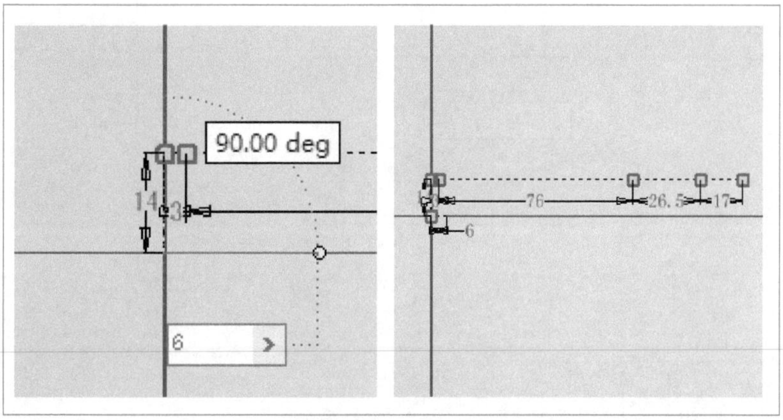


图 6-220

3）激活“圆”命令，捕捉直线端点位置为圆心，绘制直径为 7.2mm 的圆，如图 6-221 所示。

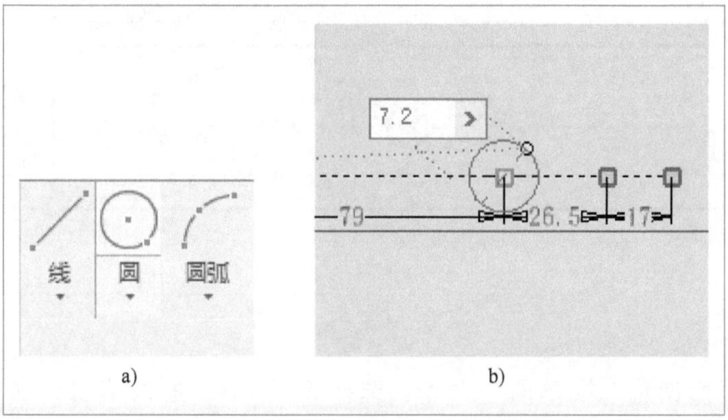


a) b)

图 6-221

4）再次捕捉端点位置，绘制直径为 1mm 的两个圆，如图 6-222 所示。

5）激活“矩形两点中心”命令，绘制一个长 6mm、宽 23.8mm 的矩形，如图 6-223 所示。

6）激活“矩形两点”命令，绘制一个长 135mm、宽 28mm 的矩形，完成草图，如图 6-224 所示。

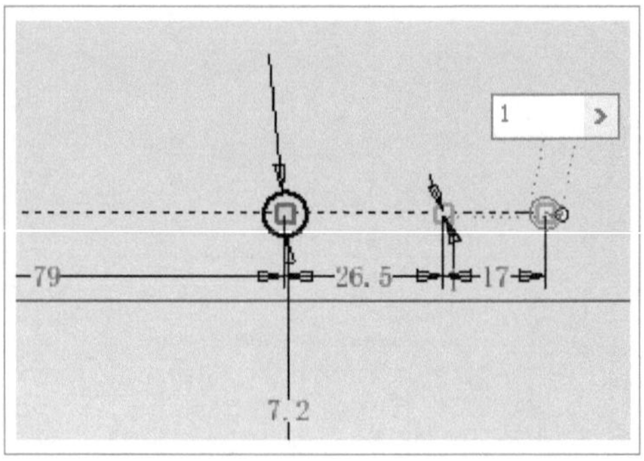


图 6-222

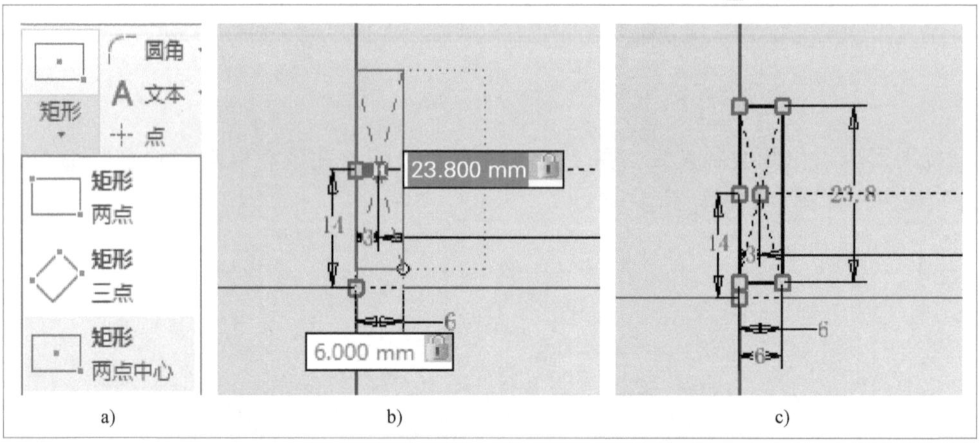


图 6-223

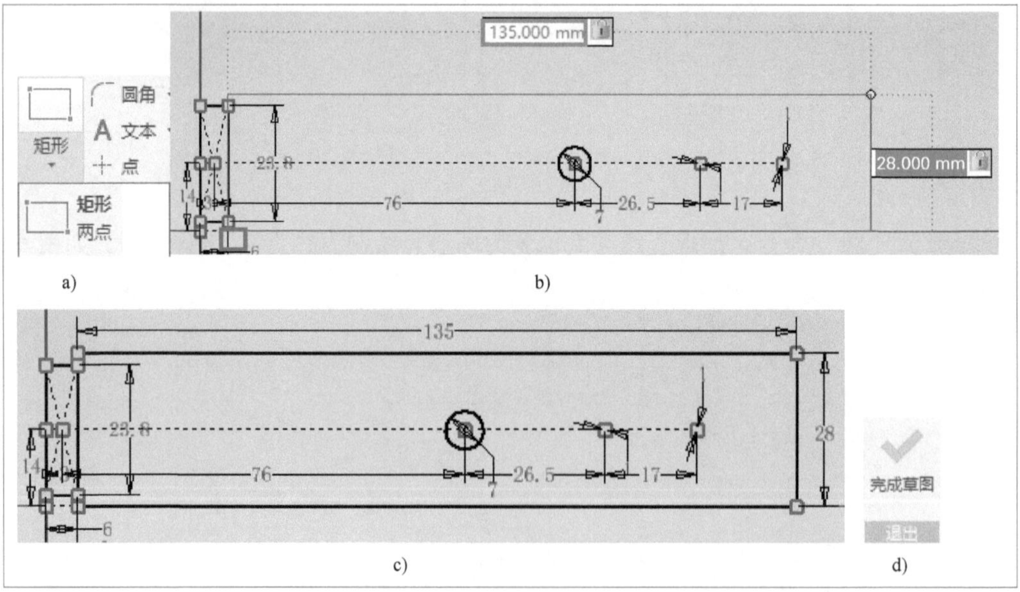


图 6-224

7）激活“开始创建二维草图”命令，选择 *XY* 平面，进入草图绘制界面，如图 6-225 所示。

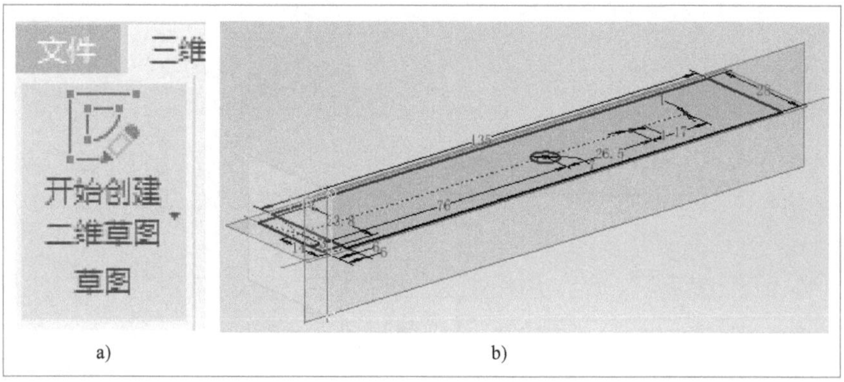


图 6-225

8）激活“线”与“构造”命令，捕捉原点位置为第 1 点绘制直线，在 *X* 负方向输入“7”，在 *Y* 正方向输入 1.9，14，单击“确定”按钮，完成后取消“构造”命令，如图 6-226 所示。

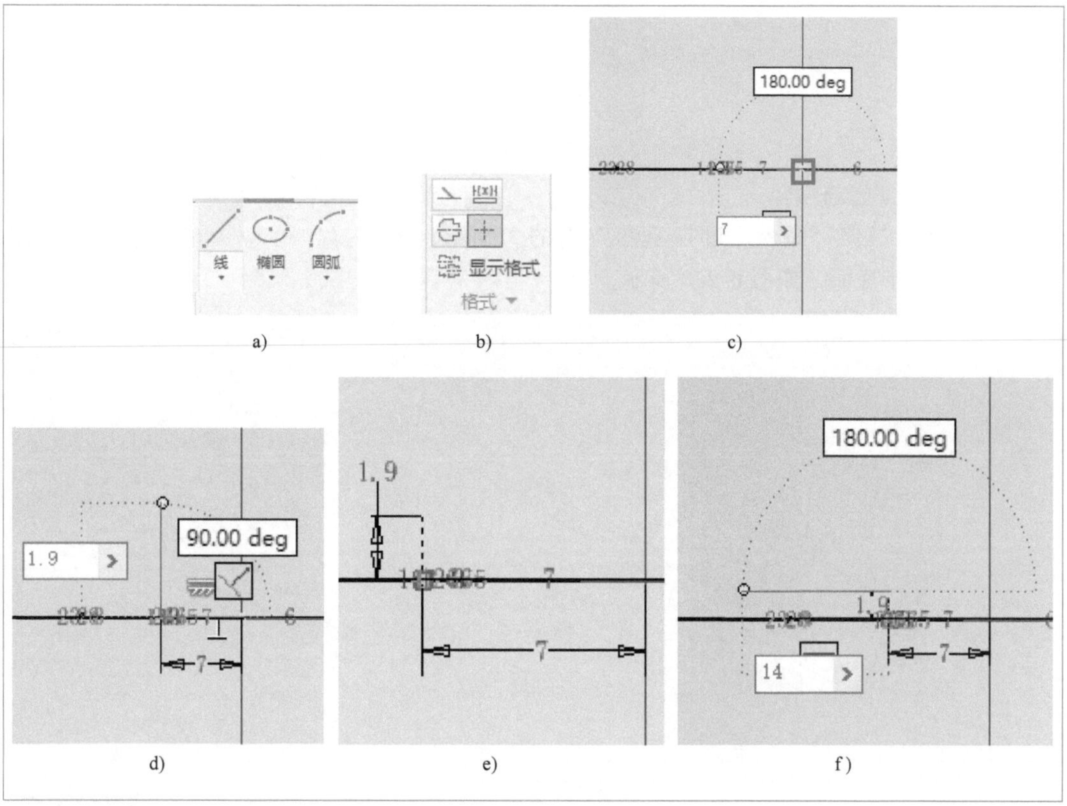


图 6-226

9）激活“圆”命令，捕捉直线端点位置，绘制两个直径为 1mm 的圆，完成草图，如图 6-227 所示。

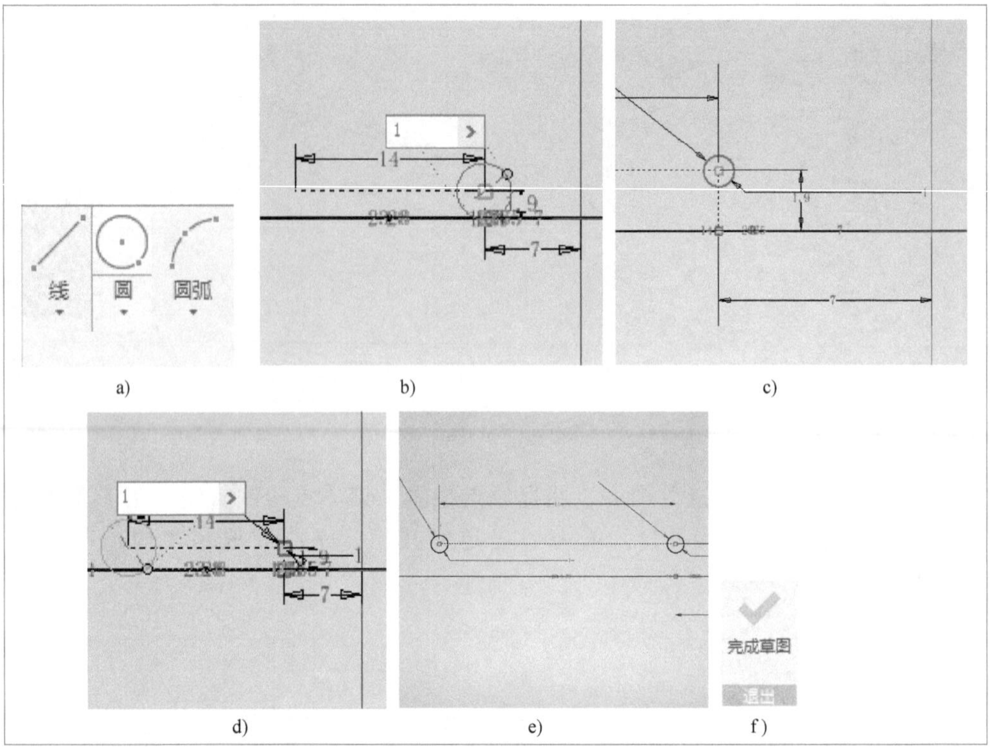


图 6-227

## 2. 特征的创建与编辑

1）激活“拉伸”命令，选择草图 1 内的大矩形，输入拉伸距离“8”，单击“应用”按钮，创建拉伸特征，如图 6-228 所示。

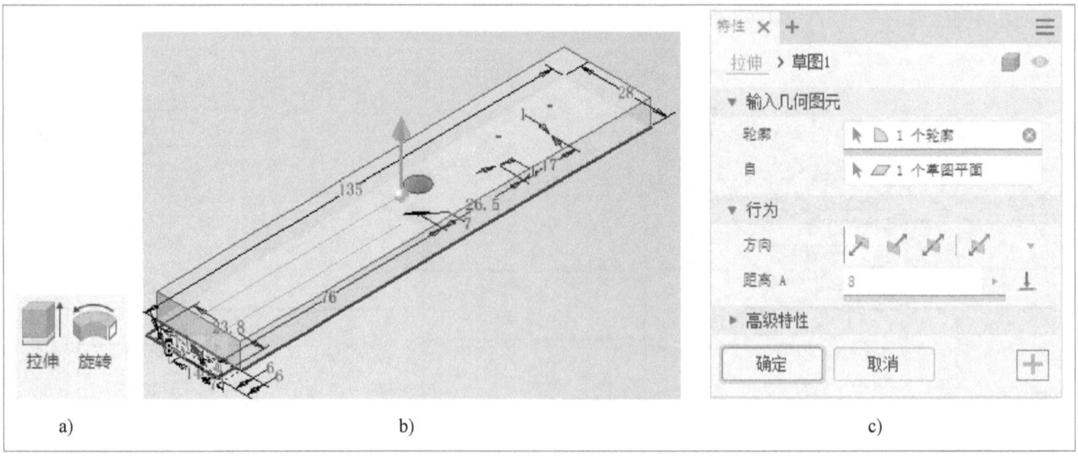


图 6-228

2）拉伸小矩形，输入拉伸距离“3.8”，布尔选择求和，单击“应用”按钮，创建拉伸特征，如图 6-229 所示。

3）拉伸图形内的两个小圆，输入拉伸距离“1”，翻转，单击“确定”按钮，创建拉伸特征，如图 6-230 所示。

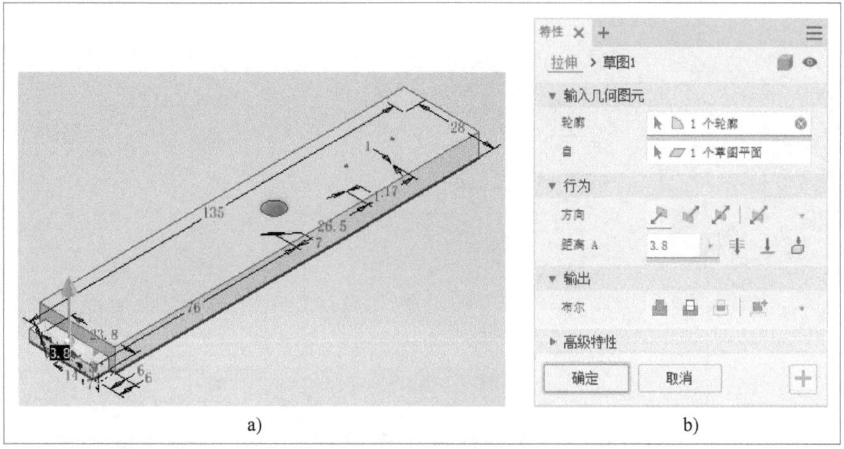


a) b)

图 6-229

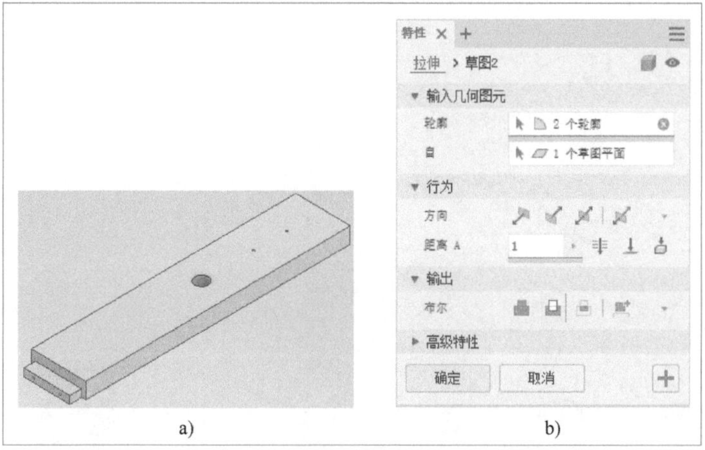


a) b)

图 6-230

4）激活“圆角”命令，输入半径值“0.5”，选择需要倒圆的线，如图 6-231 所示。

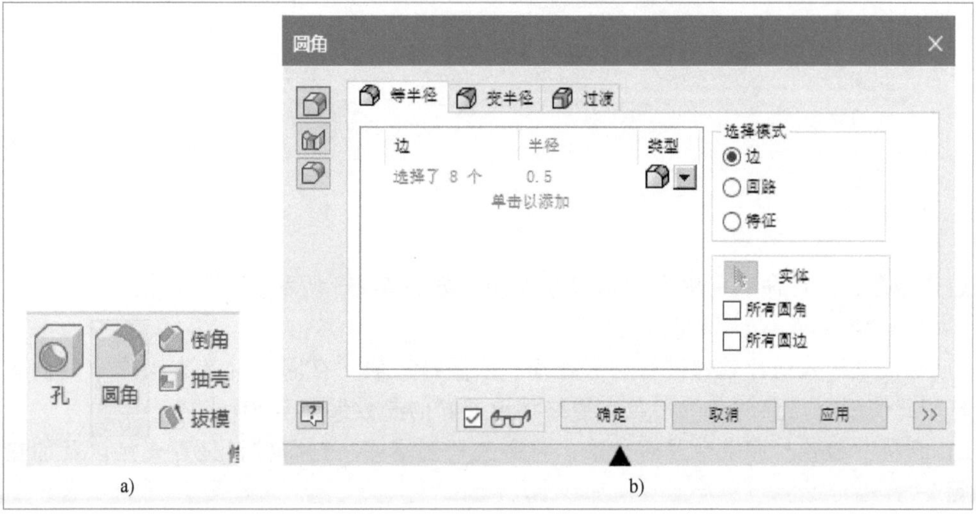


a) b)

图 6-231

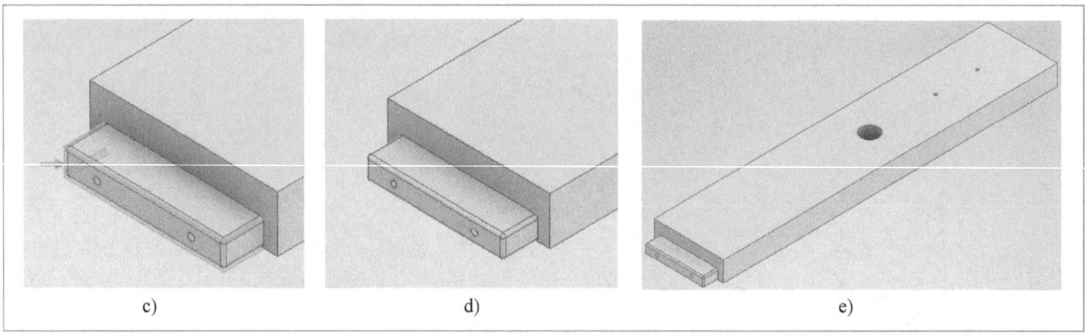


图 6-231（续）

5）保存零件并导出 STL 文件。在功能区单击鼠标右键，选择“显示面板”下的“3D 打印”，激活“3D 打印”命令，选择导出 STL 文件，如图 6-232 所示。

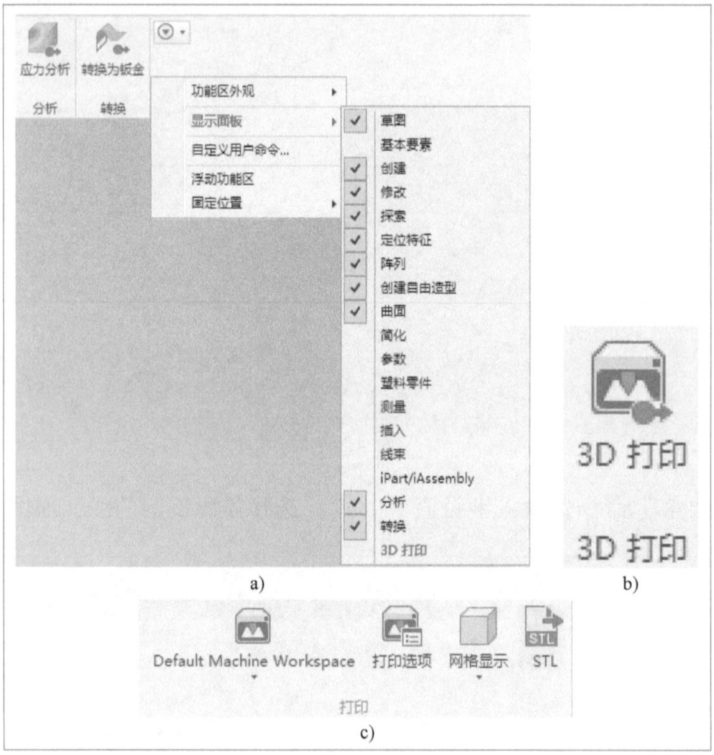


图 6-232

选择路径，文件命名，单击“保存”按钮，如图 6-233 所示。

（九）模型打印（支撑板）

1）将模型导入切片软件进行切片处理。依据第二章“打印机的基本操作”的内容，设置好打印此模型所需要的各个参数。最终将设置好的参数保存至 SD 卡内。

2）开机并检查打印平台是否校准、打印头是否堵塞、打印材料是否充足以及加热是否正常等。

3）将 SD 卡插入机器内，选择文件进行打印。

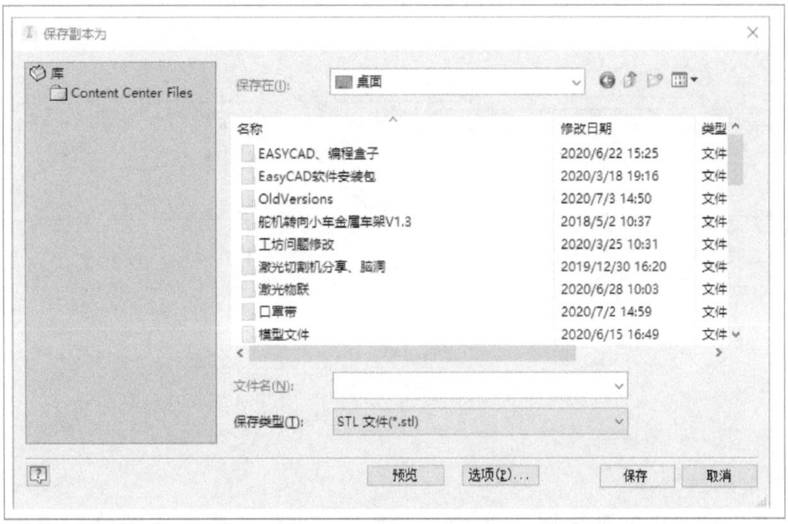


图 6-233

4）将设置的参数记录在表 6-11 内，以便于打印完成后的质量检查。打印过程中出现问题时，可查看切片参数，再次打印时可调整相应的参数，进行对比。每次打印完成后，基于最终模型进行整体打印参数的总结。

表 6-11 “机械传动机构（支撑板）”打印参数表

| 序号 | 参数名称 | 数值 | 备注 |
|---|---|---|---|
| 1 | 层厚 | | |
| 2 | 壁厚 | | |
| 3 | 底层/顶层厚度 | | |
| 4 | 填充密度 | | |
| 5 | 挤出温度 | | |
| 6 | 平台温度 | | |
| 7 | 填充线间距 | | |
| 8 | 支撑类型 | | |
| 9 | 有无底座 | | |
| 总结 | | | |

（十）项目分析（摇杆）

如图 6-234 所示，使用 Inventor 软件按照平面标注的尺寸绘制图形。使用草图绘制里的“开始创建二维平面”“线”“圆角”“圆”和“矩形三点中心”等命令，以及三维模型里的

“扫掠”“复制对象”“移动实体”“合并”“拉伸”和“圆角”等命令绘制模型。

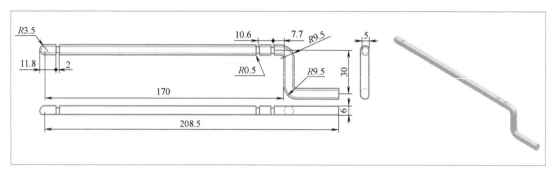

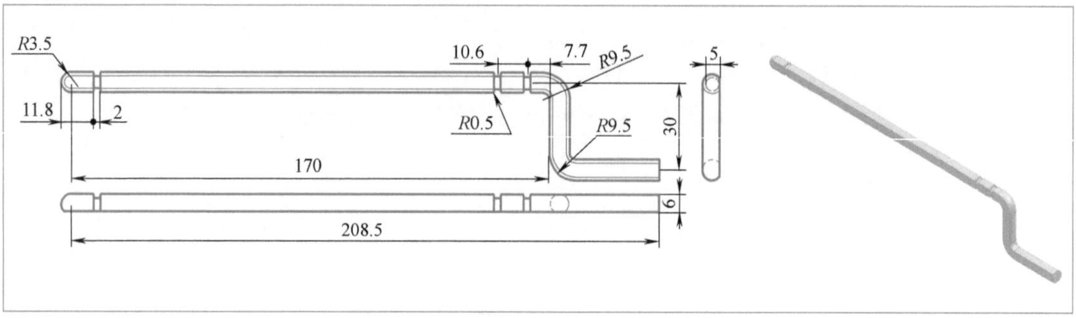


图 6-234

（十一）模型设计（摇杆）

1. 草图的绘制与编辑

1）激活“开始创建二维草图”命令，选择 *XY* 平面，进入草图绘制界面，如图 6-235 所示。

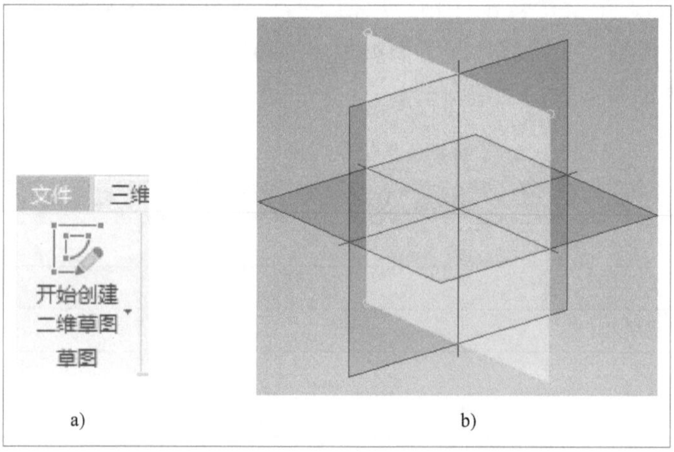


图 6-235

2）激活“线”命令，捕捉图形原点位置为直线第 1 点位绘制直线，在 *X* 轴正方向输入尺寸“177”，在 *Y* 轴负方向输入“30”，在 *X* 轴正方向输入“35”，如图 6-236 所示。

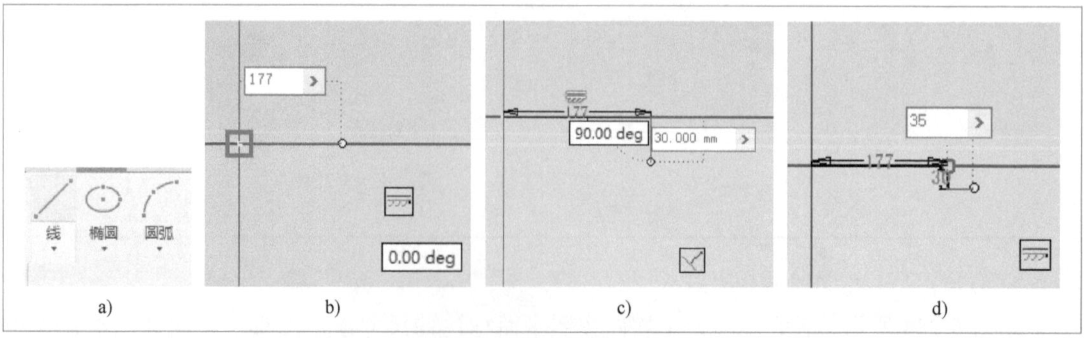


图 6-236

3）激活“圆角”命令，输入半径值“6”，选择线条进行倒圆，完成草图，如图 6-237 所示。

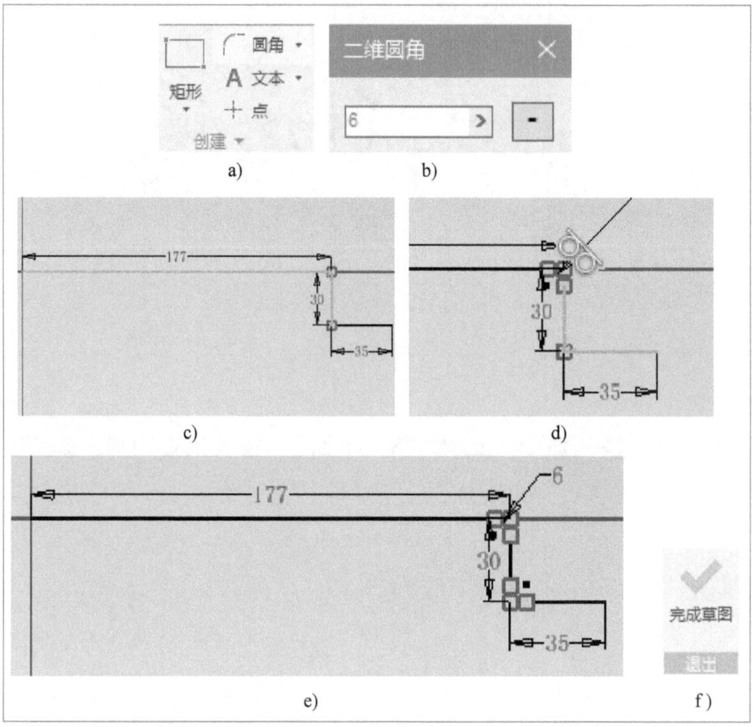


图 6-237

4）激活“开始创建二维草图”命令，选择 *YZ* 平面，进入草图绘制界面，如图 6-238 所示。

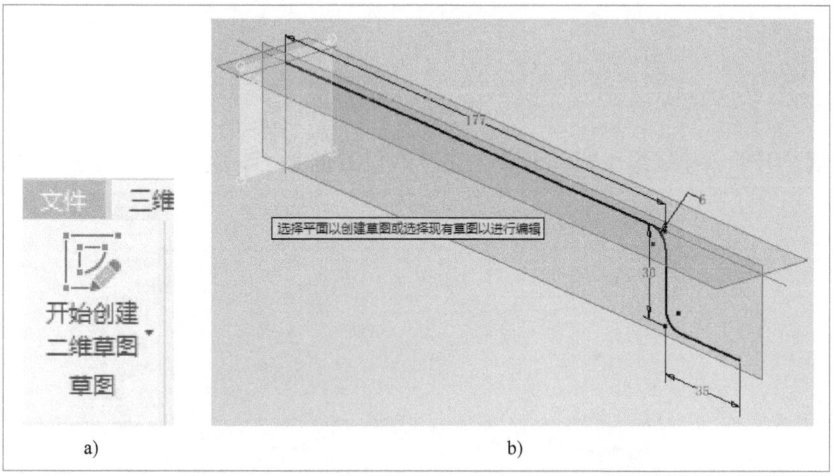


图 6-238

5）激活“圆”命令，捕捉图形原点为中心，绘制直径为 5mm、7mm 的圆，完成草图，如图 6-239 所示。

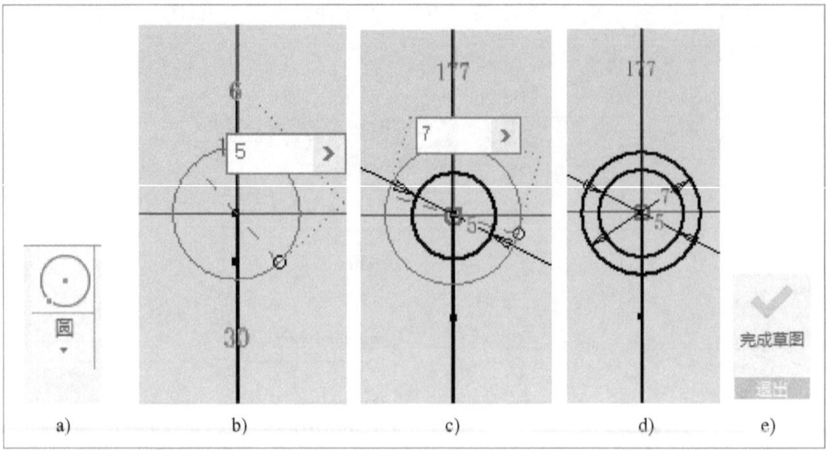


图 6-239

6）激活“从平面偏移”命令，选择“XY 平面”，输入偏移距离“2.5”，单击“确定”按钮，如图 6-240 所示。

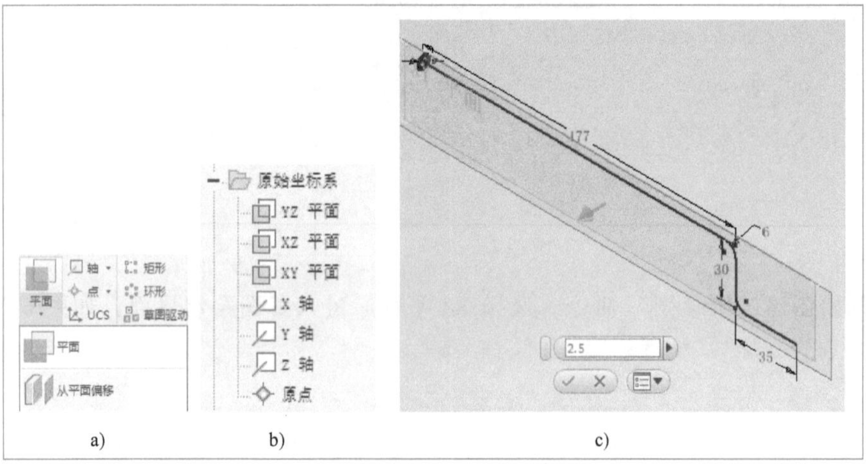


图 6-240

7）激活“开始创建二维草图”命令，选择刚偏移的平面，进入草图绘制界面，如图 6-241 所示。

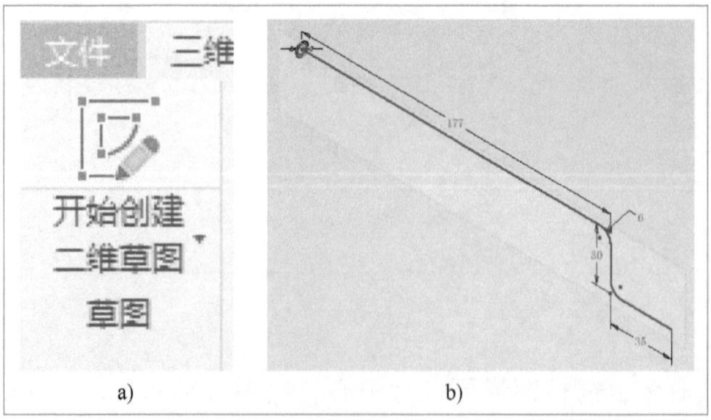


图 6-241

8）激活“矩形三点中心”命令，捕捉图形远点为中心，绘制一个长 424mm、宽 74mm 的矩形，完成草图，如图 6-242 所示。

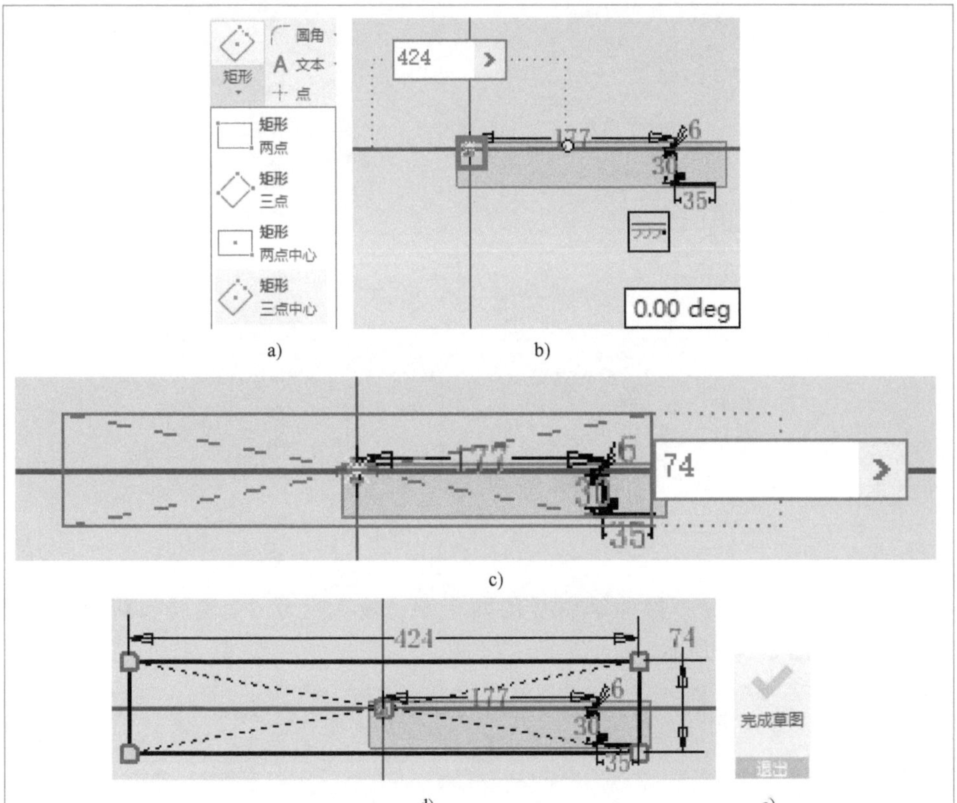


a) b) c) d) e)

图 6-242

## 2. 特征的创建与编辑

1）激活“扫掠”命令，选择直径为 7mm 的整圆为轮廓，选择草图 1 为路径，如图 6-243 所示。

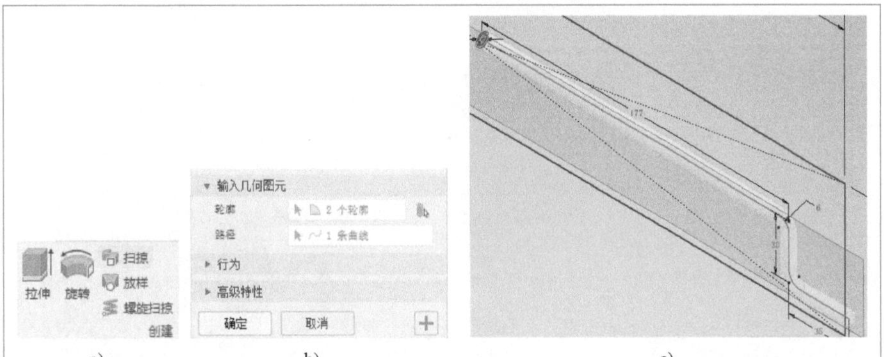


a) b) c)

图 6-243

2）在建模树内，激活草图 2 的可见性，如图 6-244 所示。

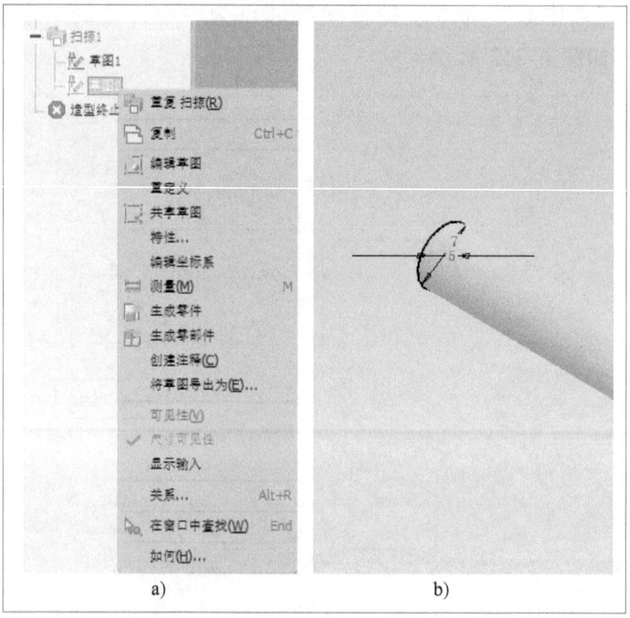


图 6-244

3）激活“拉伸”命令，拉伸草图 2 的两个圆，输入尺寸 2，翻转，新建实体，单击“确定”按钮，如图 6-245 所示。

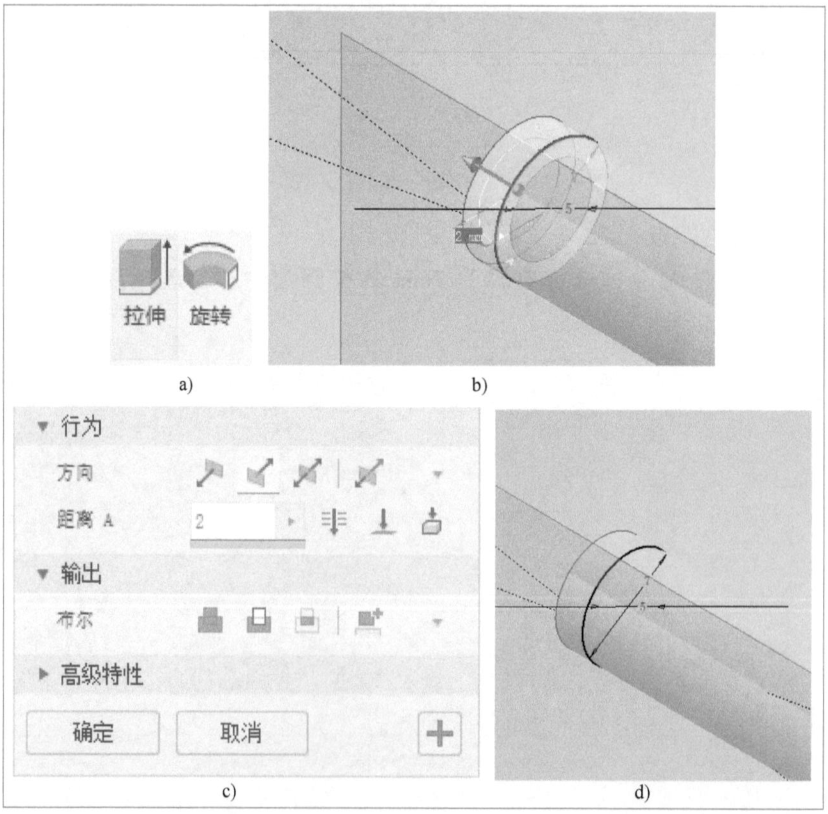


图 6-245

4）激活“复制对象”命令，选择“实体”，单击“应用”按钮，复制两个实体后单击“确定”按钮，如图 6-246 所示。

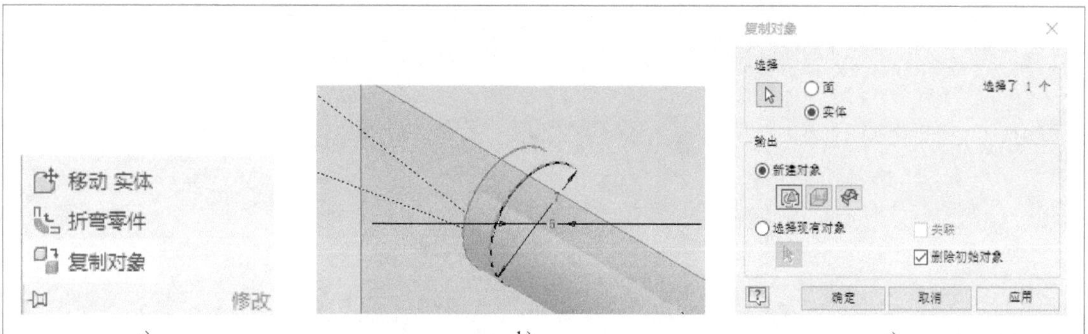


a) b) c)

图 6-246

5）激活“移动实体”命令，选择“实体”，在 *X* 方向输入尺寸“13.5”，单击“应用”按钮，如图 6-247 所示。

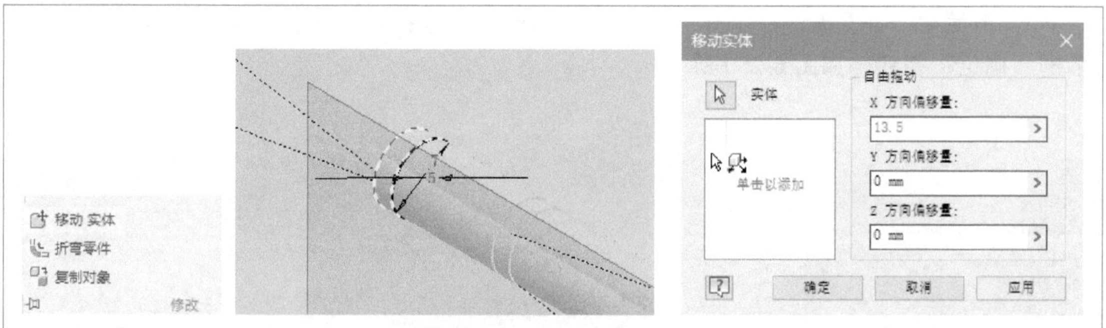


a) b) c)

图 6-247

再次选择“实体”，在 *X* 方向输入尺寸“156.2”，单击“应用”按钮，如图 6-248 所示。

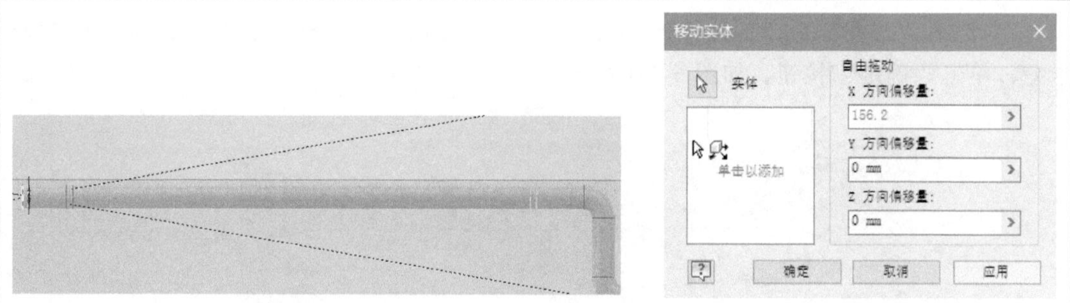


a) b)

图 6-248

再次选择“实体”，在 *X* 方向输入尺寸“166.8”，单击“确定”按钮，如图 6-249 所示。

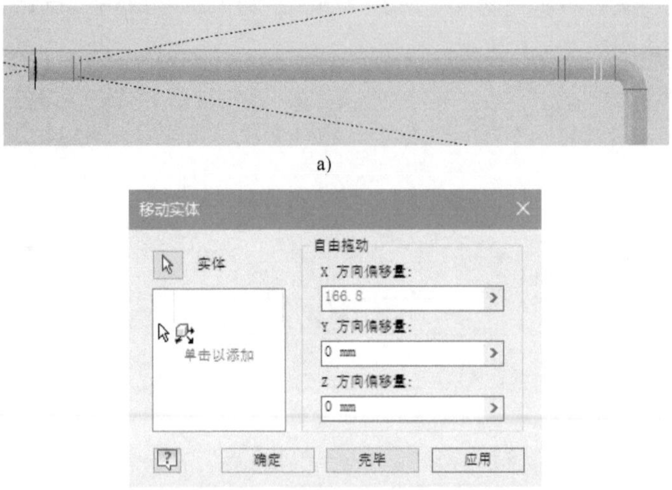


a) b)

图 6-249

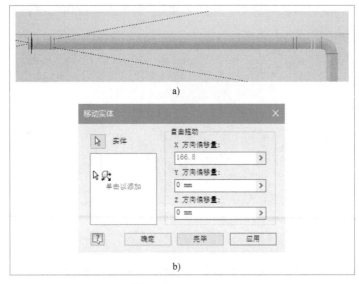

6）激活“合并”命令，布尔选择求差，基础视图选择扫掠体，工具体选择 3 个圆环，单击“确定”按钮，如图 6-250 所示。

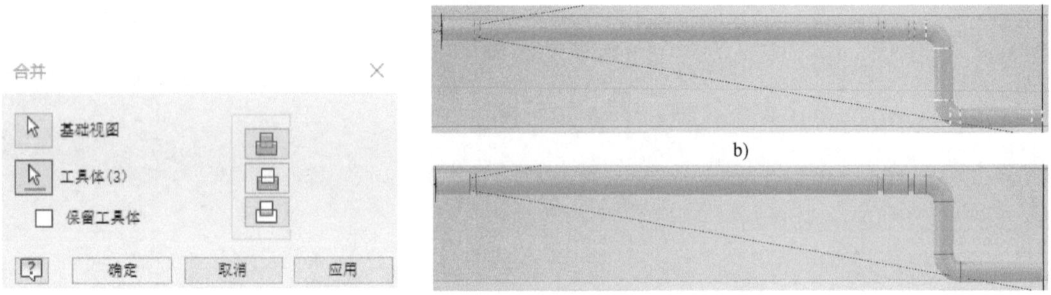


a) b) c)

图 6-250

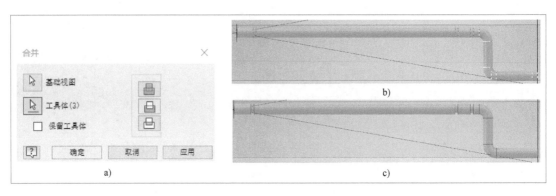

7）激活“拉伸”命令，拉伸长 424mm、宽 74mm 的矩形，拉伸距离为 2mm，布尔选择求差，单击“确定”按钮，如图 6-251 所示。

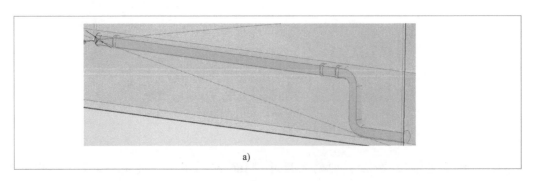

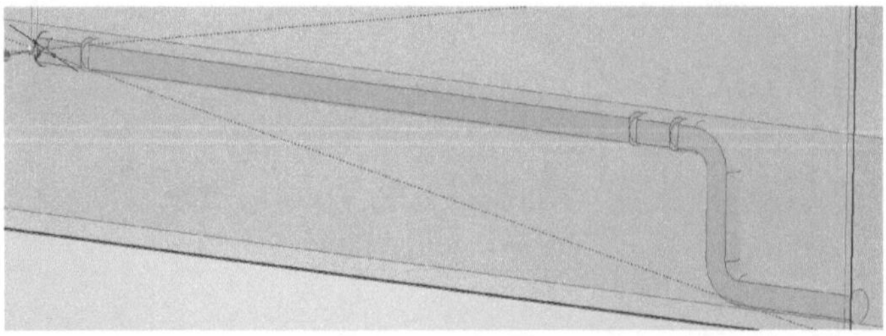

a)

图 6-251

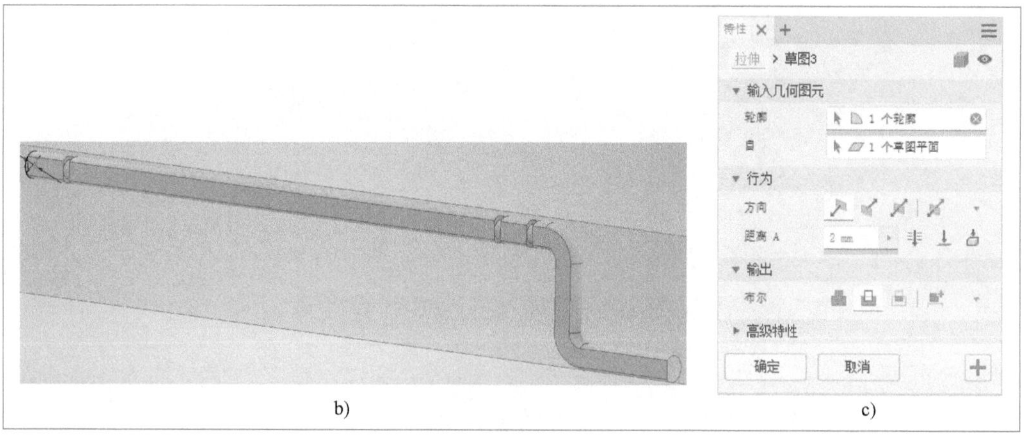

b) c)

图 6-251（续）

8）激活“圆角”命令，输入半径值“3. 5”，选择线条进行倒角，如图 6-252 所示。

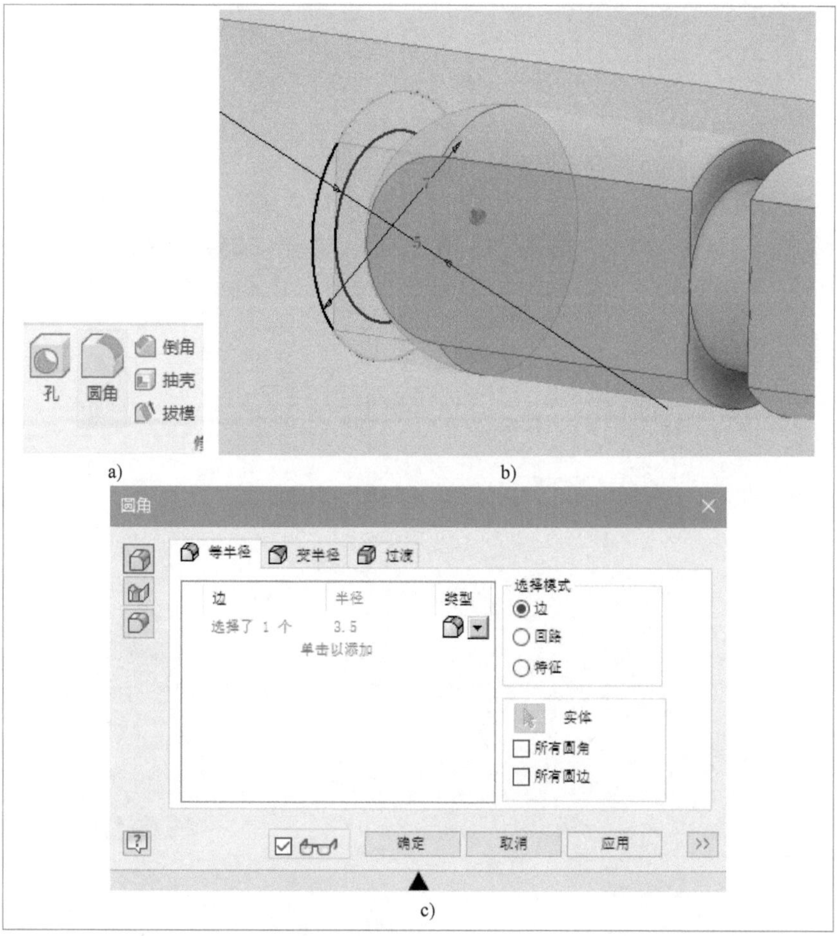

a) b)

c)

图 6-252

再次选择“圆角”命令，输入半径值“0. 5”，选择线条进行倒角，完成草图，如图 6-253 所示。

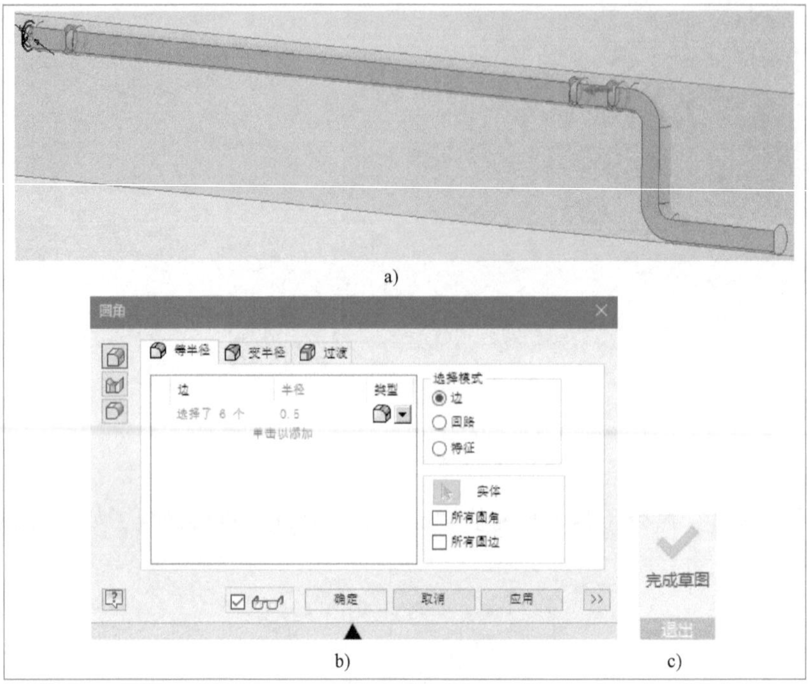


图 6-253

9）保存零件并导出 STL 文件。在功能区单击鼠标右键，选择“显示面板”下的“3D 打印”，激活“3D 打印”命令，选择导出 STL 文件，如图 6-254 所示。

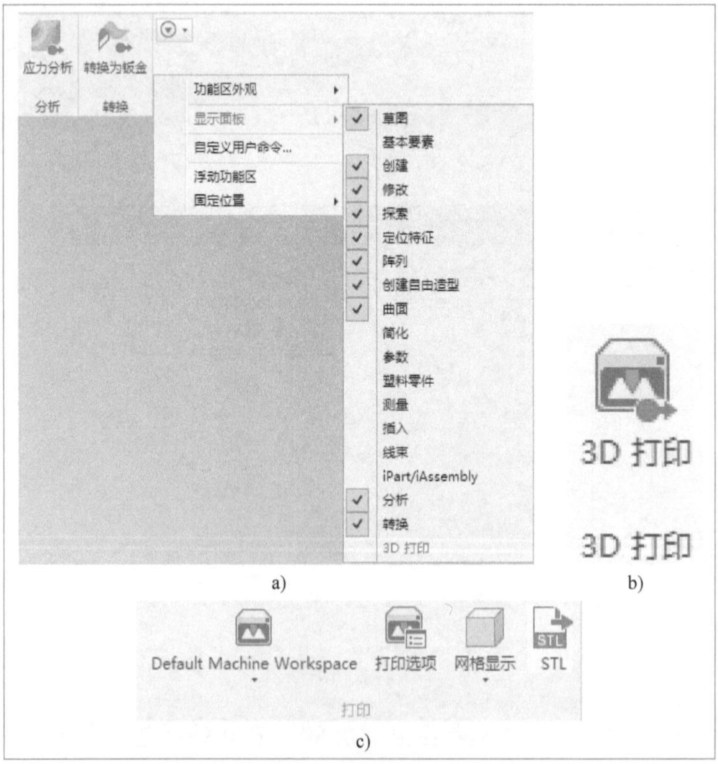


图 6-254

选择路径，文件命名，单击“保存”按钮，如图 6-255 所示。

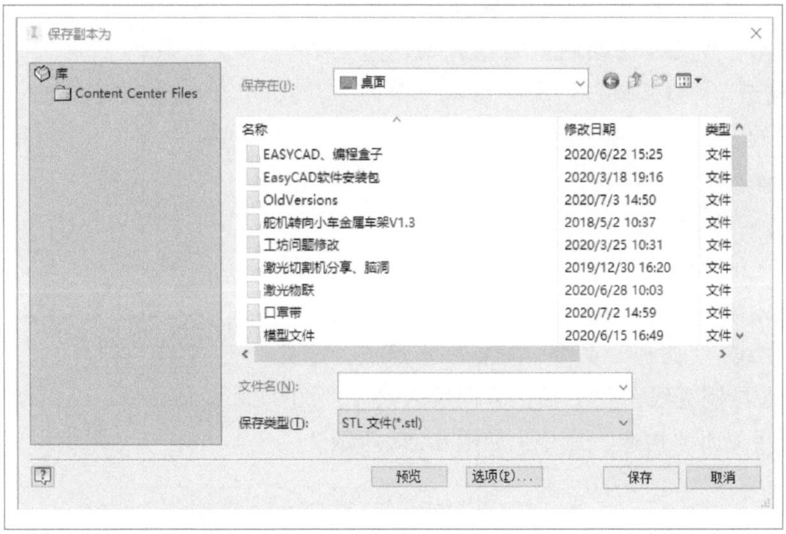


图 6-255

### （十二）模型打印（摇杆）

1）将模型导入切片软件进行切片处理。依据第二章“打印机的基本操作”的内容，设置好打印此模型所需要的各个参数。最终将设置好的参数保存至 SD 卡内。

2）开机并检查打印平台是否校准、打印头是否堵塞、打印材料是否充足以及加热是否正常等。

3）将 SD 卡插入机器内，选择文件进行打印。

4）将设置的参数记录在表 6-12 内，以便于打印完成后的质量检查。打印过程中出现问题时，可查看切片参数，再次打印时可调整相应的参数，进行对比。每次打印完成后，基于最终模型进行整体打印参数的总结。

表 6-12 “机械传动机构（摇杆）”打印参数表

| 序号 | 参数名称 | 数值 | 备注 |
|---|---|---|---|
| 1 | 层厚 | | |
| 2 | 壁厚 | | |
| 3 | 底层/顶层厚度 | | |
| 4 | 填充密度 | | |
| 5 | 挤出温度 | | |
| 6 | 平台温度 | | |
| 7 | 填充线间距 | | |
| 8 | 支撑类型 | | |
| 9 | 有无底座 | | |
| 总结 | | | |

**（十三）项目分析**（滑块）

如图 6-256 所示，使用 Inventor 软件按照平面标注的尺寸绘制图形。使用草图绘制里的“开始创建二维平面”“线”“构造”“圆弧圆心”和“修剪”等命令，以及三维模型里的“拉伸”命令绘制模型。

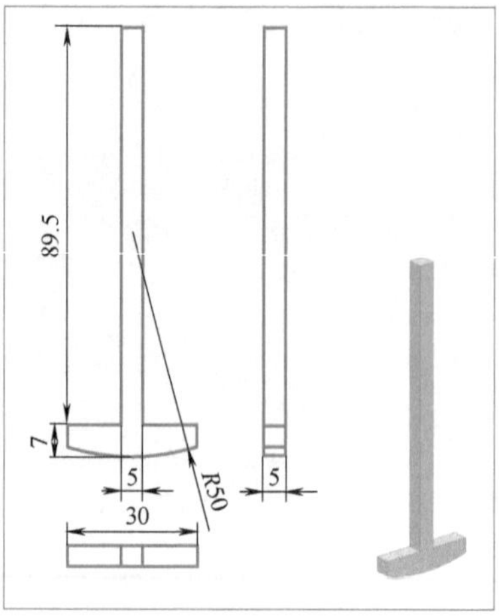


图 6-256

**（十四）模型设计**（滑块）

**1. 草图的绘制与编辑**

1）激活“开始创建二维草图”命令，选择 *XY* 平面，进入草图绘制界面，如图 6-257 所示。

2）激活“线”“构造”命令，捕捉图形原点，定义直线第 1 个点位绘制直线，在 *Y* 轴正方向输入尺寸“50”“39.5”，完成后关闭“构造”命令，如图 6-258 所示。

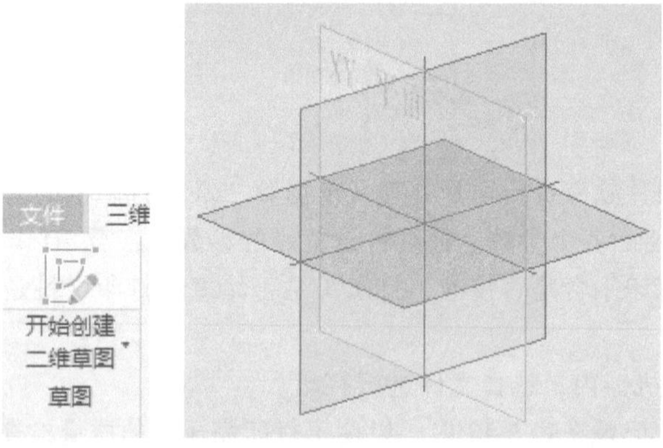


a)　　　　b)

图 6-257

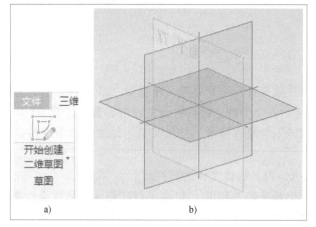

3）再次激活“线”命令，捕捉直线端点位置绘制直线，在 *X* 正方向输入“2.5”，在 *Y* 轴负方向输入“82.5”，在 *X* 轴正方向输入“12.5”，沿 *Y* 轴垂直向下捕捉 *X* 轴交点位置，单击“确定”按钮，如图 6-259 所示。

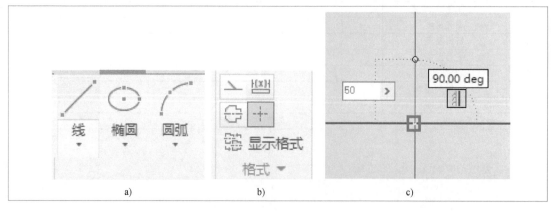

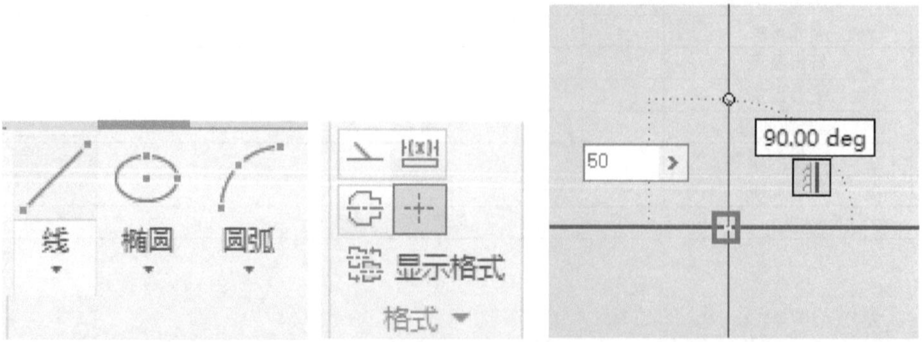


a)　　　　b)　　　　c)

图 6-258

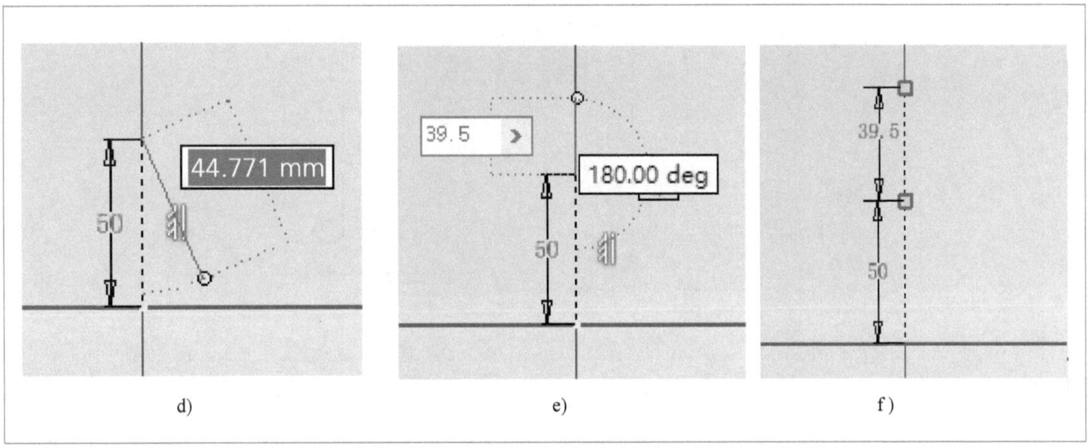


图 6-258（续）

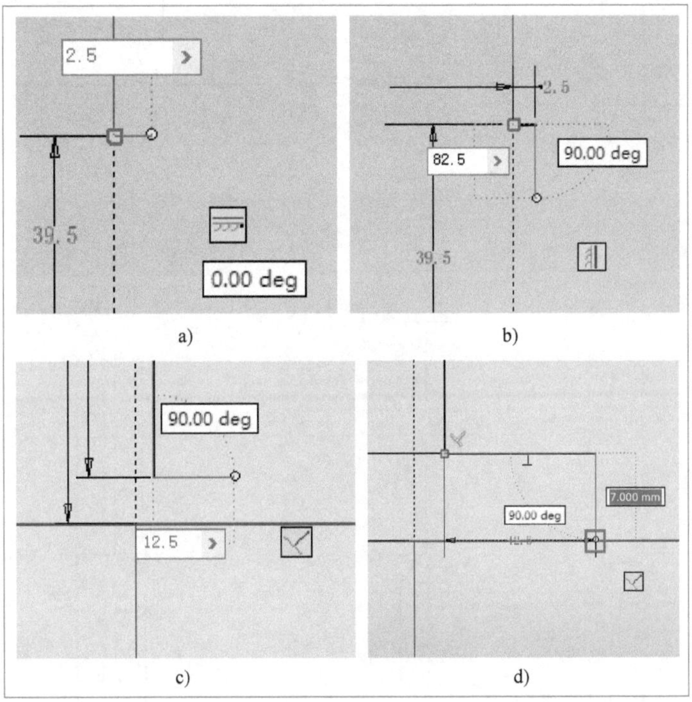


图 6-259

4）激活“圆弧圆心”命令，捕捉端点位置为圆心，选择图形原点位置为起点，将鼠标往右拖拽，使圆弧超过垂直的直线即可，如图 6-260 所示。

5）激活“修剪”命令，选择需要修剪的线条，单击“确定”按钮，如图 6-261 所示。

6）激活“镜像”命令，选择需要镜像的几何图元，选择“镜像线”完成草图，如图 6-262 所示。

## 2. 特征的创建与编辑

1）激活“拉伸”命令，选择草图 1，输入拉伸距离“7”，单击“确定”按钮，如

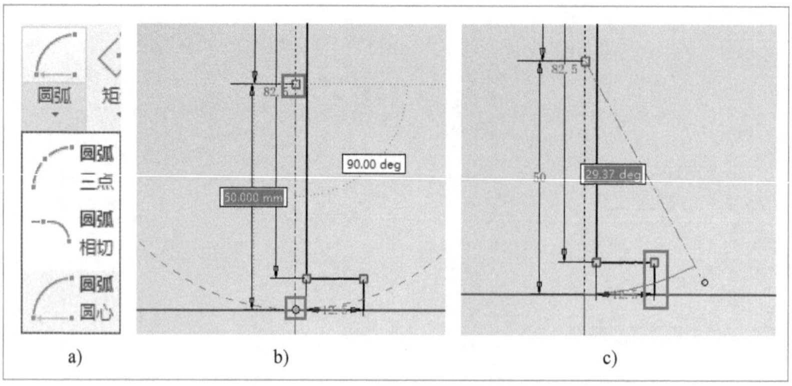

a) b) c)

图 6-260

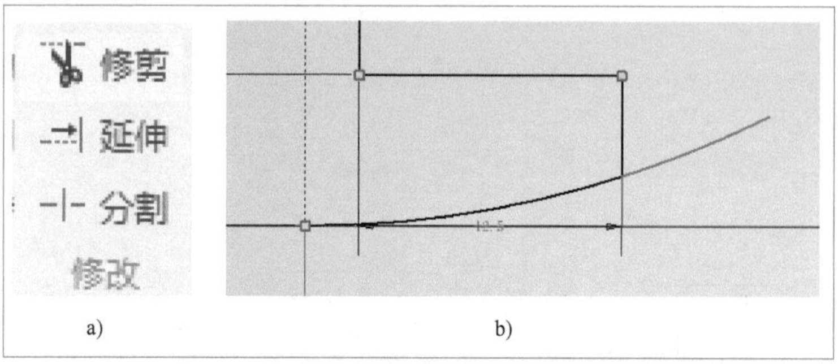

a) b)

图 6-261

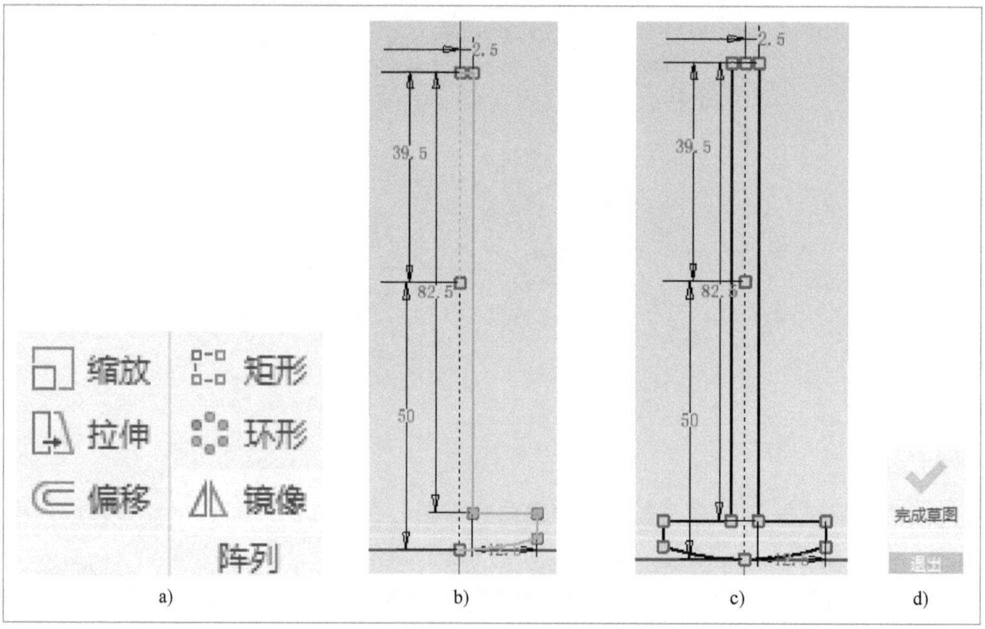

a) b) c) d)

图 6-262

图 6-263 所示。

2）保存零件并导出 STL 文件。在功能区单击鼠标右键，选择“显示面板”下的“3D

打印”，激活“3D 打印”命令，选择导出 STL 文件，如图 6-264 所示。

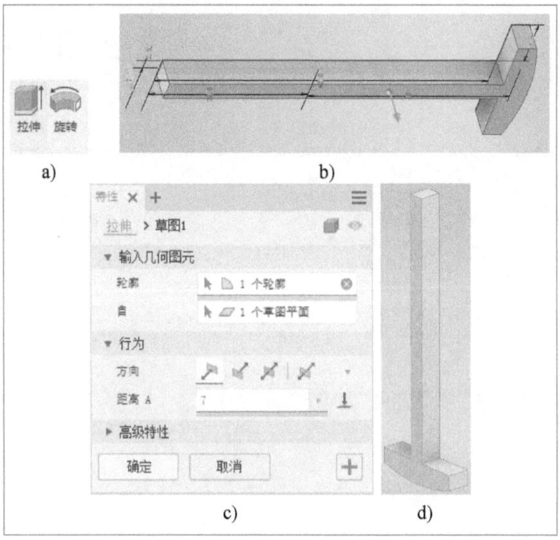


图 6-263

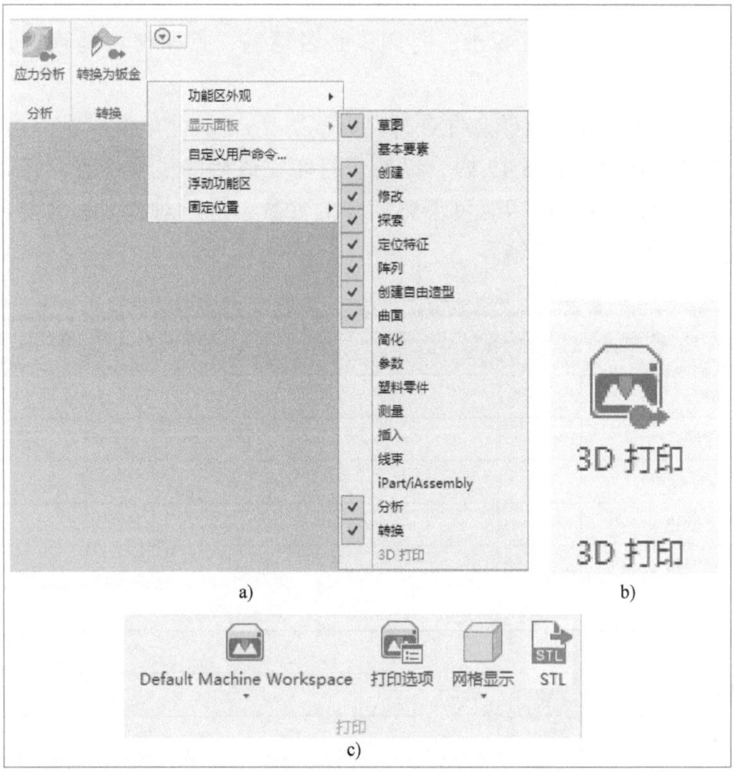


图 6-264

选择路径，文件命名，单击“保存”按钮，如图 6-265 所示。

(十五) 模型打印 (滑块)

1) 将模型导入切片软件进行切片处理。依据第二章“打印机的基本操作”的内容，设

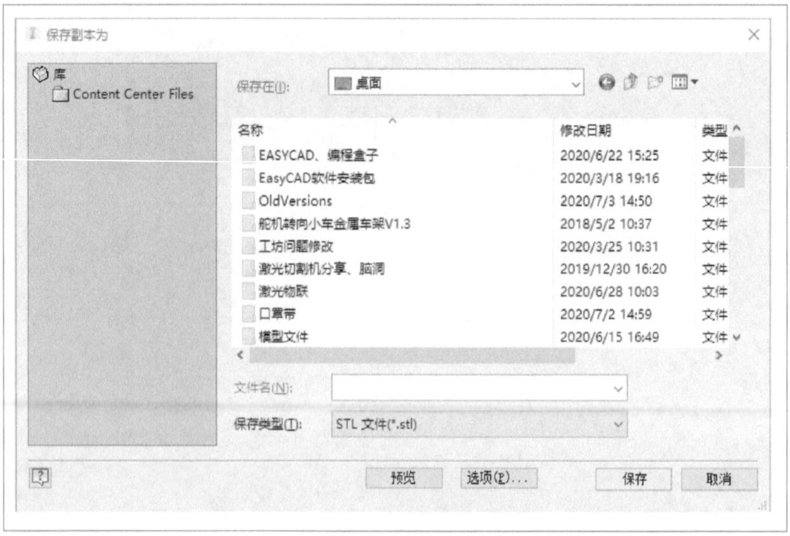


图 6-265

置好打印此模型所需要的各个参数。最终将设置好的参数保存至 SD 卡内。

2）开机并检查打印平台是否校准、打印头是否堵塞、打印材料是否充足以及加热是否正常等。

3）将 SD 卡插入机器内，选择文件进行打印。

4）将设置的参数记录在表 6-13 内，以便于打印完成后的质量检查。打印过程中出现问题时，可查看切片参数，再次打印时可调整相应的参数，进行对比。每次打印完成后，基于最终模型进行整体打印参数的总结。

表 6-13 “机械传动机构（滑块）”打印参数表

| 序号 | 参数名称 | 数值 | 备注 |
|---|---|---|---|
| 1 | 层厚 | | |
| 2 | 壁厚 | | |
| 3 | 底层/顶层厚度 | | |
| 4 | 填充密度 | | |
| 5 | 挤出温度 | | |
| 6 | 平台温度 | | |
| 7 | 填充线间距 | | |
| 8 | 支撑类型 | | |
| 9 | 有无底座 | | |
| 总结 | | | |

### （十六）项目分析（凸轮）

如图 6-266 所示，使用 Inventor 软件按照平面标注的尺寸绘制图形。使用草图绘制里的“开始创建二维平面”“圆”“线”“构造”“尺寸”“修剪”和“复制”等命令，以及三维模型里的“拉伸”“轴”“矩形阵列”和“删除面”等命令绘制模型。

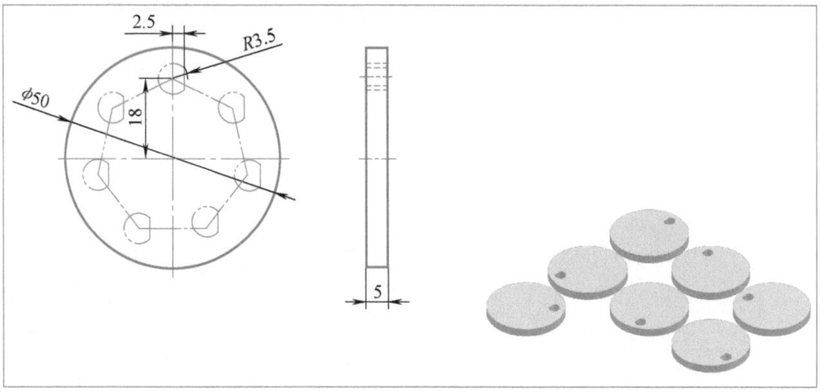


图 6-266

### （十七）模型设计（凸轮）

#### 1. 草图的绘制与编辑

1）激活“开始创建二维草图”命令，选择 *YZ* 平面，进入草图绘制界面，如图 6-267 所示。

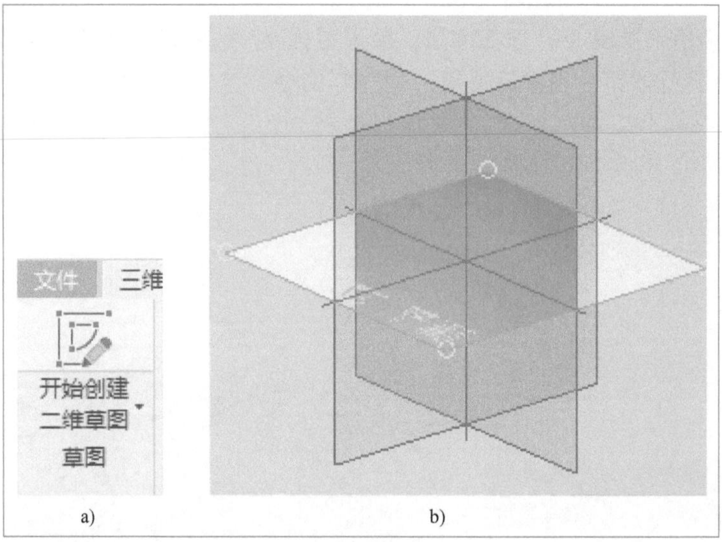


图 6-267

2）激活“圆”命令，捕捉图形原点位置为圆心，绘制 1 个直径 50mm 的圆，如图 6-268 所示。

3）激活“线”与“构造”命令，捕捉图形原点为第 1 起点绘制直线，在 *Y* 轴正方向输入“18”，单击“确定”按钮，如图 6-269 所示。

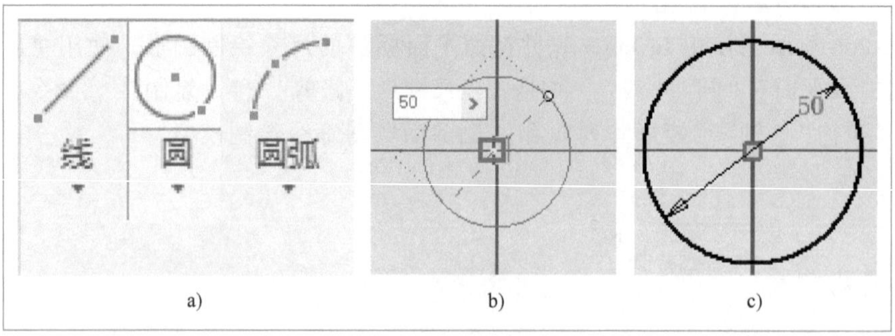


图 6-268

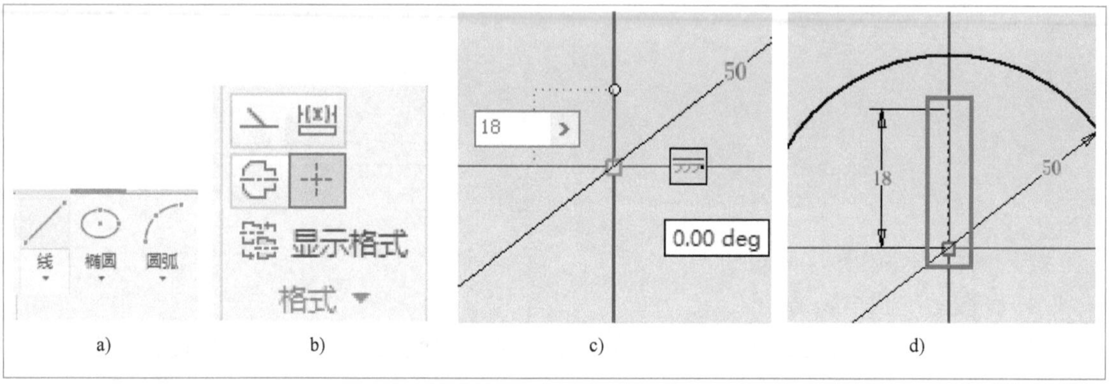


图 6-269

4）激活“多边形”命令，选择内切，输入边数 7，选择原点为中心，端点为多边形上的点，单击“确定”按钮，完成后关闭“构造”命令。如图 6-270 所示。

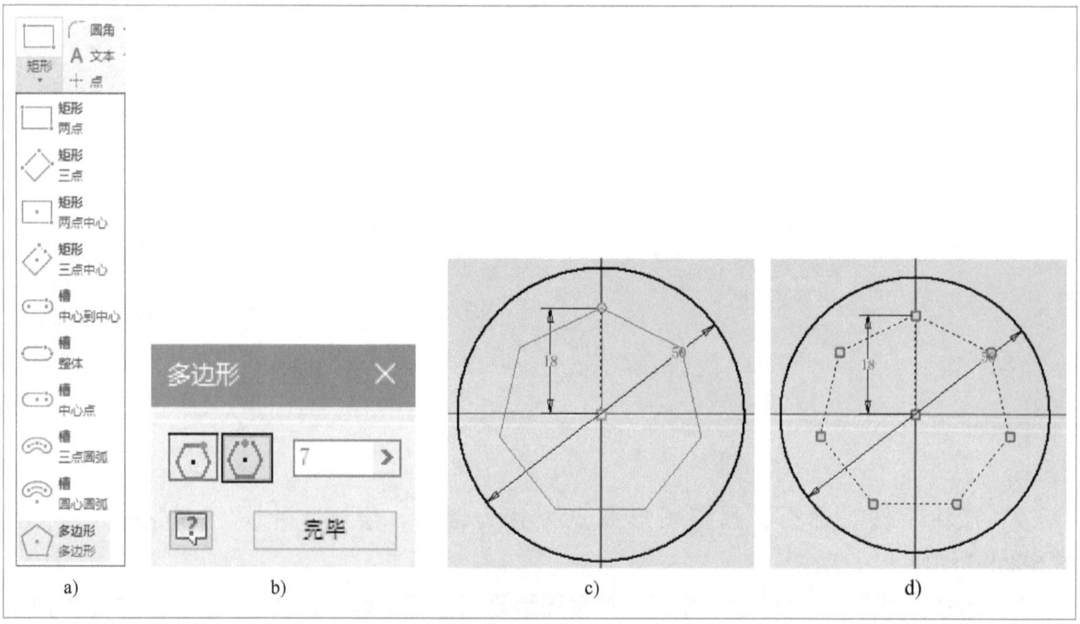


图 6-270

5）激活“圆”命令，以原点为中心，绘制一个直径为 50mm 的圆，如图 6-271 所示。

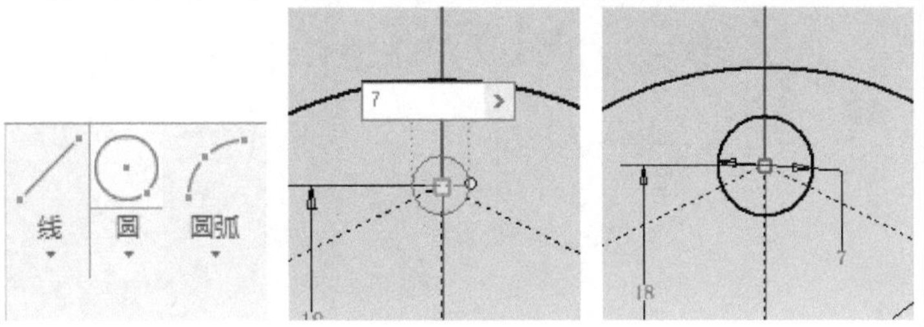


a) b) c)

图 6-271

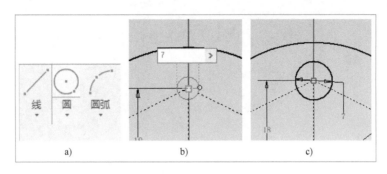

6）激活“线”命令，随意捕捉圆弧上的点，垂直向下捕捉另一端点，确保直线保持垂直，且两个端点都处于圆弧线上，单击“确定”按钮，如图 6-272 所示。

7）激活“尺寸”命令，选择刚绘制的垂直直线，到直径为 7 的圆的圆心，距离输入 2.5，单击“确定”按钮，如图 6-273 所示。

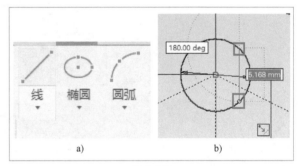

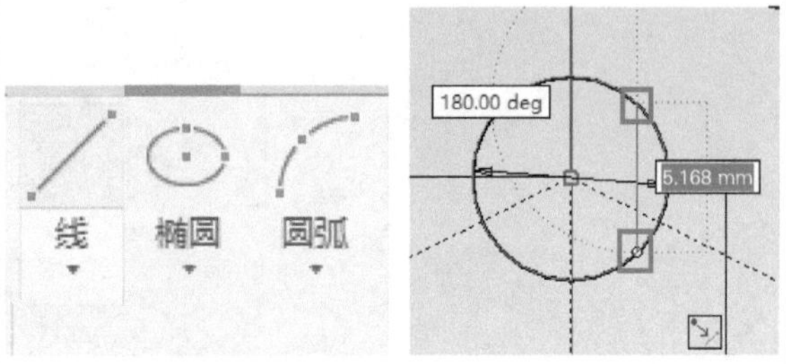


a) b)

图 6-272

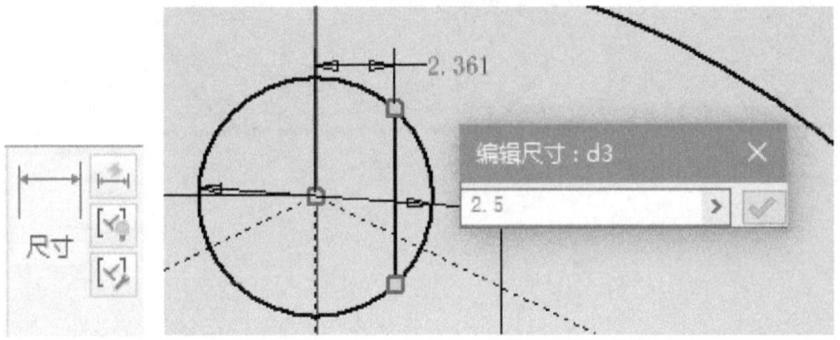


a) b)

图 6-273

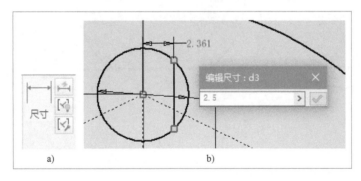

8）激活“修剪”命令，选择需要修剪的线段进行修剪，如图 6-274 所示。

9）激活“复制”命令，选择需要复制的几何图元，选择基准点，指定要复制的点，单击“确定”按钮，完成草图，如图 6-275 所示。

### 2. 特征的创建与编辑

1）激活“拉伸”命令，选择草图 1，默认方向，拉伸距离为 5mm，单击“确定”按钮，如图 6-276 所示。

2）激活“轴”命令，捕捉直线，单击“确定”按钮，如图 6-277 所示。

3）激活“轴”命令，捕捉两点创建轴，如图 6-278 所示。

4）激活“矩形阵列”命令，旋转需要阵列的实体。选择 *X* 轴方向，输入 数量“3”、

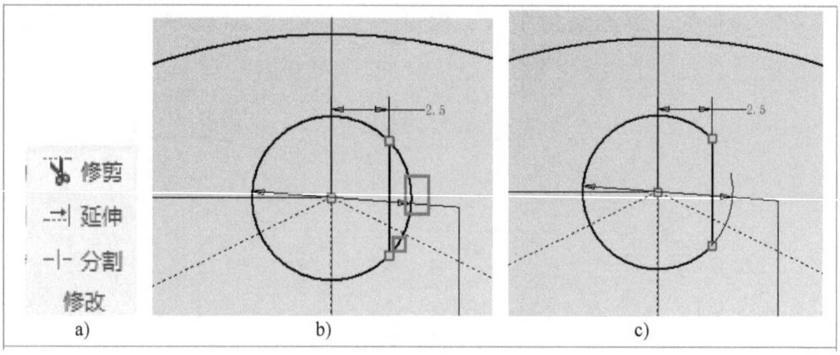


图 6-274

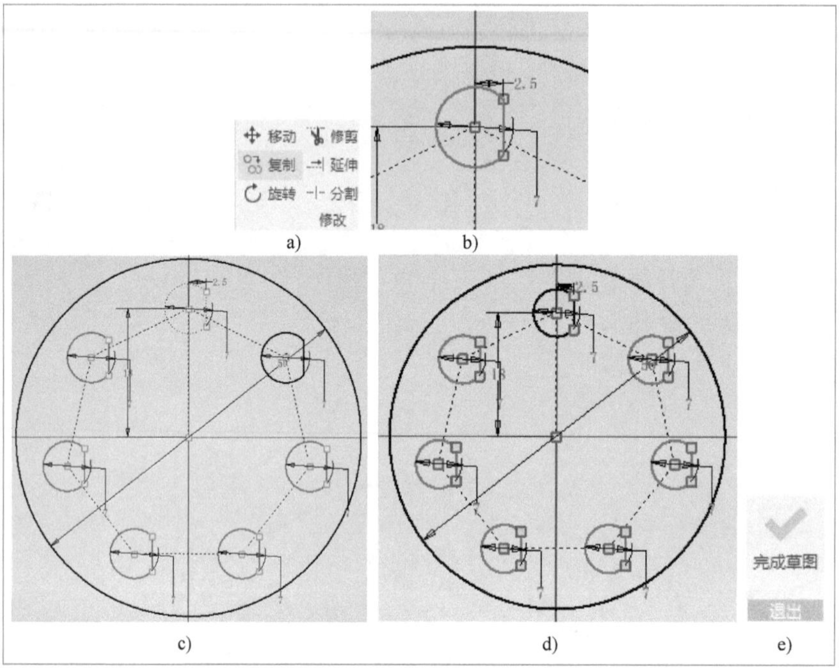


图 6-275

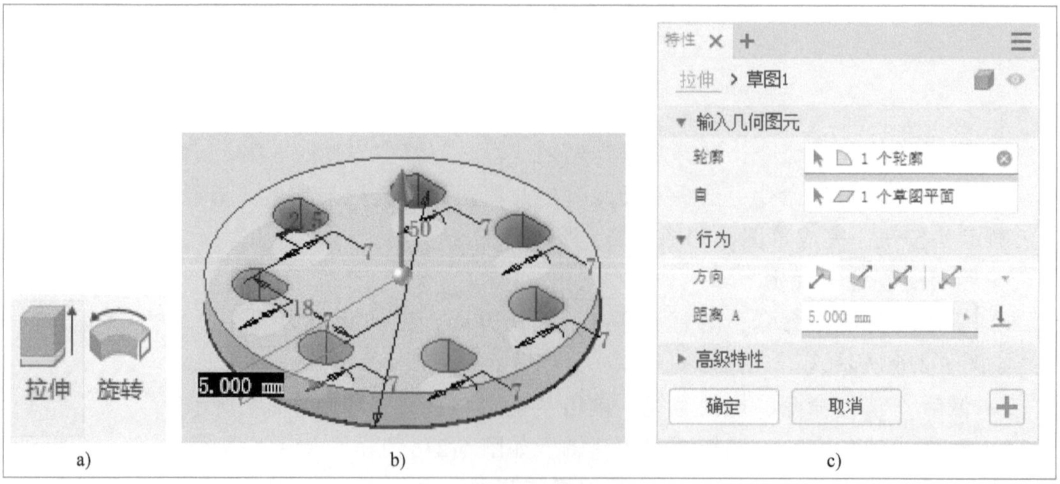


图 6-276

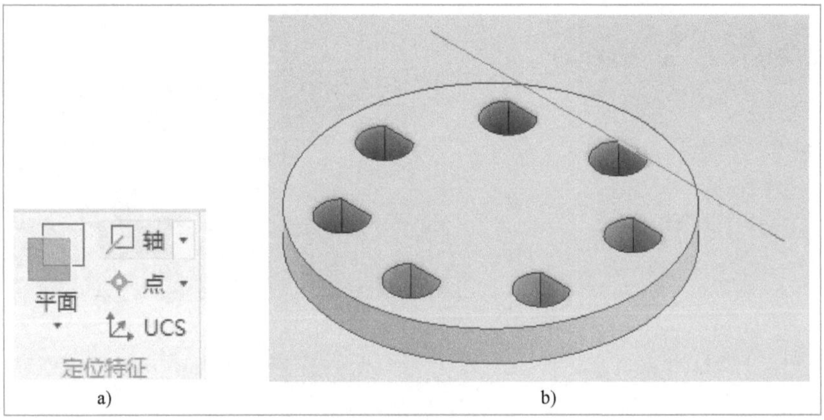


a) b)

图 6-277

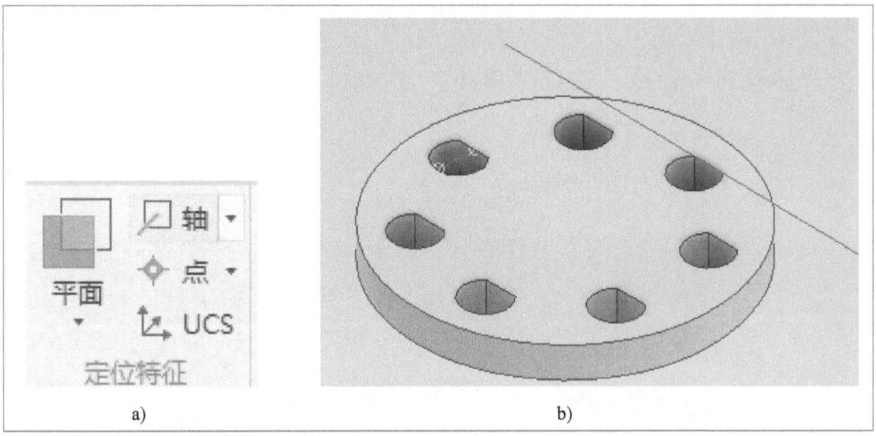


a) b)

图 6-278

中间距“55”，再选择 *Y* 轴方向，输入数量“3”、中间距“55”，选择新建实体，单击“确定”按钮，如图 6-279 所示。

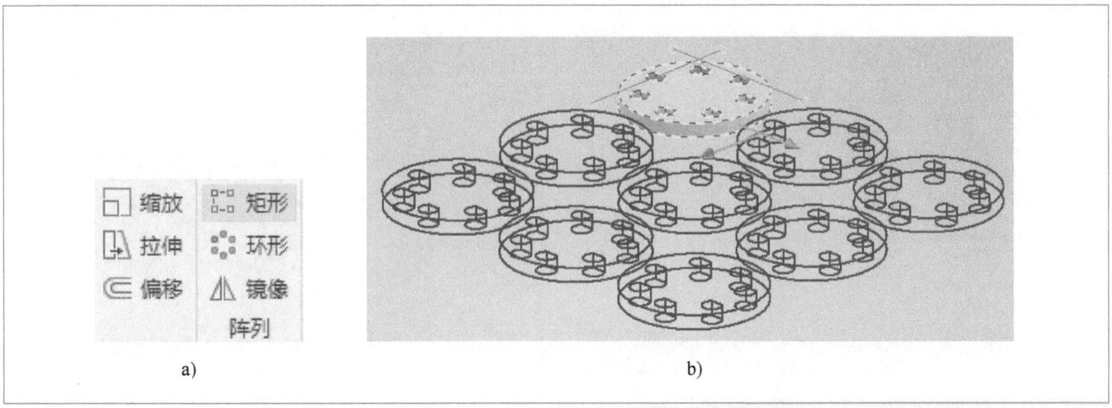


a) b)

图 6-279

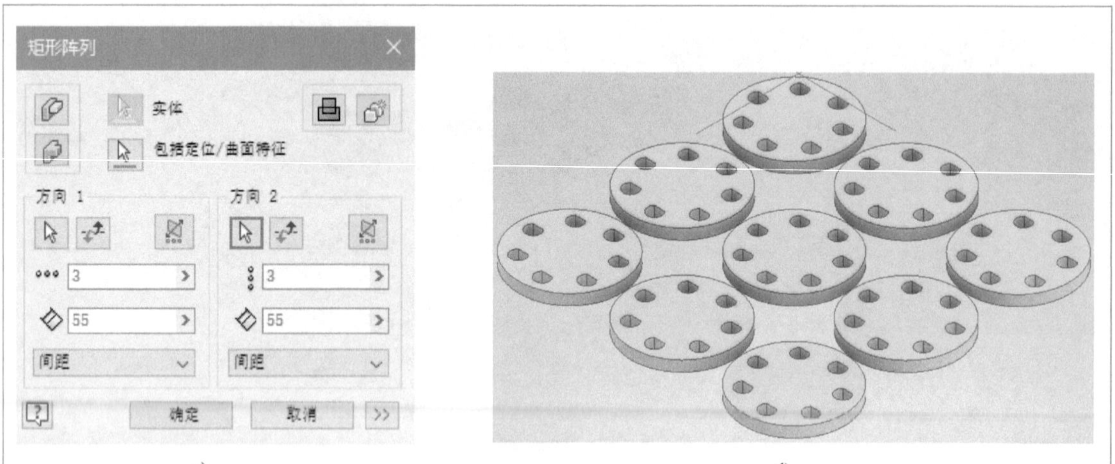


c) d)

图 6-279（续）

5）激活“删除面”命令，选择“体块”或“中空体”，删除两个实体，如图 6-280 所示。

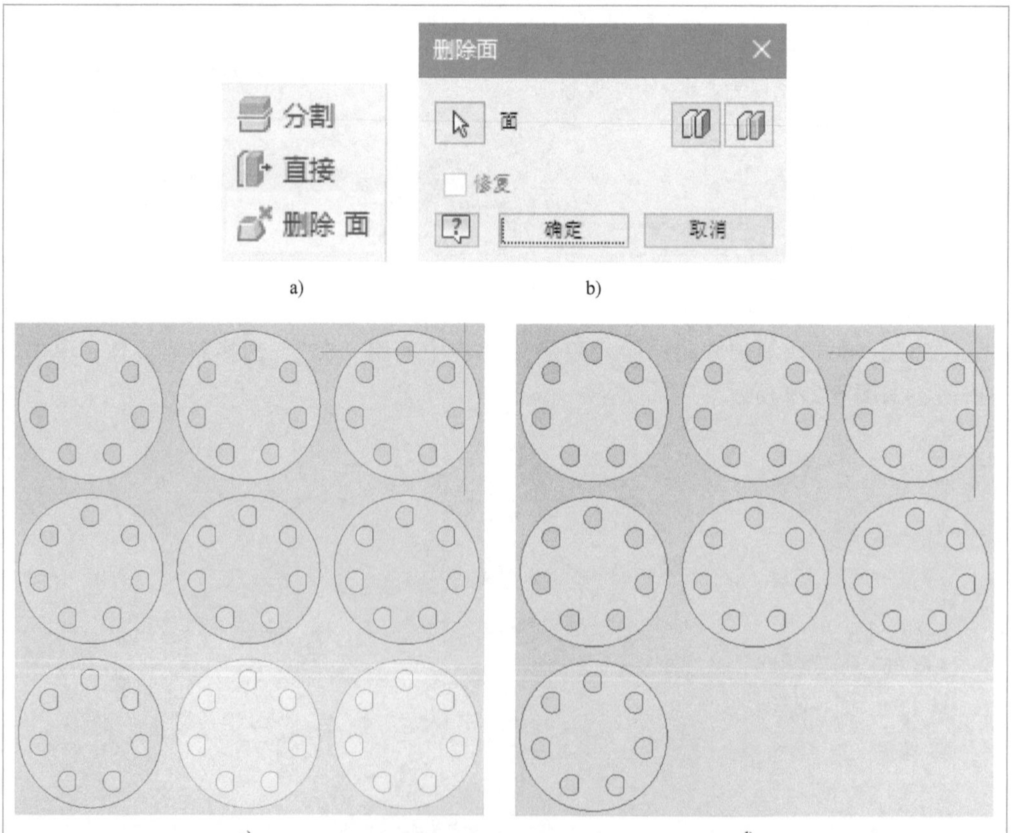


a) b)

c) d)

图 6-280

6）再次激活“删除面”命令，选择单个面，使现存的7个体每个体所留的D字孔剩一个，且每个体所留的孔位都不相同，如图6-281所示。

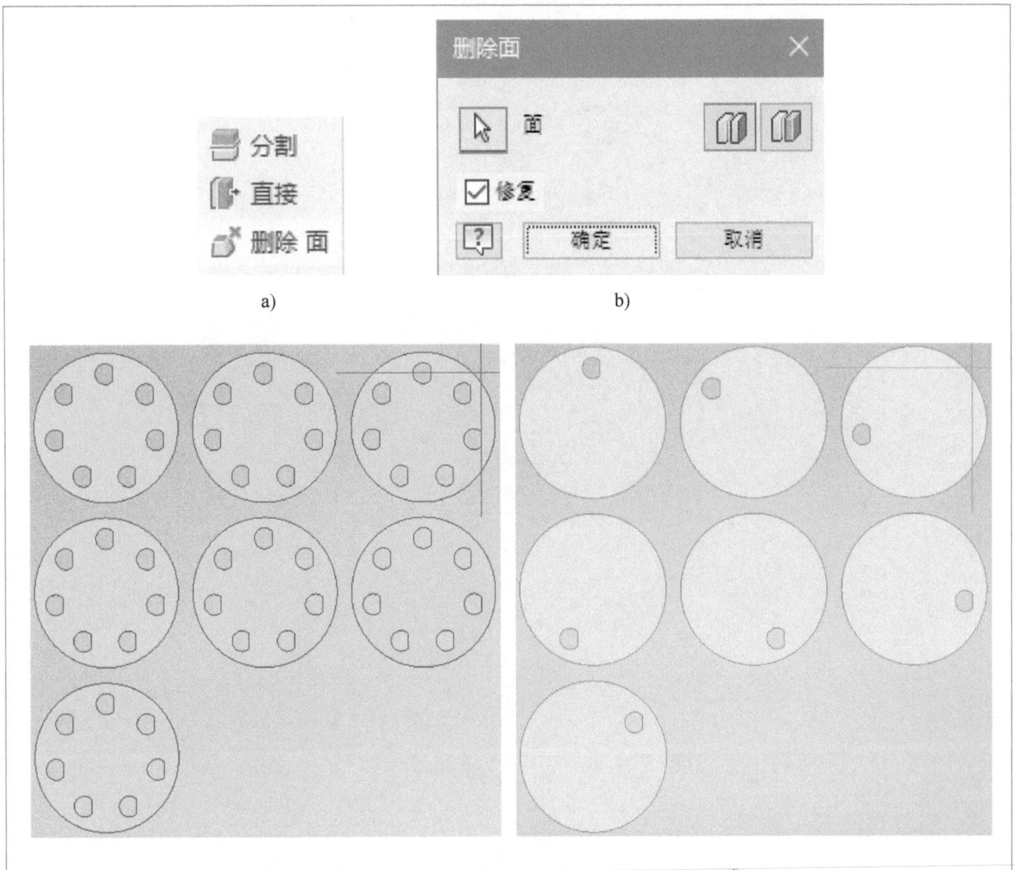

a) b) c) d)

图 6-281

7）保存零件并导出STL文件。在功能区单击鼠标右键，选择“显示面板”下的“3D打印”，激活“3D打印”命令，选择导出STL文件，如图6-282所示。

选择路径，文件命名，单击“保存”按钮，如图6-283所示。

（十八）模型打印（凸轮）

1）将模型导入切片软件进行切片处理。依据第二章“打印机的基本操作”的内容，设置好打印此模型所需要的各个参数。最终将设置好的参数保存至SD卡内。

2）开机并检查打印平台是否校准、打印头是否堵塞、打印材料是否充足以及加热是否正常等。

3）将SD卡插入机器内，选择文件进行打印。

4）将设置的参数记录在表6-14内，以便于打印完成后的质量检查。打印过程中出现问题时，可查看切片参数，再次打印时可调整相应的参数，进行对比。每次打印完成后，基于最终模型进行整体打印参数的总结。

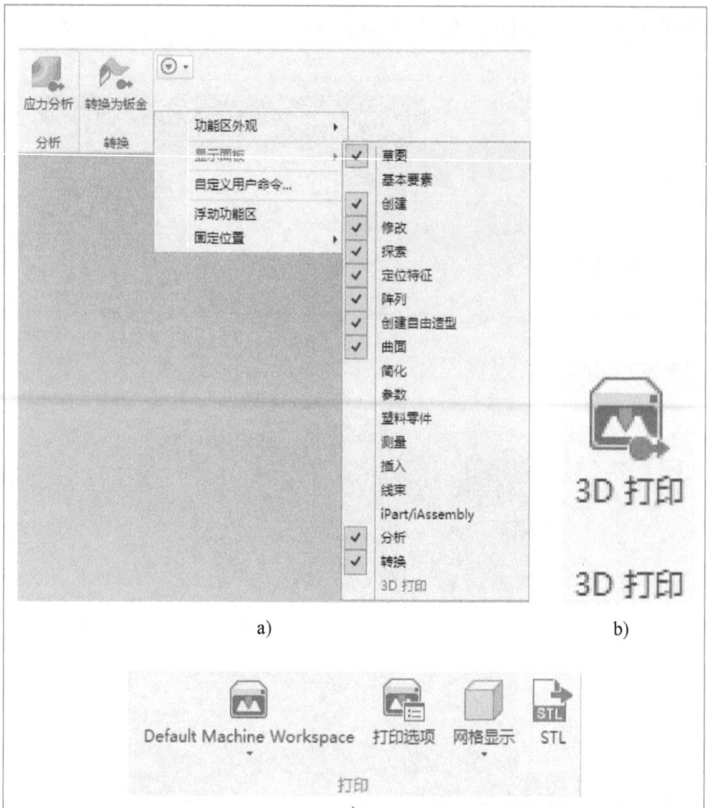


a)　　b)　　c)

图 6-282

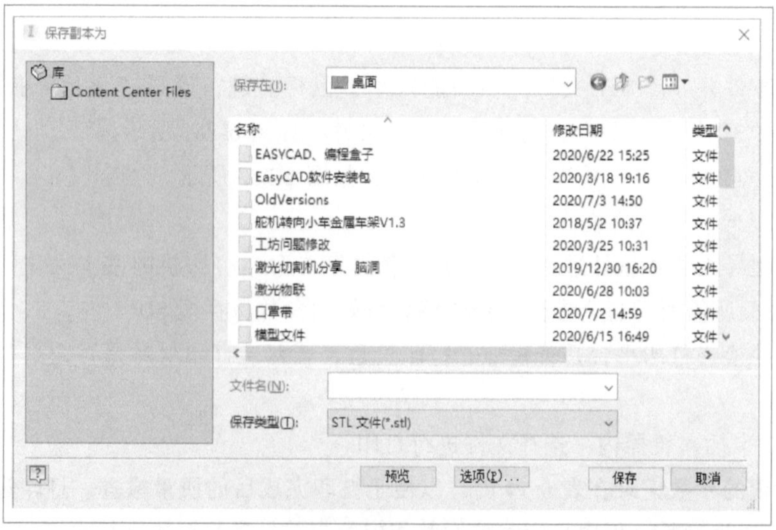


图 6-283

表 6-14 "机械传动机构（凸轮）"打印参数表

| 序号 | 参数名称 | 数值 | 备注 |
|---|---|---|---|
| 1 | 层厚 | | |
| 2 | 壁厚 | | |
| 3 | 底层/顶层厚度 | | |
| 4 | 填充密度 | | |
| 5 | 挤出温度 | | |
| 6 | 平台温度 | | |
| 7 | 填充线间距 | | |
| 8 | 支撑类型 | | |
| 9 | 有无底座 | | |
| 总结 | | | |

（十九）项目分析（显示牌）

如图 6-284 所示，使用 Inventor 软件按照平面标注的尺寸绘制图形。使用草图绘制里的"开始创建二维平面""线""构造""圆""圆角""矩形阵列""矩形两点中心"和"文本"等命令，以及三维模型里的"拉伸""圆角"命令绘制模型。

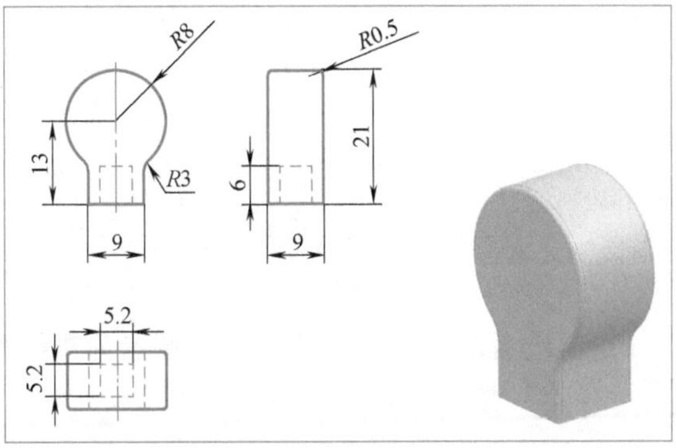


图 6-284

（二十）模型设计（显示牌）

1. 草图的绘制与编辑

1）激活"开始创建二维草图"命令，选择 *XY* 平面，进入草图绘制界面，如图 6-285 所示。

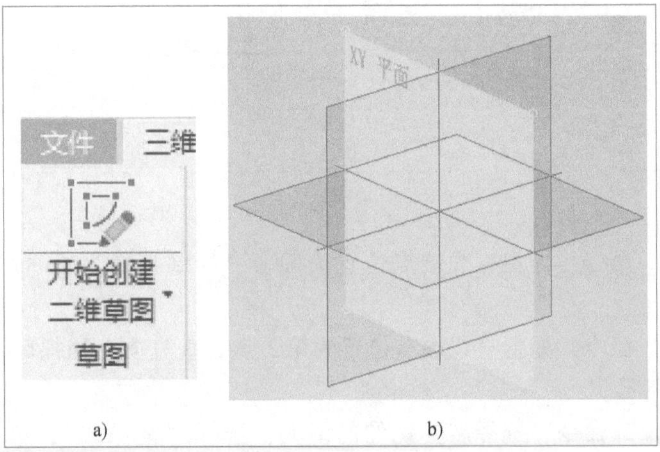


a) b)

图 6-285

2）激活“线”“构造”命令，捕捉原点为直线第 1 端点绘制直线，在 $Y$ 轴正方向输入“13”，完成后关闭“构造”命令，如图 6-286 所示。

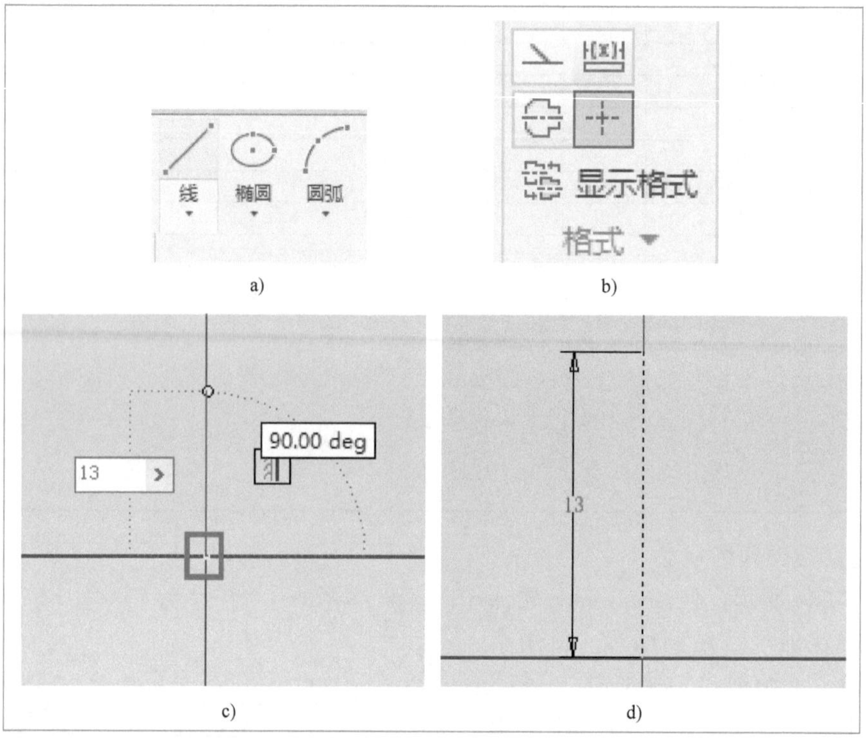


图 6-286

3）再次激活“线”命令，捕捉原点为直线第 1 端点绘制直线，在 $X$ 轴方向输入“4.5”单击“确定”按钮，如图 6-287 所示。

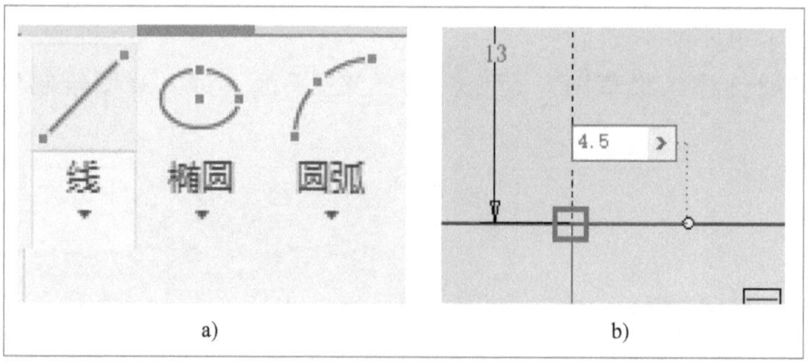


图 6-287

4）激活“圆”命令，捕捉直线端点位置为圆心，绘制直径为 16mm 的圆，如图 6-288 所示。

5）激活“线”命令，捕捉直线端点位置为第 1 点，垂直向上捕捉圆弧至交点位置为第 2 点，如图 6-289 所示。

6）激活“镜像”命令，选择需要镜像的图元，选择“镜像线”，单击“应用”按钮，如图 6-290 所示。

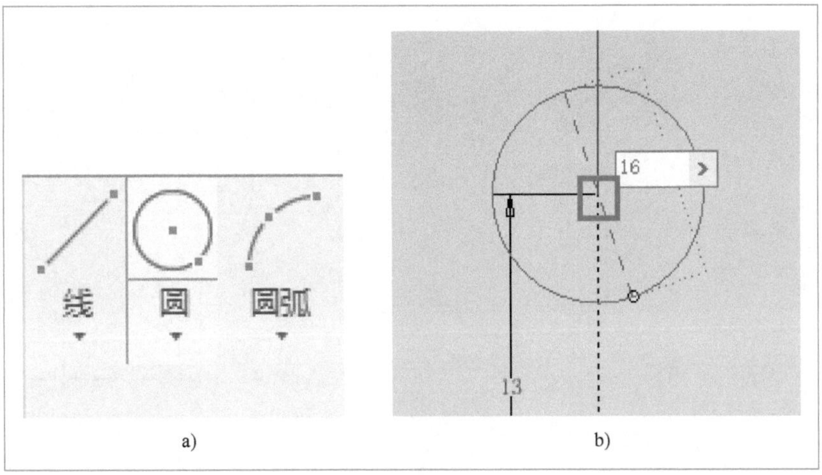


图 6-288

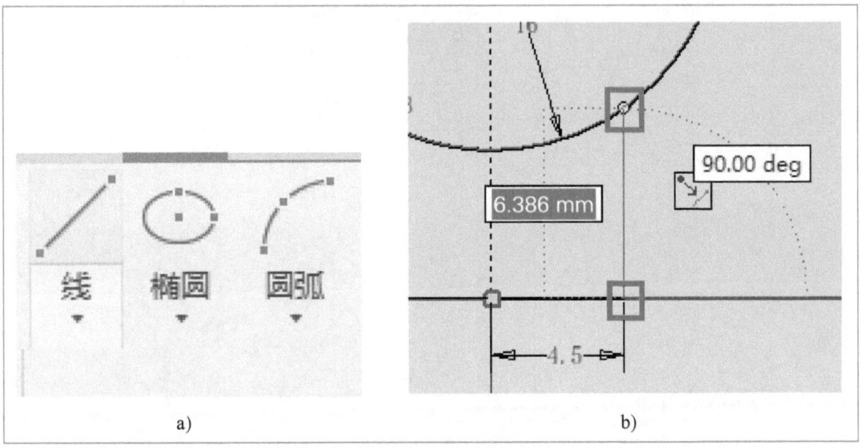


图 6-289

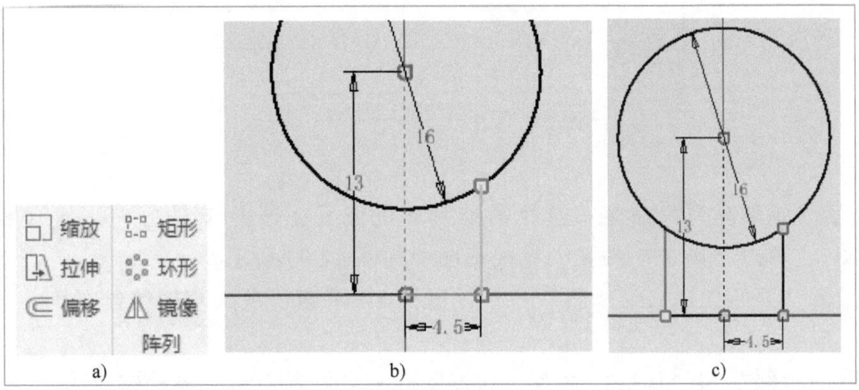


图 6-290

7）激活“修剪”命令，选择需要修剪的线段，单击“确定”按钮，如图 6-291 所示。

8）激活“圆角”命令，输入半径值“3”，选择线条进行倒圆，如图 6-292 所示。

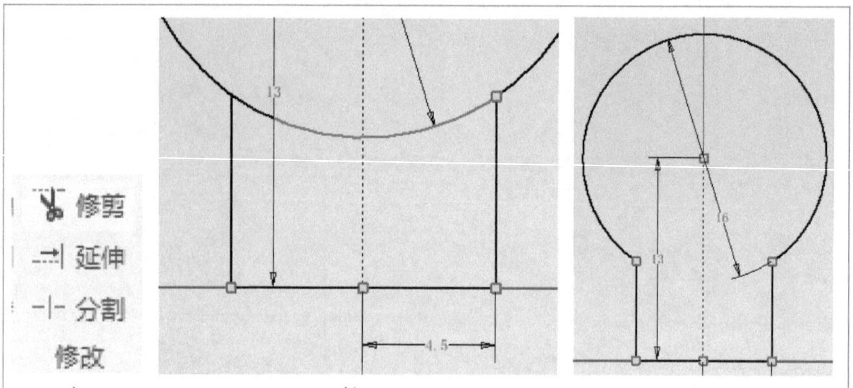


a)　　b)　　c)

图 6-291

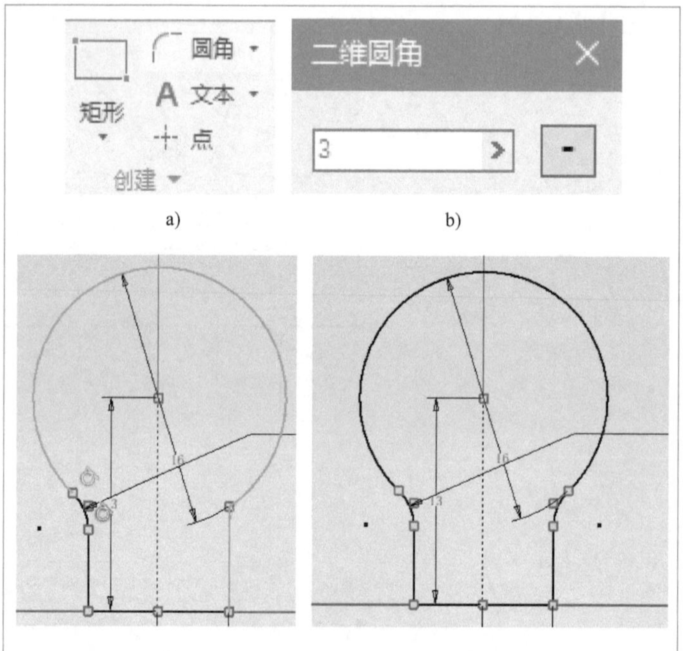


a)　　b)

c)　　d)

图 6-292

9）激活“矩形阵列”命令，选择需要阵列的图元，选择 *X* 轴方向，输入数量“7”、中间距“20”，单击“确定”按钮，完成草图，如图 6-293 所示。

10）激活“开始创建二维草图”命令，选择 *YZ* 平面，进入草图绘制界面，如图 6-294 所示。

11）激活“线”与“构造”命令，捕捉图形原点位置为第 1 点绘制直线，在 *X* 正方向输入 4.5，单击“确定”按钮，完成后取消“构造”命令，如图 6-295 所示。

12）激活“矩形两点中心”命令，捕捉直线端点为中心位置，绘制长 5.2mm、宽 5.2mm 的矩形，如图 6-296 所示。

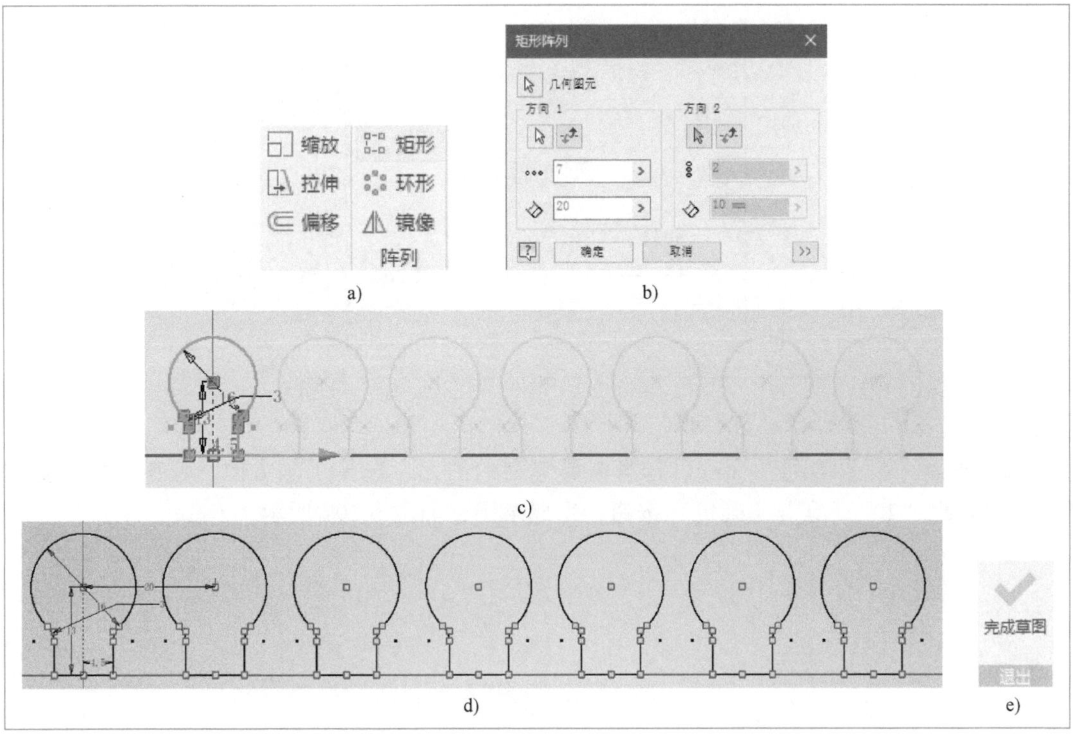


图 6-293

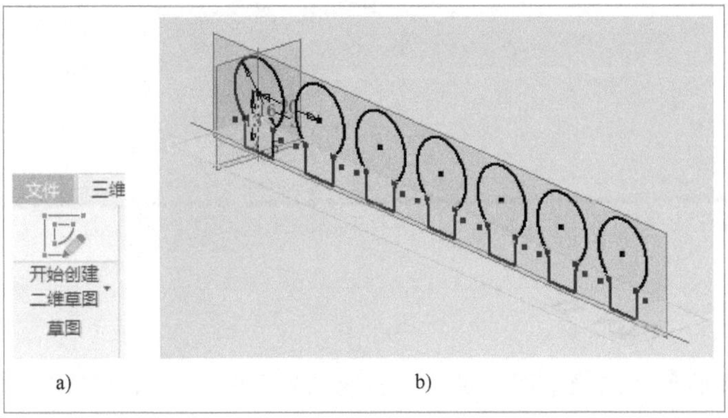


图 6-294

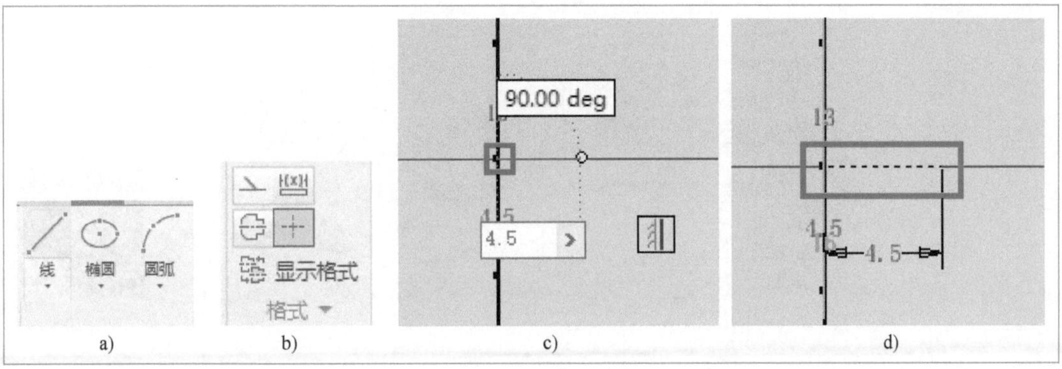


图 6-295

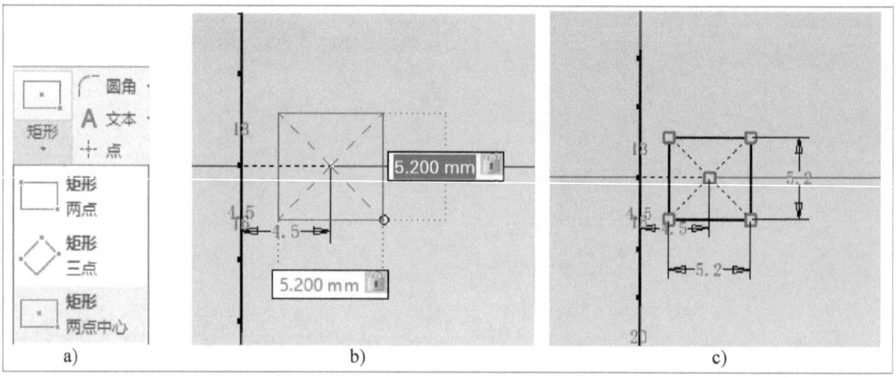


图 6-296

13）激活“矩形阵列”命令，选择需要阵列的图元，选择 *Y* 轴方向，反向，输入数量“7”、中间距“20”，单击“确定”按钮，完成草图，如图 6-297 所示。

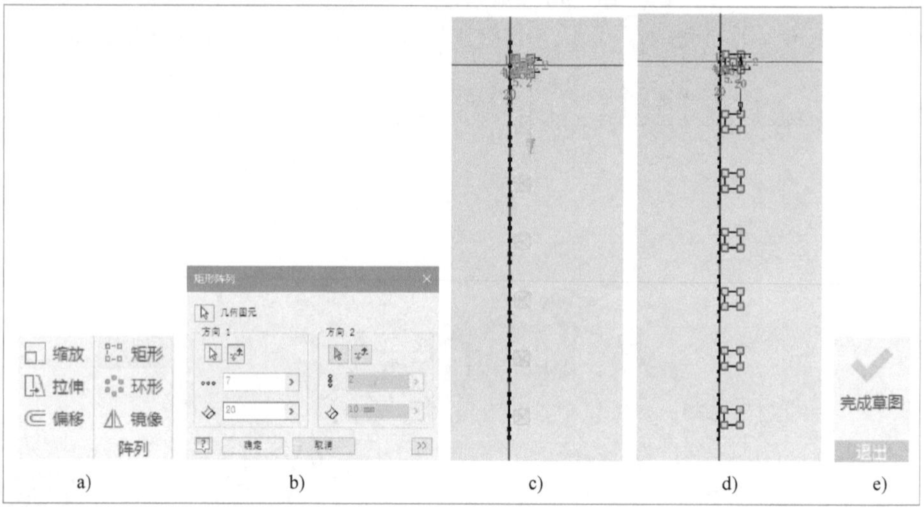


图 6-297

14）激活“开始创建二维草图”命令，选择 *XY* 平面，进入草图绘制界面，如图 6-298 所示。

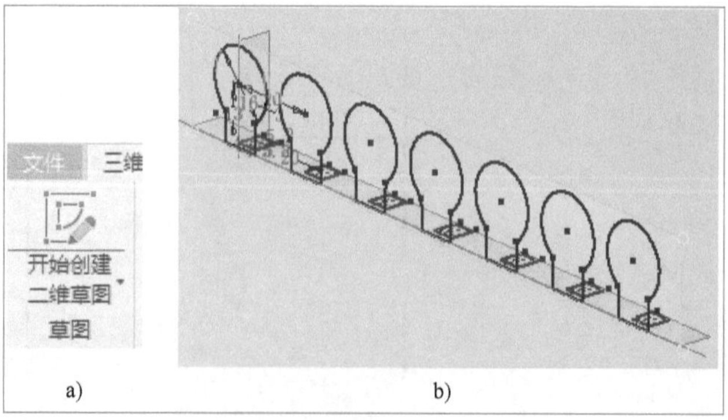


图 6-298

15）激活“文本”命令，在绘图区随意单击一点，在输入框内输入文字，从“周一”至“周日”逐个写入，取消“文本”命令，如图 6-299 所示。

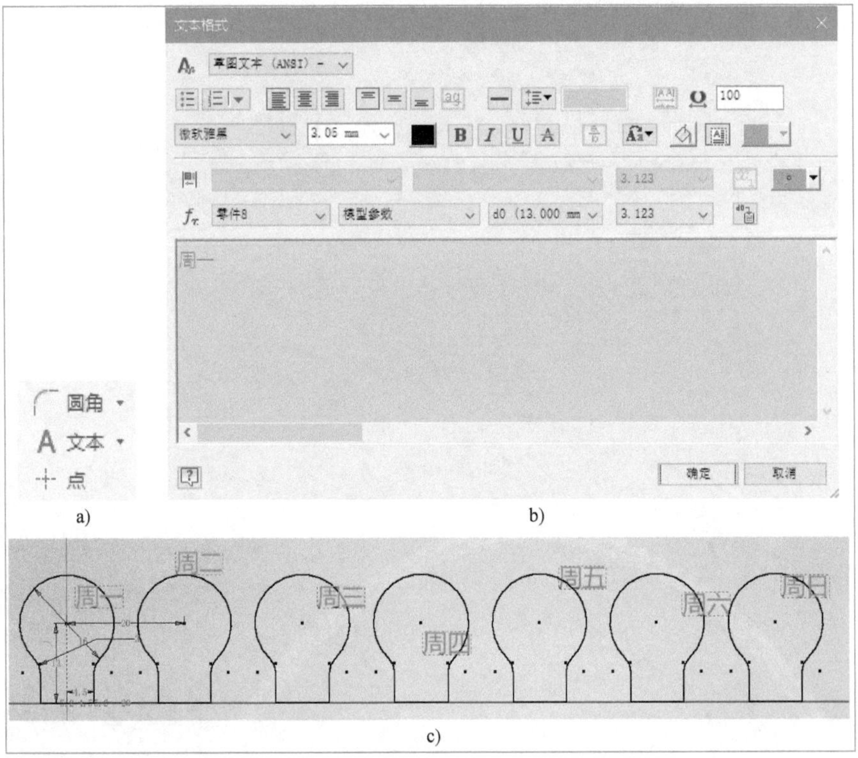


图 6-299

16）将每个文字拖拽到圆的大致正中心位置，完成草图，如图 6-300 所示。

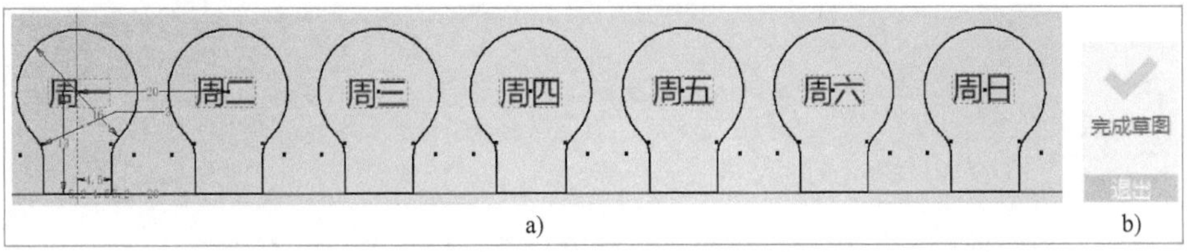


图 6-300

### 2. 特征的创建与编辑

1）激活“拉伸”命令，选择草图 1 所有的图形，输入拉伸距离“9”，翻转，单击“应用”按钮，创建拉伸特征，如图 6-301 所示。

2）激活“拉伸”命令，选择草图 2 所有的图形，输入拉伸距离“6”，布尔选择求差，单击“应用”按钮新建拉伸，如图 6-302 所示。

3）激活“拉伸”命令，选择草图 3 所有的图形，输入拉伸距离 1，布尔选择反向求差，单击“确定”按钮，如图 6-303 所示。

4）激活“圆角”命令，输入半径值“0. 5”如图 6-304 所示。

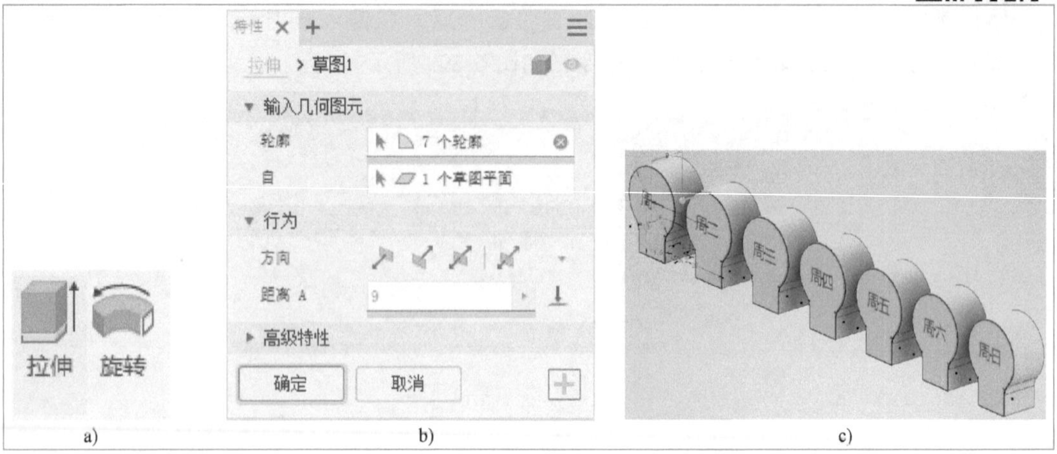


图 6-301

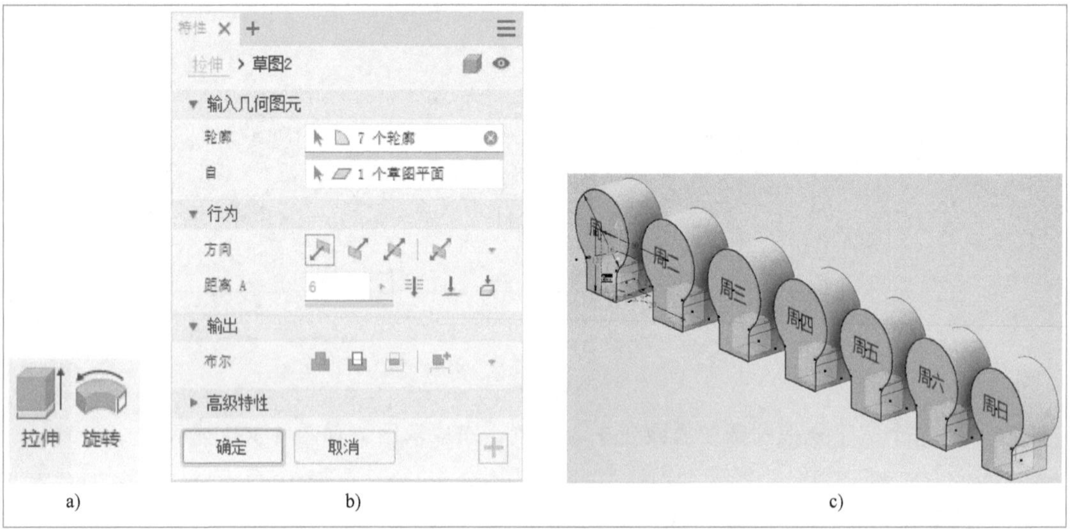


图 6-302

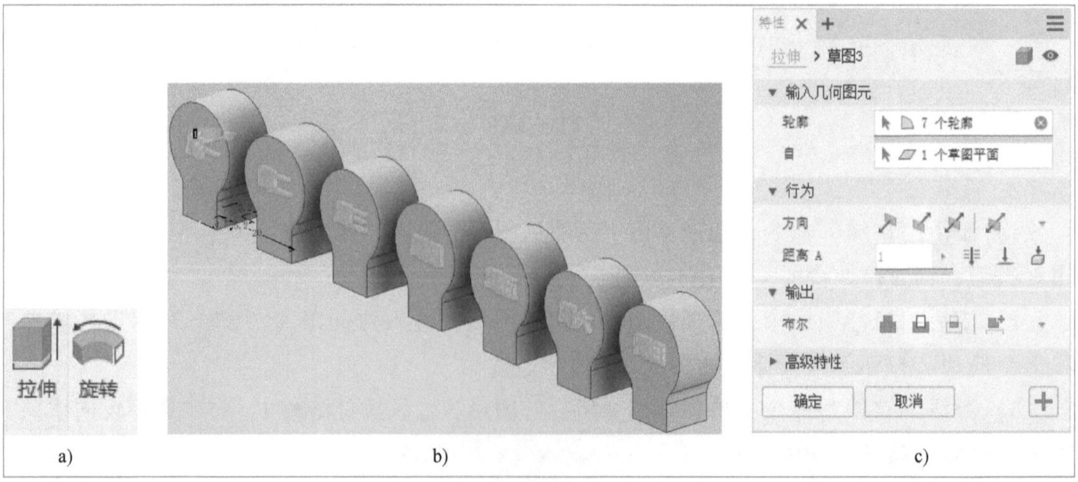


图 6-303

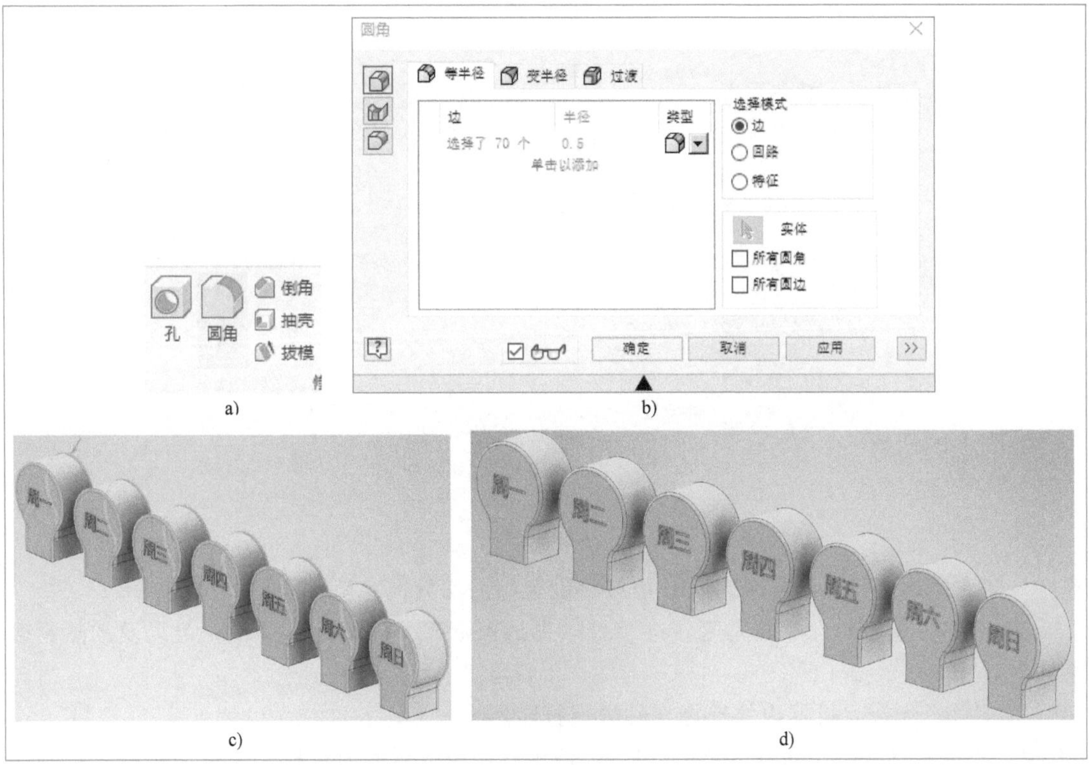


图 6-304

5）保存零件并导出 STL 文件。在功能区单击鼠标右键，选择“显示面板”下的“3D 打印”，激活“3D 打印”命令，选择导出 STL 文件，如图 6-305 所示。

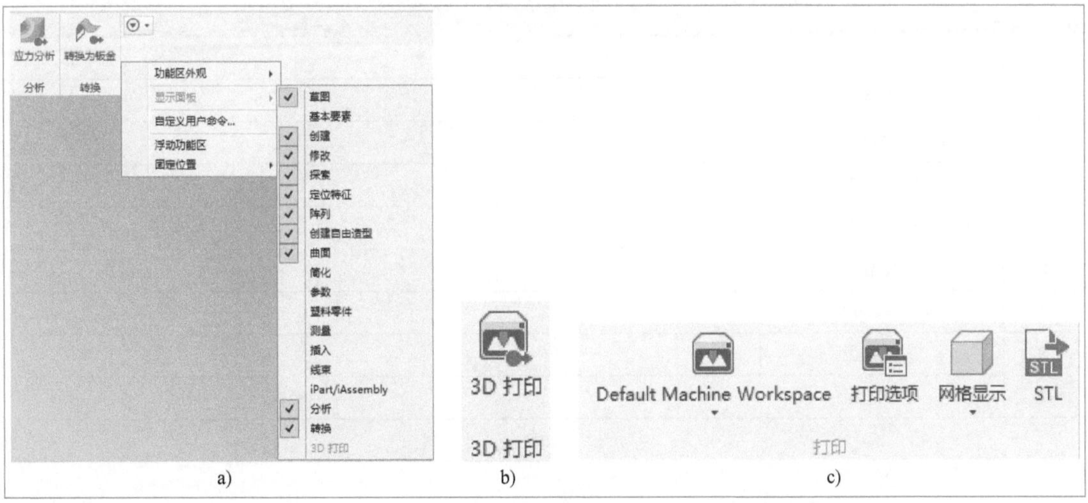


图 6-305

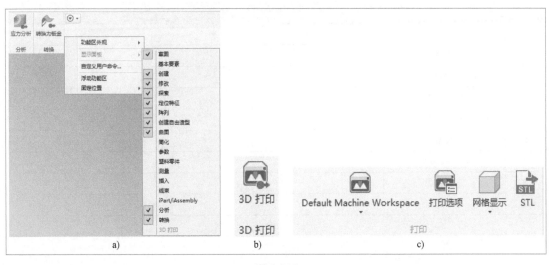

选择路径，文件命名，单击“保存”按钮，如图 6-306 所示。

## （二十一）模型打印（显示牌）

1）将模型导入切片软件进行切片处理。依据第二章“打印机的基本操作”的内容，设

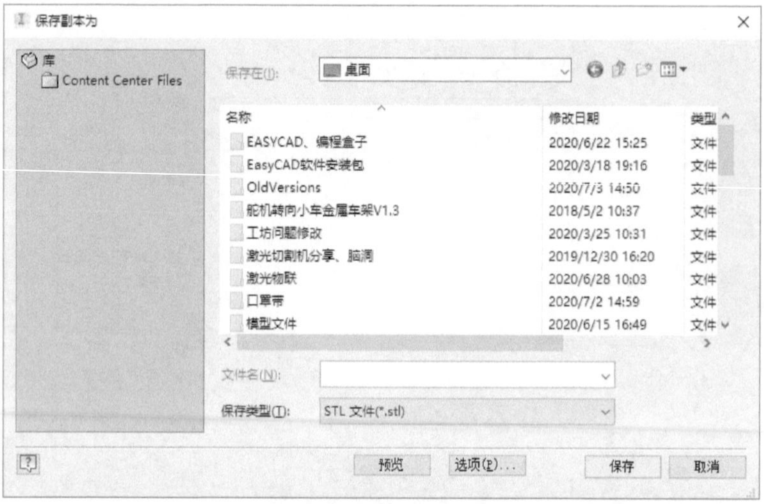


图 6-306

置好打印此模型所需要的各个参数。最终将设置好的参数保存至 SD 卡内。

2）开机并检查打印平台是否校准、打印头是否堵塞、打印材料是否充足以及加热是否正常等。

3）将 SD 卡插入机器内，选择文件进行打印。

4）将设置的参数记录在表 6-15 内，以便于打印完成后的质量检查。打印过程中出现问题时，可查看切片参数，再次打印时可调整相应的参数，进行对比每次打印完成后，基于最终模型进行整体打印参数的总结。

表 6-15 “机械传动机构（显示牌）”打印参数表

| 序号 | 参数名称 | 数值 | 备注 |
| --- | --- | --- | --- |
| 1 | 层厚 | | |
| 2 | 壁厚 | | |
| 3 | 底层/顶层厚度 | | |
| 4 | 填充密度 | | |
| 5 | 挤出温度 | | |
| 6 | 平台温度 | | |
| 7 | 填充线间距 | | |
| 8 | 支撑类型 | | |
| 9 | 有无底座 | | |
| 总结 | | | |

（二十二）项目分析（限位块）

如图 6-307 所示，使用 Inventor 软件按照平面标注的尺寸绘制图形。使用草图绘制里的“开始创建二维平面”“圆”命令，以及三维模型里的“拉伸”“圆角”命令绘制模型。

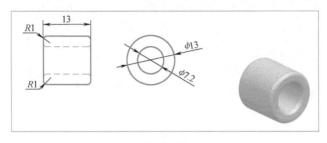

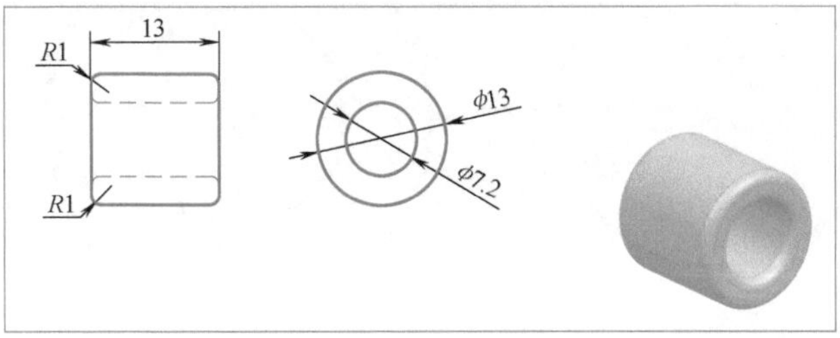


图 6-307

（二十三）模型设计（限位块）

1. 草图的绘制与编辑

1）激活“开始创建二维草图”命令，选择 *XY* 平面，进入草图绘制界面，如图 6-308 所示。

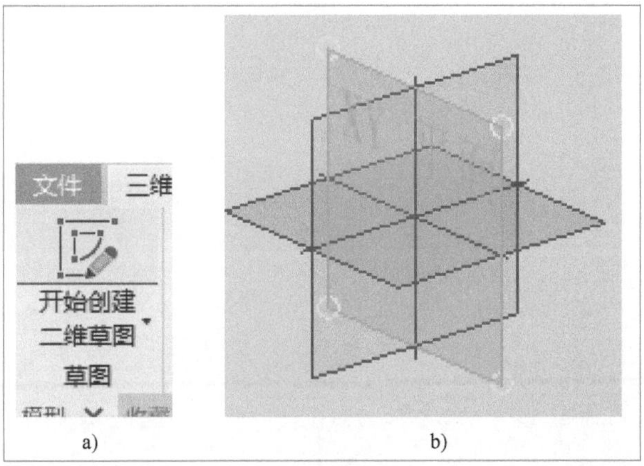


图 6-308

2）激活“圆”命令，捕捉图形的中心点为圆中心点，绘制两个直径为 13mm、7. 2mm 的圆，退出草图，如图 6-309 所示。

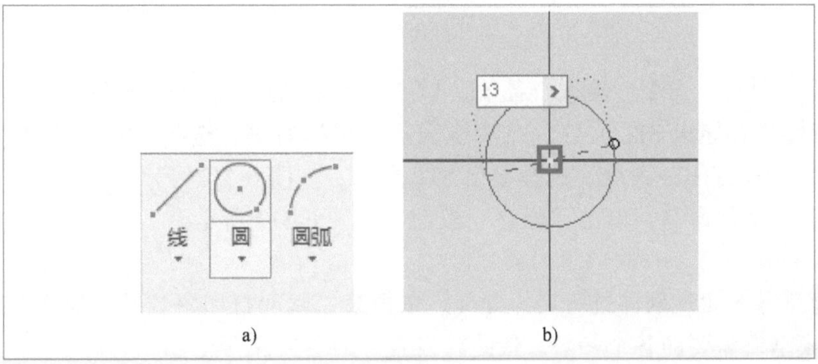


图 6-309

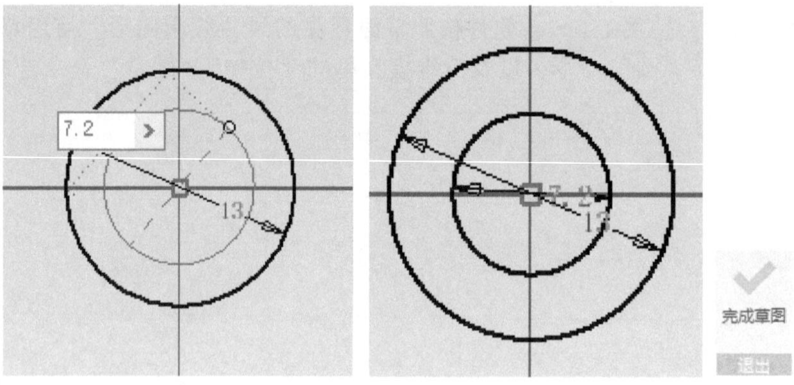

c) d) e)

图 6-309（续）

2. 特征的创建与编辑

1）激活“拉伸”命令，选择草图 1 图形内两个圆的圆环，输入拉伸距离“13”，单击“确定”按钮，如图 6-310 所示。

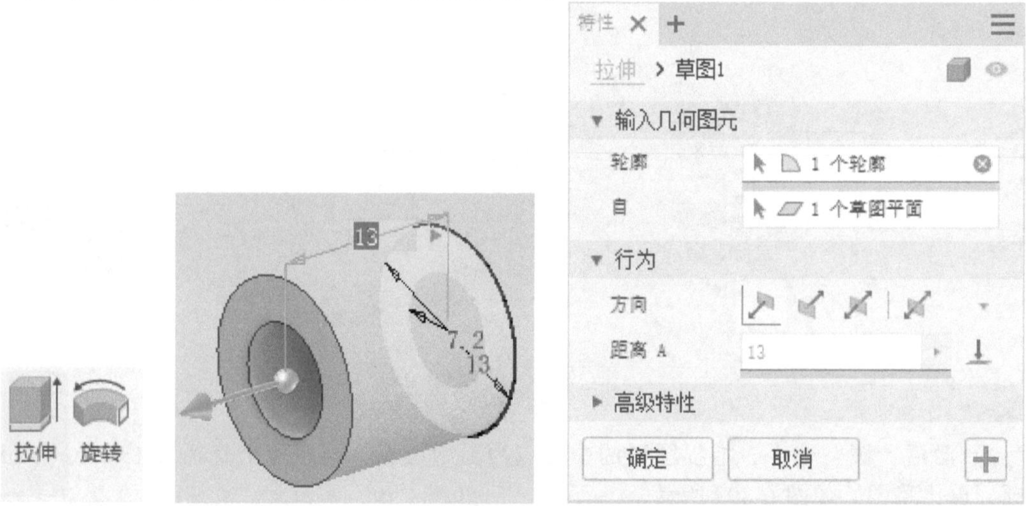

a) b) c)

图 6-310

2）激活“圆角”命令，输入半径值“1”，选择线条进行倒圆，如图 6-311 所示。

3）保存零件并导出 STL 文件。在功能区单击鼠标右键，选择“显示面板”下的“3D 打印”，激活“3D 打印”命令，选择导出 STL 文件，如图 6-312 所示。

选择路径，文件命名，单击“保存”按钮，如图 6-313 所示。

（二十四）模型打印（限位块）

1）将模型导入切片软件进行切片处理。依据第二章“打印机的基本操作”的内容，设置好打印此模型所需要的各个参数。最终将设置好的参数保存至 SD 卡内。

2）开机并检查打印平台是否校准、打印头是否堵塞、打印材料是否充足以及加热是否

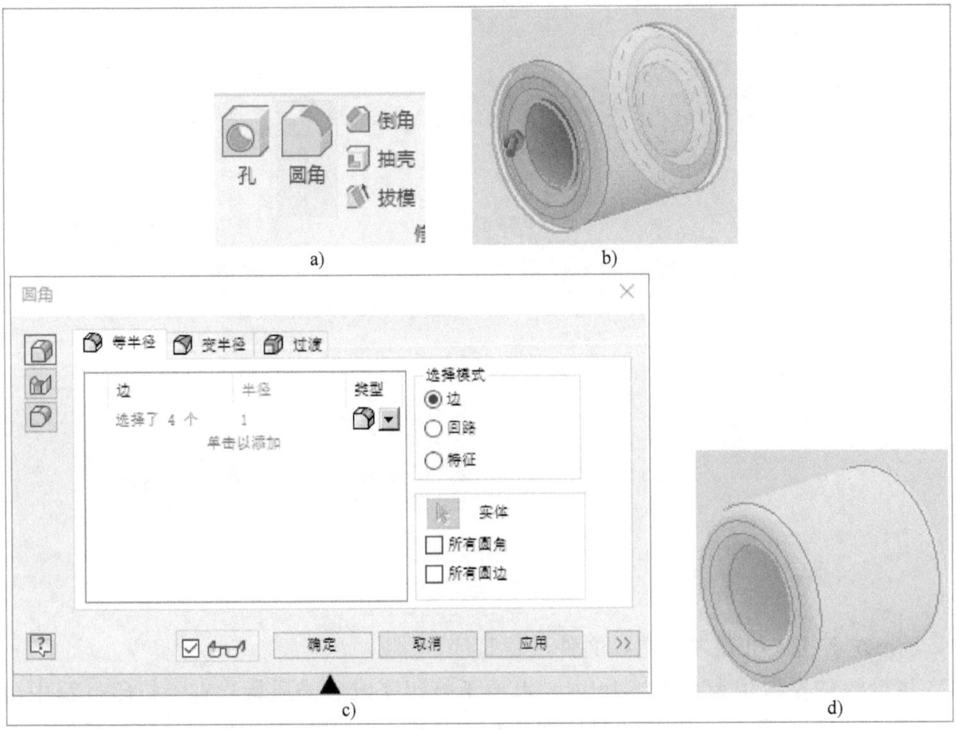
孔
圆角
倒角
抽壳
拔模
a)
b)
圆角
等半径
变半径
过渡
边
半径
类型
选择了 4 个
1
单击以添加
选择模式
边
回路
特征
实体
所有圆角
所有圆边
确定
取消
应用
c)
d)

图 6-311

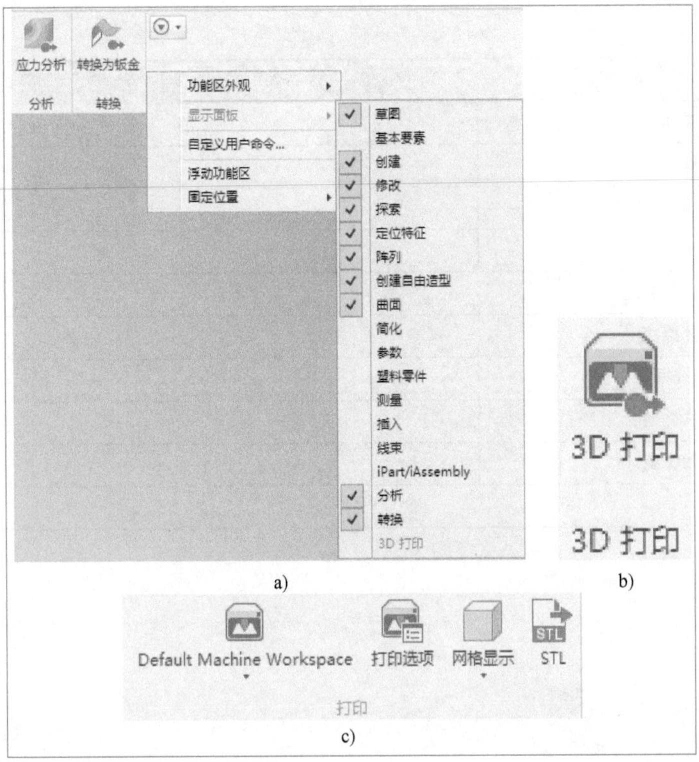
应力分析
转换为钣金
分析
转换
功能区外观
显示面板
自定义用户命令...
浮动功能区
固定位置
草图
基本要素
创建
修改
探索
定位特征
阵列
创建自由造型
曲面
简化
参数
塑料零件
测量
插入
线束
iPart/iAssembly
分析
转换
3D 打印
a)
3D 打印
3D 打印
b)
Default Machine Workspace
打印选项
网格显示
STL
打印
c)

图 6-312

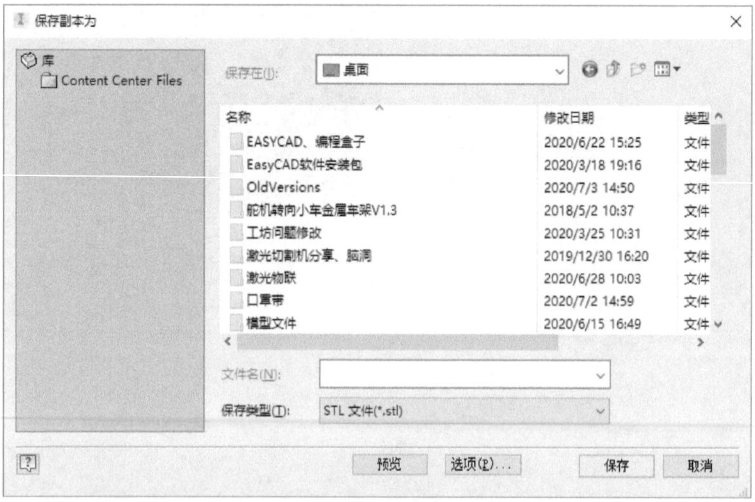


图 6-313

正常等。

3）将 SD 卡插入机器内，选择文件进行打印。

4）将设置的参数记录在表 6-16 内，以便于打印完成后的质量检查。打印过程中出现问题时，可查看切片参数，再次打印时可调整相应的参数，进行对比每次打印完成后，基于最终模型进行整体打印参数的总结。

表 6-16 “机械传动机构（限位块）”打印参数表

| 序号 | 参数名称 | 数值 | 备注 |
|---|---|---|---|
| 1 | 层厚 | | |
| 2 | 壁厚 | | |
| 3 | 底层/顶层厚度 | | |
| 4 | 填充密度 | | |
| 5 | 挤出温度 | | |
| 6 | 平台温度 | | |
| 7 | 填充线间距 | | |
| 8 | 支撑类型 | | |
| 9 | 有无底座 | | |
| 总结 | | | |

（二十五）项目分析（限位扣）

如图 6-314 所示，使用 Inventor 软件按照平面标注的尺寸绘制图形。使用草图绘制里的“开始创建二维平面”“圆”“线”“尺寸”“修剪”和“圆角”等命令，以及三维模型里的“拉伸”命令绘制模型。

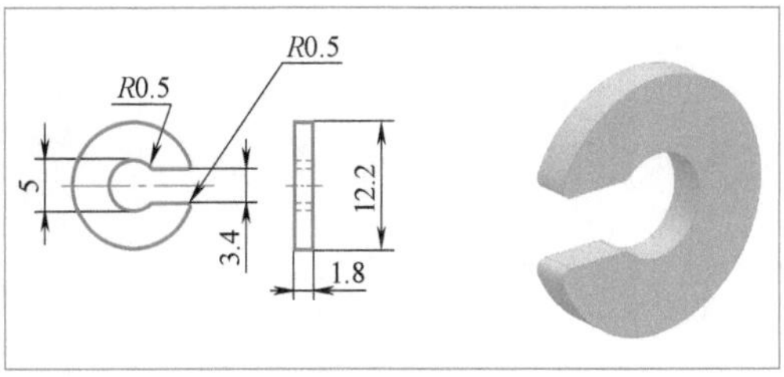


图 6-314

（二十六）模型设计（限位扣）

1. 草图的绘制与编辑

1）激活“开始创建二维草图”命令，选择平面，进入草图绘制界面，如图 6-315 所示。

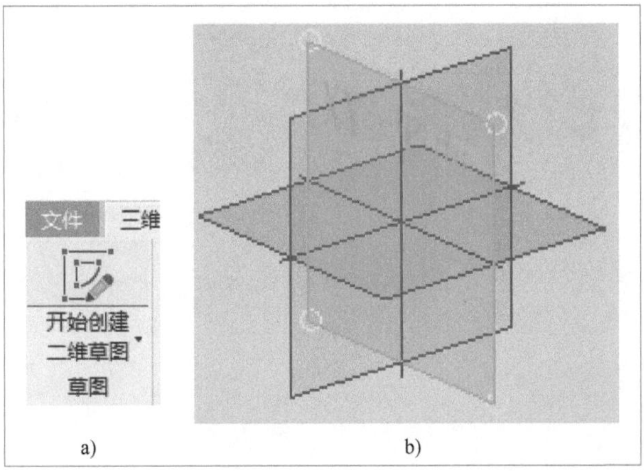


图 6-315

2）激活“圆”命令，捕捉图形中心点为圆中心点，分别绘制直径为 12. 2mm 和 5mm 的两个圆，如图 6-316 所示。

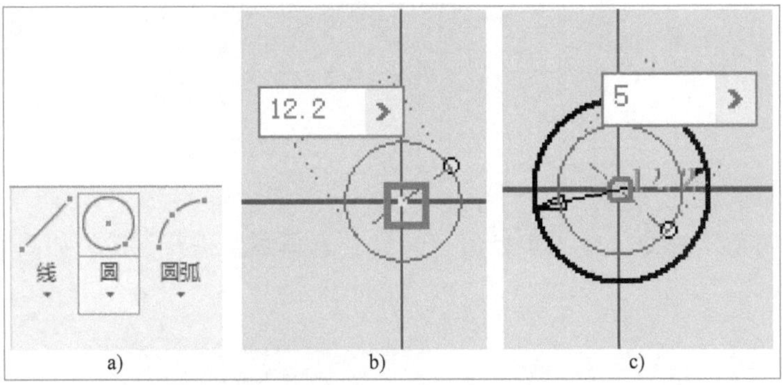


图 6-316

3）激活“线”命令，绘制两条平行的直线，交错于两个圆之间，如图 6-317 所示。

4）激活“尺寸”命令，选择两条直线进行尺寸的标注，将垂直距离设置为“3. 4”，再选择上方的直线，距离圆心的垂直距离标注为“1. 7”，如图 6-318 所示。

5）激活“修剪”命令，选择需要修剪的线段进行修剪，如图 6-319 所示。

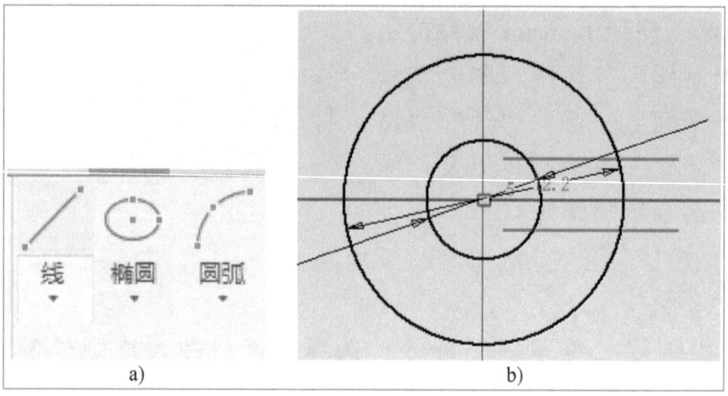


图 6-317

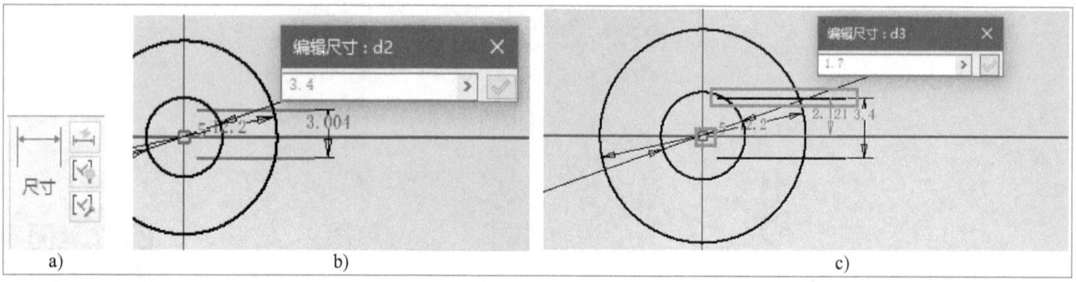


图 6-318

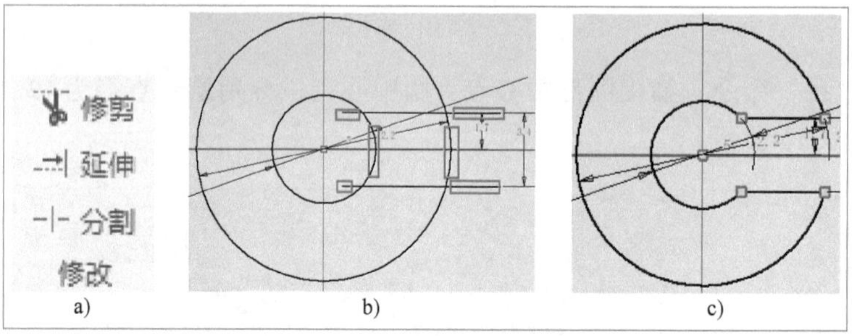


图 6-319

6）选择“圆角”命令，输入半径值“0.5”，选择线条进行倒圆，如图 6-320 所示。

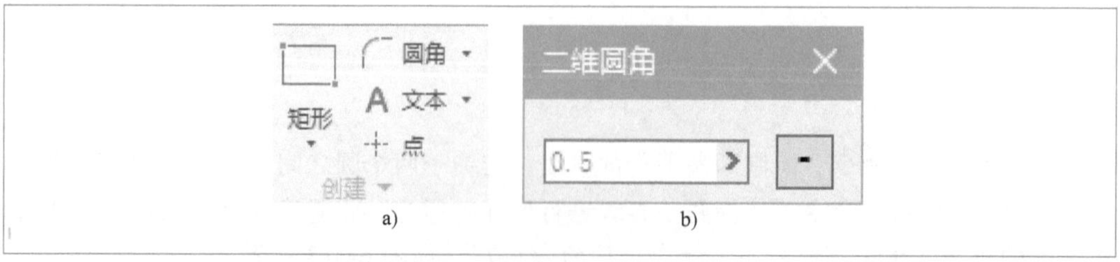


图 6-320

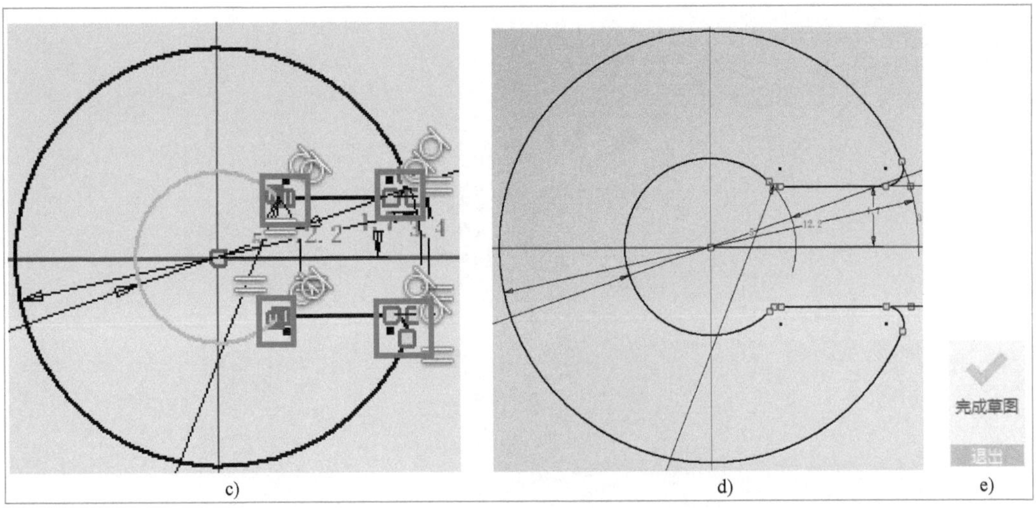


图 6-320（续）

2. 特征的创建与编辑

1）激活“拉伸”命令，选择草图 1，输入拉伸距离“1.8”，单击“确定”按钮，如图 6-321 所示。

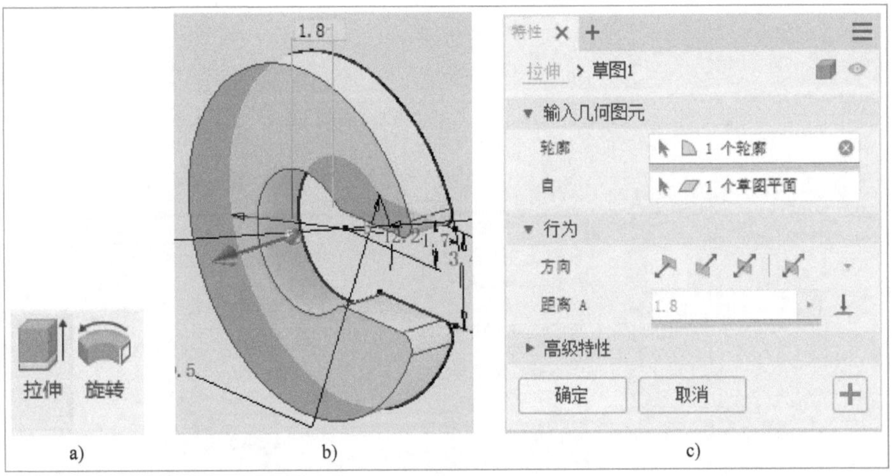


图 6-321

2）保存零件并导出 STL 文件。在功能区单击鼠标“右键”，选择“显示面板”下的“3D 打印”，激活“3D 打印”命令，选择导出 STL 文件，如图 6-322 所示。

选择路径，文件命名，单击“保存”按钮，如图 6-323 所示。

（二十七）模型打印（限位扣）

1）将模型导入切片软件进行切片处理。依据第二章“打印机的基本操作”的内容，设置好打印此模型所需要的各个参数。最终将设置好的参数保存至 SD 卡内。

2）开机并检查打印平台是否校准、打印头是否堵塞、打印材料是否充足以及加热是否正常等。

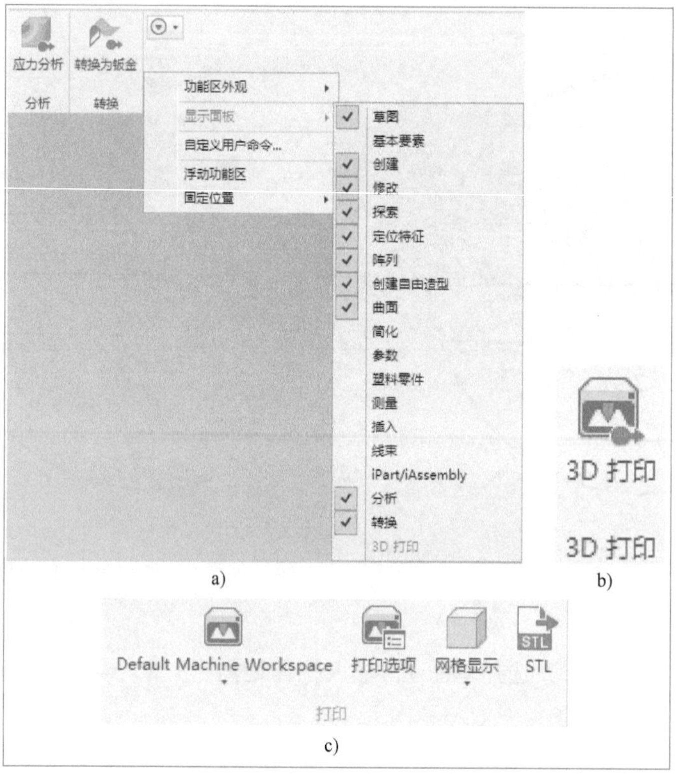


图 6-322

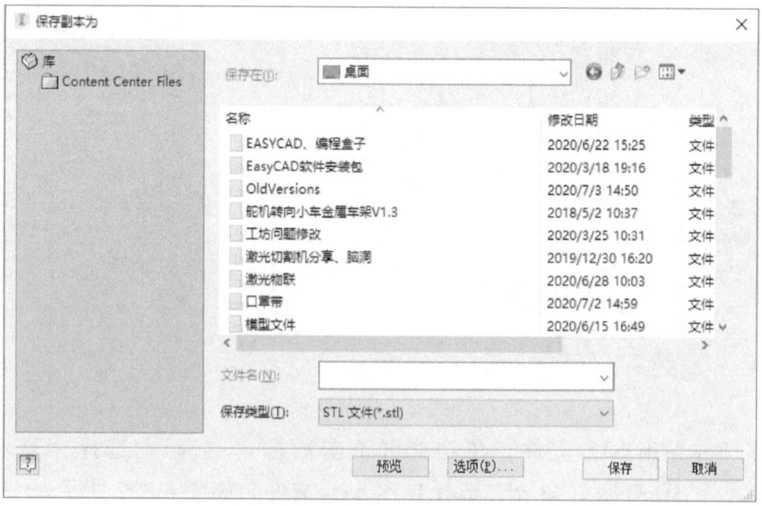


图 6-323

3）将 SD 卡插入机器内，选择文件进行打印。

4）将设置的参数记录在表 6-17 内，以便于打印完成后的质量检查。打印过程中出现问题时，可查看切片参数，再次打印时可调整相应的参数，进行对比。每次打印完成后，基于最终模型进行整体打印参数的总结。

表 6-17 “机械传动机构（限位扣）”打印参数表

| 序号 | 参数名称 | 数值 | 备注 |
|---|---|---|---|
| 1 | 层厚 | | |
| 2 | 壁厚 | | |
| 3 | 底层/顶层厚度 | | |
| 4 | 填充密度 | | |
| 5 | 挤出温度 | | |
| 6 | 平台温度 | | |
| 7 | 填充线间距 | | |
| 8 | 支撑类型 | | |
| 9 | 有无底座 | | |
| 总结 | | | |

## 四、学习评价

学习评价见表 6-18。

表 6-18 “机械传动机构”学习评价表

| 评价项目 | 评价标准 | 配分 | 自评 | 互评 | 师评 | 综合 |
|---|---|---|---|---|---|---|
| 草图绘制 | 能正确使用草图绘制命令 | 15 | | | | |
| 草图编辑 | 能正确使用草图编辑命令 | 20 | | | | |
| 特征创建 | 能正确使用特征创建命令 | 15 | | | | |
| 特征编辑 | 能正确使用特征编辑命令 | 10 | | | | |
| 作品制作 | 能正确使用设备进行作品制作 | 15 | | | | |
| 项目反思 | 1)在完成项目过程中,你遇到了什么样的问题?<br>2)你是如何解决上述问题的?<br>3)你的方法是否有效解决了问题并达到了预期效果?<br>每回答一个问题得 5 分,书写工整且逻辑清晰的可得 10 分附加分。 | 25 | | | | |

## 五、案例拓展

建模并打印图 6-324（蜗轮-蜗杆机构）、图 6-325（非圆齿轮）和图 6-326（齿轮减速箱）所示的制品。

图 6-324

图 6-325

图 6-326

## 六、课后练习

按图 6-327 独立进行建模并打印。

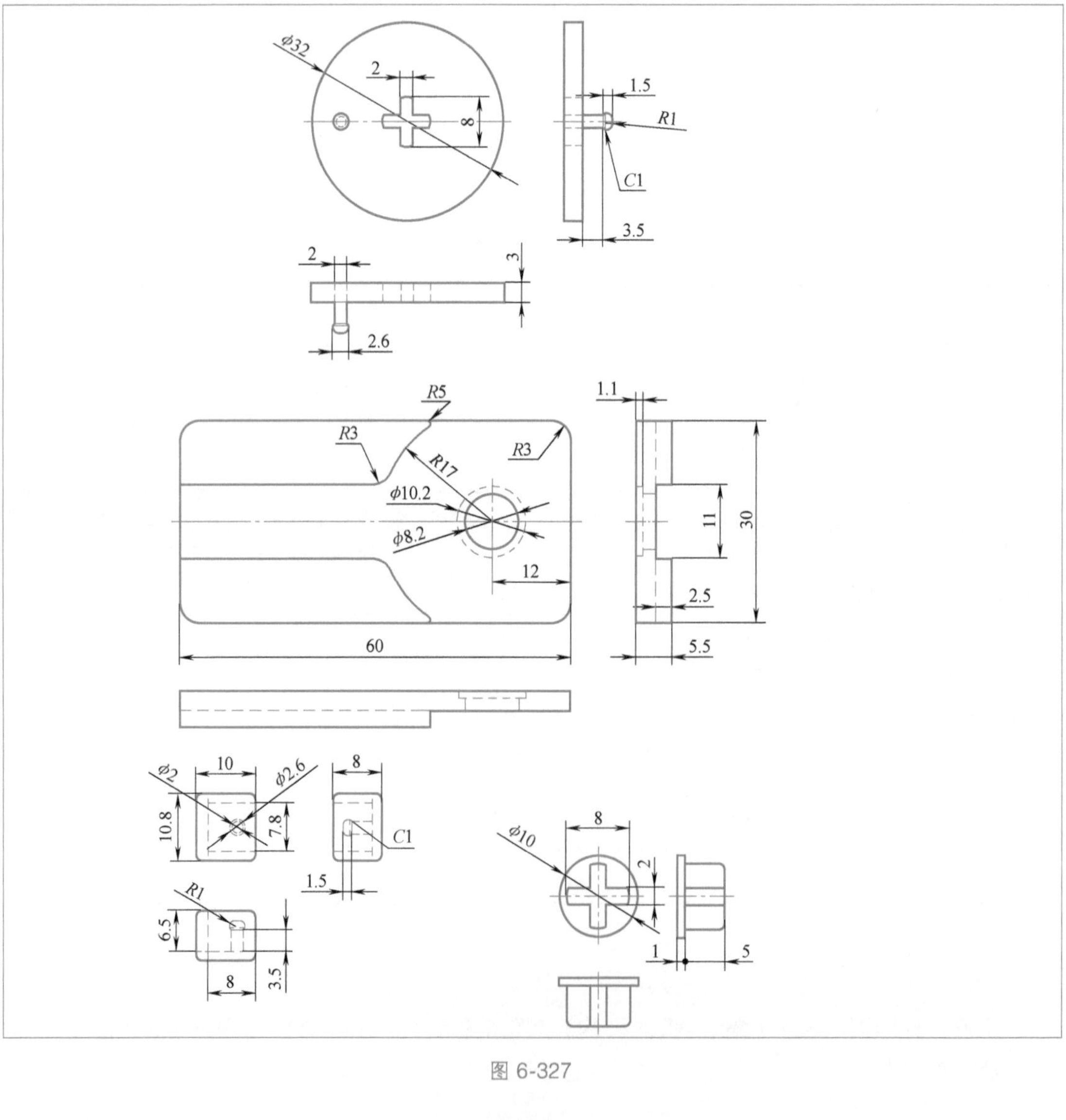


图 6-327

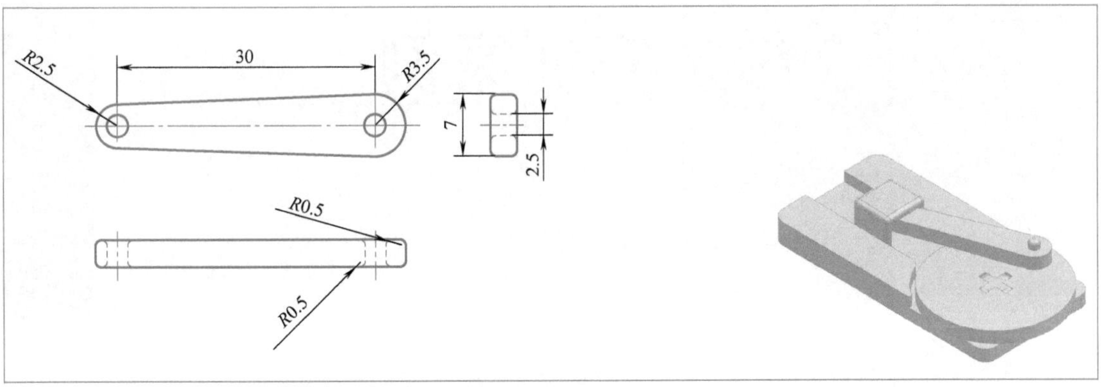


图 6-327（续）

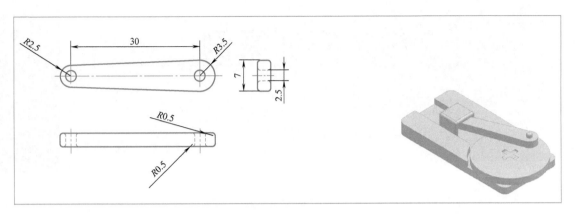

# 第七章 实训案例

CHAPTER 7

本章的实训案例旨在提高读者的构思能力和建模水平，熟练掌握分析图样和造型的步骤。

案例 1 如图 7-1 所示。

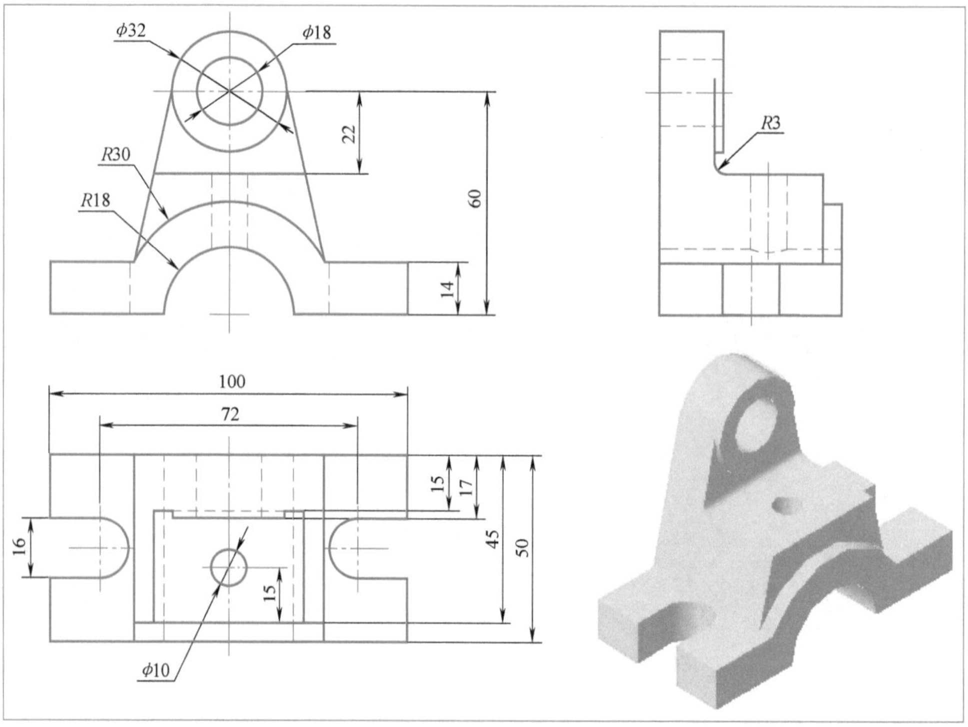


图 7-1

案例 2 如图 7-2 所示。

案例 3 如图 7-3 所示。

案例 4 如图 7-4 所示。

案例 5 如图 7-5 所示。

案例 6 如图 7-6 所示。

案例 7 如图 7-7 所示。

案例 8 如图 7-8 所示。
案例 9 如图 7-9 所示。
案例 10 如图 7-10 所示。

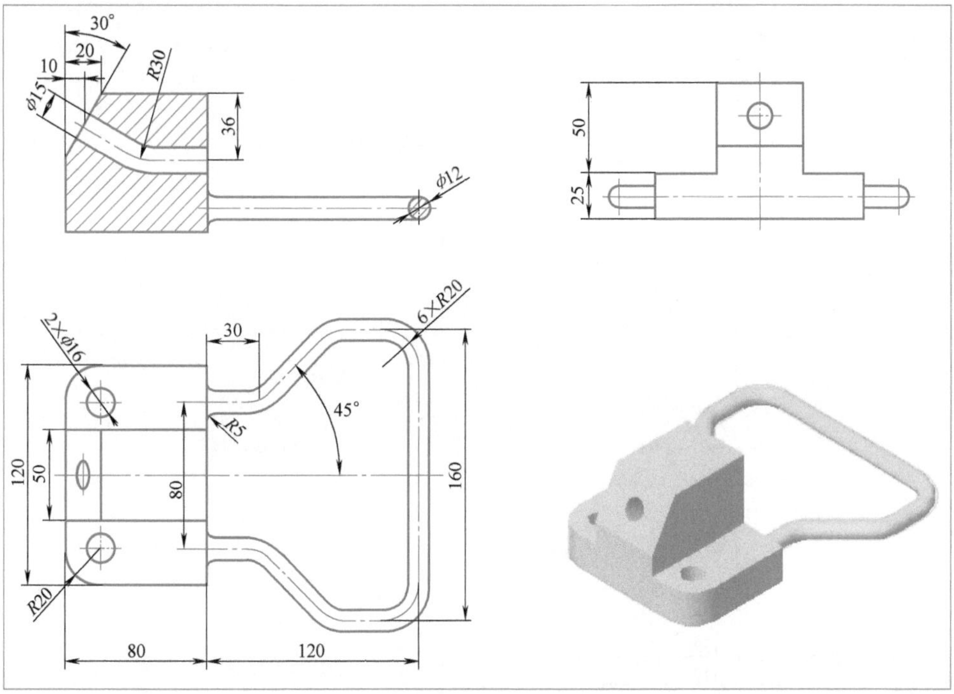


图 7-2

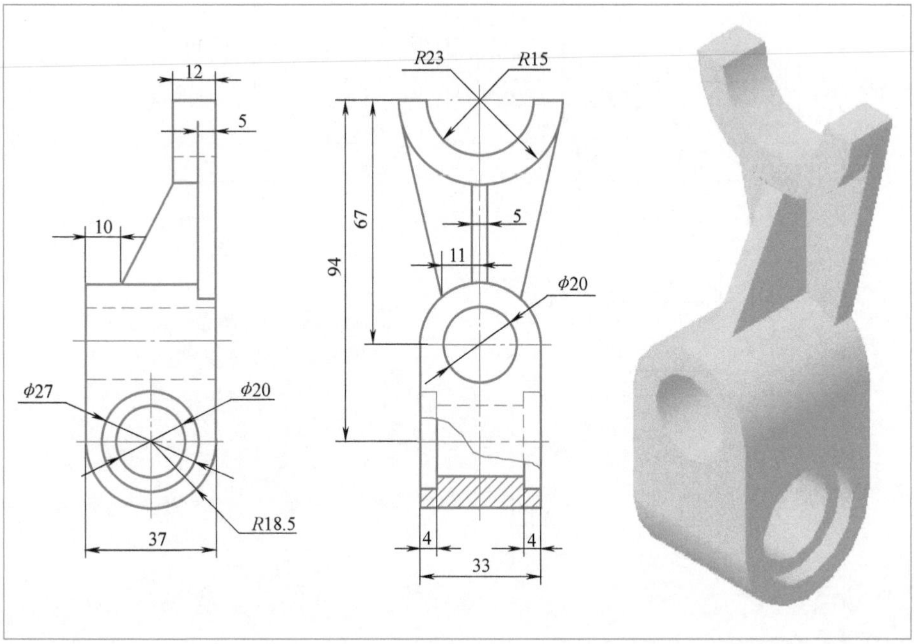


图 7-3

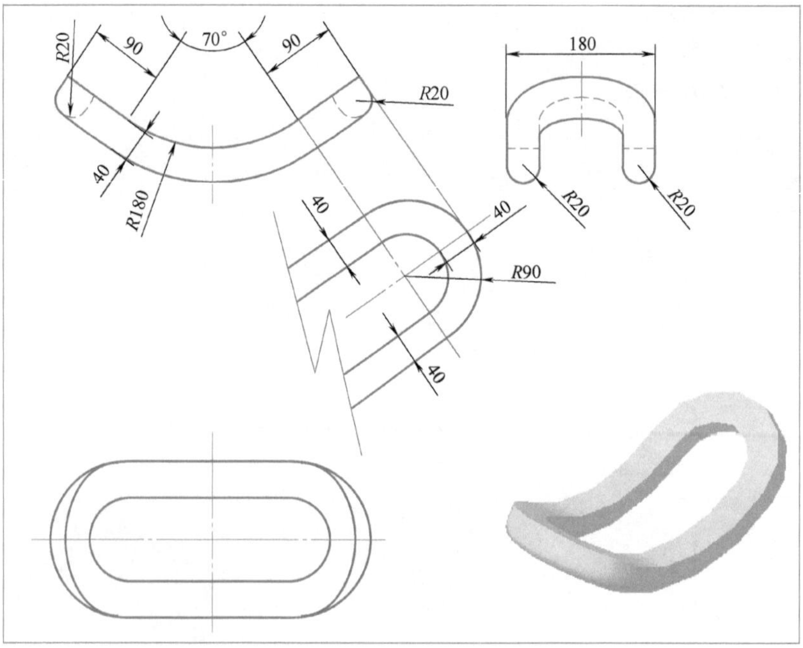
R20
90
70°
90
180
R20
40
R180
40
40
R20
R20
R90
40

图 7-4

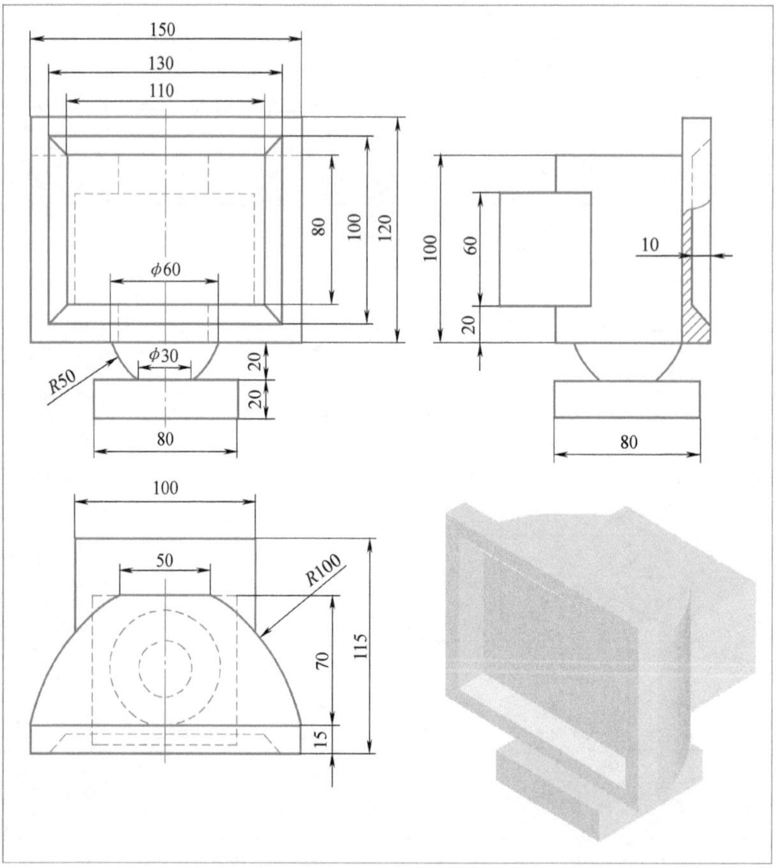
150
130
110
80
100
120
100
60
10
20
ϕ60
ϕ30
R50
20
20
80
80
100
50
R100
70
115
15

图 7-5

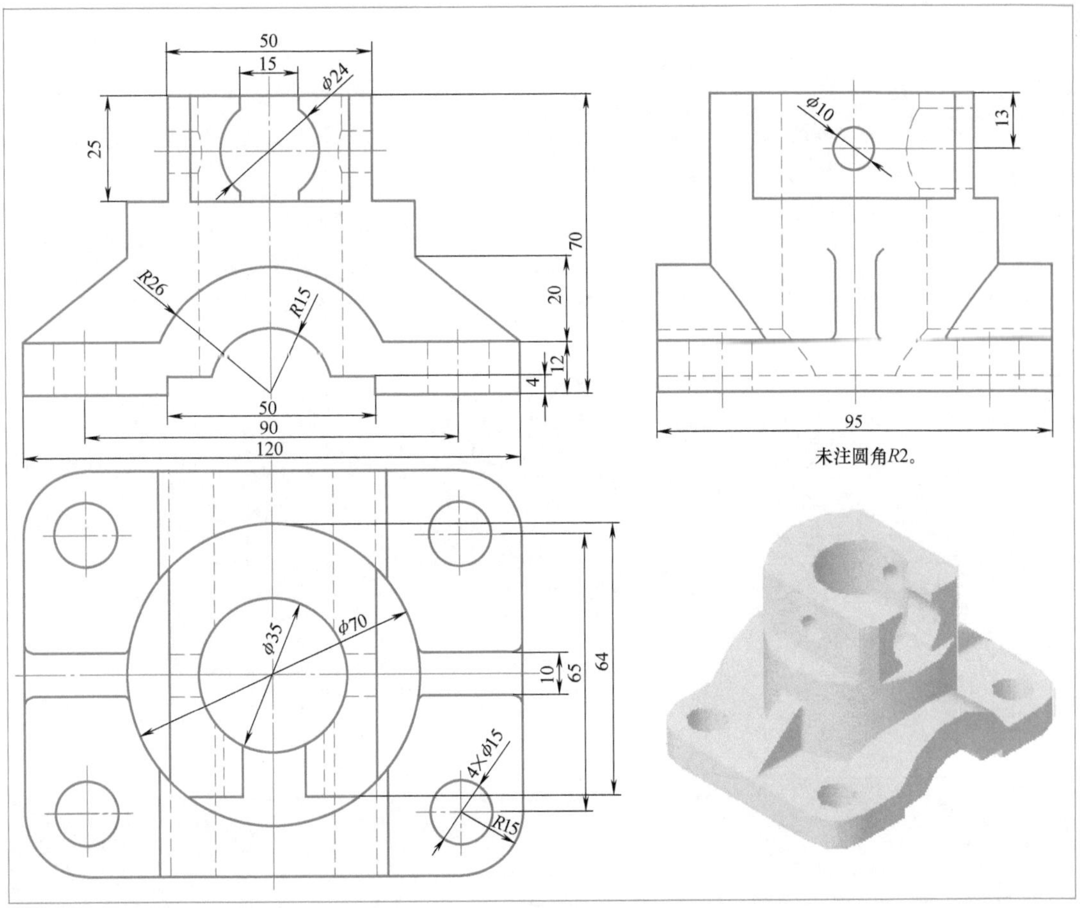
50
15
φ24
25
70
20
12
4
R26
R15
50
90
120
φ10
13
95
未注圆角R2。
φ35
φ70
10
65
64
4×φ15
R15

图 7-6

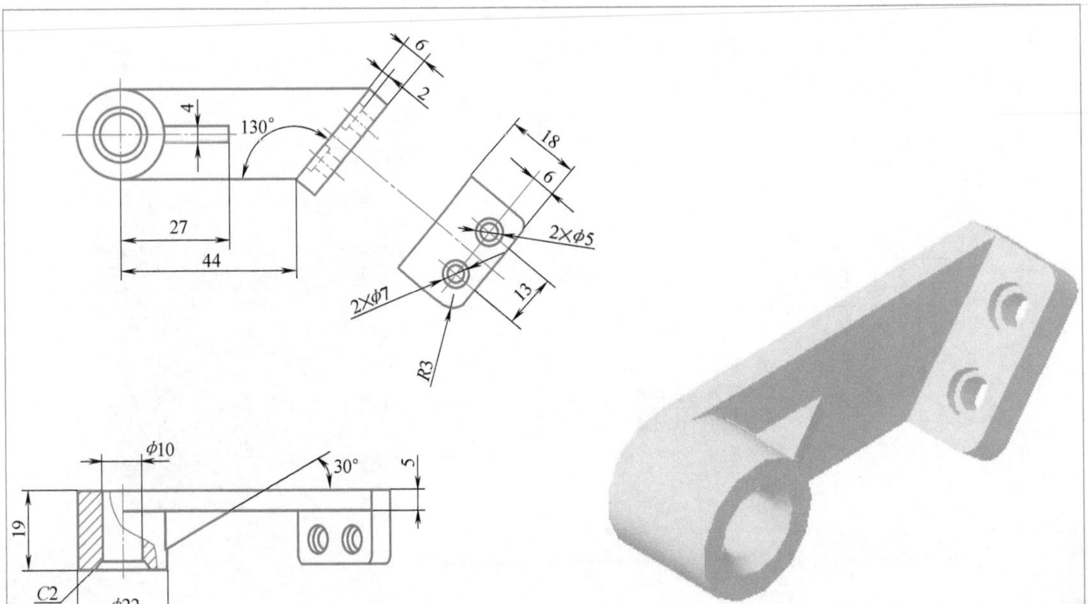
6
2
4
130°
18
6
27
44
2×φ5
2×φ7
13
R3
φ10
30°
5
19
C2
φ22

图 7-7

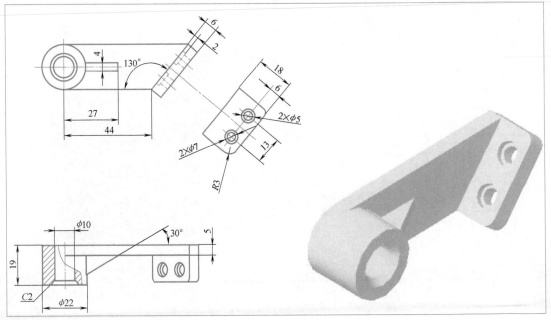

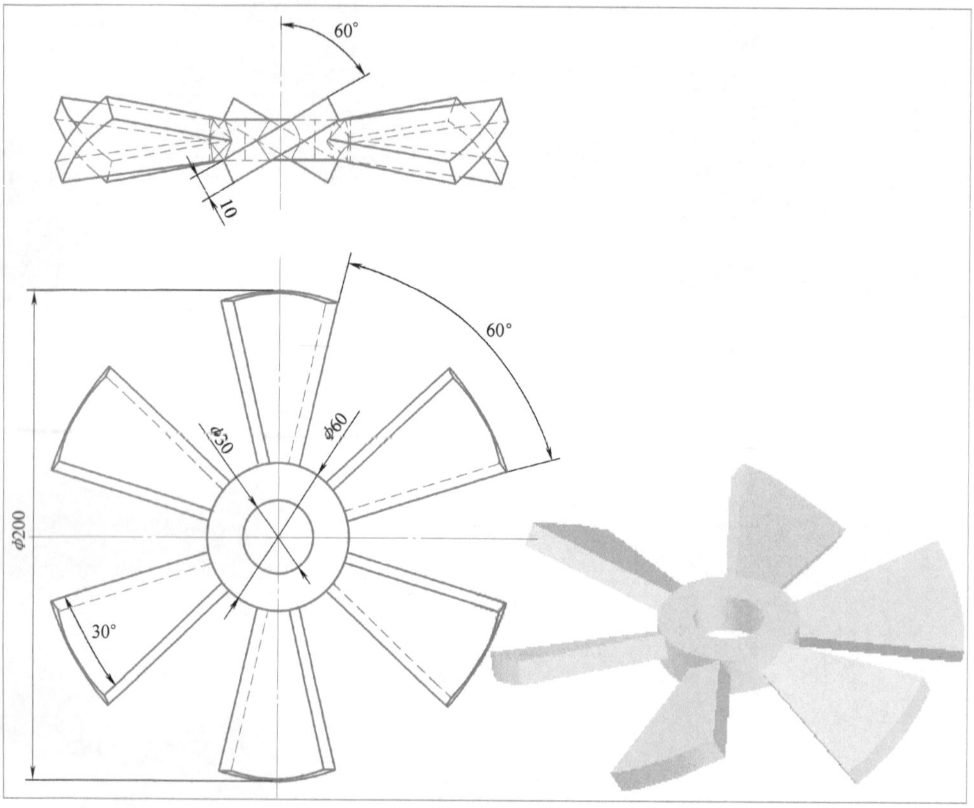
60°
10
60°
ϕ30
ϕ60
ϕ200
30°

图 7-8

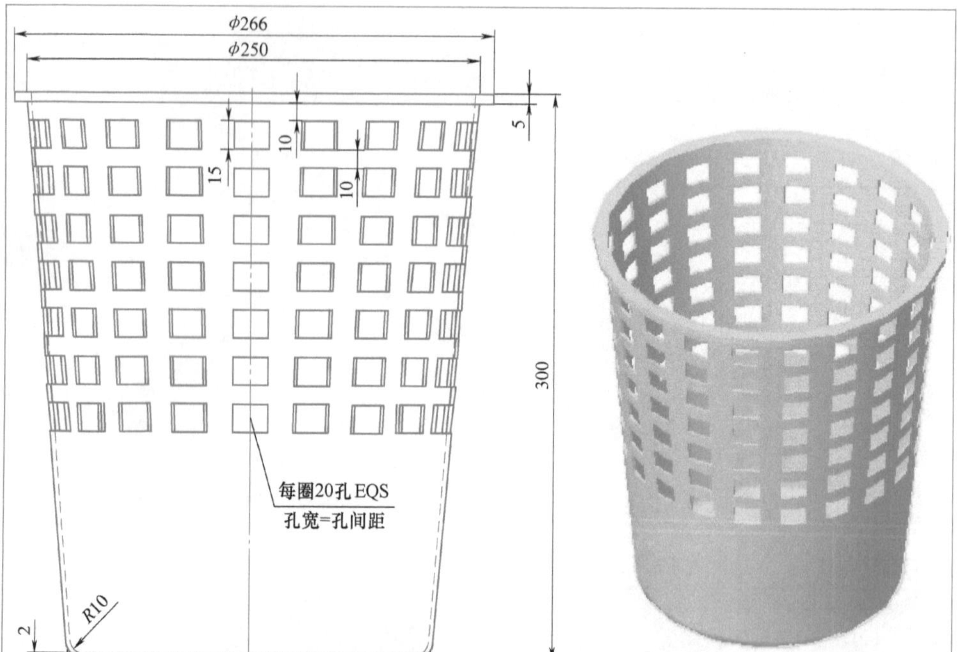
ϕ266
ϕ250
5
10
15
10
300
每圈20孔 EQS
孔宽=孔间距
R10
2
ϕ200

图 7-9

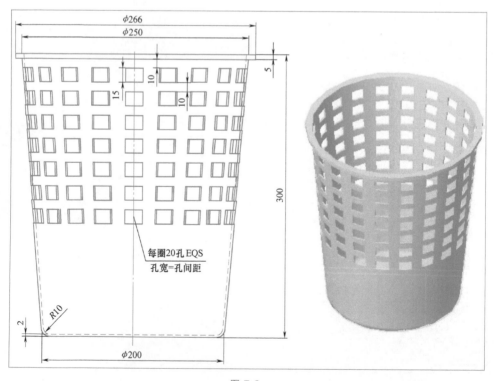

1. 工具的准备

采用丙烯颜料上色相对来说成本比较低。主要用到的工具有砂纸、水补土、丙烯颜料、画笔和调色盘，如图 8-15 所示。

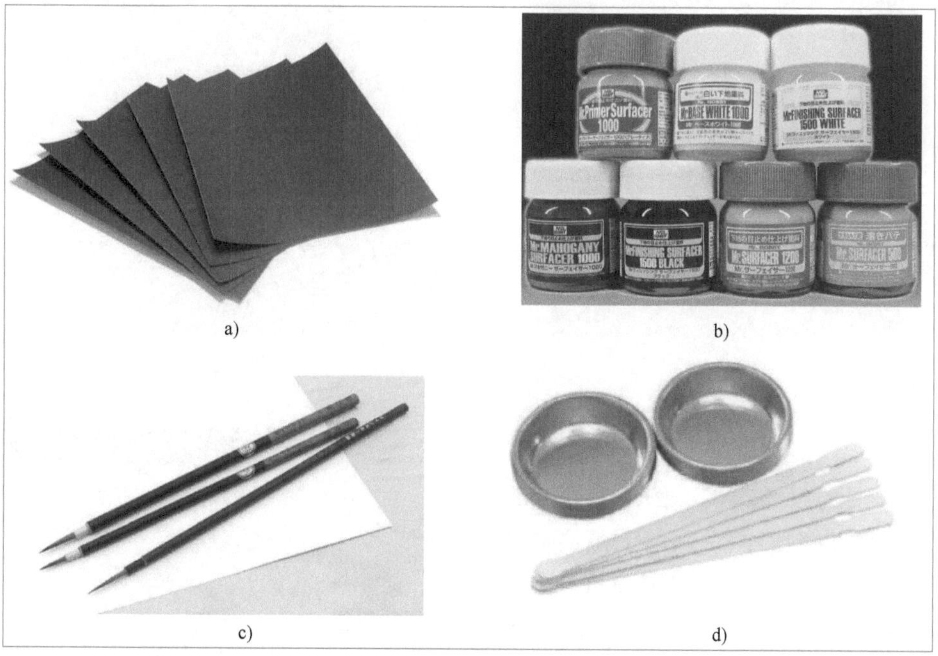


图 8-15

2. 砂纸打磨

一般 3D 打印模型在细节上或多或少会有些问题，如支撑造成的次边、剥离基座后产生的凸起等。表面不够平整光滑会对后续的补土及上色产生较大影响，所以首要的任务是用砂纸打磨模型。砂纸分很多种类，包括 200~2000 目，数字越小，越适合打磨粗糙的表面，这里采用 1000 目的砂纸。如果有一些顽固的次边，用小钳子或铲子去掉即可，如图 8-16 所示。

图 8-16

3. 补土

模型打磨完成之后，接下来就是喷补土。补土是为了让颜料能够更好地附着在模型上，使模型显得更艳丽。同时，补土会让 3D 打印的“台阶纹”不那么明显。这里采用喷灌水补土（1000 号）。把模型放在小盒子里，离模型约 10~50cm 进行喷涂。喷涂的过程中要采取多次薄喷的处理方式，每次不要喷得太厚，喷到模型表面出现液体凝集即可停止，10~15min 后待补土干燥再换面喷涂，直到整个模型都补完土，如图 8-17 所示。

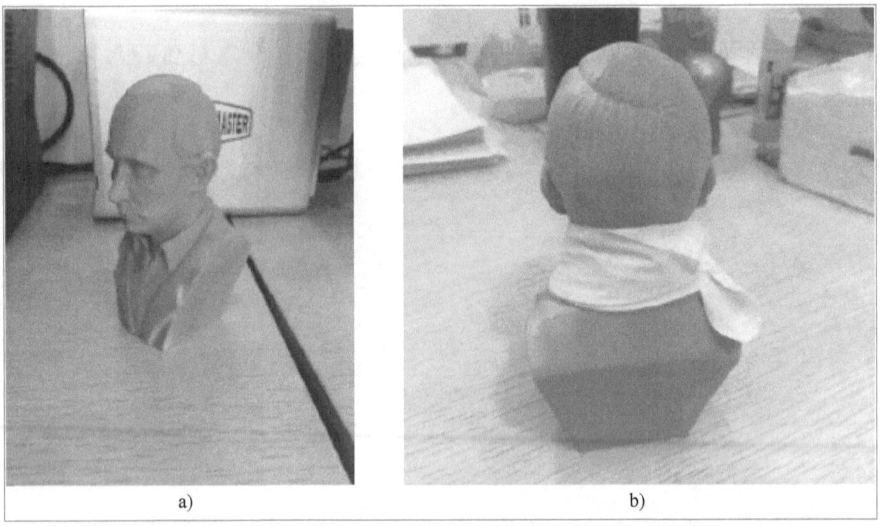

图 8-17

4. 上色

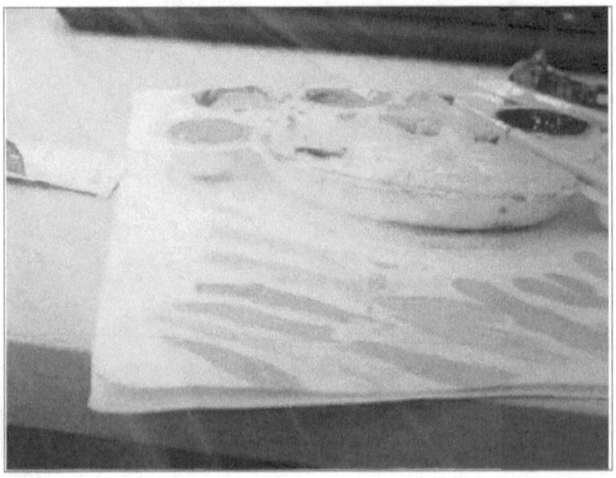

图 8-18

选取需要的丙烯颜料，倒入稀释剂调节颜料黏稠度，以颜料蘸在画笔上不会滴落为准。以图 8-18 所示的模型脸部为例，人脸的肤色是通过少量红加少量黄加大量白调制出来的。

涂色时按照从大面积到小面积的规则，先涂面部颜色，在颧骨及眉骨的阴影处颜色需要更深些，然后是眼睛、嘴唇，如图 8-19 所示。

重复上色的步骤，对不同部位进行上色。这里需要耐心一些，并充分发挥创意，才能获得与别人不同的 3D 打印模型，如图 8-20 所示。

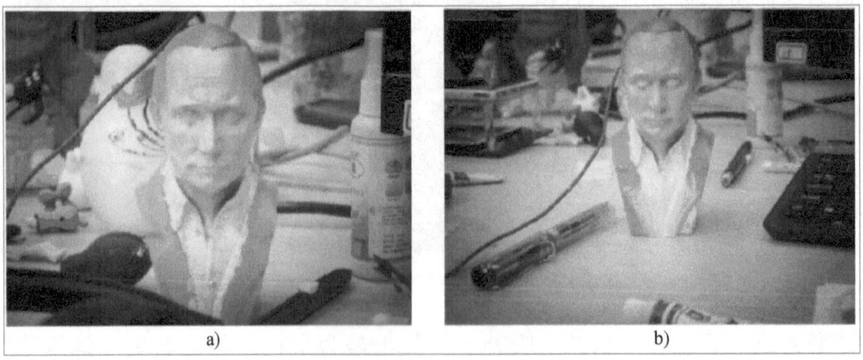

图 8-19

## 三、珠光处理

珠光处理时，操作人员手持喷嘴向抛光对象高速喷射介质小珠，从而达到抛光的效果。

图 8-20

珠光处理一般比较快，约 5~10min 即可完成。处理过后产品表面光滑，有均匀的亚光效果。珠光处理比较灵活，可用于大多数熔融沉积（FDM）材料。它可用于产品开发到制造的各个阶段，从原型设计到生产都可使用。

珠光处理喷射的介质通常是很小的塑料颗粒，一般是经过精细研磨的热塑性颗粒，它们比较耐用，并且能够进行从轻微到严重不同磨损范围的喷射。另外，小苏打效果也很好，它不太硬，但可能比塑料珠更不易清洁。

图 8-21

珠光处理一般在一个密闭的腔室里进行，所以它能处理的对象是有尺寸限制的，而且整个过程需要用手拿着喷嘴，一次只能处理一个，因此不适于规模应用。珠光处理可以为零部件后续进行上漆、涂层和镀层做准备，不过这些涂层通常用于强度更高的高性能材料，如图 8-21 所示。

## 四、化学处理

化学处理通常使用丙酮蒸气（图 8-22）。需要注意的是，ABS 可以用丙酮处理，而 PLA 不可以用丙酮处理，PLA 要使用专用的抛光油。化学处理需要注意安全问题，丙酮有毒，且易燃易爆，有刺激性，需在通风良好的环境下使用，而且要佩戴防毒面具等安全装备。

## 五、振动抛光

一般使用振动抛光机进行抛光，也可以采用离心机，其原理是通过模型与介质之间的碰撞摩擦实现抛光，如图 8-23 所示。

## 六、ReTouch3D 工具

手持式加热的 ReTouch3D 工具用于维修和后期处理 3D 打印模型。这种手持式加热工具

图 8-22

图 8-23

比使用烙铁或打磨工具更容易、更省时。该工具有 5 个通用转换头：大去除器（Macro Remover）、小去除器（Micro Remover）、大修改器（Macro Refiner）、小修改器（Micro Refiner）和混合头（Blender Head），如图 8-24 所示。

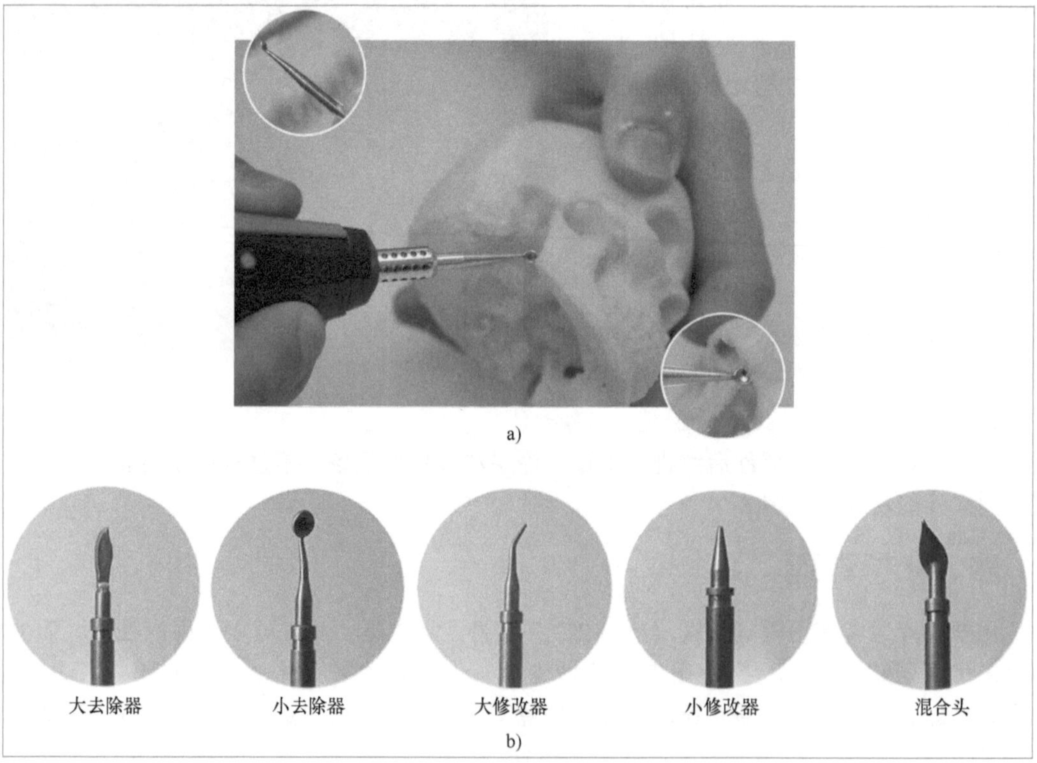


图 8-24

ReTouch3D 主要用于台式 FFF 3D 打印机。它的加热范围使它能够对所有主流 3D 打印机的打印丝进行重新加热。另外，它还可以用来修改其他利用热能处理技术的 3D 打印模型。

## 七、蒸气平滑处理

3D 打印零部件被浸渍在蒸气罐里，其底部为已经达到沸点的液体，蒸气上升可以融化零件表面约 2μm 左右的一层，几秒钟内就能使零件变得光滑闪亮。

蒸气平滑技术被广泛应用于消费电子和医疗领域。该方法不显著影响零件的精度。

与珠光处理相似，蒸气平滑处理也有尺寸限制，最大处理零件尺寸为 3×2×3ft（1ft = 304.8mm）。蒸气平滑处理常用于 ABS 和 ABS-M30 材料，这是常见的耐用热塑性塑料，如图 8-25 所示。

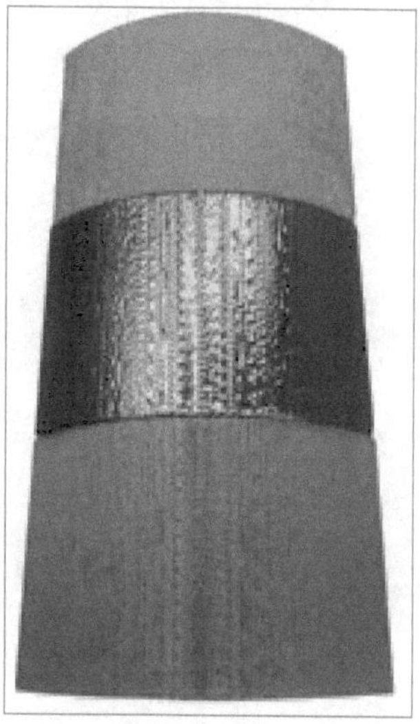

图 8-25

## 八、浸染

浸染作为 3D 打印产品的上色工艺之一，只适用于尼龙材料。纯色浸染较为灰暗，以单色为主，且光泽度与其他 4 种相比是最低的。虽然受材料和色彩的局限，但浸染的制作周期较短，30min 即可完成上色。浸染上色在成本上高于纯手工和喷漆，最终产品外观效果一般，但材料和色彩局限性较大，如图 8-26 所示。

图 8-26

## 九、电镀

电镀是指利用电解原理，在某些金属表面上镀上一薄层其他金属或合金，以提高耐磨性、导电性、反光性、耐蚀性及增进美观。电镀在颜色上只有铬色、镍色和金色 3 种，且只适用于金属和 ABS 塑料。虽然在上色效果上会受到产品体积和形状的影响，但色彩的光泽度极高，是纯手工、喷漆和浸染无法比拟的。电镀上色成本最高，且受材料和产品体积和形状的局限性影响较大，但产品外观效果极好，如图 8-27 所示。

## 十、纳米喷镀

纳米喷镀是目前世界上最前沿的高科技喷涂技术，它采用专用设备和先进材料，应用化学原理通过直接喷涂的方式，使被涂物体表面呈现金、银、铬及各种彩色的镜面高光效果。

纳米喷镀可选择多种颜色，适用于各种材料，且不受体积和形状的影响，能同时用多种颜色，色彩过渡极为自然，其色彩的光泽度与电镀效果相当，设备投资可根据生产能力自定，同等产品的成本低且效果极佳，如图 8-28 所示。

图 8-27

图 8-28

# 第二节　金属材料的后处理方式

## 一、电化学方法

电化学方法利用电极反应，在零件表面形成镀层。其主要的方法如下。

### （一）电镀

在电解质溶液中，零件为阴极，在外电流的作用下，其表面形成镀层的过程，称为电镀。镀层可为金属、合金、半导体或各类固体微粒，如镀铜、镀镍等，如图 8-29 所示。

### （二）氧化

在电解质溶液中，零件为阳极，在外电流的作用下，其表面形成氧化膜层的过程，称为阳极氧化，如铝合金的阳极氧化，如图 8-30 所示。

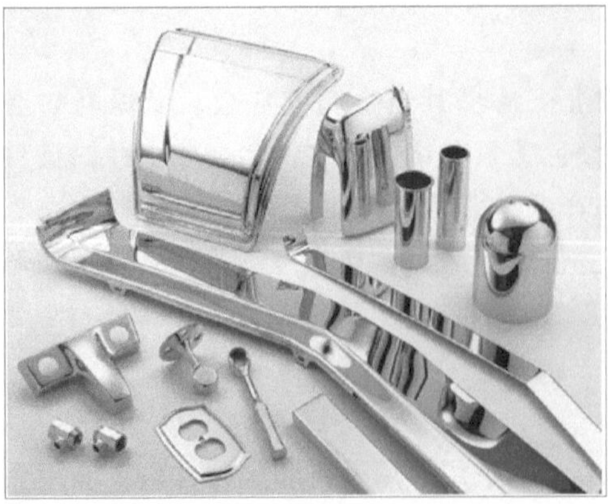

图 8-29

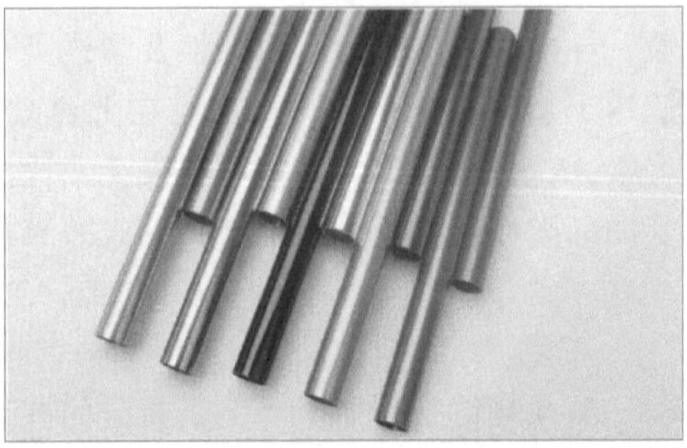

图 8-30

钢铁的氧化处理可用化学或电化学方法。化学方法是将零件放入氧化溶液中，依靠化学作用在零件表面形成氧化膜，如钢铁的发蓝处理。

## 二、化学方法

化学方法中无电流作用，而是利用化学物质的相互作用，在零件表面形成镀覆层，其主要的方法如下。

### （一）化学转化膜处理

在电解质溶液中，金属零件无外电流作用，溶液中的化学物质与零件相互作用，从而在其表面形成镀层的过程，称为化学转化膜处理，如金属表面的发蓝、磷化、钝化和铬盐处理等，如图 8-31 所示。

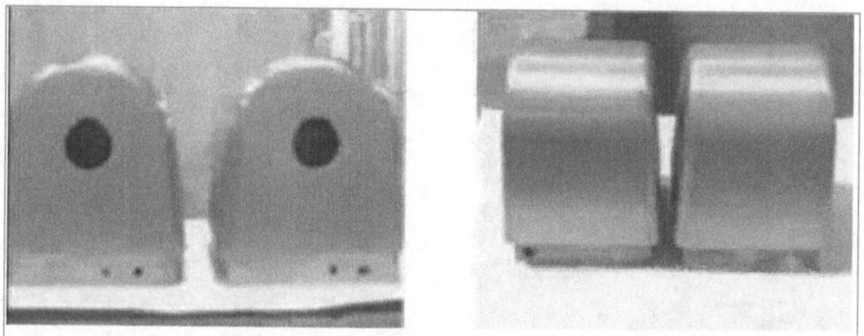

a) MD－661处理前　　b) MD－661处理后

图 8-31

### （二）化学镀

在电解质溶液中，零件表面经催化处理，无外电流作用，在溶液中基于化学物质的还原作用，将某些物质沉积于零件表面而形成镀层的过程，称为化学镀，如化学镀镍、化学镀铜等，如图 8-32 所示。

图 8-32

## 三、热加工方法

热加工方法是指在高温条件下令材料熔融或热扩散，从而在零件表面形成涂层，其主要方法如下。

### （一）热浸镀

金属零件放入熔融金属中，令其表面形成涂层的过程，称为热浸镀，如热镀锌、热镀铝等，如图 8-33 所示。

### （二）热喷涂

将熔融金属雾化，喷涂于零件表面，形成涂层的过程，称为热喷涂，如热喷涂锌、热喷涂铝等，如图 8-34 所示。

### （三）热烫印

将金属箔加温、加压覆盖于零件表面上，形成涂覆层的过程，称为热烫印，如热烫印铝箔等，如图 8-35 所示。

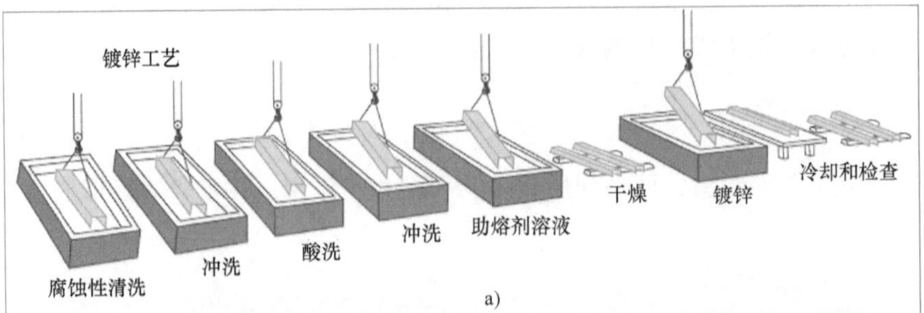


a)

b)

图 8-33

a)

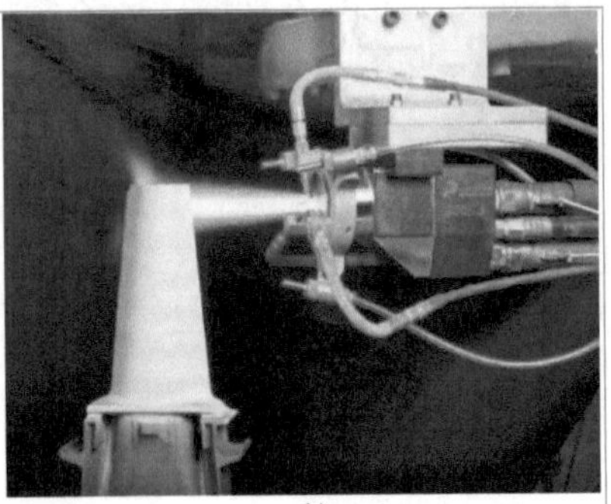

b)

图 8-34

（四）化学热处理

零件与化学物质接触、加热，在高温状态下令某种元素进入零件表面的过程，称为化学热处理，如渗氮、渗碳等，如图 8-36 所示。

（五）堆焊

以焊接方式，令熔敷金属堆集于零件表面而形成焊层的过程，称为堆焊，如堆焊耐磨合金等，如图 8-37 所示。

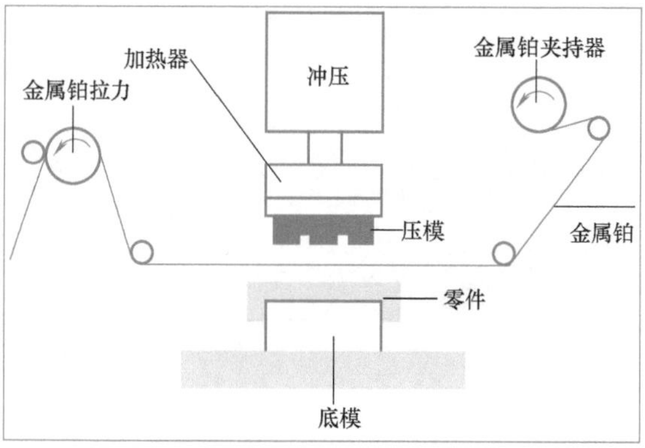


图 8-35

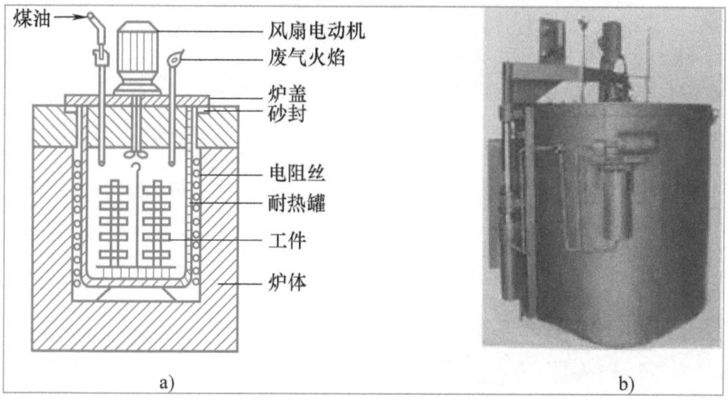


图 8-36

## 四、真空法

图 8-37

真空法是指在高真空状态下令材料气化或离子化并沉积于零件表面而形成镀层的过程，其主要方法如下。

### （一）物理气相沉积（PVD）

在真空条件下，将金属气化成原子或分子，或者使其离子化，然后直接沉积到零件表面形成涂层的过程，称为物理气相沉积。沉积粒子束来源于非化学因素，如蒸发镀、溅射镀和离子镀等，如图 8-38 所示。

### （二）离子注入

高电压下将不同离子注入零件表面，令其表面改性的过程，称为离子注入，如注硼等，如图 8-39 所示。

### （三）化学气相沉积（CVD）

低压（有时也在常压）下，气态物质在零件表面因化学反应而生成固态沉积层的过程，称为化学气相沉积，如气相沉积氧化硅、氮化硅等，如图 8-40 所示。

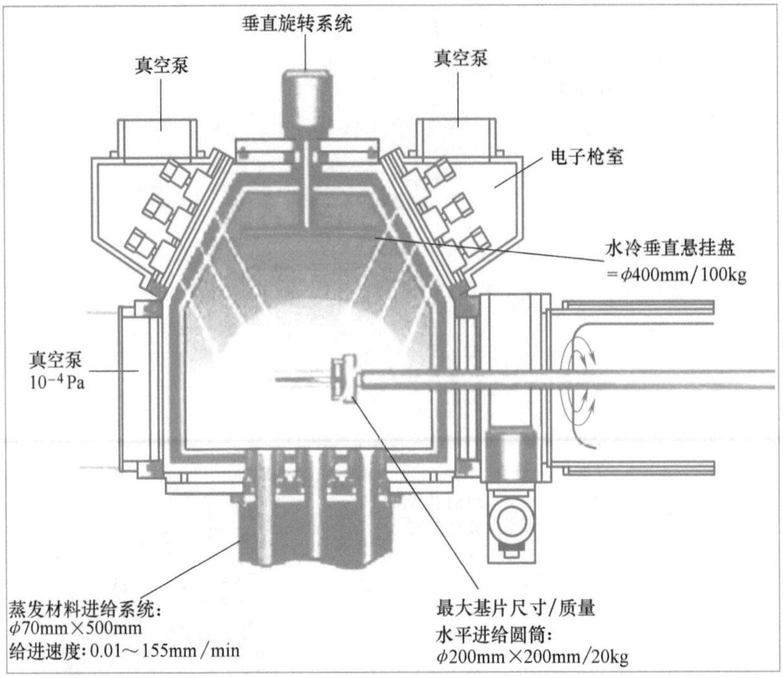


图 8-38

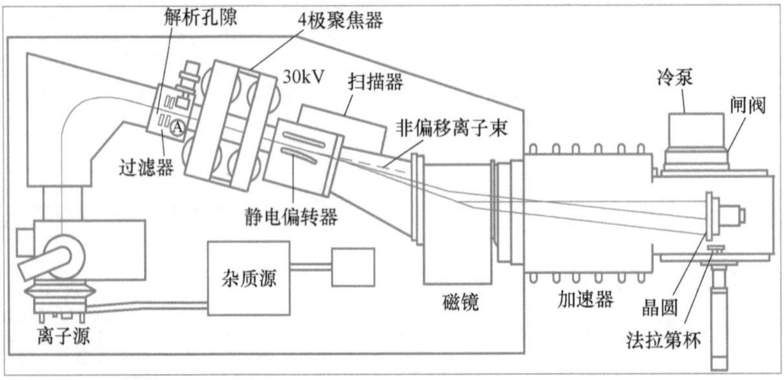


图 8-39

## 五、其他办法

### （一）涂装

用喷涂或刷涂方法，将涂料（有机或无机）涂覆于零件表面而形成涂层的过程，称为涂装，如喷漆、刷漆等，如图 8-41 所示。

### （二）冲击镀

在特定的溶液中以高的电流密度，短时间电沉积出金属薄层，以改善随后沉积镀层与基体间结合力的方法，

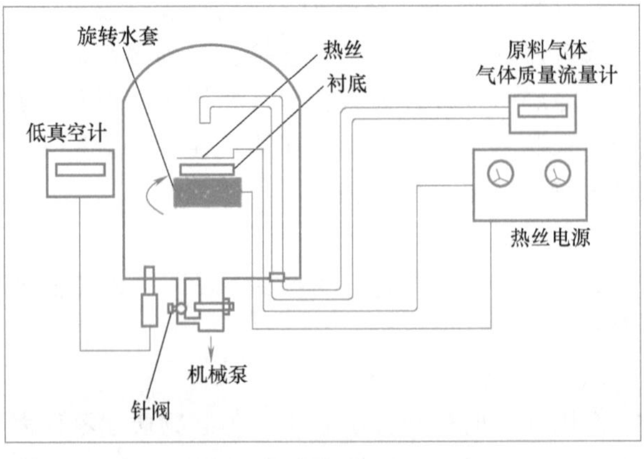


图 8-40

称为冲击镀，如冲击镀锌等，如图 8-42 所示。

图 8-41

图 8-42

（三）激光表面处理

用激光对零件表面进行照射，令其表面结构改变的过程，称为激光表面处理，如激光淬火、激光重熔等，如图 8-43 所示。

（四）超硬膜技术

以物理或化学方法在零件表面制备超硬膜的技术，称为超硬膜技术，如金刚石薄膜，立方氮化硼薄膜等，如图 8-44 所示。

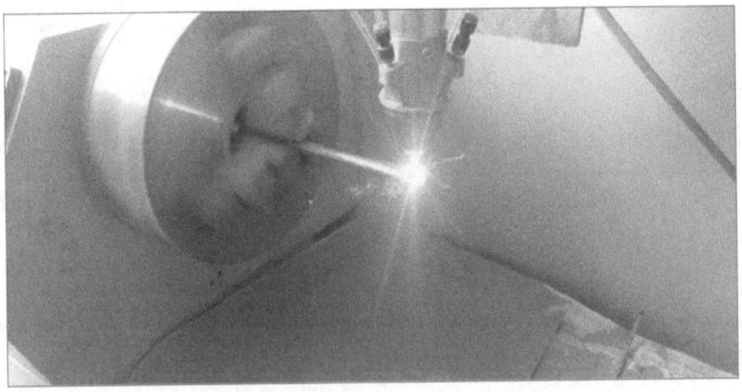

图 8-43

（五）电泳及静电喷涂

1. 电泳

零件作为一个电极放入导电的水溶性或水乳化涂料中，与涂料中另一电极构成电解电路。在电场作用下，涂料溶液中已离解成带电的树脂离子，阳离子向阴极移动，阴离子向阳极移动。这些带电荷的树脂离子连同被吸附的颜料粒子一起电泳到零件表面，形成涂层，这一过程称为电泳，如图 8-45 所示。

图 8-44

2. 静电喷涂

在直流高电压电场的作用下，雾化的带负电的油漆粒子定向飞往接正电的零件，从而获得漆膜的过程，称为静喷涂，如图 8-46 所示。

图 8-45

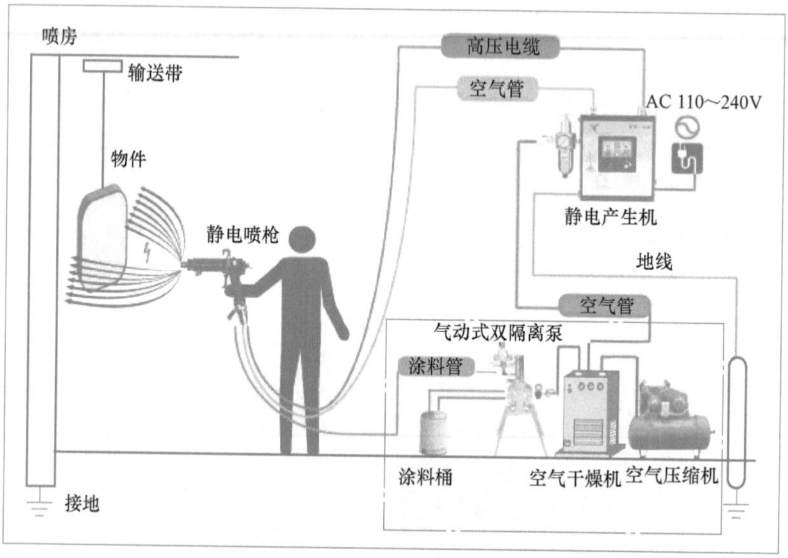


图 8-46

## 六、手工抛光上色

### （一）喷泵喷涂上色

喷笔涂装与喷罐涂装一样，涂料成气雾状涂喷在零件表面（图 8-47），并使表面涂层光洁，无上色痕迹。笔涂上色要无痕迹是很难做到的。喷笔涂装与喷罐涂装两者在喷涂面积、涂料浓度、油漆的选用上也有区别。

### （二）手工上色

手工上色可以采用丙烯上色的方法。在模型经过打磨抛光后，手工上色能体现细节。在模型细节颜色都处理基本到位之后，等待丙烯颜料的风干，这样更有利于存放和之后的处理。基本干透之后，用光油进行最后的处理，喷上光油的模型更加透亮美观，也更易于保存，如图 8-48 所示。

### （三）抛光机抛光

抛光机能够让气溶胶均匀分布，同时安装了喷雾器，可以将小薄膜上数以百计的微孔（<10μm）与压电致动器连接起来。喷雾器可以将液滴喷射物释放，形成一个非常均匀的表

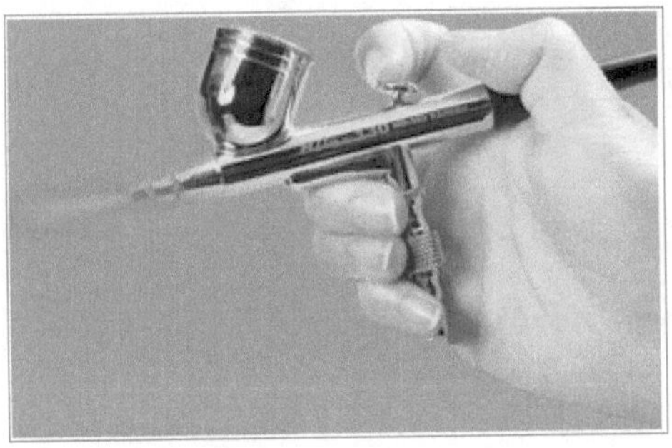

图 8-47

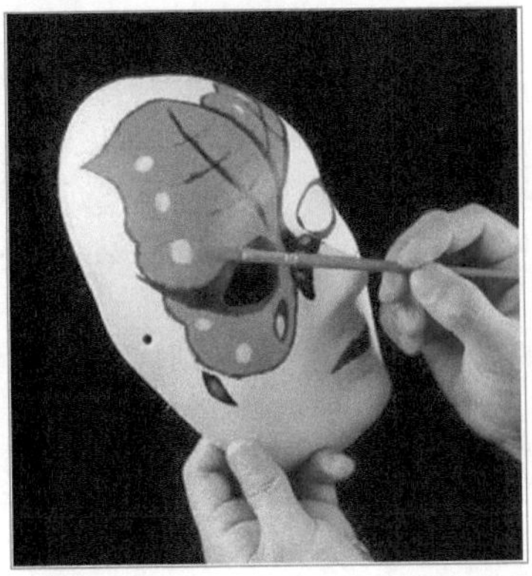

图 8-48

层；再将酒精渗入表面外层，就可以形成一个非常光滑的对象表面。整个过程完全使用热源，在封闭的操作室中处理也非常安全，如图 8-49 所示。

图 8-49

# 参考文献


［1］ 高帆. 3D打印技术概论［M］. 北京：机械工业出版社，2015.

［2］ 周功耀，罗军. 3D打印基础教程［M］. 北京：东方出版社，2016.

［3］ 陈启成. 3D打印建模：Autodesk 123D Design详解与实战［M］. 2版. 北京：机械工业出版社，2018.

［4］ 崔陵，娄海滨. 3D打印体验教程［M］. 北京：高等教育出版社，2020.